U0941126

中国国家标准汇编

2006年修订-8

中国标准出版社　编

中国标准出版社

北京

图书在版编目（CIP）数据

中国国家标准汇编：2006 年修订. 8/中国标准出版社编.—北京：中国标准出版社，2007
ISBN 978-7-5066-4581-2

Ⅰ.中…　Ⅱ.中…　Ⅲ.国家标准-汇编-中国-2006
Ⅳ.T-652.1

中国版本图书馆 CIP 数据核字（2007）第 102608 号

中国标准出版社出版发行
北京复兴门外三里河北街 16 号
邮政编码:100045
网址 www.spc.net.cn
电话:68523946　68517548
中国标准出版社秦皇岛印刷厂印刷
各地新华书店经销
*
开本 880×1230　1/16　印张 38.5　字数 1 151 千字
2007 年 8 月第一版　2007 年 8 月第一次印刷
*
定价　180.00　元

ISBN 978-7-5066-4581-2
9 787506 645812 >

出版说明

1.《中国国家标准汇编》是一部大型综合性国家标准全集，自1983年起，按国家标准顺序号以精装本、平装本两种装帧形式陆续分册汇编出版。《汇编》在一定程度上反映了我国建国以来标准化事业发展的基本情况和主要成就，是各级标准化管理机构，工矿企事业单位，农林牧副渔系统，科研、设计、教学等部门必不可少的工具书。

2. 由于标准的动态性，每年有相当数量的国家标准被修订，这些国家标准的修订信息无法在已出版的《汇编》中得到反映。为此，自1995年起，新增出版在上一年度被修订的国家标准的汇编本。

3. 修订的国家标准汇编本的正书名、版本形式、装帧形式与《中国国家标准汇编》相同，视篇幅分设若干册，但不占总的分册号，仅在封面和书脊上注明“2006年修订-1，-2，-3，……”等字样，作为对《中国国家标准汇编》的补充。读者配套购买则可收齐前一年新制定和修订的全部国家标准。

4. 修订的国家标准汇编本的各分册中的标准，仍按顺序号由小到大排列(不连续)；如有遗漏的，均在当年最后一分册中补齐。

5. 2006年度发布的修订国家标准分27册出版。本分册为“2006年修订-8”，收入新修订的国家标准36项。

中国标准出版社

2007年6月

目　录

ICS 13.060
C 51

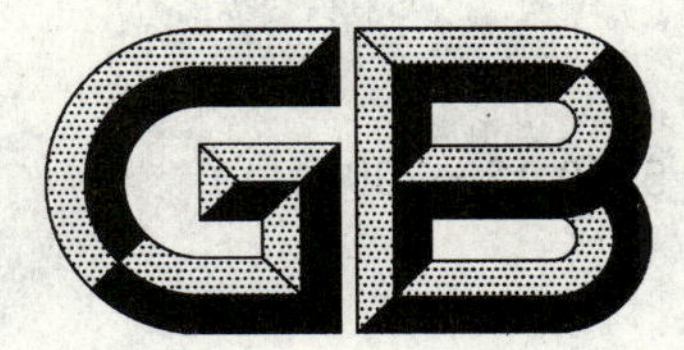

中华人民共和国国家标准

GB/T 5750.12—2006
部分代替 GB/T 5750—1985

生活饮用水标准检验方法 微生物指标

Standard examination methods for drinking water—Microbiological parameters

2006-12-29 发布　　　　2007-07-01 实施

中华人民共和国卫生部
中国国家标准化管理委员会　发布

前　言

GB/T 5750《生活饮用水标准检验方法》分为以下部分：

——总则；

——水样的采集和保存；

——水质分析质量控制；

——感官性状和物理指标；

——无机非金属指标；

——金属指标；

——有机物综合指标；

——有机物指标；

——农药指标；

——消毒副产物指标；

——消毒剂指标；

——微生物指标；

——放射性指标。

本标准代替 GB/T 5750—1985《生活饮用水标准检验法》第二篇中的细菌总数、总大肠菌群。

本标准与 GB/T 5750—1985 相比主要变化如下：

——依据 GB/T 1.1—2000《标准化工作导则　第1部分：标准的结构和编写规则》调整了结构；

——增加了生活饮用水中耐热大肠菌群、大肠埃希氏菌、贾第鞭毛虫、隐孢子虫 4 项指标的 7 个检验方法。

本标准由中华人民共和国卫生部提出并归口。

本标准负责起草单位：中国疾病预防控制中心环境与健康相关产品安全所。

本标准参加起草单位：中山大学、黑龙江省疾病预防控制中心、河北省疾病预防控制中心、北京市疾病预防控制中心、深圳市疾病预防控制中心、澳门自来水公司、广州市自来水公司。

本标准主要起草人：金银龙、陈西平、周淑玉、孙宗科、宋宏。

本标准参加起草人：遇晓杰、张淑红、张雅婕、丁培、薛金荣、余淑苑、范晓军、章诗芳。

本标准于 1985 年 8 月首次发布，本次为第一次修订。

生活饮用水标准检验方法
微生物指标

1 菌落总数

1.1 平皿计数法

1.1.1 范围

本标准规定了用平皿计数法测定生活饮用水及其水源水中的菌落总数。

本法适用于生活饮用水及其水源水中菌落总数的测定。

1.1.2 术语和定义

下列术语和定义适用于本标准。

1.1.2.1

菌落总数 standard plate-count bacteria

水样在营养琼脂上有氧条件下37℃培养48 h后，所得1 mL水样所含菌落的总数。

1.1.3 培养基与试剂

1.1.3.1 营养琼脂

1.1.3.1.1 成分：

A	蛋白胨	10 g
B	牛肉膏	3 g
C	氯化钠	5 g
D	琼脂	10 g～20 g
E	蒸馏水	1 000 mL

1.1.3.1.2 制法：将上述成分混合后，加热溶解，调整pH为7.4～7.6，分装于玻璃容器中(如用含杂质较多的琼脂时，应先过滤)，经103.43 kPa (121℃，15 lb)灭菌20 min，储存于冷暗处备用。

1.1.4 仪器

1.1.4.1 高压蒸汽灭菌器。

1.1.4.2 干热灭菌箱。

1.1.4.3 培养箱36℃±1℃。

1.1.4.4 电炉。

1.1.4.5 天平。

1.1.4.6 冰箱。

1.1.4.7 放大镜或菌落计数器。

1.1.4.8 pH计或精密pH试纸。

1.1.4.9 灭菌试管、平皿(直径9 cm)、刻度吸管、采样瓶等。

1.1.5 检验步骤

1.1.5.1 生活饮用水

1.1.5.1.1 以无菌操作方法用灭菌吸管吸取1 mL充分混匀的水样，注入灭菌平皿中，倾注约15 mL已融化并冷却到45℃左右的营养琼脂培养基，并立即旋摇平皿，使水样与培养基充分混匀。每次检验时应做一平行接种，同时另用一个平皿只倾注营养琼脂培养基作为空白对照。

1.1.5.1.2 待冷却凝固后，翻转平皿，使底面向上，置于36℃±1℃培养箱内培养48 h，进行菌落计数，即为水样 1 mL 中的菌落总数。

1.1.5.2 水源水

1.1.5.2.1 以无菌操作方法吸取 1 mL 充分混匀的水样，注入盛有 9 mL 灭菌生理盐水的试管中，混匀成 1∶10 稀释液。

1.1.5.2.2 吸取 1∶10 的稀释液 1 mL 注入盛有 9 mL 灭菌生理盐水的试管中，混匀成 1∶100 稀释液。按同法依次稀释成 1∶1 000，1∶10 000 稀释液等备用。如此递增稀释一次，必须更换一支 1 mL 灭菌吸管。

1.1.5.2.3 用灭菌吸管取未稀释的水样和 2 个～3 个适宜稀释度的水样 1 mL，分别注入灭菌平皿内。以下操作同生活饮用水的检验步骤。

1.1.6 菌落计数及报告方法

作平皿菌落计数时，可用眼睛直接观察，必要时用放大镜检查，以防遗漏。在记下各平皿的菌落数后，应求出同稀释度的平均菌落数，供下一步计算时应用。在求同稀释度的平均数时，若其中一个平皿有较大片状菌落生长时，则不宜采用，而应以无片状菌落生长的平皿作为该稀释度的平均菌落数。若片状菌落不到平皿的一半，而其余一半中菌落数分布又很均匀，则可将此半皿计数后乘 2 以代表全皿菌落数。然后再求该稀释度的平均菌落数。

1.1.7 不同稀释度的选择及报告方法

1.1.7.1 首先选择平均菌落数在 30～300 之间者进行计算，若只有一个稀释度的平均菌落数符合此范围时，则将该菌落数乘以稀释倍数报告之(见表 1 中实例 1)。

1.1.7.2 若有两个稀释度，其生长的菌落数均在 30～300 之间，则视二者之比值来决定，若其比值小于 2 应报告两者的平均数(如表 1 中实例 2)。若大于 2 则报告其中稀释度较小的菌落总数(如表 1 中实例 3)。若等于 2 亦报告其中稀释度较小的菌落数(见表 1 中实例 4)。

1.1.7.3 若所有稀释度的平均菌落数均大于 300，则应按稀释度最高的平均菌落数乘以稀释倍数报告之(见表 1 中实例 5)。

1.1.7.4 若所有稀释度的平均菌落数均小于 30，则应以按稀释度最低的平均菌落数乘以稀释倍数报告之(见表 1 中实例 6)。

1.1.7.5 若所有稀释度的平均菌落数均不在 30～300 之间，则应以最接近 30 或 300 的平均菌落数乘以稀释倍数报告之(见表 1 中实例 7)。

1.1.7.6 若所有稀释度的平板上均无菌落生长，则以未检出报告之。

1.1.7.7 如果所有平板上都菌落密布，不要用“多不可计”报告，而应在稀释度最大的平板上，任意数其中 2 个平板 1 cm^2 中的菌落数，除 2 求出每平方厘米内平均菌落数，乘以皿底面积 63.6 cm^2，再乘其稀释倍数作报告。

1.1.7.8 菌落计数的报告：菌落数在 100 以内时按实有数报告，大于 100 时，采用两位有效数字，在两位有效数字后面的数值，以四舍五入方法计算，为了缩短数字后面的零数也可用 10 的指数来表示(见表 1“报告方式”栏)。

表 1 稀释度选择及菌落总数报告方式

实 例	不同稀释度的平均菌落数			两个稀释度菌落数之比	菌落总数/(CFU/mL)	报告方式/(CFU/mL)
	10^{-1}	10^{-2}	10^{-3}			
1	1 365	164	20	—	16 400	16 000 或 1.6×10^4
2	2 760	295	46	1.6	37 750	38 000 或 3.8×10^4
3	2 890	271	60	2.2	27 100	27 000 或 2.7×10^4
4	150	30	8	2	1 500	1 500 或 1.5×10^3

表 1（续）

实 例	不同稀释度的平均菌落数			两个稀释度菌落数之比	菌落总数/(CFU/mL)	报告方式/(CFU/mL)
	10^{-1}	10^{-2}	10^{-3}			
5	多不可计	1 650	513	—	513 000	510 000 或 5.1×10^{5}
6	27	11	5	—	270	270 或 2.7×10^{2}
7	多不可计	305	12	—	30 500	31 000 或 3.1×10^{4}

2 总大肠菌群

2.1 多管发酵法

2.1.1 范围

本标准规定了用多管发酵法测定生活饮用水及其水源水中的总大肠菌群。

本法适用于生活饮用水及其水源水中总大肠菌群的测定。

2.1.2 术语和定义

下列术语和定义适用于本标准。

2.1.2.1

总大肠菌群 total coliforms

总大肠菌群指一群在37℃培养24 h能发酵乳糖、产酸产气、需氧和兼性厌氧的革兰氏阴性无芽孢杆菌。

2.1.3 培养基与试剂

2.1.3.1 乳糖蛋白胨培养液

2.1.3.1.1 成分

A 蛋白胨 10 g

B 牛肉膏 3 g

C 乳糖 5 g

D 氯化钠 5 g

E 溴甲酚紫乙醇溶液(16 g/L) 1 mL

F 蒸馏水 1 000 mL

2.1.3.1.2 制法

将蛋白胨、牛肉膏、乳糖及氯化钠溶于蒸馏水中，调整pH为7.2～7.4，再加入1 mL 16 g/L的溴甲酚紫乙醇溶液，充分混匀，分装于装有倒管的试管中，68.95 kPa（115℃，10 lb）高压灭菌20 min，贮存于冷暗处备用。

2.1.3.2 二倍浓缩乳糖蛋白胨培养液

按上述乳糖蛋白胨培养液(2.1.3.1)，除蒸馏水外，其他成分量加倍。

2.1.3.3 伊红美蓝培养基

2.1.3.3.1 成分

A 蛋白胨 10 g

B 乳糖 10 g

C 磷酸氢二钾 2 g

D 琼脂 20 g～30 g

E 蒸馏水 1 000 mL

F 伊红水溶液(20 g/L) 20 mL

G　美蓝水溶液(5 g/L)　　13 mL

2.1.3.3.2　**制法**

将蛋白胨、磷酸盐和琼脂溶解于蒸馏水中，校正 pH 为 7.2，加入乳糖，混匀后分装，以 68.95 kPa (115℃，10 lb)高压灭菌 20 min。临用时加热融化琼脂，冷至 50℃～55℃，加入伊红和美蓝溶液，混匀，倾注平皿。

2.1.3.4　**革兰氏染色液**

2.1.3.4.1　**结晶紫染色液**

A　成分：

a　结晶紫　　1 g

b　乙醇(95%，体积分数)　　20 mL

c　草酸铵水溶液(10 g/L)　　80 mL

B　制法：将结晶紫溶于乙醇中，然后与草酸铵溶液混合。

注：结晶紫不可用龙胆紫代替，前者是纯品，后者不是单一成分，易出现假阳性。结晶紫溶液放置过久会产生沉淀，不能再用。

2.1.3.4.2　**革兰氏碘液**

A　成分：

a　碘　　1 g

b　碘化钾　　2 g

c　蒸馏水　　300 mL

B　制法：将碘和碘化钾先进行混合，加入蒸馏水少许，充分振摇，待完全溶解后，再加蒸馏水。

2.1.3.4.3　**脱色剂**

乙醇(95%，体积分数)。

2.1.3.4.4　**沙黄复染液**

A　成分：

a　沙黄　　0.25 g

b　乙醇(95%，体积分数)　　10 mL

c　蒸馏水　　90 mL

B　制法：将沙黄溶解于乙醇中，待完全溶解后加入蒸馏水。

2.1.3.4.5　**染色法**

A　将培养 18 h～24 h 的培养物涂片。

B　将涂片在火焰上固定，滴加结晶紫染色液，染 1 min，水洗。

C　滴加革兰氏碘液，作用 1 min，水洗。

D　滴加脱色剂，摇动玻片，直至无紫色脱落为止，约 30 s，水洗。

E　滴加复染剂，复染 1 min，水洗，待干，镜检。

2.1.4　**仪器**

2.1.4.1　培养箱：36℃±1℃。

2.1.4.2　冰箱：0℃～4℃。

2.1.4.3　天平。

2.1.4.4　显微镜。

2.1.4.5　平皿：直径为 9 cm。

2.1.4.6　试管。

2.1.4.7　分度吸管：1 mL，10 mL。

2.1.4.8 锥形瓶。

2.1.4.9 小倒管。

2.1.4.10 载玻片。

2.1.5 **检验步骤**

2.1.5.1 **乳糖发酵试验**

2.1.5.1.1 取10 mL水样接种到10 mL双料乳糖蛋白胨培养液中,取1 mL水样接种到10 mL单料乳糖蛋白胨培养液中,另取1 mL水样注入到9 mL灭菌生理盐水中,混匀后吸取1 mL(即0.1 mL水样)注入到10 mL单料乳糖蛋白胨培养液中,每一稀释度接种5管。

对已处理过的出厂自来水,需经常检验或每天检验一次的,可直接种5份10 mL水样双料培养基,每份接种10 mL水样。

2.1.5.1.2 检验水源水时,如污染较严重,应加大稀释度,可接种1,0.1,0.01 mL甚至0.1,0.01,0.001 mL,每个稀释度接种5管,每个水样共接种15管。接种1 mL以下水样时,必须作10倍递增稀释后,取1 mL接种,每递增稀释一次,换用1支1 mL灭菌刻度吸管。

2.1.5.1.3 将接种管置36℃±1℃培养箱内,培养24 h±2 h,如所有乳糖蛋白胨培养管都不产气产酸,则可报告为总大肠菌群阴性,如有产酸产气者,则按下列步骤进行。

2.1.5.2 **分离培养**

将产酸产气的发酵管分别转种在伊红美蓝琼脂平板上,于36℃±1℃培养箱内培养18h~24h,观察菌落形态,挑取符合下列特征的菌落作革兰氏染色、镜检和证实试验。

深紫黑色、具有金属光泽的菌落;

紫黑色、不带或略带金属光泽的菌落;

淡紫红色、中心较深的菌落。

2.1.5.3 **证实试验**

经上述染色镜检为革兰氏阴性无芽孢杆菌,同时接种乳糖蛋白胨培养液,置36℃±1℃培养箱中培养24 h±2 h,有产酸产气者,即证实有总大肠菌群存在。

2.1.6 **结果报告**

根据证实为总大肠菌群阳性的管数,查MPN(most probable number,最可能数)检索表,报告每100 mL水样中的总大肠菌群最可能数(MPN)值。5管法结果见表2,15管法结果见表3。稀释样品查表后所得结果应乘稀释倍数。如所有乳糖发酵管均阴性时,可报告总大肠菌群未检出。

表2 用5份10 mL水样时各种阳性和阴性结果组合时的最可能数(MPN)

5个10 mL管中阳性管数	最可能数(MPN)
0	<2.2
1	2.2
2	5.1
3	9.2
4	16.0
5	>16

表 3 总大肠菌群 MPN 检索表

(总接种量 55.5 mL,其中 5 份 10 mL 水样,5 份 1 mL 水样,5 份 0.1 mL 水样)

接种量/mL			总大肠菌群/(MPN/100 mL)	接种量/mL			总大肠菌群/(MPN/100 mL)
10	1	0.1		10	1	0.1	
0	0	0	<2	1	0	0	2
0	0	1	2	1	0	1	4
0	0	2	4	1	0	2	6
0	0	3	5	1	0	3	8
0	0	4	7	1	0	4	10
0	0	5	9	1	0	5	12
0	1	0	2	1	1	0	4
0	1	1	4	1	1	1	6
0	1	2	6	1	1	2	8
0	1	3	7	1	1	3	10
0	1	4	9	1	1	4	12
0	1	5	11	1	1	5	14
0	2	0	4	1	2	0	6
0	2	1	6	1	2	1	8
0	2	2	7	1	2	2	10
0	2	3	9	1	2	3	12
0	2	4	11	1	2	4	15
0	2	5	13	1	2	5	17
0	3	0	6	1	3	0	8
0	3	1	7	1	3	1	10
0	3	2	9	1	3	2	12
0	3	3	11	1	3	3	15
0	3	4	13	1	3	4	17
0	3	5	15	1	3	5	19
0	4	0	8	1	4	0	11
0	4	1	9	1	4	1	13
0	4	2	11	1	4	2	15
0	4	3	13	1	4	3	17
0	4	4	15	1	4	4	19
0	4	5	17	1	4	5	22
0	5	0	9	1	5	0	13
0	5	1	11	1	5	1	15
0	5	2	13	1	5	2	17
0	5	3	15	1	5	3	19
0	5	4	17	1	5	4	22
0	5	5	19	1	5	5	24

表 3（续）

接种量/mL			总大肠菌群/(MPN/100 mL)	接种量/mL			总大肠菌群/(MPN/100 mL)
10	1	0.1		10	1	0.1	
2	0	0	5	3	0	0	8
2	0	1	7	3	0	1	11
2	0	2	9	3	0	2	13
2	0	3	12	3	0	3	16
2	0	4	14	3	0	4	20
2	0	5	16	3	0	5	23
2	1	0	7	3	1	0	11
2	1	1	9	3	1	1	14
2	1	2	12	3	1	2	17
2	1	3	14	3	1	3	20
2	1	4	17	3	1	4	23
2	1	5	19	3	1	5	27
2	2	0	9	3	2	0	14
2	2	1	12	3	2	1	17
2	2	2	14	3	2	2	20
2	2	3	17	3	2	3	24
2	2	4	19	3	2	4	27
2	2	5	22	3	2	5	31
2	3	0	12	3	3	0	17
2	3	1	14	3	3	1	21
2	3	2	17	3	3	2	24
2	3	3	20	3	3	3	28
2	3	4	22	3	3	4	32
2	3	5	25	3	3	5	36
2	4	0	15	3	4	0	21
2	4	1	17	3	4	1	24
2	4	2	20	3	4	2	28
2	4	3	23	3	4	3	32
2	4	4	25	3	4	4	36
2	4	5	28	3	4	5	40
2	5	0	17	3	5	0	25
2	5	1	20	3	5	1	29
2	5	2	23	3	5	2	32
2	5	3	26	3	5	3	37
2	5	4	29	3	5	4	41
2	5	5	32	3	5	5	45

表 3（续）

接种量/mL			总大肠菌群/(MPN/100 mL)	接种量/mL			总大肠菌群/(MPN/100 mL)
10	1	0.1		10	1	0.1	
4	0	0	13	5	0	0	23
4	0	1	17	5	0	1	31
4	0	2	21	5	0	2	43
4	0	3	25	5	0	3	58
4	0	4	30	5	0	4	76
4	0	5	36	5	0	5	95
4	1	0	17	5	1	0	33
4	1	1	21	5	1	1	46
4	1	2	26	5	1	2	63
4	1	3	31	5	1	3	84
4	1	4	36	5	1	4	110
4	1	5	42	5	1	5	130
4	2	0	22	5	2	0	49
4	2	1	26	5	2	1	70
4	2	2	32	5	2	2	94
4	2	3	38	5	2	3	120
4	2	4	44	5	2	4	150
4	2	5	50	5	2	5	180
4	3	0	27	5	3	0	79
4	3	1	33	5	3	1	110
4	3	2	39	5	3	2	140
4	3	3	45	5	3	3	180
4	3	4	52	5	3	4	210
4	3	5	59	5	3	5	250
4	4	0	34	5	4	0	130
4	4	1	40	5	4	1	170
4	4	2	47	5	4	2	220
4	4	3	54	5	4	3	280
4	4	4	62	5	4	4	350
4	4	5	69	5	4	5	430
4	5	0	41	5	5	0	240
4	5	1	48	5	5	1	350
4	5	2	56	5	5	2	540
4	5	3	64	5	5	3	920
4	5	4	72	5	5	4	1 600
4	5	5	81	5	5	5	>1 600

2.2 滤膜法

2.2.1 范围

本标准规定了用滤膜法测定生活饮用水及其水源水中的总大肠菌群。

本法适用于生活饮用水及其水源水中总大肠菌群的测定。

2.2.2 术语和定义

下列术语和定义适用于本标准。

2.2.2.1

总大肠菌群滤膜法 membrane filter technique for total coliforms

总大肠菌群滤膜法是指用孔径为 0.45 μm 的微孔滤膜过滤水样，将滤膜贴在添加乳糖的选择性培养基上 37℃培养 24 h，能形成特征性菌落的需氧和兼性厌氧的革兰氏阴性无芽胞杆菌以检测水中总大肠菌群的方法。

2.2.3 培养基与试剂

2.2.3.1 品红亚硫酸钠培养基

2.2.3.1.1 成分

A 蛋白胨	10 g
B 酵母浸膏	5 g
C 牛肉膏	5 g
D 乳糖	10 g
E 琼脂	15 g～20 g
F 磷酸氢二钾	3.5 g
G 无水亚硫酸钠	5 g
H 碱性品红乙醇溶液(50 g/L)	20 mL
I 蒸馏水	1 000 mL

2.2.3.1.2 储备培养基的制备

先将琼脂加到 500 mL 蒸馏水中，煮沸溶解，于另 500 mL 蒸馏水中加入磷酸氢二钾、蛋白胨、酵母浸膏和牛肉膏，加热溶解，倒入已溶解的琼脂，补足蒸馏水至 1 000 mL，混匀后调 pH 为 7.2～7.4，再加入乳糖，分装，68.95 kPa (115℃，10 lb)高压灭菌 20 min，储存于冷暗处备用。

本培养基也可不加琼脂，制成液体培养基，使用时加 2 mL～3 mL 于灭菌吸收垫上，再将滤膜置于培养垫上培养。

2.2.3.1.3 平皿培养基的配制

将上法制备的储备培养基加热融化，用灭菌吸管按比例吸取一定量的 50 g/L 的碱性品红乙醇溶液置于灭菌空试管中，再按比例称取所需的无水亚硫酸钠置于另一灭菌试管中，加灭菌水少许，使其溶解后，置沸水浴中煮沸 10 min 以灭菌。

用灭菌吸管吸取已灭菌的亚硫酸钠溶液，滴加于碱性品红乙醇溶液至深红色退成淡粉色为止，将此亚硫酸钠与碱性品红的混合液全部加到已融化的储备培养基内，并充分混匀(防止产生气泡)，立即将此种培养基 15 mL 倾入已灭菌的空平皿内。待冷却凝固后置冰箱内备用。此种已制成的培养基于冰箱内保存不宜超过两周。如培养基已由淡粉色变成深红色，则不能再用。

2.2.3.2 乳糖蛋白胨培养液

同 2.1.3.1。

2.2.4 仪器

2.2.4.1 滤器。

2.2.4.2 滤膜，孔径 0.45 μm。

2.2.4.3 抽滤设备。

2.2.4.4 无齿镊子。

2.2.4.5 其他仪器同多管发酵法 2.1.4。

2.2.5 检验步骤

2.2.5.1 准备工作

2.2.5.1.1 滤膜灭菌:将滤膜放入烧杯中,加入蒸馏水,置于沸水浴中煮沸灭菌 3 次,每次 15 min。前两次煮沸后需更换水洗涤 2 次～3 次,以除去残留溶剂。

2.2.5.1.2 滤器灭菌:用点燃的酒精棉球火焰灭菌。也可用蒸汽灭菌器 103.43 kPa (121℃,15 lb) 高压灭菌 20 min。

2.2.5.2 过滤水样

用无菌镊子夹取灭菌滤膜边缘部分,将粗糙面向上,贴放在已灭菌的滤床上,固定好滤器,将 100 mL水样(如水样含菌数较多,可减少过滤水样量,或将水样稀释)注入滤器中,打开滤器阀门,在 -5.07×10^4 Pa(负 0.5 大气压)下抽滤。

2.2.5.3 培养

水样滤完后,再抽气约 5 s,关上滤器阀门,取下滤器,用灭菌镊子夹取滤膜边缘部分,移放在品红亚硫酸钠培养基上,滤膜截留细菌面向上,滤膜应与培养基完全贴紧,两者间不得留有气泡,然后将平皿倒置,放入 37℃恒温箱内培养 24 h±2 h。

2.2.6 结果观察与报告

2.2.6.1 挑取符合下列特征菌落进行革兰氏染色、镜检:

紫红色、具有金属光泽的菌落;

深红色、不带或略带金属光泽的菌落;

淡红色、中心色较深的菌落。

2.2.6.1.1 凡革兰氏染色为阴性的无芽胞杆菌,再接种乳糖蛋白胨培养液,于 37℃培养 24h,有产酸产气者,则判定为总大肠菌群阳性。

2.2.6.1.2 按式(1)计算滤膜上生长的总大肠菌群数,以每 100 mL 水样中的总大肠菌群数(CFU/100 mL)报告之。

$$\text{总大肠菌群菌落数(CFU/100 mL)} = \frac{\text{数出的总大肠菌群菌落数} \times 100}{\text{过滤的水样体积(mL)}} \quad \cdots\cdots\cdots\cdots(1)$$

2.3 酶底物法

2.3.1 范围

本标准规定了用酶底物法测定生活饮用水及其水源水中的总大肠菌群。

本法适用于生活饮用水及其水源水中总大肠菌群的检测。

本法可在 24 h 判断水样中是否含有总大肠菌群及含有的总大肠菌群的最可能数(MPN)。

本法可同时检测大肠埃希氏菌,见大肠埃希氏菌检测(4.3)。

2.3.2 术语和定义

下列术语和定义适用于本标准。

2.3.2.1

总大肠菌群酶底物法 enzyme substrate technique for total coliforms

总大肠菌群酶底物法是指在选择性培养基上能产生 β-半乳糖苷酶(β-D-galactosidase)的细菌群组,该细菌群组能分解色原底物释放出色原体使培养基呈现颜色变化,以此技术来检测水中总大肠菌群的方法。

2.3.3 培养基与试剂

2.3.3.1 培养基

在本标准中酶底物法采用固定底物技术(Defined Substrate Technology,DST),本方法采用 Minimal Medium ONPG-MUG (MMO-MUG)培养基,可选用市售商品化制品。每 1 000 mL MMO-MUG

培养基所含基本成分为:

A	硫酸铵 [$(NH_4)_2SO_4$]	5.0 g
B	硫酸锰 ($MnSO_4$)	0.5 mg
C	硫酸锌 ($ZnSO_4$)	0.5 mg
D	硫酸镁 ($MgSO_4$)	100 mg
E	氯化钠 (NaCl)	10 g
F	氯化钙 ($CaCl_2$)	50 mg
G	亚硫酸钠 (Na_2SO_3)	40 mg
H	两性霉素 B (Amphotericin B)	1 mg
I	邻硝基苯-β-D-吡喃半乳糖苷(ONPG)	500 mg
J	4-甲基伞形酮-β-D-葡萄糖醛酸苷(MUG)	75 mg
K	茄属植物萃取物(Solanium 萃取物)	500 mg
L	N-2-羟乙基哌嗪-N-2-乙磺酸钠盐(HEPES 钠盐)	5.3 g
M	N-2-羟乙基哌嗪-N-2-乙磺酸 (HEPES)	6.9 g

2.3.3.2 **生理盐水**

8.5 g/L 的生理盐水,用于稀释样品。

成分:氯化钠 8.5 g

蒸馏水加至 1 000 mL

溶解后,分装到稀释瓶内,每瓶 90 mL,103.43 kPa (121℃,15 lb)20 min 高压灭菌。

2.3.4 **仪器设备**

2.3.4.1 量筒:100 mL、500 mL、1 000 mL。

2.3.4.2 吸管:1 mL、5 mL 及 10 mL 的无菌玻璃吸管或塑料一次性吸管。

2.3.4.3 稀释瓶:100 mL、250 mL、500 mL 及 1 000 mL 能耐高压的灭菌玻璃瓶。

2.3.4.4 试管:可高压灭菌的玻璃或塑料试管,大小约 15 mm×10 cm。

2.3.4.5 培养箱:36℃±1℃。

2.3.4.6 高压蒸汽灭菌器。

2.3.4.7 干热灭菌器(烤箱)。

2.3.4.8 定量盘:定量培养用无菌塑料盘,含 51 个孔穴,每一孔穴可容纳 2 mL 水样。

2.3.4.9 程控定量封口机:用于 51 孔或 97 孔法(MPN 法,最可能数法)定量盘的封口。

2.3.5 **检验步骤**

2.3.5.1 **水样稀释**

检测所需水样为 100 mL。若水样污染严重,可对水样进行稀释。取 10 mL 水样加入到 90 mL 灭菌生理盐水中,必要时可加大稀释度。

2.3.5.2 **定性反应**

用 100 mL 的无菌稀释瓶量取 100 mL 水样,加入 2.7 g±0.5 g MMO-MUG 培养基粉末,混摇均匀使之完全溶解后,放入 36℃±1℃的培养箱内培养 24 h。

2.3.5.3 **10 管法**

2.3.5.3.1 用 100 mL 的无菌稀释瓶量取 100 mL 水样,加入 2.7 g±0.5 g MMO-MUG 培养基粉末,混摇均匀使之完全溶解。

2.3.5.3.2 准备 10 支 15 mm×10 cm 或适当大小的灭菌试管,用无菌吸管分别从前述稀释瓶中吸取 10 mL 水样至各试管中,放入 36℃±1℃的培养箱中培养 24 h。

2.3.5.4 **51 孔定量盘法**

2.3.5.4.1 用 100 mL 的无菌稀释瓶量取 100 mL 水样,加入 2.7 g±0.5 g MMO-MUG 培养基粉末,

混摇均匀使之完全溶解。

2.3.5.4.2　将前述 100 mL 水样全部倒入 51 孔无菌定量盘内，以手抚平定量盘背面以赶除孔穴内气泡，然后用程控定量封口机封口。放入 36℃±1℃的培养箱中培养 24 h。

2.3.6　结果报告

2.3.6.1　结果判读

将水样培养 24 h 后进行结果判读，如果结果为可疑阳性，可延长培养时间到 28 h 进行结果判读，超过 28 h 之后出现的颜色反应不作为阳性结果。

2.3.6.2　定性反应

水样经 24 h 培养之后如果颜色变成黄色，判断为阳性反应，表示水中含有总大肠菌群。水样颜色未发生变化，判断为阴性反应。定性反应结果以总大肠菌群检出或未检出报告。

2.3.6.3　10 管法

2.3.6.3.1　将培养 24 h 之后的试管取出观察，如果试管内水样变成黄色则表示该试管含有总大肠菌群。

2.3.6.3.2　计算有黄色反应的试管数，对照表 4 查出其代表的总大肠菌群最可能数（MPN）。结果以 MPN/100 mL 表示。如所有管未产生黄色，则可报告为总大肠菌群未检出。

表 4　10 管法不同阳性结果的最可能数（MPN）及 95%可信范围

阳性试管数	总大肠菌群（MPN/100 mL）	95%可信范围	
		下　限	上　限
0	<1.1	0	3.0
1	1.1	0.03	5.9
2	2.2	0.26	8.1
3	3.6	0.69	10.6
4	5.1	1.3	13.4
5	6.9	2.1	16.8
6	9.2	3.1	21.1
7	12.0	4.3	27.1
8	16.1	5.9	36.8
9	23.0	8.1	59.5
10	>23.0	13.5	—

2.3.6.4　51 孔定量盘法

2.3.6.4.1　将培养 24 h 之后的定量盘取出观察，如果孔穴内的水样变成黄色则表示该孔穴中含有总大肠菌群。

2.3.6.4.2　计算有黄色反应的孔穴数，对照表 5 查出其代表的总大肠菌群最可能数（MPN）。结果以 MPN/100 mL 表示。如所有孔未产生黄色，则可报告为总大肠菌群未检出。

表 5　51 孔定量盘法不同阳性结果的最可能数(MPN)及 95%可信范围

阳性数	总大肠菌群/(MPN/100 mL)	95%可信范围	
		下限	上限
0	<1	0.0	3.7
1	1.0	0.3	5.6
2	2.0	0.6	7.3
3	3.1	1.1	9.0
4	4.2	1.7	10.7
5	5.3	2.3	12.3
6	6.4	3.0	13.9
7	7.5	3.7	15.5
8	8.7	4.5	17.1
9	9.9	5.3	18.8
10	11.1	6.1	20.5
11	12.4	7.0	22.1
12	13.7	7.9	23.9
13	15.0	8.8	25.7
14	16.4	9.8	27.5
15	17.8	10.8	29.4
16	19.2	11.9	31.3
17	20.7	13.0	33.3
18	22.2	14.1	35.2
19	23.8	15.3	37.3
20	25.4	16.5	39.4
21	27.1	17.7	41.6
22	28.8	19.0	43.9
23	30.6	20.4	46.3
24	32.4	21.8	48.7
25	34.4	23.3	51.2
26	36.4	24.7	53.9
27	38.4	26.4	56.6
28	40.6	28.0	59.5
29	42.9	29.7	62.5
30	45.3	31.5	65.6
31	47.8	33.4	69.0
32	50.4	35.4	72.5
33	53.1	37.5	76.2

表 5（续）

阳 性 数	总大肠菌群/（MPN/100 mL）	95％可信范围	
		下 限	上 限
34	56.0	39.7	80.1
35	59.1	42.0	84.4
36	62.4	44.6	88.8
37	65.9	47.2	93.7
38	69.7	50.0	99.0
39	73.8	53.1	104.8
40	78.2	56.4	111.2
41	83.1	59.9	118.3
42	88.5	63.9	126.2
43	94.5	68.2	135.4
44	101.3	73.1	146.0
45	109.1	78.6	158.7
46	118.4	85.0	174.5
47	129.8	92.7	195.0
48	144.5	102.3	224.1
49	165.2	115.2	272.2
50	200.5	135.8	387.6
51	＞200.5	146.1	—

3 耐热大肠菌群

3.1 多管发酵法

3.1.1 范围

本标准规定了用多管发酵法测定生活饮用水及其水源水中的耐热大肠菌群。

本法适用于生活饮用水及其水源水中耐热大肠菌群的测定。

3.1.2 术语和定义

下列术语和定义适用于本标准。

3.1.2.1

耐热大肠菌群 thermotolerant coliform bacteria

用提高培养温度的方法将自然环境中的大肠菌群与粪便中的大肠菌群区分开，在 44.5℃仍能生长的大肠菌群，称为耐热大肠菌群。

3.1.3 培养基与试剂

3.1.3.1 EC 培养基

3.1.3.1.1 成分：

A 胰蛋白胨 20 g

B 乳糖 5 g

C 3 号胆盐或混合胆盐 1.5 g

D 磷酸氢二钾 4 g

E 磷酸二氢钾 1.5 g

F 氯化钠 5 g

G 蒸馏水 1 000 mL

3.1.3.1.2 制法：将上述成分溶解于蒸馏水中，分装到带有倒管的试管中，68.95 kPa（115℃，10 lb）高压灭菌 20 min，最终 pH 为 6.9±0.2。

3.1.3.2 伊红美蓝琼脂

同 2.1.3.3。

3.1.4 仪器

3.1.4.1 恒温水浴：44.5℃±0.5℃或隔水式恒温培养箱。

3.1.4.2 其他同总大肠菌群多管发酵法（2.1.4.1～2.1.4.9）。

3.1.5 检验步骤

3.1.5.1 自总大肠菌群乳糖发酵试验中的阳性管（产酸产气）中取 1 滴转种于 EC 培养基中，置 44.5℃水浴箱或隔水式恒温培养箱内（水浴箱的水面应高于试管中培养基液面），培养 24 h±2 h，如所有管均不产气，则可报告为阴性，如有产气者，则转种于伊红美蓝琼脂平板上，置 44.5℃培养 18 h～24 h，凡平板上有典型菌落者，则证实为耐热大肠菌群阳性。

3.1.5.2 如检测未经氯化消毒的水，且只想检测耐热大肠菌群时，或调查水源水的耐热大肠菌群污染时，可用直接多管耐热大肠菌群方法，即在第一步乳糖发酵试验时按总大肠菌群 2.1.5.1 接种乳糖蛋白胨培养液在 44.5℃±0.5℃水浴中培养，以下步骤同 3.1.5.1。

3.1.6 结果报告

根据证实为耐热大肠菌群的阳性管数，查最可能数（MPN）检索表，报告每 100 mL 水样中耐热大肠菌群的最可能数（MPN）值。

3.2 滤膜法

3.2.1 范围

本标准规定了用滤膜法测定生活饮用水及低浊度水源水中的耐热大肠菌群。

本法适用于生活饮用水及低浊度水源水中耐热大肠菌群的测定。

3.2.2 术语和定义

下列术语和定义适用于本标准。

3.2.2.1

耐热大肠菌群滤膜法 membrane filter technique for thermotolerant coliform bacteria

耐热大肠菌群滤膜法是指用孔径为 0.45 μm 的滤膜过滤水样，细菌被阻留在膜上，将滤膜贴在添加乳糖的选择性培养基上，44.5℃培养 24 h 能形成特征性菌落以此来检测水中耐热大肠菌群的方法。

3.2.3 培养基与试剂

3.2.3.1 MFC 培养基

3.2.3.1.1 成分

A 胰胨 10 g

B 多胨 5 g

C 酵母浸膏 3 g

D 氯化钠 5 g

E 乳糖 12.5 g

F 3 号胆盐或混合胆盐 1.5 g

G 琼脂 15 g

H 苯胺蓝 0.2 g

I 蒸馏水 1 000 mL

3.2.3.1.2　**制法**

在 1 000 mL 蒸馏水中先加入玫红酸(10 g/L)的 0.2 mol/L 氢氧化钠溶液 10 mL，混匀后，取 500 mL加入琼脂煮沸溶解，于另外 500 mL 蒸馏水中，加入除苯胺蓝以外的其他试剂，加热溶解，倒入已溶解的琼脂，混匀调 pH 为 7.4，加入苯胺蓝煮沸，迅速离开热源，待冷却至 60℃左右，制成平板，不可高压灭菌。

制好的培养基应存放于 2℃～10℃，不超过 96 h。

本培养基也可不加琼脂，制成液体培养基，使用时加 2 mL～3 mL 于灭菌吸收垫上，再将滤膜置于培养垫上培养。

3.2.3.2　**EC 培养基**

同 3.1.3.1。

3.2.4　**仪器**

3.2.4.1　隔水式恒温培养箱或恒温水浴。

3.2.4.2　玻璃或塑料培养皿：60 mm×15 mm 或 50 mm×12 mm。

3.2.4.3　其他仪器同 2.2.4。

3.2.5　**检验步骤**

3.2.5.1　准备工作 同 2.2.5.1。

3.2.5.2　过滤水样 同 2.2.5.2。

3.2.5.3　培养：水样滤完后，再抽气约 5 s，关上滤器阀门，取下滤器，用灭菌镊子夹取滤膜边缘部分，移放在 MFC 培养基上，滤膜截留细菌面向上，滤膜应与培养基完全贴紧，两者间不得留有气泡，然后将平皿倒置，放入 44.5℃隔水式培养箱内培养 24 h±2 h。如使用恒温水浴，则需用塑料平皿，将皿盖紧，或用防水胶带贴封每个平皿，将培养皿成叠封入塑料袋内，浸到 44.5℃恒温水浴里，培养 24 h±2 h。耐热大肠菌群在此培养基上菌落为蓝色，非耐热大肠菌群菌落为灰色至奶油色。

3.2.5.4　对可疑菌落转种 EC 培养基，44.5℃培养 24 h±2 h，如产气则证实为耐热大肠菌群。

3.2.6　**结果报告**

计数被证实的耐热大肠菌落数，水中耐热大肠菌群数系以 100 mL 水样中耐热大肠菌群菌落形成单位(CFU)表示，见式(2)。

$$\text{耐热大肠菌菌落数(CFU/100 mL)} = \frac{\text{所计得的耐热大肠菌菌落数} \times 100}{\text{过滤的水样体积(mL)}} \quad \cdots\cdots(2)$$

4　大肠埃希氏菌

4.1　多管发酵法

4.1.1　**范围**

本标准规定了用多管发酵法测定生活饮用水及其水源水中的大肠埃希氏菌。

本法适用于生活饮用水及其水源水中大肠埃希氏菌的测定。

4.1.2　**术语和定义**

下列术语和定义适用于本标准。

4.1.2.1

大肠埃希氏菌多管发酵法　multiple tube fermentation technique for *Escherichia coli*

大肠埃希氏菌多管发酵法是指多管发酵法总大肠菌群阳性，在含有荧光底物的培养基上 44.5℃培养 24 h 产生 β-葡萄糖醛酸酶(β-glucuronidase)，分解荧光底物释放出荧光产物，使培养基在紫外光下产生特征性荧光的细菌，以此来检测水中大肠埃希氏菌的方法。

4.1.3　**培养基与试剂**

4.1.3.1　**EC-MUG 培养基**

4.1.3.1.1 **成分**

A 胰蛋白胨	20.0 g
B 乳糖	5.0 g
C 3号胆盐或混合胆盐	1.5 g
D 磷酸氢二钾	4.0 g
E 磷酸二氢钾	1.5 g
F 氯化钠	5.0 g
G 4-甲基伞形酮-β-D-葡萄糖醛酸苷(MUG)	0.05 g

4.1.3.1.2 **制法**

将干燥成分加入水中,充分混匀,加热溶解,在366 nm紫外光下检查无自发荧光后分装于试管中,68.95 kPa (115℃,10 lb)高压灭菌20 min,最终pH为6.9±0.2。

4.1.4 **仪器**

4.1.4.1 紫外光灯:6 W、波长366 nm的紫外灯,用于观测荧光反应。

4.1.4.2 培养箱:36℃±1℃。

4.1.4.3 天平。

4.1.4.4 平皿:直径为9 cm。

4.1.4.5 试管。

4.1.4.6 分度吸管:1 mL,10 mL。

4.1.4.7 锥形瓶。

4.1.4.8 小倒管。

4.1.4.9 金属接种环。

4.1.4.10 冰箱:0℃~4℃。

4.1.5 **检验步骤**

4.1.5.1 **接种**

将总大肠菌群多管发酵法初发酵产酸或产气的管进行大肠埃希氏菌检测。用烧灼灭菌的金属接种环或无菌棉签将上述试管中液体接种到EC-MUG管中。

4.1.5.2 **培养**

将已接种的EC-MUG管在培养箱或恒温水浴中44.5℃±0.5℃培养24 h±2 h。如使用恒温水浴,在接种后30 min内进行培养,使水浴的液面超过EC-MUG管的液面。

4.1.6 **结果观察与报告**

将培养后的EC-MUG管在暗处用波长为366 nm功率为6 W的紫外光灯照射,如果有蓝色荧光产生则表示水样中含有大肠埃希氏菌。

计算EC-MUG阳性管数,查对应的最可能数(MPN)表得出大肠埃希氏菌的最可能数,结果以MPN/100 mL报告。

4.2 **滤膜法**

4.2.1 **范围**

本标准规定了用滤膜法测定生活饮用水及其水源水中的大肠埃希氏菌。

本法适用于生活饮用水及其水源水中大肠埃希氏菌的测定。

4.2.2 **术语和定义**

下列术语和定义适用于本标准。

4.2.2.1

大肠埃希氏菌滤膜法 membrane filter technique for *Escherichia coli*

用滤膜法检测水样后,将总大肠菌群阳性的滤膜在含有荧光底物的培养基上培养,能产生β-葡萄糖醛酸酶分解荧光底物释放出荧光产物,使菌落能够在紫外光下产生特征性荧光,以此来检测水中大肠埃希氏菌的方法。

4.2.3 培养基与试剂

4.2.3.1 MUG 营养琼脂培养基(NA-MUG)

4.2.3.1.1 成分

A	蛋白胨	5.0 g
B	牛肉浸膏	3.0 g
C	琼脂	15.0 g
D	4-甲基伞形酮-β-D-葡萄糖醛酸苷(MUG)	0.1 g
E	蒸馏水	1 000 mL

4.2.3.1.2 制法

将干燥成分加入水中,充分混匀,加热溶解,103.43 kPa (121℃,15 lb)高压灭菌 15 min,最终 pH 为6.8±0.2。在无菌操作条件下倾倒直径 50 mm 平板备用。倾倒好的平板在 4℃条件下可保存两个星期。

本培养基也可不加琼脂,制成液体培养基,使用时加 2 mL～3 mL 于灭菌吸收垫上,再将滤膜置于培养垫上培养。

4.2.4 仪器

4.2.4.1 紫外光灯:6 W、波长 366 nm 的紫外灯,用于观测荧光反应。

4.2.4.2 其他仪器同 2.2.4。

4.2.5 检验步骤

4.2.5.1 接种

将总大肠菌群滤膜法有典型菌落生长的滤膜进行大肠埃希氏菌检测。在无菌操作条件下将滤膜转移到 NA-MUG 平板上,细菌截留面朝上,进行培养。

4.2.5.2 培养

将已接种的 NA-MUG 平板 36℃±1℃培养 4h。

4.2.6 结果观察与报告

将培养后的 NA-MUG 平板在暗处用波长为 366 nm 功率为 6W 的紫外光灯照射,如果菌落边缘或菌落背面有蓝色荧光产生则表示水样中含有大肠埃希氏菌。

记录有蓝色荧光产生的菌落数并报告,报告格式同总大肠菌群滤膜法格式。

4.3 酶底物法

4.3.1 范围

本标准规定了用酶底物法测定生活饮用水及其水源水中的大肠埃希氏菌。

本法适用于生活饮用水及其水源水中大肠埃希氏菌的检测。

本法可在 24 h 判断水样中是否含有大肠埃希氏菌及含有的大肠埃希氏菌的最可能数(MPN)值。

本法可同时检测总大肠菌群,方法见 2.3。

4.3.2 术语和定义

下列术语和定义适用于本标准。

4.3.2.1

大肠埃希氏菌酶底物法 enzyme substrate technique for *Escherichia coli*

在选择性培养基上能产生 β-半乳糖苷酶(β-D-galactosidase)分解色原底物释放出色原体使培养基呈现颜色变化,并能产生 β-葡萄糖醛酸酶(β-glucuronidase)分解荧光底物释放出荧光产物,使菌落能够在紫外光下产生特征性荧光;以此技术来检测大肠埃希氏菌的方法为大肠埃希氏菌酶底物法。

4.3.3 **培养基与试剂**

培养基与试剂同2.3.3。

4.3.4 **仪器设备**

4.3.4.1 紫外光灯:6 W、波长366 nm的紫外灯,用于观测荧光反应。

4.3.4.2 其他仪器同2.3.4。

4.3.5 **检验步骤**

检验步骤同2.3.5。

4.3.6 **结果观察与报告**

4.3.6.1 **结果判读**

结果判读同2.3.6.1,对照表同表4与表5。水样变黄色同时有蓝色荧光判断为大肠埃希氏菌阳性,水样未变黄色而有荧光产生不判定为大肠埃希氏菌阳性。

4.3.6.2 **定性反应**

将经过24 h培养颜色变成黄色的水样在暗处用波长为366 nm的紫外光灯照射,如果有蓝色荧光产生判断为阳性反应,表示水中含有大肠埃希氏菌。水样未产生蓝色荧光判断为阴性反应。结果以大肠埃希氏菌检出或未检出报告。

4.3.6.3 **10管法**

4.3.6.3.1 将培养24 h颜色变成黄色的水样的试管在暗处用波长为366 nm的紫外光灯照射,如果有蓝色荧光产生则表示有大肠埃希氏菌存在。

4.3.6.3.2 计算有荧光反应的试管数,对照表4查出其代表的大肠埃希氏菌最可能数。结果以MPN/100 mL表示。如所有管未产生荧光,则可报告为大肠埃希氏菌未检出。

4.3.6.4 **51孔定量盘法**

4.3.6.4.1 将培养24 h颜色变成黄色的水样的定量盘在暗处用波长为366 nm的紫外光灯照射,如果有蓝色的荧光产生则表示该定量盘孔穴中含有大肠埃希氏菌。

4.3.6.4.2 计算有荧光反应的孔穴数,对照表5查出其代表的大肠埃希氏菌最可能数。结果以MPN/100 mL表示。如所有孔未产生荧光,则可报告为大肠埃希氏菌未检出。

5 贾第鞭毛虫

5.1 免疫磁分离荧光抗体法

5.1.1 **范围**

本标准规定了用免疫磁分离荧光抗体法测定生活饮用水及其水源水中的贾第鞭毛虫孢囊和隐孢子虫卵囊。

本法适用于生活饮用水及水源水中贾第鞭毛虫孢囊和隐孢子虫卵囊的测定。

5.1.2 **术语和定义**

下列术语和定义适用于本标准。

5.1.2.1

贾第鞭毛虫 giardia

一种可能在水中或其他介质中发现的原虫类寄生虫。有两个种,它们的宿主是:*G. intestinalis*(人类)和*G. muris*(鼠类)。

5.1.2.2

隐孢子虫 cryptosporidium

一种可能在水中或其他介质中发现的原虫类寄生虫,有6个种,且它们可能的宿主是:*C. parvum*

(哺乳类动物,包括人类);*C. boileyi* 和 *C. meleagridis*(鸟类);*C. muris*(鼠类);*C. serpeatis*(爬行类)和 *C. nasorum*(鱼类)。

5.1.3 器材与试剂

5.1.3.1 采样器材

5.1.3.1.1 Envirochek 方法

A 蠕动泵;

B 泵管;

C Evirocheck 滤囊(醚砜滤膜,有效过滤面积 1 300 cm,孔径 1.0 μm);

D 夹子;

E 水表;

F 流量控制阀;

G 过滤管;

H 塑料连接。

5.1.3.1.2 Filta-Max 方法

A Filta-Max 滤芯:压缩后的多孔海绵滤膜模块(共 60 层多孔海绵滤膜从 600 mm 压缩到 30 mm,其中单层多孔海绵滤膜厚 10 mm,外径 55 mm,内径 18 mm);

B Filta-Max 滤器:带进出水样口及配套软管和辅助工具的 Filta-Max 滤器;

C 合适的压力泵(导流泵,蠕动泵等);

D 泵管;

E 夹子;

F 水表;

G 流量控制阀(1 L/min~4 L/min)。

5.1.3.1.3 Filta-Max Xpress 快速方法

A Filta-Max Xpress 快速滤芯;

B Filta-MaXpress 滤器:带进出水样口及配套软管和辅助工具的 Filta-Max Xpress 滤器;

C 合适的压力泵(导流泵,蠕动泵);

D 泵管;

E 夹子;

F 水表;

G 流量控制阀(1 L/min~4 L/min)。

5.1.3.2 淘洗/浓缩/纯化器材

5.1.3.2.1 Envirochek 方法

A 过滤夹:带臂水平振荡装置,臂有垂直安装的过滤夹,最大频率 600 r/min;

B 175 mL 锥形离心管;

C 离心机:容量 175 mL 刻度锥形离心管和能达到 1 500 *g* 的加速度的离心机;

D 旋涡搅拌器;

E 塑料吸耳球;

F 10 mL 移液管;

G 50 mL 移液管;

H 100 mL 有刻度的量筒;

I 一侧平面试管,125 mm×16 mm,带管塞,一侧为 60 mm×10 mm 平面;

J　用于一侧平面试管的磁颗粒浓缩器(MPC-M)；

K　锥形具塞 5 mL 微量离心管；

L　巴斯德移液管。

5.1.3.2.2　**Filta-Max 方法**

A　手动或自动 Filta-Max 淘洗主设备及配套装置(浓缩管及底座,洗涤管及不锈钢虹吸管)；

B　手动真空泵；

C　磁力搅拌器和搅拌棒；

D　滤膜(3.0 μm),直径 73 mm。

5.1.3.2.3　**Filta-Max Xpress 快速法**

A　Filta-Max Xpress 快速淘洗装置；

B　空气压缩机,至少 0.4 MPa 以上压力,15 L 压缩空气；

C　容量 500 mL 刻度锥形离心管和能达到 2 000 *g* 加速度的离心机；

D　500 mL 锥形离心管；

E　蠕动泵。

5.1.3.3　**染色器材**

5.1.3.3.1　三通真空泵。

5.1.3.3.2　湿度孵化盒。

5.1.3.3.3　显微镜玻璃井形载玻片(井的直径为 9 mm),容积 100 μL。

5.1.3.3.4　玻璃盖玻片。

5.1.3.3.5　37℃培养箱。

5.1.3.3.6　荧光显微镜。

5.1.3.3.7　450 nm～480 nm 的蓝色滤光片。

5.1.3.3.8　330 nm～385 nm 的紫外光滤光片。

5.1.3.3.9　20 倍、40 倍、100 倍的目镜。

5.1.3.3.10　测微计。

5.1.3.3.11　5 μL～20 μL 的可调微量移液管。

5.1.3.3.12　20μL～200μL 的可调微量移液管。

5.1.3.3.13　200μL～1000μL 的可调微量移液管。

5.1.3.4　**接种器材**

5.1.3.4.1　小口塑料瓶 (20 L)。

5.1.3.4.2　Mallasez 或修改的 Neubauer 血球计数器。

所有玻璃器皿和塑料管都必须在使用后及洗涤前经高压消毒。用热的浓洗涤剂溶液清洁器材,然后将它们放到浓度最小为 50 g/L 的次氯酸钠溶液中,至少在室温浸泡 30 min。用蒸馏水冲洗器材,然后将其放到没有卵囊的环境中干燥。尽可能使用一次性物品。

5.1.3.5　**试剂**

5.1.3.5.1　超纯水。

5.1.3.5.2　150 mmol/L PBS 溶液(磷酸缓冲盐)。

A　成分：

NaCl	8.5 g
Na_2HPO_4	1.07 g
$Na_2HPO_4 \cdot 2H_2O$	0.39 g
加超纯水到	1 000 mL

B　制法：用盐酸或氢氧化钠将 pH 调到 7.2±0.1,在 4℃可储存 1 个星期。

5.1.3.5.3　贾第鞭毛虫/隐孢子虫免疫磁分离（IMS）试剂盒。

A　抗隐孢子虫单克隆抗体磁微粒；

B　抗贾第鞭毛虫单克隆抗体磁微粒；

C　10 SL 缓冲液 A（15 mL），透明无色；

D　10 SLTM 缓冲液 B（10 mL），品红色。

将免疫磁分离(IMS)试剂盒，4℃储存。

5.1.3.5.4　免疫荧光试剂盒。

抗隐孢子虫/贾第鞭毛虫单克隆抗体-异硫氰酸盐荧光素试剂盒（5mL），于 4℃储存。

5.1.3.5.5　封固剂：2% DABCO/甘油。

A　成分：

甘油/ PBS 缓冲盐溶液（60%/40%）	100 mL
DABCO	2 g

B　保存：室温条件下储存 12 个月。

5.1.3.5.6　1 mol/L Tris，pH 7.4。

在 1 000 mL 超纯水中溶解 132.2 g 的 Tris 盐酸；然后再加 19.4 g 的 Tris 碱。用盐酸或氢氧化钠溶液将 pH 调到 7.4±0.1。用孔径 0.2 μm 的滤膜将它过滤灭菌后，移到一个无菌的塑料容器中。室温条件下储存 6 个月。

5.1.3.5.7　0.5 mol/L Na_2-EDTA，pH 8.0。

将 37.22 g 乙二胺四乙酸二钠盐二水化合物（Na_2-EDTA）溶解到 200 mL 的超纯水中，然后用盐酸或氢氧化钠溶液将 pH 调到 8.0±0.1，室温条件下储存 6 个月。

5.1.3.5.8　淘洗缓冲液。

A　Envirochek 淘洗缓冲液：

月桂醇聚醚-12(Laureth-12)	4 g
1 mol/L Tris，pH 7.4	40 mL
0.5 mol/L Na_2-EDTA，pH 8.0	8 mL
A 型止泡剂	600 μL
加超纯水到	4 000 mL

称取 1 g 月桂醇聚醚-12 到玻璃烧杯中，然后加 100 mL 超纯水。用电炉或微波炉将烧杯加热，使月桂醇聚醚-12 溶解，然后再将其转移到 1 000 mL 有刻度的量筒中。用超纯水将烧杯冲洗几次，确保所有的洗涤剂都转移到量筒中。加 10 mL pH 为 7.4 的 Tris 溶液；2 mL pH 为 8.0 的 Na_2-EDTA 溶液和 150 μLA 型止泡剂。最后用超纯水稀释到 1 000 mL。室温条件下储存 1 个月。

B　Filta-Max 淘洗缓冲液(PBST 缓冲液)：

Na_2HPO_4	1.44 g
KH_2PO_4	0.24 g
KCl	0.2 g
NaCl	8 g
非离子表面活性剂 Tween-20	0.1 mL
超纯水	900 mL

将 1.44 g 磷酸氢二钠、0.24 g 磷酸二氢钾、0.2 g 氯化钾及 8 g 氯化钠加入 900 mL 超纯水，搅拌 20 min 至完全溶解，加入 0.1 mL 非离子表面活性剂 Tween-20 并继续搅拌 10 min，然后用超纯水稀释至 1 000 mL。

C　Filta-Max Xpress 快速法淘洗缓冲液（PETT 缓冲液）：

焦磷酸四钠(Sodium pyrophosphate tetra-basic decahydrate)　0.2 g

EDTA 柠檬酸三钠(EDTA tri-sodium salt)　　0.3 g

Tris-HCl(1 mol/L)　　10 mL

Tween-80　　0.1 mL

将 0.2 g 焦磷酸四钠和 0.3 g EDTA 柠檬酸三钠加入 900 mL 超纯水，搅拌 10 min 使之完全混合。然后加入 10 mL 1.0 mol/L Tris-HCl 并搅拌 5 min 使之混合。再加入 0.1 mL Tween-80 并搅拌 10 min混合（Tween-80 粘度高，吸取时务必注意）。最后用超纯水稀释至 1 000 mL，并调节 pH 至 7.4±0.2。

5.1.3.5.9　0.1 mol/L 盐酸溶液。

5.1.3.5.10　1 mol/L 氢氧化钠溶液。

5.1.3.5.11　纯甲醇。

5.1.3.5.12　DAPI 储存溶液：在一个含有 1 mg 4'6-二氨基-2-苯基吲哚(DAPI)的烧瓶中，注入 500 μL 的纯甲醇（2mg/L）。4℃暗处储存 15 天。

5.1.3.5.13　DAPI 染色溶液：用 50 mL PBS 稀释 10 μL DAPI 母液。每日配制并将它储存在暗的 4℃环境中。

5.1.3.5.14　50 g/L 的次氯酸钠溶液。

5.1.3.5.15　碱性洗涤剂。

5.1.3.5.16　纯的 *Giardia lamblia* 孢囊：浓度为 100 个孢囊/mL，能在 4℃储存 2 个月。

5.1.3.5.17　纯的 *Cryptosporidium parvum* 卵囊：浓度为 100 个卵囊/mL，能在 4℃储存 2 个月。

注：对于储存了 2 个月以上的卵囊存储液，可以在对其浓度和荧光的强度检查之后继续使用。

5.1.4　分析步骤

5.1.4.1　采样/淘洗/浓缩

因水样中的卵囊数量很少，因此需要浓缩较大体积的水样，采样的体积取决于水样的类型：

体积(L)

原水　　20 L

处理水　　100 L

5.1.4.1.1　Envirochek 方法

A　采样系统的组成

a　一次性使用的，孔径 1 μm，褶聚醚砜滤纸的滤囊；

b　压力标定在 0.21 MPa 的控制阀(对于处理水来说是可任意选择的)；

c　连接在滤囊出口的水表，能控制过滤水样的体积；

d　流量能达到 2 L/min 的蠕动泵。

B　采样

a　连接滤囊以外的采样系统。

b　打开蠕动泵的开关，并将流量调到 2 L/min。

c　在作业线上安装滤囊，用适当的夹子将滤囊的进口和出口固牢。

d　记录水表上指示的体积。

e　将采样系统连接到自来水龙头或其他水源上。

f　通过滤囊过滤适当体积的水样。

g　在过滤结束的时候，记录滤囊过滤的水样体积。

h　将连接在水源上的采样系统取下。

i　打开泵，尽快把滤囊放空。

过滤后，要将滤囊放到 4℃的暗处存放，一般不要超过 72 h。

C　淘洗

a　取下滤囊进水口的乙烯栓，用量筒加 110 mL 左右的淘洗缓冲液到每个滤囊的外腔中。

b　将滤囊插到带臂水平振荡器的夹钳上，滤囊的出水阀在 12 点钟的位置。

c　打开振荡器的开关，将速度设在最大速度的 80%，然后将样本振荡 10 min。

d　将滤囊中的淘洗液倾注到 175 mL 的锥形离心管中，再用 110 mL 的淘洗缓冲液将滤囊的外腔再充满。

e　将过滤器插到振荡器的夹钳上，这次出水阀的位置是它原来位置沿着它的轴方向转 90°角。在 80%的功率下，再摇 10 min。

f　重复操作步骤 d，将乙烯帽小心取下，将滤囊中的淘洗液倾注到 175 mL 的锥形离心管中。

D　浓缩

a　将装有淘洗液样本的 175 mL 离心管置 1 500 *g* 离心 15 min。自然地减速，以免扰乱沉淀物。

b　用移液管小心地将上清液吸掉，使上清液刚好到沉淀物的上面为止(不要扰乱沉淀物)。

c　如果压实的沉淀物体积小于或等于 0.5 mL，就要加试剂水到离心管中，使其总体积为 10 mL。将试管置于旋转式搅拌器 10 s～15 s，以便使沉淀物再悬浮。

d　如果压实的沉淀物体积大于 0.5 mL，就要用式(3)确定在离心管中需要的总体积：

$$总需要体积\ (mL) = 沉淀物体积 \times 10\ mL/0.5\ mL \quad \cdots\cdots(3)$$

以便将再悬浮的沉淀物调整到一个 0.5 mL 相同压实的沉淀物体积，加试剂水到离心管中，使其总体积达到上面计算的水平。将试管旋转搅拌 10 s～15 s，以便使沉淀物再悬浮。记录这个再悬浮物的体积。

5.1.4.1.2　Filta-Max 方法

A　采样

a　将滤芯(螺栓头朝下)安装在支架上，拧紧盖子(盖子即为进样口)。

b　将过滤装置连接到需采样的水源。

注 1：为使液体流经滤芯需在顶部施加 0.05 MPa 的压力。推荐的 0.05 MPa 工作压力形成的液体流速为 3 L/min～4 L/min。工作压力最大不应超过 0.8 MPa。

注 2：采样时如使用导流泵、蠕动泵等泵类装置，应安装在过滤装置上游。

注 3：样品采集可在水源现场或实验室完成。

B　淘洗与浓缩

在淘洗与浓缩过程中，参考生产商的手动或自动淘洗装置使用手册操作。

a　手工淘洗步骤

1)　第一次淘洗。将 3 μm 滤膜放置到浓缩器中，组装好浓缩管和洗涤管。将过滤模块(滤芯)从支架上取下，安装到淘洗器的活塞顶部。将淘洗器的狭口与洗涤管用快接头连接。拉下淘洗器的延伸臂至锁住，从过滤模块上去除螺栓。再连接上不锈钢虹吸管。向浓缩管注入 600 mL PBST 缓冲液，随后连接到快接头上。将活塞上下活动 20 次，以冲洗解压的过滤模块。拆下浓缩管，挤压活塞 5 次以清除过滤器中的残留液体。

2)　第一次淘洗液浓缩。将浓缩管与磁性搅拌棒连接，放置在磁性搅拌盘上，以 60 r/min～120 r/min搅拌。将真空泵连接到浓缩器上，形成压力为 13.3 kPa～40.0 kPa 的真空。打开活栓，使流出液浓缩到 30 mL～40 mL。将浓缩液轻轻倒入 50 mL 离心管中。

3)　第二次淘洗。浓缩管中重新加入 600 mL PBST 缓冲液，再连接到洗涤管上。重复第一次淘洗过程，只需 10 次。

4)　第二次淘洗液浓缩。将第一次的浓缩液加入到第二次的淘洗液中。按上述方法重复浓缩过程。

5)　将 3 μm 滤膜转移到提供的袋子中，加入 5 mL PBST 缓冲液，隔着袋子用手轻轻磨擦滤膜。如此，清洗 2 次。将清洗液与浓缩液混合。

b　自动淘洗步骤

1）　第一次淘洗。将 3 μm 滤膜放置到浓缩器中，组装好浓缩管和洗涤管。打开自动淘洗器电源。将过滤模块从支架上取下，安装到淘洗器的活塞顶部。将淘洗器的狭口与淘洗管用快接头连接。按控制面板上的 F1 键，卸下过滤模块上的螺栓。再连接上不锈钢虹吸管。向浓缩管注入 600 mL PBST 缓冲液，随后连接到快接头上。按 F1 键开始初次浸润，然后按 F3 键进行第一次淘洗。拆下浓缩管，按 F4 键以清除过滤器中的残留液体。

2）　第一次淘洗液浓缩。将浓缩管与磁性搅拌棒连接，放置在磁性搅拌盘上，以 60 r/min～120 r/min搅拌。将真空泵连接到浓缩器上，形成压力为 13.3 kPa～40.0 kPa 的真空。打开活栓，使流出液浓缩到 30 mL～40 mL。将浓缩液轻轻倒入 50 mL 离心管中。

3）　第二次淘洗。浓缩管中重新加入 600 mL PBST 缓冲液，再连接到洗涤管上。按 F3 键开始淘洗。拆下浓缩管，按 F4 键以清除过滤器中的残留液体。

4）　第二次淘洗液浓缩。将第一次的浓缩液加入第二次的淘洗液中。按上述方法重复浓缩过程。

5）　将 3 μm 滤膜转移到提供的袋子中，加入 5mL PBST 缓冲液，隔着袋子用手轻轻磨擦滤膜。如此，清洗 2 次。将清洗液与浓缩液混合。

5.1.4.1.3　Filta-Max Xpress 快速方法

A　采样

a　将过滤模块（螺栓头朝下）安装在支架上，拧紧盖子（盖子即为进样口）。

b　将过滤装置连接到需采样的水源。

注 1：为使液体流经滤膜需在顶部施加 0.05 MPa 的压力。推荐的 0.05 MPa 工作压力形成的液体流速为 3 L/min～4 L/min。工作压力最大不应超过 0.8 MPa。

注 2：采样时如使用导流泵、蠕动泵等泵类装置，应安装在过滤装置上游。

注 3：样品采集可在水源现场或实验室完成。

注 4：本方法亦适用于浊度高的水源水的采样。

B　淘洗

采用 Filta-Max Xpress 压力淘洗装置可使淘洗过程全自动完成。详细操作程序参见生产商使用指南。将压力淘洗装置准备就绪，向缓冲液槽中加入足量的淘洗缓冲液，利用厂商提供的连接锁合将缓冲液槽与压力淘洗装置连接，确保二者之间形成良好密封。连接压缩空气源和压力淘洗装置，保证足够的空气压力和体积。打开压力淘洗装置后面的封闭阀。

淘洗步骤为：

a　打开压力淘洗器。

b　过滤装置进样口朝上，移开样品阻留器，连接出样口分流装置（过滤模块仍在过滤装置内）。

c　将过滤装置倒转，用快接头连接到压力淘洗器上。

d　将 500 mL 锥形离心瓶放置在样品收集器支架上，关闭压力淘洗装置。

e　按控制面板的 F1 键，开始自动淘洗。

f　淘洗结束时，打开压力淘洗装置。卸下过滤装置，再拿开出样分流装置，打开过滤装置，弃掉过滤模块。

g　将离心瓶盖好，从样品收集器支架中取出。

C　浓缩

a　将装有淘洗液样本的 500 mL 离心管置 2 000 *g* 离心 15 min。慢慢地减速，以免搅起沉淀物。记录沉淀物体积。

注意：勿用制动器！

b　离心后，用吸气装置将沉淀物上层 8 mL～10 mL 处的悬浮物小心吸出（吸气装置的真空应小于 3.3 kPa。

c　如果压实的沉淀物体积小于或等于 0.5 mL，将试管置于旋转式搅拌器 20 s，然后将样品转入 Leighton 管中；用 1 mL 试剂水冲洗离心瓶两次，清洗液转入同一 Leighton 管中。

d　如果压实的沉淀物体积大于 0.5 mL，就要用式(4)确定在离心管中需要的总体积，以便将再悬浮的沉淀物调整到相当于 0.5 mL 压实沉淀物的体积。

$$总需要体积\ (mL) = 沉淀物体积 \times 10\ mL/0.5\ mL \quad \cdots\cdots(4)$$

加试剂水到离心管中，使其总体积达到上面计算的水平。将试管旋转搅拌 10 s～15 s，以便使沉淀物再悬浮。记录这个再悬浮物的体积。

5.1.4.2　IMS 分离

5.1.4.2.1　试剂制备

A　由 10×SL-A 型缓冲液配制稀释的 1×SL-A 型缓冲液。用试剂水作为稀释剂。每个样品制备 1mL 的 1×SL-A 型缓冲液。

注意：长时间在 0℃～4℃ 储存后，可能会在 10×SL-A 型缓冲液中形成一些结晶沉淀。为了确保这些沉淀的结晶能够再溶解，使用前应将其置室温(15℃～22℃) 恒温。

B　加 1 mL 10×SL-A 型缓冲液和 1 mL 10×SL-B 型缓冲液到一侧平面试管中。

5.1.4.2.2　卵囊捕获

A　定量转移 10 mL 水样浓缩物到含有 SL -缓冲液的一侧平面试管中。

B　将抗隐孢子虫抗体和抗贾第鞭毛虫的磁微粒原液置于漩涡混合器上搅拌，以便使珠粒悬浮。通过倒置试管的方法保证珠粒再悬浮，并确定底部没有残留的小团。

C　在含有水样浓缩物和 SL -缓冲液样品的一侧试管中各加 100 μL 上述悬浮的微粒。

D　将样品试管固定到旋转式的搅拌器上，在大约 25 r/min 的条件下至少旋转 1 h。

E　至少旋转 1 h 后，将试管从搅拌器上取下，然后再将其放在磁粒浓缩器 (MPC-1)上，并将试管有平面的一边朝向磁铁。

F　用手柔和地大约 90°角头尾相连地摇动试管，使试管的盖顶和基底轮流上下倾斜。以每秒大约倾斜一次的频率持续 2 min。

G　如果让 MPC-1 中的样品静置 10 s 以上，就要在进行下一个步骤之前，重复前一个(即步骤 F)步骤。

H　立即打开顶端的盖，同时将保持在 MPC-1 上的试管中的所有上清液倒到一个适当的容器中。做这一步骤时，不要摇动试管，也不要将试管从 MPC-1 上取下。

I　将试管从 MPC-1 上取下，加 1 mL 1×SL-A 型缓冲液。非常柔和地将试管中的所有物质再悬浮。不要形成漩涡。

J　将样品试管中的所有液体定量转移到有标签的 1.5mL 微量离心管中。

K　将微量离心管放到另一磁粒子浓缩器(MPC-M)中，MPC-M 在放微量离心管的位置有一根磁条。

L　用手 180°角轻轻地摇动试管。每秒大约摇动一个 180°角的频率，持续大约 1 min。在这一步结束时，珠粒和卵囊会在试管的背面形成一个褐色圆点。

M　立即从留在 MPC-M 上的试管和顶盖中的上清液吸出。如果同时处理一个以上的样品，就要在吸去每个试管的上清液之前，进行 3 个 180°角的摇动或滚动的动作。小心不要扰乱与磁铁邻近管壁上的附着物。不要摇动试管。当进行这些步骤时，不要将试管从 MPC-M 上取下。

5.1.4.2.3　磁珠与孢(卵)囊复合物的分离

A　将磁条从 MPC-M 上取下。

B　加 50μL 0.1 mol/L 的盐酸(HCl)至上述微量离心管中，用涡旋混合 10 s。

C　将试管放在 MPC-M 上，然后让它在室温垂直静止 10 min。

D　用力涡旋 5 s～10 s。

E　保证所有样品都在试管的底部，然后将微量离心管放在 Dynal MPC-M 上。

F 再将磁条放到 MPC-M 上，然后大约 90°角头尾相连地轻轻摇动试管。使试管的盖顶和基底轮流上下倾斜，以每秒大约倾斜一次的频率持续 30 s。

G 准备一个井型载玻片，然后加 5 μL 1 mol/L 的氢氧化钠（NaOH）溶液至样本井中。

H 不要将微量离心管从 MPC-M 上取下。将所有样品从 MPC-M 上的微量离心管中转移到有氢氧化钠的样品井中。不要扰乱试管背壁上的珠粒。

I 重复步骤 A～F，然后将样品转移到相同的井形载玻片上。

5.1.4.3 染色

5.1.4.3.1 将有样品的井形载玻片放到 42℃的培养箱中，蒸发干。

5.1.4.3.2 在每一含有干样品的井中加一滴（50 μL）纯甲醇，然后让它空干 3 min～5 min。

5.1.4.3.3 用试管准备所需体积（每井 50 μL）的抗隐孢子虫抗体和抗贾第鞭毛虫单克隆抗体异硫氰酸荧光素（FITC）工作稀释液（1/1：Cellabs/PBS）。

5.1.4.3.4 加 50 μL 用上述异硫氰酸荧光素（FITC）单克隆抗体工作稀释液至含样本井中。将载玻片放到湿室中于 37℃培养 30 min 左右。

5.1.4.3.5 30 min 后，取出载玻片，然后用一个干净的顶端带有真空源的巴斯德移液管轻轻地从每个井边吸掉过量的荧光素标记单克隆抗体。

5.1.4.3.6 在每个井中加 70 μL 的 PBS，静止 1 min～2 min 后，吸掉多余的 PBS。

5.1.4.3.7 加 50 μL DAPI 溶液（使用时配制，即加 10 μL 2 mg/mL 溶于纯甲醇中的 DAPI 于 50 mL 的 PBS 中）到每个井中，然后让它在室温静止 2 min 左右。

5.1.4.3.8 吸掉过量的 DAPI 溶液。

5.1.4.3.9 加 70 μL 的 PBS 到每个井中，静止 1 min～2 min 后，吸掉多余的 PBS。

5.1.4.3.10 加 70 μL 的试剂水到每个井中，静止 1 min 后，吸掉多余的试剂水。

5.1.4.3.11 让载玻片在暗处干燥后，加一滴含防荧光减弱的封固剂到每个井的中心。

5.1.4.3.12 在井形载玻片上盖上盖玻片，然后将它存放在干燥的暗盒中，备查。

5.1.4.4 镜检

打开显微镜和汞灯。预热 10 min 后，在 200 倍的荧光显微镜下检查，在 400 倍的荧光显微镜下进一步证实。并将全井进行记数。

贾第鞭毛虫的孢囊是椭圆形的。它们的长度为 8 μm～14 μm，宽度为 7 μm～10 μm。孢囊壁会发出苹果绿的荧光。在紫外光下，DAPI 阳性孢囊会出现 4 个亮蓝色的核。

隐孢子虫的卵囊为稍微椭圆的圆形。它们的直径为 2 μm～6 μm。卵囊壁会发出苹果绿的荧光。在紫外光下，DAPI 阳性卵囊会出现 4 个亮蓝色的核。

计数整个井面，呈现表 6 特征的就是孢（卵）囊。

表 6 贾第鞭毛虫孢囊与隐孢子虫卵囊的特征

标　准	重 要 性	备　注
染了绿色的膜	+++	染色的强度是容易变的
大小	+++	
膜与细胞质的对照	++	膜的荧光强些
形状	++	贾第鞭毛虫：卵圆形 隐孢虫：球形
孢囊壁的完整性	+	孢囊会失去形状！

注 1：DAPI 染色是为了帮助计数，因为假的孢囊（亮苹果绿物体）呈 DAPI 阴性（无 4 个天蓝色核，只有亮蓝色胞浆），出现 4 个亮蓝色核和亮蓝色胞浆为 DAPI 阳性，为真孢囊。

注 2：DIC 装置用于了解孢囊的内在结构，当荧光和 DAPI 两种都不清楚的时候可以使用 DIC 装置。

注 3：如结构清楚，有助于真孢囊记数，如结构不清楚而只有苹果绿色荧光时，可能是空的孢囊，或带有无定形结构的孢囊，亦可能是有内部结构的孢囊。

5.1.5　**结果的计算、报告和检测限**

5.1.5.1　用式(5)报告每升样本中的孢(卵)囊数：

$$Y = (X \times V) / (V_1 \times V_2) \qquad \cdots\cdots(5)$$

式中：

Y——每升水中孢囊或卵囊的数目；

X——计数样本的体积中孢囊或卵囊的数目；

V——离心后再悬浮的体积，单位为毫升(mL)；

V_1——计数样本的体积，单位为毫升(mL)；

V_2——过滤后水的体积，单位为升(L)；

5.1.5.2　用式(6)计算分析的检测限：

$$D = V / (V_1 \times V_2) \qquad \cdots\cdots(6)$$

式中：

D——每升孢囊或卵囊的检测限；

V——离心后再悬浮的体积，单位为毫升(mL)；

V_1——计数样本的体积，单位为毫升(mL)；

V_2——过滤后水的体积，单位为升(L)。

5.1.6　**质量控制**

5.1.6.1　**免疫荧光质量控制**

免疫荧光试剂盒的控制必须每个星期做一次。它由两个试验组成：一个阳性对照和一个阴性对照。

5.1.6.2　**阴性对照**

5.1.6.2.1　制准备一个井形载玻片。

5.1.6.2.2　加 50 μL 蒸馏水，然后将它放在培养箱中干燥。

5.1.6.2.3　参照 5.1.4.3 染色。

5.1.6.2.4　对整个井面进行计数。

不得找出任何贾第鞭毛虫囊和隐孢子虫的卵囊。

5.1.6.3　**阳性对照**

5.1.6.3.1　制备一个井形载玻片。

5.1.6.3.2　涡旋储存的原虫 2 min。

5.1.6.3.3　在同一井中搀加 5 μL 贾第鞭毛虫囊和 5 μL 隐孢子虫卵囊阳性样本，然后将它放在培养箱中干燥。

5.1.6.3.4　参照 5.1.4.3 染色。

5.1.6.3.5　对整个井面进行计数。

必须找到根据表 6 中描述的规则而均匀染色的孢囊和卵囊。

5.1.6.4　**整个程序的质量控制**

整个步骤(从采样到质量控制显微镜检查)的质量控制应每三个月做一次。它由两个试验组成：分析 20 L 加有原虫的水作为阳性对照，分析 20 L 的蒸馏水作为阴性对照。

5.1.6.4.1　**阴性对照**

A　加 20 L 蒸馏水到小口塑料瓶中。

B　与样品分析一样分析蒸馏水。

不得找到任何贾第鞭毛虫或隐孢子虫。

将所有结果记录在表 7 原虫测定方法质量控制表格中。

5.1.6.4.2　**阳性对照**

为了做阳性对照，应在 20 L 蒸馏水中搀加已知数量的囊和卵囊。用血球计数器和用染色的井形载玻片，测定在20L蒸馏水中加入的孢囊和卵囊的数量。

A　原虫接种液的计数

a　涡旋2 min储存的原虫。

b　在一个有10 mL蒸馏水的烧杯中加一些孢囊和卵囊，以便得到一个最终浓度大约每mL 5×10^4个孢(卵)囊的溶液。

c　用磁棒搅拌30 min。

d　用血球计数器测定这种溶液的浓度10次。

e　用染色的井形载玻片[加大约250个孢(卵)囊到井上]测定这种溶液的浓度5次。

计数这两种方法的浓度和标准差。如果标准差小于25%，那么就可以把这个读数看作是正确的。如果标准差大于25%，就要制备新的原虫接种液，然后再测定它的浓度。

B　阳性对照的分析

a　在装有10 L蒸馏水的小口塑料瓶中加500个贾第鞭毛虫的孢囊和500个隐孢子虫的卵囊。

b　用滤囊过滤该水。

c　用10 L蒸馏水冲洗小口塑料瓶，然后用同一个滤囊过滤该水。

d　分析这个样品要象分析一个典型的样品一样。

将所有结果记录在表7中。这种方法的回收率为10%～100%之间。如不在此范围，需检查所有的设备和试剂，同时再做一个阳性对照。

5.1.6.5　免疫荧光质量控制记录

原虫测定方法质量控制记录到表7中。

表 7 原虫测定方法质量控制表格

日　期	操作人员	阴性对照	阳性对照	批　号

操作质量控制记录

日期：	操作人员：
阴性对照：	阳性对照：
过滤体积：	过滤体积：
免疫磁分离试剂盒批号：	免疫磁分离试剂盒批号：
荧光抗体试剂盒批号：	荧光抗体试剂盒批号：
结果：	贾第鞭毛虫孢囊的数量：
	隐孢子虫卵囊的数量：

血球计数器			井形载玻片		
序号	隐孢子虫	贾第鞭毛虫	序号	隐孢子虫	贾第鞭毛虫
1			1		
2			2		
3			3		
4			4		
5			5		
6					
7					
8					
9					
10					

平　均	
标准差	
结　果	

隐孢子虫回收率　　　　贾第鞭毛虫回收率　　　　结论

6 隐孢子虫

见第 5 章。

ICS 13.060
C 51

中华人民共和国国家标准

GB/T 5750.13—2006
部分代替 GB/T 5750—1985

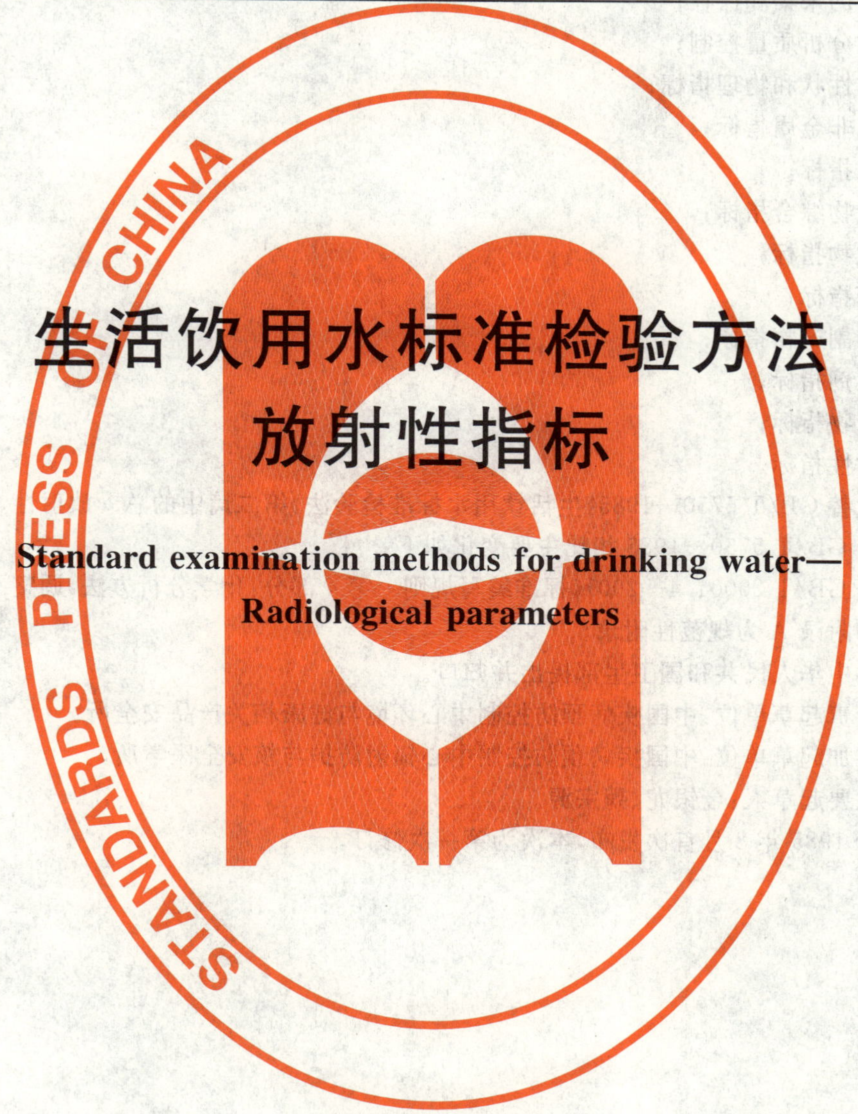

生活饮用水标准检验方法 放射性指标

Standard examination methods for drinking water—Radiological parameters

2006-12-29 发布

2007-07-01 实施

中华人民共和国卫生部
中国国家标准化管理委员会 发布

前　言

GB/T 5750《生活饮用水标准检验方法》分为以下部分：

——总则；

——水样的采集和保存；

——水质分析质量控制；

——感官性状和物理指标；

——无机非金属指标；

——金属指标；

——有机物综合指标；

——有机物指标；

——农药指标；

——消毒副产物指标；

——消毒剂指标；

——微生物指标；

——放射性指标。

本标准代替 GB/T 5750—1985《生活饮用水标准检验法》第二篇中的总α放射性、总β放射性。

本标准与 GB/T 5750—1985 相比主要变化如下：

——依据 GB/T 20001.4—2001《标准编写规则　第 4 部分：化学分析方法》调整了结构。

本标准的附录 A 为规范性附录。

本标准由中华人民共和国卫生部提出并归口。

本标准负责起草单位：中国疾病预防控制中心环境与健康相关产品安全所。

本标准参加起草单位：中国疾病预防控制中心辐射防护与核安全医学所。

本标准主要起草人：金银龙、魏宗源。

本标准于 1985 年 8 月首次发布，本次为第一次修订。

生活饮用水标准检验方法
放射性指标

1 总α放射性

1.1 低本底总α检测法

1.1.1 范围

本标准规定了三种测定生活饮用水及其水源水中α放射性核素的总α放射性体积活度的方法。

本法适用于测定生活饮用水及其水源水中α放射性核素(不包括在本法规定条件下属于挥发性核素)的总α放射性体积活度。

如果生活饮用水中含有^{226}Ra,从固体残渣灼烧到样品源测量完毕期间产生的α放射性子体——^{222}Rn对测定结果有干扰。通过缩短灼烧后固体残渣及制成样品源的放置时间可以减少干扰;通过定期测量固体残渣α放射性活度随放置时间增长而增长的情况可以扣除这一干扰。

经过扩展,本法也可用于测定含盐水和矿化水的总α放射性体积活度,但灵敏度有所下降。

本法的探测限取决于水样所含无机盐量、计数测量系统的计数效率、本底计数率、计数时间等多种因素。在典型条件下,本法的探测限为1.6×10^{-2} Bq/L。

1.1.2 原理

将水样酸化,蒸发浓缩,转化为硫酸盐,于350℃灼烧。残渣转移至样品盘中制成样品源,在低本底α、β测量系统的α道测量α计数。

对于生活饮用水中总α放射性体积活度的检测,有三种方法可供选择:第一,用电镀源测定测量系统的仪器计数效率,再用实验测定有效厚度的厚样法;第二,通过待测样品源与含有已知量标准物质的标准源在相同条件下制样测量的比较测量法;第三,用已知质量活度的标准物质粉末制备成一系列不同质量厚度的标准源、测量给出标准源的计数效率与标准源质量厚度的关系、绘制α计数效率曲线的标准曲线法。检测单位根据自身条件,任选其一即可。

1.1.3 试剂

除非另有说明,本法均使用符合国家标准或专业标准的分析试剂和蒸馏水(或同等纯度的水)。所有试剂的放射性本底计数与仪器的本底计数比较,不应有显著差异。

1.1.3.1 硝酸($\rho_{20}=1.42$ g/mL)。

1.1.3.2 硝酸溶液(1+1)。

1.1.3.3 硫酸($\rho_{20}=1.84$ g/mL)。

1.1.3.4 丙酮。

1.1.3.5 标准源

1.1.3.5.1 电镀源

电镀源活性区面积与样品源面积相同,表面α粒子发射率为2～20粒子数/s(2π方向)。此源用于测定测量装置的计数效率和监督测量装置稳定性。

1.1.3.5.2 天然铀标准溶液

用可溯源到国家标准的商品天然铀标准溶液稀释,或按下述方法配制:取一定量光谱纯八氧化三铀置于蒸发皿中,放入高温炉(1.1.4.5),在500℃下灼烧20 min,在干燥器中冷至室温。准确称取0.461 g八氧化三铀放入250 mL烧杯,用少量硝酸(1.1.3.2)加热溶解,冷却后,将溶液转入1 000 mL容量瓶,用少量水洗涤称量瓶及烧杯3次,洗涤液并入1 000 mL容量瓶,用水稀释至刻度,摇匀。此标准溶液的

α放射性体积活度为 10.0 Bq/mL 。

1.1.3.5.3 ^{241}Am或天然铀标准物质粉末

^{241}Am或天然铀标准物质粉末应是国家标准部门推荐使用的,标准物质的基质应与水蒸发残渣具有相同或相近的化学成分及物理状态,标准物质的放射性质量活度应经准确标定并给出了不确定度。

1.1.4 仪器、设备

1.1.4.1 低本底α、β测量系统。

1.1.4.2 样品盘:样品盘应是有盘沿的不锈钢盘,厚度不小于 250 mg/cm^2。样品盘的直径应与探测器灵敏区直径及仪器内置托架相匹配。

1.1.4.3 不锈钢压样器,应与样品盘(1.1.4.2)相匹配。

1.1.4.4 分析天平,感量 0.1 mg。

1.1.4.5 高温炉,0～500℃可调,能在 350℃±10℃下控温加热。

1.1.4.6 电热板,1 000 W,可调温。

1.1.4.7 红外线干燥灯,250 W。

1.1.4.8 瓷蒸发皿,125 mL。

1.1.4.9 聚乙烯扁桶,10 L,带密封盖。

1.1.5 水样的采集与储存

采集样品的代表性、取样方法及水样的保存方法,应符合 GB/T 12997～12999 的规定。

按每 1 L 水样加 20 mL±1 mL 硝酸(1.1.3.1)的比例,将相应量硝酸加入聚乙烯扁桶(1.1.4.9)中,再采集水样。记录水样采集日期。水样宜低温下储存,并尽快分析。

1.1.6 操作方法

1.1.6.1 水样蒸发

1.1.6.1.1 取一定量的水,例如能产生固体残渣量 10A mg～30A mg (A 为样品源面积,cm^2)的确定体积水样,分次加入 2 000 mL 烧杯,使水样体积不超过烧杯容积的一半,在可调温电热板(1.1.4.6)上加热,于微沸条件下蒸发浓缩,直至全部水样浓缩至大约 100 mL。

注:待分析水样的无机盐含量可通过预实验测定。如果水中无机盐含量很低,为满足产生 10 A mg 残渣量须蒸干水样体积过大,实际操作有困难,可适当减少分析水样体积,但所产生残渣量不得少于 5 A mg。

1.1.6.1.2 将浓缩液转移至 250 mL 烧杯中,用少量硝酸(1.1.3.2)分次洗涤 2 000 mL 烧杯,合并洗涤液于 250 mL 烧杯中,将样品置于电热板上继续在微沸条件下蒸发浓缩,直至约 50 mL,冷却。

1.1.6.1.3 将浓缩液转入已预先在 350℃下恒重的瓷蒸发皿(1.1.4.8),用少量水分次仔细洗涤烧杯,洗涤液并入瓷蒸发皿。

1.1.6.2 硫酸盐化

将 1 mL 硫酸(1.1.3.3)沿器壁缓慢加入瓷蒸发皿,与浓缩液充分混合后,置于红外灯下小心加热、蒸干(防止溅出!)。待硫酸冒烟后,将蒸发皿移至电热板上继续加热蒸干(应控制电热板温度不高于 350℃),直至将烟雾赶尽。

注:若根据预实验测定结果固体残渣量超过 1 g,应相应增加硫酸用量。

1.1.6.3 灼烧

将蒸发皿连同残渣放入高温炉(1.1.4.5),在 350℃±10℃下灼烧 1 h,取出,置于干燥器中冷至室温。记录从高温炉取出样品的日期和时间。

准确称量蒸发皿连同固体残渣的质量,用差减法计算灼烧后固体残渣质量(mg)。

1.1.6.4 样品源制备

用不锈钢样品勺将灼烧后称量过的固体残渣刮下,在瓷蒸发皿内用玻璃棒研细、混匀。取 7 A mg ～9 A mg残渣放入已称量的样品盘(1.1.4.2),借助压样器(1.1.4.3)和丙酮(1.1.3.4)将固体粉末铺设均匀、平整。在红外灯下烘干,置于干燥器中冷却至室温,准确称量。按 1.1.6.5 的方法,在低本底α、β测量系统

(1.1.4.1)的α道进行α计数测量。

1.1.6.5 **测量**

1.1.6.5.1 **厚样法**

1.1.6.5.1.1 **仪器计数效率测定**

在低本底α、β测量系统(1.1.4.1)的α道,测量已知表面发射率的α电镀源(1.1.3.5.1)的计数率,按式(1)计算仪器计数效率:

$$\varepsilon_i = \frac{n_x - n_0}{q_{2\pi}} \qquad \cdots\cdots(1)$$

式中:

ε_i——测量系统α道在2π方向的计数效率;

n_x——α电镀源的计数率,单位为计数每秒(计数/s);

n_0——测量系统的α本底计数率,单位为计数每秒(计数/s);

$q_{2\pi}$——电镀源在2π方向的α粒子表面发射率,单位为粒子数每秒(粒子数/s)。

1.1.6.5.1.2 **有效厚度测定**

根据灼烧后至少产生30*A* mg固体残渣量来确定取待分析水样体积(L),使之分次加入2 000 mL烧杯(水样体积不得超过烧杯容积的一半)。准确吸取5 mL铀标准溶液(1.1.3.5.2),注入同一烧杯,按1.1.6.1～1.1.6.4操作。

分别称取0.5*A*,1*A*,2*A*,3*A*,4*A*,5*A*,7*A*,10*A*,20*A*,30*A* mg(*A*为样品源活性区面积,cm^2)的固体残渣粉末制备成一系列质量厚度不等的测量源,在低本底α、β测量系统(1.1.4.1)的α道及与1.1.6.5.1.1相同的几何条件下,分别测量这一系列源的α净计数率。以α净计数率对测量源的质量厚度(mg/cm^2)作图,绘制α自吸收曲线。分别延长自吸收曲线的斜线段和水平线段,其交会点所对应的测量源的质量厚度即为由同一水样制备的样品源的有效厚度δ(mg/cm^2)。

由于样品源的有效厚度与组成它的物质的性质有关,因此当水样性质发生变化时,其样品源的有效厚度应重新测定。

若使用上述实验方法测定δ值有困难,可直接引用经验值,即$\delta = 4\ mg/cm^2$。

1.1.6.5.1.3 **样品源测量**

将被测水样残渣制成的样品源在与1.1.6.5.1.1相同的几何条件下进行α计数测量,测量时间按测量精度的要求确定(1.1.6.5.1.6)。在每测量2～3个样品源后,应插入本底测量,以确认计数系统本底计数率稳定。记录测量的起、止日期和时间。

1.1.6.5.1.4 **本底测量**

用一清洁的空白样品盘测量计数系统的α本底计数率n_0。测量时间应足够长,以保证测定结果具有足够的精度。

1.1.6.5.1.5 **计算**

按式(2)计算水中总α放射性体积活度。

$$A_{V\alpha} = \frac{4W(n_x - n_0) \times 2 \times 1.02}{F\varepsilon_i V\delta S} \qquad \cdots\cdots(2)$$

式中:

$A_{V\alpha}$——水中总α放射性体积活度,单位为贝可每升(Bq/L);

W——水样蒸干后的残渣质量,单位为毫克(mg);

n_x——样品源计数率,单位为计数每秒(计数/s);

n_0——测量系统的α本底计数率,单位为计数每秒(计数/s);

F——α放射性回收率($F \leqslant 1$,用小数表示);

ε_i——测量系统的仪器计数效率(用小数表示);

V——水样体积，单位为升(L)；

δ——样品源的有效厚度，单位为毫克每平方厘米(mg/cm^2)；

S——样品源的活性区面积，单位为平方厘米(cm^2)；

1.02——每1 L水样加入20 mL硝酸的体积修正系数；

2——将仪器计数效率ε_i从2π方向校正成4π方向的校正系数；

4——样品源2π方向表面逸出的α粒子数等于有效厚度层内α衰变数的1/4的校正系数。

1.1.6.5.1.6 **准确度**

准确度取决于测量结果的不确定度，当其他误差可以忽略时，不确定度等于计数的标准偏差。

A 标准偏差

$$S_{AV}=\sqrt{\frac{n_x}{t_x}+\frac{n_0}{t_0}}\times\frac{4\times 2\times 1.02\,W}{F\varepsilon_i V\delta S} \qquad \cdots\cdots(3)$$

式中：

S_{AV}——由统计计数误差引起的水样总α放射性体积活度测定结果的标准偏差，单位为贝可每升(Bq/L)；

t_x——样品源计数时间，单位为秒(s)；

t_0——本底计数时间，单位为秒(s)。

B 相对标准偏差

$$E=\sqrt{\frac{n_x}{t_x}+\frac{n_0}{t_0}}/(n_x-n_0) \qquad \cdots\cdots(4)$$

式中：

E——样品测量结果的相对标准偏差。

C 样品源测量时间控制

若已知样品源的计数率n_x和本底计数率n_0，及要求控制的相对标准偏差E，样品源的测量时间按式(5)计算：

$$t_x=(n_x+\sqrt{n_x n_0})/[(n_x-n_0)^2E^2] \qquad \cdots\cdots(5)$$

式中：

t_x——样品源的测量时间，单位为秒(s)；

E——测定结果相对标准偏差的控制值，它应由权威机构根据水样体积活度分布及所带来的相对标准偏差情况确定。当E的控制值尚未确定时，可先给出试值。

1.1.6.5.2 **比较测量法**

比较测量法是指待测水样与含有标准放射性物质的水样按相同步骤浓集，分别制成样品源和标准源，按相同的几何条件进行比较测量，并计算水样中总α放射性体积活度的方法。由于使用比较测量法计算公式的前提是样品源和标准源的有效厚度必须相同，因此要求制备标准源所用的水样必须与制备样品源所用水样相同。

1.1.6.5.2.1 **标准源制备**

准确吸取1 mL铀标准溶液(1.1.3.5.2)注入2 000 mL烧杯中，加入与样品源相同体积的酸化水样，按1.1.6.1～1.1.6.4操作，将固体残渣粉末制成标准源。

1.1.6.5.2.2 **标准源的测量**

将制备好的标准源(1.1.6.5.2.1)置于低本底α、β测量系统(1.1.4.1)，用α道计数。测量时间由测量精度要求确定(1.1.6.5.1.6)。记录测量起、止日期和时间。

1.1.6.5.2.3 **样品源制备**

同1.1.6.4。

1.1.6.5.2.4 **样品源测量**

同1.1.6.5.1.3。

1.1.6.5.2.5 **本底测量**

同1.1.6.5.1.4。

1.1.6.5.2.6 **计算**

水样总α放射性体积活度按式(6)计算。

$$A_{V\alpha}=\frac{A_{Vs}V_sW_x(n_x-n_0)}{VW_s(n_s-n_x)}\times 1.02 \qquad \cdots\cdots(6)$$

式中：

$A_{V\alpha}$——水样总α放射性体积活度，单位为贝可每升(Bq/L)；

A_{Vs}——铀标准溶液体积活度，单位为贝可每毫升(Bq/mL)；

V_s——铀标准溶液体积，单位为毫升(mL)；

n_s——标准源α计数率，单位为计数每秒(计数/s)；

n_x——样品源α计数率，单位为计数每秒(计数/s)；

n_0——计数系统α本底计数率，单位为计数每秒(计数/s)；

W_s——由含铀标准物质水样制得的固体残渣质量，单位为毫克(mg)；

W_x——由待测水样制得的固体残渣质量，单位为毫克(mg)；

V——待测水样的体积，单位为升(L)；

1.02——每1 L水样加入20 mL硝酸的体积修正系数。

1.1.6.5.2.7 准确度

A 标准偏差

$$S_{AV}=\sqrt{\frac{n_x}{t_x}+\frac{n_0}{t_0}}\times\frac{A_{Vs}V_sW_x}{(n_s-n_x)W_sV}\times 1.02 \qquad \cdots\cdots(7)$$

式中：

S_{AV}——由统计计数误差引起的水样总α放射性体积活度测定结果的标准偏差，单位为贝可每升(Bq/L)；

t_x——样品源计数时间，单位为秒(s)；

t_0——本底计数时间，单位为秒(s)。

B 相对标准偏差

同1.1.6.5.1.6 B。

C 样品源测量时间控制

同1.1.6.5.1.6 C。

1.1.6.5.3 **标准曲线法**

用已知质量活度的^{241}Am或天然铀标准物质粉末，制备成一系列不同质量厚度的标准源，在低本底α、β测量系统用α道测量α计数，由α净计数率和构成标准源的标准物质粉末的活度，计算给出测量系统的α计数效率ε_α，将ε_α与标准源质量厚度D的对应关系绘制α计数效率曲线。样品测量时，由样品源的质量厚度查出对应的α计数效率，计算水样品的α放射性体积活度。

1.1.6.5.3.1 **标准源制备**

分别称取2 A,5 A,10 A,15 A,20 A mg(A为样品源活性区面积，cm^2)的标准物质粉末(1.1.3.5.3)置于样品盘中，按1.1.6.4操作方法制备成一系列标准源。

1.1.6.5.3.2 **标准源测量**

将制备好的一系列标准源(1.1.6.5.3.1)，分别置于低本底α、β测量系统(1.1.4.1)，用α道测量，测量时间由精度要求确定(1.1.6.5.1.6)，记录测量起、止日期和时间，并按式(8)计算α计数效率。对系列标准源进行测量的同时，以同样的方法、在相同几何条件下测量电镀源(1.1.3.5.1)，以检验测量系统的稳定性。

$$\varepsilon_{\alpha}=\frac{n_{s}-n_{0}}{A} \qquad \cdots\cdots(8)$$

式中：

ε_{α}——计数系统的α计数效率(用小数表示)；

n_s——标准源α计数率，单位为计数每秒(计数/s)；

n_0——测量系统α本底计数率，单位为计数每秒(计数/s)；

A——样品盘中标准物质粉末的α放射性活度(由标准物质粉末的质量活度与样品盘中标准物质粉末的质量相乘给出)，单位为贝可(Bq)。

由计数系统对标准源的计数效率ε_{α}(纵坐标)与对应的标准源的质量厚度D(mg/cm^2)(横坐标)作图，绘制出测量系统的α计数效率曲线(也可用计算机处理给出相应的经验公式)。

1.1.6.5.3.3　样品源制备

同1.1.6.4。

1.1.6.5.3.4　样品源测量

同1.1.6.5.1.3。

1.1.6.5.3.5　本底测量

同1.1.6.5.1.4。

1.1.6.5.3.6　计算

$$A_{V\alpha}=\frac{(n_{x}-n_{0})W}{\varepsilon_{\alpha}FmV}\times 1.02 \qquad \cdots\cdots(9)$$

式中：

$A_{V\alpha}$——水样总α放射性体积活度，单位为贝可每升(Bq/L)；

n_x——样品源α计数率，单位为计数每秒(计数/s)；

n_0——测量系统α本底计数率，单位为计数每秒(计数/s)；

W——水样残渣总质量，单位为毫克(mg)；

ε_{α}——计数系统的α计数效率(由计数效率曲线查出与被测样品源质量厚度相对应的ε_{α}数值，用小数表示)；

F——α放射性回收率($F\leqslant 1$，用小数表示)；

m——样品盘中制备样品源的水残渣质量，单位为毫克(mg)；

V——水样体积，单位为升(L)；

1.02——每1 L水样加入20 mL硝酸的体积修正系数。

1.1.6.5.3.7　准确度

A　标准偏差

$$S_{AV}=\sqrt{\frac{n_{x}}{t_{x}}+\frac{n_{0}}{t_{0}}}\times\frac{1.02W}{\varepsilon_{\alpha}FmV} \qquad \cdots\cdots(10)$$

式中：

S_{AV}——由统计计数误差引起的水样总放射性体积活度的标准偏差，单位为贝可每升(Bq/L)；

t_x——样品源计数时间，单位为秒(s)；

t_0——计数系统α本底计数时间，单位为秒(s)。

B　相对标准偏差

同1.1.6.5.1.6 B。

C　样品源测量时间控制

同 1.1.6.5.1.6 C。

1.1.7 **结果报告**

结果报告应包括以下内容：

1.1.7.1 使用方法所依据的标准；

1.1.7.2 所用电镀标准源的核素种类及其表面发射率；

1.1.7.3 使用放射性标准溶液或标准物质粉末的核素种类、配制方法、基质及质量活度；

1.1.7.4 水样采集日期，固体残渣灼烧日期和时间，样品源测量的起、止日期和时间；

1.1.7.5 水样的总 α 放射性体积活度，以测量结果加、减 2 倍标准差表示。例如：

$$A_{V\alpha} = x + 2s(\text{Bq/L})$$

式中：

x——样品测量结果；

s——样品测量结果的标准偏差。

1.1.8 **污染检查**

此项检查不作为常规检测项目。当样品检测结果异常并怀疑由试剂或试验器皿污染所致时，此项可作为污染检查方法使用。

1.1.8.1 **试剂污染检查**

分别蒸干与本法使用量相等的各种试剂，放在清洁的样品盘(1.1.4.2)中，在低本底 α、β 测量系统的 α 道测量 α 计数率。所有试剂的 α 计数率与测量系统的 α 本底计数率相比，均不应有显著性差异，否则应更换试剂。

1.1.8.2 **全程污染检查**

取 1 L 蒸馏水用 20 mL±1 mL 硝酸(1.1.3.1)酸化后，加入 20*A* mg 色谱纯硅胶，溶解后按 1.1.6.1～1.1.6.4 步骤操作，制成样品源；另取一份 8*A* mg 磨成粉末的色谱纯硅胶，按 1.1.6.4 方法制成样品源，将两者在低本底 α、β 测量系统的 α 道测量 α 计数率，两者的计数率不应有显著性差异。如果两者的计数率有显著性差异，应考虑更换化学器皿并在操作过程中采取防止引入放射性污染物的措施。

2 总 β 放射性

2.1 薄样法

2.1.1 **范围**

本标准规定了测定生活饮用水及其水源水中 β 放射性核素的总 β 放射性体积活度的方法。

本法适用于测定生活饮用水及其水源水中 β 放射性核素(不包括在本法规定条件下属于挥发性核素)的总 β 放射性体积活度。如果不作修改，本法不适用于测定含盐水和矿化水中总 β 放射性体积活度。

本法的探测限取决于水样所含无机盐量、存在的放射性核素种类、计数测量系统的计数效率、本底计数率、计数时间等多种因素。典型条件下，本法的探测限为 2.8×10^{-2} Bq/L。

2.1.2 **原理**

将水样酸化，蒸发浓缩，转化为硫酸盐，蒸发至硫酸冒烟完毕，然后于 350℃ 灼烧。残渣转移到样品盘中制成样品源，在低本底 α、β 测量系统的 β 道作 β 计数测量。

用已知 β 质量活度的标准物质粉末，制备成一系列不同质量厚度的标准源，测量给出标准源的计数效率与质量厚度关系，绘制 β 计数效率曲线。由水残渣制成的样品源在相同几何条件下作相对测量，由样品源的质量厚度在计数效率曲线上查出对应的计数效率值，计算水样的总 β 放射性体积活度。

2.1.3 **试剂**

除非另有说明，本法均使用符合国家标准或专业标准的分析试剂和蒸馏水(或同等纯度的水)。所有试剂的放射性本底计数与仪器的本底计数比较，不应有显著性差异。

2.1.3.1 硝酸(ρ_{20}=1.42 g/mL)。

2.1.3.2 硝酸溶液(1+1)。

2.1.3.3 硫酸(ρ_{20}=1.84 g/mL)。

2.1.3.4 丙酮。

2.1.3.5 标准源

2.1.3.5.1 检验源

检验源可以是任何一种半衰期足够长的β放射性核素电镀源。其活性区面积不大于探测器灵敏区,2π方向β粒子表面发射率为5～50粒子数/s。

2.1.3.5.2 ^{40}K 标准物质

已准确标定KCl含量的优质纯KCl,^{40}K 的质量活度(以KCl计)为14.4 Bq/g。

2.1.4 仪器、设备

2.1.4.1 低本底α、β测量系统。

2.1.4.2 样品盘:样品盘应是有盘沿的不锈钢盘,厚度不小于250 mg/cm^2。样品盘的直径应与探测器灵敏区直径及仪器内置托架相配合。

2.1.4.3 压样器,应与样品盘(2.1.4.2)相匹配。

2.1.4.4 分析天平,感量0.1 mg。

2.1.4.5 高温炉,0～500℃,可调,能在350℃±10℃下控温加热。

2.1.4.6 电热板,1 000 W,可调温。

2.1.4.7 红外线干燥灯,250 W。

2.1.4.8 瓷蒸发皿,125 mL。

2.1.4.9 聚乙烯扁桶,10 L,带密封盖。

2.1.5 水样的采集与储存

采集样品的代表性、取样方法及水样的保存方法,应符合GB/T 12997～12999的规定。

按每1 L水样加20 mL±1 mL硝酸(2.1.3.1)的比例,将相应量硝酸加入聚乙烯扁桶(2.1.4.9)中,再采集水样。记录水样采集日期。水样宜在低温下(例如4℃±2℃)下储存,并尽快分析。

2.1.6 操作方法

2.1.6.1 水样蒸发

2.1.6.1.1 取一定量的水样,例如能产生固体残渣量10*A* mg～30*A* mg(*A*为样品源活性区面积,cm^2)的确定体积水样,分次加入到2 000 mL烧杯中,使水样体积不超过烧杯容积的一半,在可调温电热板(2.1.4.6)上加热,于微沸条件下蒸发浓缩,直至全部水样浓缩至大约100 mL。

注:若水中无机盐含量很低,为满足产生10*A* mg固体残渣所需水样体积过大,可用尽可能大而又切实可行体积的水样进行分析测定。

2.1.6.1.2 将浓缩液转移至250 mL烧杯中,用少量硝酸(2.1.3.2)分次洗涤2 000 mL烧杯,合并洗涤液于250 mL烧杯中,继续在电热板上于微沸条件下蒸发浓缩,直至约50 mL,冷却。

2.1.6.1.3 浓缩液转移到已预先在350℃下恒重的蒸发皿(2.1.4.8)中,用少量水分次仔细洗涤烧杯,洗涤液并入瓷蒸发皿。

2.1.6.2 硫酸盐化

将1 mL硫酸(2.1.3.3)沿器壁缓慢加入瓷蒸发皿中,与浓缩液充分混合后置于红外灯下小心加热、蒸干(防止溅出!)。待硫酸冒烟后,将蒸发皿移至电热板上继续加热蒸干(电热板温度应控制在不高于350℃),直至将烟雾赶尽。

注:若根据预实验结果所制得的固体残渣量将超过1 g,应相应增加浓硫酸用量。

2.1.6.3 灼烧

将蒸发皿放入高温炉(2.1.4.5),350℃±10℃下灼烧1 h,取出,置于干燥器中冷却至室温。记录从高温炉取出样品的日期和时间。

准确称量蒸发皿连同固体残渣质量，用差减法计算灼烧后固体残渣的质量(mg)。

2.1.6.4 样品源制备

用不锈钢样品勺将灼烧后已称量的固体残渣刮下，在瓷蒸发皿中用玻璃棒研细、混匀。取 $10A$ mg～$30A$ mg 残渣到已称量的样品盘(2.1.4.2)中，借助压样器(2.1.4.3)和丙酮(2.1.3.4)，将固体粉末铺设均匀、平整。在红外灯下烘干，置于干燥器中，冷却至室温，准确称量固体残渣质量(mg)。在低本底α、β测量系统(2.1.4.1)的β道进行β计数测量。

2.1.6.5 测量

2.1.6.5.1 计数效率曲线的测定

取一定量 KCl 标准物质(2.1.3.5.2)，在烘干后的研钵中研细，于 105℃恒重，粉末保存在干燥器中。

准确称取质量分别为 $5A$，$10A$，$15A$，$20A$，$25A$，$30A$，$40A$，$50A$ mg(A 为样品盘面积，cm^2)的 KCl 标准物质粉末(2.1.3.5.2)，置于样品盘中，按 2.1.6.4 操作方法制备成一系列标准源，并由各标准源的质量计算其所含 ^{40}K 的放射性活度。

将制备好的一系列标准源分别置于低本底α、β测量系统(2.1.4.1)，用β道作β计数测量，并按式(11)计算计数系统的计数效率。

$$\varepsilon_\beta = \frac{n_x - n_0}{A} \quad \cdots\cdots\cdots\cdots (11)$$

式中：

ε_β——计数系统的β计数效率(用小数表示)；

n_x——标准源β计数率，单位为计数每秒(计数/s)；

n_0——测量系统β本底计数率，单位为计数每秒(计数/s)；

A——样品盘中标准物质β放射性活度，单位为贝可(Bq)。

由标准源的计数效率 ε_β(纵坐标)与标准源的质量厚度 D(mg/cm^2)(横坐标)作图，绘制出测量系统的β计数效率曲线(也可用计算机处理，给出相应的经验公式)。

测定计数效率曲线时，应测定检验源(2.1.3.5.1)的计数率，以检验测量系统的稳定性。

2.1.6.5.2 样品源测量

将被测水样残渣制成的样品源(2.1.6.4)置于α、β低本底测量系统(2.1.4.1)，在与 2.1.6.5.1 相同的几何条件下进行β计数测量，测量时间按测量精度要求确定(2.1.6.5.5)。记录测量的起、止日期和时间。

2.1.6.5.3 本底测量

将清洁的空白样品盘(2.1.4.2)置于低本底α、β测量系统(2.1.4.1)，用β道测量计数系统的β本底计数率 n_0。

2.1.6.5.4 计算

水中总β放射性体积活度按式(12)计算。

$$A_{V\beta} = \frac{(n_x - n_0)W \times 1.02}{F\varepsilon_\beta m V} \quad \cdots\cdots\cdots\cdots (12)$$

式中：

$A_{V\beta}$——水中总β放射性体积活度，单位为贝可每升(Bq/L)；

n_x——样品源β计数率，单位为计数每秒(计数/s)；

n_0——测量系统β本底计数率，单位为计数每秒(计数/s)；

W——水样残渣的总量，单位为毫克(mg)；

ε_β——与样品源质量厚度相对应的计数系统β计数效率(由计数效率曲线查出或由经验公式计算给出);

F——β放射性回收率($F \leqslant 1$,用小数表示);

m——制备样品源的水残渣的质量,单位为毫克(mg);

V——分析水样体积,单位为升(L);

1.02——每1 L水样加入20 mL硝酸的体积修正系数。

2.1.6.5.5 准确度

2.1.6.5.5.1 标准差

$$S_{AV} = \sqrt{\frac{n_x}{t_x} + \frac{n_0}{t_0}} \times \frac{1.02W}{\varepsilon_\beta F m V} \qquad (13)$$

式中:

S_{AV}——由统计误差引起的水样总β放射性体积活度的标准差,单位为贝可每升(Bq/L);

t_x——样品源测量时间,单位为秒(s);

t_0——测量系统β本底测量时间,单位为秒(s)。

2.1.6.5.5.2 相对标准差

$$E = \sqrt{\frac{n_x}{t_x} + \frac{n_0}{t_0}} / (n_x - n_0) \qquad (14)$$

式中:

E——水样中总β放射性体积活度测量结果的相对标准偏差。

2.1.6.5.5.3 样品源测量时间控制

若已知样品源计数率和测量系统本底计数率,且按要求须将测量结果的相对标准偏差控制到E,则样品源的测量时间应按式(15)控制:

$$t_x = (n_x + \sqrt{n_x n_0}) / [(n_x - n_0)^2 E^2] \qquad (15)$$

式中:

t_x——样品测量时间,单位为秒(s)。

2.1.7 结果报告

结果报告应包括下述内容:

2.1.7.1 使用检验方法所依据的标准;

2.1.7.2 使用标准源的核素类型及其强度;

2.1.7.3 水样采集日期,固体残渣灼烧日期和时间,样品源测量的起、止日期和时间;

2.1.7.4 水样的总β放射性体积活度,以测定结果加、减2倍标准偏差形式表示,如

$$A_{V\beta} = x + 2s\text{(Bq/L)}$$

式中:

x——样品测量结果;

s——样品测量结果的标准偏差。

2.1.8 污染检查

此项检查不作为常规检测项目。当样品检测结果异常并怀疑由试剂或试验器皿污染所致时,此项可作为污染检查方法使用。

2.1.8.1 试剂污染检查

分别蒸干与本法使用量相等的试剂,放在清洁的样品盘(2.1.4.2)中,在低本底α、β测量系统的β道测量β计数率,所有试剂的β计数率与测量系统的本底计数率比较,不应有显著性差异,否则应更换

试剂。

2.1.8.2 全程污染检查

取1 L蒸馏水，用20 mL±1 mL硝酸(2.1.3.1)酸化，加入20A mg色谱纯硅胶，溶解后按2.1.6.1～2.1.6.4步骤操作，制成测量源；另取一份20A mg已研磨成粉末的色谱纯硅胶，按2.1.6.4操作方法制成测量源。两者在低本底α、β测量系统的β道测量，两者计数率比较不应有显著性差异。否则应考虑更换化学器皿以及在操作过程中采取防止引入放射性污染物的措施。

附 录 A
（规范性附录）
引 用 文 件

GB/T 12997—1991 水质 采样方案设计技术规定

GB/T 12998—1991 水质 采样技术指导

GB/T 12999—1991 水质采样 样品的保存和管理技术规定

ICS 83.080.20
G 32

中华人民共和国国家标准

GB/T 5761—2006
代替 GB 5761—1993

悬浮法通用型聚氯乙烯树脂

Suspension polyvinyl chloride resins of general purpose

2006-09-14 发布 2007-02-01 实施

中华人民共和国国家质量监督检验检疫总局
中国国家标准化管理委员会 发布

前言

本标准对应于ASTMD 1755:1992(2001年确认)《聚氯乙烯树脂规范》,与ASTMD 1755一致性程度为非等效。

本标准代替GB 5761—1993《悬浮法通用型聚氯乙烯树脂》。

本标准与GB 5761—1993的技术差异为:

——对范围进行了调整(1993年版的第1章;本版的第1章);

——修改了部分物化性能指标(1993年版的4.2;本版的4.2);

——修改了型式检验项目中抽检项目的检验周期(1993年版的6.3.2;本版的6.3.2);

——取消了样品保存期限(1993年版的6.2.3);

——删除了附录B“白度(160℃,10 min)试验方法”;

——增加了附录B“聚氯乙烯树脂干筛试验方法”。

本标准的附录A和附录B为规范性附录。

本标准由中国石油和化学工业协会提出。

本标准由全国塑料标准化技术委员会聚氯乙烯树脂产品分会(SAC/TC 15/SC 7)归口。

本标准委托全国塑料标准化技术委员会聚氯乙烯树脂产品分会解释。

本标准起草单位:锦西化工研究院、上海氯碱化工股份有限公司、天津乐金大沽化学有限公司、青岛海晶化工集团有限公司、天津大沽化工有限公司、福建省东南电化股份有限公司、河北沧州化工实业集团有限公司。

本标准主要起草人:陈沛云、孙丽娟、赵阳、姜军、张英民、谌绍铜、方向阳、孙文育。

本标准于1986年首次发布,1993年第一次修订。

请注意本标准的某些内容有可能涉及专利,本标准的发布机构不应承担识别这些专利的责任。

悬浮法通用型聚氯乙烯树脂

1 范围

本标准规定了悬浮法通用型聚氯乙烯树脂的产品分类、要求、试验方法、检验规则及标志、包装、运输和贮存等。

本标准适用于以悬浮法生产的通用型聚氯乙烯树脂。本体法生产的通用型聚氯乙烯树脂亦可参照采用。

2 规范性引用文件

下列文件中的条款通过本标准的引用而成为本标准的条款。凡是注日期的引用文件，其随后所有的修改单(不包括勘误的内容)或修订版均不适用于本标准，然而，鼓励根据本标准达成协议的各方研究是否可使用这些文件的最新版本。凡是不注日期的引用文件，其最新版本适用于本标准。

GB/T 1250　极限数值的表示方法和判定方法

GB/T 2913　塑料白度试验方法

GB/T 2914　塑料　氯乙烯均聚和共聚树脂　挥发物(包括水)的测定(GB/T 2914—1999，idt ISO 1269:1980)

GB/T 2915　聚氯乙烯树脂水萃取物电导率的测定

GB/T 2916　塑料　氯乙烯均聚和共聚树脂　用空气喷射筛装置的筛分析(GB/T 2916—1997，eqv ISO 4610:1977)

GB/T 2917.1　以氯乙烯均聚和共聚物为主的共混物及制品在高温时放出氯化氢和任何其他酸性产物的测定　刚果红法(GB/T 2917.1—2002，eqv ISO 182-1:1990)

GB/T 3400　塑料　通用型氯乙烯均聚和共聚树脂　室温下增塑剂吸收量的测定(GB/T 3400—2002，eqv ISO 4608:1998)

GB/T 3401　聚氯乙烯树脂稀溶液粘数的测定(GB/T 3401—1999，eqv ISO 1628-2:1988)

GB/T 3402.1　塑料　氯乙烯均聚和共聚树脂　第1部分：命名体系和规范基础(GB/T 3402.1—2005，ISO 1060-1:1998，MOD)

GB/T 4611　通用型聚氯乙烯树脂“鱼眼”测试方法

GB/T 4615　聚氯乙烯树脂中残留氯乙烯单体含量测定方法

GB/T 6003.1　金属丝编织网试验筛

GB/T 6679—2003　固体化工产品采样通则

GB/T 9348　聚氯乙烯树脂的杂质与外来粒子数的测定方法(GB/T 9348—1988，eqv ISO 1265—1979)

GB/T 9349　聚氯乙烯、相关含氯均聚物和共聚物及其共混物热稳定性的测定　变色法(GB/T 9349—2002，eqv ISO 305:1990)

GB/T 15595　聚氯乙烯树脂热稳定性试验方法　白度法

GB/T 20022　塑料　氯乙烯均聚和共聚树脂表观密度的测定(GB/T 20022—2005，ISO 60:1977，MOD)

3 产品分类

悬浮法通用型聚氯乙烯树脂产品由 GB/T 3402.1 中规定的产品名称、聚合方法和用途的表示符号，黏数分类号(见表 1)等四项组成的代码分类。聚合方法和用途及黏数的表示符号组合称为型号。

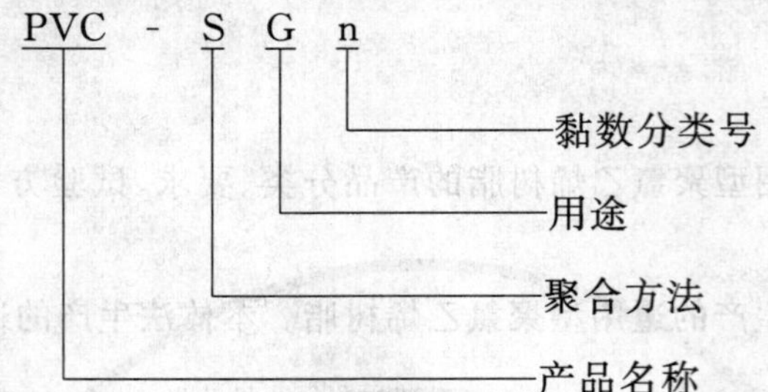

表 1 黏数分类

黏数分类号 n	0	1	2	3	4	5	6	7	8	9
黏数/(mL/g)	＞156	156～144	143～136	135～127	126～119	118～107	106～96	95～87	86～73	＜73

4 要求

4.1 外观，白色粉末。

4.2 物化性能应符合表 2 要求。

表 2 物理性能要求

序号	项目	型号												
		SG0	SG1			SG2			SG3			SG4		
		等级												
			优等品	一等品	合格品	优等品	一等品	合格品	优等品	一等品	合格品	优等品	一等品	合格品
1	黏数/(mL/g) (或 K 值) [或平均聚合度]	＞156 ＞(77) ＞[1 785]	156～144 (77～75) [1 785～1 536]			143～136 (74～73) [1 535～1 371]			135～127 (72～71) [1 370～1 251]			126～119 (70～69) [1 250～1 136]		
2	杂质粒子数/个 ≤		16	30	80	16	30	80	16	30	80	16	30	80
3	挥发物(包括水)质量分数/% ≤		0.30	0.40	0.50	0.30	0.40	0.50	0.30	0.40	0.50	0.30	0.40	0.50
4	表观密度/(g/mL) ≥		0.45	0.42	0.40	0.45	0.42	0.40	0.45	0.42	0.40	0.47	0.45	0.42
5	筛余物质量分数/% 250 μm 筛孔 ≤		2.0	2.0	8.0	2.0	2.0	8.0	2.0	2.0	8.0	2.0	2.0	8.0
	筛余物质量分数/% 63 μm 筛孔 ≥		95	90	85	95	90	85	95	90	85	95	90	85
6	“鱼眼”数/(个/400 cm^2) ≤		20	40	90	20	40	90	20	40	90	20	40	90
7	100 g 树脂增塑剂吸收量/g ≥		27	25	23	27	25	23	26	25	23	23	22	20
8	白度(160℃,10 min)/% ≥		78	75	70	78	75	70	78	75	70	78	75	70
9	水萃取物电导率/[μS/(cm·g)] ≤		5	5	—	5	5	—	5	5	—		—	
10	残留氯乙烯单体含量/(μg/g) ≤	30	5	10	30	5	10	30	5	10	30	5	10	30

表 2（续）

序号	项目		型号												SG9
			SG5			SG6			SG7			SG8			
			等级												
			优等品	一等品	合格品	优等品	一等品	合格品	优等品	一等品	合格品	优等品	一等品	合格品	
1	黏数/(mL/g) (或 K 值) [或平均聚合度]		118～107 (68～66) [1 135～981]			106～96 (65～63) [980～846]			95～87 (62～60) [845～741]			86～73 (59～55) [740～650]			<73 <(55) <[650]
2	杂质粒子数/个 ≤		16	30	80	16	30	80	20	40	80	20	40	80	
3	挥发物(包括水)质量分数/% ≤		0.40	0.40	0.50	0.40	0.40	0.50	0.40	0.40	0.50	0.40	0.40	0.50	
4	表观密度/(g/mL) ≥		0.48	0.45	0.42	0.48	0.45	0.42	0.50	0.45	0.42	0.50	0.45	0.42	
5	筛余物质量分数/%	250 μm 筛孔 ≤	2.0	2.0	8.0	2.0	2.0	8.0	2.0	2.0	8.0	2.0	2.0	8.0	
		63 μm 筛孔 ≥	95	90	85	95	90	85	95	90	85	95	90	85	
6	“鱼眼”数/(个/400 cm^2) ≤		20	40	90	20	40	90	30	50	90	30	50	90	
7	100 g 树脂增塑剂吸收量/g ≥		19	17	—	15	15	—	12	—	—	12	—	—	
8	白度(160℃,10 min)/% ≥		78	75	70	78	75	70	75	70	70	75	70	70	
9	水萃取物电导率/[μS/(cm·g)] ≤			—			—			—			—		
10	残留氯乙烯单体含量/(μg/g) ≤		5	10	30	5	10	30	5	10	30	5	10	30	30
注：SG0、SG9 项目指标除残留氯乙烯单体项目外由供需双方协商确定。															

5 试验方法

5.1 外观

目视观察或依据供需双方协议按 GB/T 2913 执行。

5.2 黏数(或 *K* 值或平均聚合度)的测定

黏数、K 值和平均聚合度的测定方法可任选其一。若有争议，以 GB/T 3401 为仲裁方法。

5.2.1 黏数的测定

按 GB/T 3401 进行。

5.2.2 *K* 值的测定

按 GB/T 3401 进行。其中 K 值按式(1)计算：

$$K=\frac{1.5\lg t_s/t_0-1+\sqrt{1+(2/c+2+1.5\lg t_s/t_0)1.5\lg t_s/t_0}}{150+300c}\times 1\,000 \qquad (1)$$

式中：

t_s——溶液的流经时间的算术平均值，单位为秒(s)；

t_0——溶剂三次流经时间的算术平均值，单位为秒(s)；

c——溶液的质量浓度的数值，单位为克每毫升(g/mL)。

平行测定的相对偏差应不大于0.7%。

试验结果取平行测定的两个结果的算术平均值，修约至整数。

5.2.3 平均聚合度的测定

见附录A。

5.3 表观密度的测定

按GB/T 20022进行。

5.4 增塑剂吸收量的测定

按GB/T 3400进行。

5.5 挥发物(包括水)的测定

按GB/T 2914进行。其中试样受热温度为(110±2)℃，时间为1 h，并按1 h的失重量计算结果。

5.6 筛余物的测定

按GB/T 2916或附录B进行。若有争议，以GB/T 2916为仲裁方法。

5.7 “鱼眼”数的测定

按GB/T 4611进行。

5.8 水萃取物电导率的测定

按GB/T 2915进行。

5.9 杂质粒子数的测定

按GB/T 9348进行。

5.10 残留氯乙烯单体含量的测定

按GB/T 4615进行。

5.11 白度(160℃，10 min)的测定

按GB/T 15595进行。其中试样受热温度为(160±1)℃，时间为10 min。若用户对热稳定性还有其他要求时，可由供需双方协商，选用GB/T 2917.1或GB/T 9349进行测定。

6 检验规则

6.1 组批

以单釜所得产品或同聚合条件的数釜产品经混合均匀为一批。

6.2 采样

6.2.1 从批量总袋数中按下述规定的采样单元数进行随机采样。当总袋数小于或等于500时，按表3确定；当总袋数大于500时，以公式 $n=3\times\sqrt[3]{N}$（N 为总袋数）确定，如遇小数进为整数。

表3 选取采样袋数的规定

总袋数	采样袋数	总袋数	采样袋数
1～10	全部	182～216	18
11～49	11	217～254	19
50～64	12	255～296	20
65～81	13	297～343	21
82～101	14	344～394	22
102～123	15	395～450	23
124～151	16	451～512	24
152～181	17		

6.2.2 采样时，用采样探子(GB/T 6679—2003附录A或附录C或相似探子)自袋的中心插入深度的3/4，采取均匀样品或用连续自动采样器(或人工)在包装线按采样单元数确定的间隔采样。

6.2.3 采样量不少于 2 kg,混匀后装于洁净干燥的容器(或塑料袋)中封严(用于残留氯乙烯单体含量测定的样品,应贮存在密封良好的样品瓶中并压实充满),并标明产品批号和采样日期。

6.3 出厂检验

6.3.1 产品出厂前应由生产企业检验部门进行质量检验,并附有质量检验报告单,其内容包括生产厂名称、产品名称、型号、批号、质量指标、等级、生产日期,并有检验章。未满足标准要求的产品不得声明符合本标准。

6.3.2 物化性能要求中出厂检验项目为黏数(或 K 值或平均聚合度)、表观密度、挥发物含量、250 μm 筛余物、杂质粒子数、"鱼眼"数、残留氯乙烯单体含量,其余检验项目为型式检验项目中的抽检项目。如有停产后复产、原料或者工艺有重大改变、合同规定等情况,必须进行型式检验。在连续正常生产时,抽检项目应保证达到本标准规定指标,每月抽检一次,当抽检不达标时应每批都进行检验,直至连续五批检验结果都符合标准规定后,方可正常抽检。

6.3.3 检验结果中如有不符合本标准要求的项目时,应自同批产品中以双倍采样单元数采样对不符合本标准要求项目进行复检,以复检结果确定。如仍不符合本标准的要求,即为不合格品。

6.3.4 本标准产品质量指标极限数值的判定,采用 GB/T 1250 中"修约值比较法"。

6.4 用户验收

用户有权按本标准规定对收到的产品进行验收,如发现产品有不符合本标准规定时,自收到之日起,三个月内向供货方提出处理意见。

因贮运管理不当影响产品质量,则应由贮运单位负责。

7 标志、包装、运输和贮存

7.1 标志

包装袋上应标明商标、产品名称、产品标准号、净质量和生产厂名称及地址,并标识产品型号及等级。

7.2 包装

本产品用内衬塑料薄膜袋的牛皮纸袋、聚丙烯编织袋或牛皮纸与聚丙烯编织物复合袋包装,每袋净质量(25.0±0.2)kg,亦可采用适宜的其他包装方式和包装量。应保证产品在正常贮运中包装不破损,产品不被污染,不泄漏。

7.3 运输

运输时应用洁净的运输工具,并防止雨淋。

本产品为非危险品,可按一般货物运输。

7.4 贮存

产品应存放在干燥通风的仓库内,以批为单位分开存放,不得露天堆放,防止日晒和受潮。

附 录 A
（规范性附录）
平均聚合度的测定

A.1 溶剂

硝基苯，分析纯。

A.2 仪器

A.2.1 乌式黏度计，如图 A.1 所示。

单位为毫米

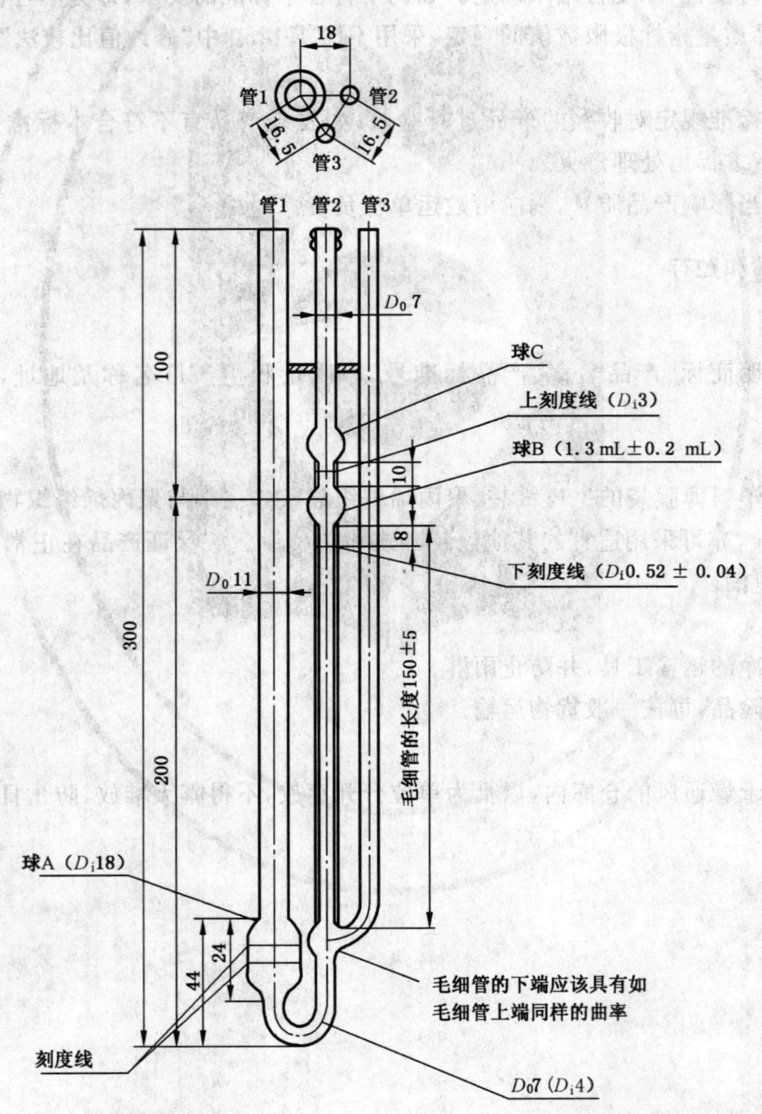

图 A.1 乌式黏度计

A.2.2 甘油（丙三醇）浴，可控制（100±2）℃。

A.2.3 恒温水浴，可控制（30±0.05）℃。

A.2.4 玻璃砂芯漏斗，孔径(10～15)μm。

A.2.5 分析天平，分度值 0.1 mg。

A.2.6 秒表，分度值 0.1 s。

A.3 操作步骤

A.3.1 测试溶液的制备

称取(200±0.1)mg 聚氯乙烯树脂试样，于 50 mL 带玻璃塞的容量瓶中，加入约 40 mL 硝基苯，在保持(100±2)℃的甘油浴中加热，间断摇动容量瓶使试样完全溶解后，取出容量瓶冷却至室温，再置于(30±0.05)℃的恒温水浴中 20 min，用同样温度的硝基苯稀释至刻度，摇匀待用。

A.3.2 溶剂流经时间的测定

在黏度计管 2、管 3 上分别接上乳胶管，把黏度计垂直置于(30±0.05)℃的恒温水浴中，使水面超过黏度计球 C。

用玻璃砂芯漏斗将溶剂经管 1 滤入黏度计球 A，直至溶剂的液面处于刻在球 A 上的两条刻度线之间，恒温 10 min。

紧闭管 3 上的乳胶管，用吸球经管 2 上的乳胶管慢慢地将溶剂吸入球 B，使溶剂升至球 C 一半时，停止吸气。

取下吸球再放开管 3 上的乳胶管，让溶剂自由下落，用秒表测量从球 B 上刻度线降至下刻度线所需时间，准确至 0.1 s。重复进行测定并取其平均值。

A.3.3 溶液流经时间的测定

将上述溶剂从黏度计中吸出。

将约 15 mL 的溶液(A.3.1)经过玻璃砂芯漏斗滤入黏度计中，使溶液通过球 B 吸上放下三次，再从黏度计中吸出。

将剩余的溶液经过玻璃砂芯漏斗滤入黏度计中，再按 A.3.2 步骤测定溶液的流经时间。

A.4 计算

A.4.1 增比黏度 η_{sp}

按式(A.1)计算：

$$\eta_{sp} = t_2/t_1 - 1 \quad \cdots\cdots(A.1)$$

式中：

t_1——溶剂硝基苯流出时间的数值，单位为秒(s)；

t_2——测试溶液流出时间的数值，单位为秒(s)。

A.4.2 特性黏度[η]

按式(A.2)计算：

$$[\eta] = \sqrt{2}/c \cdot \sqrt{\eta_{sp} - \ln\eta_r} \quad \cdots\cdots(A.2)$$

式中：

η_r——相对黏度的数值(t_2/t_1)；

η_{sp}——增比黏度的数值；

c——溶液的质量浓度的数值，单位为克每升(g/L)。

A.4.3 平均聚合度 $\bar{P}$

按式(A.3)计算：

$$\bar{P} = 500[\text{anti lg}\frac{[\eta]}{0.168} - 1] \quad \cdots\cdots(A.3)$$

式中：

[η]——特性黏度的数值。

附 录 B
（规范性附录）
聚氯乙烯树脂干筛试验方法

B.1 范围

本试验方法适用于悬浮法聚氯乙烯树脂的筛余物和颗粒大小分布的测定。

B.2 原理

将定量的树脂，在规定的时间内通过机械振摆进行干筛，称量筛余物。

B.3 定义

筛余物：试验后留在筛子上的树脂，以质量分数表示。

B.4 仪器

B.4.1 标准筛振筛机，主要技术参数为：振动次数230次/min，振动偏心距12 mm，振击次数175次/min，振幅高度(2～3)mm可调，电机转数2 800转/min。

B.4.2 筛子，筛面直径200 mm，高度25 mm，筛框和筛网是金属的，应符合GB/T 6003.1中的规定。按规定和树脂颗粒大小分布选择所需的孔径。

注：可用含有水和清洗剂的超声清洗装置清洗筛子，或使用刷子小心清理，如严重堵塞，可将筛子浸入四氢呋喃中(3～4)d，取出晾干即可使用。

B.4.3 天平，分度值0.01 g。

B.4.4 分析天平，分度值0.000 1 g。

B.4.5 定时器(或秒表)。

B.5 试验方法

称取试样25 g，精确至0.01 g(若有静电，可加入抗静电剂γ-氧化铝0.025 g，混匀)。将混匀后的树脂轻轻倒入筛中，牢固地装在振筛机上，启动筛机，同时开始计时，振筛20 min停机，连同筛底取下。任选以下方式中一种进行称量：

a) 将每只筛子和筛余物一起称量再减去筛子的质量，精确至0.01 g；

b) 将每只筛子筛余物仔细刷下收集在已知质量的容器中称量，精确至0.000 1 g。

B.6 结果表示

B.6.1 结果计算

筛余物的质量分数R按式(B.1)计算：

$$R = m_1/m_0 \times 100 \qquad \cdots\cdots(B.1)$$

式中：

m_0——试样的质量的数值，单位为克(g)；

m_1——筛余物的质量的数值，单位为克(g)。

以两次测定值的算术平均值为结果，修约至一位小数。

B.6.2 **重复性**

同一试样连续测定两次或者同台筛机二组筛一次测定，如果不满足下列条件，则结果无效。

a) 筛余物的质量分数大于或等于5%时，两次测定值之差小于或等于3%；

b) 筛余物的质量分数小于5%时，两次测定值之差小于或等于2%；

c) 每个筛的筛余物和底盘中树脂质量分数总和在(100±2)%范围内。

ICS 01.140.20
A 14

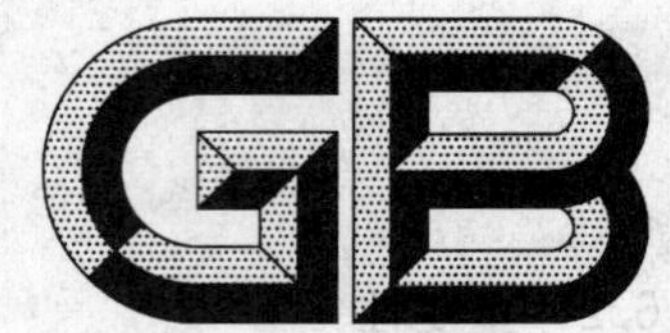

中华人民共和国国家标准

GB/T 5795—2006
代替 GB/T 5795—2002

中国标准书号

China standard book number

(ISO 2108:2005 Information and documentation—International standard book number(ISBN),MOD)

2006-10-18 发布　　　　2007-01-01 实施

中华人民共和国国家质量监督检验检疫总局
中国国家标准化管理委员会　发布

前　言

本标准结合我国实际情况，修改采用国际标准 ISO 2108:2005《信息与文献　国际标准书号(ISBN)》。

本标准在修改采用 ISO 2108:2005 时，主要做了以下改动（包括编辑性修改）：

1）　删除该国际标准有关 ISBN 收费内容的第 7 章；

2）　删除附录 B 中“国际 ISBN 管理机构的职责”，增加“出版者的责任”；

3）　按照汉语习惯对语言表述进行修改；

4）　内容条款上将一些国际标准的表述改为适用于国家标准的表述；

5）　将该国际标准中的示例改为组区号为“7”的示例。

本标准是对 GB/T 5795—2002《中国标准书号》的修订，修订的主要内容如下：

1）　中国标准书号由 10 位升至 13 位；

2）　根据国际标准协调了中国标准书号编码系统与 EAN・UCC 编码系统的关系；

3）　增加了关于 ISBN 系统管理和中国标准书号系统管理的职能；

4）　根据国际标准增加了与中国标准书号有关的出版物元数据及相关信息提供要求。

本标准的附录 A、附录 B、附录 C、附录 E 为规范性附录，附录 D、附录 F 为资料性附录。

本标准由新闻出版总署条码中心提出。

本标准由全国信息与文献标准化技术委员会归口。

本标准由新闻出版总署条码中心负责解释。

本标准起草单位：新闻出版总署条码中心。

本标准主要起草人：齐相潼、蔡京生、邢瑞华、傅祚华、孔德龙。

本标准自实施之日起，代替 GB/T 5795—2002。

本标准于 1986 年 1 月 16 日首次发布，于 2002 年 1 月 4 日第一次修订，本次为第二次修订。

引　言

中国标准书号是国际标准书号(International standard book number,简称 ISBN)系统的组成部分。ISBN 系统创建于 1970 年,它是国际出版业和图书贸易通用的标识编码系统。一个 ISBN 唯一标识一部在制作、销售和发行中的专题出版物。

ISBN 系统旨在为出版单位、发行商、图书馆和其他机构编目和订购系统提供有关出版物的关键数据,同时它也为出版者名录和即将出版的出版物目录收集数据,ISBN 的应用还有利于版权的管理以及对出版业销售数据的监测。

中 国 标 准 书 号

1 适用范围

本标准规定了中国标准书号的结构、显示方式及印刷位置、分配及使用规则、与中国标准书号有关的元数据以及中国标准书号的管理系统。本标准为在中国依法设立的出版者所出版或制作的每一专题出版物及其每一版本提供唯一确定的和国际通用的标识编码方法。

本标准适用的或不适用的专题出版物详见附录A。

2 规范性引用文件

下列文件中的条款通过本标准的引用而成为本标准的条款。凡是注日期的引用文件，其随后所有的修改单(不包括勘误的内容)或修订版均不适用于本标准，然而，鼓励根据本标准达成协议的各方研究是否可使用这些文件的最新版本。凡是不注日期的引用文件，其最新版本适用于本标准。

GB/T 2659　世界各国和地区名称代码(GB/T 2659—2000,eqv ISO 3166-1:1997)

GB/T 3259　中文书刊名称汉语拼音拼写法

GB/T 4880.1—2005　语种名称代码　第1部分:2字母代码(ISO 639-1:2002,MOD)

GB/T 4880.2　语种名称代码　第2部分:3字母代码(GB/T 4880.2—2000,eqv ISO 639-2:1998)

GB/T 7408—2005　数据元和交换格式 信息交换 日期和时间表示法(ISO 8601:2000,IDT)

3 术语和定义

下列术语和定义适用于本标准。

3.1

EAN·UCC 前缀　EAN·UCC prefix

国际物品编码协会分配的产品标识编码。

3.2

校验码　check digit

中国标准书号的最后一位，由校验码前面的12位数字通过特定的数学算法计算得出，用以检查中国标准书号编号的正确性。

3.3

连续性资源　continuing resource

计划无限期出版的公开出版物，通常为连续或整合出版，一般具有编号和/或年月标识。

注：连续性资源包括:连续出版物，如报纸、期刊、杂志等。

3.4

版本　edition

由同一出版者出版、内容相同的出版物的所有复制品。

3.5

整合性资源　integrating resource

有限期或无限期出版，以增补或变更方式更新内容，并与原内容整合为一体的公开出版物。

注：整合性资源包括不断更新的活页出版物和网页等。

3.6

ISBN

国际标准书号英文 International Standard Book Number 的缩写，国际上通用的出版物标识编码的标识符。

3.7

专题出版物 monographic publication

由出版者或作者将作品或该作品的一部分或几部分作为一个单行本出版，且可以任何产品形式公开发行的出版物。有别于连续性出版物和整合性出版物。

注：本标准条款中所指“出版物”均为“专题出版物”。

3.8

按需印刷出版物 print on demand publication

根据客户需求加工制作的出版物，而不是发行人或出版者库存的出版物。

3.9

产品形式 product form

产品的尺寸、装帧、载体和/或数据格式。

3.10

出版者 publisher

向中国 ISBN 管理机构申请并获得出版者号的出版机构或组织。

3.11

组区 registration group

由国际 ISBN 管理机构指定的，以国家、地理区域、语言及其他社会集团划分的工作区域。

4 中国标准书号的结构

4.1 中国标准书号的构成

中国标准书号由标识符“ISBN”和 13 位数字组成。其中 13 位数字分为以下五部分：

1) EAN · UCC 前缀；
2) 组区号；
3) 出版者号；
4) 出版序号；
5) 校验码。

书写或印刷中国标准书号时，标识符“ISBN”使用大写英文字母，其后留半个汉字空，数字的各部分应以半字线隔开。如下所示：

ISBN EAN · UCC 前缀-组区号-出版者号-出版序号-校验码

示例：ISBN 978-7-5064-2595-7

4.2 EAN · UCC 前缀

中国标准书号数字的第一部分。由国际物品编码(EAN · UCC)系统专门提供给国际 ISBN 管理系统的产品标识编码。

4.3 组区号

中国标准书号数字的第二部分。它由国际 ISBN 管理机构分配。中国的组区号为“7”。

4.4 出版者号

中国标准书号数字的第三部分。标识具体的出版者。其长度为 2 至 7 位，由中国 ISBN 管理机构设置和分配。

出版者号的设置见附录 D。

4.5 **出版序号**

中国标准书号数字的第四部分。由出版者按出版物的出版次序管理和编制。

编制规则见附录 A。

4.6 **校验码**

中国标准书号数字的第五部分，也是其最后一位。采用模数 10 加权算法计算得出。

计算方法见附录 C。

5 中国标准书号的分配

5.1 中国 ISBN 管理机构按照分配规则，根据出版者的出版计划，分配出版者号。

5.2 出版者应向中国 ISBN 管理机构提供分配中国标准书号的出版物的元数据。

有关元数据要求见附录 E。

5.3 一个中国标准书号在任何情况下均不能改变、替换或重复使用。

5.4 各出版者出版发行的每一出版物或其单行本均应使用不同的中国标准书号。内容相同而语种不同的出版物也应使用不同的中国标准书号。

5.5 同一出版物的不同产品形式(例如精装本、平装本、盲文版、录音带、视频、在线电子出版物等)均应使用不同的中国标准书号。已经出版且单独制作、发行的电子出版物的不同格式(例如“. lit”、“. pdf”、“. html”、以及“. pdb”等)均应使用不同的中国标准书号。

5.6 出版物的任何部分有较大改动，形成新的版本时，应分配新的中国标准书号；出版物内容相同题名更改的，应分配新的中国标准书号；版本、形式或者出版者毫无变化的重新印刷或复制的出版物，不分配新的中国标准书号。仅仅是定价改变或者诸如修正打印错误等细微变化的重新印刷或复制的出版物，也不分配新的中国标准书号。

6 中国标准书号在出版物上的位置和显示方式

6.1 **总则**

中国标准书号应永久性出现在出版物上。

6.2 **印刷形式出版物**

6.2.1 中国标准书号应同时印刷在出版物的版本记录页和封底(或护封)。

6.2.2 在版本记录页中，中国标准书号应按 4.1 示例格式印刷，字号不小于 5 号。

6.2.3 在封底(或护封)上，中国标准书号应以条码格式印刷在封底(或护封)的右下角，条码符号上方印 OCR-B 字体的中国标准书号。

6.3 **电子出版物及其他非印刷形式出版物**

6.3.1 以电子形式存储的可视出版物(例如录像带、在线出版物等)，中国标准书号应显示在有题名或版权说明的初始页面或屏幕上。

6.3.2 以实物载体形式出版的音像制品和电子出版物，中国标准书号应印刷在音像制品和电子出版物的外装帧面和载体标识面上，并在题名或版权说明的页面或屏幕上显示。

6.3.3 中国标准书号在音像制品和电子出版物外装帧面和载体标识面上应表示为机读条码。其他非印刷形式出版物的外装帧面和载体标识面上，中国标准书号也应当与条码同时显示。

6.4 **多个中国标准书号的排印形式**

同一出版物的不同产品形式所对应的中国标准书号同时出现，则按上下顺序排列。在一个由各个中国标准书号构成的列表中，每个中国标准书号均受其所标识的具体产品形式的信息限制。

7 ISBN 系统的管理

中国 ISBN 管理机构根据国际标准 ISO 2108 和 ISBN 系统管理的要求，负责中国标准书号系统的监督、协调和管理。

中国 ISBN 管理机构以及出版者的职责见附录 B。

附 录 A
（规范性附录）
中国标准书号的分配及使用规则

A.1 概述

A.1.1 中国标准书号的分配与出版物形式无关，不具有与该出版物权利归属有关的作为法律凭证的意义和价值。

A.1.2 公开出版的每一出版物的每一版本应分配不同的中国标准书号。同一版本出版物产品形式不同或语种不同应分配不同的中国标准书号。

A.1.3 一个中国标准书号不应分配给出版物的多个版本或产品形式。

A.1.4 一个中国标准书号在任何情况下都不能重复分配。即便发现中国标准书号使用错误，也不得再分配给其他出版物。中国标准书号使用错误的，出版者应将错误的中国标准书号向中国 ISBN 管理机构报告。

A.1.5 出版物的修订版应分配新的中国标准书号。

A.1.6 由同一出版者以相同产品形式出版的同一出版物，在重印或复制时，不应分配新的中国标准书号。

A.1.7 由于产品形式改变而形成的特定出版物，应分配新的中国标准书号。例如，同一出版物的精装本、平装本、盲文版、软件、视听读物以及网络电子版等。

A.1.8 仅是定价改变的出版物，不分配新的中国标准书号。

A.1.9 中国标准书号适用于以下种类的出版物：

1） 印刷的图书和小册子（以及此类出版物的不同产品形式）；
2） 盲文出版物；
3） 出版者无计划定期更新或无限期延续的出版物；
4） 教育或教学用影片、录像制品和幻灯片；
5） 磁带和 CD 或 DVD 形式的有声读物；
6） 电子出版物实物载体形式（机读磁带、光盘、CD - ROMs）或是在互联网上出版的电子出版物；
7） 印刷出版物的电子版；
8） 缩微出版物；
9） 教育或教学软件；
10） 混合媒体出版物（内容以文字材料为主的）；
11） 地图及教学制图、图示类出版物。

A.1.10 中国标准书号不适用于以下种类的出版物：

1） 连续性资源（例如刊物、无限期出版的丛书以及整合性资源）；
2） 暂时性印刷材料（例如广告等）；
3） 印刷的活页乐谱；
4） 无书名页和正文的美术印刷品及美术折页印张；
5） 个人文件；
6） 贺卡；
7） 音乐录音制品；
8） 用于教育或教学目的之外的软件；
9） 电子公告板；
10） 电子邮件和其他电子函件。

A.2　多卷册出版物

由多卷组成的出版物,应为出版物分配一个中国标准书号;如果该套出版物的各卷可单独销售,每一卷也应有自己的中国标准书号;各卷的版本记录页应注明该卷的中国标准书号以及整套的中国标准书号。

不单卷销售(例如,每一卷都不单独出售的百科全书)的套书,为便于发行和处理退货,仍可每一卷使用一个中国标准书号。

A.3　作为丛书组成部分的出版物

如果一种出版物既单独销售,也作为丛书之一向公众出售,则应将其视为两个不同的出版物,分配不同的中国标准书号。

A.4　联合出版

由多个出版者共同出版或者联合编辑出版的出版物,每个合作出版者均可使用各自的中国标准书号,并将其显示在版本记录页中,但只能将其中的一个中国标准书号显示为条码形式。

A.5　重印

A.5.1　如果同一出版者使用不同的出版标记出版同一出版物,则应分配一个新的中国标准书号。

A.5.2　如果同一出版物由不同的出版者使用不同的出版标记出版,也应分配一个新的中国标准书号。

A.6　按需印刷出版物

按照客户要求制定专门内容或者为用户专用的按需印刷出版物,不分配中国标准书号。

A.7　电子出版物

电子出版物中国标准书号的分配,按照本标准第5章的有关规定执行。

附 录 B
（规范性附录）
中国 ISBN 系统的管理

B.1 概述

ISBN 系统是用于出版物的标识系统。

ISBN 系统的管理分三级进行：国际管理、各组区管理和出版者管理。

中国 ISBN 系统的管理包括组区管理和出版者管理。依照 ISO 2108、国际 ISBN 管理机构制定的规则和本标准对该系统进行管理。

B.2 中国 ISBN 管理机构的功能和职责

中国 ISBN 管理机构的功能和职责包括：

1） 遵照本标准促进、协调及监督中国标准书号的实施；

2） 向出版物的出版者发布有关中国标准书号分配的通知；

3） 根据国际 ISBN 管理机构制定的政策管理和保存 ISBN 号、ISBN 元数据以及管理数据的记录；

4） 将已分配的中国标准书号的详细信息、元数据及管理数据输入记录；

5） 修正错误的中国标准书号及中国标准书号元数据；

6） 编制并保存与中国标准书号运行有关的统计数据，向国家新闻出版行政管理机关报送相关数据和报告，向国际 ISBN 管理机构报送年度报告；

7） 对中国标准书号系统的使用者进行宣传、教育和培训；

8） 根据国际 ISBN 管理机构制定的政策，向 ISBN 系统的其他区域管理机构和用户提供与中国标准书号有关的元数据；

9） 编制中国出版者名录，为国际出版者名录（PIID）提供数据，并将信息提供给社会；

10） 管理公用出版者号；

11） 提供中国标准书号条码软片；

12） 执行国际 ISBN 管理机构按照 ISO 2108 的规定制定的 ISBN 政策和程序，保证提供全程服务。

B.3 出版者的责任

出版者的责任包括：

1） 按照本标准负责对其出版物分配出版序号并保证使用规范；

2） 保证所分配和使用的中国标准书号的唯一性，任何情况下都不得重复使用；

3） 正确管理和使用中国 ISBN 管理机构分配和设置的专用中国标准书号的出版序号编号段，不得以任何方式转给他人；

4） 按照本标准规定向中国 ISBN 管理机构报送出版物元数据；

5） 向中国 ISBN 管理机构提供其现有及计划出版物情况，以保证分配的出版者号含有的出版量与出版者实际规模相符。

附 录 C
（规范性附录）
13 位数字中国标准书号的校验码

C.1 校验码用以检查中国标准书号编号的正确性。

C.2 中国标准书号校验码使用阿拉伯数字 0～9 中的 1 位数字字符。

C.3 校验码采用模数 10 的加权算法计算得出。

以 ISBN 978-7-5064-2595-7 为例，其计算方法见表 C.1。

表 C.1 由 13 位数字组成的中国标准书号校验码计算示例

		EAN·UCC 前缀			组区号	出版者号				出版序号				校验码
1	取 ISBN 前 12 位数字	9	7	8	7	5	0	6	4	2	5	9	5	?
2	取各位数字所对应的加权值	1	3	1	3	1	3	1	3	1	3	1	3	--
3	将各位数字与其相对应的加权值依次相乘	9	21	8	21	5	0	6	12	2	15	9	15	--
4	将乘积相加，得出和数	123												
5	用和数除以模数 10，得出余数	123÷10＝12 余 3												
6	模数 10 减余数，所得差即为校验码	10－3＝7												
7	将所得校验码放在构成中国标准书号的基本数字的末端	978-7-5064-2595-7												

如果步骤 5 所得余数为 0，则校验码为 0。

数学算式为：

校验码＝mod 10｛10－[mod 10（中国标准书号前 12 位数字的加权乘积之和）]｝

＝mod 10｛10－[mod 10(123)]｝

＝7

验证中国标准书号的方法：加权乘积之和加校验码，被 10 整除。

附 录 D
（资料性附录）
中国标准书号的范围

D.1 概述

本附录提供了中国标准书号适用范围的设置及推导规则。

D.2 组区号设置范围内的出版量

国际 ISBN 管理机构为中国分配的组区号为“7”，此组区号设置范围内的允许出版量见表 D.1。

表 D.1 EAN·UCC 前缀 978 内组区号“7”的允许出版量

EAN·UCC 前缀	组区号	允许出版量
978	7	100 000 000

D.3 出版者号的取值范围和出版量的设置

组区号、出版者号和出版序号共 9 位数字，但三部分中的每一部分的位数均是可变的。在组区号不变的情况下，设置出版者号后，即可推导出所含有的出版量，具体见表 D.2。

表 D.2 出版者号的取值范围和出版量

EAN·UCC 前缀-组区号	出版者号设置范围	每一出版者号含有的出版量
978-7	00～09	1 000 000
	100～499	100 000
	5 000～7 999	10 000
	80 000～89 999	1 000
	900 000～989 999	100
	9 900 000～9 999 999	10

附 录 E
（规范性附录）
中国标准书号元数据

E.1 概述

E.1.1 为了区分标有中国标准书号的不同出版物，出版者应向中国 ISBN 管理机构提供准确的使用中国标准书号的出版物元数据（描述性信息）。每一与中国标准书号分配有关的元数据均应由中国 ISBN 管理机构或由其指定的书目机构保存。

E.1.2 中国 ISBN 管理机构提供中国标准书号元数据的类型、格式及软件。

E.2 中国标准书号元数据基本要素

E.2.1 中国标准书号系统要求的元数据与国家标准、行业标准以及有关国际标准相兼容。

E.2.2 中国标准书号元数据的基本要素见表 E.1。

表 E.1 中国标准书号元数据的基本要素

数据要素	说明
ISBN	13 位数字的中国标准书号
产品形式	表明出版物载体和/或格式的代码
题名	正题名、副题名、并列题名及其他题名信息和/或其他出版物题名
题名的汉语拼音	使用 GB/T 3259
丛书	丛书题名及其他题名信息
著作者	撰稿人身份代码及姓名
版本	初版以后的版次、类别和声明
语种	使用 GB/T 4880.1—2005
出版标记	出版物得以出版的标志或者商标名称
出版者	拥有该出版标志或者商标名称的法人
出版国家	使用 GB/T 2659
出版日期	使用中国标准书号的首版出版日期，按 GB/T 7408—2005(YYYY-MM-DD)
原出版物的 ISBN 号	作为原有出版物的一部分的出版物，应保存其原有出版物的 ISBN 号
内容提要	出版物主要内容的概述，其字段长度应在 200 个汉字内
定价	本出版物的价格
备注	

E.3 中国标准书号与中国标准书号元数据之间的联系

中国 ISBN 管理机构既可以利用数据库将中国标准书号与其元数据基本要素联系起来，也可与书目机构合作，以确保公众可以获得这些数据。中国 ISBN 管理机构或由其指定的书目机构可以收取一定的费用。

附 录 F
（资料性附录）
10 位数字中国标准书号

F.1 概述

本标准通过增加 EAN·UCC 前缀作为 13 位数字中国标准书号的第一部分，扩充了中国标准书号标识系统的编号能力。

在以前版本的 GB/T 5795 中，中国标准书号由 10 位数字组成，分为四部分：

1） 组区号(原称组号)；

2） 出版者号；

3） 出版序号(原称书名号)；

4） 校验码。

10 位数字的中国标准书号不能区分不同前缀码的编码范围。因此，自 2007 年的 1 月 1 日起，除非出于历史目的才会使用 10 位数字的中国标准书号。

F.2 10 位数字中国标准书号校验码的计算

10 位数字中国标准书号校验码采用模数 11 的加权算法计算得出。

以 ISBN 7-5064-2595-5 为例，其计算方法见表 F.1。

表 F.1 10 位数字的中国标准书号校验码的计算示例

步骤		组区号	出版者号				出版序号			校验码
1	ISBN	7	5	0	6	4	2	5	9	5	?
2	加权	10	9	8	7	6	5	4	3	2	—
3	加权乘积	70	45	0	42	24	10	20	27	10	—
4	加权乘积之和	248									
5	和数除以模数，得出余数	248÷11=22 余 6									
6	模数 11 减余数，所得差即为校验码的数值	11－6=5(校验码)									
7	完整的 ISBN	7-5064-2595-5									

数学公式为：

校验码＝mod11［11－mod11 (加权乘积之和)］

＝mod11［11－mod11 (248)］

＝5

注：如果计算结果为 1～9 之间的任何整数，其数值即是校验码；如果计算结果为 10，则校验码用“X”表示；如果计算结果为 11，则校验码用“0”表示。

验证中国标准书号的方法：乘积之和加校验码，被模数 11 整除。

F.3 10 位数字中国标准书号与 13 位数字中国标准书号所计算得出的数值结果不同

10 位数字的中国标准书号校验码依照附录 F.2 给出的方法计算，13 位数字的中国标准书号校验码依照附录 C 给出的方法计算，所得数值结果可能不同。如下所示：

10 位数字中国标准书号：ISBN 7-5064-2595-5

13 位数字中国标准书号：ISBN 978-7-5064-2595-7

F.4　10 位数字的中国标准书号转换为 13 位数字的中国标准书号的方法

如果 10 位数字的中国标准书号转换为 13 位数字的中国标准书号，则在其前 9 位数字之前加 EAN・UCC前缀 978，以模数 10 加权算法计算得出的校验码取代 10 位数字中国标准书号的校验码（见附录 C）。

示例：

该示例说明 10 位数字中国标准书号转换为 13 位数字中国标准书号的方法：

带校验码的 10 位数字中国标准书号：ISBN 7-5064-2595-5

不带校验码的 10 位数字中国标准书号：ISBN 7-5064-2595

不带校验码的 13 位数字中国标准书号：ISBN 978-7-5064-2595

计算出校验码的 13 位数字中国标准书号：ISBN 978-7-5064-2595-7

F.5　13 位数字中国标准书号与 10 位数字中国标准书号的兼容性

F.5.1　在使用 13 位数字结构的中国标准书号时，应保证其完整性，以确保产品标识编码的一致性。

F.5.2　建议在图书贸易中将所有 10 位数字结构中国标准书号的书目都转换成 13 位数字结构的中国标准书号。

F.5.3　如果在出版物或其附带的材料中出现了 10 位数字中国标准书号，必须明确地标识为“10 位数字中国标准书号”，同时也应给出 13 位数字中国标准书号。

F.5.4　中国标准书号出版者号的最大长度为 7 位数。为区分不同 EAN・UCC 前缀中组区号设置范围，在计算机系统和出版物中，组区号的全部信息应包括 EAN・UCC 前缀和组区号。为区分不同 EAN・UCC 前缀中出版者号设置范围，在计算机系统和出版物中，出版者的全部信息应包括 EAN・UCC前缀、组区号和出版者号。

关于组区号、出版者号的设置规则见附录 D。

参 考 文 献

[1] 全国信息与文献标准化技术委员会第七分委员会. CY/T 36—2001 电子出版物外观标识[S]//全国信息与文献标准化技术委员会第七分技术委员会. 出版印刷行业质量管理体系认证工作指南:下. 北京:中国标准出版社,2001:728-734.

[2] 中国音像协会光盘工作委员会. CY/T 37—2001 可记录光盘(CD-R)产品外观标识[S]//全国信息与文献标准化技术委员会第七分技术委员会. 出版印刷行业质量管理体系认证工作指南:下. 北京:中国标准出版社,2001:735-737.

[3] 全国信息与文献标准化技术委员会出版物格式分技术委员会. GB/T 9999—2001 中国标准连续出版物号[S]. 北京:中国标准出版社,2002.

[4] 全国信息与文献标准化技术委员会出版物格式分技术委员会. GB/T 12450—2001 图书书名页[S]. 北京:中国标准出版社,2001.

[5] 全国信息与文献标准化技术委员会出版物格式分技术委员会. GB/T 13396—1992 中国标准音像制品编码[S]//新闻出版署音像和电子出版物管理司. 音像和电子出版物管理工作手册:上. 北京:人民出版社,1999:200-206.

[6] 国际 ISBN 中心. ISBN 用户手册. 5 版[OL]. 柏林:国际 ISBN 中心,2005. http://isbn-international.org/en/manual.html.

[7] 国际 ISBN 中心. 13 位国际标准书号实施指南[OL]. 柏林:国际 ISBN 中心,2005. http://isbn-international.org/en/manual.html.

[8] 国际 ISBN 中心. ISBN 注册代理中心培训手册[OL]. 柏林:国际 ISBN 中心,2005. http://isbn-international.org/en/manual.html.

ICS 21.100.20
J 11

中华人民共和国国家标准

GB/T 5801—2006
代替 GB/T 5801—1994

滚动轴承　48、49 和 69 尺寸系列滚针轴承 外形尺寸和公差

Rolling bearings—Needle roller bearings, dimension series 48, 49 and 69—Boundary dimensions and tolerances

(ISO 1206:2001, MOD)

2006-01-09 发布　　2006-08-01 实施

中华人民共和国国家质量监督检验检疫总局
中国国家标准化管理委员会　发布

前　言

本标准修改采用 ISO 1206:2001《滚动轴承　48、49 和 69 尺寸系列滚针轴承　外形尺寸和公差》。

本标准代替 GB/T 5801—1994《滚动轴承　轻、中系列滚针轴承　外形尺寸和公差》。

本标准根据 ISO 1206:2001 重新起草。对于 ISO 1206:2001 引用的其他国际标准中有被修改采用为我国标准的，本标准引用我国的这些国家标准代替对应的国际标准(见本标准第 2 章)；将 ISO 1206:2001 参考文献的内容放入规范性引用文件中(见本标准第 2 章)；第 5 章表 1、表 2、表 3 中增加了滚针轴承型号(见本标准第 5 章)；增加了对轴承配合安装处的要求(见本标准附录 A)。

为便于使用，本标准还作了下列编辑性修改：

——“本国际标准”一词改为“本标准”；

——用小数点“.”代替作为小数点的逗号“,”；

——删除了国际标准的前言。

本标准与 GB/T 5801—1994 相比，主要变化如下：

——修改了标准名称；

——增加了 4 项、删除了 1 项引用标准(1994 年版和本版的第 2 章)；

——增加了“术语和定义”(见第 3 章)；

——调整了符号的编排顺序，并增加了部分符号(1994 年版和本版的第 4 章)；

——删除了 4 个图例(1994 年版的图 1、图 2)；

——增加了 NA 6900、RNA 6900 轴承的外形尺寸(见表 3)；

——删除了“标记”(1994 年版的第 5 章)；

——增加了轴承内、外圈公差表(见表 4、表 5)；

——增加了“径向游隙”(见第 7 章)；

——删除了“NK、NKI 系列(轻系列)滚针轴承”(1994 年版的附录 A)；

——原附录 B 变为附录 A(1994 年版的附录 B)；

——删除了“新旧轴承代号对照”(1994 年版的附录 C)。

本标准的附录 A 为资料性附录。

本标准由中国机械工业联合会提出。

本标准由全国滚动轴承标准化技术委员会(SAC/TC 98)归口。

本标准起草单位：洛阳轴承研究所。

本标准主要起草人：马素青。

本标准所代替标准的历次版本发布情况为：

——GB 5801—1986、GB/T 5801—1994。

滚动轴承　48、49和69尺寸系列滚针轴承　外形尺寸和公差

1　范围

本标准规定了符合GB/T 273.3—1999的48、49和69尺寸系列滚针轴承的外形尺寸和普通级公差。

本标准适用于成套滚针轴承和无内圈滚针轴承(以下简称轴承)。

本标准不适用于冲压外圈滚针轴承。

2　规范性引用文件

下列文件中的条款通过本标准的引用而成为本标准的条款。凡是注日期的引用文件，其随后所有的修改单(不包括勘误的内容)或修订版均不适用于本标准，然而，鼓励根据本标准达成协议的各方研究是否可使用这些文件的最新版本。凡是不注日期的引用文件，其最新版本适用于本标准。

GB/T 273.3—1999　滚动轴承　向心轴承　外形尺寸总方案(eqv ISO 15:1998)

GB/T 274—2000　滚动轴承　倒角尺寸最大值(idt ISO 582:1995)

GB/T 275—1993　滚动轴承与轴和外壳的配合

GB/T 4199—2003　滚动轴承　公差　定义(ISO 1132-1:2000,MOD)

GB/T 4604—2006　滚动轴承　径向游隙(ISO 5753:1991,MOD)

GB/T 6930—2002　滚动轴承　词汇(ISO 5593:1997,IDT)

GB/T 7811—1999　滚动轴承　参数符号

3　术语和定义

GB/T 4199—2003和GB/T 6930—2002中确立的术语和定义适用于本标准。

4　符号

GB/T 7811—1999给出的以及下列符号适用于本标准。

除另有说明外，图1和图2中所示符号(公差符号除外)对应于表1～表6中所给尺寸均表示公称尺寸。

B——内圈宽度；

C——外圈宽度；

d——内径；

D——外径；

F_w——滚针总体内径；

F_{wsmin}——滚针总体最小单一内径[1]；

K_{ea}——成套轴承外圈径向跳动；

K_{ia}——成套轴承内圈径向跳动；

r——倒角尺寸；

1) “滚针总体最小单一内径”定义为一圆柱体的直径，将该圆柱体装入滚针总体内孔时，至少在一个径向方向上径向游隙为零。

r_{smin}——最小单一倒角尺寸；
V_{Bs}——内圈宽度变动量；
V_{Cs}——外圈宽度变动量；
V_{dmp}——平均内径变动量；
V_{Dmp}——平均外径变动量；
ΔB_s——内圈单一宽度偏差；
ΔC_s——外圈单一宽度偏差；
Δd_{mp}——单一平面平均内径偏差；
ΔD_{mp}——单一平面平均外径偏差。

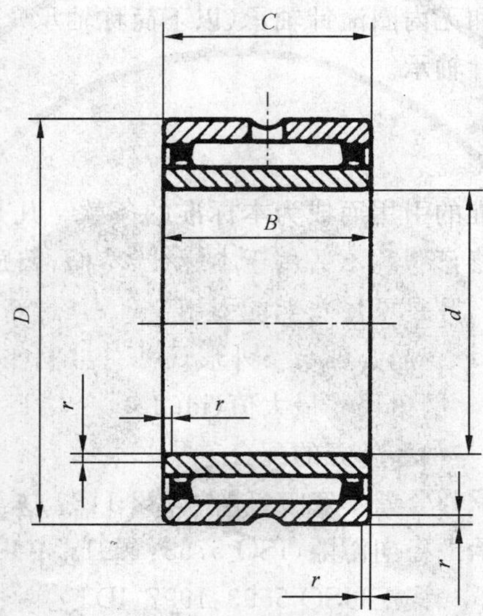

注：滚针轴承可带保持架或不带保持架，可具有一列或两列滚针，外圈上可有或无润滑槽和润滑孔。

图 1　成套滚针轴承　NA 型

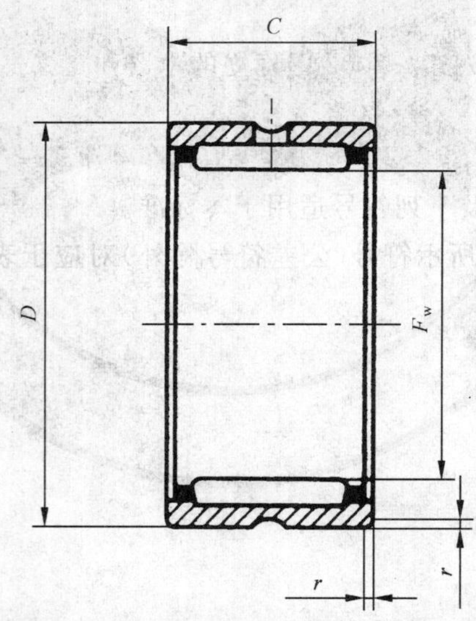

注：滚针轴承可带保持架或不带保持架，可具有一列或两列滚针，外圈上可有或无润滑槽和润滑孔。

图 2　无内圈滚针轴承　RNA 型

5　外形尺寸

48、49 和 69 尺寸系列轴承的外形尺寸分别见表 1、表 2 和表 3。

表 1　48 尺寸系列

单位为毫米

轴承型号		成套轴承和无内圈轴承				
NA 型	RNA 型	d	F_w	D	B、C	r_{smin} [a]
NA 4822	RNA 4822	110	120	140	30	1
NA 4824	RNA 4824	120	130	150	30	1
NA 4826	RNA 4826	130	145	165	35	1.1
NA 4828	RNA 4828	140	155	175	35	1.1
NA 4830	RNA 4830	150	165	190	40	1.1
NA 4832	RNA 4832	160	175	200	40	1.1
NA 4834	RNA 4834	170	185	215	45	1.1
NA 4836	RNA 4836	180	195	225	45	1.1
NA 4838	RNA 4838	190	210	240	50	1.5
NA 4840	RNA 4840	200	220	250	50	1.5
NA 4844	RNA 4844	220	240	270	50	1.5
NA 4848	RNA 4848	240	265	300	60	2
NA 4852	RNA 4852	260	285	320	60	2
NA 4856	RNA 4856	280	305	350	69	2
NA 4860	RNA 4860	300	330	380	80	2.1
NA 4864	RNA 4864	320	350	400	80	2.1
NA 4868	RNA 4868	340	370	420	80	2.1
NA 4872	RNA 4872	360	390	440	80	2.1

a　最大倒角尺寸规定在 GB/T 274—2000 中。

表 2　49 尺寸系列

单位为毫米

轴承型号		成套轴承和无内圈轴承				
NA 型	RNA 型	d	F_w	D	B、C	r_{smin} [a]
NA 49/5	RNA 49/5	5	7	13	10	0.15
NA 49/6	RNA 49/6	6	8	15	10	0.15
NA 49/7	RNA 49/7	7	9	17	10	0.15
NA 49/8	RNA 49/8	8	10	19	11	0.2
NA 49/9	RNA 49/9	9	12	20	11	0.3
NA 4900	RNA 4900	10	14	22	13	0.3
NA 4901	RNA 4901	12	16	24	13	0.3
NA 4902	RNA 4902	15	20	28	13	0.3
NA 4903	RNA 4903	17	22	30	13	0.3
NA 4904	RNA 4904	20	25	37	17	0.3
NA 49/22	RNA 49/22	22	28	39	17	0.3
NA 4905	RNA 4905	25	30	42	17	0.3
NA 49/28	RNA 49/28	28	32	45	17	0.3
NA 4906	RNA 4906	30	35	47	17	0.3
NA 49/32	RNA 49/32	32	40	52	20	0.6

表 2(续)　　单位为毫米

轴承型号		成套轴承和无内圈轴承				
NA 型	RNA 型	d	F_w	D	B、C	r_{smin}[a]
NA 4907	RNA 4907	35	42	55	20	0.6
NA 4908	RNA 4908	40	48	62	22	0.6
NA 4909	RNA 4909	45	52	68	22	0.6
NA 4910	RNA 4910	50	58	72	22	0.6
NA 4911	RNA 4911	55	63	80	25	1
NA 4912	RNA 4912	60	68	85	25	1
NA 4913	RNA 4913	65	72	90	25	1
NA 4914	RNA 4914	70	80	100	30	1
NA 4915	RNA 4915	75	85	105	30	1
NA 4916	RNA 4916	80	90	110	30	1
NA 4917	RNA 4917	85	100	120	35	1.1
NA 4918	RNA 4918	90	105	125	35	1.1
NA 4919	RNA 4919	95	110	130	35	1.1
NA 4920	RNA 4920	100	115	140	40	1.1
NA 4922	RNA 4922	110	125	150	40	1.1
NA 4924	RNA 4924	120	135	165	45	1.1
NA 4926	RNA 4926	130	150	180	50	1.5
NA 4928	RNA 4928	140	160	190	50	1.5

a　最大倒角尺寸规定在 GB/T 274—2000 中。

表 3　69 尺寸系列　　单位为毫米

轴承型号		成套轴承和无内圈轴承				
NA 型	RNA 型	d	F_w	D	B、C	r_{smin}[a]
NA 6900	RNA 6900	10	14	22	22	0.3
NA 6901	RNA 6901	12	16	24	22	0.3
NA 6902	RNA 6902	15	20	28	23	0.3
NA 6903	RNA 6903	17	22	30	23	0.3
NA 6904	RNA 6904	20	25	37	30	0.3
NA 69/22	RNA 69/22	22	28	39	30	0.3
NA 6905	RNA 6905	25	30	42	30	0.3
NA 69/28	RNA 69/28	28	32	45	30	0.3
NA 6906	RNA 6906	30	35	47	30	0.3
NA 69/32	RNA 69/32	32	40	52	36	0.6
NA 6907	RNA 6907	35	42	55	36	0.6
NA 6908	RNA 6908	40	48	62	40	0.6
NA 6909	RNA 6909	45	52	68	40	0.6
NA 6910	RNA 6910	50	58	72	40	0.6
NA 6911	RNA 6911	55	63	80	45	1

表 3(续)

单位为毫米

轴承型号		成套轴承和无内圈轴承				
NA 型	RNA 型	d	F_w	D	B、C	r_{smin}[a]
NA 6912	RNA 6912	60	68	85	45	1
NA 6913	RNA 6913	65	72	90	45	1
NA 6914	RNA 6914	70	80	100	54	1
NA 6915	RNA 6915	75	85	105	54	1
NA 6916	RNA 6916	80	90	110	54	1
NA 6917	RNA 6917	85	100	120	63	1.1
NA 6918	RNA 6918	90	105	125	63	1.1
NA 6919	RNA 6919	95	110	130	63	1.1
NA 6920	RNA 6920	100	115	140	71	1.1

a 最大倒角尺寸规定在 GB/T 274—2000 中。

6 公差

48、49 和 69 尺寸系列轴承的公差分别见表 4、表 5 和表 6。

表 4 内圈

公差值单位为微米

d/mm		Δd_{mp}		V_{dmp}	K_{ia}	ΔB_s		V_{Bs}
超过	到	上偏差	下偏差	max	max	上偏差	下偏差	max
2.5	10	0	−8	6	10	0	−120	15
10	18	0	−8	6	10	0	−120	20
18	30	0	−10	8	13	0	−120	20
30	50	0	−12	9	15	0	−120	20
50	80	0	−15	11	20	0	−150	25
80	120	0	−20	15	25	0	−200	25
120	180	0	−25	19	30	0	−250	30
180	250	0	−30	23	40	0	−300	30
250	315	0	−35	26	50	0	−350	35
315	400	0	−40	30	60	0	−400	40

表 5 外圈

公差值单位为微米

D/mm		ΔD_{mp}		V_{Dmp}	K_{ea}	ΔC_s		V_{Cs}
超过	到	上偏差	下偏差	max	max	上偏差	下偏差	max
6	18	0	−8	6	15	与同一轴承内圈[a] 的 ΔB_s 和 V_{Bs} 相同		
18	30	0	−9	7	15			
30	50	0	−11	8	20			
50	80	0	−13	10	25			
80	120	0	−15	11	35			
120	150	0	−18	14	40			
150	180	0	−25	19	45			
180	250	0	−30	23	50			
250	315	0	−35	26	60			
315	400	0	−40	30	70			
400	500	0	−45	34	80			

a 对于无内圈轴承,可采用相应的有内圈轴承的值。

表 6 无内圈轴承滚针总体内径

公差值单位为微米

F_w/mm		F_{wsmin}的公差[a]	
超过	到	上偏差	下偏差
3	6	+18	+10
6	10	+22	+13
10	18	+27	+16
18	30	+33	+20
30	50	+41	+25
50	80	+49	+30
80	120	+58	+36
120	180	+68	+43
180	250	+79	+50
250	315	+88	+56
315	400	+98	+62

注：只有当外圈内径在单一径向平面内的变动量小于最小直径 F_{wsmin} 的公差范围时，表中公差值才有效。

a 表中数值给出了 F_{wsmin} 与 F_w 之差的极限。

7 径向游隙

成套轴承的径向游隙是指在不同的角方向、不承受任何外载荷，一套圈相对另一套圈从一个偏心极限位置移到相反的极限位置的径向距离的算术平均值。

成套轴承的径向游隙值规定在 GB/T 4604—2006 中。

8 轴承配合安装

对轴承配合安装处的要求参见附录 A。

附 录 A
（资料性附录）
轴和外壳与轴承配合处的技术条件

A.1 轴和外壳与轴承的配合

轴和外壳与轴承的配合按 GB/T 275—1993 的规定。

A.2 轴和外壳与轴承配合处的圆角

轴和外壳与轴承配合处的圆角按 GB/T 274—2000 的规定。

A.3 和无内圈轴承相配的轴

A.3.1 尺寸公差

当轴承外壳采用 K6 或更松的公差配合时，轴的尺寸公差参见表 A.1。

表 A.1 轴的尺寸公差

径向游隙组别	轴的尺寸公差	
	当轴颈的公称尺寸不超过 80 mm 时	当轴颈的公称尺寸大于 80 mm 时
小于 0 组	k5	
0 组	h5	
大于 0 组	g6	f6

A.3.2 滚道表面硬度和淬硬层深度

滚道表面硬度为 58HRC～64HRC。

滚道表面淬硬层深度为 0.6 mm～1 mm。

A.3.3 滚道表面粗糙度

滚道表面粗糙度 Ra 值为 0.20 μm。

A.3.4 滚道形状公差

滚道形状公差参见表 A.2。

表 A.2 滚道形状公差

轴颈公称直径/mm											
	超过	3	10	18	30	50	80	120	180	250	315
	到	10	18	30	50	80	120	180	250	315	400
圆柱度/μm		2.5	3.0	4.0	4.0	5.0	6.0	8.0	10.0	12.0	13.0

ICS 71.100.20
G 86

中华人民共和国国家标准

GB/T 5828—2006
代替 GB/T 5828—1995

氙气

Xenon

2006-09-01 发布　　　　2007-02-01 实施

中华人民共和国国家质量监督检验检疫总局
中国国家标准化管理委员会　发布

前　言

本标准代替GB/T 5828—1995《氙气》。

本标准与GB/T 5828—1995相比主要变化如下：

——增加规范性引用文件(见第2章)；

——修改技术指标内容：

• 增加高纯氙一等品产品(见表1)；

• 增加氟化物含量(见表1)；

• 将总碳含量修改为一氧化碳、二氧化碳和甲烷的含量(GB/T 5828—1995的表1；本版的表1)；

• 把水分含量纳入纯度计算(见4.2)；

• 删去对总杂质含量的要求(GB/T 5828—1995的表1)；

——修改抽样方法(GB/T 5828—1995的5.2和5.3；本版的4.1)；

——增加新的分析方法：

• 增加氟化物的测定方法(本版的4.3)；

• 增加氧化锆气相色谱法测定氙气中的氢，当出现多种分析方法时，增加仲裁方法(本版的4.4)；

——修改用氦离子化气相色谱法测定氙气中的氢气(GB/T 5828—1995的4.2；本版的4.4)；

——增加安全规定(本版的5.3)；

——增加规范性附录A，并把采用氦离子化气相色谱法测定氙气中的氧气＋氩气、氮气、氟化物、氪气和二氧化碳组分的方法写入该附录(本版的附录A)。

本标准的附录A为规范性附录。

本标准由中国石油和化学工业协会提出。

本标准由全国气体标准化技术委员会归口。

本标准起草单位：武汉钢铁集团氧气有限责任公司、西南化工研究设计院。

本标准主要起草人：熊贤信、周鹏云、路家兵。

本标准所代替标准的历次版本发布情况为：GB/T 5828—1986、GB/T 5830—1986、GB/T 5828—1995。

氙　　气

1　范围

本标准规定了氙气的要求，试验方法以及包装、标志、贮运及安全。

本标准适用于深冷法从空气中提取的气(液)态氙。主要用于电光源工业，也用于医疗、电真空、激光等领域。

氙是一种无色、无味、不活泼的气体。

分子式：Xe。

相对分子质量：131.29(按 2001 年国际相对原子质量)。

2　规范性引用文件

下列文件中的条款通过本标准的引用而成为本标准的条款。凡是注日期的引用文件，其随后所有的修改单(不包括勘误的内容)或修订版均不适用于本标准，然而，鼓励根据本标准达成协议的各方研究是否可使用这些文件的最新版本。凡是不注日期的引用文件，其最新版本适用于本标准。

GB 190　危险货物包装标志

GB 5099　钢质无缝气瓶(GB 5099—1994，neq ISO 4705：1993)

GB/T 5832.1　气体湿度的测定　第 1 部分：电解法

GB/T 5832.2　气体中微量水分的测定　露点法

GB/T 6681　气体化工产品采样通则

GB 7144　气瓶颜色标记

GB/T 8981　气体中微量氢的测定　气相色谱法

GB/T 8984.1　气体中一氧化碳、二氧化碳和甲烷的测定　第 1 部分：气体中一氧化碳、二氧化碳和甲烷的测定　气相色谱法

GB 14193　液化气体气瓶充装规定

GB 15258　化学品安全标签编写规定

GB 16483　化学品安全技术说明书　编写规定(GB 16483—2000，eqv ISO 11014-1：1994)

GB 16912　氧气及相关气体安全技术规程

HG/T 2686　惰性气体中微量氢、氧、甲烷、一氧化碳的测定　氧化锆气相色谱法

《气瓶安全监察规程》

3　要求

氙气的质量应当符合表 1 的技术要求。

表1 氙气技术指标

项目		指标			
		高纯氙		纯氙	
		一等品	合格品	一等品	合格品
氙气(Xe)纯度(体积分数)/10^{-2}	≥	99.999 5	99.999	99.995	99.99
氮气(N_2)含量(体积分数)/10^{-6}	≤	1.5	2.5	8	20
氧气(O_2)+氩气(Ar)含量(O_2+Ar)(体积分数)/10^{-6}	≤	0.5	1.5	4	5
氢气(H_2)含量(体积分数)/10^{-6}	≤	0.5	0.5	1	2
一氧化碳(CO)含量(体积分数)/10^{-6}	≤	0.1	0.2	0.4	1
二氧化碳(CO_2)含量(体积分数)/10^{-6}	≤	0.1	0.3	0.8	1
甲烷(CH_4)含量(体积分数)/10^{-6}	≤	0.1	0.3	0.8	1
水分(H_2O)含量(体积分数)/10^{-6}	≤	1	2	3	3
氪气(Kr)含量(体积分数)/10^{-6}	≤	1	2	20	50
氧化亚氮(N_2O)含量(体积分数)/10^{-6}	≤	0.1	0.2	1	1
氟化物(C_2F_6)含量(体积分数)/10^{-6}	≤	0.1	0.5	10	15

4 试验方法

4.1 抽样、检验和判定

4.1.1 气瓶包装的氙气应逐瓶检验。检验结果若有一项不符合本标准要求时,则该瓶产品为不合格品。

4.1.2 氙气采样安全应符合 GB/T 6681 的相关规定。

4.2 氙气纯度

氙气纯度按式(1)计算:

$$\phi = 100 - (\phi_1 + \phi_2 + \phi_3 + \phi_4 + \phi_5 + \phi_6 + \phi_7 + \phi_8 + \phi_9 + \phi_{10}) \times 10^{-4} \quad \cdots\cdots\cdots\cdots(1)$$

式中:

ϕ——氙气纯度(体积分数),10^{-2};

ϕ_1——氮气含量(体积分数),10^{-6};

ϕ_2——(氧气+氩气)含量(体积分数),10^{-6};

ϕ_3——氢气含量(体积分数),10^{-6};

ϕ_4——一氧化碳含量(体积分数),10^{-6};

ϕ_5——二氧化碳含量(体积分数),10^{-6};

ϕ_6——甲烷含量(体积分数),10^{-6};

ϕ_7——水分含量(体积分数),10^{-6};

ϕ_8——氪气含量(体积分数),10^{-6};

ϕ_9——氧化亚氮含量(体积分数),10^{-6};

ϕ_{10}——氟化物含量(体积分数),10^{-6}。

4.3 氮气、氧气+氩气、氪气、氧化亚氮、氟化物含量的测定

氮气、氧气+氩气、氪气、氧化亚氮、氟化物含量的测定见附录A,允许采用其他等效测定方法,当以上测定结果有异议时,以氦离子化气相色谱法为仲裁方法。

4.4 氢气含量的测定

允许采用GB/T 8981、HG/T 2686规定的方法或其他等效的方法测定氙气中氢气的含量。当以上测定结果有异议时，以GB/T 8981规定的方法为仲裁方法。

4.5 一氧化碳、二氧化碳、甲烷含量的测定

按GB/T 8984.1规定的方法测定氙气中一氧化碳、二氧化碳和甲烷的含量，允许采用其他等效的方法测定氙气中的一氧化碳、二氧化碳和甲烷的含量。当以上测定结果有异议时，以GB/T 8984.1规定的方法为仲裁方法。

4.6 水分含量的测定

按GB/T 5832.1或GB/T 5832.2执行。

允许采用其他等效的方法测定氙气中水分含量。当测定结果有异议时，以GB/T 5832.2规定的方法为仲裁方法。

5 包装、标志、贮运及安全

5.1 包装、标志及贮运

5.1.1 氙气瓶应符合GB 5099的规定。

5.1.2 氙气瓶颜色标记应符合GB 7144的规定。

5.1.3 氙气瓶的充装应符合GB 14193的相关规定。

5.1.4 运输时，氙气瓶上应附有GB 190中指定的标志。

5.1.5 氙气瓶中氙气的数量用称量法确定。天平的最大称量与感量之比，应优于10^5。气体的体积按式(2)计算：

$$V=\frac{m_1-m_2}{\rho} \qquad (2)$$

式中：

V——氙气体积(101.3 kPa,20℃)，单位为立方米(m^3)；

m_1——气瓶质量与氙气质量之和，单位为千克(kg)；

m_2——气瓶质量，单位为千克(kg)；

ρ——101.3 kPa、20℃时氙气的密度，其值为5.49 kg/m^3。

5.2 氙气出厂时应附有质量合格证，其内容至少应包括：

—— 产品名称，生产厂名称，危险化学品生产许可证编号；

—— 生产日期或批号，充装量；

—— 本标准号及产品等级，检验员号。

5.3 安全要求

5.3.1 氙气的生产、使用以及贮运应符合GB 16912、《气瓶安全监察规程》等相关规定。

5.3.2 氙气的生产企业应为顾客提供安全技术说明书，其内容应符合GB 16483的规定。

5.3.3 氙气气瓶应附有安全警示标签，其内容应符合GB 15258的规定。

附 录 A
（规范性附录）
氙气中氮气、氧气＋氩气、氪气、氧化亚氮、氟化物的测定

A.1 仪器

采用配备氦离子化检测器的气相色谱仪（或其他等效分析仪器）测定氙气中氮气、氧气＋氩气、氪气、氧化亚氮、氟化物。其气路流程图、色谱图参见图A.1、图A.2、图A.3。

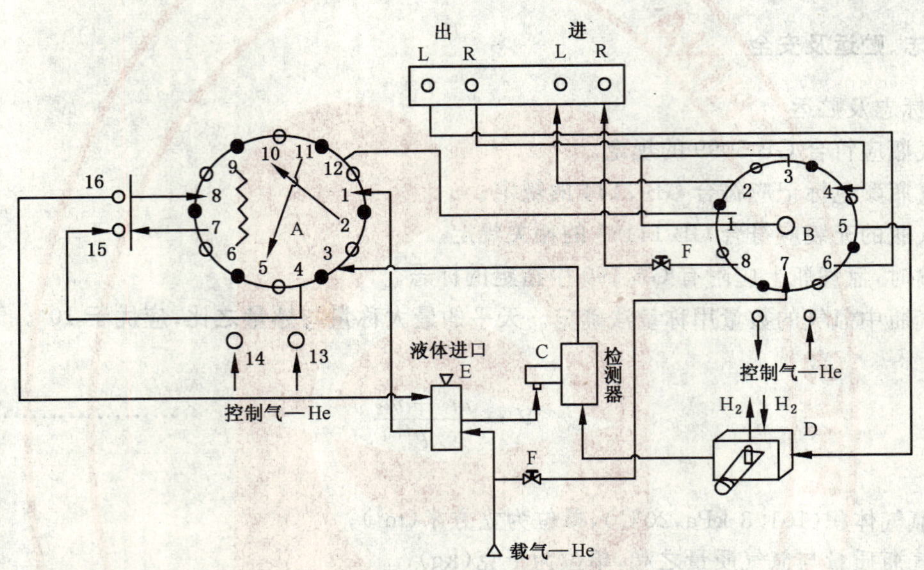

A——十二通阀；
B——切换阀；
C——检测器；
D——氢渗透室；
E——注射进样口；
F——针形阀；
L——PQ柱；
R——分子筛柱。

图A.1 氦离子化气相色谱仪气路流程图

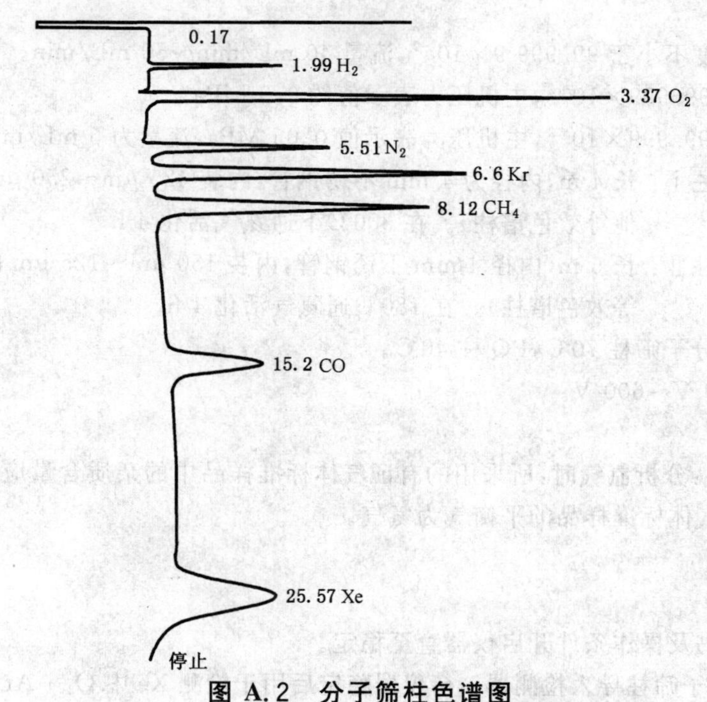

图 A.2 分子筛柱色谱图

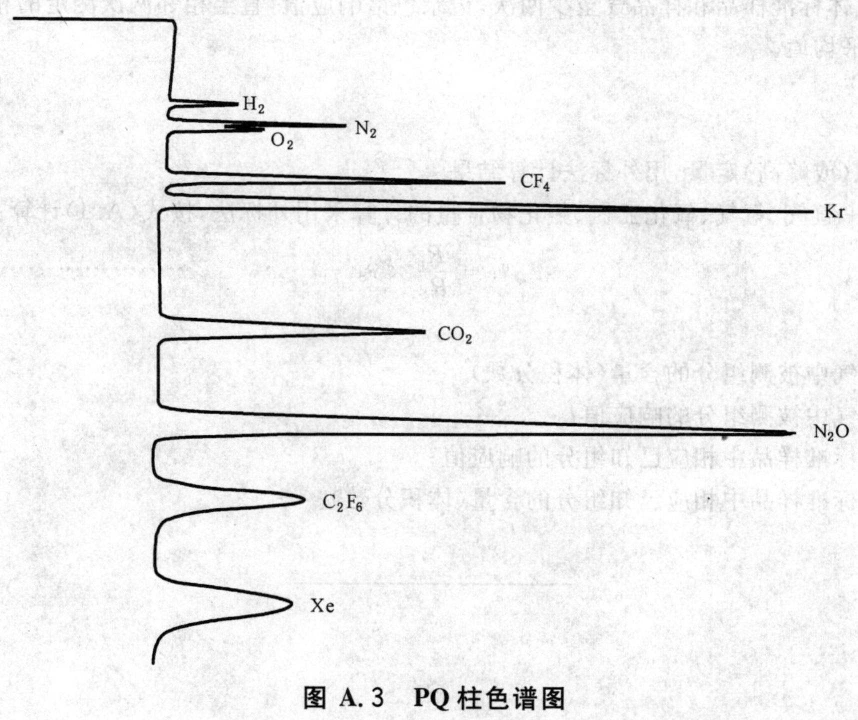

图 A.3 PQ 柱色谱图

A.2 原理

载气氦气进入检测器时，在氚源辐射的β射线作用下，部分氦原子被激发到亚稳态。样品气经色谱柱分离后随载气一起进入检测器，当样品中含有电离能比亚稳态氦原子激发能低的组分时，该组分即与亚稳态氦原子发生非弹性碰撞而被电离，在外加电场作用下，形成离子流，在一定范围内输出的离子流与该组分含量成正比。

A.3 测定条件

A.3.1 载气：氦气纯度不小于 99.999 9×10^{-2}，流量 40 mL/min～50 mL/min。

A.3.2 控制气：氦气 99.999×10^{-2}，主机压力表示值约 0.3 MPa。

A.3.3 掺杂气：氩气 99.999×10^{-2}，主机压力表示值 0.05 MPa，流量为 5 mL/min～10 mL/min。

A.3.4 色谱柱：色谱柱Ⅰ：长 4 m，内径为 4 mm 不锈钢管，内装 425 μm～250 μm 的 5A 分子筛(或其他等效色谱柱)。在 300℃下通氦气活化 4 h；

色谱柱Ⅱ：长 6 m，内径 4 mm 不锈钢管，内装 150 μm～125 μm 的 Porapak Q(或其他等效色谱柱)。在 180℃通氦气活化 4 h。

A.3.5 色谱柱温度：分子筛柱 70℃，PQ 柱 40℃。

A.3.6 极化电压：400 V～600 V。

A.3.7 进样量：1 mL。

A.3.8 气体标准样品：分析氙气时，所采用的有证气体标准样品中的杂质含量应当与被测样品中的相应杂质组分相接近。气体标准样品的平衡气为氦气。

A.4 分析步骤

按仪器使用说明书及操作条件开启仪器直至稳定。

通过切换阀，将分子筛柱导入检测器。待仪器稳定后用于检测 Xe 中 O_2＋Ar、N_2。

通过切换阀，将 PQ 柱导入检测器，待仪器稳定后，用于检测 Xe 中 Kr、N_2O、C_2F_6。

平行测定气体标准样品和样品气至少两次，记录色谱响应值，直至相邻两次测定的相对偏差不大于 10×10^{-2}，取其平均值。

A.5 结果处理

采用峰面积(或峰高)定量，用外标法计算结果。

氮气、氧气＋氩气、氪气、氧化亚氮、氟化物含量的计算采用外标法，按式(A.1)计算：

$$\phi_i = \frac{R_i}{R_S} \times \phi_S \qquad \text{(A.1)}$$

式中：

ϕ_i——样品气中被测组分的含量(体积分数)；

R_i——样品气中被测组分的响应值；

R_S——气体标准样品中相应已知组分的响应值；

ϕ_S——气体标准样品中相应已知组分的含量(体积分数)。

ICS 71.100.20
G 86

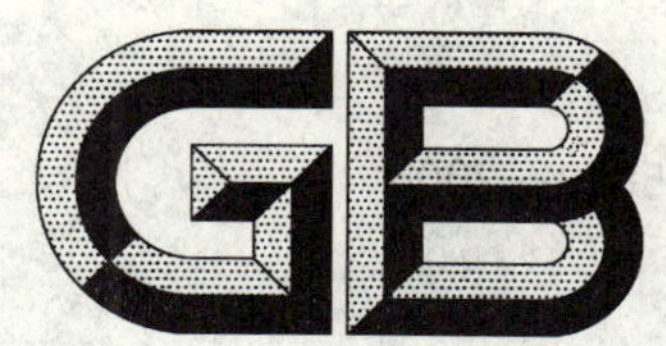

中华人民共和国国家标准

GB/T 5829—2006
代替 GB/T 5829—1995

2006-09-01 发布　　　　2007-02-01 实施

中华人民共和国国家质量监督检验检疫总局
中国国家标准化管理委员会　发布

前　言

本标准代替《氪气》。

本标准与 GB/T 5829—1995 相比主要变化如下：

——增加规范性引用文件(见第 2 章)；

——修改技术指标内容：

- 增加氟化物含量(见第 3 章表 1)；
- 将总碳含量修改为一氧化碳含量、二氧化碳含量和甲烷含量(GB/T 5829—1995 的表 1;本版的表 1)；
- 把水分含量纳入纯度计算(见 4.2)；
- 删去对总杂质含量的要求(GB/T 5829—1995 的表 1)；

——修改抽样方法(GB/T 5829－1995 的 5.2 和 5.3;本版的 4.1)；

——增加新的分析方法：

- 增加氟化物的测定方法(本版的 4.3)；
- 增加氧化锆气相色谱法测定氪气中的氢气,当出现多种分析方法时,增加仲裁方法(本版的 4.4)；

——修改了用氦离子化气相色谱法测定氪气中的氢(GB/T 5829—1995 的 4.2;本版的 4.4)；

——增加安全规定(本版的 5.3)；

——增加规范性附录 A,并把采用氦离子化气相色谱法测定氪气中的氧气＋氩气、氮气、氟化物、氙气组分的方法写入该附录(本版的附录 A)。

本标准的附录 A 为规范性附录。

本标准由中国石油和化学工业协会提出。

本标准由全国气体标准化技术委员会归口。

本标准起草单位:武汉钢铁集团氧气有限责任公司、西南化工研究设计院。

本标准主要起草人:陈文宇、陈雅丽、路家兵。

本标准所代替标准的历次版本发布情况为:GB/T 5829—1986、GB/T 5830—1986、GB/T 5829—1995。

氪　　气

1　范围

本标准规定了氪气的要求,试验方法以及包装、标志、贮运及安全。

本标准适用于深冷法从空气中提取的气态氪。主要用于电真空、电光源工业,也用于激光器、医疗卫生等领域。

氪气是一种无色、无味、不活泼的气体。

分子式:Kr。

相对分子质量:83.798(按2001年国际相对原子质量)。

2　规范性引用文件

下列文件中的条款通过本标准的引用而成为本标准的条款。凡是注日期的引用文件,其随后所有的修改单(不包括勘误的内容)或修订版均不适用于本标准,然而,鼓励根据本标准达成协议的各方研究是否可使用这些文件的最新版本。凡是不注日期的引用文件,其最新版本适用于本标准。

GB 190　危险货物包装标志

GB 5099　钢质无缝气瓶(GB 5099—1994,neq ISO 4705:1993)

GB/T 5832.1　气体湿度的测定　第1部分:电解法

GB/T 5832.2　气体中微量水分的测定　露点法

GB/T 6681　气体化工产品采样通则

GB 7144　气瓶颜色标记

GB/T 8981　气体中微量氢的测定　气相色谱法

GB/T 8984.1　气体中一氧化碳、二氧化碳和碳氢化合物的测定　第1部分:气体中一氧化碳、二氧化碳和甲烷的测定　气相色谱法

GB 14194　永久气体气瓶充装规定

GB 15258　化学品安全标签编写规定

GB 16483　化学品安全技术说明书编写规定(GB 16483—2000,eqv ISO 11014-1:1994)

GB 16912　氧气及相关气体安全技术规程

HG/T 2686　惰性气体中微量氢、氧、甲烷、一氧化碳的测定　氧化锆气相色谱法

《气瓶安全监察规程》

3　要求

氪气的质量应当符合表1的技术要求。

表 1　氪气技术指标

项　　目		指　　标		
		高纯氪	纯氪	
			一等品	合格品
氪气(Kr)纯度(体积分数)/10^{-2}	≥	99.999	99.995	99.99
氮气(N_2)含量(体积分数)/10^{-6}	≤	2	8	20
氧气(O_2)+氩气(Ar)含量(O_2+Ar)(体积分数)/10^{-6}	≤	1.5	5	5
氢气(H_2)含量(体积分数)/10^{-6}	≤	0.5	1	2
一氧化碳(CO)含量(体积分数)/10^{-6}	≤	0.3	0.4	1
二氧化碳(CO_2)含量(体积分数)/10^{-6}	≤	0.4	0.8	1
甲烷(CH_4)含量(体积分数)/10^{-6}	≤	0.3	0.8	1
水分(H_2O)含量(体积分数)/10^{-6}	≤	2	3	5
氙气(Xe)含量(体积分数)/10^{-6}	≤	2	20	50
氟化物(CF_4)含量(体积分数)/10^{-6}	≤	1	10	15

4　试验方法

4.1　抽样、检验和判定

4.1.1　气瓶包装的氪气应逐瓶检验。检验结果若有一项不符合本标准要求时，则该瓶产品为不合格品。

4.1.2　氪气采样安全应符合 GB/T 6681 的相关规定。

4.2　氪气纯度

氪气纯度按式(1)计算：

$$\phi = 100 - (\phi_1 + \phi_2 + \phi_3 + \phi_4 + \phi_5 + \phi_6 + \phi_7 + \phi_8 + \phi_9) \times 10^{-4} \quad \cdots\cdots\cdots\cdots(1)$$

式中：

ϕ——氪气纯度(体积分数)，10^{-2}；

ϕ_1——氮气含量(体积分数)，10^{-6}；

ϕ_2——(氧气+氩气)含量(体积分数)，10^{-6}；

ϕ_3——氢气含量(体积分数)，10^{-6}；

ϕ_4——一氧化碳含量(体积分数)，10^{-6}；

ϕ_5——二氧化碳含量(体积分数)，10^{-6}；

ϕ_6——甲烷含量(体积分数)，10^{-6}；

ϕ_7——水分含量(体积分数)，10^{-6}；

ϕ_8——氙气含量(体积分数)，10^{-6}；

ϕ_9——氟化物含量(体积分数)，10^{-6}。

4.3　氮气、氧气+氩气、氙气、氟化物含量的测定

氮气、氧气+氩气、氙气、氟化物含量的测定见附录 A，允许采用其他等效测定方法，当以上测定结果有异议时，以氦离子化气相色谱法为仲裁方法。

4.4　氢气含量的测定

允许采用 GB/T 8981、HG/T 2686 规定的方法或其他等效的方法测定氪气中氢气的含量。当以上测定结果有异议时，以 GB/T 8981 规定的方法为仲裁方法。

4.5 一氧化碳含量、二氧化碳含量、甲烷含量的测定

按 GB/T 8984.1 规定的方法测定氪气中一氧化碳的含量、二氧化碳的含量和甲烷的含量，允许采用其他等效的方法测定氪气中的一氧化碳的含量、二氧化碳的含量和甲烷的含量。当以上测定结果有异议时，以 GB/T 8984.1 规定的方法为仲裁方法。

4.6 水分含量的测定

氪气中水分的含量的测定按 GB/T 5832.1 或 GB/T 5832.2 执行。

允许采用其他等效的方法测定氪气中水分的含量。当测定结果有异议时，以 GB/T 5832.2 规定的方法为仲裁方法。

5 包装、标志、贮运及安全

5.1 包装、标志及贮运

5.1.1 氪气瓶应符合 GB 5099 的规定。

5.1.2 氪气瓶颜色标记应符合 GB 7144 的规定。

5.1.3 氪气瓶的充装应符合 GB 14194 的相关规定。

5.1.4 运输时，氪气瓶上应附有 GB 190 中指定的标志。

5.1.5 氪气瓶中氪气的数量用称量法确定。天平的最大称量与感量之比，应优于 10^5。气体的体积按式(2)计算：

$$V = \frac{m_1 - m_2}{\rho} \qquad \cdots\cdots(2)$$

式中：

V——氪气体积(101.3 kPa，20℃)，单位为立方米(m^3)；

m_1——气瓶质量与氪气质量之和，单位为千克(kg)；

m_2——气瓶质量，单位为千克(kg)；

ρ——101.3 kPa，20℃时氪气的密度，其值为 3.49 kg/m^3。

5.2 氪气出厂时应附有质量合格证，其内容至少应包括：

——产品名称，生产厂名称，危险化学品生产许可证编号；

——生产日期或批号，充装量及成品压力；

——本标准号及产品等级，检验员号。

5.3 安全要求

5.3.1 氪气的生产、使用以及贮运应符合 GB 16912、《气瓶安全监察规程》等相关规定。

5.3.2 氪气的生产企业应为顾客提供安全技术说明书，其内容应符合 GB 16483 的规定。

5.3.3 氪气气瓶应附有安全标签，其内容应符合 GB 15258 的规定。

附　录　A
（规范性附录）
氪气中氮气、氧气＋氩气、氙气、氟化物含量的测定

A.1　仪器

采用配备氦离子化检测器的气相色谱仪（或其他等效分析仪器）测定氪气中氮气、氧气＋氩气、氙气、氟化物的含量，其气路流程图、色谱图分别参见图 A.1 及图 A.2、图 A.3。

A.2　原理

载气氦进入检测器时，在氚源辐射的β射线作用下，部分氦原子被激发到亚稳态。样品气经色谱柱分离后随载气一起进入检测器，当样品中含有电离能比亚稳态氦原子激发能低的组分时，该组分即与亚稳态氦原子发生非弹性碰撞而被电离，在外加电场作用下，形成离子流，在一定范围内输出的离子流与该组分含量成正比。

A.3　测定条件

A.3.1　载气：氦气纯度不小于 99.999 9×10^{-2}，流量 40 mL/min～50 mL/min。

A.3.2　控制气：氦气纯度不小于 99.999×10^{-2}，主机压力表示值约 0.3 MPa。

A.3.3　掺杂气：氢气纯度不小于 99.999×10^{-2}，主机压力表示值 0.05 MPa，流量为 5 mL/min～10 mL/min。

A.3.4　色谱柱：色谱柱Ⅰ：长 4 m，内径为 4 mm 不锈钢管，内装 425 μm～250 μm 的 5 A 分子筛（或其他等效色谱柱）。在 300℃下通氦气活化 4 h；

色谱柱Ⅱ：长 6 m，内径为 4 mm 不锈钢管，内装 150 μm～125 μm 的 Porapak Q（或其他等效色谱柱）。在 180℃通氦气活化 4 h。

A.3.5　色谱柱温度：分子筛柱温度为 70℃，PQ 柱温度为 40℃。

A.3.6　极化电压：400 V～600 V。

A.3.7　进样量：1 mL。

A.3.8　气体标准样品：分析氪气时，所采用的有证气体标准样品中的杂质含量应当与被测样品中的相应杂质组分相接近。气体标准样品的平衡气为氪气。

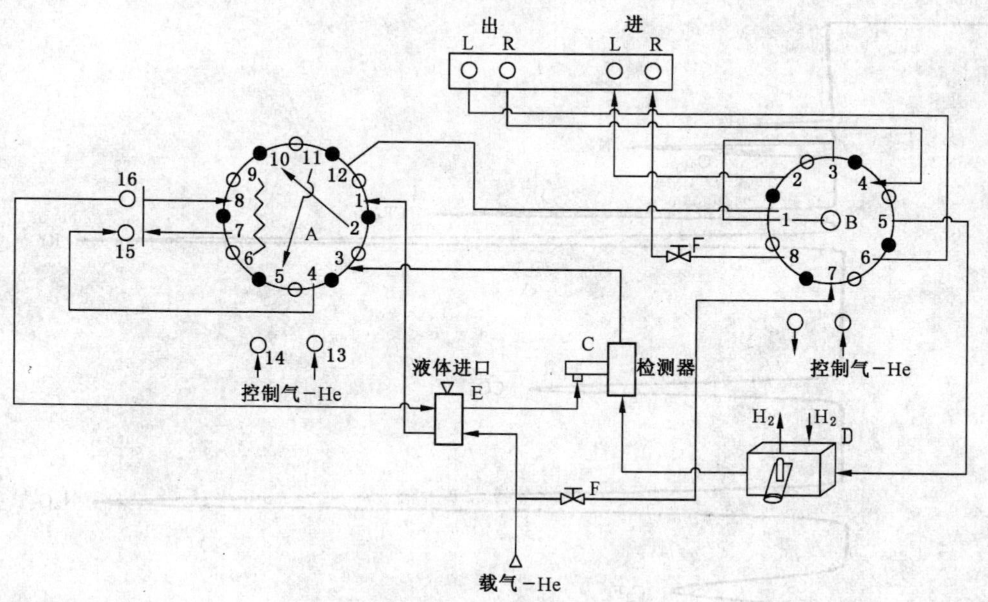

A——十二通阀；

B——切换阀；

C——检测器；

D——氢渗透室；

E——注射进样口；

F——针形阀；

L——PQ 柱；

R——分子筛柱。

图 A.1　氦离子化气相色谱仪气路流程图

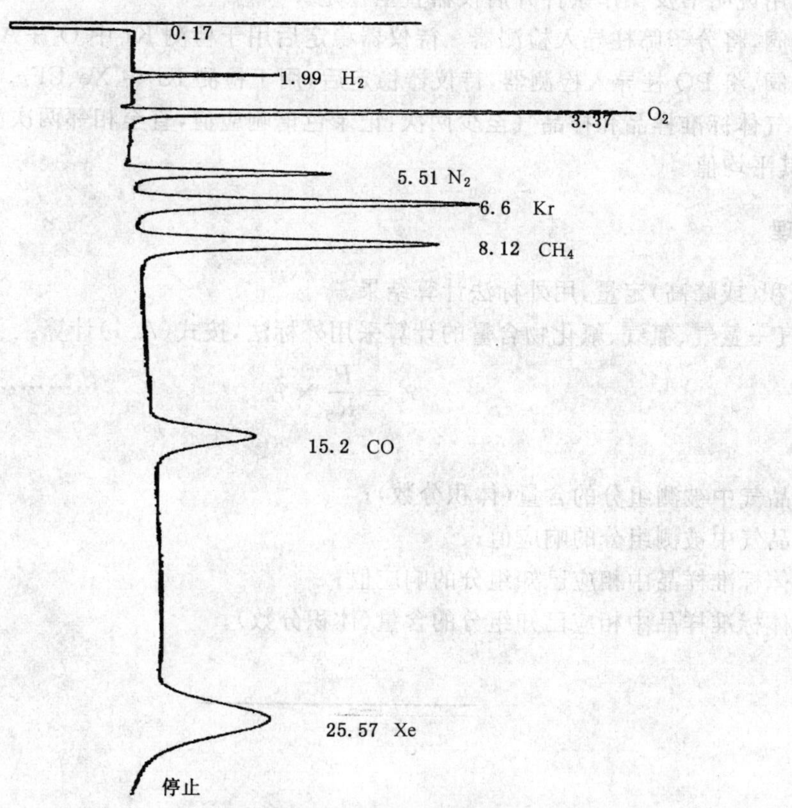

图 A.2　氦离子化气相色谱仪分子筛柱色谱图

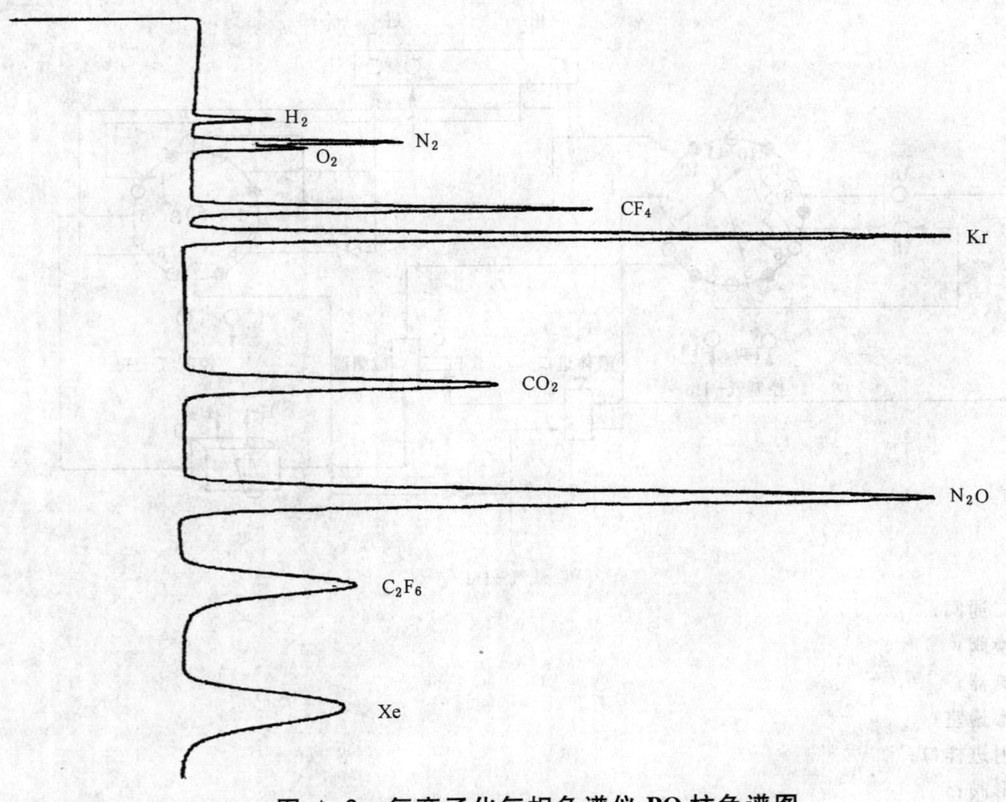

图 A.3 氦离子化气相色谱仪 PQ 柱色谱图

A.4 分析步骤

按仪器使用说明书及操作条件开启仪器直至稳定。

通过切换阀，将分子筛柱导入检测器。待仪器稳定后用于检测 Kr 中 O_2+Ar、N_2。

通过切换阀，将 PQ 柱导入检测器，待仪器稳定后，用于检测 Kr 中 Xe、CF_4。

平行测定气体标准样品和样品气至少两次，记录色谱响应值，直至相邻两次测定的相对偏差不大于 10×10^{-2}，取其平均值。

A.5 结果处理

采用峰面积(或峰高)定量，用外标法计算结果。

氮气、氧气＋氩气、氙气、氟化物含量的计算采用外标法，按式(A.1)计算：

$$\phi_i=\frac{R_i}{R_S}\times\phi_S \qquad \text{(A.1)}$$

式中：

ϕ_i——样品气中被测组分的含量(体积分数)；

R_i——样品气中被测组分的响应值；

R_S——气体标准样品中相应已知组分的响应值；

ϕ_S——气体标准样品中相应已知组分的含量(体积分数)。

ICS 83.140.30
G 33

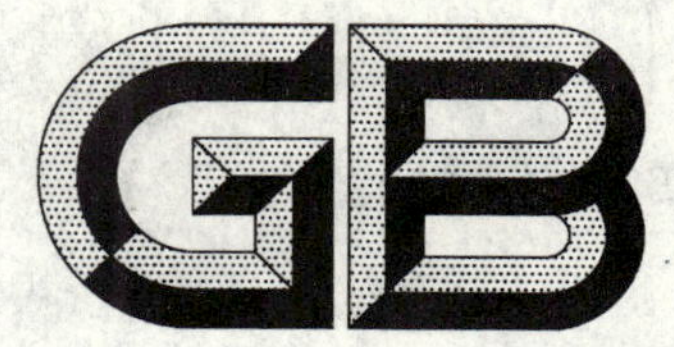

中华人民共和国国家标准

GB/T 5836.1—2006
代替 GB/T 5836.1—1992

建筑排水用硬聚氯乙烯(PVC-U)管材

Unplasticized poly (vinyl chloride) (PVC-U) pipes for soil and waste discharge inside buildings

[ISO 3633:2002, Plastics piping systems for soil and waste discharge (low and high temperature) inside buildings—Unplasticized poly (vinyl chloride) (PVC-U), NEQ]

2006-02-21 发布　　　　2006-08-01 实施

中华人民共和国国家质量监督检验检疫总局
中国国家标准化管理委员会　发布

前　言

GB/T 5836 共分两部分：

——GB/T 5836.1—2006《建筑排水用硬聚氯乙烯(PVC-U)管材》；

——GB/T 5836.2—2006《建筑排水用硬聚氯乙烯(PVC-U)管件》。

本部分为 GB/T 5836 的第 1 部分。

本部分在参考了 ISO 3633:2002《建筑物内排污、废水(高、低温)用塑料管道系统——硬聚氯乙烯(PVC-U)》管材部分的基础上，结合我国硬聚氯乙烯管道在生产和应用实际情况，对原 GB/T 5836.1—1992《建筑排水用硬聚氯乙烯管材》进行修订。

本部分自实施之日起，代替 GB/T 5836.1—1992。

本部分与 GB 5836.1—1992 相比主要区别如下：

——增加“材料”一章；

——产品分类中增加弹性密封圈连接型管材；

——产品规格由 40 mm～160 mm 扩大到 32 mm～315 mm；

——增加管道“不圆度”和“倒角”要求；

——管材弯曲度由“≤1%”调整为“≤0.5%”；

——取消“优等品”和“合格品”分类；

——增加管材承口尺寸要求；

——管材性能要求中取消了断裂伸长率和扁平试验要求，增加密度和二氯甲烷试验要求；

——对于密封圈连接型管材增加系统适用性要求及相应试验方法附录 A 和附录 B。

本部分的附录 A、附录 B 为规范性附录。

本部分由中国轻工业联合会提出。

本部分由全国塑料制品标准化技术委员会塑料管材、管件及阀门分技术委员会(TC48/SC3)归口。

本部分起草单位：福建亚通新材料科技股份有限公司、成都川路塑胶集团、中国公元塑业集团、浙江中财管道科技股份有限公司、河北宝硕管材有限公司、广东联塑科技实业有限公司。

本部分主要起草人：魏作友、贾立蓉、黄剑、丁良玉、代启勇、林少全。

本部分所代替标准的历次版本发布情况为：

——GB/T 5836.1—1992；

——GB/T 5836—1986。

建筑排水用硬聚氯乙烯(PVC-U)管材

1 范围

GB/T 5836的本部分规定了以聚氯乙烯(PVC)树脂为主要原料,经挤出成型的硬聚氯乙烯(PVC-U)管材(以下简称管材)的材料、产品分类、要求、试验方法、检验规则和标志、运输及贮存。

本部分适用于建筑物内排水用管材。在考虑材料的耐化学性和耐热性的条件下,也可用于工业排水用管材。

本部分规定的管材与GB/T 5836.2—2006《建筑排水用硬聚氯乙烯(PVC-U)管件》规定的管件配套使用。

2 规范性引用文件

下列文件中的条款通过GB/T 5836的本部分的引用而成为本部分的条款。凡是注日期的引用文件,其随后所有的修改单(不包括勘误的内容)或修订版均不适用于本部分,然而,鼓励根据本部分达成协议的各方研究是否可使用这些文件的最新版本。凡是不注日期的引用文件,其最新版本适用于本部分。

GB/T 1033—1986 塑料密度和相对密度试验方法(eqv ISO/DIS 1183:1984)

GB/T 2828.1—2003 计数抽样检验程序 第1部分:按接收质量限(AQL)检索的逐批检验抽样计划(ISO 2859-1:1999,IDT)

GB/T 2918—1998 塑料试样状态调节和试验的标准环境(idt ISO 291:1997)

GB/T 5836.2—2006 建筑排水用硬聚氯乙烯(PVC-U)管件

GB/T 6671—2001 热塑性塑料管材 纵向回缩率的测定(eqv ISO 2505:1994)

GB/T 8802—2001 热塑性塑料管材、管件 维卡软化温度的测定(eqv ISO 2507:1995)

GB/T 8804.2—2003 热塑性塑料管材 拉伸性能测定 第2部分:硬聚氯乙烯(PVC-U)、氯化聚氯乙烯(PVC-C)和高抗冲聚氯乙烯(PVC-HI)管材(ISO 6259-2:1997,IDT)

GB/T 8805—1988 硬质塑料管材弯曲度测量方法

GB/T 8806 塑料管材尺寸测量方法(GB/T 8806—1988,eqv ISO 3126:1974)

GB/T 13526 硬聚氯乙烯(PVC-U)管材 二氯甲烷浸渍试验方法(GB/T 13526—1992,neq ISO 7676:1990)

GB/T 14152—2001 热塑性塑料管材耐外冲击性能试验方法 时针旋转法(eqv ISO 3127:1994)

HG/T 3091—2000 橡胶密封件 给排水管及污水管道用接口密封圈 材料规范(idt ISO 4633:1996)

3 材料

生产管材的原料为硬聚氯乙烯(PVC-U)混配料。混配料应以聚氯乙烯(PVC)树脂为主,加入为生产符合本部分要求的管材所必需的添加剂,添加剂应分散均匀。

生产管材的原料中聚氯乙烯树脂质量百分含量不宜低于80%。

允许使用本厂产生的清洁回用料。

4 产品分类

管材按连接形式不同分为胶粘剂连接型管材和弹性密封圈连接型管材。

5 要求

5.1 外观

管材内外壁应光滑，不允许有气泡、裂口和明显的痕纹、凹陷、色泽不均及分解变色线。管材两端面应切割平整并与轴线垂直。

5.2 颜色

管材一般为灰色或白色，其他颜色可由供需双方协商确定。

5.3 规格尺寸

5.3.1 管材平均外径、壁厚

管材平均外径、壁厚应符合表1的规定。

表1 管材平均外径、壁厚

单位为毫米

公称外径 d_n	平均外径		壁厚	
	最小平均外径 $d_{em,min}$	最大平均外径 $d_{em,max}$	最小壁厚 e_{min}	最大壁厚 e_{max}
32	32.0	32.2	2.0	2.4
40	40.0	40.2	2.0	2.4
50	50.0	50.2	2.0	2.4
75	75.0	75.3	2.3	2.7
90	90.0	90.3	3.0	3.5
110	110.0	110.3	3.2	3.8
125	125.0	125.3	3.2	3.8
160	160.0	160.4	4.0	4.6
200	200.0	200.5	4.9	5.6
250	250.0	250.5	6.2	7.0
315	315.0	315.6	7.8	8.6

5.3.2 管材长度

管材长度 L 一般为 4 m 或 6 m，其他长度由供需双方协商确定，管材长度不允许有负偏差。管材长度 L、有效长度 L_1 见图1。

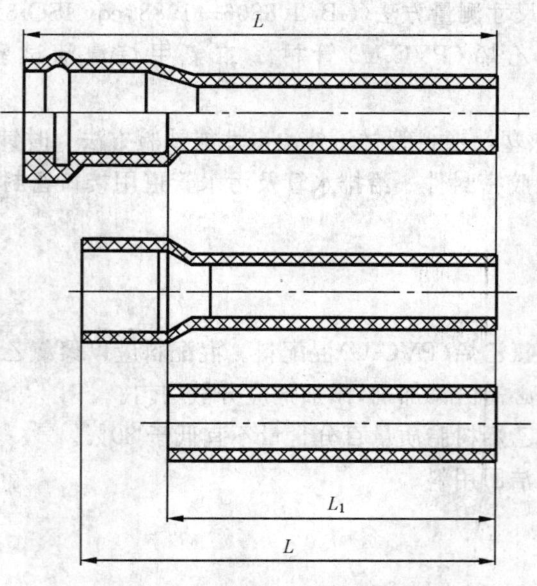

图1 管材长度示意图

5.3.3 不圆度

管材不圆度应不大于 $0.024d_n$。

不圆度的测定应在管材出厂前进行。

5.3.4 弯曲度

管材弯曲度应不大于0.50%。

5.3.5 管材承口尺寸

5.3.5.1 胶粘剂连接型管材承口尺寸

胶粘剂粘接型管材承口尺寸应符合表2规定，示意图见图2。

表2 胶粘剂粘接型管材承口尺寸

单位为毫米

公称外径 d_n	承口中部平均内径		承口深度 $L_{0,min}$
	$d_{sm,min}$	$d_{sm,max}$	
32	32.1	32.4	22
40	40.1	40.4	25
50	50.1	50.4	25
75	75.2	75.5	40
90	90.2	90.5	46
110	110.2	110.6	48
125	125.2	125.7	51
160	160.3	160.8	58
200	200.4	200.9	60
250	250.4	250.9	60
315	315.5	316.0	60

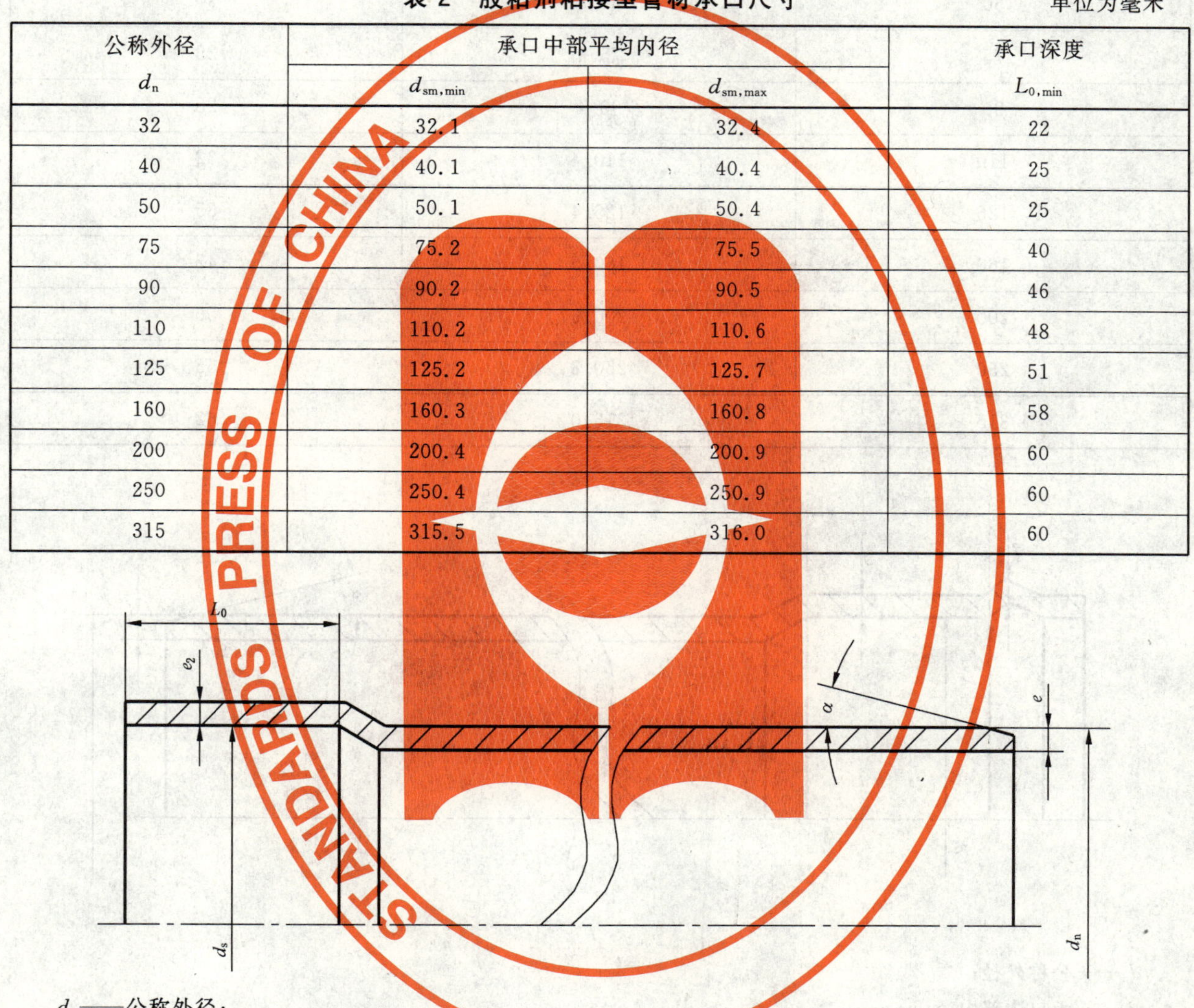

d_n——公称外径；

d_s——承口中部内径；

e——管材壁厚；

e_2——承口壁厚；

L_2——承口深度；

α——倒角。

注1：倒角 α，当管材需要进行倒角时，倒角方向与管材轴线夹角 α 应在15°～45°之间(见图2和图3)。倒角后管端所保留的壁厚应不小于最小壁厚 e_{min} 的三分之一。

注2：管材承口壁厚 e_2 不宜小于同规格管材壁厚的0.75倍。

图2 胶粘剂粘接型管材承口示意图

5.3.5.2 弹性密封圈连接型承口尺寸

弹性密封圈连接型管材承口尺寸应符合表 3 规定，示意图见图 3。

表 3 弹性密封圈连接型管材承口尺寸

单位为毫米

公称外径 d_n	承口端部平均内径 $d_{sm,min}$	承口配合深度 A_{min}
32	32.3	16
40	40.3	18
50	50.3	20
75	75.4	25
90	90.4	28
110	110.4	32
125	125.4	35
160	160.5	42
200	200.6	50
250	250.8	55
315	316.0	62

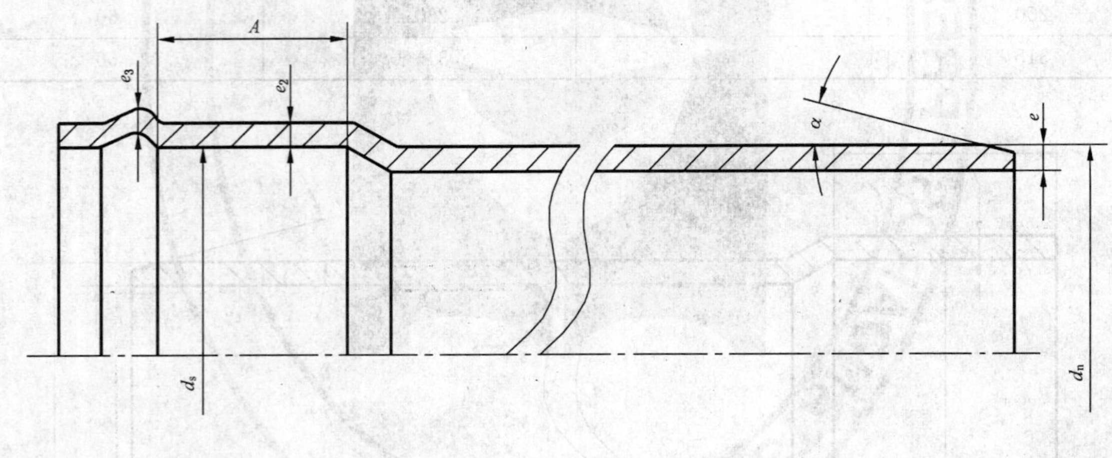

d_n——公称外径；

d_s——承口中部内径；

e——管材壁厚；

e_2——承口壁厚；

e_3——密封圈槽壁厚；

A——承口配合深度；

α——倒角。

注：管材承口壁 e_2 不宜小于同规格管材壁厚的 0.9 倍，密封圈槽壁厚 e_3 不宜小于同规格管材壁厚 0.75 倍。

图 3 弹性密封圈连接型管材承口示意图

5.4 管材物理力学性能

管材的物理力学性能应符合表 4 的规定。

表 4 管材物理力学性能

项　　目	要　　求	试验方法
密度/(kg/m³)	1 350～1 550	6.4
维卡软化温度(VST)/℃	≥79	6.5
纵向回缩率/(%)	≤5	6.6
二氯甲烷浸渍试验	表面变化不劣于 4 L	6.7
拉伸屈服强度/MPa	≥40	6.8
落锤冲击试验 TIR	TIR≤10%	6.9

5.5 系统适用性

弹性密封圈连接型接头,管材与管材和/或管件连接后应进行水密性、气密性的系统适用性试验,并应符合表 5 的规定。

表 5 系统适应性

项　　目	要　　求	试验方法
水密性试验	无渗漏	6.10.1
气密性试验	无渗漏	6.10.2

弹性密封圈连接型管材用弹性密封圈性能应符合 HG/T 3091—2000 的相关要求。

6 试验方法

6.1 状态调节

除有特殊规定外,按 GB/T 2918—1998 规定,在(23±2)℃条件下进行状态调节 24h,并在同样条件下进行试验。

6.2 颜色和外观检查

用肉眼直接观察。

6.3 管材尺寸测量

6.3.1 平均外径

按 GB/T 8806 测量。

6.3.2 壁厚

按 GB/T 8806 测量。

6.3.3 管材有效长度

用精度不低于 1 mm 的卷尺测量。

6.3.4 不圆度

按 GB/T 8806 测量同一断面的最大外径和最小外径,最大外径与最小外径之差为不圆度。

6.3.5 管材承口

承口外径尺寸测量方法见 6.3.1;承口中部平均内径用精度不低于 0.01 mm 的内径量表测量承口中部两相互垂直的内径,计算其算术平均值;承口深度和承口配合深度用精度不低于 0.5 mm 的量具测量。

6.3.6 弯曲度

按 GB/T 8805 测量。

6.4 密度

按 GB/T 1033—1986 中 4.1A 法测定。

6.5　**维卡软化温度**

按 GB/T 8802—2001 测定。

6.6　**纵向回缩率**

按 GB/T 6671—2001 测定。

6.7　**二氯甲烷浸渍试验**

按 GB/T 13526 测定，试验温度为(15±0.5)℃，浸渍时间为(15±1)min。

6.8　**拉伸屈服强度**

按 GB/T 8804.2—2003 测定，结果保留 3 位有效数字，小数点后第 1 位有效数字按四舍五入处理。

6.9　**落锤冲击试验**

按 GB/T 14152—2001 测定。试验温度为(0±1)℃。落锤质量和下落高度应符合表 6 规定，锤头类型：管材规格 d_n<110 mm 时取 $d25$，管材规格 d_n≥110 mm 时取 $d90$。

表 6　落锤质量和落锤高度

公称外径/mm	落锤质量/kg	下落高度/m
32	0.25±0.005	1.0±0.01
40	0.25±0.005	1.0±0.01
50	0.25±0.005	1.0±0.01
75	0.25±0.005	2.0±0.01
90	0.5±0.005	2.0±0.01
110	0.5±0.005	2.0±0.01
125	1.0±0.005	2.0±0.01
160	1.0±0.005	2.0±0.01
200	1.5±0.005	2.0±0.01
250	2.0±0.005	2.0±0.01
315	3.2±0.005	2.0±0.01

6.10　**系统适用性**

6.10.1　**水密性试验**

按附录 A 进行试验。

6.10.2　**气密性试验**

按附录 B 进行试验。

7　检验规则

产品需经生产厂质量检验部门检验合格并附有合格标志，方可出厂。

7.1　**组批**

同一原料配方、同一工艺和同一规格连续生产的管材作为一批，每批数量不超过 50t，如果生产 7 天尚不足 50 t，则以 7 天产量为一批。

7.2　**出厂检验**

7.2.1　出厂检验项目为 5.1～5.3 及 5.4 中纵向回缩率和落锤冲击试验。

7.2.2　5.1～5.3 检验按 GB/T 2828.1—2003 采用正常检验一次抽样方案，取一般检验水平Ⅰ，接收质量限(AQL)6.5，见表 7。

表 7　接收质量限(AQL)为 6.5 的抽样方案

单位为根

批量 N	样本量 n	接收数 Ac	拒收数 Re
≤150	8	1	2
151～280	13	2	3
281～500	20	3	4
501～1 200	32	5	6
1 201～3 200	50	7	8
3 201～10 000	80	10	11

7.2.3　在计数合格的产品中，随机抽取足够样品进行 5.4 中的纵向回缩率和落锤冲击试验。

7.3　型式检验

型式检验项目为第 5 章要求项中全部内容。并按 7.2.2 规定对 5.1～5.3 进行检验，在检验合格的样品中随机抽取足够的样品，进行 5.4 及 5.5 中的各项检验。一般情况下，每两年至少一次，若有以下情况，应进行型式检验：

a)　新产品或老产品转厂生产的试制定型鉴定；

b)　结构、材料、工艺有较大变动可能影响产品性能时；

c)　产品长期停产后恢复生产时；

d)　出厂检验结果与上次型式检验结果有较大差异时；

e)　质量监督机构提出进行型式检验时。

7.4　判定规则

5.1～5.3 中任意一条不符合表 7 规定时则判为不合格，物理力学性能中有一项达不到指标时，则在该批中随机抽取双倍的样品对该项进行复验，如仍不合格，则判该批不合格。

8　标志、运输及贮存

8.1　标志

管材上应至少有下列永久性标志，且每根管材上应含有至少一处完整标志，标志间距不应大于 2 m：

a)　生产厂名、厂址和商标；

b)　产品名称；

c)　产品规格；

d)　本部分标准编号；

e)　生产日期。

8.2　运输

产品在装卸和运输时，不得受到撞击、曝晒、抛摔和重压。

8.3　贮存

管材存放场地应平整，堆放整齐，堆放高度不宜超过 2 m，远离热源。承口部位宜交错放置，避免挤压变形。当露天存放时，应遮盖，防止曝晒。

附 录 A
（规范性附录）
水密性试验方法

A.1 原理

试样为管材和/或管件连接包含至少一个弹性密封圈连接型接头的系统，试样在一定时间内受给定的内部压力作用，通过检查试样的密封情况来验证其密封性能。

A.2 设备

A.2.1 端部密封装置

尺寸和密封方式应能与组合试样连接配合，装置不应对试样施加轴向力，防止试样组件和装置在受压下发生脱离。装置质量不应影响试样角度偏转（见 A.4.2）。

A.2.2 液压源

与至少一端带封堵的装置端部相连，能按 A.4.3 逐渐均匀升压至所需压力，并在试验时间内能保持恒定在规定压力$^{+2}_{-1}$%范围内（见第 A.4 章）。

A.2.3 排气阀

当对试样施加静液压时起排气作用。

A.2.4 压力测量装置

用于检查试验压力是否符合规定所需压力（见 A.2.2 和第 A.4 章）。

A.3 试样

A.3.1 试样制备

试样为管材和/或管件连接包含至少一个弹性密封圈连接型接头的系统。试样组装方式见图 A.1。

为便于排气，试样安装时可保持一定倾斜角，但不应超过 12°。

试样应按生产厂的说明进行连接，试样应尽可能由最小直径的插口和最大直径的承口（在公差允许范围内）装配而成。

应测量并记录所取的插口和承口直径。

A.3.2 试样数量

试样数量为一组。

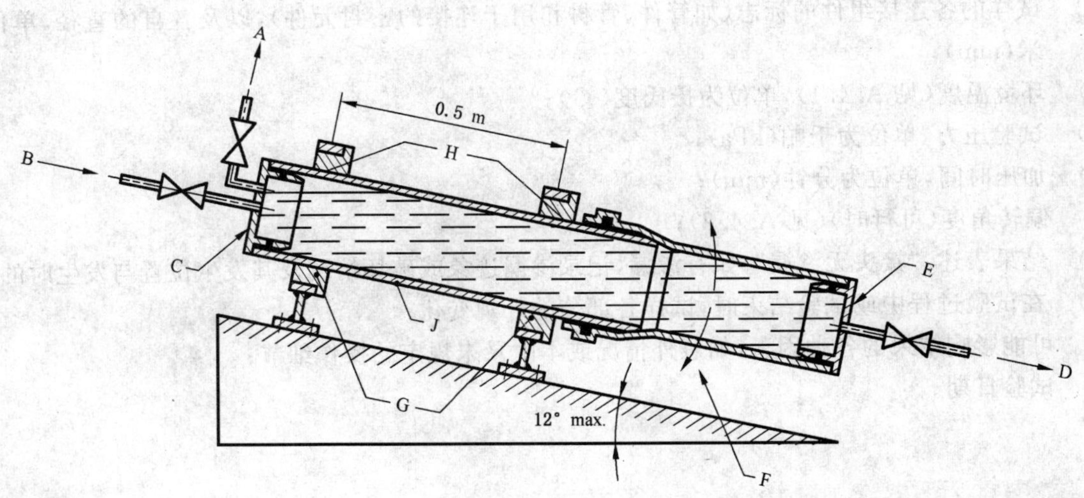

A——排气口；

B——进水口；

C——带进水口、排气口和限位功能的密封堵头；

D——排水口；

E——带排水口和限位功能的密封堵头(见 A.2.1)；

F——角度偏转方向(可行时)(见 A.4.2)；

G——可用于固定各种规格管材的夹块；

H——固定点；

J——固定部分。

图 A.1 试验安装示意图

A.4 步骤

A.4.1 在(23±5)℃的环境温度下，用自来水按下列步骤进行试验，自来水不应在试样表面凝结。

A.4.2 将试样安装到试验装置上，若允许在试样接头处发生一定角度的轴向偏转，调节试样使之处于最大偏转角度状态。接头最大偏转角度按厂家说明。

A.4.3 将水充满试样，同时排出试样内部空气，然后按下列方法施加静液压力：

A.4.3.1 对于二次加工管件：除非相关标准中特别规定，迅速升压至 50 kPa 并保持该压力至少 1 min。

A.4.3.2 对于非二次加工的管材和/或管件连接试样：在 15 min 内逐渐平缓升压至 50 kPa 并保持该压力至少 15 min。

A.4.4 按 A.4.3 进行试验时，应检查并记录试样连接处渗漏情况。

A.4.5 卸压，排出水后拆卸试验装置，检查并记录被测试样外观的任何变化情况。

A.5 试验报告

试验报告应包含下列内容：

a) GB/T 5836 的本部分编号；

b) 试样的各连接组件的标志(如管件、管材和用于连接的密封元件)，以及各自的直径，单位为毫米(mm)；

c) 环境温度(见 A.4.1)，单位为摄氏度(℃)；

d) 试验压力，单位为千帕(kPa)；

e) 加压时间，单位为分钟(min)；

f) 偏转角度(可行时)(见 A.4.2)；

g) 结果表述："接头无渗漏"；如有渗漏，记录渗漏迹象或破坏情况及其发生位置与发生时的压力；

h) 在试验过程中或试验结束时，试样各部分的外观变化；

i) 可能影响结果的各种因素，如意外情况或本附录未规定的操作细节；

j) 试验日期。

附 录 B
（规范性附录）
气密性试验方法

B.1 原理

试样为管材和/或管件连接包含至少一个弹性密封圈连接型接头的系统，试样在一定时间内受给定的内部压力作用，通过检查试样的密封情况来验证其密封性能。

B.2 设备

B.2.1 端部密封装置

尺寸和密封方式应能与组合试样连接配合，装置不应对试样施加轴向力，防止试样组件和装置在受压下发生脱离。装置质量不应影响试样角度偏转（见 B.4.7）。

B.2.2 气压源

通过截流阀与至少一端带封堵的装置端部相连，能保持恒定在规定压力的±10%范围内（见第 B.4 章）。

B.2.3 压力测量装置

用于检查试验压力是否符合规定所需压力（见 B.2.2 和第 B.4 章）。

B.2.4 进水及排水装置

各自通过截流阀与密封装置连接，可使试样内部达到适当水位（见图 B.1）。

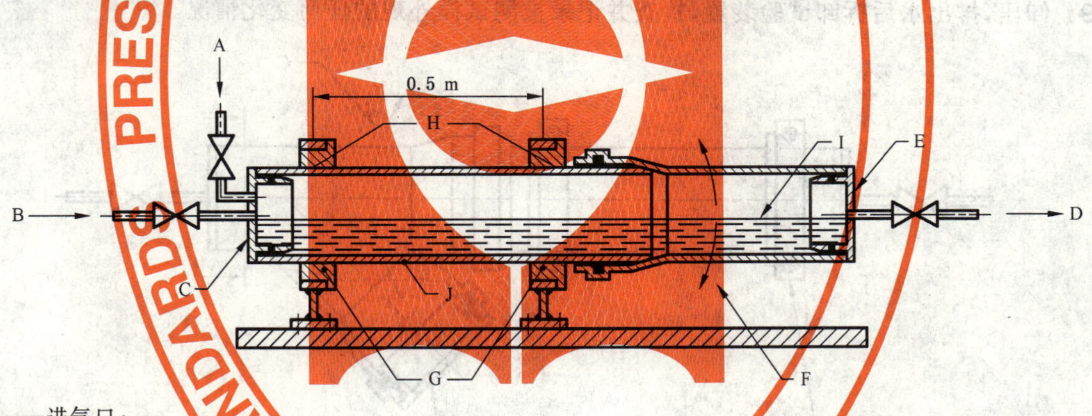

A——进气口；
B——进水口；
C——带进水口、进气口和限位功能的密封堵头；
D——排水口；
E——带排水口和限位功能的密封堵头（见 B.2.1）；
F——角度偏转方向（可行时）（见 B.4.8）；
G——可用于固定各种规格管材的夹块；
H——固定点；
I——试验水位（管材内径的一半）；
J——固定部分。

图 B.1 试验安装示意图

B.3 试样

B.3.1 试样制备

试样为管材和/或管件连接包含至少一个弹性密封圈连接型接头的系统。试样的管材部分或插口管件部分通过两夹板固定（见图 B.1）后，一端用带进水口和进气口的堵头封堵，另一端与带承口的管件或管材连接，带承口管件或管材的另一端用带排水口和截流阀的堵头封堵(见图 B.1)。

试样应按生产厂的说明进行连接，试样应尽可能由最小直径的插口和最大直径的承口(在公差允许范围内)装配而成。

应测量并记录所取的插口和承口直径。

B.3.2　试样数量

试样数量为 1 组。

B.4　步骤

B.4.1　在(23±5)℃的环境温度下，用自来水按下列步骤进行试验。

B.4.2　将试样水平安装到试验装置上(见图 B.1)。

B.4.3　在插口和承口端部抹上肥皂水或其他渗漏示踪剂，然后用干布把多余皂液或示踪剂擦干。

B.4.4　打开排水口，同时关闭进气口。

B.4.5　打开进水口，当试样注满一半水时(可通过排水口是否出水确认)，关闭进水口和排水口。

B.4.6　打开进气口，在环境温度下升压至 (10±1)kPa(见 B.4.1)。

B.4.7　保持该压力 5min，然后手动轴向偏转试样未固定部分(见图 B.1 承口部分)至最大偏转角度，最大偏转角度由生产厂提供。分别在一周的 0°、90°、180°和 270°(见图 B.2)四个位置进行轴向偏转，并保压 1 min。

B.4.8　按 B.4.4～B.4.7 进行试验时，应检查并记录试样连接处渗漏情况，渗漏情况可通过肥皂水检测。

B.4.9　卸压，排出水后拆卸试验装置，检查并记录被测试样外观的任何变化情况。

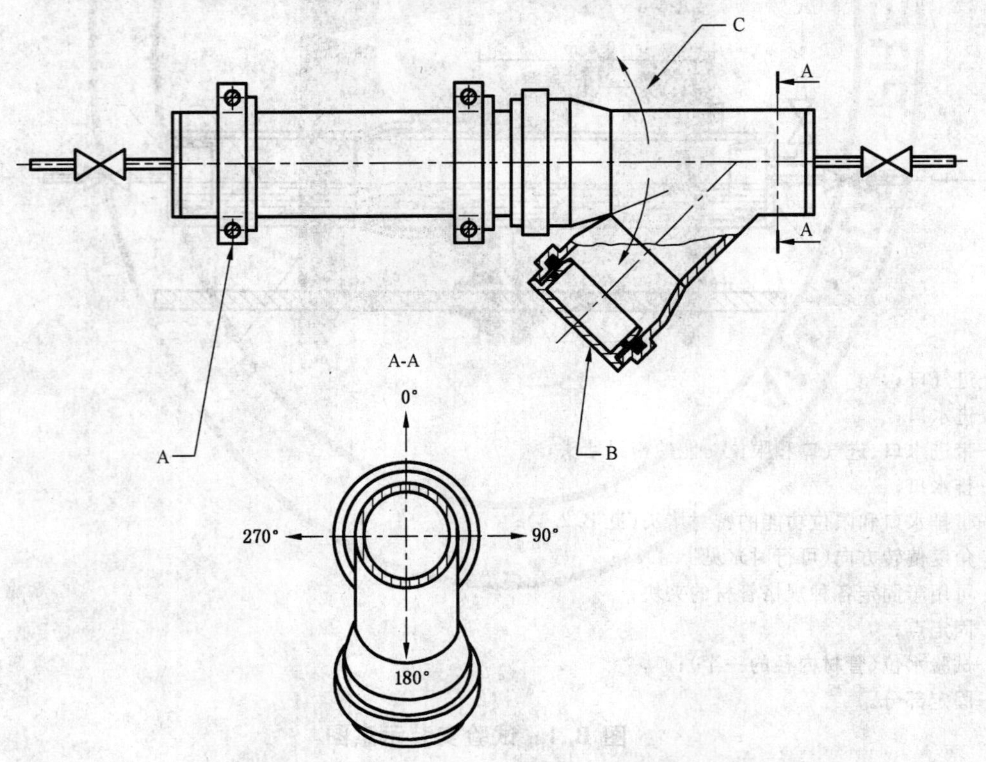

端部正视图(进行角度偏转试验的方位指示)

A——夹块；

B——端部密封；

C——管件偏转方向。

图 B.2　角偏转方向示意图

B.5 试验报告

试验报告应包含下列内容：

a) GB/T 5836 的本部分编号；

b) 试样的各连接组件的标志(如管件、管材和用于连接的密封元件)，以及各自的直径，单位为毫米(mm)；

c) 环境温度(见 B.4.1)，单位为摄氏度(℃)；

d) 试验压力，单位为千帕(kPa)；

e) 加压时间，单位为分钟(min)；

f) 偏转角度(见 B.4.7)；

g) 结果表述："接头无渗漏"；如有渗漏，记录渗漏迹象或破坏情况及其发生位置和发生时的压力；

h) 在试验过程中或试验结束时，试样各部分的外观变化；

i) 可能影响结果的各种因素，如意外情况或本附录未规定的操作细节；

j) 试验日期。

ICS 83.140.30
G 33

中华人民共和国国家标准

GB/T 5836.2—2006
代替 GB/T 5836.2—1992

建筑排水用硬聚氯乙烯(PVC-U)管件

Unplasticized poly (vinyl chloride) (PVC-U) fittings for soil and waste inside buildings

[ISO 3633:2002, Plastics piping systems for soil and waste discharge (low and high temperature) inside buildings—Unplasticized poly (vinyl chloride) (PVC-U), NEQ]

2006-02-21 发布　　　　2006-08-01 实施

中华人民共和国国家质量监督检验检疫总局
中国国家标准化管理委员会　发布

前　言

GB/T 5836 由两部分组成：

——GB/T 5836.1—2006《建筑排水用硬聚氯乙烯(PVC-U)管材》；

——GB/T 5836.2—2006《建筑排水用硬聚氯乙烯(PVC-U)管件》。

本部分为 GB/T 5836 的第 2 部分。

本部分参考了 ISO 3633:2002《建筑物内排污、废水(高、低温)用塑料管道系统——硬聚氯乙烯(PVC-U)》。结合我国生产和应用的实际情况，对 GB/T 5836.2—1992《建筑排水用硬聚氯乙烯管件》作了修订。

本部分自实施之日起，代替 GB/T 5836.2—1992。

本部分的技术内容与 GB/T 5836.2—1992 相比较，主要变化如下：

——增加了"定义和符号"和"材料"两章；

——增加了对弹性密封圈连接型管件的规定；

——产品规格由 40 mm～160 mm 扩大到 32 mm～315 mm；

——明确规定了管件不同部位的壁厚要求，并对其他尺寸作了部分修改；

——取消优等品和合格品之分；

——增加产品密度要求；

——将维卡软化温度的要求规定为 74℃；

——增加了系统适用性要求；

——增加了附录 A。

本部分的附录 A 为资料性附录。

本部分由中国轻工业联合会提出。

本部分由全国塑料制品标准化技术委员会塑料管材、管件及阀门分技术委员会(TC 48/SC 3)归口。

本部分起草单位：广东联塑科技实业有限公司、南亚塑胶管材(厦门)有限公司、中山环宇实业有限公司、南塑建材塑胶制品(深圳)有限公司、浙江中财管道科技股份有限公司、福建亚通新材料科技股份有限公司。

本部分主要起草人：林少全、许盛光、张慰峰、陈天文、丁良玉、魏作友。

本部分所代替标准的历次版本发布情况为：

——GB/T 5836.2—1992；

——GB/T 5836—1986。

建筑排水用硬聚氯乙烯(PVC-U)管件

1 范围

GB/T 5836 的本部分规定了以聚氯乙烯(PVC)树脂为主要原料,经注塑成型的硬聚氯乙烯(PVC-U)管件(以下简称管件)的定义、材料、产品分类、要求、试验方法、检验规则、标志、包装、运输和贮存。

本部分适用于建筑物内排水用管件。在考虑到材料的耐化学性和耐热性的条件下,也可用于工业排水用管件。

本部分规定的管件与 GB/T 5836.1—2006《建筑排水用硬聚氯乙烯(PVC-U)管材》规定的管材配套使用。

2 规范性引用文件

下列文件中的条款通过 GB/T 5836 的本部分的引用而成为本部分的条款。凡是注日期的引用文件,其随后所有的修改单(不包括勘误的内容)或修订版均不适用于本部分,然而,鼓励根据本标准达成协议的各方研究是否可使用这些文件的最新版本。凡是不注日期的引用文件,其最新版本适用于本部分。

GB/T 1033—1986 塑料密度和相对密度试验方法(eqv ISO/DIS 1183:1984)

GB/T 2828.1—2003 计数抽样检验程序 第1部分:按接收质量限(AQL)检索的逐批检验抽样计划(ISO 2859-1:1999,IDT)

GB/T 2918—1998 塑料试样状态调节和试验的标准环境(idt ISO 291:1997)

GB/T 5836.1—2006 建筑排水用硬聚氯乙烯(PVC-U)管材

GB/T 8801 硬聚氯乙烯(PVC-U)管件坠落试验方法

GB/T 8802—2001 热塑性塑料管材、管件 维卡软化温度的测定(eqv ISO 2507:1995)

GB/T 8803—2001 注射成型硬质聚氯乙烯(PVC-U)、氯化聚氯乙烯(PVC-C)、丙烯腈-丁二烯-苯乙烯三元共聚物(ABS)和丙烯腈-苯乙烯-丙烯酸盐三元共聚物(ASA)管件 热烘箱试验方法

GB/T 8806 塑料管材尺寸测量方法(GB/T 8806—1988,eqv ISO 3126:1974)

GB/T 19278—2003 热塑性塑料管材、管件及阀门通用术语及其定义

HG/T 3091—2000 橡胶密封件 给排水管及污水管道用接口密封圈 材料规范(idt ISO 4633:1996)

QB/T 2568—2002 硬聚氯乙烯(PVC-U)塑料管道系统用溶剂型胶粘剂

3 定义和符号

3.1 定义

GB/T 19278—2003 所确立的以及下列术语及其定义适用于 GB/T 5836 的本部分。

3.1.1

管件主体壁厚 wall thickness at main body of the fitting(e_1)

管件连接部分以外的任一点壁厚,单位为毫米(mm)。

3.2 符号

下述符号适用于 GB/T 5836 的本部分,其意义参见有关图示。

A 配合长度

d_e 任一点外径

d_{em}	平均外径
d_n	公称外径
d_s	承口公称直径
d_{sm}	承口平均内径
e_y	任一点壁厚
e_1	管件主体壁厚
e_2	承口壁厚
e_3	密封环槽处壁厚
L_1	承口深度
L_2	插口长度
R	管件转弯处曲率半径
z	管件安装长度(z-长度)
α	管件公称角

4 材料

生产管件的原料为硬聚氯乙烯(PVC-U)混配料。混配料应以聚氯乙烯(PVC)树脂为主,加入为生产符合本部分要求的管件所必需的添加剂,添加剂应分散均匀。

管件混配料中聚氯乙烯(PVC)树脂的质量百分含量宜不低于85%。

允许使用本厂的清洁回用料。

5 产品分类

管件按连接形式不同分为胶粘剂连接型管件和弹性密封圈连接型管件。

6 要求

6.1 颜色

管件一般为灰色和白色,其他颜色可由供需双方商定。

6.2 外观

管件内外壁应光滑,不允许有气泡、裂口和明显的痕纹、凹陷、色泽不均及分解变色线。管件应完整无缺损,浇口及溢边应修除平整。

6.3 规格尺寸

6.3.1 壁厚

管件承口部位以外的主体壁厚 e_1(见图1、图2)不应小于同规格管材的壁厚。

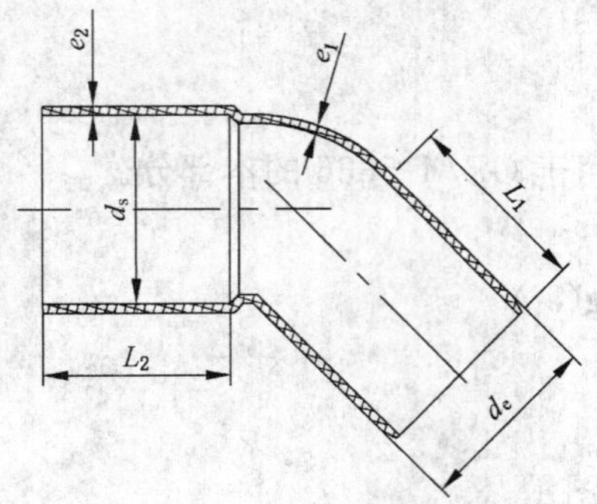

图1 胶粘剂连接型承口和插口

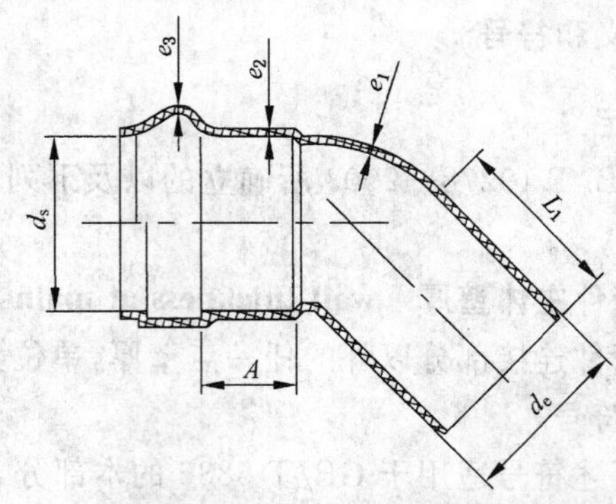

图2 弹性密封圈连接型承口和插口

允许异径管件过渡部分的壁厚从一个尺寸渐变到另一个尺寸，但其余部分的壁厚应符合相应的规定。

型芯偏移的情况下，允许管件最薄处壁厚比相应的规定值减少5%，但同一截面上两个相对壁厚的平均值应不小于相应的规定值。

6.3.1.1 胶粘剂连接型管件

胶粘剂连接型管件的承口壁厚 e_2（见图1）应不小于管件承口部位以外的主体壁厚 e_1 的75%。

6.3.1.2 弹性密封圈连接型管件

弹性密封圈连接型管件的承口壁厚 e_2（见图2）应不小于管件承口部位以外的主体壁厚的90%，密封环槽处的壁厚 e_3 应不小于管件承口部位以外的主体壁厚 e_1 的75%。

6.3.2 管件的承口和插口的直径和长度

6.3.2.1 胶粘剂连接型管件

胶粘剂连接型管件承口和插口的直径和长度（见图1）应符合表1的规定。

表1 胶粘剂连接型管件承口和插口的直径和长度 单位为毫米

公称外径 d_n	插口的平均外径		承口中部平均内径		承口深度和插口长度 $L_{1,min}$ 和 $L_{2,min}$
	$d_{em,min}$	$d_{em,max}$	$d_{sm,min}$	$d_{sm,max}$	
32	32.0	32.2	32.1	32.4	22
40	40.0	40.2	40.1	40.4	25
50	50.0	50.2	50.1	50.4	25
75	75.0	75.3	75.2	75.5	40
90	90.0	90.3	90.2	90.5	46
110	110.0	110.3	110.2	110.6	48
125	125.0	125.3	125.2	125.7	51
160	160.0	160.4	160.3	160.8	58
200	200.0	200.5	200.4	200.9	60
250	250.0	250.5	250.4	250.9	60
315	315.0	315.6	315.5	316.0	60
注：沿承口深度方向允许有不大于30′脱模所必需的锥度。					

6.3.2.2 弹性密封圈连接型管件

弹性密封圈连接型管件承口和插口的直径和长度（见图2）应符合表2的规定。

表2 弹性密封圈连接型管件承口和插口的直径和长度 单位为毫米

公称外径 d_n	插口的平均外径		承口端部平均内径	承口配合深度和插口长度	
	$d_{em,min}$	$d_{em,max}$	$d_{sm,min}$	A_{min}	$L_{2,min}$
32	32.0	32.2	32.3	16	42
40	40.0	40.2	40.3	18	44
50	50.0	50.2	50.3	20	46
75	75.0	75.3	75.4	25	51
90	90.0	90.3	90.4	28	56
110	110.0	110.3	110.4	32	60

表 2(续) 单位为毫米

公称外径	插口的平均外径		承口端部平均内径	承口配合深度和插口长度	
d_n	$d_{em,min}$	$d_{em,max}$	$d_{sm,min}$	A_{min}	$L_{2,min}$
125	125.0	125.3	125.4	35	67
160	160.0	160.4	160.5	42	81
200	200.0	200.5	200.6	50	99
250	250.0	250.5	250.8	55	125
315	315.0	315.6	316.0	62	132

6.3.3 管件的基本类型及安装长度(z-长度)见附录A。

6.4 物理力学性能

管件的物理力学性能应符合表3的规定。

表 3 物理力学性能

项 目	要 求	试验方法
密度/(kg/m³)	1 350～1 550	7.4
维卡软化温度/℃	≥74	7.5
烘箱试验	符合 GB/T 8803—2001 的规定	7.6
坠落试验	无破裂	7.7

6.5 系统适用性

连接用胶粘剂应符合 QB/T 2568—2002 的要求,密封圈应符合 HG/T 3091—2000 的要求。

弹性密封圈连接型接头与符合 GB/T 5836.1 规定的管材连接后应做系统适用性试验。

系统适用性应符合表4的规定。

表 4 系统适用性试验

项 目	要 求	测试方法
水密性	无渗漏	7.8.1
气密性	无渗漏	7.8.2

7 试验方法

7.1 状态调节

除有特别规定外,应按 GB/T 2918—1998 规定,在(23±2)℃下对试样进行状态调节 24h,并在此条件下进行试验。

7.2 颜色和外观

用肉眼直接观察。

7.3 尺寸测量

7.3.1 壁厚

按 GB/T 8806 的规定测量,必要时可将管件切开测量。

7.3.2 承口中部(端部)平均内径

用精度不低于 0.01 mm 的内径量表测量承口中部(端部)两个相互垂直的内径,以其算术平均值为平均内径。

7.3.3 插口平均外径

按 GB/T 8806 测量。

7.3.4 **承口和插口的长度**

用精度不低于0.02 mm的游标卡尺测量。

7.4 **密度**

按GB/T 1033—1986中的A法测定。

7.5 **维卡软化温度**

按GB/T 8802—2001测定。

7.6 **烘箱试验**

按GB/T 8803—2001测定。

7.7 **坠落试验**

按GB/T 8801测定。

7.8 **系统适用性**

7.8.1 **水密性**

按GB/T 5836.1—2006附录A测定。

7.8.2 **气密性**

按GB/T 5836.1—2006附录B测定。

8 检验规则

8.1 产品需经生产厂质量检验部门检验合格并附有合格标志方可出厂。

8.2 组批

同一原料、配方和工艺生产的同一规格的管件作为一批。当 d_n<75 mm时,每批数量不超过10 000件;当 d_n≥75 mm时,每批数量不超过5 000件。如果生产7天仍不足一批,以7天生产量为一批。一次交付可由一批或多批组成,交付时注明批号,同一个交付批号产品为交付检验批。

8.3 出厂检验

8.3.1 出厂检验项目为6.1~6.3和6.4中的烘箱试验和坠落试验。

8.3.2 6.1~6.3按GB/T 2828.1—2003规定,采用正常检验一次抽样方案,取一般检验水平Ⅰ,接收质量限(AQL)6.5,抽样方案见表5。

表5 抽样方案

单位为件

批量 N	样本量 n	接收数 Ac	拒收数 Re
≤150	8	1	2
151~280	13	2	3
281~500	20	3	4
501~1 200	32	5	6
1 201~3 200	50	7	8
3 201~10 000	80	10	11

8.3.3 在计数抽样合格的产品中,随机抽取足够的样品,进行6.4中的烘箱试验和坠落试验。

8.4 型式检验

型式检验的项目为第6章的全部技术要求。按8.3.2规定对6.1~6.3进行检验,在检验合格的样品中,随机抽取足够的样品,进行6.4和6.5中各项检验。一般情况下每两年至少一次,若有以下情况之一,应进行型式检验。

——新产品或老产品转厂生产的试制定型鉴定;

——当结构、材料、工艺发生较大变化,可能影响产品性能时;

——长期停产后恢复生产时；

——出厂检验结果与上次型式检验结果有较大差异时；

——国家质量监督机构提出进行型式检验的要求时。

8.5 判定规则

项目6.1～6.3中任意一条不符合表5规定时，则判定该批为不合格。物理力学性能中有一项达不到指标时，则在该批中随机抽取双倍样品进行该项的复验，如仍不合格，则判该批为不合格批。

9 标志、包装、运输和贮存

9.1 标志

9.1.1 产品至少应有下列永久性标志：

a) 厂名或商标；

b) 材料名称：PVC-U；

c) 产品规格：公称外径；

d) 本部分标准编号。

9.1.2 产品包装至少应有下列内容：

a) 生产厂名和厂址；

b) 产品名称；

c) 商标；

d) 管件类型和规格；

e) 生产日期或生产批号。

9.2 包装

管件按类型和规格分别妥善包装，包装用材料由供需双方商定，一般情况下每个包装质量不超过25 kg。

9.3 运输

管件在运输时，不应曝晒、玷污、重压、抛摔和损伤。

9.4 贮存

管件应贮存在库房，合理放置，远离热源。

附 录 A
（资料性附录）
管件的基本类型及安装长度（z-长度）

A.1 管件的基本类型

本部分涉及下列管件基本类型（见图 A.1 至图 A.7）。

a) 直通。

b) 异径。

c) 弯头：

公称角可以从 22.5°、45°和 90°中选择。其他角度应由供需双方商定，并在产品上作相应的标记。

d) 多通和异径多通：

公称角可以从 45°和 90°中选择。其他角度应由供需双方商定，并在产品上作相应的标记。

允许其他设计的管件类型，但尺寸要符合有关规定。

A.2 管件的安装长度（z-长度）

管件安装长度（z-长度）仅用于设计模具。

z-长度应由生产商给定，推荐使用表 A.1 至表 A.6 所规定的尺寸。

A.2.1 弯头

弯头的 z-长度见图 A.1 和表 A.1。

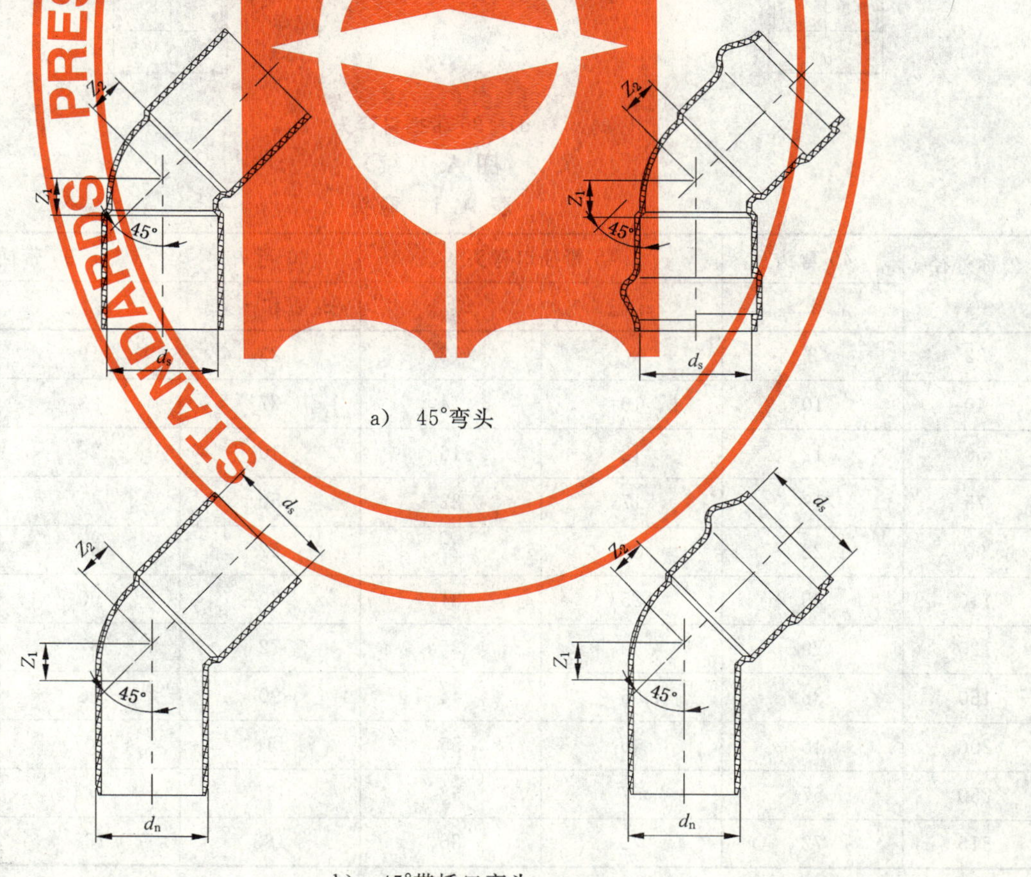

a) 45°弯头

b) 45°带插口弯头

图 A.1 弯头

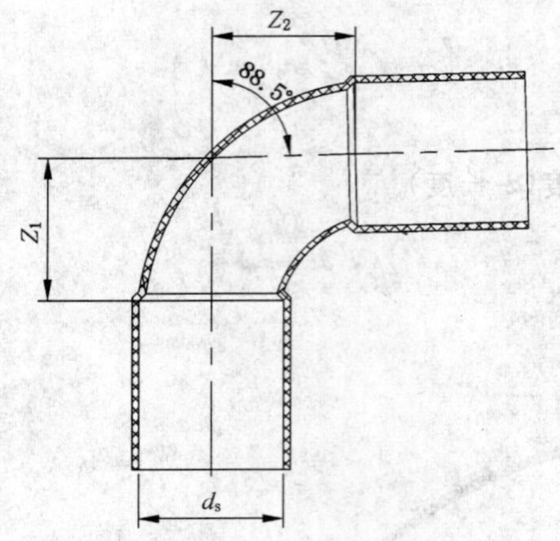

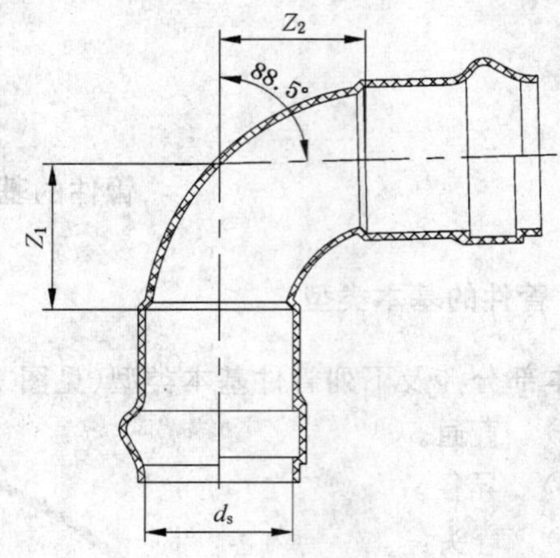

c) 90°弯头

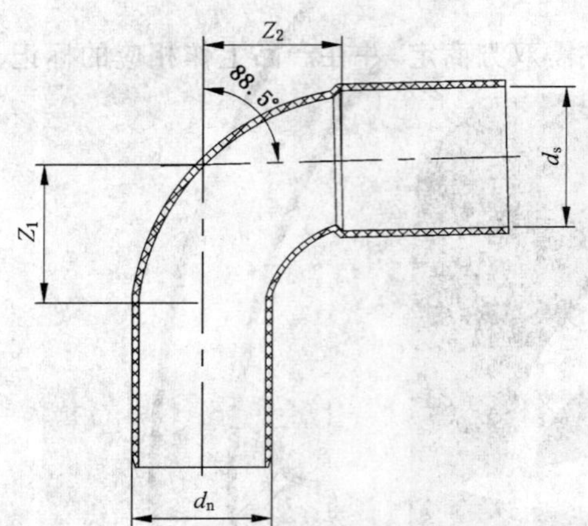

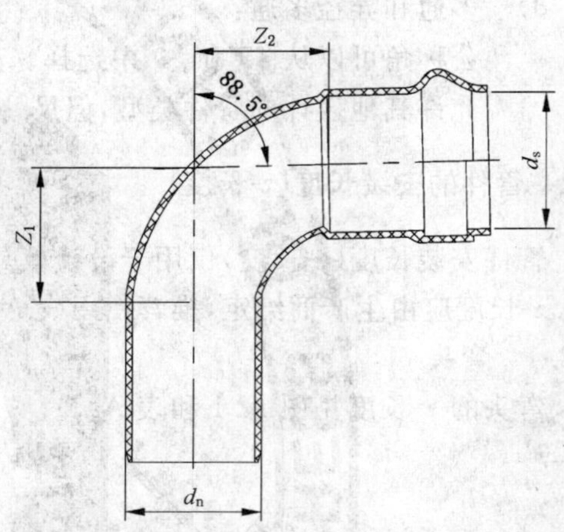

d) 90°带插口弯头

图 A.1(续)

表 A.1 弯头

单位为毫米

公称外径 d_n	45°弯头	45°带插口弯头		90°弯头	90°带插口弯头	
	$z_{1,\min}$和 $z_{2,\min}$	$z_{1,\min}$	$z_{2,\min}$	$z_{1,\min}$和 $z_{2,\min}$	$z_{1,\min}$	$z_{2,\min}$
32	8	8	12	23	19	23
40	10	10	14	27	23	27
50	12	12	16	40	28	32
75	17	17	22	50	41	45
90	22	22	27	52	50	55
110	25	25	31	70	60	66
125	29	29	35	72	67	73
160	36	36	44	90	86	93
200	45	45	55	116	107	116
250	57	57	68	145	134	145
315	72	72	86	183	168	183

A.2.2　三通

各类三通的 z-长度见图 A.2 至图 A.3 和表 A.2 至表 A.4。

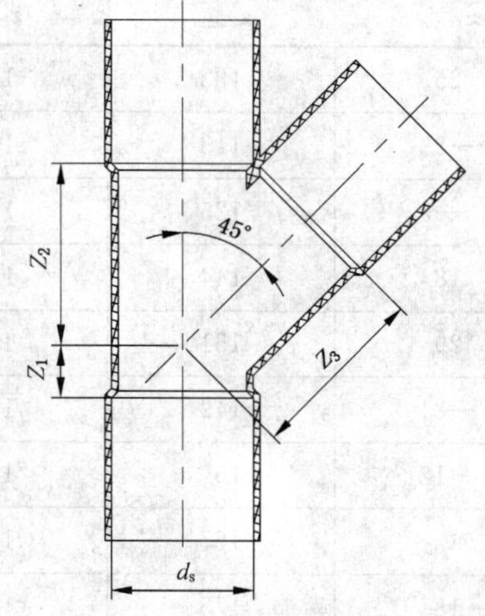

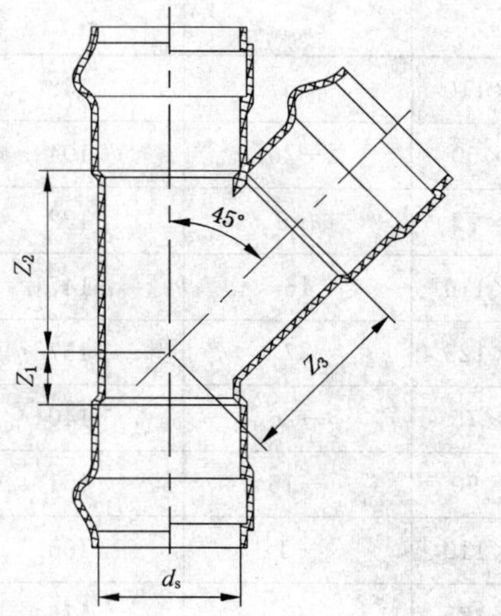

a)　45°斜三通

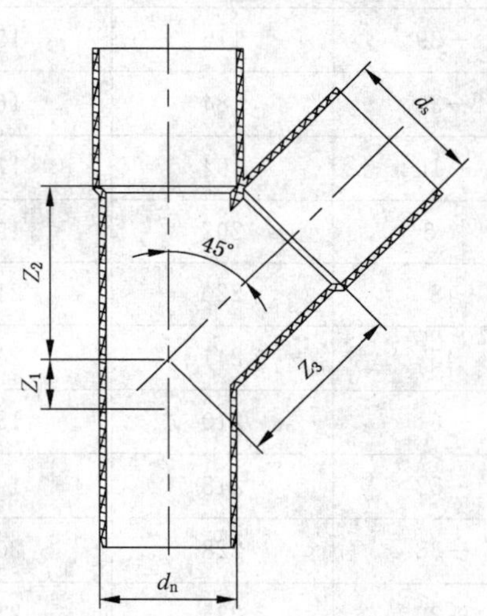

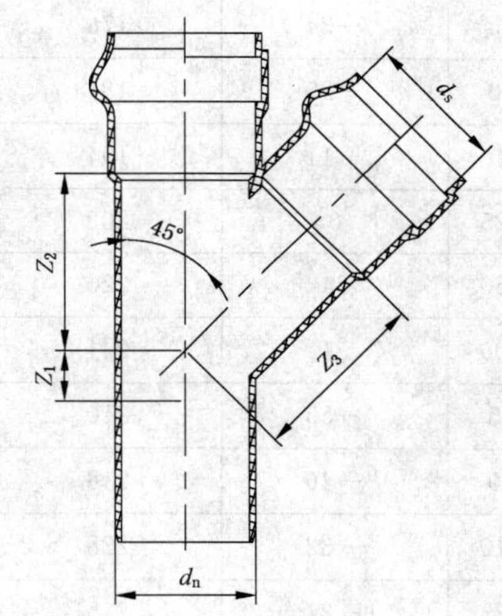

b)　45°带插口斜三通

图 A.2　45°三通

表 A.2　45°三通

单位为毫米

公称外径 d_n	45°斜三通			45°带插口斜三通		
	$z_{1,min}$	$z_{2,min}$	$z_{3,min}$	$z_{1,min}$	$z_{2,min}$	$z_{3,min}$
50×50	13	64	64	12	61	61
75×50	−1	75	80	0	79	74
75×75	18	94	94	17	91	91
90×50	−8	87	95	−6	88	82
90×90	19	115	115	21	109	109
110×50	−16	94	110	−15	102	92
110×75	−1	113	121	2	115	110

表 A.2(续)

单位为毫米

公称外径 d_n	45°斜三通			45°带插口斜三通		
	$z_{1,min}$	$z_{2,min}$	$z_{3,min}$	$z_{1,min}$	$z_{2,min}$	$z_{3,min}$
110×110	25	138	138	25	133	133
125×50	−26	104	120	−23	113	100
125×75	−9	122	132	−6	125	117
125×110	16	147	150	18	144	141
125×125	27	157	157	29	151	151
160×75	−26	140	158	−21	149	135
160×90	−16	151	165	−12	157	145
160×110	−1	165	175	2	167	159
160×125	9	176	183	13	175	169
160×160	34	199	199	36	193	193
200×75	−34	176	156	−39	176	156
200×90	−25	184	166	−30	184	166
200×110	−11	194	179	−16	194	179
200×125	0	202	190	−5	202	190
200×160	24	220	214	18	220	214
200×200	51	241	241	45	241	241
250×75	−55	210	182	−61	210	182
250×90	−46	218	192	−52	218	192
250×110	−32	228	206	−38	228	206
250×125	−21	235	216	−27	235	216
250×160	2	253	240	−4	253	240
250×200	29	274	267	23	274	267
250×250	63	300	300	57	300	300
315×75	−84	253	216	−90	253	216
315×90	−74	261	226	−81	261	226
315×110	−60	272	239	−67	272	239
315×125	−50	279	250	−56	279	250
315×160	−26	297	274	−33	297	274
315×200	1	318	301	−6	318	301
315×250	35	344	334	28	344	334
315×315	78	378	378	72	378	378

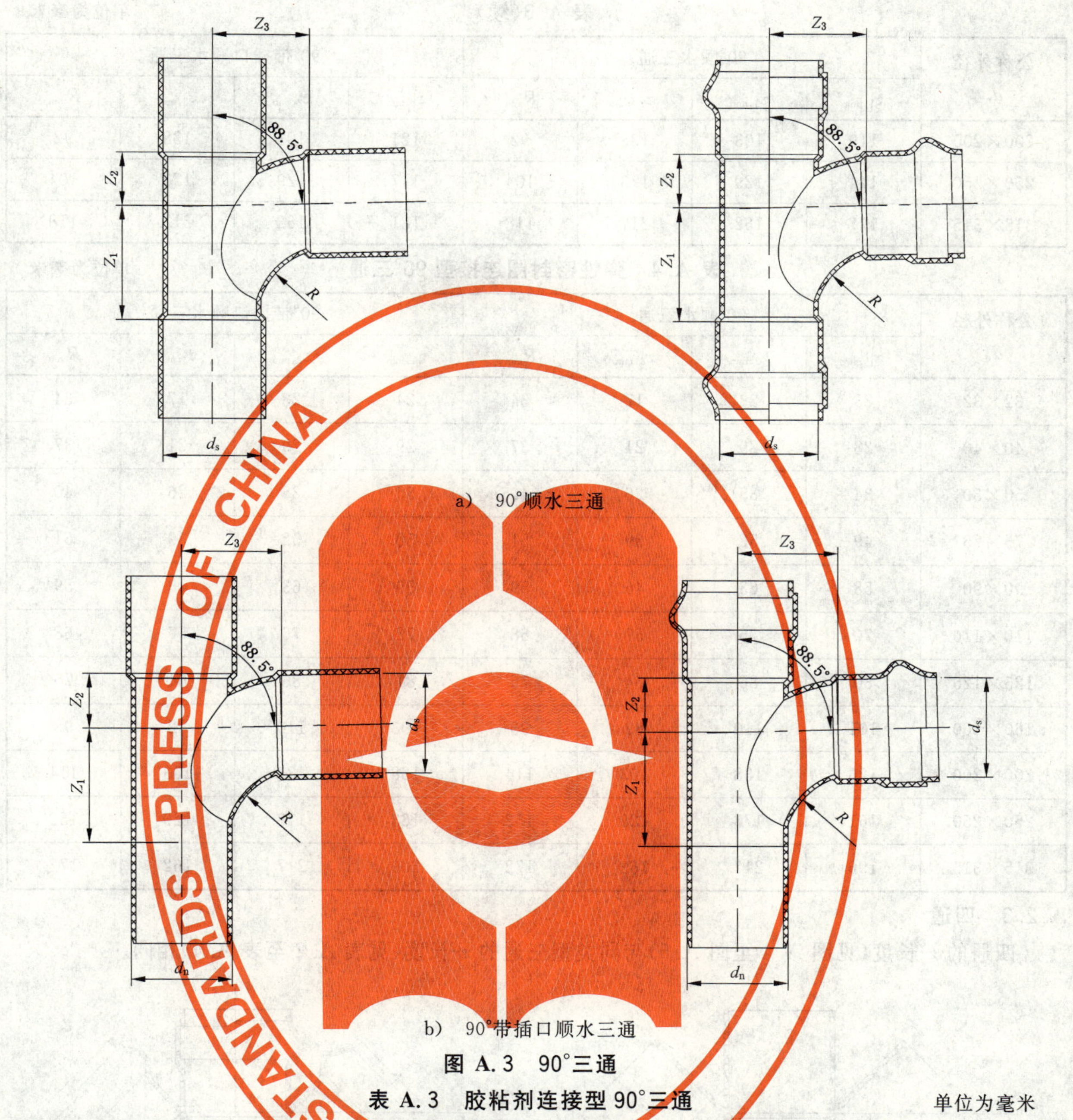

图 A.3 90°三通

表 A.3 胶粘剂连接型 90°三通

单位为毫米

公称外径 d_n	90°顺水三通				90°带插口顺水三通			
	$z_{1,min}$	$z_{2,min}$	$z_{3,min}$	R_{min}	$z_{1,min}$	$z_{2,min}$	$z_{3,min}$	R_{min}
32×32	20	17	23	25	21	17	23	25
40×40	26	21	29	30	26	21	29	30
50×50	30	26	35	31	33	26	35	35
75×75	47	39	54	49	49	39	52	48
90×90	56	47	64	59	58	46	63	56
110×110	68	55	77	63	70	57	76	62
125×125	77	65	88	72	79	64	86	68
160×160	97	83	110	82	99	82	110	81

表 A.3(续) 单位为毫米

公称外径 d_n	90°顺水三通				90°带插口顺水三通			
	$z_{1,min}$	$z_{2,min}$	$z_{3,min}$	R_{min}	$z_{1,min}$	$z_{2,min}$	$z_{3,min}$	R_{min}
200×200	119	103	138	92	121	103	138	92
250×250	144	129	173	104	147	129	173	104
315×315	177	162	217	118	181	162	217	118

表 A.4 弹性密封圈连接型 90°三通 单位为毫米

公称外径 d_n	90°顺水三通				90°带插口顺水三通			
	$z_{1,min}$	$z_{2,min}$	$z_{3,min}$	R_{min}	$z_{1,min}$	$z_{2,min}$	$z_{3,min}$	R_{min}
32×32	23	23	17	34	24	23	17	34
40×40	28	29	21	37	29	29	21	37
50×50	34	35	26	40	35	35	26	40
75×75	49	52	39	51	50	52	39	51
90×90	58	63	46	59	59	63	46	59
110×110	70	76	57	68	72	76	57	68
125×125	80	86	64	75	81	86	64	75
160×160	101	110	82	93	103	110	82	93
200×200	126	138	103	114	128	138	103	114
250×250	161	173	129	152	163	173	129	152
315×315	196	217	162	172	200	217	162	172

A.2.3 四通

四通的 z-长度(见图 A.4 至图 A.5)与同类型三通的 z-长度(见表 A.2 至表 A.4)相同。

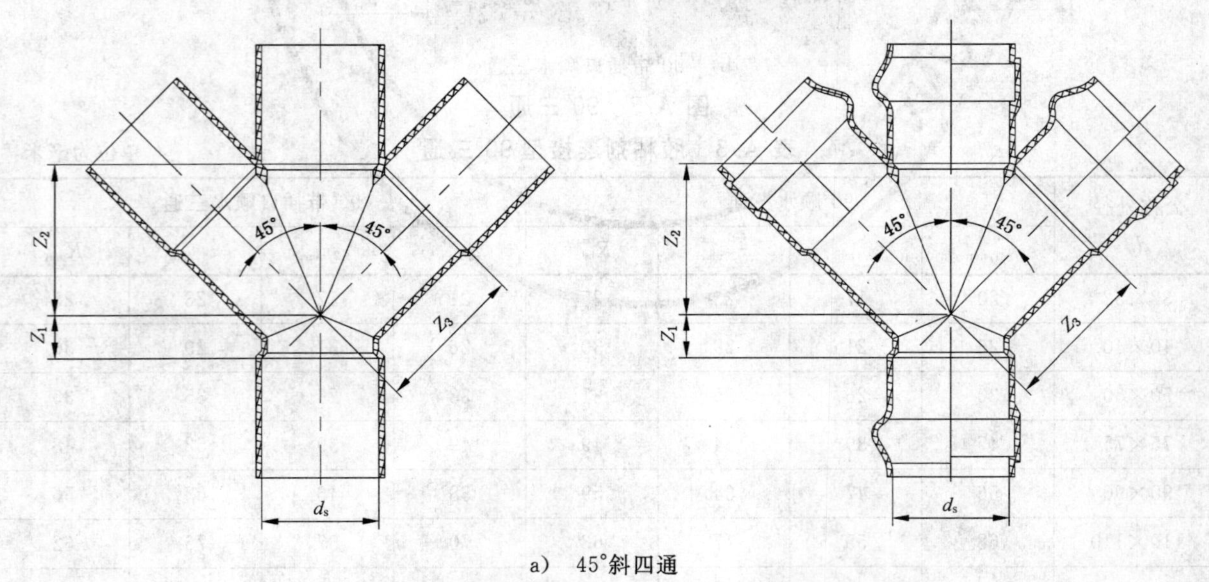

a) 45°斜四通

图 A.4 45°四通

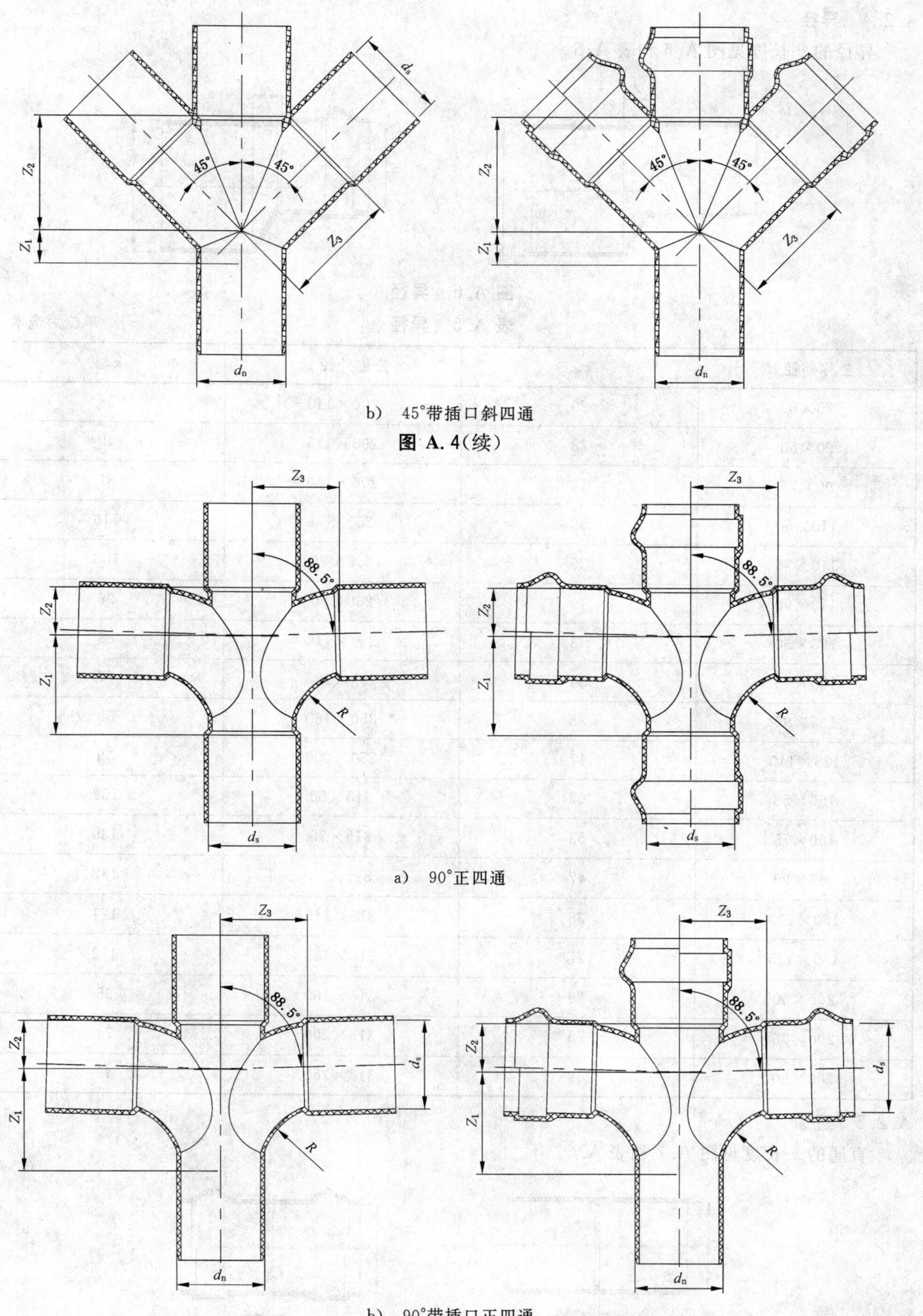

b) 45°带插口斜四通

图 A.4(续)

a) 90°正四通

b) 90°带插口正四通

图 A.5 90°四通

A.2.4 异径

异径的 z-长度见图 A.6 和表 A.5。

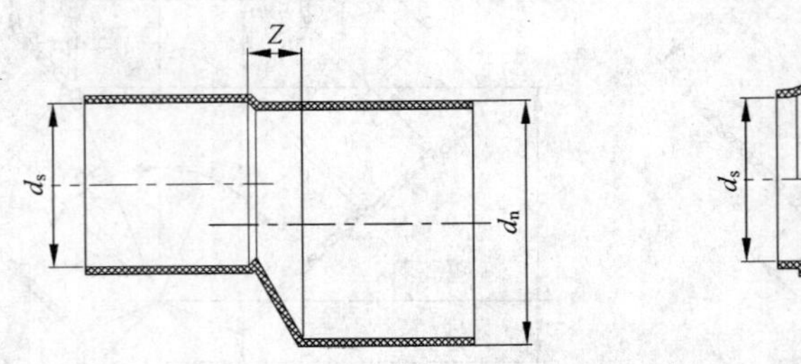

图 A.6 异径

表 A.5 异径

单位为毫米

公称外径 d_n	z_{min}	公称外径 d_n	z_{min}
75×50	20	200×110	58
90×50	28	200×125	49
90×75	14	200×160	32
110×50	39	250×50	116
110×75	25	250×75	103
110×90	19	250×90	96
125×50	48	250×110	85
125×75	34	250×125	77
125×90	28	250×160	59
125×110	17	250×200	39
160×50	67	315×50	152
160×75	53	315×75	139
160×90	47	315×90	132
160×110	36	315×110	121
160×125	27	315×125	112
200×50	89	315×160	95
200×75	75	315×200	74
200×90	69	315×250	49

A.2.5 直通

直通的 z-长度见图 A.7 和表 A.6。

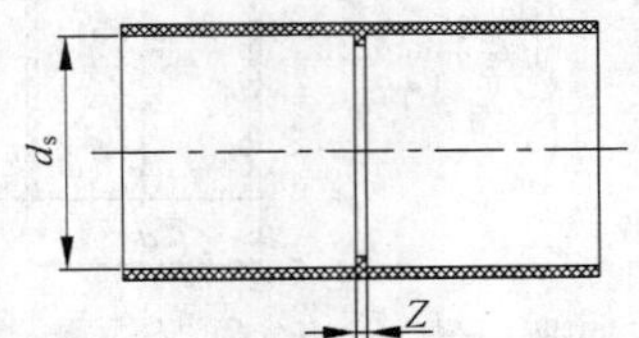

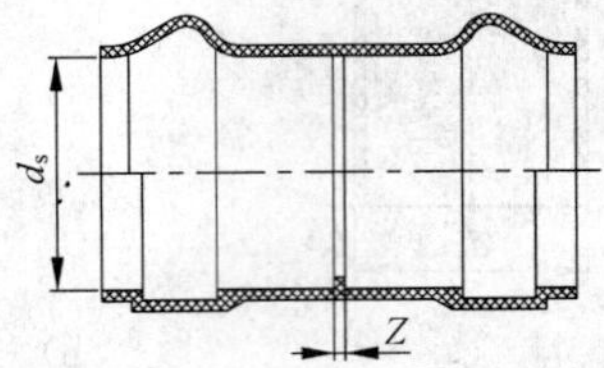

图 A.7 直通

表 A.6　直通

单位为毫米

公称外径 d_n	z_{min}	公称外径 d_n	z_{min}
32	2	125	3
40	2	160	4
50	2	200	5
75	2	250	6
90	3	315	8
110	3		

ICS 23.020.30
J 76

中华人民共和国国家标准

GB 5842—2006
代替 GB 5842—1996,GB 15380—2001

液化石油气钢瓶

Liquefied petroleum gas cylinders

(ISO 4706:1989,Refillable welded steel gas cylinders,NEQ)

2006-07-19 发布 2007-02-01 实施

中华人民共和国国家质量监督检验检疫总局
中国国家标准化管理委员会 发布

前　言

本标准的全部技术内容为强制性。

本标准是 GB 5842—1996《液化石油气钢瓶》的修订本。

本标准对应于 ISO 4706:1989《可重复充装的钢制焊接气瓶》为非等效。

本标准代替 GB 5842—1996《液化石油气钢瓶》、GB 15380—2001《小容积液化石油气钢瓶》。

本标准与 GB 5842—1996、GB 15380—2001 相比，主要不同如下：

——修改了适用范围（本标准的范围；GB 5842—1996 的主题内容与适用范围；GB 15380—2001 的范围）；

——增加了术语和定义（本标准的术语和定义）；

——材料拉力试验由于采用了 GB/T 228—2002《金属材料 室温拉伸试验方法》，本标准中力学性能常用符号做了相应改变（本标准的表 1 符号和说明；GB 5842—1996、GB 15380—2001 的符号）；

——增加了钢瓶型号的表示方法（本标准的 5.1）；

——增加了带有液相管的液化石油气钢瓶及有关要求（本标准的 5.2 表 2，5.3 图 1，7.3.5）；

——修改了射线探伤抽检比例（本标准 9.1.3；GB 5842—1996 和 GB 15380—2001 的 8.1.2）；

——修改了检验批量（本标准 9.3.1；GB 5842—1996 和 GB 15380—2001 的 8.3.2）；

——修改了容积变形率（本标准的 9.3.4.5；GB 5842—1996 和 GB 15380—2001 的 8.3.4.6）；

——增加了型式试验（本标准的 9.5）；

——增加了钢瓶安全使用提示（本标准的 10.1.5 及附录 C）；

——增加了钢瓶的设计使用年限（本标准的 11）；

本标准修订依据国家质检总局《气瓶安全监察规程》的相关规定和要求。

本标准的附录 B 为规范性附录，附录 A、附录 C、附录 D、附录 E 为资料性附录。

本标准由全国气瓶标准化技术委员会提出并归口。

本标准由全国气瓶标准化技术委员会液化石油气瓶分委员会起草。

本标准主要起草人：王冰、黄强华、曾祥照、郭晓春。

本标准所代替标准的历次版本发布情况为：

——CJ 3—1—1980、GB 5842—1986、GB 5842—1996；

——GB 15380—1994、GB 15380—2001。

液化石油气钢瓶

1 范围

本标准规定了液化石油气钢瓶的型式、材料、设计、制造、试验方法、检验规则、标志、包装、贮运和使用年限等。

本标准适用于在正常环境温度(-40℃～60℃)下使用的,公称工作压力为2.1 MPa,公称容积不大于150 L,可重复盛装液化石油气(应符合GB 11174的规定)的钢质焊接气瓶(以下简称钢瓶)。

2 规范性引用文件

下列文件中的条款通过本标准的引用而成为本标准的条款。凡是注日期的引用文件,其随后所有的修改单(不包括勘误的内容)或修订版均不适用于本标准,然而,鼓励根据本标准达成协议的各方研究是否可使用这些文件的最新版本。凡是不注日期的引用文件,其最新版本适用于本标准。

GB/T 222 钢的成品化学分析允许偏差

GB/T 228 金属材料 室温拉伸试验方法(GB/T 228—2002,eqv ISO 6892:1998)

GB/T 1804 一般公差 未注公差的线性和角度尺寸的公差(GB/T 1804—2000,eqv ISO 2768-1:1989)

GB/T 2651 焊接接头拉伸试验方法

GB/T 2653 焊接接头弯曲及压扁试验方法(GB/T 2653—1989,neq ISO 5173:1981)

GB 6653 焊接气瓶用钢板

GB 7144 气瓶颜色标志

GB 7512 液化石油气瓶阀

GB 8335 气瓶专用螺纹

GB/T 9251 气瓶水压试验方法

GB 11174 液化石油气

GB/T 12137 气瓶气密性试验方法

GB/T 13005 气瓶术语

GB 15385 气瓶水压爆破试验方法

GB 17925 气瓶对接焊缝 X射线实时成像检测

CJ/T 32 液化石油气钢瓶焊接工艺评定

CJ/T 33 液化石油气钢瓶热处理工艺评定

CJ/T 34 液化石油气钢瓶涂覆规定

CJ/T 35 液化石油气钢瓶包装运输规定

JB 4730 压力容器无损检测

气瓶安全监察规程

3 术语和定义

GB/T 13005 确立的以及下列术语和定义适用于本标准。

3.1

最大充装量 maximum filling weight

《气瓶安全监察规程》规定的液化石油气充装系数与钢瓶公称容积的乘积。

3.2

热处理保证值　assure value of mechanical properties after heat treatment

采用退火热处理的钢瓶母材力学性能应保证的最小值(应不小于标准规定值下限的93%)。

3.3

小容积钢瓶　small capacity cylinders

公称容积小于或等于12 L的钢瓶。

4　符号和说明

本标准使用的符号和说明见表1。

表1　符号和说明

符　号	单　位	说　　明
A	%	断后伸长率
b	mm	焊缝对口错边量
d	mm	弯曲试验弯轴直径
D	mm	钢瓶外直径
D_i	mm	钢瓶内直径
E	mm	对接焊缝棱角高度
H	mm	瓶体高度(系指两封头凸形端点之间的距离)
K		封头形状系数
P_b	MPa	爆破压力
P_h	MPa	水压试验压力
R_{eL}	MPa	下屈服强度
R_m	MPa	抗拉强度
R_{ma}	MPa	抗拉强度实测值
S	mm	瓶体设计壁厚
S_0	mm	瓶体名义壁厚
S_1	mm	筒体计算壁厚和封头直边部分计算壁厚
S_2	mm	封头曲面部分计算壁厚
Φ		焊缝系数
α	(°)	弯曲角
注：本标准与原标准符号对照见附录A。		

5　钢瓶的型式

5.1　钢瓶型号的表示方法

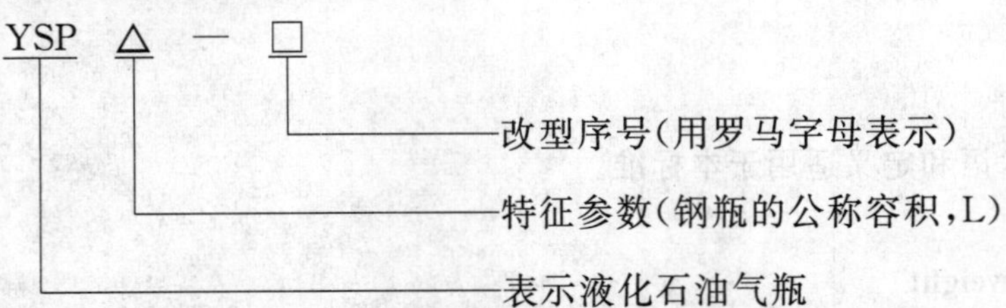

注：改型序号用来表示YSP系列中某一规格钢瓶的结构、瓶阀型号等发生了改变。如无改变,改型序号可不标注。

5.2 常用钢瓶型号和参数(见表 2)

表 2 常用钢瓶型号和参数

<table>
<tr><th rowspan="2">型号</th><th colspan="4">参数</th><th rowspan="2">备注</th></tr>
<tr><th>钢瓶内直径/mm</th><th>公称容积/L</th><th>最大充装量/kg</th><th>封头形状系数</th></tr>
<tr><td>YSP4.7</td><td>200</td><td>4.7</td><td>1.9</td><td>$K=1.0$</td><td rowspan="5"></td></tr>
<tr><td>YSP12</td><td>244</td><td>12.0</td><td>5.0</td><td>$K=1.0$</td></tr>
<tr><td>YSP26.2</td><td>294</td><td>26.2</td><td>11.0</td><td>$K=1.0$</td></tr>
<tr><td>YSP35.5</td><td>314</td><td>35.5</td><td>14.9</td><td>$K=0.8$</td></tr>
<tr><td>YSP118</td><td>400</td><td>118</td><td>49.5</td><td>$K=1.0$</td></tr>
<tr><td>YSP118-Ⅱ</td><td>400</td><td>118</td><td>49.5</td><td>$K=1.0$</td><td>用于气化装置的液化石油气储存设备</td></tr>
<tr><td colspan="6">注：钢瓶的护罩结构尺寸、底座结构尺寸应符合产品图样的要求。</td></tr>
</table>

5.3 钢瓶结构(见图 1)

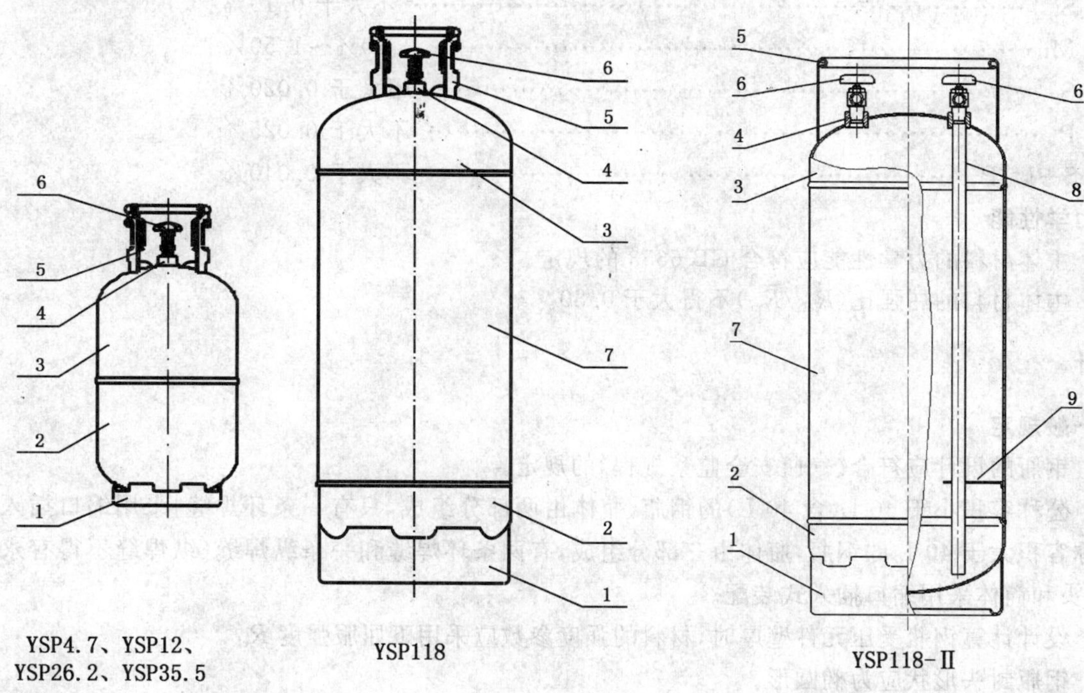

1—底座；
2—下封头；
3—上封头；
4—阀座；
5—护罩；
6—瓶阀；
7—筒体；
8—液相管；
9—支架。

图 1 液化石油气钢瓶结构

6 材料

6.1 一般规定

6.1.1 钢瓶主体(指筒体、封头等受压元件)材料,必须是采用平炉、电炉或氧气转炉冶炼的镇静钢,具有良好的冲压和焊接性能。材料必须具有相关制造许可证书和质量合格证书(原件)。

6.1.2 钢瓶制造单位必须对主体材料按炉、罐号进行化学成分验证分析,按批号验证力学性能,经验证合格的材料应做材料标记。验证分析结果应与质量合格证书相符,化学成分允许偏差应符合GB/T 222的规定。

6.1.3 焊在钢瓶主体上的所有附件,应采用与主体材料可焊性相适应的材料。

6.1.4 所采用的焊接材料焊成的焊缝,其抗拉强度不得低于母材抗拉强度规定值的下限。

6.1.5 材料(包括焊接材料)应符合相应标准的规定。

6.2 化学成分

主体材料的化学成分应符合下列范围:

碳 C ………………………………………………………… 不大于 0.18%

硅 Si ………………………………………………………… 不大于 0.10%

锰 Mn ……………………………………………………… 0.70%~1.50%

硫 S ………………………………………………………… 不大于 0.020%

磷 P ………………………………………………………… 不大于 0.025%

硫 S+磷 P …………………………………………………… 不大于 0.040%

6.3 力学性能

6.3.1 主体材料的力学性能应符合 GB 6653 的规定。

6.3.2 主体材料的屈强比(R_{eL}/R_m)不得大于 0.80。

7 设计

7.1 一般规定

7.1.1 钢瓶的设计应符合《气瓶安全监察规程》的规定。

7.1.2 公称容积小于 40 L(含 40 L)的钢瓶,瓶体由两部分组成,只有一条环焊缝,采用缩口插入式装配;公称容积大于 40 L 的钢瓶,瓶体由三部分组成,有两条环焊缝和一条纵焊缝(纵焊缝不得有永久衬板),封头和筒体采用缩口插入式装配。

7.1.3 设计计算钢瓶受压元件壁厚时,材料的强度参数应采用下屈服强度 R_{eL}。

7.1.4 钢瓶封头形状应为椭圆形。

7.2 瓶体壁厚计算

7.2.1 筒体计算壁厚和封头直边部分计算壁厚 S_1 按(1)式计算。

$$S_1 = \frac{P_h D_i}{\dfrac{2R_{eL}\Phi}{1.3} - P_h} \qquad \cdots\cdots(1)$$

式中:材料的下屈服强度应选用标准规定屈服强度的最小值;Φ 为焊缝系数,取 $\Phi=0.9$。

7.2.2 封头曲面部分计算壁厚 S_2 按(2)式计算。

$$S_2 = \frac{P_h D_i K}{\dfrac{2R_{eL}}{1.3} - P_h} \qquad \cdots\cdots(2)$$

式中:材料的下屈服强度应选用标准规定屈服强度的最小值;K 为椭圆形封头形状系数。

7.2.3 瓶体设计壁厚 S 取(1)式和(2)式计算结果中的较大值,并向上圆整后,保留一位小数。

7.2.4 当(1)式和(2)式的计算结果小于 2 mm 时,瓶体设计壁厚还应满足(3)式的要求,且不得小于 1.5 mm。

$$S \geqslant \frac{D}{250} + 1\ \mathrm{mm} \qquad \cdots\cdots (3)$$

7.2.5 钢瓶筒体和封头的名义壁厚应相等。确定名义壁厚 S_0 时应当考虑钢板厚度负偏差和工艺减薄量。

7.3 附件

7.3.1 附件的设计应便于焊接和检验。

7.3.2 钢瓶应配有用以保护瓶阀的护罩和保持钢瓶稳定的底座，护罩和底座应焊接在瓶体上。护罩和底座的结构形状及其与钢瓶的连接应防止积液，护罩应卷边制成圆弧形（小容积钢瓶除外），底座应有通风孔和排液孔。

7.3.3 瓶阀必须符合 GB 7512 的规定；阀座螺纹应与瓶阀螺纹相匹配，并符合 GB 8335 的规定。

7.3.4 瓶阀与阀座的螺纹连接应密封，密封材料应与所盛装的液化石油气不发生化学反应。

7.3.5 带有液相管的钢瓶，液相管应有支架使之固定；两阀开孔中心距应大于两孔直径之和，且开孔边缘与封头外圆周的距离应不小于10%D。

8 制造

8.1 焊接工艺评定

8.1.1 正式生产钢瓶之前或在生产过程中改变材料（包括焊接材料）、焊接工艺或更换焊接设备时，均应按 CJ/T 32 进行焊接工艺评定。

8.1.2 进行焊接工艺评定的焊工和无损检测人员，应分别符合 8.2.1 和 9.1.2 的规定。

8.1.3 焊接工艺评定的焊缝，应能代表钢瓶的受压元件的对接焊缝和角接焊缝。

8.1.4 焊接工艺评定可以在钢瓶的瓶体上进行，也可以在焊接工艺试板上进行。

8.1.5 焊接工艺评定的结果，应经过制造企业技术总负责人审查批准，并存入企业的技术档案。

8.2 焊接

8.2.1 焊接钢瓶的焊工必须按《锅炉压力容器压力管道焊工考试与管理规则》考试合格，并持有有效证书。焊工代号应打在钢瓶阀座的上端面。

8.2.2 瓶体的对接焊缝和阀座角焊缝（YSP118-Ⅱ钢瓶除外）均应采用自动焊接方法施焊，且必须严格遵守经评定合格的焊接工艺。

8.2.3 焊接坡口的形状和尺寸，应符合图样的规定。坡口表面应清洁、光滑，不得有裂纹、分层和夹渣等缺陷及其他残留物质。

8.2.4 焊接（包括返修焊接）应在室内进行，相对湿度不得大于 90%，否则应采取有效措施。当焊接件温度低于 0℃时，应在始焊处预热。

8.2.5 施焊时，不得在非焊接处引弧，纵焊缝应有引弧板和熄弧板，板长不得小于 100 mm。去除引、熄弧板时，严禁敲击，应采用切除的方法，切除处应磨平。

8.3 焊缝

8.3.1 瓶体的对接焊缝和阀座角焊缝应焊透。

8.3.2 焊缝表面的外观应符合下列规定：

a) 焊缝和热影响区不得有裂纹、气孔、弧坑、夹渣和未熔合等缺陷；

b) 瓶体焊缝不允许咬边，与瓶体焊接的附件的焊缝在瓶体一侧不允许咬边；

c) 焊缝表面不得有凹陷或不规则的突变；

d) 焊缝两侧的飞溅物必须清除干净；

e) 瓶体对接焊缝的余高为 0 mm～2.5 mm；同一焊缝最宽最窄处之差应不大于 4 mm；

f) 当图样无规定时，角焊缝的焊脚高度不得小于焊接件中较薄者的厚度，其几何形状应圆滑过渡至母材表面。

8.4 焊缝的返修

8.4.1 焊缝返修应有经评定合格的返修工艺，并应严格执行。

8.4.2 返修处应重新进行外观和射线检查合格。

8.4.3 焊缝同一部位允许返修一次。

8.4.4 返修部位应记入产品生产检验记录。

8.5 筒体

8.5.1 筒体由钢板卷焊而成时，钢板的轧制方向应与筒体的环向一致。

8.5.2 筒体焊接成形后应符合下列要求：

a) 筒体同一横截面最大最小直径差不大于 $0.01D$；

b) 筒体纵焊缝对口错边量 b 不大于 $0.1S_0$（图 2）；

c) 用长度为 $D/2$，且小于 300 mm 的样板测量，筒体纵焊缝棱角高度 E 应不大于 $0.1S_0+2$ mm（图 3）。

单位为毫米

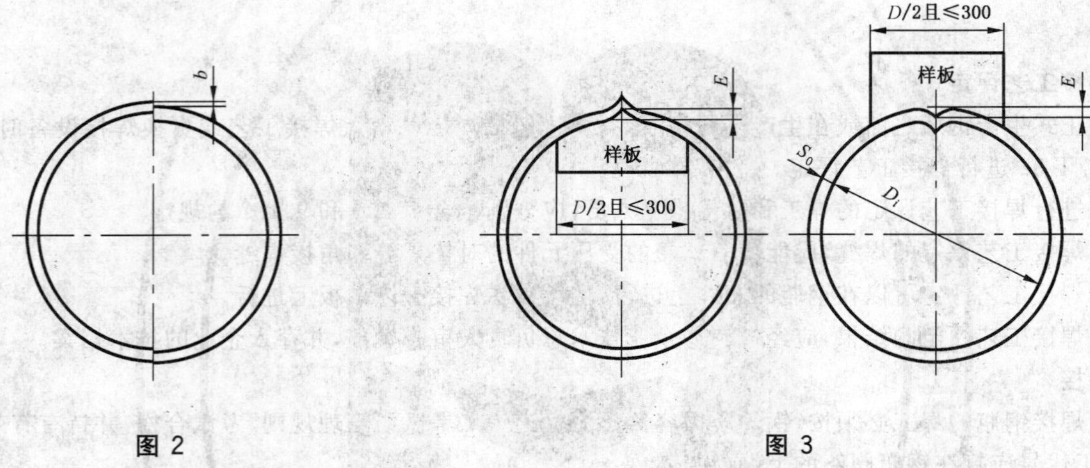

图 2　　　　图 3

8.6 封头

8.6.1 封头应用整块钢板制成，封头的拉伸减薄量不得大于拉伸前钢板实测厚度的 10%。

8.6.2 封头最小壁厚实测值不得小于瓶体设计壁厚 S。

8.6.3 封头同一横截面最大最小直径差不得大于 2 mm，封头的高度公差为：$^{+5}_{0}$ mm。

8.6.4 封头直边部分的纵向皱折深度不得大于 $0.25\%D$。

8.6.5 未注公差尺寸的极限偏差应符合 GB/T 1804 的规定，具体要求如下：

a) 机械加工件为 GB/T 1804-m；

b) 非机械加工件为 GB/T 1804-c；

c) 长度尺寸为 GB/T 1804-v。

8.7 组装

8.7.1 钢瓶瓶体在组装前应进行外观检查，不合格者不得组装。

8.7.2 上下封头或封头与筒体对接环焊缝的对口错边量 b 不大于 $0.25S_0$；棱角高度 E 不大于 $0.1S_0+2$ mm；检查尺的长度不小于 300 mm。

8.7.3 附件的装配应符合图样规定。

8.8 热处理

8.8.1 钢瓶在全部焊接完成后，应进行整体正火或消除应力的热处理，不允许局部热处理。

8.8.2 钢瓶的热处理工艺应按 CJ/T 33 进行工艺评定。

8.8.3 热处理方式应记入产品合格证。

9 试验方法和检验规则

9.1 射线透照

9.1.1 射线透照检验按 JB 4730 或 GB 17925 规定执行。

9.1.2 无损检测人员应按《锅炉压力容器无损检测人员资格考核与监督管理规则》考试合格，并持有有效证书。

9.1.3 只有环焊缝的钢瓶，应按生产顺序每 250 只随机抽取 1 只（不足 250 只时，也应抽取 1 只），对环焊缝进行 100％射线透照检验。如不合格，应再抽取 2 只检验。如仍有 1 只不合格时，则应逐只检验。

9.1.4 有纵、环焊缝的钢瓶，应逐只对钢瓶的纵、环焊缝总长度的 20％进行射线透照检验，其中必须包括纵、环焊缝的交接处。

9.1.5 焊缝射线透照检验结果，应按 JB 4730 评定，射线透照底片质量或图象质量为 AB 级，焊缝缺陷等级Ⅲ级为合格。

9.1.6 未经射线透照检验的焊缝质量也应符合 9.1.5 的规定。

9.2 逐只检验

9.2.1 一般检验

9.2.1.1 钢瓶表面应光滑，不得有裂纹、重皮、夹渣和深度超过 0.5mm 的凹坑以及深度超过 0.3mm 的划伤、腐蚀等缺陷。

9.2.1.2 焊缝外观应符合 8.3.2 的规定。

9.2.1.3 钢瓶的附件应符合 7.3 的要求。

9.2.1.4 钢瓶内应干燥、清洁。

9.2.1.5 钢瓶实测重量（含瓶阀）应符合产品图样的规定，实测容积不得小于其公称容积。

9.2.2 水压试验

9.2.2.1 水压试验按 GB/T 9251 规定执行。

9.2.2.2 水压试验时，应以每秒不大于 0.5 MPa 的速度缓慢升压至 3.2 MPa，并保持 1 min，检查钢瓶，不得有宏观变形和渗漏，压力表不允许有回降现象。

9.2.2.3 不应对同一钢瓶连续进行水压试验。

9.2.3 气密性试验

9.2.3.1 钢瓶气密性试验按 GB/T 12137 规定执行。

9.2.3.2 钢瓶气密性试验应在水压试验合格后进行，试验压力为 2.1 MPa。

9.2.3.3 试验时向瓶内充装压缩空气，达到试验压力后，浸入水中，保持 1 min，检查钢瓶不得有泄漏现象。

9.2.3.4 进行气密性试验时，应采取有效的防护措施，以保证操作人员的安全。

9.2.4 返修

9.2.4.1 如果在水压试验或气密性试验过程中发现瓶体焊缝上有泄漏，应按 8.4 的要求进行返修；若瓶体母材部分有泄漏，应判废不得返修。

9.2.4.2 钢瓶焊缝进行返修后，必须对钢瓶重新进行热处理，并应按 9.2.2 和 9.2.3 的规定重新做水压试验和气密性试验。

9.3 批量检验

9.3.1 分批

对相同设计、用相同牌号材料，采用同一焊接工艺和同一热处理工艺连续生产的同一规格的钢瓶进行分批。

钢瓶的检验批量应不超过 1 002 只。当同一条生产线连续生产(生产流水线停止运行,视为不连续)的钢瓶不足 1 002 只时,也应按一个批量检验。

9.3.2 试验用瓶

从每批钢瓶中抽取力学性能试验用瓶和水压爆破试验用瓶各 1 只。

9.3.3 力学性能试验

9.3.3.1 取样要求:

a) 只有环焊缝的钢瓶,应从钢瓶封头直边部位切取母材拉力试样一件,如果直边部位长度不够时,可从封头曲面部位切取。从环焊缝处切取焊接接头的拉力试样、横向面弯和背弯试样各一件。(图 4)。

b) 有纵、环焊缝的钢瓶,应从筒体部分沿纵向切取母材拉力试样一件,从封头顶部切取母材拉力试样一件,从纵焊缝上切取拉力、横向面弯、背弯试样各一件,如果环焊缝和纵焊缝的焊接工艺不同,则应在环焊缝上切取同样数量的试样(图 5)。

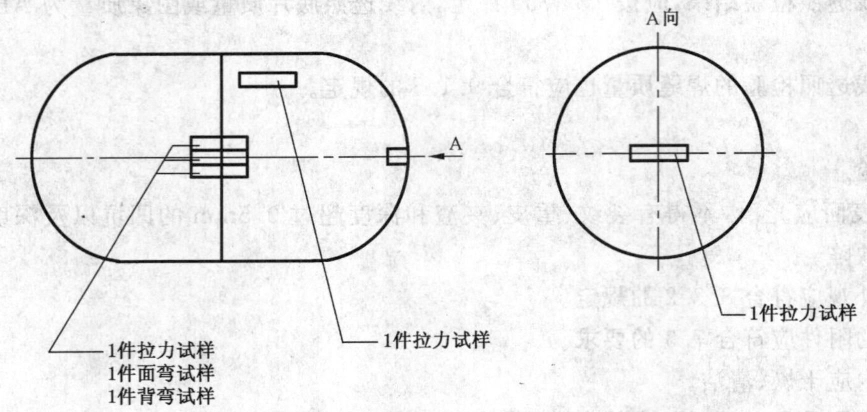

图 4

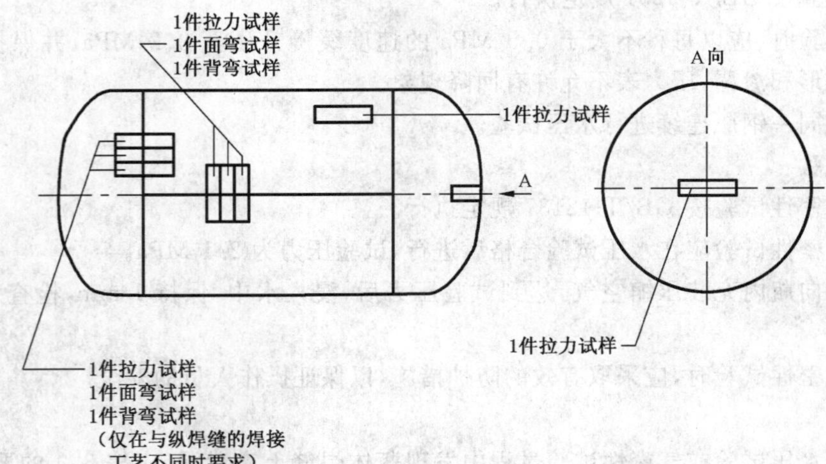

图 5

9.3.3.2 试样上焊缝的正面和背面应采用机械加工方法使之与板面齐平。对不够平整的试样,允许在机械加工前采用冷压法矫平。

9.3.3.3 试样的焊接横断面应是良好的,不得有裂纹、未熔合、未焊透、夹渣和气孔等缺陷。

9.3.3.4 拉力试验

9.3.3.4.1 钢瓶母材拉力试验按 GB/T 228 规定执行;试验结果应满足:

a) 实测抗拉强度 R_{ma} 不得低于母材标准规定值的下限或热处理保证值；

b) 试样的断后伸长率应符合表 3 规定：

表 3 断后伸长率 A 的数值

瓶体名义壁厚 S_0	$R_{ma} \leqslant 490$ MPa	$R_{ma} > 490$ MPa
$S_0 \geqslant 3$ mm	$A \geqslant 29\%$	$A \geqslant 20\%$
$S_0 < 3$ mm	$A_{80\ mm} \geqslant 22\%$	$A_{80\ mm} \geqslant 15\%$
注：$A_{80\ mm}$——表示原始标距为 80 mm 的试样断后伸长率。		

9.3.3.4.2 钢瓶焊接接头拉力试验按 GB 2651 规定执行。试样采用该标准规定的带肩板形试样，如断裂发生在焊缝部位，其抗拉强度不得低于母材标准规定值的下限。

9.3.3.5 **弯曲试验**

9.3.3.5.1 焊接接头弯曲试验按 GB 2653 规定执行。

9.3.3.5.2 弯轴直径 d 和试样厚度 S_0 之间的比值 n 应符合表 4 的规定。

表 4 弯轴直径和试样厚度比值

实测抗拉强度 R_{ma}/MPa	n
$R_{ma} \leqslant 430$	2
$430 < R_{ma} \leqslant 510$	3
$510 < R_{ma} \leqslant 590$	4

9.3.3.5.3 弯曲试验中，应使弯轴轴线位于焊缝中心，两支持辊的辊面距离应保证试样弯曲时恰好能通过(图 6)。

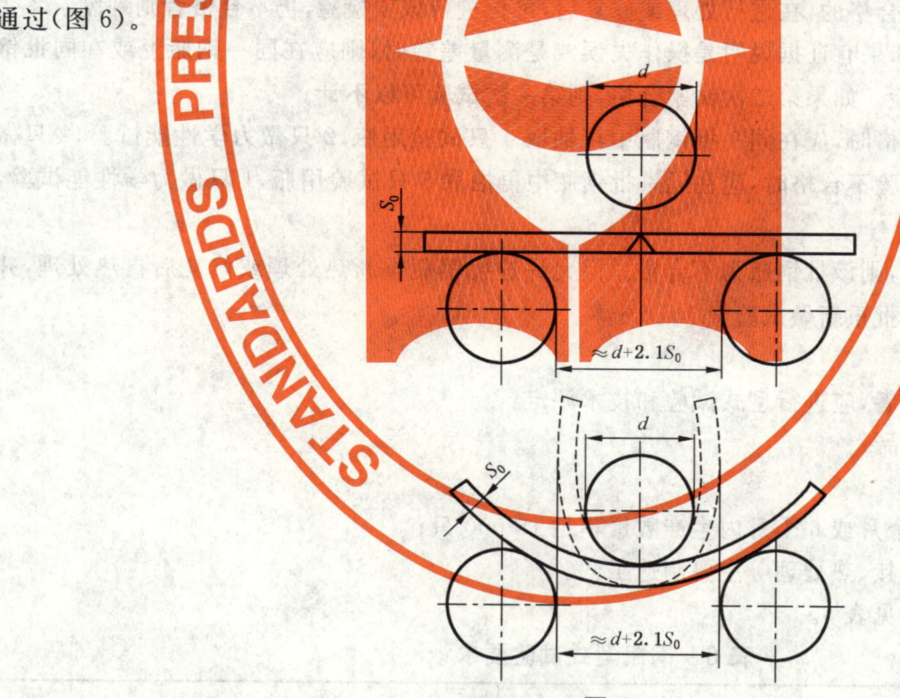

图 6

9.3.3.5.4 焊接接头试样弯曲 180°时应无裂纹，但试样边缘的先期开裂不计。

9.3.4 **水压爆破试验**

9.3.4.1 钢瓶水压爆破试验按 GB 15385 规定执行。

9.3.4.2 进行水压爆破试验时，升压应缓慢平稳，水泵每小时送水量应不超过钢瓶水容积的 5 倍。

9.3.4.3 水压爆破试验及应测定的数据：

a) 称出空瓶的重量，充满水后再称出钢瓶和水的总重量，计算出钢瓶的水容积；

b) 缓慢升压至 2.1 MPa，然后卸压，反复进行数次，排出水中的气体；

c) 排尽气体后，再缓慢升压至 3.2 MPa，至少保持 30 s 后，钢瓶不应发生宏观变形和渗漏；

d) 继续缓慢升压直至钢瓶爆破，试验装置应自动记录压力、时间和进水量，绘制压力-时间、压力-进水量曲线，并确定钢瓶开始屈服时的压力；钢瓶爆破时，应自动记录爆破压力和总进水量。

9.3.4.4 爆破压力 P_b 应不小于按(4)式计算的结果：

$$P_b \geqslant \frac{2SR_m}{D-S_0} \quad \cdots\cdots(4)$$

9.3.4.5 钢瓶爆破前变形应均匀，爆破时容积变形率(爆破时钢瓶容积增加量与钢瓶水容积之比)应符合表 5 的规定。

表 5 钢瓶爆破时容积变形率

瓶体高度与钢瓶外直径之比 H/D	抗拉强度/MPa		
	$R_m \leqslant 360$	$360 < R_m \leqslant 490$	$R_m > 490$
	容积变形率/%		
>1	20	15	12
≤1	14	10	8

9.3.4.6 钢瓶爆破时不应形成碎片，爆破口不应发生在阀座角焊缝上、封头曲面部位(小容积钢瓶除外)、纵焊缝上和环焊缝上(垂直于环焊缝者除外)。

9.4 重复试验

9.4.1 逐只检验的项目不合格的，在进行处理或修复后，可再进行该项检验，仍不合格者则判废。

9.4.2 批量检验项目中，如果有证据说明是操作失误或是测量差错时，则应在同一钢瓶上或在同批钢瓶中另选 1 只做第二次试验。如果第二次试验合格，则第一次试验可以不计。

9.4.3 力学性能试验不合格时，应在同一批钢瓶中再抽取 4 只试验用瓶，2 只做力学性能试验，2 只做水压爆破试验；水压爆破试验不合格时，应在同一批钢瓶中再抽取 5 只试验用瓶，1 只做力学性能试验，4 只做水压爆破试验。

9.4.4 复验仍有不合格时，则该批钢瓶为不合格。但允许这批钢瓶重新热处理或修复后再热处理，并按 9.3 的规定，作为新的一批重新做试验。

9.5 型式试验

9.5.1 符合下列情况之一者，应进行型式试验和技术评定：

a) 研制、开发的新产品；

b) 改变原设计；

c) 中断生产超过 6 个月或 6 个月内生产数量不足 15 000 只；

d) 改变冷热加工、焊接、热处理等主要制造工艺。

9.5.2 钢瓶型式试验要求见表 6。

表 6 钢瓶型式试验要求

序 号	检 验 项 目		试验规则		判定依据
			试验方法	抽验钢瓶数	
1	封头	最小壁厚实测值	8.6.2	3	8.6.2
2		最大最小直径差	8.6.3	3	8.6.3
3		高度公差	8.6.3	3	8.6.3
4		直边部分纵向皱折深度	8.6.4	3	8.6.4

表 6（续）

序号	检验项目		试验规则		判定依据
			试验方法	抽验钢瓶数	
5	筒体	最大最小直径差	8.5.2a)	3	8.5.2a)
6		纵焊缝对口错边量	8.5.2b)	3	8.5.2b)
7		纵焊缝棱角高度	8.5.2c)	3	8.5.2c)
8	环焊缝对口错边量		8.7.2	3	8.7.2
9	环焊缝棱角高度		8.7.2	3	8.7.2
10	焊缝外观		8.3.2	3	8.3.2
11	射线透照		9.1.1	3	9.1.5
12	水压试验		9.2.2.1	3	9.2.2.2
13	气密试验		9.2.3.1	3	9.2.3.3
14	重量		9.2.1.5	3	9.2.1.5
15	公称容积		9.2.1.5	3	9.2.1.5
16	拉力试验		9.3.3.4.1 9.3.3.4.2	1	9.3.3.4.1 9.3.3.4.2
17	弯曲试验		9.3.3.5.1	1	9.3.3.5.4
18	水压爆破试验		9.3.4.1	1	9.3.4.4 9.3.4.5 9.3.4.6
19	瓶体材料	化学成分	6.2	1	6.2
		力学性能	6.3	1	6.3

10 标志、涂敷、包装、贮运、出厂文件

10.1 标志

10.1.1 钢瓶的钢印标志内容，应符合《气瓶安全监察规程》的规定。

10.1.2 压印在护罩上的钢印标志，内容与排列见附录 B。钢印字体高度应为 10 mm～20 mm，深度为 0.5 mm，字体应明显、清晰。

10.1.3 每只钢瓶应有表示其唯一性的标识。

10.1.4 钢瓶的重量和容积应用 3 位数字表达（小容积钢瓶用 2 位数字表达），重量向上圆整，容积向下圆整。

10.1.5 钢瓶应根据用户需要粘贴有安全使用提示，内容见附录 C。

10.2 涂敷

10.2.1 钢瓶经检验合格后，按 CJ/T 34 进行表面涂敷。

10.2.2 钢瓶表面应印有“液化石油气”红色字样，其字体为 60 mm～80 mm 高的仿宋体汉字。钢瓶颜色应符合 GB 7144 的规定。

10.3 包装、贮运

10.3.1 出厂的钢瓶应按 CJ/T 35 规定进行包装。如用户有要求时，可根据用户的要求进行包装。

10.3.2 钢瓶的阀口应密封，以免在运输、贮存中进入杂物。

10.3.3 钢瓶在运输、装卸时，要防止碰撞、划伤。

10.3.4 钢瓶应贮存在没有腐蚀性气体、通风、干燥、且不受日光曝晒的地方。

10.4 出厂文件

10.4.1 每只钢瓶出厂时均应有产品合格证。产品合格证格式参见附录 D。产品合格证所记入的内容应与制造厂保存的生产检验记录相符。

10.4.2 每批出厂的钢瓶均应有质量证明书。质量证明书格式参见附录 E。该批钢瓶有 1 个以上用户时,可提供批量检验质量证明书的复印件给用户。

11 钢瓶的设计使用年限

11.1 按本标准制造的钢瓶设计使用年限为 8 年。

11.2 钢瓶的设计使用年限应压印在钢瓶的护罩上(见附录 B)。

附 录 A
（资料性附录）
符号对照表

本标准符号	原标准符号	说 明
A	δ_5	断后伸长率
b	b	焊缝对口错边量
d	d	弯曲试验弯轴直径
D	D_0	钢瓶外直径
D_i	D_i	钢瓶内直径
E	E	对接焊缝棱角高度
H	H	瓶体高度（系指两封头凸形端点之间的距离）
K	K	封头形状系数
P_b	P_b	爆破压力
P_h	P_h	水压试验压力
R_{eL}	σ_S	下屈服强度
R_m	σ_b	抗拉强度
R_{ma}	σ_{ba}	抗拉强度实测值
S	S_0	瓶体设计壁厚
S_1	S_{01}	筒体计算壁厚和封头直边部分计算壁厚
S_2	S_{02}	封头曲面部分计算壁厚
S_0	S	瓶体名义壁厚
Φ	Φ	焊缝系数
α	°	弯曲角

附 录 B
（规范性附录）
钢瓶钢印标志

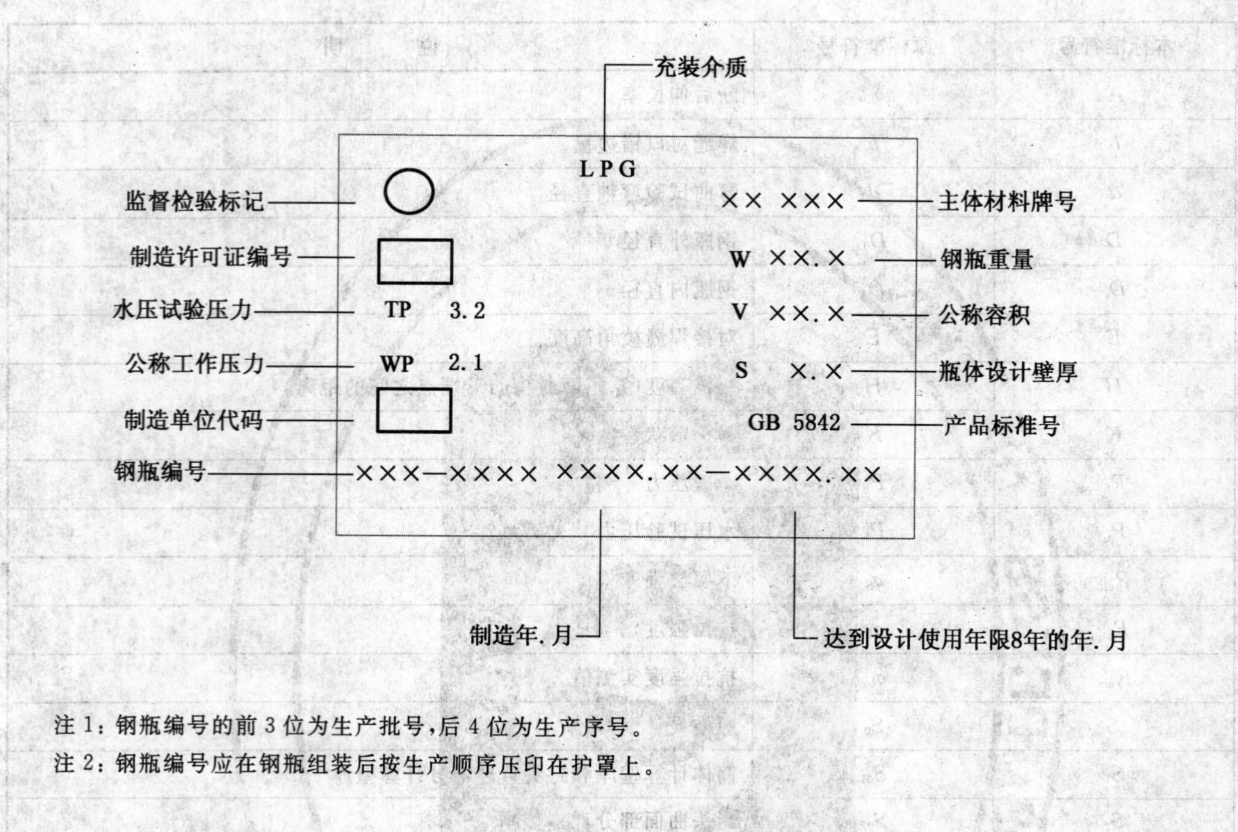

注1：钢瓶编号的前3位为生产批号，后4位为生产序号。

注2：钢瓶编号应在钢瓶组装后按生产顺序压印在护罩上。

附　录　C
（资料性附录）
钢瓶安全使用提示

钢瓶安全使用提示

1. 钢瓶必须保持直立使用。

2. 钢瓶放置地点不得靠近热源和明火，并与灶具保持 1 m 以上的距离。

3. 瓶阀出口螺纹为左旋。安装调压器时，应检查调压器上的密封圈是否完好无损，调压器拧紧后，应用肥皂水检查调压器与瓶阀连接处，不得漏气。

4. 发现液化石油气泄漏时，应立即打开门窗通风散气，不可点火、开关电器设备或使用电话，以防引起爆炸着火事故。

5. 严禁用任何热源对钢瓶加热。

6. 严禁用户自行处理瓶内的残液。

附 录 D
（资料性附录）
产品合格证格式

××××××××厂

液化石油气钢瓶
产 品 合 格 证

钢瓶名称＿＿＿＿＿＿＿＿＿＿＿＿＿＿＿

钢瓶编号＿＿＿＿＿＿＿＿＿＿＿＿＿＿＿

制造年月＿＿＿＿＿＿＿＿＿＿＿＿＿＿＿

制造许可证号＿＿＿＿＿＿＿＿＿＿＿＿＿

本产品的制造符合 GB 5842 和设计图样要求，经检验合格。

检验科长（章）　　　　　　质量检验专用章

年　月　　　　　　　　　　年　月

注：规格要统一，表心尺寸为 150 mm×100 mm。

充装介质______________________

最大充装量______________________kg

钢瓶质量______________________kg

钢瓶容积(公称容积)______________________L

瓶体材料______________________

瓶体设计壁厚______________________mm

水压试验压力______________________MPa

气密性试验压力______________________MPa

热处理方式______________________

检验员签章______________________

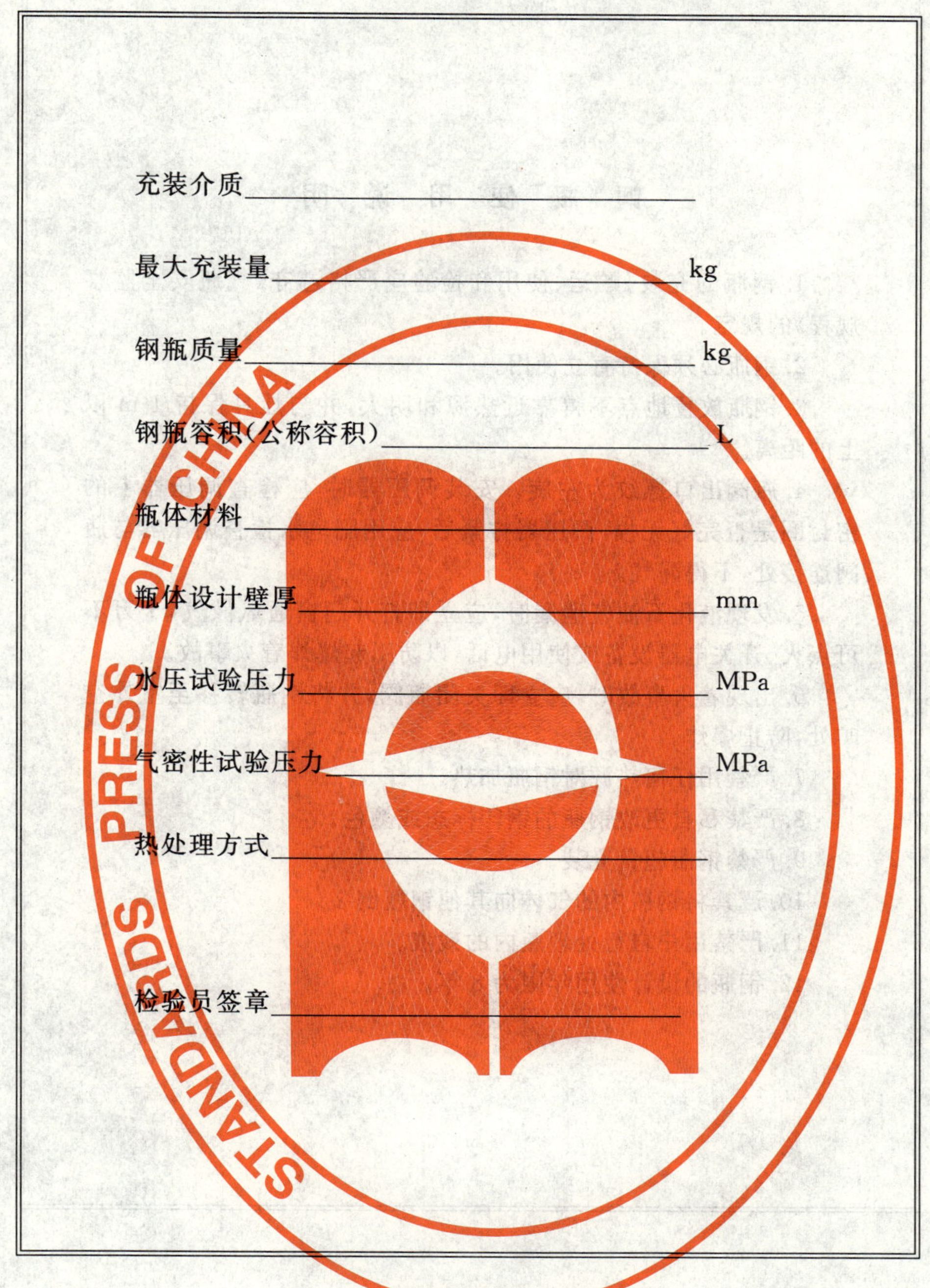

钢 瓶 使 用 说 明

1. 钢瓶的充装、贮运、使用和检验应严格遵守《气瓶安全监察规程》的规定。

2. 钢瓶必须保持直立使用。

3. 钢瓶放置地点不得靠近热源和明火，并与灶具保持 1 m 以上的距离。

4. 瓶阀出口螺纹为左旋。安装调压器时，应检查调压器上的密封圈是否完好无损，调压器拧紧后，应用肥皂水检查调压器与瓶阀连接处，不得漏气。

5. 发现液化石油气泄漏时，应立即打开门窗通风散气，千万不可点火、开关电器设备或使用电话，以防引起爆炸着火事故。

6. 出现着火事故时，应立即关闭瓶阀，并将钢瓶转移至室外空旷处，防止爆炸。

7. 严禁用任何热源对钢瓶加热。

8. 严禁私自更改钢瓶的钢印标志或颜色。

9. 严禁钢瓶超量充装。

10. 严禁将钢瓶内的气体向其他钢瓶倒装。

11. 严禁用户自行处理瓶内的残液。

12. 钢瓶的设计使用年限为 8 年。

附 录 E
（资料性附录）
质量证明书格式

××××××××厂

液化石油气钢瓶
批量检验质量证明书

钢瓶名称及型号________________________

盛装介质________________________

图　　号________________________

出厂批号________________________

出厂日期________________________

制造许可证编号________________________

本批钢瓶共________只，经检验符合 GB 5842 的要求，是合格产品。

监督检验专用章　　　　　　制造厂检查专用章

监检员________　　　　　　检验科长________

年　月　日　　　　　　　　年　月　日

制造厂地址：

联系电话：

注：规格要统一，表心尺寸为 150 mm×100 mm。

1. 主要技术数据

公称容积______ L　　公称工作压力______ MPa
钢瓶内直径______ mm　　水压试验压力______ MPa
瓶体设计壁厚______ mm　　气密性试验压力______ MPa

2. 试验瓶的测量

试验瓶号	容积/L	质量/kg	最小实测壁厚/mm	
			筒体或封头直边部分	封头曲面部分

3. 主体材料化学成分

单位为%

项目	牌号	C	Si	Mn	P	S	P+S
质保书							
复验值							
标准规定值		≤ 0.18	≤ 0.10	0.70～1.50	≤ 0.020	≤ 0.025	≤ 0.040

4. 焊接材料

焊丝牌号	焊丝直径/mm	焊剂牌号

5. 钢瓶热处理

方　　法______　　加热温度______ ℃
保温时间______ h　　冷却方式______

6. 焊缝射线透照检验

焊缝射线透照检验结果符合 GB 5842。

7. 力学性能试验

试板编号	抗拉强度 R_{ma}/MPa	断后伸长率 A(或 $A_{80\ mm}$)/%	弯曲试验	
			面弯	背弯

8. 水压爆破试验

试验瓶号	爆破压力/MPa	开始塑变的压力/MPa	容积变形率/%

9. 试验用瓶

返修部位(简图)

爆破口位置(简图)

质量检验员专用章

ICS 79.060.10
B 70

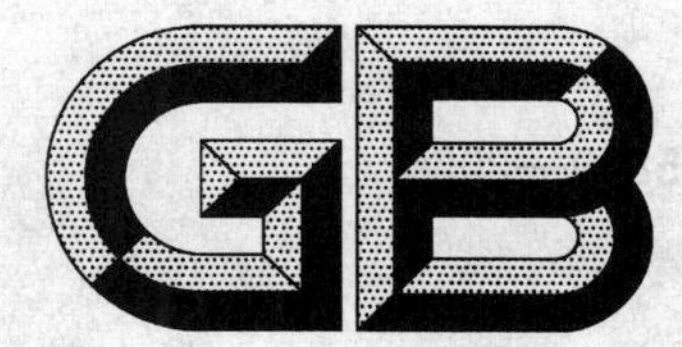

中华人民共和国国家标准

GB/T 5849—2006
代替 GB/T 5849—1999

细木工板

Blockboard

2006-05-18 发布　　2006-09-15 实施

中华人民共和国国家质量监督检验检疫总局
中国国家标准化管理委员会　发布

前言

本标准代替 GB/T 5849—1999《细木工板》。

本标准与 GB/T 5849—1999 相比主要变化如下：

——增减了一些术语及其定义；

——限定了适用范围；

——增加了热带阔叶树材板的外观质量要求，并原则上和 GB/T 9846.3—2004《胶合板　第 3 部分：普通胶合板通用技术条件》一致；

——提高了优等品背板外观质量要求；

——增加了表面胶合强度和浸渍剥离性能的检验，调整了横向静曲强度指标；

——增加了板芯质量检验要求，增大了芯条宽度与厚度之比；

——增加了甲醛释放量的要求。

本标准甲醛释放量指标参照了日本农林标准(JAS)《胶合板》(平成 15 年 2 月 27 日农林水产省告示第 233 号)。

本标准由国家林业局提出。

本标准由全国人造板标准化技术委员会归口。

本标准负责起草单位：黑龙江省林科院林产工业研究所。

本标准参加起草单位：黑龙江省人造板质量监督检验站、浙江省林业厅、德仁集团有限公司、德华集团控股股份有限公司、黑龙江省凯达木业集团(哈尔滨有限公司)、东北林业大学、大庆市北坛木业有限公司。

本标准主要起草人：曾春雷、徐兰英、王春明、刘乐群、朱海庆、孙朝坤、吴健、王厚军、沈隽、毕文久、井学伟。

本标准于 1986 年首次发布，1999 年第一次修订，2006 年第二次修订。

细 木 工 板

1 范围

本标准规定了细木工板的术语和定义、分类和命名、要求、试验方法、检验规则以及标志、标签、包装和贮运。

本标准适用于实心细木工板,不适用于空心细木工板。

2 规范性引用文件

下列文件中的条款通过本标准的引用而成为本标准的条款。凡是注日期的引用文件,其随后所有的修改单(不包括勘误的内容)或修订版均不适用于本标准,然而,鼓励根据本标准达成协议的各方研究是否可使用这些文件的最新版本。凡是不注日期的引用文件,其最新版本适用于本标准。

GB/T 1933 木材密度测定方法(eqv ISO 3131)

GB/T 2828.1—2003/ISO 2859-1:1999 计数抽样检验程序 第1部分:按接收质量限(AQL)检索的逐批检验抽样计划

GB/T 9846.3—2004 胶合板 第3部分:普通胶合板通用技术条件

GB/T 9846.7—2004 胶合板 第7部分:试件的锯制

GB/T 17657—1999 人造板及饰面人造板理化性能试验方法

GB/T 18259—2000 人造板及其表面装饰术语

GB 18580 室内装饰装修材料 人造板及其制品中甲醛释放限量

GB/T 19367.1—2003 人造板 板的厚度、宽度及长度的测定

GB/T 19367.2—2003 人造板 板的垂直度和边缘直度的测定

3 术语和定义

GB/T 18259—2000确立的以及下列术语和定义适用于本标准。

3.1

细木工板 blockboard

具有实木板芯的胶合板。

3.2

表板 surface veneer

细木工板的表面层,分为面板和背板。

3.3

板芯 board core

由木条组成的拼板或木格结构板。

3.4

实体板芯 solid board core

木条在长度和宽度方向上拼接或不拼接而成的板状材料。

3.5

方格板芯 checkered board core

用木条组成的方格状板芯。

3.6

芯条　core strip

用做实木板芯或方格板芯的木条。

3.7

实心细木工板　solid core blockboard

以实体板芯制作的细木工板。

3.8

空心细木工板　checkered core blockboard

以方格板芯制作的细木工板。

3.9

胶拼细木工板　bond joint core blockboard

板芯材料之间的连接采用胶粘剂粘接的细木工板。

3.10

不胶拼细木工板　non-bond joint core blockboard

板芯材料之间的连接不采用胶粘剂粘接的细木工板。

3.11

芯条侧面缝隙　core-side gap

实体板芯在宽度方向上相邻二芯条间的缝隙。

3.12

芯条端面缝隙　core-end gap

实体板芯在长度方向上相邻二芯条间的缝隙。

3.13

波纹　waviness

板面上呈现出的有规律的凹凸不平。

4　分类和命名

4.1　按板芯结构分：

a）实心细木工板；

b）空心细木工板。

4.2　按板芯拼接状况分：

a）胶拼细木工板；

b）不胶拼细木工板。

4.3　按表面加工状况分：

a）单面砂光细木工板；

b）双面砂光细木工板；

c）不砂光细木工板。

4.4　按使用环境分：

a）室内用细木工板；

b）室外用细木工板。

4.5　按层数分：

a）三层细木工板；

b） 五层细木工板；

c） 多层细木工板。

4.6 按用途分：

a） 普通用细木工板；

b） 建筑用细木工板。

4.7 产品命名

以面板树种和板芯是否胶拼进行命名。如面板为水曲柳单板，板芯不胶拼的细木工板称为水曲柳不胶拼细木工板。

5 要求

5.1 分等

按外观质量和翘曲度分为优等品、一等品和合格品。

5.2 材料

5.2.1 对称层单板应为同一厚度、同一树种或材性相似的树种，同一生产方法(即都是旋切或是刨切的)，而且木纹配置方向也应相同。对称层单板可以是整幅单板，也可以由等宽或不等宽的单板沿边缘侧拼而成。

5.2.2 表板应紧面朝外。

5.2.3 同一张细木工板的芯条应为同一厚度、同一树种或材性相近的树种。

5.2.4 拼缝用的无孔胶纸带不允许用于细木工板内部。

5.2.5 三层细木工板的表板厚度不应小于 1.0 mm，纹理方向与板芯木条方向垂直。

5.3 外观质量

主要根据面板的材质缺陷和加工缺陷判定等级。

5.3.1 以阔叶树材单板为表板的各等级细木工板允许缺陷见表1。

表 1 阔叶树材细木工板外观分等的允许缺陷

<table>
<tr><th rowspan="3">检量缺陷名称</th><th rowspan="3" colspan="2">检量项目</th><th colspan="3">面 板</th><th rowspan="3">背 板</th></tr>
<tr><th colspan="3">细 木 工 板 等 级</th></tr>
<tr><th>优等品</th><th>一等品</th><th>合格品</th></tr>
<tr><td>(1) 针节</td><td colspan="2">—</td><td colspan="4">允许</td></tr>
<tr><td>(2) 活节</td><td colspan="2">最大单个直径/mm</td><td>10</td><td>20</td><td colspan="2">不限</td></tr>
<tr><td rowspan="4">(3) 半活节、死节、夹皮</td><td colspan="2">每平方米板面上总个数</td><td rowspan="4">不允许</td><td>4</td><td>6</td><td>不限</td></tr>
<tr><td>半活节</td><td>最大单个直径/mm</td><td>15
(自 5 以下不计)</td><td colspan="2">不限</td></tr>
<tr><td>死节</td><td>最大单个直径/mm</td><td>4
(自 2 以下不计)</td><td>15</td><td>不限</td></tr>
<tr><td>夹皮</td><td>最大单个长度/mm</td><td>20
(自 5 以下不计)</td><td colspan="2">不限</td></tr>
<tr><td>(4) 木材异常结构</td><td colspan="2">—</td><td colspan="4">允许</td></tr>
<tr><td rowspan="3">(5) 裂缝</td><td colspan="2">每米板宽内条数</td><td rowspan="3">不允许</td><td>1</td><td>2</td><td>不限</td></tr>
<tr><td colspan="2">最大单个宽度/mm</td><td>1.5</td><td>3</td><td>6</td></tr>
<tr><td colspan="2">最大单个长度为板长的百分比/(%)</td><td>10</td><td>15</td><td>30</td></tr>
</table>

表 1（续）

检量缺陷名称	检量项目	面板			背板
		细木工板等级			
		优等品	一等品	合格品	
(6) 虫孔、排钉孔、孔洞	最大单个直径/mm	不允许	4	8	15
	每平方米板面上个数		4	不呈筛孔状不限	
(7) 变色[a]	不超过板面积的百分比/(%)	不允许	30	不限	
(8) 腐朽	—	不允许		允许初腐，但面积不超过板面积的 1%	允许初腐
(9) 表板拼接离缝	最大单个宽度/mm	不允许	0.5	1	2
	最大单个长度为板长的百分比/(%)		10	30	50
	每米板宽内条数		1	2	不限
(10) 表板叠层	最大单个宽度/mm	不允许		8	10
	最大单个长度为板长的百分比/(%)			20	不限
(11) 芯板叠离	紧贴表板的芯板叠离：最大单个宽度/mm	不允许	2	8	10
	紧贴表板的芯板叠离：每米板长内条数		2	不限	
	其他各层离缝的最大宽度/mm		10		—
(12) 鼓泡、分层	—	不允许			
(13) 凹陷、压痕、鼓包	最大单个面积/mm²	不允许	50	400	不限
	每平方米板面上个数		1	4	
(14) 毛刺沟痕	不超过板面积的百分比/(%)	不允许	1	20	不限
	深度		不允许穿透		
(15) 表板砂透	每平方米板面上不超过/mm²	不允许		400	10 000
(16) 透胶及其他人为污染	不超过板面积的百分比/(%)	不允许	0.5	10	30
(17) 补片、补条	允许制作适当且填补牢固的，每平方米板面上的数	不允许	3	不限	不限
	不超过板面积的百分比/(%)		0.5	3	
	缝隙不超过/mm		0.5	1	2
(18) 内含铝质书钉	—	不允许			
(19) 板边缺损	自基本幅面内不超过/mm	不允许		10	
(20) 其他缺陷	—	不允许	按最类似缺陷考虑		

[a] 浅色斑条按变色计；一等品板深色斑条宽度不允许超过 2 mm，长度不允许超过 20 mm；桦木除优等品板外，允许有伪心材，但一等品板的色泽应调和；桦木一等品板不允许有密集的褐色或黑色髓斑；优等品和一等品板的异色边心材按变色计。

5.3.2 以针叶树材单板为表板的各等级细木工板允许缺陷见表2。

表2 针叶树材细木工板外观分等的允许缺陷

检量缺陷名称	检量项目		面板 细木工板等级 优等品	面板 细木工板等级 一等品	面板 细木工板等级 合格品	背板
(1) 针节	—		允许			
(2) 活节、半活节、死节	每平方米板面上总个数		5	8	10	不限
	活节	最大单个直径/mm	20	30 (自10以下不计)	不限	
	半活节、死节	最大单个直径/mm	不允许	5	30 (自10以下不计)	不限
(3) 木材异常结构	—		允许			
(4) 夹皮、树脂道	每平方米板面上总个数		3	4 (自10 mm以下不计)	10 (自15 mm以下不计)	不限
	最大单个长度		15	30	不限	
(5) 裂缝	每米板宽内条数		不允许	1	2	不限
	最大单个宽度/mm			1.5	3	6
	最大单个长度为板长的百分比/(%)			10	15	30
(6) 虫孔、排钉孔、孔洞	最大单个直径/mm		不允许	2	6	15
	每平方米板面上个数			4	10 (自3 mm以下不计)	不呈筛孔状不限
(7) 变色	不超过板面积的百分比/(%)		不允许	浅色10	不限	
(8) 腐朽	—		不允许		允许初腐，但面积不超过板面积的1%	允许初腐
(9) 树脂漏(树脂条)	最大单个长度/mm		不允许	150	不限	
	最大单个宽度/mm			10		
	每平方米板面上的个数			4		
(10) 表板拼接离缝	最大单个宽度/mm		不允许	0.5	1	2
	最大单个长度为板长的百分比/(%)			10	30	50
	每米板宽内条数			1	2	不限
(11) 表板叠层	最大单个宽度/mm		不允许		2	10
	最大单个长度为板长的百分比/(%)				20	不限
(12) 芯板叠离	紧贴表板的芯板叠离	最大单个宽度/mm	不允许	2	4	10
		每米板长内条数		2	不限	
	其他各层离缝的最大宽度/mm		10			—
(13) 鼓泡、分层	—		不允许			

表 2（续）

检量缺陷名称	检量项目	面板 细木工板等级			背板
		优等品	一等品	合格品	
(14) 凹陷、压痕、鼓包	最大单个面积/mm²	不允许	50	400	不限
	每平方米板面上个数		2	6	
(15) 毛刺沟痕	不超过板面积的百分比/(%)	不允许	5	20	不限
	深度		不允许穿透		
(16) 表板砂透	每平方米板面上不超过/mm²	不允许		400	10 000
(17) 透胶及其他人为污染	不超过板面积的百分比/(%)	不允许	1	10	30
(18) 补片、补条	允许制作适当且填补牢固的，每平方米板面上个数	不允许	6	不限	
	不超过板面积的百分比/(%)		1	5	不限
	缝隙不超过/mm		0.5	1	2
(19) 内含铝质书钉	—	不允许			
(20) 板边缺损	自基本幅面内不超过/mm	不允许		10	
(21) 其他缺陷	—	不允许	按最类似缺陷考虑		

5.3.3 以热带阔叶树材单板为表板的各等级细木工板允许缺陷见表 3。

表 3 热带阔叶树材细木工板外观分等的允许缺陷

检量缺陷名称	检量项目		面板 细木工板等级			背板
			优等品	一等品	合格品	
(1) 针节	—		允许			
(2) 活节	最大单个直径/mm		10	20	不限	
(3) 半活节、死节	每平方米板面上个数		不允许	3	5	不限
	半活节	最大单个直径/mm		10 （自 5 以下不计）	不限	
	死节	最大单个直径/mm		4 （自 2 以下不计）	15	不限
(4) 木材异常结构	—		允许			
(5) 裂缝	每米板宽内条数		不允许	1	2	不限
	最大单个宽度/mm			1.5	2	6
	最大单个长度为板长的百分比/(%)			10	15	30
(6) 夹皮	每平方米板面上总个数		不允许	2	4	不限
	最大单个长度/mm			10 （自 5 以下不计）	不限	

表 3（续）

<table>
<tr><td colspan="2" rowspan="3">检量缺陷名称</td><td colspan="2" rowspan="3">检量项目</td><td colspan="3">面　板</td><td rowspan="3">背　板</td></tr>
<tr><td colspan="3">细木工板等级</td></tr>
<tr><td>优等品</td><td>一等品</td><td>合格品</td></tr>
<tr><td rowspan="4">(7) 蛀虫造成的缺陷</td><td rowspan="2">虫孔</td><td colspan="2">每平方米板面上个数</td><td rowspan="2">不允许</td><td>8(自 1.5 mm 以下不计)</td><td colspan="2" rowspan="2">不呈筛孔状不限</td></tr>
<tr><td colspan="2">最大单个直径/mm</td><td>2</td></tr>
<tr><td rowspan="2">虫道</td><td colspan="2">每平方米板面上个数</td><td rowspan="2">不允许</td><td>2</td><td colspan="2" rowspan="2">不呈筛孔状不限</td></tr>
<tr><td colspan="2">最大单个长度/mm</td><td>10</td></tr>
<tr><td colspan="2" rowspan="2">(8) 排钉孔、孔洞</td><td colspan="2">最大单个直径/mm</td><td rowspan="2">不允许</td><td>2</td><td>8</td><td>15</td></tr>
<tr><td colspan="2">每平方米板面上个数</td><td>1</td><td colspan="2">不限</td></tr>
<tr><td colspan="2">(9) 变色</td><td colspan="2">不超过板面积/(%)</td><td>不允许</td><td>5</td><td colspan="2">不限</td></tr>
<tr><td colspan="2">(10) 腐朽</td><td colspan="2">—</td><td colspan="2">不允许</td><td>允许初腐，但面积不超过板面积的 1%</td><td>允许初腐</td></tr>
<tr><td colspan="2" rowspan="3">(11) 表板拼接离缝</td><td colspan="2">最大单个宽度/mm</td><td colspan="2" rowspan="3">不允许</td><td>1</td><td>2</td></tr>
<tr><td colspan="2">最大单个长度为板长的百分比/(%)</td><td>30</td><td>50</td></tr>
<tr><td colspan="2">每米板宽内条数</td><td>2</td><td>不限</td></tr>
<tr><td colspan="2" rowspan="2">(12) 表板叠层</td><td colspan="2">最大单个宽度/mm</td><td colspan="2" rowspan="2">不允许</td><td>2</td><td>10</td></tr>
<tr><td colspan="2">最大单个长度为板长的百分比/(%)</td><td>10</td><td>不限</td></tr>
<tr><td colspan="2" rowspan="3">(13) 芯板叠离</td><td rowspan="2">紧贴表板的芯板叠离</td><td>最大单个宽度/mm</td><td rowspan="2">不允许</td><td>2</td><td>4</td><td>10</td></tr>
<tr><td>每米板长内条数</td><td>2</td><td colspan="2">不限</td></tr>
<tr><td colspan="2">其他各层离缝的最大宽度/mm</td><td colspan="3">10</td><td>—</td></tr>
<tr><td colspan="2">(14) 鼓泡、分层</td><td colspan="2">—</td><td colspan="4">不允许</td></tr>
<tr><td colspan="2" rowspan="2">(15) 凹陷、压痕、鼓包</td><td colspan="2">最大单个面积/mm²</td><td rowspan="2">不允许</td><td>50</td><td>400</td><td rowspan="2">不限</td></tr>
<tr><td colspan="2">每平方米板面上个数</td><td>1</td><td>4</td></tr>
<tr><td colspan="2" rowspan="2">(16) 毛刺沟痕</td><td colspan="2">不超过板面积的百分比/(%)</td><td rowspan="2">不允许</td><td>1</td><td>25</td><td>不限</td></tr>
<tr><td colspan="2">深度</td><td colspan="3">不允许穿透</td></tr>
<tr><td colspan="2">(17) 表板砂透</td><td colspan="2">每平方米板面上不超过/mm²</td><td colspan="2">不允许</td><td>400</td><td>10 000</td></tr>
<tr><td colspan="2">(18) 透胶及其他人为污染</td><td colspan="2">不超过板面积的百分比/(%)</td><td>不允许</td><td>0.5</td><td>10</td><td>30</td></tr>
<tr><td colspan="2" rowspan="3">(19) 补片、补条</td><td colspan="2">允许制作适当且填补牢固的，每平方米板面上个数</td><td rowspan="3">不允许</td><td>3</td><td>不限</td><td rowspan="2">不限</td></tr>
<tr><td colspan="2">不超过板面积的百分比/(%)</td><td>0.5</td><td>3</td></tr>
<tr><td colspan="2">缝隙不超过/mm</td><td>0.5</td><td>1</td><td>2</td></tr>
<tr><td colspan="2">(20) 内含铝质书钉</td><td colspan="2">—</td><td colspan="4">不允许</td></tr>
<tr><td colspan="2">(21) 板边缺损</td><td colspan="2">自基本幅面内不超过/mm</td><td colspan="2">不允许</td><td colspan="2">10</td></tr>
<tr><td colspan="2">(22) 其他缺陷</td><td colspan="2">—</td><td>不允许</td><td colspan="3">按最类似缺陷考虑</td></tr>
<tr><td colspan="8">注 1：髓斑和斑条按变色计。
注 2：优等品和一等品板的异色边心材按变色计。</td></tr>
</table>

5.3.4 优等品背板外观质量要求不低于合格品面板的要求。

5.3.5 表1、表2和表3中允许缺陷的面积，除明确指出外均指累计面积。

5.3.6 检量缺陷的数量、累计尺寸或范围应按整张板面积的平均每平方米板上的数量进行计算，板宽度(或长度)上缺陷应按最严重一端的平均每米内的数量进行计算，其结果应取最接近相邻整数中大数。

5.3.7 芯板和板芯带有的缺陷反映到表板上，应按表板上的缺陷允许限度检量。

5.3.8 节子或孔洞的直径是长径和短径的平均值。

5.3.9 脱落节孔、严重腐朽节按孔洞计。

5.3.10 基本幅面尺寸以外的各种缺陷均不计。

5.4 规格尺寸和偏差

5.4.1 宽度和长度

5.4.1.1 宽度和长度见表4。

表4 细木工板宽度和长度

单位为毫米

宽度	长度				
915	915	—	1830	2135	—
1220	—	1220	1830	2135	2440

5.4.1.2 长度和宽度的偏差为$^{+5}_{0}$mm。

5.4.2 厚度偏差

厚度偏差应符合表5规定。

表5 厚度偏差

单位为毫米

基本厚度	不砂光		砂光(单面或双面)	
	每张板内厚度公差	厚度偏差	每张板内厚度公差	厚度偏差
≤16	1.0	±0.6	0.6	±0.4
>16	1.2	±0.8	0.8	±0.6

5.4.3 垂直度

相邻边垂直度不超过1.0 mm/m。

5.4.4 边缘直度

边缘直度不超过1.0 mm/m。

5.4.5 翘曲度

优等品不超过0.1%，一等品不超过0.2%，合格品不超过0.3%。

5.4.6 波纹度

砂光表面波纹度不超过0.3 mm，不砂光表面波纹度不超过0.5 mm。

5.5 板芯质量

5.5.1 相邻芯条接缝间距

沿板长度方向，相邻两排芯条的两个端接缝的距离不小于50 mm。

5.5.2 芯条长度

芯条长度不小于100 mm。

5.5.3 芯条宽厚比

芯条宽度与厚度之比不大于3.5。

5.5.4 芯条侧面缝隙和芯条端面缝隙

芯条侧面缝隙不超过1 mm，芯条端面缝隙不超过3 mm。

5.5.5 板芯修补

板芯允许用木条、木块和单板进行加胶修补。

5.6 理化性能

5.6.1 物理力学性能

5.6.1.1 含水率、横向静曲强度、浸渍剥离性能和表面胶合强度应符合表6规定。

表6 含水率、横向静曲强度、浸渍剥离性能要求

检验项目		单位	指标值
含水率		%	6.0～14.0
横向静曲强度	平均值	MPa	≥15.0
	最小值	MPa	≥12.0
浸渍剥离性能		mm	试件每个胶层上的每一边剥离长度均不超过25 mm
表面胶合强度		MPa	≥0.60

5.6.1.2 胶合强度应符合表7规定。

表7 胶合强度要求

单位为兆帕

树　　种	指标值
椴木、杨木、拟赤杨、泡桐、柳桉、杉木、奥克榄、白梧桐、异翅香、海棠木	≥0.70
水曲柳、荷木、枫香、槭木、榆木、柞木、阿必东、克隆、山樟、	≥0.80
桦木	≥1.00
马尾松、云南松、落叶松、云杉、辐射松	≥0.80

5.6.1.3 其他国产阔叶树材或针叶树材制成的细木工板，其胶合强度指标值可根据其密度分别比照表7所规定的椴木、水曲柳或马尾松的指标值；其他热带阔叶树材制成的细木工板，其胶合强度指标值可根据树种的密度比照表7的规定，密度自0.60 g/cm³以下的采用柳桉的指标值，超过的则采用阿必东的指标值。供需双方对树种的密度有争议时，按GB/T 1933的规定测定。

5.6.1.4 三层细木工板不做胶合强度和表面胶合强度检验。

5.6.1.5 当表板厚度<0.55 mm时，细木工板不做胶合强度检验。

5.6.1.6 当表板厚度≥0.55 mm时，五层及多层细木工板不做表面胶合强度和浸渍剥离检验。

5.6.1.7 对不同树种搭配制成的细木工板的胶合强度指标值，应取各树种中要求最小的指标值。

5.6.1.8 确定胶合强度的换算系数时，应根据表板和芯板的厚度。

5.6.1.9 如测定胶合强度试件的平均木材破坏率超过80%时，则其胶合强度指标值可比表7所规定的值低0.20 MPa。

5.6.2 室内用细木工板甲醛释放量

应符合表8的规定。

表8 甲醛释放限量值

单位为毫克每升

级别标志	限 量	使用范围
E_0	≤0.5	可直接用于室内
E_1	≤1.5	可直接用于室内
E_2	≤5.0	经饰面处理后达到E_1级方可用于室内

5.7 其他

经供需双方协议可生产其他长度和宽度及外观质量的产品。

6 检验方法

6.1 外观质量检验

一般通过目测细木工板上的允许缺陷来判定其等级。

6.2 规格尺寸检验

6.2.1 量具

6.2.1.1 钢卷尺,精度为 1 mm。

6.2.1.2 钢板尺,长度为 300 mm,精度为 0.5 mm。

6.2.1.3 塞尺,精度为 0.05 mm。

6.2.1.4 细钢丝或线绳。

6.2.2 检验方法和结果表示

6.2.2.1 宽度和长度检验

按 GB/T 19367.1—2003 检测。

6.2.2.2 厚度检验

按 GB/T 19367.1—2003 检测。

6.2.2.3 垂直度检验

按 GB/T 19367.2—2003 检测。

6.2.2.4 边缘直度检验

按 GB/T 19367.2—2003 检测。

6.2.2.5 翘曲度检验

将细木工板凹面向上并在无任何外力作用下放置在水平台面上,分别沿两对角线方向绷紧细钢丝或线绳于板面,用钢板尺量板面与细钢丝或线绳间最大弦高,精确至 0.5 mm;同时用钢卷尺量取对角线,精确至 1 mm,最大弦高与其对应对角线长度之比即为翘曲度,用百分数表示,按式(1)计算,精确至 0.01%。分别计算两对角线方向的翘曲度,取其中最大者为该板的翘曲度。

$$翘曲度 = \frac{对角线最大弦高(mm)}{对应对角线长度(mm)} \times 100\% \quad \cdots\cdots(1)$$

6.2.2.6 波纹度检验

将长度 300 mm 的钢板尺的一直边靠紧板面,用塞尺测量波纹处板面与该直边的最大距离,测量处距板边不得小于 20 mm,取任意三处测量,其最大值为细木工板的波纹度,精确至 0.05 mm。

6.3 板芯质量检验

6.3.1 相邻芯条接缝间距检验

按 6.4.2 制取试件后,沿板长度方向任意位置,每块试样上取 2 块 20 mm×200 mm 的试件,共取 6 块,要求芯条侧面缝隙在试件宽度的中间。用钢卷尺量取沿板长度方向相邻两排芯条的两个端接缝距离的最小值,精确至 1 mm。

6.3.2 芯条长度检验

按 6.4.1 制取试样,用钢卷尺量取芯条长度最小值,精确至 1 mm。

6.3.3 芯条宽厚比检验

按 6.4.1 制取试样,用钢板尺量取最宽芯条的宽度和厚度,精确至 0.5 mm,求出宽厚比,精确至 0.1。

6.3.4 芯条侧面缝隙和芯条端面缝隙检验

按 6.4.1 制取试样,用塞尺量取最大芯条侧面缝隙,精确至 0.1 mm;用钢板尺量取板最大芯条端面缝隙，精确至 0.5 mm。

6.4 理化性能检验

6.4.1 试样制取

试样在样板中的分布如图 1 所示。当板长度＜1600 mm 时，抽取 2～3 张样板制取试样。

单位为毫米

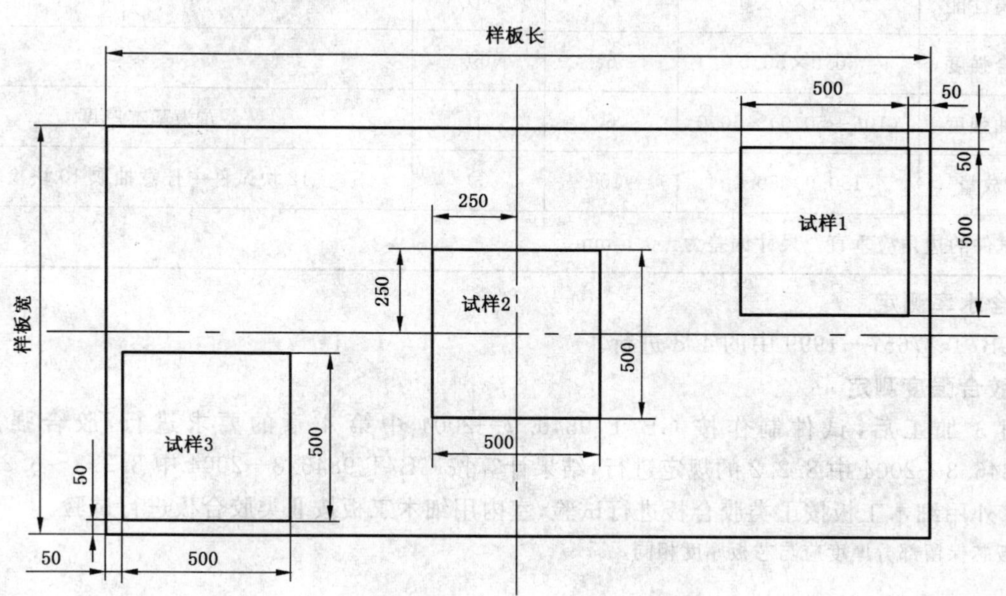

图 1 试样在样板中的截取位置示意图

6.4.2 试件的制取及其尺寸和数量

试件的制取位置及尺寸规格、数量按图 2 和表 9 要求进行。

单位为毫米

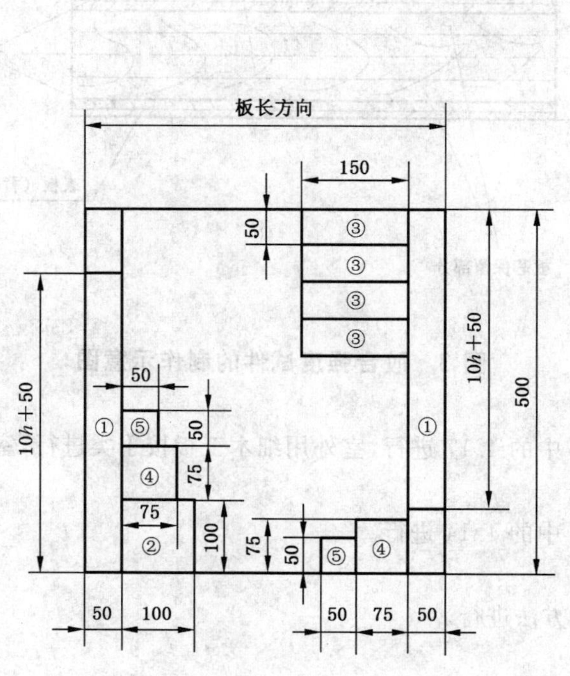

图 2 试件制取示意图

表9 理化性能试件表

单位为毫米

检验项目	试件尺寸	试件数量	试件编号	备注
含水率	100.0×100.0	3	②	
胶合强度	100.0×25.0	12	—	在试样任一位置制取且纵边与表板纤维方向平行
浸渍剥离性能	75.0×75.0	6	④	
表面胶合强度	50.0×50.0	6	⑤	
横向静曲强度	(10h+50.0)×50.0	6	①	h 为基本厚度
甲醛释放量	150.0×50.0	10	③	12块试件中任意抽取10块检验
注：试件的边角应垂直。尺寸偏差为±0.5 mm。				

6.4.3 含水率测定

按GB/T 17657—1999中的4.3进行。

6.4.4 胶合强度测定

按图3加工后，试件制作按GB/T 9846.7—2004中第4章的要求进行，胶合强度测定按GB/T 9846.3—2004中8.2.2的规定进行，结果计算按GB/T 9846.3—2004中8.2.3～8.2.6的规定进行。室外用细木工板按Ⅰ类胶合板进行试验，室内用细木工板按Ⅱ类胶合板进行试验。

注：板芯保留部分厚度应与芯板厚度相同。

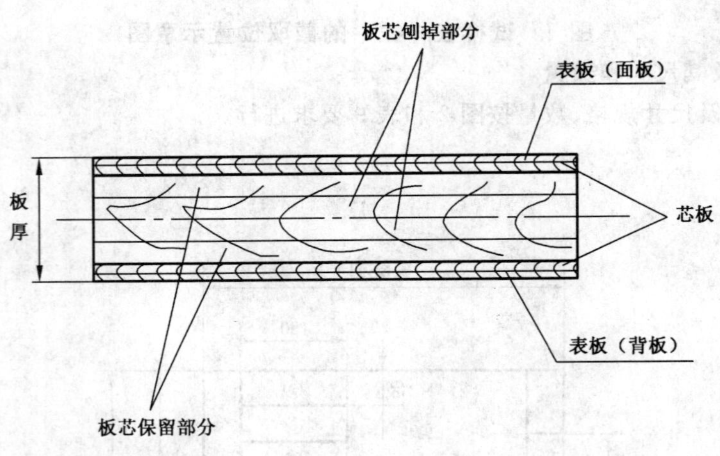

图3 胶合强度试件的制作示意图

6.4.5 浸渍剥离性能测定

按GB/T 17657—1999中的4.17进行，室外用细木工板按Ⅰ类进行，室内用细木工板按Ⅱ类进行。

6.4.6 表面胶合强度测定

按GB/T 17657—1999中的4.14进行。

6.4.7 甲醛释放量测定

按GB 18580中的试验方法进行。

6.4.8 横向静曲强度测定

6.4.8.1 仪器设备

a) 恒温恒湿箱，温度18℃～25℃，相对湿度50%～70%。

b) 木材万能力学试验机，精度为10N。

c) 专用卡具（见图4）。

d) 游标卡尺，精度为0.1 mm。

e) 钢卷尺，精度为1 mm。

f) 秒表。

6.4.8.2 **程序**

6.4.8.2.1 试件在一个大气压，相对湿度(65±5)%和温度(20±2)℃下达到质量恒定。

注1：试件的质量在间隔24h，连续两次称量的结果，其差值不大于质量的0.1%时，即认为达到质量恒定。

注2：6.4.8.2.1对工厂生产检验不予以要求，试件只需在自然状态下检验，但仲裁检验应执行。

6.4.8.2.2 在试件长度的中心线处一次测量试件的宽度和厚度，精确至0.1 mm。在测量时，游标卡尺与试件板面近似成45°角。

6.4.8.2.3 试件在木材万能力学试验机上的组装方法见图4。

L——支座距离，mm；

h——试件厚度，mm；

ϕ——压头和支座的半圆弧曲面直径，mm。

图4 测定横向静曲强度试件和卡具组装示意图

6.4.8.2.4 支座距离为试件基本厚度的10倍，但不应小于150 mm，试件长度为$10h+50$ mm，且不应小于200 mm，压头和支座的半圆弧曲面直径(ϕ)应为30 mm，试验时压头应与试件长度中心线同在一处。

6.4.8.2.5 测试时压头应避开芯条侧面缝隙均匀加荷，从加荷开始在(60±30)s内使试件破坏。记下最大载荷值，精确至10N。

6.4.8.3 **试验结果的计算和表示**

试件横向静曲强度按式(2)计算，精确至0.1 MPa。

$$\sigma_b = \frac{3 \times F_{max} \times L}{2 \times b \times h^2} \quad \cdots\cdots\cdots\cdots (2)$$

式中：

σ_b——试件的静曲强度，单位为兆帕(MPa)；

F_{max}——试件破坏时最大载荷，单位为牛(N)；

L——两支座间距离，单位为毫米(mm)；

b——试件宽度，单位为毫米(mm)；

h——试件厚度，单位为毫米(mm)。

7 检验规则

7.1 检验分类

产品检验分出厂检验和型式检验。

7.1.1 出厂检验

出厂检验包括：

a) 外观质量检验；

b) 规格尺寸检验；

c) 理化性能中的含水率、胶合强度、表面胶合强度、浸渍剥离性能和横向静曲强度检验。

7.1.2 型式检验

型式检验包括外观质量检验、规格尺寸检验、板芯质量要求检验和全部理化性能项目。

有下列情况之一时，应进行型式检验：

a) 新投入生产时；

b) 原辅材料及生产工艺发生较大变动时；

c) 长期停产，恢复生产时；

d) 正常生产时，每月检验不少于两次；

e) 质量监督机构提出型式检验要求时。

7.2 抽样方案及判定规则

生产厂应保证其成品符合标准规定，通过逐张检验细木工板确定其等级。

对成批拨交细木工板进行质量检验时，应按以下规定进行。

7.2.1 外观质量抽样方案及判定规则

7.2.1.1 抽样方案

采用 GB/T 2828.1—2003 中的正常检验二次抽样方案，检查水平Ⅱ，接收质量限为 4.0，见表 10。

表 10 外观质量抽样方案

单位为张

批量范围	样本	样本量	累计样本量	接收数	拒收数
≤150	第一	13	13	0	3
	第二	13	26	3	4
151～280	第一	20	20	1	3
	第二	20	40	4	5
281～500	第一	32	32	2	5
	第二	32	64	6	7
501～1 200	第一	50	50	3	6
	第二	50	100	9	10
1 201～3 200	第一	80	80	5	9
	第二	80	160	12	13

7.2.1.2 判定规则

第一次检验的样品数量应等于该抽样方案给出的第一样本量。如果第一样本中发现的不合格品数小于或等于第一接收数，应认为该批是可接收的；如果第一样本中发现的不合格品数大于或等于第一拒收数，应认为该批是不可接收的。

如果第一样本中发现的不合格品数介于第一接收数与第一拒收数之间，应检验由方案给出样本量的第二样本并累计在第一样本和第二样本中发现的不合格品数。如果不合格品累计数小于或等于第二接收数，则判定该批是可接收的；如果不合格品累计数大于或等于第二拒收数，则判定该批是不可接收的。

7.2.2 规格尺寸抽样方案及判定规则

7.2.2.1 抽样方案

采用 GB/T 2828.1—2003 中的正常检验二次抽样方案，检查水平Ⅰ，接收质量限为 4.0，见表 11。

表 11 规格尺寸抽样方案

单位为张

批量范围	样本	样本量	累计样本量	接收数	拒收数
≤150	第一	5	5	0	2
	第二	5	10	1	2
151～280	第一	8	8	0	2
	第二	8	16	1	2
281～500	第一	13	13	0	3
	第二	13	26	3	4
501～1200	第一	20	20	1	3
	第二	20	40	4	5
1201～3200	第一	32	32	2	5
	第二	32	64	6	7

7.2.2.2 判定规则

按 7.2.1.2 判定。

7.2.3 板芯质量和理化性能的抽样方法及判定规则

7.2.3.1 抽样方案

见表 12。抽样时应在 7.2.2 规格尺寸检验中的样板中任意抽取。

表 12 板芯质量和理化性能抽样方案

单位为张

提交检查批的成品板数量	初检抽样数	复检抽样数
1 000 以下	1	2
1 000～2 000	2	4
2 001～3 000	3	6
3 000 以上	4	8

7.2.3.2 甲醛释放量抽样

按 GB 18580 的规定进行。

7.2.3.3 板芯质量判定规则

当相邻芯条最小接缝间距、芯条最小长度、芯条侧面缝隙、芯条端面缝隙和芯条宽厚比均合格时，该批产品板芯质量为合格，否则应对不合格项进行复检；复检样本相应项符合指标值的要求时为合格，否则该批产品板芯质量为不合格。

7.2.3.4 理化性能判定规则

7.2.3.4.1 初检样本中每张细木工板平均含水率都符合指标值时，含水率为合格，否则应进行复检；复检样本都符合指标值的要求时，判为合格，否则含水率为不合格。

7.2.3.4.2 初检样本中每张细木工板横向静曲强度的平均值和最小值都符合指标值时，横向静曲强度为合格，否则应进行复检；复检样本都符合指标值的要求时，判为合格，否则横向静曲强度为不合格。

7.2.3.4.3 符合胶合强度指标值规定的试件数等于或大于有效试件总数的80%时，该批细木工板的胶合强度判为合格。小于60%时，则判为不合格。如符合胶合强度指标值要求的试件数等于或大于有效试件总数的60%，但小于80%时，允许重新抽样进行复检，其结果符合该项性能指标值要求的试件数等于或大于有效试件总数的80%时，判其为合格；小于80%时，则判其为不合格。

7.2.3.4.4 符合浸渍剥离性能指标值规定的试件数等于或大于试件总数的80%时，该批细木工板的浸渍剥离性能判为合格。小于60%时，则判为不合格。如符合浸渍剥离性能指标值要求的试件数等于或大于试件总数的60%，但小于80%时，允许重新抽样进行复检，其结果符合该项性能指标值要求的试件数等于或大于试件总数的80%时，判其为合格；小于80%时，则判其为不合格。

7.2.3.4.5 符合表面胶合强度指标值规定的试件数等于或大于试件总数的80%时，该批细木工板的表面胶合强度判为合格。小于60%时，则判为不合格。如符合表面胶合强度指标值要求的试件数等于或大于试件总数的60%，但小于80%时，允许重新抽样进行复检，其结果符合该项性能指标值要求的试件数等于或大于试件总数的80%时，判其为合格；小于80%时，则判其为不合格。

7.2.3.4.6 甲醛释放量判定和复检按GB 18580的规定进行。

7.2.3.4.7 当含水率、浸渍剥离性能、表面胶合强度、横向静曲强度、胶合强度和甲醛释放限量检验均合格时，该批产品理化性能判为合格，否则判定为不合格。

7.2.3.5 其他

经供需双方协议，可采用其他的抽样方法和判定规则。

7.3 综合判定

产品的外观质量、规格尺寸、板芯质量和理化性能都应符合相应等级要求，否则应降等或为不合格品。

7.4 检验报告

检验报告内容应包括：

a) 产品的名称、等级、检验依据的标准、检验类别等；

b) 结果及结论；

c) 检验过程中出现的各种异常情况以及有必要说明的问题。

8 标志、标签、包装和贮运

8.1 标志

应在产品的两个侧面明显牢固标记产品名称、商标、等级、甲醛释放限量级别、生产厂名和生产日期等。

8.2 标签

每包细木工板应有标签，其上应标明：产品名称、商标、等级、甲醛释放限量级别、规格、张数、产品标准号、生产厂名、厂址和生产日期等。

8.3 包装

产品出厂时应按产品规格、等级、甲醛释放限量级别、批号分别包装。包装要做到产品免受磕碰、划伤和污损。

8.4 **运输和贮存**

产品在运输和贮存过程中应平整堆放，防止污损、受潮、淋雨和曝晒。

贮存时应按甲醛释放限量级别、规格、等级、生产时间分别堆放，每堆应有相应的标记。

ICS 53.020.30
J 80

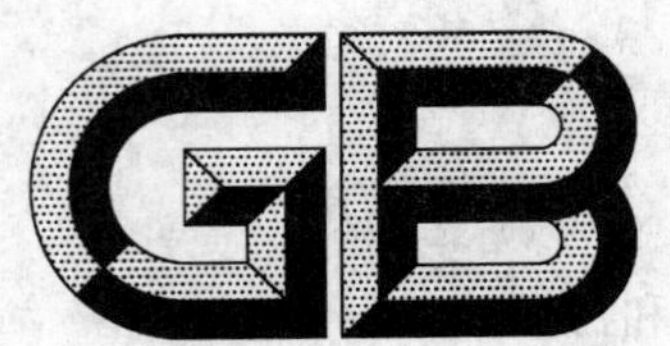

中华人民共和国国家标准

GB/T 5972—2006/ISO 4309:1990
代替 GB/T 5972—1986

起重机用钢丝绳检验和报废实用规范

Wire ropes for cranes—Code of practice for examination and discard

(ISO 4309:1990,IDT)

2006-04-03 发布　　2006-09-01 实施

中华人民共和国国家质量监督检验检疫总局
中国国家标准化管理委员会　发布

前　言

本标准等同采用 ISO 4309:1990《起重机用钢丝绳检验和报废实用规范》。

本标准等同翻译 ISO 4309:1990，并按照 GB/T 1.1—2000 的要求在编写格式和文字编辑上作了必要的修改。

本标准代替 GB/T 5972—1986《起重机械用钢丝绳检验和报废实用规范》。

本标准与 GB/T 5972—1986 相比主要变化如下：

——本标准与国际标准的一致性程度是等同采用 ISO 4309:1990，GB/T 5972—1986 版是修改采用 ISO 4309:1981；

——本标准名称是“起重机用钢丝绳检验和报废实用规范”，GB/T 5972—1986 版的名称是“起重机械用钢丝绳检验和报废实用规范”；

——增加了“目次”、“前言”、“引言”，删除了 GB/T 5972—1986 版在第 1 章中的“引言”；

——增加了第 1 章范围，删除了 GB/T 5972—1986 版中的“附录 A(有关标准的适用范围内容)”；

——增加了第 2 章“术语和定义”；

——本标准等同采用了 ISO 4309:1990 版表 1“钢制滑轮上工作的圆股钢丝绳中断丝根数的控制标准”，代替了 GB/T 5972—1986 版 2.5.1 的表(断丝数)；

——增加了表 2(钢制滑轮上工作的抗扭钢丝绳中断丝根数的控制标准)；

——本标准的附录 A、附录 B 完全采用了 ISO 4309:1990，代替了 GB/T 5972—1986 版中的附录 B 和附录 D。

本标准的附录 A、附录 B、附录 C、附录 D、附录 E 是资料性附录。

本标准由中国机械工业联合会提出。

本标准由全国起重机械标准化技术委员会(SAC/TC 227)归口。

本标准起草单位：大连大起集团有限责任公司。

本标准主要起草人：丁志强。

本标准所代替标准的历次版本发布情况为：

——GB/T 5972—1986。

引　言

起重机用钢丝绳应视为易损件，当检验表明其强度已降低到继续使用有危险时即应更换。

钢丝绳的工作寿命是随起重机的特性、工作条件和用途而变化的。凡要求钢丝绳寿命长的场合，均应采用较大的安全系数和弯曲比(卷筒或滑轮直径与钢丝绳直径之比)。但工作循环次数较少、设计要求轻巧和紧凑的场合，这些数值可以适当降低。

要想在各种情况下正确操作起重机，安全地搬运货物，就需要定期检查钢丝绳，以便适时更换。

某些起重机的作业条件使钢丝绳极容易受到意外的损伤，因此在初选钢丝绳时就应考虑这一因素。在此情况下对钢丝绳的检验必须特别仔细，一旦发现钢丝绳的损坏达到了危险程度便应立即更换。

在各种使用条件下，可直接采用有关断丝、磨损、腐蚀和变形等报废标准。本标准已考虑了这些因素，其意图是给从事起重机维护和检验的主管人员作指导。

制定本标准的目的是使起重机用钢丝绳在未报废前搬运货物时，始终有足够的安全裕度。不考虑本标准的规定是危险的。

起重机用钢丝绳检验和报废实用规范

1 范围

本标准规定了钢丝绳检验和报废的一般原则。本标准适用于下列起重机：

a) 缆索及门式缆索起重机；

b) 悬臂起重机(柱式,壁上或自行车式)；

c) 甲板起重机；

d) 桅杆及牵索式桅杆起重机；

e) 斜撑式桅杆起重机；

f) 浮式起重机；

g) 流动式起重机；

h) 桥式起重机；

i) 门式或半门式起重机；

j) 门座或半门座起重机；

k) 铁路起重机；

l) 塔式起重机。

这些起重机可用吊钩、抓斗、电磁盘、料桶、铲斗、集装箱专用吊具、堆垛叉等作业，并可以手动、机动、电动或液压操纵。

本标准也适用于钢丝绳电动葫芦。

本标准所涉及的起重机词汇可参照 ISO 4306-1[1)]。

本标准所涉及到的机构分级可参照 ISO 4301-1[2)]。

2 术语和定义

下列术语和定义适用于本标准。

2.1

钢丝绳绳芯　core of a rope

支撑钢丝绳外部绳股的部分。在6股钢丝绳和8股钢丝绳的结构中绳芯可用一根天然或人造纤维绳、一根钢丝绳股或若干根钢丝绳股(呈螺旋形拧成单根且较细的钢丝绳)制成。

2.2

卷筒上换层部分钢丝绳　cross-over of a rope on a drum

由于卷筒槽型或底层钢丝绳外型的作用，钢丝绳由一圈绕到另一圈而改变其正常轨迹的绳段。

2.3

钢丝绳的检验记录　rope examination record

由起重设备用户作的记录，附录B给出了其典型示例。

---

1) ISO 4306-1《起重机　术语　第1部分：通用术语》未等同转化为我国标准。相关的起重机词汇可参照 GB/T 6974.1～6974.19《起重机械名词术语》。

2) ISO 4301-1《起重机和起重机械　分类　第1部分：总则》未等同转化为我国标准。相关的起重机机构工作级别的分级可参照 GB/T 3811《起重机设计规范》。

2.4

间隙 gap

存在于绳股中的各钢丝之间或钢丝绳中同层的各绳股之间的间隙。

2.5

接触点 gusset

各绳股之间接触的部分,接触部位的钢丝可能因无绳股间隙而出现断裂。

2.6

卷筒上钢丝绳的多层缠绕 laps of rope on a drum

钢丝绳在卷筒上连续缠绕形成了多个层面(此多层缠绕应为螺旋型或平行型,后者指钢丝绳由一层绕至另一层的缠绕型式与卷筒上钢丝绳在其固定处的缠绕型式一致)。

2.7

同向捻 langs lay

钢丝绳中绳股的捻向与其外层钢丝的捻向相同。

2.8

捻距 lay length

由各股形成的螺距。

2.9

多层股绳 multi-strand rope

由若干层绳股缠绕成的钢丝绳,如果一层或多层绳股缠绕方向与外部绳股的方向相反,则可减小钢丝绳的旋转特性;如果所有绳股缠绕方向相同,则无此优点。

2.10

交互捻 ordinary lay

钢丝绳中绳股的捻向与其外层钢丝的捻向相反。

2.11

卷盘 reel

用于运输包装时,缠绕钢丝绳的可转动件,可为木制或钢结构,根据缠绕的钢丝绳的质量而定。

2.12

钢丝绳实际直径 actual rope diameter

钢丝绳外接圆的直径,单位:毫米。

2.13

钢丝绳公称直径 rope nominal diameter

钢丝绳直径的标称值,单位:毫米。

2.14

抗扭钢丝绳 rotation-resistant rope

呈螺旋形缠绕的、外层有8根以上(包括8根)绳股、且外层绳股与内层绳股的缠绕方向相反的钢丝绳。

3 钢丝绳

3.1 安装前的状况

用户应保证钢丝绳状况符合本标准规定。

新更换的钢丝绳应与原安装的钢丝绳同类型、同规格。当采用不同类型的钢丝绳,用户应保证新钢丝绳不低于原选钢丝绳的性能,并与卷筒和滑轮上的槽形相适应。

当起重机上的钢丝绳系由较长的绳上切下时,为防止其松散,应对切断处进行处理。

在重新安装钢丝绳装置之前,应检查卷筒和滑轮上的所有绳槽,确保其完全适合更换的钢丝绳(见第5章)。

3.2 安装

从卷盘或卷筒上抽出钢丝绳时,应采取措施防止钢丝绳打环、扭结、弯折或粘上杂物。

若空载钢丝绳与机械的某个部位发生摩擦,应对所接触到的部位加以适当防护。

在钢丝绳投入使用之前,用户应确保与钢丝绳有关的各种装置安装就绪并运转正常。

为使钢丝绳稳定就位,应使用大约10%的额定载荷对起重机进行若干次运转操作。

3.3 维护保养

钢丝绳的维护保养应根据起重机的用途、工作环境和钢丝绳的种类而定。在可能的情况下,应对钢丝绳进行适时清洗并涂以润滑油或润滑脂(起重机制造厂或钢丝绳制造厂另有说明者除外),特别是那些绕过滑轮时经受弯曲的绳段。

涂刷的润滑油、润滑脂品种应与钢丝绳厂使用的品种一致。

缺乏维护将导致钢丝绳寿命缩短,当起重机在腐蚀性环境中或在某些不能进行维护的特定场合下工作时,情况更是如此。

3.4 检验

3.4.1 周期

3.4.1.1 日常观察

每个工作日都应尽可能对钢丝绳的所有可见部位进行观察,以便发现损坏与变形的情况,应特别注意钢丝绳在设备上的固定部位,发现有任何明显变化时,应予报告并由主管人员按照3.4.2的要求进行检验。

3.4.1.2 由主管人员作定期检验(按3.4.2的要求)

为了确定检验周期需要考虑以下各点:

a) 国家对该起重机的法规要求;

b) 起重机的类型及工作环境;

c) 起重机的工作级别;

d) 前几次检验的结果;

e) 钢丝绳使用的时间。

3.4.1.3 按3.4.2的规定进行的专项检验

3.4.1.3.1 在钢丝绳和(或)其固定端的损坏而引发事故的情况下或钢丝绳经拆卸又重新安装投入使用前,均应对钢丝绳进行一次检查。

3.4.1.3.2 起升装置停止工作3个月以上,在重新使用之前,应检查钢丝绳。

3.4.1.4 单独使用或部分在合成材料、金属材料或镶嵌有合成材料轮衬的滑轮上使用的钢丝绳,当其外层发现有明显的断丝或磨损痕迹时,其内部可能早已产生了大量的断丝。因此,应根据已往的钢丝绳使用记录制定钢丝绳专项检查进度表,其中既要考虑使用中的常规检查,又要考虑钢丝绳的详细检验记录。

对润滑剂已发干或变质的局部绳段应特别注意保养。对于专用起重设备的钢丝绳报废标准,应以起重设备制造厂和钢丝绳制造厂之间交换的资料为准。

3.4.2 检验部位

3.4.2.1 一般部位

虽然对钢丝绳应作全长检验,但应特别注意下列部位:

——在运动绳和固定绳的始末端;

——通过滑轮组或绕过滑轮的绳段;在机构进行重复作业的情况下,应特别注意机构吊载期间绕过滑轮的任何部位,见附录A;

——位于定滑轮的绳段；

——由于外部因素(例如舱口栏板)可能引起磨损的绳段；

——磨蚀及疲劳的内部检验，见附录 D；

——处于热环境绳段。

检验结果应记录在设备检验记录本上(典型示例见第 6 章和附录 B)。

3.4.2.2 **绳端部位(索具除外)**

应对从固接端引出的钢丝绳段进行检验，因为这个部位发生疲劳(断丝)和腐蚀是危险的。还应对固定装置本身的变形或磨损进行检验。

对于采用压制或锻造绳箍的绳端固定装置应进行类似的检验，并检验绳箍材料是否有裂纹以及绳箍与钢丝绳间是否有滑动的可能。

可拆卸的装置(楔形接头、绳夹、压板等)应检验其内部绳段和绳端内的断丝情况，并确保楔形接头和钢丝绳夹的紧固性，检验内容还包括绳端装置是否完全符合相关标准和操作规程的要求。

对编织的环状插扣式绳头应只使用在接头的尾部，以防绳端突出的钢丝伤手。而接头的其余部位应随时用肉眼检查其断丝情况。

如果断丝明显发生在绳端装置附近或绳端装置内，可将钢丝绳截短再重新装到绳端固定装置上使用，并且钢丝绳的长度必须满足在卷筒上缠绕的最少圈数的要求。

3.5 **报废标准**

钢丝绳使用的安全程度由下列项目判定(见 3.5.1～3.5.11)：

a) 断丝的性质和数量；

b) 绳端断丝；

c) 断丝的局部聚集；

d) 断丝的增加率；

e) 绳股断裂；

f) 绳径减小，包括绳芯损坏所致的情况；

g) 弹性降低；

h) 外部磨损；

i) 外部及内部腐蚀；

j) 变形；

k) 由于受热或电弧的作用而引起的损坏；

l) 永久伸长的增加率。

所有的检验均应考虑以上各项因素和其中主要因素。但钢丝绳的损坏往往是由多种因素综合累积造成的，主管人员应判断原因并决定钢丝绳是报废还是继续使用。

对于钢丝绳的损坏，检验人员首先应弄清其是否由机构上的缺陷所致，如果是这样，应在更换钢丝绳之前消除该缺陷。

3.5.1 **断丝的性质和数量**

起重机的总体设计不允许钢丝绳有无限长的寿命。

对于 6 股和 8 股的钢丝绳，断丝主要发生在外表。而对于多层股的钢丝绳(典型的多股结构)断丝大多发生在内部，因而是“不可见的”断裂。

因此，表 1 和表 2 是对 3.5.2～3.5.11 中的各种情况进行综合考虑后的断丝控制标准，它适用于各种结构的钢丝绳。

当制定抗扭钢丝绳的报废标准时，应考虑钢丝绳的结构、工作时间及其使用方式。钢制滑轮上工作的抗扭钢丝绳中断丝根数的控制标准见表 2 的规定。

对出现润滑油已发干或变质现象的局部绳段应予以特别注意。

3.5.2 **绳端断丝**

当绳端或其附近出现断丝时，即使数量很少也表明该部位应力很大，可能是由于绳端安装不正确造成的，应查明损坏原因。如果绳长允许，应将断丝的部位切去重新安装。

3.5.3 **断丝的局部聚集**

如果断丝紧靠一起形成局部聚集，则钢丝绳应报废。如这种断丝聚集在小于 $6d$ 的绳长范围内，或者集中在任一支绳股里，那么，即使断丝数比表 1 或表 2 列的数值少，钢丝绳也应予以报废。

3.5.4 **断丝的增加率**

在某些使用场合，疲劳是引起钢丝绳损坏的主要原因，断丝则是在使用一个时期以后才开始出现。当断丝数逐渐增加，其时间间隔越来越短时，为了判定断丝的增加率，应仔细检验并记录断丝增加情况。

利用这个“规律”可用来确定钢丝绳未来报废的日期。

表 1 钢制滑轮上工作的圆股钢丝绳中断丝根数的控制标准

外层绳股承载钢丝数[a] n	钢丝绳典型结构示例[b]（GB 8918—2006 GB/T 20118—2006）[e]	起重机用钢丝绳必须报废时与疲劳有关的可见断丝数[c]							
		机构工作级别							
		M1、M2、M3、M4				M5、M6、M7、M8			
		交互捻		同向捻		交互捻		同向捻	
		长度范围[d]				长度范围[d]			
		≤6 d	≤30 d	≤6 d	≤30 d	≤6 d	≤30 d	≤6 d	≤30 d
≤50	6×7	2	4	1	2	4	8	2	4
51≤n≤75	6×19S*	3	6	2	3	6	12	3	6
76≤n≤100		4	8	2	4	8	16	4	8
101≤n≤120	8×19S* 6×25Fi*	5	10	2	5	10	19	5	10
121≤n≤140		6	11	3	6	11	22	6	11
141≤n≤160	8×25Fi	6	13	3	6	13	26	6	13
161≤n≤180	6×36WS*	7	14	4	7	14	29	7	14
181≤n≤200		8	16	4	8	16	32	8	16
201≤n≤220	6×41WS*	9	18	4	9	18	38	9	18
221≤n≤240	6×37	10	19	5	10	19	38	10	19
241≤n≤260		10	21	5	10	21	42	10	21
261≤n≤280		11	22	6	11	22	45	11	22
281≤n≤300		12	24	6	12	24	48	12	24
300<n[b]		0.04 n	0.08 n	0.02 n	0.04 n	0.08 n	0.16 n	0.04 n	0.08 n

a 填充钢丝不是承载钢丝，因此检验中要予以扣除。多层绳股钢丝绳仅考虑可见的外层，带钢芯的钢丝绳，其绳芯作为内部绳股对待，不予考虑。

b 统计绳中的可见断丝数时，圆整至整数值。对外层绳股的钢丝直径大于标准直径的特定结构的钢丝绳，在表中做降低等级处理，并以 * 号表示。

c 一根断丝可能有两处可见端。

d d 为钢丝绳公称直径。

e 钢丝绳典型结构与国际标准的钢丝绳典型结构是一致的。

3.5.5 绳股断裂

如果出现整根绳股的断裂,钢丝绳应予以报废。

表 2 钢制滑轮上工作的抗扭钢丝绳中断丝根数的控制标准

达到报废标准的起重机用钢丝绳与疲劳有关的可见断丝数[a]			
机构工作级别 M1、M2、M3、M4		机构工作级别 M5、M6、M7、M8	
长度范围[b]		长度范围[b]	
≤6 d	≤30 d	≤6 d	≤30 d
2	4	4	8

a 一根断丝可能有两处可见端。

b d 为钢丝绳公称直径。

3.5.6 由于绳芯损坏而引起的绳径减小

绳芯损坏导致绳径减小可由下列原因引起:

a) 内部磨损和压痕;

b) 由钢丝绳中各绳股和钢丝之间的摩擦引起的内部磨损,尤其当钢丝绳经受弯曲时更是如此;

c) 纤维绳芯的损坏;

d) 钢丝芯的断裂;

e) 多层股结构中内部股的断裂。

如果这些因素引起钢丝绳实测直径(互相垂直的两个直径测量的平均值)相对公称直径减小3%(对于抗扭钢丝绳而言)或减少10%(对于其他钢丝绳而言),则即使未发现断丝该钢丝绳也应予以报废。

注:新钢丝绳的实际直径可能大于公称直径,允许的磨损量将因此而相应增大。

微小的损坏,特别是当所有各绳股中应力处于良好平衡时,用通常的检验方法可能是不明显的。然而这种情况会引起钢丝绳的强度大大降低。所以,有任何内部细微损坏的迹象时,均应对钢丝绳内部进行检验。一经证实损坏,则该钢丝绳就应报废(见附录D)。

3.5.7 外部磨损

钢丝绳外层绳股的钢丝表面的磨损,是由于它在压力作用下与滑轮或卷筒的绳槽接触摩擦造成的。这种现象在吊载加速或减速运动时,在钢丝绳与滑轮接触的部位特别明显,并表现为外部钢丝磨成平面状。

润滑不足或不正确的润滑以及存在灰尘和砂粒都会加剧磨损。

磨损使钢丝绳的断面积减小而强度降低。当钢丝绳直径相对于公称直径减小7%或更多时,即使未发现断丝,该钢丝绳也应报废。

3.5.8 弹性降低

在某些情况下(通常与工作环境有关),钢丝绳的弹性会显著降低,继续使用是不安全的。

钢丝绳的弹性降低较难发现,如检验人员有任何怀疑,应征询钢丝绳专家的意见。弹性降低通常伴随下述现象:

a) 绳径减小;

b) 钢丝绳捻距增大;

c) 由于各部分相互压紧,钢丝之间和绳股之间缺少空隙;

d) 绳股凹处出现细微的褐色粉末;

e) 虽未发现断丝,但钢丝绳明显的不易弯曲和直径减小比起单纯是由于钢丝磨损而引起的减小要严重得多。这种情况会导致在动载作用下钢丝绳突然断裂，故应立即报废。

3.5.9　**外部及内部腐蚀**

腐蚀在海洋或工业污染的大气中特别容易发生。它不仅使钢丝绳的金属断面减少导致破断强度降低，还将引起表面粗糙、产生裂纹从而加速疲劳。严重的腐蚀还会降低钢丝绳弹性。

3.5.9.1　**外部腐蚀**

外部钢丝的腐蚀可用肉眼观察。

3.5.9.2　**内部腐蚀**

内部腐蚀比经常伴随它出现的外部腐蚀较难发现。但下列现象可供参考：

a)　钢丝绳直径的变化。钢丝绳在绕过滑轮的弯曲部位直径通常变小。但对于静止段的钢丝绳则常由于外层绳股出现锈蚀而引起钢丝绳直径的增加。

b)　钢丝绳外层绳股间的空隙减小，还经常伴随出现外层绳股之间断丝。

如果有任何内部腐蚀的迹象，则应按附录D的说明由主管人员对钢丝绳进行内部检验。若确认有严重的内部腐蚀，则钢丝绳应立即报废。

3.5.10　**变形**

钢丝绳失去正常形状产生可见的畸形称为“变形”。这种变形会导致钢丝绳内部应力分布不均匀。

钢丝绳的变形从外观上区分，主要可分下述几种：

3.5.10.1　**波浪形**(见附录E中的图E.8)

波浪形是：钢丝绳的纵向轴线呈螺旋线形状。这种变形不一定导致强度上的损失，但变形严重时会产生跳动造成不规则的传动。时间长了会引起磨损及断丝。

出现波浪形时(见图1)，在钢丝绳长度不超过25 d 的范围内，若 $d_1 \geqslant 4\ d/3$，则钢丝绳应报废。

式中 d 为钢丝绳的公称直径；d_1 是钢丝绳变形后包络的直径。

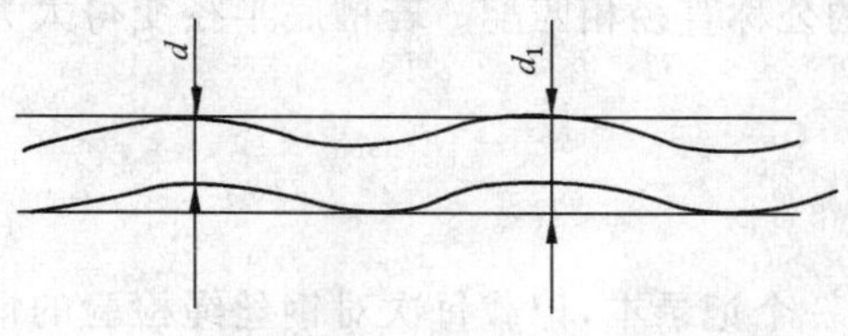

图1　波浪形钢丝绳

3.5.10.2　**笼状畸变**(见图E.9)

这种变形主要出现在具有钢芯的钢丝绳上。当外层绳股发生脱节或者变得比内部绳股长的时候，处于松弛状态的钢丝绳突然受载时就会产生这种变形。笼状畸变的钢丝绳应立即报废。

3.5.10.3　**绳股挤出**(见图E.10)

这种状况通常伴随笼状畸变一起产生。绳股挤出使钢丝绳处于失衡状态。绳股挤出的钢丝绳应立即报废。

3.5.10.4　**钢丝挤出**(见图E.11和E.12)

这种变形是一部分钢丝或钢丝束在钢丝绳背对着滑轮槽的一侧拱起形成环状。这种变形常由冲击载荷引起。若此种变形严重，则钢丝绳应立即报废。

3.5.10.5　**绳径局部增大**(见图E.13和E.14)

钢丝绳直径有可能发生局部增大，并能波及相当长的一段钢丝绳。绳径增大通常与绳芯畸变有关(如在特殊环境中，纤维芯因受潮而膨胀)，其结果是外层绳股受力不均匀，而造成绳股错位。

绳径局部严重增大的钢丝绳应报废。

3.5.10.6　**绳径局部减小**(见图E.17)

钢丝绳直径的局部减小常常与绳芯的断裂有关。应特别仔细检查靠绳端部位有无此种变形。

绳径局部严重减小的钢丝绳应报废。

3.5.10.7 **部分被压扁**(见图 E.18 和 E.19)

钢丝绳部分被压扁是由于机械事故造成的。严重时钢丝绳应报废。

3.5.10.8 **扭结**(见图 E.15 和 E.16)

扭结是由于钢丝绳成环状在不可能绕其轴线转动的情况下被拉紧而造成的一种变形。其结果是出现捻距不均而引起过度磨损,严重时钢丝绳将产生扭曲,以致仅存极小强度。

严重扭结的钢丝绳应立即报废。

3.5.10.9 **弯折**(见图 E.20)

弯折是钢丝绳由外界因素引起的角度变形。

这种变形的钢丝绳应立即报废。

3.5.11 **由于受热或电弧的作用而引起的损坏**

钢丝绳经受特殊热力作用其外表出现颜色变化时应报废。

4 钢丝绳的使用情况记录

由检验人员作的准确记录,可为了解起重机上钢丝绳的使用情况提供参考。这些资料在调整维修程序以及调控备用钢丝绳的库存方面都是有用的。但不能因此放松检验或超出本标准条款的规定延长钢丝绳的使用期限。

5 与钢丝绳有关的设备情况

缠绕钢丝绳的卷筒和滑轮应定期检查,确保这些部件运转正常。

不灵活或被卡住的滑轮或转动件急剧且不均匀的磨损,导致其配用的钢丝绳严重磨损。失效的平衡轮能使绕过的钢丝绳受载不均衡。

所有滑轮槽底半径应与绳的公称直径相匹配。若槽底半径变得太大或太小,则应重新车削绳槽或更换滑轮。

6 钢丝绳检验记录

每次定期检验,用户应备有一个记录本,记载每次对钢丝绳检验的情况,检验记录的典型示例见附录 B。

7 钢丝绳的储存和鉴别

备用钢丝绳应储存在清洁、干燥的仓库内,并提供检验记录和鉴别的方法,以防止其损坏。

附　录　A
（资料性附录）
钢丝绳可能出现缺陷的部位的示意图及说明

图 A.1

A.1　卷筒部位

A.1.1　检查钢丝绳在卷筒上的终端部位。

A.1.2　检查因卷绕不当引起的钢丝绳变形(压扁)及磨损,在钢丝绳升层处可能更严重。

A.1.3　检查断丝。

A.1.4　检查腐蚀情况。

A.1.5　查看由突然加载所引起的变形。

A.2　定滑轮及固定点部位

A.2.1　检查绕过定滑轮或靠近定滑轮绳段的断丝与磨损。

A.2.2　检查固定点处钢丝绳的断丝与腐蚀。

A.2.3　查看变形情况。

A.2.4　检查绳径。

A.3　动滑轮部位

A.3.1　仔细检查通过动滑轮的绳段，特别是当设备承载时位于滑轮区间的绳段。

A.3.2　检查断丝与表面磨损。

A.3.3　检查腐蚀情况。

附　录　B
（资料性附录）
检验记录的典型示例

表 B.1

<table>
<tr><td colspan="4">钢丝绳数据表</td><td colspan="3">机构、用途</td></tr>
<tr><td colspan="4">结构：
钢丝绳捻向：右旋/左旋[a]
捻制种类：交互捻/同向捻[a]
公称直径：
抗拉强度级别：
质量：不镀锌的/镀锌的[a]
绳芯类型：钢的/天然或合成织物的/混合的[a]
使用前状态：
绳长：
绳端固定型式：</td><td colspan="3">安装日期：

报废日期：

最小破断载荷：

工作载荷：

实测直径：

实测时承受的载荷：</td></tr>
<tr><td>可见断丝数</td><td>外部钢丝的磨损</td><td>锈蚀</td><td>绳径减小</td><td rowspan="2">测量位置</td><td>总的评价</td><td>损坏和变形</td></tr>
<tr><td>6 d 长度内</td><td>损伤程度[b]</td><td>损伤程度[b]</td><td>%</td><td>损伤程度[b]</td><td>特征</td></tr>
<tr><td></td><td></td><td></td><td></td><td></td><td></td><td></td></tr>
<tr><td></td><td></td><td></td><td></td><td></td><td></td><td></td></tr>
<tr><td></td><td></td><td></td><td></td><td></td><td></td><td></td></tr>
<tr><td></td><td></td><td></td><td></td><td></td><td></td><td></td></tr>
<tr><td></td><td></td><td></td><td></td><td></td><td></td><td></td></tr>
<tr><td></td><td></td><td></td><td></td><td></td><td></td><td></td></tr>
<tr><td></td><td></td><td></td><td></td><td></td><td></td><td></td></tr>
<tr><td colspan="4">日期：</td><td colspan="3">签名：</td></tr>
<tr><td colspan="4">制绳厂：
其他观察结果：</td><td colspan="3">工作时数：
报废原因：</td></tr>
<tr><td colspan="7">a　标出可应用的部分。
b　该栏中应记述：轻度，中度，重度，极重，报废。</td></tr>
</table>

附 录 C
（资料性附录）
钢丝绳检验频度

C.1 范围

本附录推荐钢丝绳检验频度的准则。

C.2 日常观察

只要有可能和看得见，在每个工作日对钢丝绳均应做检验，以便发现一般性损伤与变形。特别应注意钢丝绳在起重机上的固接部位。

C.3 定期检验

为确定检验频度，须考虑下列各点：

——国家对该起重机的法规要求；

——起重机械类型及其工作环境；

——起重机的工作级别；

——前几次检验的结果。

在任一事故之后，以及钢丝绳重新装上投入使用时，均应进行一次检验。

C.3.1 一般建筑工地的起重机

流动式起重机和塔式起重机：每星期至少应检验一次。

C.3.2 对需较长期工作的起重机上使用的钢丝绳，定期检验至少应每月进行一次。

注：当出现损伤时，为慎重起见，应缩短检验的时间间隔。

附 录 D
（资料性附录）
钢丝绳内部检验

对钢丝绳的使用和报废情况的检验表明，内部损伤是许多钢丝绳失效的首要原因，主要由于腐蚀和正常的疲劳发展所造成。通常的外部检验可能发现不了内部损坏的程度，甚至到了迫近断裂的危险地步也是如此。

内部检验要由主管人员进行。

D.1 范围

各种股型的钢丝绳均需充分地松开以便对其内部情况作评定。这对粗的钢丝绳是有困难的。然而，起重机上用的大多数钢丝绳，只要张力为零时就能进行内部检验。

D.2 方法

本方法是将两个适当尺寸的夹钳以一定的间隔距离牢固地夹到钢丝绳上，朝着与钢丝绳捻向相反的方向对夹钳施加一个力，外层绳股就会散开并脱离绳芯（见图 D.1）。但不要使夹钳绕钢丝绳周围打滑，各绳股的位移也不宜太大。

当钢丝绳略微拧开时，可用一只像改锥大小的探针把妨碍观测钢丝绳内部的润滑脂或碎屑清除掉。

应观测的主要内容是：

——内部润滑状态；

——腐蚀程度；

——由于挤压或磨损引起的钢丝损坏痕迹；

——有无断丝（这些不一定易于发现）。

检验之后，在拧开部位放入一些维修油膏，并以适度的力量转动夹钳使绳股在绳芯周围准确复位。卸掉夹钳之后，钢丝绳外表面通常应涂以润滑脂。

D.3 邻近绳端的钢丝绳段（见图 D.2）

检验这个部位的钢丝绳，只要使用单个夹钳就够了。因用接头锚固系统或用销轴适当地穿过绳端尾部就能保证第二端不动。

D.4 应检验的部位

由于不可能对钢丝绳全长都作内部检验，所以应合理地选择检验的区段。建议在起重机承受载荷时，对卷绕在卷筒上、绕过滑轮或滚动件的钢丝绳与绳槽啮合的绳段进行检验。对在制动时承受冲击力较集中的那些局部区段（即靠近卷筒或臂架头部滑轮），特别是长期暴露在露天的那些区段进行检验。

对靠近绳端的绳段特别是对固定钢丝绳应加以注意，诸如支持绳或悬挂绳。

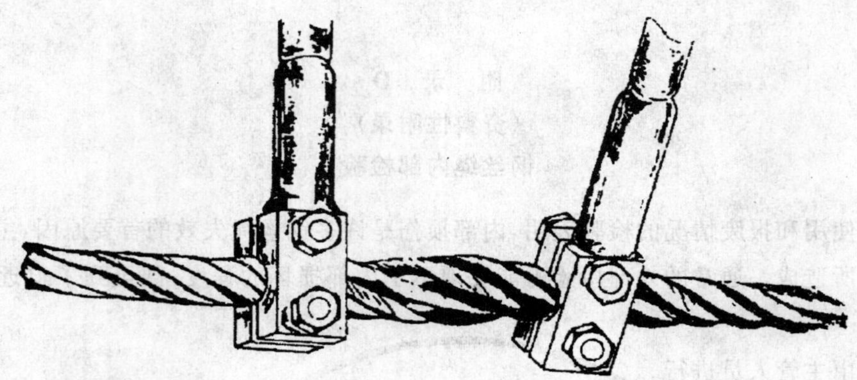

图 D.1　对一段连续钢丝绳作内部检验(张力为零)

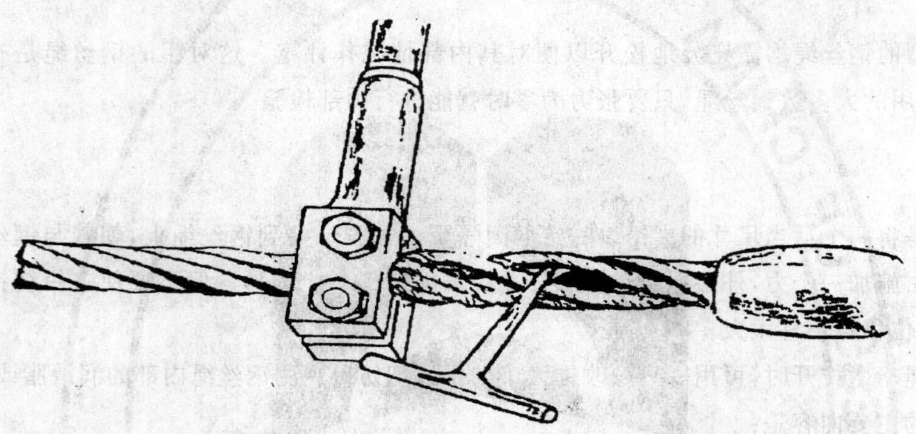

图 D.2　对靠近接头的钢丝绳尾部作内部检验(张力为零)

附　录　E
（资料性附录）
钢丝绳可能出现缺陷的典型示例

注：为了引起重视，许多插图夸张性地显示了损伤状况。像图中示出的这种钢丝绳早就应该报废了。

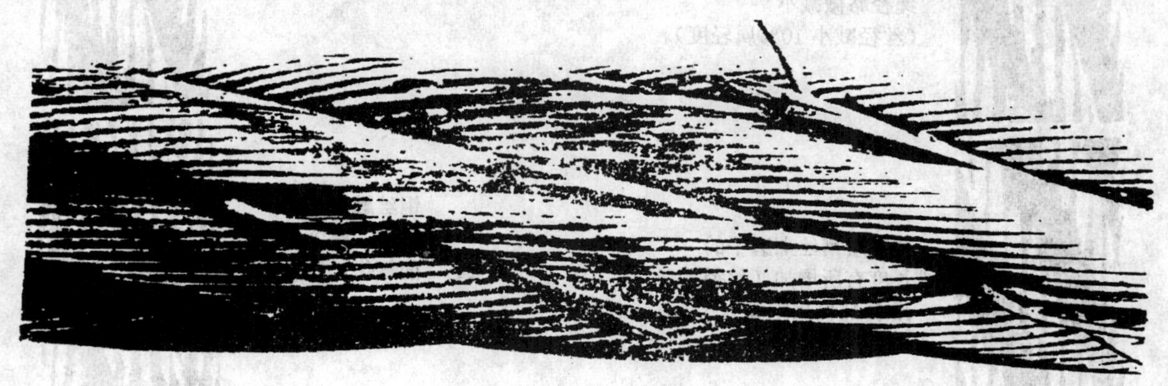

图 E.1　交互捻钢丝绳两相邻绳股中的断丝及钢丝的位移——应报废

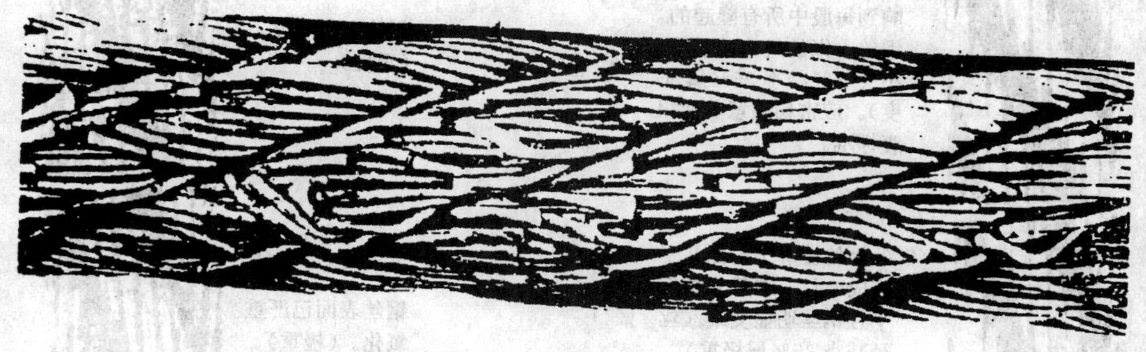

图 E.2　交互捻钢丝绳大量断丝伴随着严重的磨损——应立即报废

图 E.3　同向捻钢丝绳在一股中有断丝，并伴随着轻度的磨损——如果这种情况代表着最严重的缺陷，应继续使用（但断丝应剪去断开端，使钢丝的尾部处在绳股空隙之中，这样就可防止进一步损伤相邻的钢丝）

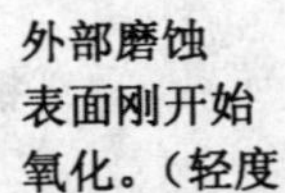

磨损
外层钢丝轻度磨平，
绳径略微减小
（丝径减小 10%属轻度）。

各外层钢丝上磨平的
长度有所增加（丝径
减小 15%属中度）。

钢丝上磨平面更长，影
响到每股中所有隆起的
钢丝。绳的尺寸明显减
小（丝径减小 25%属重
度）。应密切注意其他报
废标准。

各钢丝被磨平的面几乎
连成一片，绳股轻微变
平且钢丝明显变细（丝
径减小 35%属极重），
可以报废。还应仔细观
察有无达到其他报废标
准。如继续使用，则应
增加检验次数。

磨平面相互衔接，钢丝
变得松弛（丝径估计减
小了 40%，立即报废）。

外部磨蚀
表面刚开始
氧化。（轻度）

钢丝触摸感觉
粗糙，整个表
面氧化。（中度）

氧化更为明显。
（重度）

钢丝表面已严重
氧化。（极重）

表面出现深坑，
钢丝相当松弛。
（立即报废）

图 E.4　交互捻钢丝绳的磨损和外部腐蚀的发展过程举例

图 E.5 靠近平衡滑轮的局部绳段，若干绳股有断丝(有时断丝被滑轮挡住)——应报废

图 E.6 靠近平衡滑轮的局部绳段，在两支绳股上有断丝，
同时出现因滑轮卡住而引起的局部严重磨损——应报废

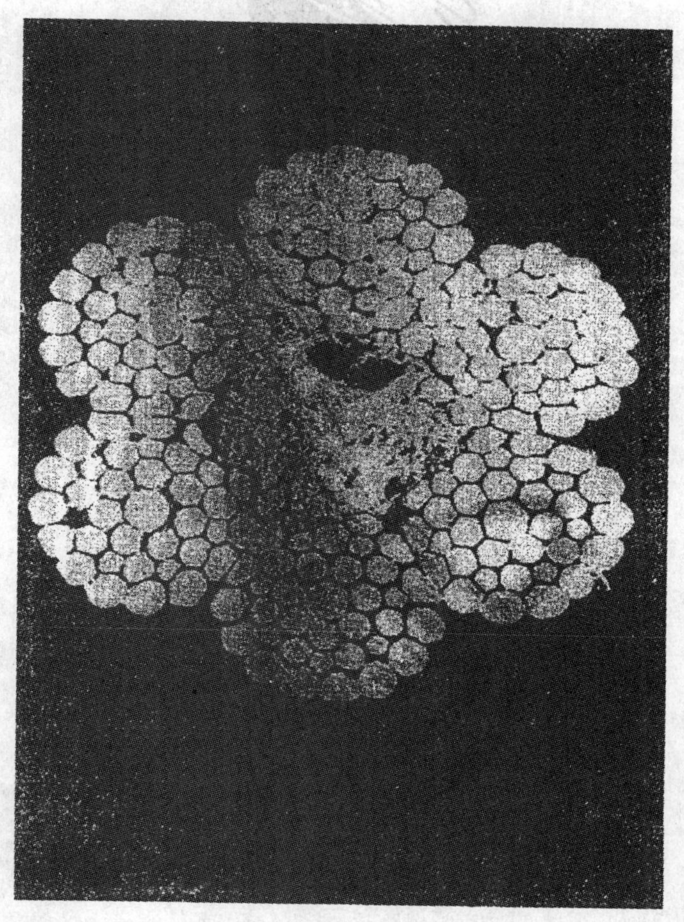

图 E.7 内部严重锈蚀示例：绳股中许多外层钢丝的面积减小，这些钢丝与绳芯接触，
明显地看出挤压严重且绳股的空隙减小——应立即报废

图 E.8 波浪形钢丝绳的纵向轴线呈螺旋状的一种变形。如果变形超过 3.5.10.1 的规定值,钢丝绳应报废

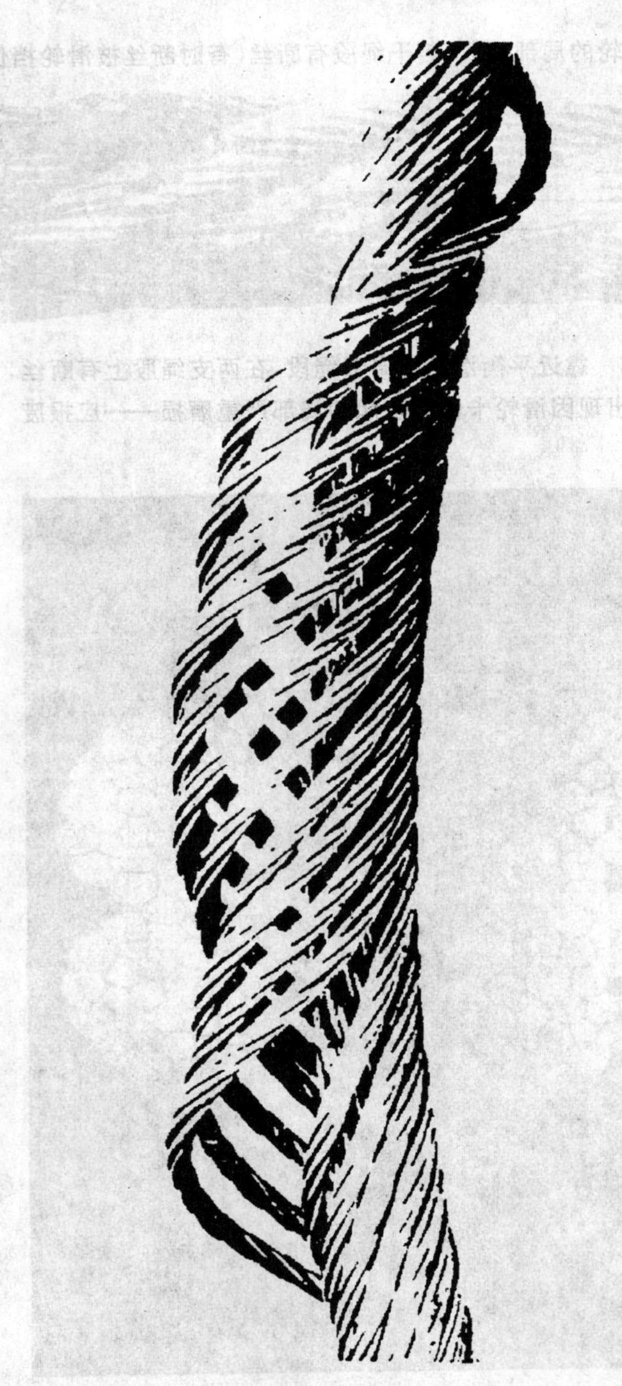

图 E.9 多股绳的笼状(乌笼形)畸变——应立即报废

图 E.10 钢芯挤出，通常伴随着邻近位置的笼状畸变——应立即报废

图 E.11　虽然对某一段长度的钢丝绳所作的检验表明，变形间距(通常为捻距)尚有规律，但仅在一支绳股中有钢丝挤出

图 E.12　上述缺陷严重恶化——应立即报废(打桩机用起重钢丝绳是一典型)

图 E.13　同向捻钢丝绳直径的局部增大:常由冲击载荷导致的钢芯畸变而引起——应立即报废

图 E.14 钢丝绳直径的局部增大:是由于纤维芯变质在外层股间突出而引起——应报废

图 E.15　严重扭结:钢丝绳搓捻过紧而引起纤维芯的突出——应立即报废

图 E.16　钢丝绳在安装时已遭到扭结但仍装上使用,以致产生局部磨损及钢丝松弛——应报废

图 E.17　绳径局部减小:由于外层绳股取代了已经散开的纤维绳芯而引起,注意尚有断丝——应立即报废

图 E.18　部分被压扁:是由于局部被压裂造成绳股间不平衡加之断丝而引起的——应报废

图 E.19　多股绳的部分被压扁:由于在卷筒上卷绕不当而造成。注意外层绳股的捻距增加的程度,在载荷状态下应力将处于不平衡——应报废

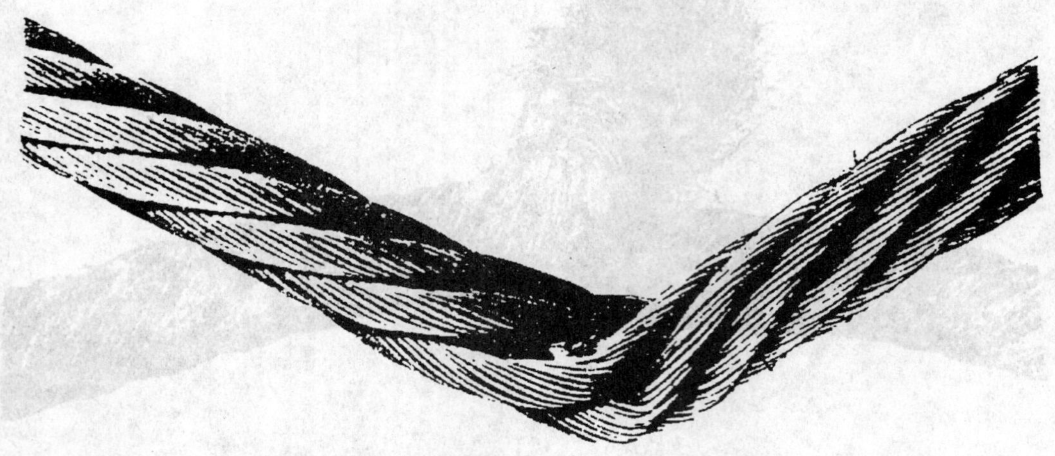

图 E.20 严重弯折之一例——应报废

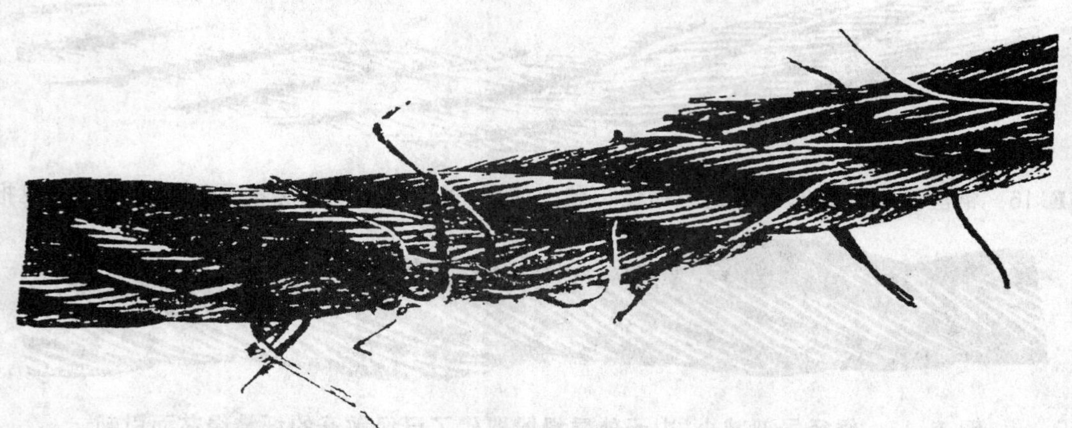

图 E.21 当钢丝绳已跳出滑轮绳槽并被楔住的典型示例:已经形成“部分被压扁”形式的变形并有局部磨损和许多断丝——应立即报废

图 E.22 若干种损坏因素累积的后果:特别注意外层钢丝的严重磨损导致钢丝的松弛,以致笼状畸变正在形成,并有若干处断丝——应立即报废

参 考 文 献

［1］ ISO 4301-1:1986 起重机和起重机械 分类 第1部分:总则

［2］ ISO 4306-1:1990 起重机 术语 第1部分:通用术语

ICS 53.020.30
J 80

中华人民共和国国家标准

GB/T 5973—2006
代替 GB/T 5973—1986

钢丝绳用楔形接头

Cuneiform connector for use with steel wire ropes

2006-04-03 发布　　2006-09-01 实施

中华人民共和国国家质量监督检验检疫总局
中国国家标准化管理委员会　发布

前　言

本标准代替 GB/T 5973—1986《钢丝绳用楔形接头》。

本标准与 GB/T 5973—1986 相比主要变化如下：

——增加了“前言”；

——表 1 中的许用载荷和断裂载荷参数作了修改，去掉了“开口销”一栏；

——表 2 中 B_2、C_1、C_2 及 H 尺寸作了调整；

——表 3 中的 R_5 尺寸作了微量调整，即楔的楔角略大于楔套的楔角；

——检验规则中增加了抽样方法；

——增加了附录 A《楔形接头的连接方法》。

本标准的附录 A 是资料性附录。

本标准由中国机械工业联合会提出。

本标准由全国起重机械标准化技术委员会(SAC/TC 227)归口。

本标准起草单位：大连大起集团有限责任公司。

本标准主要起草人：丁志强、刘大强。

本标准所代替标准的历次版本发布情况为：

——GB/T 5973—1986。

钢丝绳用楔形接头

1 范围

本标准规定了钢丝绳用楔形接头的型式和尺寸、技术要求、试验方法、检验规则、标志、包装、运输和储存。

本标准适用于各类起重机上的，符合 GB 8918—2006、GB/T 20118—2006 规定的绳端固定或连接的圆股钢丝绳用楔形接头（以下简称楔形接头）。

2 规范性引用文件

下列文件中的条款通过本标准的引用而成为本标准的条款。凡是注日期的引用文件，其随后所有的修改单（不包括勘误的内容）或修订版均不适用于本标准，然而，鼓励根据本标准达成协议的各方研究是否可使用这些文件的最新版本。凡是不注日期的引用文件，其最新版本适用于本标准。

GB 8918—2006 重要用途钢丝绳

GB/T 9439—1988 灰铸铁件

GB/T 11352—1989 一般工程用铸造碳钢件

GB/T 13384—1992 机电产品包装通用技术条件

GB/T 20118—2006 一般用途钢丝绳

3 型式和尺寸

3.1 楔形接头

3.1.1 楔形接头的型式和尺寸应符合图 1 和表 1 的规定。

3.1.2 标记示例

规格为 20（钢丝绳公称直径 d>18 mm～20 mm）的楔形接头，标记为：

楔形接头 GB/T 5973-20

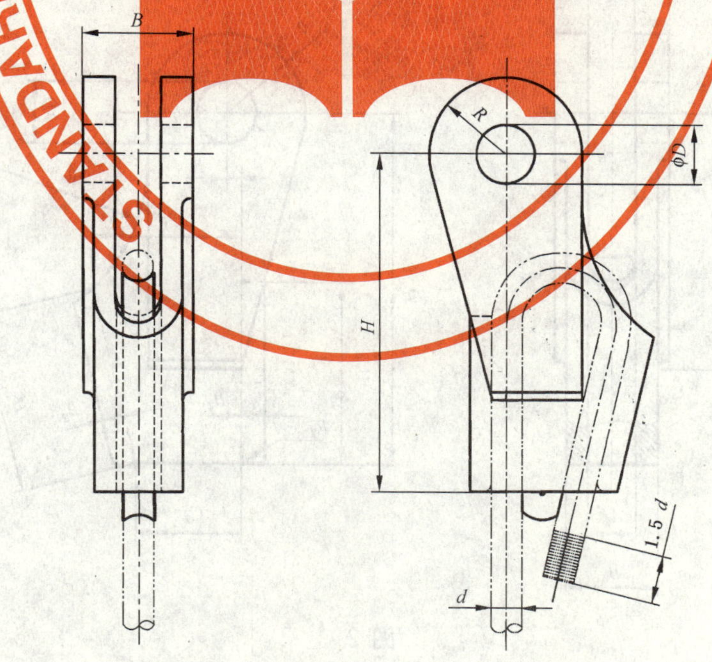

图 1

表 1

楔形接头规格（钢丝绳公称直径）d/mm	尺寸/mm					断裂载荷/kN	许用载荷/kN	单组质量/kg
	适用钢丝绳公称直径/d	B	D (H10)	H	R			
6	6	29	16	105	16	12	4	0.59
8	>6～8	31	18	125	25	21	7	0.80
10	>8～10	38	20	150	25	32	11	1.04
12	>10～12	44	25	180	30	48	16	1.73
14	>12～14	51	30	185	35	66	22	2.34
16	>14～16	60	34	195	42	85	28	3.27
18	>16～18	64	36	195	44	108	36	4.00
20	>18～20	72	38	220	50	135	45	5.45
22	>20～22	76	40	240	52	168	56	6.37
24	>22～24	83	50	260	60	190	63	8.32
26	>24～26	92	55	280	65	215	75	10.16
28	>26～28	94	55	320	70	270	90	13.97
32	>28～32	110	65	360	77	336	112	17.94
36	>32～36	122	70	390	85	450	150	23.03
40	>36～40	145	75	470	90	540	180	32.35
注：表中许用载荷和断裂载荷是楔套材料采用 GB/T 11352—1989 中规定的 ZG 270-500 铸钢件，楔的材料采用 GB/T 9439—1988 中规定的 HT 200 灰铸铁件确定的。								

3.2 楔套

3.2.1 楔套的型式和尺寸应符合图 2 和表 2 的规定。

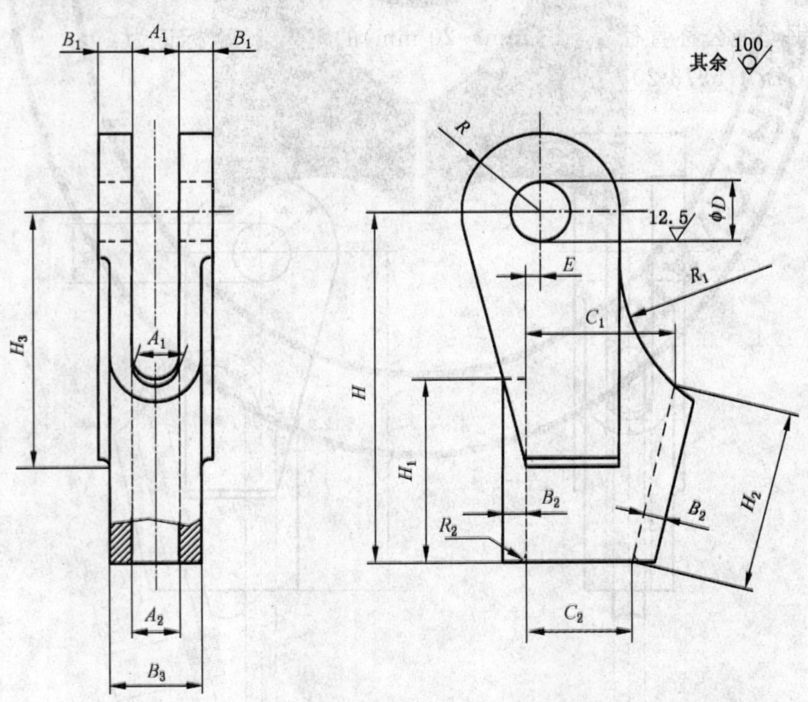

图 2

表 2

楔套规格（钢丝绳公称直径）d/mm	尺寸/mm																				单件质量/kg
	A_1		A_2		B_1	B_2	B_3	C_1		C_2		D	E	H	H_1	H_2	H_3	R	R_1	R_2	
	基本尺寸	极限偏差	基本尺寸	极限偏差				基本尺寸	极限偏差	基本尺寸	极限偏差										
6	13	$^{+1.0}_{0}$	11	$^{+1.0}_{0}$	8	7	25	30	$^{+1.0}_{0}$	20.5	$^{+1.0}_{0}$	16	3.0	105	45	43.0	60	16	40	2	0.452
8	15		13		8	7	27	39		27.0		18	3.5	125	55	51.0	80	25	50	2	0.623
10	18		16		10	8	30	49		32.5		20	4.5	150	75	71.0	100	25	60	3	0.802
12	20		18		12	10	36	58		40.5		25	5.5	180	80	75.0	110	30	70	3	1.309
14	23		21		14	13	41	69		50.5		30	6.5	185	85	79.0	140	35	80	3	1.708
16	26	$^{+1.5}_{0}$	24	$^{+1.5}_{0}$	17	15	48	77	$^{+1.5}_{0}$	56.5	$^{+1.5}_{0}$	34	7.5	195	95	88.0	140	42	90	4	2.379
18	28		26		18	17	52	87		65.5		36	8.5	195	100	92.0	150	44	100	4	2.948
20	30		28		21	18	58	93		68.0		38	9.5	220	115	107.0	160	50	110	4	3.939
22	32		29		22	22	64	104		80.0		40	10.5	240	115	107.0	180	52	120	5	4.571
24	35		32		24	24	71	112		86.5		50	11.5	260	120	109.0	200	60	130	5	5.928
26	38		35		27	25	76	120		92.5		55	12.5	280	130	118.0	210	65	140	6	7.153
28	40		36		27	25	78	119		83.0		55	13.5	320	165	154.0	230	70	155	6	9.906
32	44	$^{+2.0}_{0}$	40	$^{+2.0}_{0}$	33	27	84	146	$^{+2.0}_{0}$	104.0	$^{+2.0}_{0}$	65	15.0	360	190	180.0	270	77	175	7	12.948
36	48		44		37	32	96	166		120.5		70	17.0	390	210	195.0	280	85	195	7	16.848
40	55		51		45	32	103	184		125.5		75	19.0	470	260	246.0	340	90	210	8	23.665

3.2.2 标记示例

规格为 20（钢丝绳公称直径 $d>18$ mm～20 mm）的楔套，标记为：

楔套 GB/T 5973-20

3.3 楔

3.3.1 楔的型式和尺寸应符合图 3 和表 3 的规定。

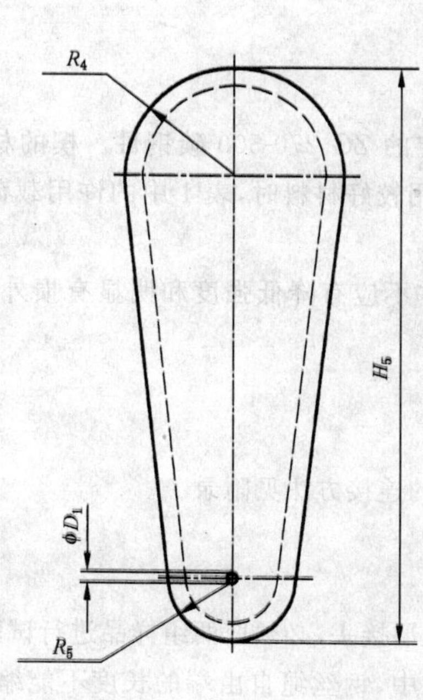

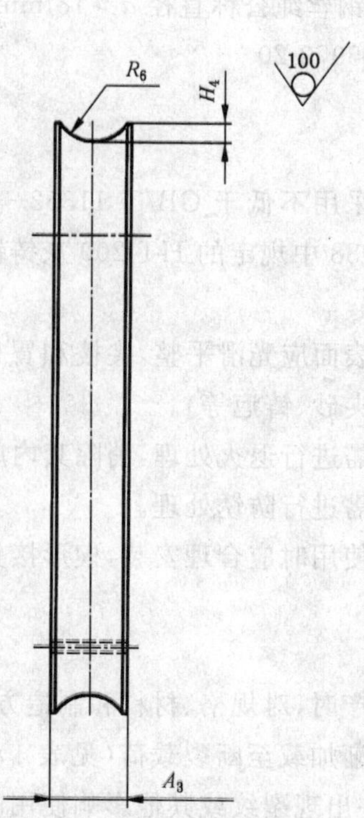

图 3

表 3

楔的规格(钢丝绳公称直径)d/mm	尺寸/mm							单件质量/kg
	A_3	H_4	H_5	R_4	R_5	R_6	D_1	
6	9	2	65	12	6.5	3.5	2	0.133
8	11	2	79	15	8.0	4.5		0.179
10	12	3	98	18	9.5	5.5		0.242
12	14	3	111	21	11.5	6.5		0.421
14	15	4	120	24	14.0	7.5	3.2	0.632
16	17	4	136	26	14.5	9.0		0.889
18	19	5	142	30	18.5	10.0		1.045
20	21	5	161	31	17.0	11.0		1.513
22	23	5	166	35	22.0	12.0	4	1.794
24	25	6	180	37	22.0	13.0		2.387
26	28	6	192	39	23.0	14.0		3.011
28	30	7	229	42	21.5	15.0		4.064
32	34	7	259	47	24.5	17.5	5	4.992
36	38	8	286	54	29.5	19.5		6.178
40	42	8	341	58	26.5	21.5		8.689

3.3.2 标记示例

规格为 20(钢丝绳公称直径 d>18 mm～20 mm)的楔,标记为:

楔 GB/T 5973-20

4 技术要求

4.1 楔套材料采用不低于 GB/T 11352—1989 中规定的 ZG 270-500 碳钢件。楔的材料采用不低于 GB/T 9439—1988 中规定的 HT 200 灰铸铁件。当采用较好材料时,表 1 中的许用载荷和断裂载荷允许适当提高。

4.2 楔套和楔表面应光滑平整,尖棱和冒口应除去,并不应有降低强度和明显有损外观的缺陷(如气孔、裂纹、疏松、夹砂、铸疤等)。

4.3 楔套和楔需进行退火处理,消除其内应力。

4.4 楔套和楔需进行防锈处理。

4.5 楔形接头使用时应合理安装,楔形接头与钢丝绳的连接方法见附录 A。

5 试验方法

5.1 在首次生产时,对规格、材料和制造方法相同的楔形接头,必须取两组样品进行试验。试验时先进行预紧,然后逐渐加载至断裂载荷(见表 1)。加载过程中,钢丝绳自由端的长度不能缩短。试验结果,楔套和楔不允许出现裂纹或其他影响使用的任何损伤。两组楔形接头均须符合要求,则该批楔形接头为合格。若两组楔形接头中有一组不符合要求,允许按上述规定从该批楔形接头中再抽取两组样品进行试验,如再有一组不符合要求或者首次试验时两组都不符合要求,则该批楔形接头为不合格。

5.2 当楔形接头的结构尺寸、材料规格以及制造工艺等有改变时，应按上述样品试验的要求，对改进后的楔形接头进行试验。

6 检验规则

6.1 楔形接头应由供方进行检验。供方应保证每批楔形接头符合本标准的要求，并附有产品质量合格证。

6.2 检验采用计件的两次抽样方法。即从提出验收的一批楔形接头中，每种规格任意抽取 n_1 组样品进行检验，若其中不合格组数不大于 C_1 组，则该批楔形接头即可验收；若大于或等于 C_2 组，则该批楔形接头不予验收。当大于 C_1 组而小于 C_2 组，则须进行第二次抽样检验，从该批楔形接头中再抽取 n_2 组样品，若两次抽取样品(n_1+n_2)中的不合格组数之和小于 C_2 组，应予验收；大于或等于 C_2 组，则不予验收。

6.3 检验项目的抽样数量(n_1；n_2)，判定数(C_1；C_2)及楔形接头的出厂试验按表 4 的规定。

表 4

检验项目	抽检方法(组数)[b]		
	批量	n_1/n_2	C_1/C_2
尺寸、外观	1～8[a]	2/—	0/—
	9～15	2/2	0/2
	16～25	3/3	0/2
	26～50	5/5	0/2
	51～90	8/8	0/2
	91～150	13/13	0/2
	151～280	20/20	0/3
	281～500	32/32	1/4
	501～1 200	50/50	2/7
性能	每批楔形接头应进行出厂试验，其试验方法和要求与第 5 章样品试验相同。		

a 此批量为一次性抽检。

b 一组楔形接头有几项尺寸和缺陷不合格时，应只计为 1 组。

6.4 需方有权对供方提交的楔形接头按 6.2 及 6.3 的规定进行验收检查。

7 标志、包装、运输和储存

7.1 在楔套和楔的醒目位置上应铸出其规格和供方的名称(或商标)的标志，标志的字迹应清晰。

7.2 楔套和楔所用包装形式及其材料须考虑楔套和楔在运输途中和保管期间不受损坏和腐蚀，并应符合 GB/T 13384 的规定。

7.3 楔套和楔应保证在正常的运输和保管条件下，其储存期自出厂日起 1 年内不生锈。

7.4 包装箱、盒、袋等的外表应有标志或标签，内容如下：

a) 供方名称或商标；

b) 产品名称；

c) 规格和数量；

d) 出厂编号和标准代号；

e) 制造日期和出厂日期；

f) 到站和收货单位；

g) 箱号、毛重、净重、体积；

h) 防潮标志。

7.5 上述规定以外的要求，由供需双方协商。

附　录　A
（资料性附录）
楔形接头的连接方法

楔形接头与钢丝绳的连接方法如图 A.1 所示。

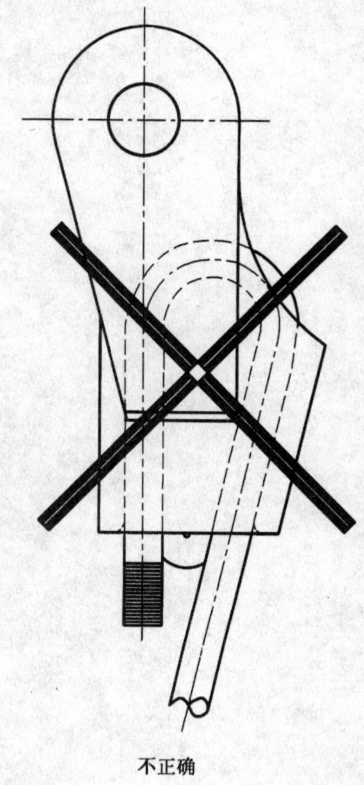
不正确

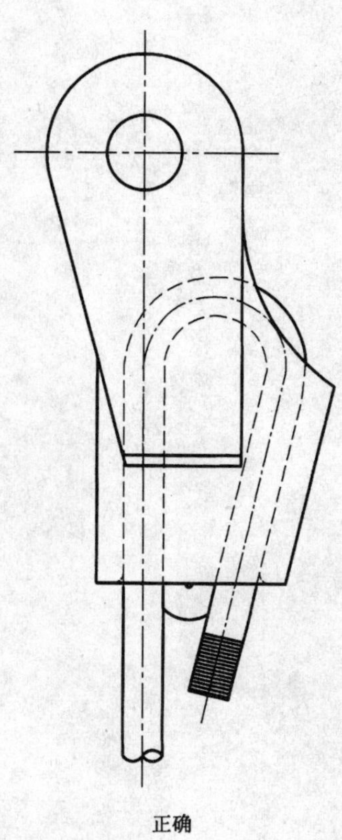
正确

图 A.1

ICS 53.020.30
J 80

中华人民共和国国家标准

GB/T 5974.1—2006
代替 GB/T 5974.1—1986

钢丝绳用普通套环

General purpose thimbles for use with steel wire ropes

2006-04-03 发布 2006-09-01 实施

中华人民共和国国家质量监督检验检疫总局
中国国家标准化管理委员会 发布

前　言

本部分代替 GB/T 5974.1—1986《钢丝绳用普通套环》。

本部分与 GB/T 5974.1—1986 相比主要变化如下：

——增加了“前言”；

——技术要求中“套环的最大承载能力应不低于钢丝绳的最小破断拉力的 32%”修改为“套环的最大承载能力应不低于公称抗拉强度为 1 770 MPa 圆股钢丝绳的最小破断拉力的 32%”；

——检验规则中抽样方法内容作了修改。

本部分由中国机械工业联合会提出。

本部分由全国起重机械标准化技术委员会(SAC/TC 227)归口。

本部分起草单位：大连大起集团有限责任公司。

本部分主要起草人：徐洪泽、丁志强。

本部分所代替标准的历次版本发布情况为：

——GB/T 5974.1—1986。

钢丝绳用普通套环

1 范围

本部分规定了钢丝绳用普通套环的型式和尺寸、技术要求、试验方法、检验规则、标志、包装、运输和储存。

本部分适用于 GB 8918—2006、GB/T 20118—2006 规定的圆股钢丝绳用普通套环(以下简称套环)。

2 规范性引用文件

下列文件中的条款通过 GB/T 5974 的本部分的引用而成为本部分的条款。凡是注日期的引用文件,其随后所有的修改单(不包括勘误的内容)或修订版均不适用于本部分,然而,鼓励根据本部分达成协议的各方研究是否可使用这些文件的最新版本。凡是不注日期的引用文件,其最新版本适用于本部分。

GB/T 699—1999 优质碳素结构钢

GB/T 700—1988 碳素结构钢

GB 8918—2006 重要用途钢丝绳

GB/T 13384—1992 机电产品包装通用技术条件

GB/T 20118—2006 一般用途钢丝绳

3 型式和尺寸

3.1 套环的型式和尺寸应符合图 1 和表 1 的规定

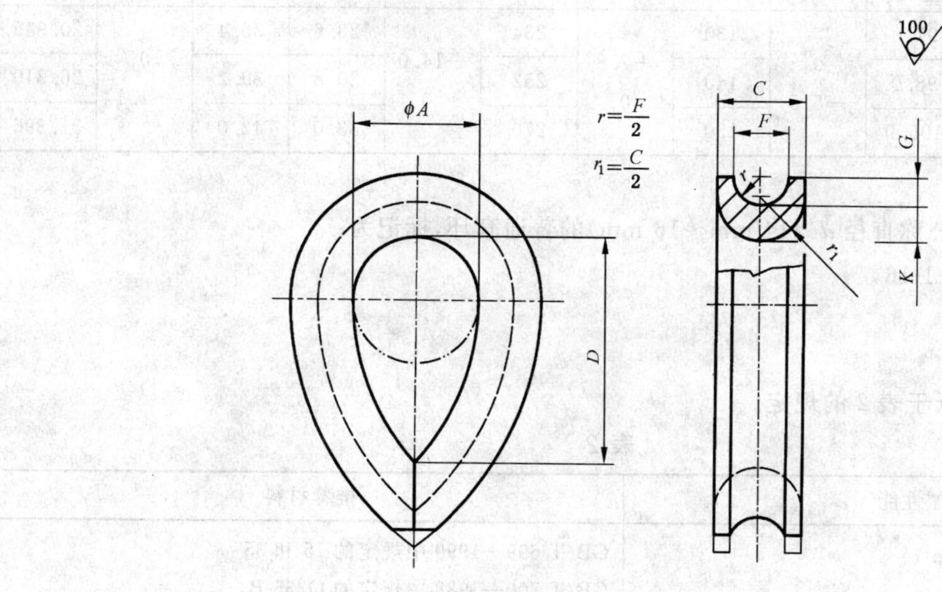

图 1

表 1

套环规格（钢丝绳公称直径）d/mm	尺寸/mm										单件质量/kg
	F	C		A		D		G	K		
		基本尺寸	极限偏差	基本尺寸	极限偏差	基本尺寸	极限偏差	min	基本尺寸	极限偏差	
6	6.7±0.2	10.5	0 −1.0	15	+1.5 0	27	+2.7 0	3.3	4.2	0 −0.1	0.032
8	8.9±0.3	14.0	0 −1.4	20	+2.0 0	36	+3.6 0	4.4	5.6	0 −0.2	0.075
10	11.2±0.3	17.5		25		45		5.5	7.0		0.150
12	13.4±0.4	21.0		30		54		6.6	8.4		0.250
14	15.6±0.5	24.5		35		63		7.7	9.8		0.393
16	17.8±0.6	28.0	0 −2.8	40	+4.0 0	72	+7.2 0	8.8	11.2	0 −0.4	0.605
18	20.1±0.6	31.5		45		81		9.9	12.6		0.867
20	22.3±0.7	35.0		50		90		11.0	14.0		1.205
22	24.5±0.8	38.5		55		99		12.1	15.4		1.563
24	26.7±0.9	42.0	0 −3.4	60	+4.8 0	108	+8.6 0	13.2	16.8	0 −0.6	2.045
26	29.0±0.9	45.5		65		117		14.3	18.2		2.620
28	31.2±1.0	49.0		70		126		15.4	19.6		3.290
32	35.6±1.2	56.0		80		144		17.6	22.4		4.854
36	40.1±1.3	63.0	0 −4.4	90	+6.0 0	162	+11.3 0	19.8	25.2	0 −0.8	6.972
40	44.5±1.5	70.0		100		180		22.0	28.0		9.624
44	49.0±1.6	77.0		110		198		24.2	30.8		12.808
48	53.4±1.8	84.0		120		216		26.4	33.6		16.595
52	57.9±1.9	91.0	0 −5.5	130	+7.8 0	234	+14.0 0	28.6	36.4	0 −1.1	20.945
56	62.3±2.1	98.0		140		252		30.8	39.2		26.310
60	66.8±2.2	105.0		150		270		33.0	42.0		31.396

3.2 标记示例

规格为16(钢丝绳公称直径 d>14 mm～16 mm)的普通套环，标记为：

套环 GB/T 5974.1-16

4 技术要求

4.1 套环的材料应不低于表2的规定。

表 2

机械性能	推荐材料
抗拉强度：375～530 N/mm^2 伸长率：不小于20%	GB/T 699—1999 中规定的15和35 GB/T 700—1988 中规定的Q235-B

4.2 套环表面(除供需双方另有协定外)应进行热浸镀锌，镀锌层的质量不低于120 g/m^2。镀锌后表面应光滑平整，不得有漏镀、锌粒、气泡、裂纹等缺陷。

4.3 套环成形后应光滑平整，不得有任何损害钢丝绳的裂纹、瑕疵、锐边和表面粗糙不平等缺陷。套环的尖端处应自由贴合，并将尖端部位截短至凹槽深的一半。

4.4 套环的最大承载能力应不低于公称抗拉强度为 1 770 MPa 的圆股钢丝绳最小破断拉力的 32%。

4.5 使用时，套环所采用的销轴直径不得小于钢丝绳直径的 2 倍。

5 试验方法

5.1 在首次生产时，对规格、材料和制造方法相同的套环，必须取两个样品进行试验。试验时，套环应固定在 6×36 WS（对于规格为 6，8，10 的套环应固定在 6×7）带金属绳芯的、公称抗拉强度为 1 770 MPa的钢丝绳上，用一直径为 1.5 d 的销轴穿过套环（其中 d 为钢丝绳的公称直经），并沿垂直于销轴轴线施加载荷，载荷为公称抗拉强度为 1 770 MPa 的圆股钢丝绳最小破断拉力的 32%。

5.2 试验卸载后，套环尺寸 A 的永久变形值不得大于初始值的 15%。两个套环均须符合要求，则该批套环方为合格。若两个套环中有一个不符合要求，允许按上述规定从该批套环中再抽取两个样品进行试验，如再有一个不符合要求或者首次试验时两个都不符合要求，则该批套环为不合格。

5.3 当套环的结构尺寸、材料规格以及制造工艺等有改变时，应按上述样品试验的要求，对改进后的套环进行试验。

6 检验规则

6.1 套环应由供方进行检验。供方应保证每批套环符合本标准的要求，并附有产品质量合格证。

6.2 检验采用计件的两次抽样方法。即从提供验收的一批套环中，每种规格任意抽取 n_1 件样品，若其中不合格件数不大于 C_1 件，则该批套环即可验收；若大于或等于 C_2 件，则该批套环不予验收。当大于 C_1 件而小于 C_2 件，则须进行第二次抽样检查，从该批套环中再抽取 n_2 件样品，若两次抽取样品（n_1+n_2）中的不合格件数之和小于 C_2 件，应予验收；大于或等于 C_2 件，则不予验收。

6.3 检验项目的抽样数量（n_1；n_2），判定数（C_1；C_2）及套环的出厂试验按表 3 的规定。

表 3

检验项目	抽检方法（件数）[b]		
	批　量	n_1/n_2	C_1/C_2
尺寸、外观	1～8[a]	2/—	0/—
	9～15	2/2	0/2
	16～25	3/3	0/2
	26～50	5/5	0/2
	51～90	8/8	0/2
	91～150	13/13	0/2
	151～280	20/20	0/3
	281～500	32/32	1/4
	501～1 200	50/50	2/7
性能	每批套环应进行出厂试验，其试验方法和要求与第 5 章样品试验相同。		

a　此批量为一次性抽检。

b　一个套环有几项尺寸和缺陷不合格时，应只计为 1 件。

6.4 需方有权对供方提交的套环按 6.2 及 6.3 的规定进行验收检查。

7 标志、包装、运输和储存

7.1 套环所用包装形式和材料应考虑套环在运输途中和保管期间不受损坏和腐蚀，并应符合

GB/T 13384的规定。

7.2 套环应保证在正常的运输和保管条件下，其储存期自出厂日起1年内不生锈。

7.3 包装箱、盒、袋等的外表应有标志或标签，内容如下：

a) 供方名称或商标；

b) 产品名称；

c) 规格和数量；

d) 出厂编号和标准代号；

e) 制造日期和出厂日期；

f) 到站和收货单位；

g) 箱号、毛重、净重、体积；

h) 防潮标志。

7.4 上述规定以外的要求，由供需双方协商。

ICS 53.020.30
J 80

中华人民共和国国家标准

GB/T 5974.2—2006
代替 GB/T 5974.2—1986

钢丝绳用重型套环

Heavy thimbles for use with steel wire ropes

2006-04-03 发布　　2006-09-01 实施

中华人民共和国国家质量监督检验检疫总局
中国国家标准化管理委员会　发布

前言

本部分代替 GB/T 5974.2—1986《钢丝绳用重型套环》。

本部分与 GB/T 5974.2—1986 相比主要变化如下：

——增加了“前言”；

——增加了 4.3:“需要时套环表面可进行防护处理,具体处理要求根据供需双方协议确定”；

——技术要求中“套环的最大承载能力应不低于钢丝绳的最小破断拉力”修改为“套环的最大承载能力应不低于公称抗拉强度为 1 870 MPa 圆股钢丝绳的最小破断拉力”；

——增加了第 5 章“试验方法”；

——检验规则中增加了抽样方法的内容；

——原标准第 3 章“标志”中“在每个套环上,应有永久性的、字迹清晰的公称尺寸和制造单位商标的标志”修改为“在每个套环上,应有永久性的、字迹清晰的规格、材料和供方名称(或商标)的标志”；

——增加了“包装、运输和储存”的内容。

本部分由中国机械工业联合会提出。

本部分由全国起重机械标准化技术委员会(SAC/TC 227)归口。

本部分起草单位:大连大起集团有限责任公司。

本部分主要起草人:徐洪泽、丁志强。

本部分所代替标准的历次版本发布情况为：

——GB/T 5974.2—1986。

钢丝绳用重型套环

1 范围

本部分规定了钢丝绳用重型套环的型式和尺寸、技术要求、试验方法、检验规则、标志、包装、运输和储存。

本部分适用于 GB 8918—2006、GB/T 20118—2006 中规定的圆股钢丝绳用重型套环(以下简称套环)。

2 规范性引用文件

下列文件中的条款通过 GB/T 5974 的本部分的引用而成为本部分的条款。凡是注日期的引用文件,其随后所有的修改单(不包括勘误的内容)或修订版均不适用于本部分,然而,鼓励根据本部分达成协议的各方研究是否可使用这些文件的最新版本。凡是不注日期的引用文件,其最新版本适用于本部分。

GB/T 1348—1988 球墨铸铁件

GB 8918—2006 重要用途钢丝绳

GB/T 9440—1988 可锻铸铁件

GB/T 11352—1989 一般工程用铸造碳钢件

GB/T 13384—1992 机电产品包装通用技术条件

GB/T 20118—2006 一般用途钢丝绳

3 型式和尺寸

3.1 套环的型式和尺寸应符合图 1 和表 1 的规定。

图 1

3.2 标记示例

规格为 16(钢丝绳公称直径 d>14 mm～16 mm),由可锻铸铁制成的重型套环标记为:

套环 GB/T 5974.2—16 KTH

表 1

<table>
<tr><th rowspan="3">套环规格(钢丝绳公称直径)d/mm</th><th colspan="15">尺寸/mm</th></tr>
<tr><th rowspan="2">F</th><th colspan="2">C</th><th colspan="2">A</th><th colspan="2">B</th><th colspan="2">L</th><th colspan="2">R</th><th rowspan="2">G
min</th><th rowspan="2">D</th><th rowspan="2">E</th><th rowspan="2">单件质量/kg</th></tr>
<tr><th>基本尺寸</th><th>极限偏差</th><th>基本尺寸</th><th>极限偏差</th><th>基本尺寸</th><th>极限偏差</th><th>基本尺寸</th><th>极限偏差</th><th>基本尺寸</th><th>极限偏差</th></tr>
<tr><td>8</td><td>8.9±0.3</td><td>14.0</td><td rowspan="4">0
−1.4</td><td>20</td><td rowspan="3">+0.149
+0.065</td><td>40</td><td rowspan="4">±2</td><td>56</td><td rowspan="4">±3</td><td>59</td><td rowspan="4">+3
0</td><td>6.0</td><td rowspan="6">5</td><td rowspan="6">20</td><td>0.08</td></tr>
<tr><td>10</td><td>11.2±0.3</td><td>17.5</td><td>25</td><td>50</td><td>70</td><td>74</td><td>7.5</td><td>0.17</td></tr>
<tr><td>12</td><td>13.4±0.4</td><td>21.0</td><td>30</td><td>60</td><td>84</td><td>89</td><td>9.0</td><td>0.32</td></tr>
<tr><td>14</td><td>15.6±0.5</td><td>24.5</td><td>35</td><td rowspan="4">+0.180
+0.080</td><td>70</td><td>98</td><td>104</td><td>10.5</td><td>0.50</td></tr>
<tr><td>16</td><td>17.8±0.6</td><td>28.0</td><td rowspan="4">0
−2.8</td><td>40</td><td>80</td><td rowspan="4">±4</td><td>112</td><td rowspan="4">±6</td><td>118</td><td rowspan="4">+6
0</td><td>12.0</td><td>0.78</td></tr>
<tr><td>18</td><td>20.1±0.6</td><td>31.5</td><td>45</td><td>90</td><td>126</td><td>133</td><td>13.5</td><td>1.14</td></tr>
<tr><td>20</td><td>22.3±0.7</td><td>35.0</td><td>50</td><td>100</td><td>140</td><td>148</td><td>15.0</td><td rowspan="7">10</td><td rowspan="7">30</td><td>1.41</td></tr>
<tr><td>22</td><td>24.5±0.8</td><td>38.5</td><td>55</td><td rowspan="6">+0.220
+0.100</td><td>110</td><td>154</td><td>163</td><td>16.5</td><td>1.96</td></tr>
<tr><td>24</td><td>26.7±0.9</td><td>42.0</td><td rowspan="4">0
−3.4</td><td>60</td><td>120</td><td rowspan="4">±6</td><td>168</td><td rowspan="4">±9</td><td>178</td><td rowspan="4">+9
0</td><td>18.0</td><td>2.41</td></tr>
<tr><td>26</td><td>29.0±0.9</td><td>45.5</td><td>65</td><td>130</td><td>182</td><td>193</td><td>19.5</td><td>3.46</td></tr>
<tr><td>28</td><td>31.2±1.0</td><td>49.0</td><td>70</td><td>140</td><td>196</td><td>207</td><td>21.0</td><td>4.30</td></tr>
<tr><td>32</td><td>35.6±1.2</td><td>56.0</td><td>80</td><td>160</td><td>224</td><td>237</td><td>24.0</td><td>6.46</td></tr>
<tr><td>36</td><td>40.1±1.3</td><td>63.0</td><td rowspan="4">0
−4.4</td><td>90</td><td rowspan="4">+0.260
+0.120</td><td>180</td><td rowspan="4">±9</td><td>252</td><td rowspan="4">±13</td><td>267</td><td rowspan="4">+13
0</td><td>27.0</td><td>9.77</td></tr>
<tr><td>40</td><td>44.5±1.5</td><td>70.0</td><td>100</td><td>200</td><td>280</td><td>296</td><td>30.0</td><td>12.94</td></tr>
<tr><td>44</td><td>49.0±1.6</td><td>77.0</td><td>110</td><td>220</td><td>308</td><td>326</td><td>33.0</td><td rowspan="5">15</td><td rowspan="5">45</td><td>17.02</td></tr>
<tr><td>48</td><td>53.4±1.8</td><td>84.0</td><td>120</td><td>240</td><td>336</td><td>356</td><td>36.0</td><td>22.75</td></tr>
<tr><td>52</td><td>57.9±1.9</td><td>91.0</td><td rowspan="3">0
−5.5</td><td>130</td><td rowspan="3">+0.305
+0.145</td><td>260</td><td rowspan="3">±13</td><td>364</td><td rowspan="3">±18</td><td>385</td><td rowspan="3">+19
0</td><td>39.0</td><td>28.41</td></tr>
<tr><td>56</td><td>62.3±2.1</td><td>98.0</td><td>140</td><td>280</td><td>392</td><td>415</td><td>42.0</td><td>35.56</td></tr>
<tr><td>60</td><td>66.8±2.2</td><td>105.0</td><td>150</td><td>300</td><td>420</td><td>445</td><td>45.0</td><td>48.35</td></tr>
</table>

4 技术要求

4.1 套环的材料应不低于表 2 的规定。

表 2

<table>
<tr><td colspan="2">套环规格</td><td>8</td><td>10</td><td>12</td><td>14</td><td>16</td><td>18</td><td>20</td><td>22</td><td>24</td><td>26</td><td>28</td><td>32</td><td>36</td><td>40</td><td>44</td><td>48</td><td>52</td><td>56</td><td>60</td></tr>
<tr><td rowspan="3">材料</td><td>可锻铸铁</td><td colspan="12">KTH 370-12
GB/T 9440—1988</td><td colspan="7">—</td></tr>
<tr><td>球墨铸铁</td><td colspan="12">—</td><td colspan="7">QT 450-10
GB/T 1348—1988</td></tr>
<tr><td>铸钢</td><td colspan="12">—</td><td colspan="7">ZG 270-500
GB/T 11352—1989</td></tr>
</table>

4.2 套环表面应光滑平整，尖棱和冒口应除去，且不得有降低强度和显著有损外观的缺陷（如气孔、裂纹、疏松、夹砂、铸疤等）。

4.3 需要时套环表面可进行防护处理，具体处理要求根据供需双方协议确定。

4.4 套环的最大承载能力应不低于公称抗拉强度为 1 870 MPa 圆股钢丝绳的最小破断拉力。

5 试验方法

5.1 首次生产时，对规格、材料和制造方法相同的套环，应取两个样品进行拉力试验（也可根据供需双方协议进行有关的性能试验）。试验时，套环应固定在 6×36 WS（对于规格为 8，10 的套环应固定在 6×7）带金属绳芯的、公称抗拉强度为 1 870 MPa 的钢丝绳上，用销轴穿过套环，并沿垂直于销轴轴线施加载荷，载荷为公称抗拉强度为 1 870 MPa 的圆股钢丝绳最小破断拉力。试验结果，套环不允许出现裂纹或其他影响使用的任何损伤。两个套环均须符合要求，则该批套环方为合格。若两个套环中有一个不符合要求，允许按上述规定从该批套环中再抽取两个样品进行试验，如再有一个不符合要求或者首次试验时两个都不符合要求，则该批套环为不合格。

5.2 当套环的结构尺寸、材料规格以及制造工艺等有改变时，应按上述样品试验的要求，对改进后的套环进行试验。

6 检验规则

6.1 套环应由供方进行检验。供方应保证每批套环符合本标准的要求，并附有产品质量合格证。

6.2 检验采用计件的两次抽样方法。即从提供验收的一批套环中，每种规格任意抽取 n_1 件样品进行检验，若其中不合格件数不大于 C_1 件，则该批套环即可验收；若大于或等于 C_2 件，则该批套环不予验收。当大于 C_1 件而小于 C_2 件，则须进行第二次抽样检查，从该批套环中再抽取 n_2 件样品，若两次抽取样品（n_1+n_2）中的不合格件数之和小于 C_2 件，应予验收；大于或等于 C_2 件，则不予验收。

6.3 检验项目的抽样数量（n_1；n_2），判定数（C_1；C_2）及套环的出厂试验按表 3 的规定。

表 3

检验项目	抽检方法（件数）[b]		
	批量	n_1/n_2	C_1/C_2
尺寸、外观	1～8[a]	2/—	0/—
	9～15	2/2	0/2
	16～25	3/3	0/2

表 3(续)

检验项目	抽检方法(件数)[b]		
	批量	n_1/n_2	C_1/C_2
尺寸、外观	26～50	5/5	0/2
	51～90	8/8	0/2
	91～150	13/13	0/2
	151～280	20/20	0/3
	281～500	32/32	1/4
	501～1 200	50/50	2/7
性能	每批套环应进行出厂试验,其试验要求和方法与第5章样品试验相同。		

a 此批量为一次性抽检。

b 一个套环有几项尺寸和缺陷不合格时,应只计为1件。

6.4 需方有权对供方提交的套环按6.2及6.3的规定进行验收检查。

7 标志、包装、运输和储存

7.1 在每个套环上,应有永久性的、字迹清晰的规格、材料和供方名称(或商标)的标志,其标志应位于醒目的位置上。

7.2 套环所用包装形式和材料应考虑套环在运输途中和保管期间不受损坏和腐蚀,并应符合GB/T 13384的规定。

7.3 套环应保证在正常的运输和保管条件下,其储存期自出厂日起1年内不生锈。

7.4 包装箱、盒、袋等的外表应有标志或标签,内容如下:

a) 供方名称或商标;

b) 产品名称;

c) 规格和数量;

d) 出厂编号和标准代号;

e) 制造日期和出厂日期;

f) 到站和收货单位;

g) 箱号、毛重、净重、体积;

h) 防潮标志。

7.5 上述规定以外的要求,由供需双方协商。

ICS 53.020.30
J 80

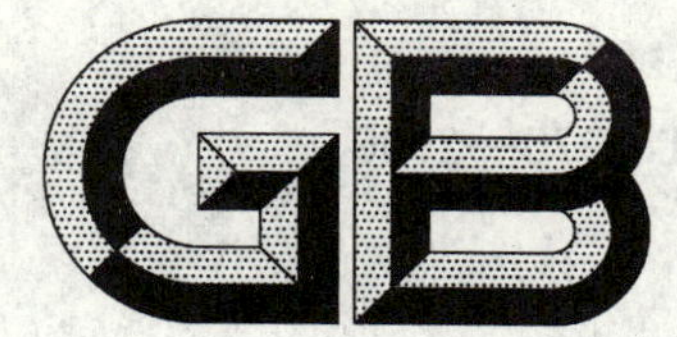

中华人民共和国国家标准

GB/T 5975—2006
代替 GB/T 5975—1986

钢丝绳用压板

Clamping plates for fixing steel wire ropes

2006-04-03 发布　　2006-09-01 实施

中华人民共和国国家质量监督检验检疫总局
中国国家标准化管理委员会　发布

前 言

本标准代替 GB/T 5975—1986《钢丝绳用压板》。

本标准与 GB/T 5975—1986 相比主要变化如下：

——增加了“前言”；

——删除了范围中“钢丝绳电动葫芦和多层缠绕的起重机用卷筒除外”的内容；

——增加了两个压板序号(即规格)，压板所适用的钢丝绳公称直径由 6～52 mm 增至 60 mm；

——增加了 4.3：“需要时压板表面可进行防护处理，具体处理要求根据供需双方协议确定”；

——检验规则中补充了抽样方法。

本标准由中国机械工业联合会提出。

本标准由全国起重机械标准化技术委员会(SAC/TC 227)归口。

本标准起草单位：大连大起集团有限责任公司。

本标准主要起草人：丁志强。

本标准所代替标准的历次版本发布情况为：

——GB/T 5975—1986。

钢丝绳用压板

1 范围

本标准规定了钢丝绳用压板的型式和尺寸、技术要求、检验规则、标志、包装、运输和储存。

本标准适用于起重机卷筒上所使用的 GB 8918—2006、GB/T 20118—2006 中规定的圆股钢丝绳的绳端固定的钢丝绳用压板(以下简称压板)。

2 规范性引用文件

下列文件中的条款通过本标准的引用而成为本标准的条款。凡是注日期的引用文件,其随后所有的修改单(不包括勘误的内容)或修订版均不适用于本标准,然而,鼓励根据本标准达成协议的各方研究是否可使用这些文件的最新版本。凡是不注日期的引用文件,其最新版本适用于本标准。

GB/T 700—1988 碳素结构钢

GB 8918—2006 重要用途钢丝绳

GB/T 13384—1992 机电产品包装通用技术条件

GB/T 20118—2006 一般用途钢丝绳

3 型式和尺寸

3.1 压板的型式和尺寸应符合图 1 和表 1 的规定。

3.2 标记示例

序号为 4(钢丝绳公称直径 $d>14$ mm～17 mm)的标准槽压板,标记为:

压板 GB/T 5975-4

序号为 4(钢丝绳公称直径 $d>14$ mm～17 mm)的深槽压板,标记为:

压板 GB/T 5975-4 深

4 技术要求

4.1 压板的材料应采用不低于 GB/T 700—1988 中规定的 Q235-B 钢。

4.2 压板表面应光滑平整、无毛刺、瑕疵、锐边和表面粗糙不平等缺陷。

4.3 需要时压板表面可进行防护处理,具体处理要求根据供需双方协议确定。

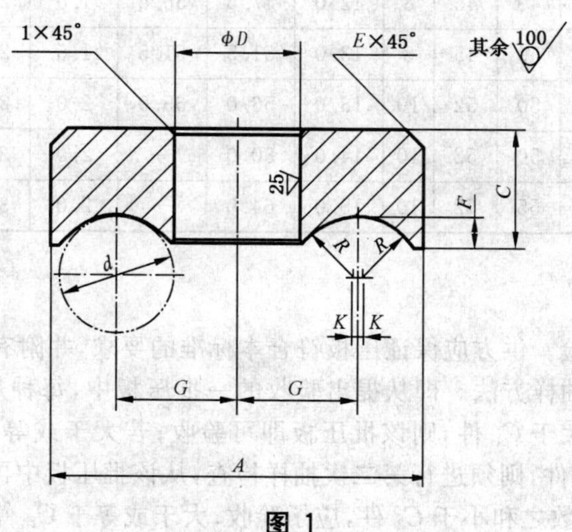

图 1

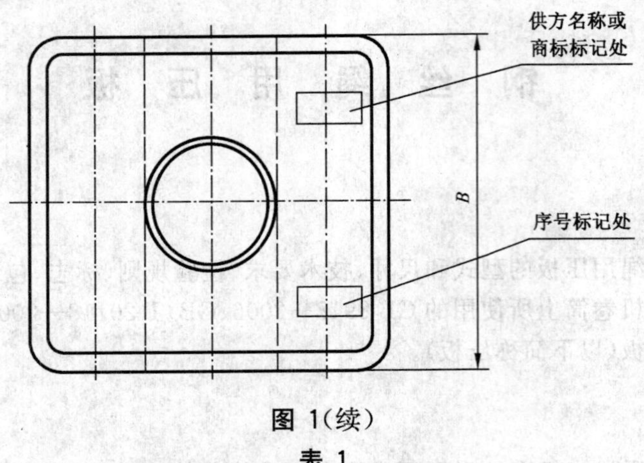

图 1(续)

表 1

压板序号	适用钢丝绳公称直径 d/mm	尺寸/mm A 标准槽	A 深槽	B	C	D	E	F	G 标准槽	G 深槽	K	R 基本尺寸	R 极限偏差	压板螺栓直径	单件质量/kg 标准槽	单件质量/kg 深槽
1	6～8	25	29	25	8	9	1	2.0	8.0	10.0	1.0	4.0		M8	0.03	0.04
2	＞8～11	35	39	35	12	11	1	3.0	11.5	13.5	1.5	5.5	+0.1 0	M10	0.10	0.12
3	＞11～14	45	51	45	16	15	2	3.5	14.5	17.5	1.5	7.0		M14	0.22	0.25
4	＞14～17	55	66	50	18	18	2	4.0	17.5	21.5	1.5	8.5		M16	0.32	0.37
5	＞17～20	65	73	60	20	22	3	5.0	21.0	25.0	1.0	10.0	+0.2 0	M20	0.48	0.55
6	＞20～23	75	85	60	20	22	4	6.0	24.5	29.5	1.5	11.5		M20	0.55	0.65
7	＞23～26	85	95	70	25	26	4	6.5	28.0	33.0	1.0	13.0		M24	0.91	1.05
8	＞26～29	95	105	70	25	30	5	7.0	31.5	36.5	1.5	14.5		M27	0.99	1.12
9	＞29～32	105	117	80	30	33	5	8.0	34.5	40.5	1.5	16.0		M30	1.52	1.75
10	＞32～35	115	129	90	35	33	6	9.0	38.0	45.0	1.0	17.5		M30	2.23	2.58
11	＞35～38	125	141	90	35	39	6	10.0	40.5	48.5	1.5	19.0		M36	2.29	2.69
12	＞38～41	135	153	100	40	45	8	11.0	44.0	53.0	1.0	20.5	+0.3 0	M42	3.17	3.74
13	＞41～44	145	163	110	40	45	8	12.0	47.5	56.5	1.5	22.0		M42	3.82	4.44
14	＞44～47	155	175	110	50	45	8	13.0	51.5	61.5	1.5	23.5		M42	5.25	6.12
15	＞47～52	170	189	125	50	52	10	13.0	56.0	65.0	2.0	26.0		M48	6.69	7.57
16	＞52～56	180	—	135	50	52	10	14.0	60.0	—	2.0	28.0		M48	8.10	—
17	＞56～60	190	—	145	55	52	10	15.0	64.0	—	2.0	30.0		M48	9.20	—

5 检验规则

5.1 压板应由供方进行检验。供方应保证压板符合本标准的要求，并附有产品质量合格证。

5.2 检验采用计件的两次抽样方法。即从提出验收的一批压板中，每种规格任意抽取 n_1 件样品进行检验，若其中不合格件数不大于 C_1 件，则该批压板即可验收；若大于或等于 C_2 件，则该批压板不予验收。当大于 C_1 件而小于 C_2 件，则须进行第二次抽样检查，从该批压板中再抽取 n_2 件样品，若两次抽取样品(n_1+n_2)中的不合格件数之和小于 C_2 件，应予验收；大于或等于 C_2 件，则不予验收。

5.3 检验项目的抽样数量(n_1;n_2),判定数(C_1;C_2)及压板的出厂检验按表 2 的规定。

表 2

检验项目	抽检方法(件数)[b]		
	批量	n_1/n_2	C_1/C_2
尺寸、外观	1～8[a]	2/—	0/—
	9～15	2/2	0/2
	16～25	3/3	0/2
	26～50	5/5	0/2
	51～90	8/8	0/2
	91～150	13/13	0/2
	151～280	20/20	0/4
	281～500	32/32	1/3
	501～1200	50/50	2/7

a 此批量为一次性抽检。

b 一块压板有几项尺寸和缺陷不合格时应只计算 1 件。

6 标志、包装、运输和储存

6.1 在每块压板上,应有永久性的、字迹清晰的压板序号和供方名称(或商标)的标志。标志的位置如图 1 所示。

6.2 压板所用包装形式及其材料须考虑压板在运输途中和保管期间不受损坏和腐蚀,并应符合 GB/T 13384的规定。

6.3 压板应保证在正常的运输和保管条件下,其储存期自出厂日起 1 年内不生锈。

6.4 包装箱、盒、袋等的外表应有标志或标签,内容如下:

a) 供方名称或商标;
b) 产品名称;
c) 序号和数量;
d) 出厂编号和标准代号;
e) 制造日期和出厂日期;
f) 到站和收货单位;
g) 箱号、毛重、净重、体积;
h) 防潮标志。

6.5 上述规定以外的要求,由供需双方协商。

ICS 53.020.30
J 80

中华人民共和国国家标准

GB/T 5976—2006
代替 GB/T 5976—1986

钢丝绳夹

Wire rope grips

2006-04-03 发布　　　　2006-09-01 实施

中华人民共和国国家质量监督检验检疫总局
中国国家标准化管理委员会　发布

前　言

本标准代替 GB/T 5976—1986《钢丝绳夹》。

本标准与 GB/T 5976—1986 相比主要变化如下：

——增加了“前言”；

——删除了图 3 中 H_3 尺寸和表 3 中 L_1 尺寸；

——检验规则中的抽样方法作了修改；

——附录 A 中钢丝绳夹的安装数量和钢丝绳的规格范围作了修改。

本标准的附录 A 为资料性附录。

本标准由中国机械工业联合会提出。

本标准由全国起重机械标准化技术委员会(SAC/TC 227)归口。

本标准起草单位：大连大起集团有限责任公司。

本标准主要起草人：丁志强、刘大强。

本标准所代替标准的历次版本发布情况为：

——GB/T 5976—1986。

钢丝绳夹

1 范围

本标准规定了钢丝绳夹的型式和尺寸、技术要求、检验规则、标志、包装、运输和储存。

本标准适用于起重机、矿山运输、船舶和建筑业等重型工况中所使用的GB 8918—2006、GB/T 20118—2006中圆股钢丝绳的绳端固定或连接用的钢丝绳夹(以下简称绳夹)。

2 规范性引用文件

下列文件中的条款通过本标准的引用而成为本标准的条款。凡是注日期的引用文件,其随后所有的修改单(不包括勘误的内容)或修订版均不适用于本标准,然而,鼓励根据本标准达成协议的各方研究是否可使用这些文件的最新版本。凡是不注日期的引用文件,其最新版本适用于本标准。

GB/T 41—2000 六角螺母 C级

GB/T 196—2003 普通螺纹 基本尺寸(ISO 724:1993,MOD)

GB/T 197—2003 普通螺纹 公差(ISO 965-1:1998,MOD)

GB/T 700—1988 碳素结构钢

GB/T 1348—1988 球墨铸铁件

GB 8918—2006 重要用途钢丝绳

GB/T 9440—1988 可锻铸铁件

GB/T 11352—1989 一般工程用铸造碳钢件

GB/T 13384—1992 机电产品包装通用技术条件

GB/T 20118—2006 一般用途钢丝绳

3 型式和尺寸

3.1 绳夹

3.1.1 绳夹的型式和尺寸应符合图1和表1的规定。

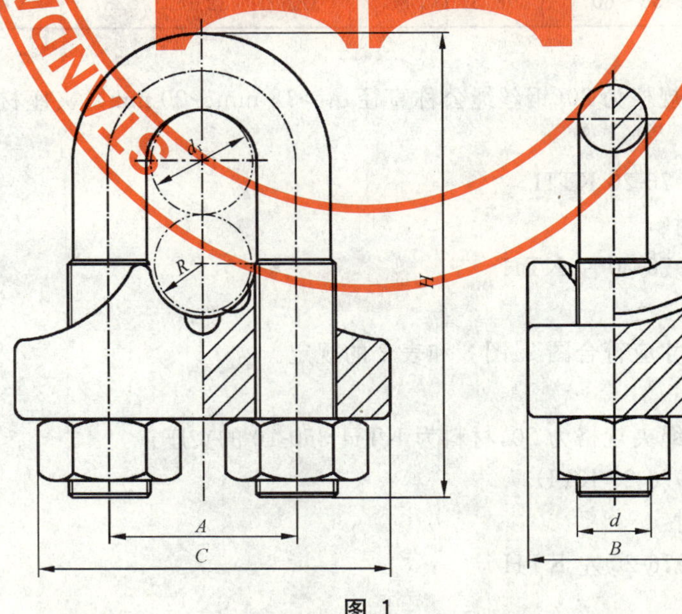

图 1

表 1

绳夹规格（钢丝绳公称直径）d_r/mm	尺寸/mm						螺母 GB/T 41—2000 d	单组质量/kg
	适用钢丝绳公称直径 d_r	A	B	C	R	H		
6	6	13.0	14	27	3.5	31	M6	0.034
8	>6～8	17.0	19	36	4.5	41	M8	0.073
10	>8～10	21.0	23	44	5.5	51	M10	0.140
12	>10～12	25.0	28	53	6.5	62	M12	0.243
14	>12～14	29.0	32	61	7.5	72	M14	0.372
16	>14～16	31.0	32	63	8.5	77	M14	0.402
18	>16～18	35.0	37	72	9.5	87	M16	0.601
20	>18～20	37.0	37	74	10.5	92	M16	0.624
22	>20～22	43.0	46	89	12.0	108	M20	1.122
24	>22～24	45.5	46	91	13.0	113	M20	1.205
26	>24～26	47.5	46	93	14.0	117	M20	1.244
28	>26～28	51.5	51	102	15.0	127	M22	1.605
32	>28～32	55.5	51	106	17.0	136	M22	1.727
36	>32～36	61.5	55	116	19.5	151	M24	2.286
40	>36～40	69.0	62	131	21.5	168	M27	3.133
44	>40～44	73.0	62	135	23.5	178	M27	3.470
48	>44～48	80.0	69	149	25.5	196	M30	4.701
52	>48～52	84.5	69	153	28.0	205	M30	4.897
56	>52～56	88.5	69	157	30.0	214	M30	5.075
60	>56～60	98.5	83	181	32.0	237	M36	7.921

3.1.2 标记示例

钢丝绳为右捻 6 股，规格为 20（钢丝绳公称直径 d_r>18 mm～20 mm），夹座材料为 KTH 350-10 的钢丝绳夹，标记为：

绳夹 GB/T 5976-20 KTH

钢丝绳为左捻 6 股时：

绳夹 GB/T 5976-20 左 KTH

3.2 夹座

3.2.1 夹座的型式和尺寸应符合图 2、图 3 和表 2 的规定。

3.2.2 标记示例

钢丝绳为右捻 6 股，绳夹规格为 20，材料为 KTH 350-10 的夹座：

夹座 GB/T 5976-20 KTH

钢丝绳为左捻 6 股时：

夹座 GB/T 5976-20 左 KTH

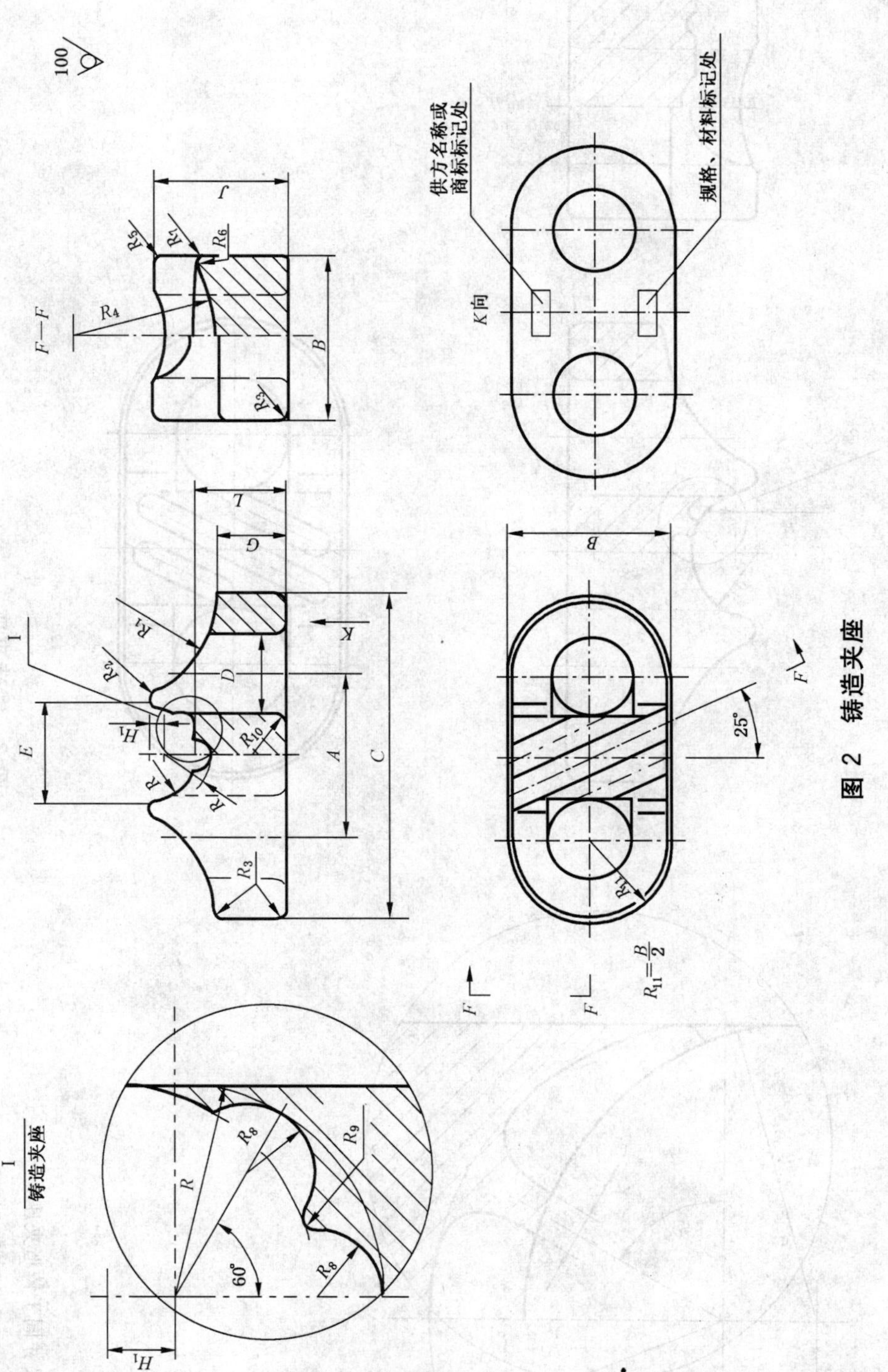

图 2 铸造夹座

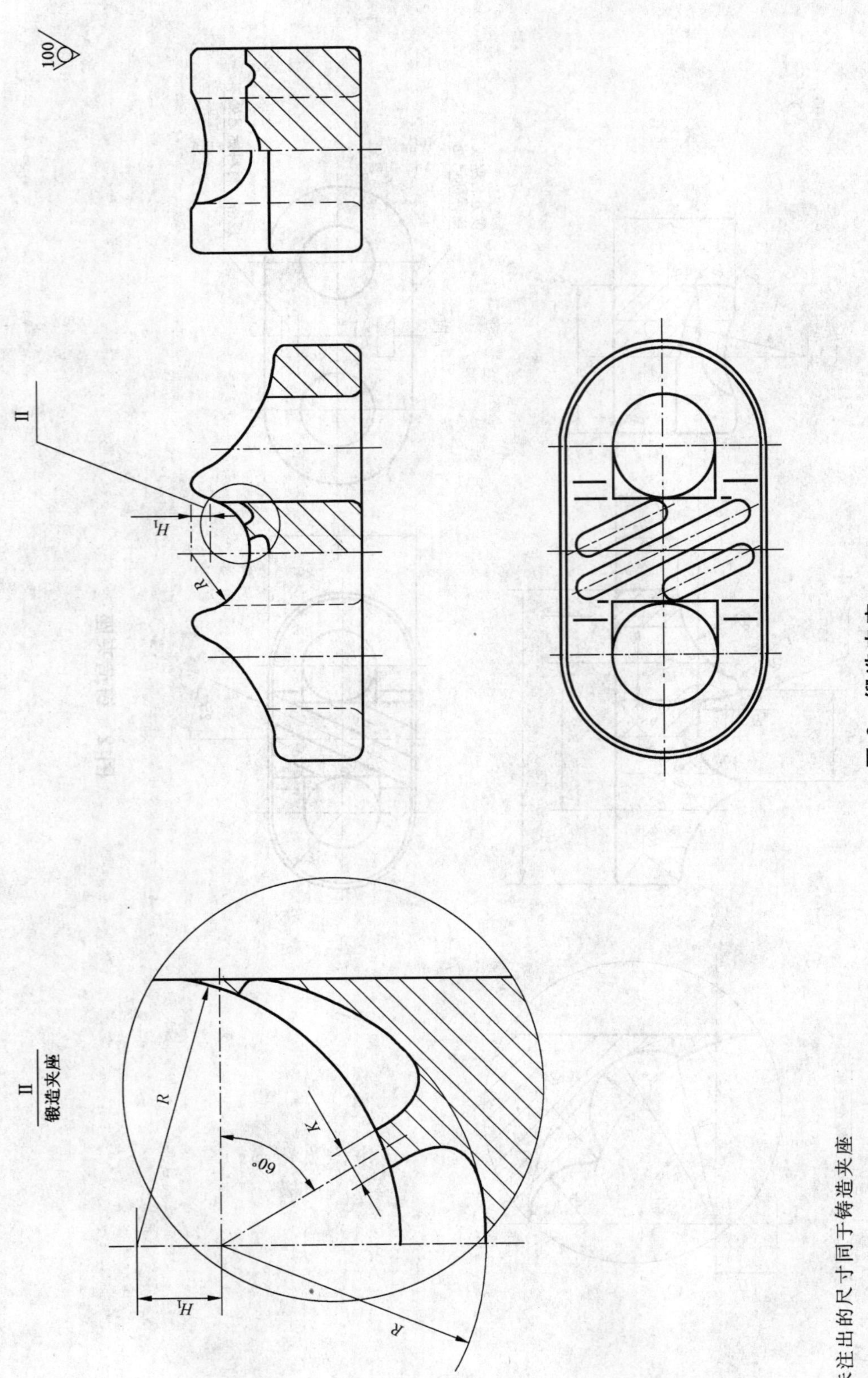

图 3 锻造夹座

注：未注出的尺寸同于铸造夹座

表 2

绳夹规格（钢丝绳公称直径）d_r/mm	基本尺寸/mm													参考尺寸/mm											字体号数	单件质量/kg
	A		B	C	D		E	G	H_1	J	L	R		R_1	R_2	R_3	R_4	R_5	R_6	R_7	R_8	R_9	R_{10}	k		
	尺寸	偏差			尺寸	偏差						尺寸	偏差													
6	13.0		14	27	7.0		7	6	1.0	12	7	3.5		10	1.0	1.0	12	0.5	3	1.0	1.0	0.5	0.5	1.0	5	0.015
8	17.0	+0.5 0	19	36	9.5	+0.4 0	9	8	1.4	15	9	4.5	+0.3 0	13	1.5	1.0	16	0.5	4	1.0	1.4	0.5	0.5	1.0	5	0.034
10	21.0		23	44	11.5		11	10	1.7	19	11	5.5		16	1.5	1.5	19	1.0	5	1.0	1.7	0.5	0.5	1.0	5	0.066
12	25.0		28	53	14.0		13	12	2.0	23	14	6.5		20	1.5	1.5	22	1.0	6	1.5	2.0	0.5	1.0	1.0	5	0.119
14	29.0	+0.8 0	32	61	16.0	+0.5 0	15	14	2.4	26	16	7.5	+0.4 0	22	2.0	2.0	25	1.5	7	1.5	2.4	0.5	1.0	1.5	5	0.177
16	31.0		32	63	16.0		17	14	2.7	27	17	8.5		22	2.0	2.0	28	1.5	8	1.5	2.7	1.0	1.0	1.5	5	0.196
18	35.0		37	72	18.5		19	16	3.0	30	19	9.5		26	2.0	2.0	30	1.5	9	2.0	3.0	1.0	1.0	1.5	7	0.285
20	37.0		37	74	18.5		21	16	3.4	31	20	10.5		26	2.0	2.0	32	1.5	10	2.0	3.4	1.0	1.0	1.5	7	0.296
22	43.0	+1.2 0	46	89	23.0	+0.6 0	24	20	3.7	36	24	12.0	+0.6 0	32	3.0	2.0	34	1.5	11	2.0	3.7	1.0	1.5	2.0	7	0.541
24	45.5		46	91	23.0		26	20	4.0	37	25	13.0		32	3.0	2.5	36	2.0	12	2.0	4.0	1.0	1.5	2.0	7	0.561
26	47.5		46	93	23.0		28	20	4.4	37	25	14.0		32	3.0	2.5	38	2.0	13	2.5	4.4	1.0	1.5	2.0	7	0.580
28	51.5		51	102	25.5		30	22	4.7	40	27	15.0		36	3.0	2.5	40	2.0	14	2.5	4.7	1.0	1.5	2.0	7	0.783
32	55.5		51	106	25.5		34	22	5.4	42	28	17.0		36	3.0	2.5	43	2.0	15	2.5	5.4	1.5	1.5	3.0	7	0.855
36	61.5	+1.6 0	55	116	27.5	+0.8 0	39	24	6.0	46	31	19.5	+0.8 0	39	4.0	3.0	46	2.0	16	3.0	6.0	1.5	1.5	3.0	7	1.116
40	69.0		62	131	31.0		43	27	6.7	49	34	21.5		43	4.0	3.0	48	2.0	17	3.0	6.7	1.5	1.5	3.0	10	1.456
44	73.0		62	135	31.0		47	27	7.4	52	36	23.5		46	4.0	3.0	50	3.0	18	3.0	7.4	1.5	2.0	3.0	10	1.697
48	80.0		69	149	34.5		51	30	8.0	57	40	25.5		50	4.0	4.0	52	3.0	19	4.0	8.0	1.5	2.0	3.0	10	2.296
52	84.5	+2.0 0	69	153	34.5	+1.0 0	56	30	8.7	59	41	28.0	+1.0 0	52	5.0	4.0	54	3.0	20	4.0	8.7	2.0	2.0	4.0	14	2.393
56	88.5		69	157	34.5		60	30	9.4	61	42	30.0		54	5.0	4.0	56	3.0	21	4.0	9.4	2.0	2.0	4.0	14	2.477
60	98.5		83	181	41.5		64	36	10.0	64	45	32.0		56	5.0	4.0	58	3.0	22	4.0	10.0	2.0	2.0	4.0	14	3.704

注 1：表中重量是夹座材料为可锻铸铁时的参考值。

注 2：表中 R_4、R_6、R_7、R_8、R_9 为图 2、图 3 中绳槽法面上的尺寸。

3.3 U形螺栓

3.3.1 U形螺栓的型式和尺寸应符合图4和表3的规定。

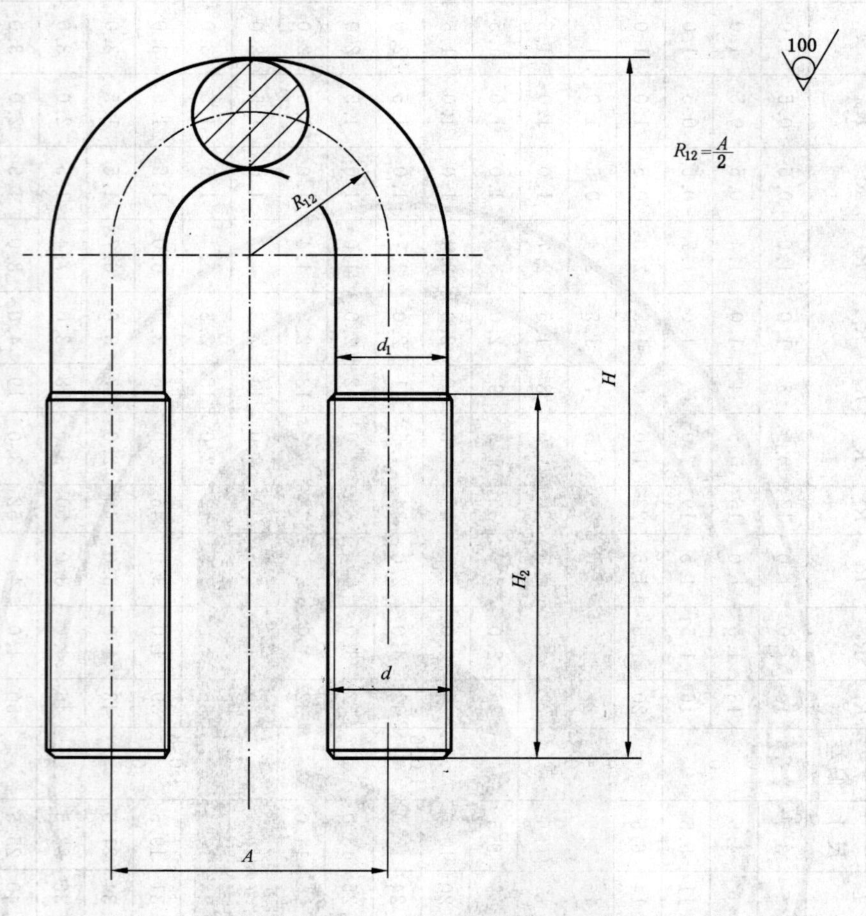

图 4

3.3.2 标记示例

绳夹规格为20的U形螺栓,标记为:

U形螺栓 GB/T 5976-20

表 3

绳夹规格（钢丝绳公称直径）d_r/mm	尺寸/mm						单件质量/kg
	d	d_1[a]	A		H	H_2	
			基本尺寸	极限偏差			
6	M6	5.28	13.0	+0.5 0	31	17	0.014
8	M8	7.13	17.0		41	22	0.027
10	M10	8.94	21.0		51	27	0.052
12	M12	10.77	25.0	+0.8 0	62	33	0.092
14	M14	12.62	29.0		72	39	0.145
16	M14	12.62	31.0		77	41	0.156

表 3(续)

<table>
<tr><th rowspan="3">绳夹规格
(钢丝绳公称
直径)d_r/mm</th><th colspan="6">尺寸/mm</th><th rowspan="3">单件质量/kg</th></tr>
<tr><th rowspan="2">d</th><th rowspan="2">d_1[a]</th><th colspan="2">A</th><th rowspan="2">H</th><th rowspan="2">H_2</th></tr>
<tr><th>基本尺寸</th><th>极限偏差</th></tr>
<tr><td>18</td><td>M16</td><td>14.62</td><td>35.0</td><td rowspan="5">+1.2
0</td><td>87</td><td>46</td><td>0.248</td></tr>
<tr><td>20</td><td>M16</td><td>14.62</td><td>37.0</td><td>92</td><td>48</td><td>0.260</td></tr>
<tr><td>22</td><td>M20</td><td>18.28</td><td>43.0</td><td>108</td><td>57</td><td>0.457</td></tr>
<tr><td>24</td><td>M20</td><td>18.28</td><td>45.5</td><td>113</td><td>60</td><td>0.520</td></tr>
<tr><td>26</td><td>M20</td><td>18.28</td><td>47.5</td><td>117</td><td>61</td><td>0.540</td></tr>
<tr><td>28</td><td>M22</td><td>20.32</td><td>51.5</td><td rowspan="5">+1.6
0</td><td>127</td><td>66</td><td>0.670</td></tr>
<tr><td>32</td><td>M22</td><td>20.32</td><td>55.5</td><td>136</td><td>70</td><td>0.720</td></tr>
<tr><td>36</td><td>M24</td><td>22.00</td><td>61.5</td><td>151</td><td>77</td><td>0.946</td></tr>
<tr><td>40</td><td>M27</td><td>25.00</td><td>69.0</td><td>168</td><td>85</td><td>1.341</td></tr>
<tr><td>44</td><td>M27</td><td>25.00</td><td>73.0</td><td>178</td><td>90</td><td>1.437</td></tr>
<tr><td>48</td><td>M30</td><td>27.68</td><td>80.0</td><td rowspan="4">+2.0
0</td><td>196</td><td>99</td><td>1.937</td></tr>
<tr><td>52</td><td>M30</td><td>27.68</td><td>84.5</td><td>205</td><td>103</td><td>2.036</td></tr>
<tr><td>56</td><td>M30</td><td>27.68</td><td>88.5</td><td>214</td><td>106</td><td>2.130</td></tr>
<tr><td>60</td><td>M36</td><td>33.68</td><td>98.5</td><td>237</td><td>117</td><td>3.475</td></tr>
<tr><td colspan="8">a　d_1 供选择合适直径的材料时参考,允许制成 $d_1=d$。</td></tr>
</table>

4　技术要求

4.1　材料

夹座和U形螺栓的材料应符合表4的规定。

4.2　夹座

4.2.1　夹座表面应光滑平整,尖棱和冒口应除去,夹座不应有降低强度和显著有损外观的缺陷(如气孔、裂纹、疏松、夹砂、铸疤、起磷、错箱等)。

4.2.2　夹座的绳槽表面应与钢丝绳的表面和捻向基本吻合(见注)。铸件或锻件的四个翅子应位于同一水平面上。

4.2.3　未给出的尺寸偏差不得大于基本尺寸的 $^{+5}_{\ 0}\%$。

4.2.4　图2和图3中的槽向为右旋6股钢丝绳用,当为左旋时,槽向应相反。

注:常用绳槽表面以配合捻向为右旋6圆股钢丝绳为宜,如要求与其他结构的钢丝绳配合使用,订货时提出诸如钢丝绳股数、股型、捻向等特殊要求。

表 4

<table>
<tr><th colspan="2">零件名称</th><th>材料[a]</th></tr>
<tr><td rowspan="4">夹座[b]</td><td>锻造</td><td>GB/T 700—1988 规定的 Q235-B</td></tr>
<tr><td rowspan="3">铸造</td><td>GB/T 1348—1988 规定的 QT450-10</td></tr>
<tr><td>GB/T 9440—1988 规定的 KTH350-10</td></tr>
<tr><td>GB/T 11352—1989 规定的 ZG270-500</td></tr>
<tr><td colspan="2">U形螺栓</td><td>GB/T 700—1988 规定的 Q235-B</td></tr>
<tr><td colspan="3">a　允许采用性能不低于表中的材料代用。
b　当绳夹用于起重机上时,夹座材料推荐采用 Q235-B 钢或 ZG270～500 制造。</td></tr>
</table>

4.3 U形螺栓

4.3.1 U形螺栓应精制，杆部表面不允许有过烧裂纹、凹痕、斑疤、条痕、氧化皮和浮锈。

4.3.2 螺纹表面不许有碰伤、毛刺、双牙尖、划痕、裂缝和螺纹不完整。

4.3.3 螺纹的基本尺寸应符合 GB/T 196—2003 的规定，螺纹公差应符合 GB/T 197—2003 的规定，公差等级为 6 g。

4.3.4 未给出的尺寸偏差不大于其基本尺寸的$^{+5}_{0}$%，螺纹长度偏差为+2 个螺距。

4.4 六角螺母

螺母应符合 GB/T 41—2000、性能等级为 5 级要求的规定。

4.5 镀锌

4.5.1 夹座、U形螺栓和六角螺母(除供需双方另有协议外)应进行热浸镀锌(规格 6 和 8 的 U形螺栓和螺母允许采用电镀锌)。镀锌层的质量、单个试样不低于 450 g/m^2，平均不低于 500 g/m^2。

4.5.2 热浸镀锌后的零件表面应光滑平整，不得有影响使用和有损外观的漏镀、锌粒、气泡、裂缝、脱皮等缺陷。

4.6 装配

螺母与夹座接触应良好无间隙存在。钢丝绳夹使用方法参见附录 A。

5 检验规则

5.1 绳夹应由供方进行检验。供方应保证每批绳夹符合本标准的要求，并附有产品质量合格证。

5.2 绳夹应成批交货验收。每批绳夹的规格、材料牌号和生产工艺应相同。对铸件，每个浇铸号可视为一批。

5.3 检验采用计件的两次抽样方法。即从提供验收的一批绳夹中，每种规格任意抽取 n_1 组样品，若其中不合格组数不大于 C_1 组，则该批绳夹即可验收。若大于或等于 C_2 组，则该批绳夹不予验收。若大于 C_1 组而小于 C_2 组，则应进行第二次抽样检查，从该批绳夹中再抽取 n_2 组样品。两次抽取样品(n_1+n_2)中的不合格组数之和小于 C_2 组，予以验收；大于或等 于 C_2 组，则不予验收。

5.4 检验项目的抽样数量(n_1，n_2)和判定数(C_1，C_2)：U形螺栓按表 5；夹座按表 6 的规定。

5.5 对用可锻铸铁制成的夹座，每批抽样 5‰(绝对数不少于 6 件)击碎，进行无缩孔和有损强度的疏松检验，如出现影响铸件使用的疏松不超过表中规定数量时，该批夹座方为合格。

5.6 对所有的夹座都必须进行目测检查，有裂纹的夹座必须报废。

表 5

检验项目		抽检方法(组数)[a]		
		批量	n_1/n_2	C_1/C_2
尺寸	螺栓中心距 螺栓直径和高度 螺纹和螺纹长度	1～8[b]	2/—	0/—
		9～15	2/2	0/2
		16～25	3/3	0/2
		26～50	5/5	0/2
外观质量	杆部凹痕、斑疤螺纹表面碰伤、毛刺、双尖、划痕、裂纹和扣不完整漏镀、锌粒、气泡	51～90	8/8	0/2
		91～150	13/13	0/2
		151～280	20/20	0/3
		281～500	32/32	1/4
		501～1200	50/50	2/7

a 一个 U形螺栓有几项尺寸和缺陷不合格时应只计算 1 件。

b 此批量为一次性抽检。

表 6

检验项目		抽检方法(组数)[b]		
		批量	n_1/n_2	C_1/C_2
尺寸	孔中心距 孔径 长度、宽度、高度、厚度 槽底半径 R	1～8[c]	2/—	0/—
		9～15	2/2	0/2
		16～25	3/3	0/2
		26～50	5/5	0/2
外观质量	错箱、砂眼、毛刺、标志 漏镀、锌粒、气泡	51～90	8/8	0/2
		91～150	13/13	0/2
		151～280	20/20	0/3
		281～500	32/32	1/4
		501～1200	50/50	2/7
性能	抗拉强度	试棒性能的检验应符合相应标准的规定[a]		—
	伸长率			
	硬度			
	疏松	每批抽样	6/12	0/2
	裂纹	每批抽样[c]	16/—	0/—

a　检验性能的试棒，对于铸件应从同一炉同一个浇铸号中抽取。

b　一个夹座有几项尺寸和缺陷不合格时，应只计为 1 件。

c　此批量为一次性抽检。

5.7　需方有权对供方提交的绳夹按照 5.3～5.6 的规定进行验收检查。

6　标志、包装、运输和储存

6.1　每个夹座应有永久性的、字迹清晰的规格、材料和供方名称(或商标)的标志。标志应位于图 2 所示的位置。

6.2　绳夹所用包装形式和材料须考虑绳夹在运输途中和保管期间不受损坏和腐蚀，并应符合 GB/T 13384的规定。

6.3　绳夹应保证在正常的运输和保管条件下，其储存期自出厂日起 1 年内不生锈。

6.4　包装箱、盒、袋等的外表应有标志或标签，内容如下：

a)　供方名称或商标；

b)　产品名称；

c)　规格和数量；

d)　出厂编号和标准代号；

e)　制造日期和出厂日期；

f)　到站和收货单位；

g)　箱号、毛重、净重、体积；

h)　防潮标志。

6.5　上述规定以外的要求，由供需双方协商。

附 录 A
（资料性附录）
钢丝绳夹使用方法

A.1 钢丝绳夹的布置

钢丝绳夹应按图 A.1 所示把夹座扣在钢丝绳的工作段上，U 形螺栓扣在钢丝绳的尾段上。钢丝绳夹不得在钢丝绳上交替布置。

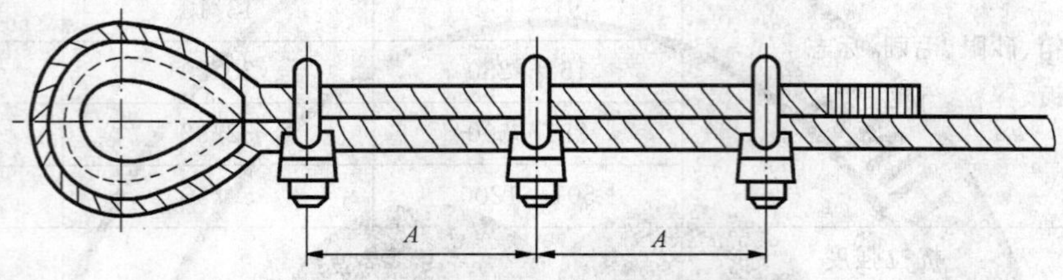

图 A.1 钢丝绳夹的正确布置方法

A.2 钢丝绳夹的数量

对于符合本标准规定的适用场合，每一连接处所需钢丝绳夹的最少数量，推荐如表 A.1。

表 A.1

绳夹规格（钢丝绳公称直径）d_r/mm	钢丝绳夹的最少数量/组
≤18	3
>18～26	4
>26～36	5
>36～44	6
>44～60	7

A.3 钢丝绳夹间的距离

钢丝绳夹间的距离 A 等于 6～7 倍钢丝绳直径。

A.4 绳夹固定处的强度

钢丝绳夹固定处的强度决定于绳夹在钢丝绳上的正确布置，以及绳夹固定和夹紧的谨慎和熟练程度。

不恰当的紧固螺母或钢丝绳夹数量不足就可能使绳端在承载时，一开始就产生滑动。

如果绳夹按推荐数量，正确布置和夹紧，并且所有的绳夹将夹座置于钢丝绳的较长部分，而 U 形螺栓置于钢丝绳的较短部分或尾段，那么，固定处的强度至少为钢丝绳自身强度的 80%。

绳夹在实际使用中，受载一、二次以后应作检查，在多数情况下，螺母需要进一步拧紧。

A.5 钢丝绳夹的紧固

紧固绳夹时须考虑每个绳夹的合理受力，离套环最远处的绳夹不得首先单独紧固。离套环最近处的绳夹（第一个绳夹）应尽可能地紧靠套环，但仍须保证绳夹的正确拧紧，不得损坏钢丝绳的外层钢丝。

ICS 81.080
Q 40

中华人民共和国国家标准

GB/T 5990—2006
代替 GB/T 5990—1986,GB/T 17106—1997

耐火材料　导热系数试验方法(热线法)

Refractory materials—Determination of thermal conductivity—Hot-wire method

(ISO 8894-1:1987 & ISO 8894-2:1990,MOD)

2006-09-30 发布　　2007-02-01 实施

中华人民共和国国家质量监督检验检疫总局
中国国家标准化管理委员会　发布

前　言

本标准修改采用 ISO 8894-1:1987《耐火材料　导热系数试验方法　第 1 部分:十字热线法》(英文版)和 ISO 8894-2:1990《耐火材料　导热系数试验方法　第 2 部分:平行热线法》(英文版)。

本标准合并 ISO 8894-1 和 ISO 8894-2 后重新起草,并删去了 ISO 8894-2:1990 的附录 B(参考文献)。在附录 C 中给出了本标准章条编号与 ISO 8894 章条编号的对照一览表。

本标准在技术内容上与 ISO 8894-1 和 ISO 8894-2 完全相同,仅对十字热线法增加了计算机数据处理。本标准与 ISO 8894 存在的主要差异如下:

——将 ISO 8894-1 和 ISO 8894-2 合并,内容按章分开编写;

——删去了 ISO 8894-2:1990 附录 B;

——引用的国际标准改为相应的我国标准;

——增加了 4.7 数据处理;

——增加了附录 A 和附录 C。

本标准自实施之日起代替 GB/T 5990—1986《定形隔热耐火制品导热系数试验方法(热线法)》和 GB/T 17106—1997《耐火材料导热系数试验方法(平行热线法)》。

本标准与 GB/T 5990—1986 和 GB/T 17106—1997 相比,做了下列修改:

——修改了标准名称;

——修改了标准的适用范围;

——增加了采用计算机测控时数据处理及一元线性回归。

本标准的附录 A、附录 B 和附录 C 均为资料性附录。

本标准由全国耐火材料标准化技术委员会(SAC/TC 193)提出并归口。

本标准起草单位:中钢集团洛阳耐火材料研究院、新密高炉砌筑耐火材料厂、抚顺市北方耐火材料厂。

本标准主要起草人:张亚静、彭西高、孙萍、魏发灿、胡家全、刘慧军。

本标准所代替标准版本的历次发布情况:

——GB/T 5990—1986;

——GB/T 17106—1997。

耐火材料　导热系数试验方法(热线法)

1　范围

1.1　本标准规定了热线法测定耐火材料的导热系数。

1.2　十字热线法适用于测量温度不大于 1 250℃、导热系数小于 1.5 W/(m·K)、热扩散率不大于 10^{-6} m^2/s 的耐火材料。

1.3　平行热线法适用于测量温度不大于 1 250℃、导热系数小于 25 W/(m·K)的耐火材料。

1.4　在 1.2 和 1.3 规定的范围内,本标准还适用于粉状及颗粒料。

注 1:不烧砖和不定形耐火材料预制件的导热系数由于受硬化或凝固后残留水在加热时脱水的影响,试样须作预处理。预处理的方法、程度和试样在测量温度时的保温时间等细节超出了本标准的范围,应由有关双方协商一致。

注 2:测量非均质材料一般是困难的,尤其是含有纤维的材料,使用本方法对这类材料的测量也应由有关双方协商一致。

2　规范性引用文件

下列文件中的条款通过本标准的引用而成为本标准的条款。凡是注日期的引用文件,其随后所有的修改单(不包括勘误的内容)或修订版均不适用于本标准,然而,鼓励根据本标准达成协议的各方研究是否可使用这些文件的最新版本。凡是不注日期的引用文件,其最新版本适用于本标准。

GB/T 7321　定形耐火制品试样制备方法

GB/T 10325　定形耐火制品抽样验收规则

3　定义

3.1

导热系数　thermal conductivity

λ

单位时间内在单位温度梯度下沿热流方向通过材料单位面积传递的热量。单位为瓦每米开尔文[W/(m·K)]。

3.2

热扩散系数　thermal diffusivity

α

材料的导热系数与其单位体积热容之比。单位为平方米每秒(m^2/s)。

3.3

单位体积的热容　heat capacity per unit volume

热容除以体积,单位为焦每立方米开尔文[J/(m^3·K)]。

注:这等于单位质量的热容乘以体积密度。

4　十字热线法

4.1　原理

试样在炉内加热至规定温度并在此温度下保温,用沿试样长度方向埋设在试样中的线状电导体(热线)进行局部加热,热线载有已知恒定功率的电流,即在时间上和试样长度方向上功率不变。从热线的功率和接通电流加热后已知两个时间间隔的温度可以计算导热系数，此温升与时间的函数就是被测试样的导热系数。

4.2 设备

4.2.1 试验炉，能容纳一个或多个试样组件的电加热炉，能升至1 250℃，试样任意二点间的温差不大于10℃；在测试中（约15 min内）试样周围温度波动不大于0.5℃。试验炉控温精度为±5℃。

4.2.2 热线，最好采用铂线、铂/铑合金线，长约200 mm，直径不大于0.5 mm。长度的测量精确到±0.5 mm。

注：对于1 000℃以下，热线可根据温度选择合适的贱金属线。

4.2.3 热线电源，采用交流或直流稳压电源，测量期间功率波动不超过2%。

4.2.4 测量十字架，由热线和铂/铂铑热电偶组成，热电偶焊接在热线的中心，热电偶的两个分支应有合适的角度（见图1和图2）。热电偶的最大直径应不大于热线的直径（为了减少测量点的热损）。

4.2.5 测量回路，热线的两端都焊有相同材质的两根线（直径尽可能大于热线的直径）一对供给热流，另一对测量电压降，热电偶焊接在热线的中间（见4.2.4）并与参比热电偶反接以测量温度变化。引线要能延伸到炉体外与测量设备相连，连线可用其他材质的导线。

4.2.6 测量设备（见图3）

4.2.6.1 热线两端电压降的测量应精确到±0.5%，对于交流电压的测量，热线的电阻可测量到相同的精度。如温升大于15℃，允许热线电阻随温度变化（见4.4.8）。

4.2.6.2 热线的电流测量应精确到±0.5%。

4.2.6.3 热线温度测量的灵敏度为10 μV/cm，精度1%。

4.2.7 匣钵，用于试验粉料或颗粒料，它的内部尺寸和4.3.2中规定的整体试样相同，以便使试验系统有4.3.2规定的2～3个接触面，下匣钵是一个无盖的方盒，上匣钵和中匣钵是个方框另带一个盖。

4.3 试样

4.3.1 取样

应按照GB/T 10325或双方协商取样。

注：如果能从足够大的样品上切取2～3块试样（见4.3.2和图1、图2），则 n 个样品中可进行 n 次试验。假如样品小，从每个样品中只能得到一个试样，对于两块试样，n 次试验需要 $2n$ 个样品；对于三块试样，n 次试验需要 $3n$ 个样品。

4.3.2 尺寸

试样组件应包括2～3个相同的试块，尺寸不小于200 mm×100 mm×50 mm。

注：在满足4.3.3的条件下，建议选用230 mm×114 mm × 64 mm或230 mm×114 mm×76 mm标准砖做试块。

4.3.3 表面平整度

尽可能将两个试块的接触面磨平，使得在距离100 mm以内的两点间平整度的偏差不超过0.2 mm。

4.3.4 刻槽

当使用两个试块时，需在下试块的上砖面上刻两个直槽以容纳测量十字架（4.2.4）和一个V型槽以容纳参比热电偶（4.2.5）（见图2）。当使用三个试块时，需在下试块的砖面上刻槽以容纳热线测量架和在中间试块的上砖面上刻一个V型槽以容纳参比热电偶（见图2）。在任何情况下，其深度和宽度均不大于1 mm。

注：在下试样的上接触面参比热电偶焊点的位置应是距230 mm边5 mm和距底边不足10 mm的交点。

4.4 试验步骤

4.4.1 装配样块（或两次以上的平行试验的试块）准备试验，对于两块试样在两个试块之间安置热线十字架（4.2.4）和参比热电偶（4.2.5），即和热线在一个平面内（见图1）。对于三块试样安置热线测量架使得热线在中间和下部试块之间，参比热电偶在上部和中间试块之间（见图2）。

4.4.2 对于致密材料，热线测量架和参比热电偶应用泥浆粘合在槽内(4.3.4)，泥浆由磨细的试样细粉和少量适当的粘合剂(如2%糊精和水)结合而成。

泥浆在试验开始前应干燥。

4.4.3 如果试样是粉料或颗粒料，先用它们填满下匣钵(4.2.7)，将热线测量架和热电偶放在其上，再把上匣钵放在下匣钵上，用试验材料填满，对于两个试块的试验，这就完成了试样的装配。对于三个试块的试验，将参比热电偶放在中间试块的上面，按相同的模式放置上匣钵并充填。装填试样时，不应敲打、振捣，以保持自然堆积状态，然后测量堆积体积密度。

4.4.4 将试样组件装入炉内(4.2.1)，要保证受热均匀，将试样组件都放在与试验材料材质类似的两个支座上，支座尺寸为125 mm×10 mm×20 mm、支承面为125 mm×10 mm，与试块114 mm ×76 mm(或100 mm×50 mm)的面平行，并距此面约20 mm。

4.4.5 将测量回路连接到测量设备(见4.2.5和4.2.6)。

4.4.6 断开热线回路。以不大于10 K/min的升温速率将炉温升至第一个试验温度。

注：升温速率应低至保证试样不受热震损坏。

4.4.7 将电源连接到一个与热线电阻值相等的假负载电阻上，以此得出热线在15 min内的温升不大于100℃的输入功率。

4.4.8 当炉温达到试验温度后，用反接的2个热电偶(焊在热线上的热电偶和参比热电偶)检查装样区温度是否均匀和稳定，测量期间2个热电偶的温差应不超过0.05℃。

4.4.9 当满足4.4.8要求后，在接通热线回路的同时连续记录热线的温度和对应的时间，如果没有采用自控电源供给装置，就需在接通热线回路之时起每间隔2 min同时记录通过热线的电压和电流，包括计算结果的时间 t_1 和 t_2(通常是2 min和10 min)。

4.4.10 在测量一段时间之后，一般10 min～15 min，切断热线回路，试验炉保温一段时间，使热线和试样达到温度平衡。

4.4.11 在热线和试样达到温度平衡后，按照4.4.8检查温度的均匀与稳定性，重复4.4.9、4.4.10操作，在相同条件下再次测量热线温升速率。

4.4.12 重复操作4.4.11，在相同条件下第三次测量热线温升速率。

4.4.13 以不大于10 K/min的速率将炉温升到下一个试验温度，再按4.4.7～4.4.12进行重复测试，在该温度下测量三次热线的温升速率。

4.4.14 重复操作4.4.13，在每个试验温度下测量三次热线温升速率。

4.5 结果处理

4.5.1 如果热线的电流在测量期间波动超过2%，结果应舍弃。需采用较小的电流再次进行测量。

4.5.2 热线的温升与时间遵从对数定律，记录的温升与时间在半对数坐标中呈直线。如果不是这样，或是待测材料没有满足试验必须的条件，结果没有意义，或试验有错误，应重新进行试验。

4.5.3 如温度与时间在低端是非线性(4.5.2)，这可能是热线周围埋设材料的影响，可采用选择另一个 t_1 得到有用的结果。

4.5.4 如温度与时间在高端是非线性(4.5.2)，这可能是由于材料的热扩散率过高，可采用选择另一个 t_2 得到有用的结果。

4.6 结果计算

4.6.1 计算方法

导热系数按式(1)或式(2)计算：

$$\lambda = \frac{I^2R}{4\pi} \times \frac{\ln(t_2/t_1)}{\Delta\theta_2 - \Delta\theta_1} \qquad (1)$$

或

$$\lambda = \frac{VI}{4\pi} \times \frac{\ln(t_2/t_1)}{\Delta\theta_2 - \Delta\theta_1} \qquad (2)$$

式中：

λ——导热系数，单位为瓦每米开尔文(W/(m·K))；

I——电流，单位为安(A)；

V——热线单位长度的电压降，单位为伏每米(V/m)；

R——热线在试验温度时单位长度的电阻，单位为欧每米(Ω/m)；

t_1、t_2——接通热线回路后的测量时间，单位为分(min)；

$\Delta\theta_1$ 和 $\Delta\theta_2$——接通热线回路后在 t_1、t_2 时间测量时热线的温升，单位为开尔文(K)。

4.6.2 重复性

在已知试验条件下，本方法的重复性约为8%。

4.7 数据处理

当采用计算机测控时，热线的温升与时间遵从对数定律，记录的温升与时间在半对数坐标中呈直线。运用一元线性回归，采用最小二乘法确定回归系数(参见附录A)，然后确定测试结果。

5 平行热线法

5.1 原理

平行热线法是测量距埋设在两个试块间线热源规定距离和规定位置上的温度升高所进行的一种动态测量法。

试样组件在炉内加热至规定温度并在此温度下保温，再用沿试样长度方向埋设在试样中的线状电导体(热线)进行局部加热，热线载有已知恒定功率的电流，即在时间上和试块长度方向上功率不变。

热电偶安放在离热线规定的位置，且平行于热线(见图4)。从接通加热电流的瞬间开始，热电偶便开始测量温升随时间的变化，此温升与时间的函数就是被测试样的导热系数。

5.2 设备

5.2.1 试验炉，电加热炉能容纳一个或多个试样组件(见5.3.2)，至少能升至1 250℃，试样任意二点间的温差不大于10℃；在测试中(约15 min内)试样外部温度波动不大于±0.5℃。试验温度偏差为±5℃。

5.2.2 热线，最好采用铂线、铂/铑合金线，长200 mm±0.5 mm，直径不大于0.5 mm。热线的一端与电源电流的引线连接，也可以不用引线，直接延伸热线本身。在任何情况下，埋在试样内的引线的直径应和热线相同，热线的另一端和测量电压的引线相连，在试样内的引线直径不大于热线直径，试样外的引线应由两根或两根以上0.5 mm直径的导线绞成，炉子外部的电源线采用大容量的电缆(20 A/2.5 mm²)。

注：热线也可以用贱金属线，在此种情况下，引线应和热线材质相同，其他注意事项应满足本条要求。

5.2.3 热线电源，采用交流稳压电源，测量期间功率波动不超过2%，能供给热线的功率至少是80 W(对于200 mm长的热线相当于250 W/m)，如果可能，最好采用恒定功率电源。

5.2.4 示差铂/铂(铑)热电偶(R或S型)，由测量热电偶和一个反接的参比热电偶组成(见图4)。测量热电偶和热线平行，二者相距15 mm±1 mm(见图5)。参比热电偶放在上试块的上表面和盖板中间，盖板材质和试样相同，以保持有稳定的输出。热电偶的直径应和热线相同，其长度应能延伸到炉外经连线和测量仪器相连，连线可用其他材质的导线，热电偶外部接点应恒温。

注1：在1 000℃以下可用贱金属热电偶。

注2：在上试块和盖板间可加隔热板。

5.2.5 数字万用表，用于测量热线电流和电压，二者的测量精度至少为±0.5%。

注：可选用0.2级以上的仪器。

5.2.6 测量系统，温度时间记录装置，灵敏度至少为2 μV/cm或能显示0.05 μV，时间分辨率要高于0.5 s、测温精度0.05 K。

5.2.7 匣钵,用于试验粉料或颗粒料,它的内部尺寸和5.3中规定的整体试样相同,以便使试验系统有5.3.2规定的两个接触面,下匣钵是一个无盖的方盒,上匣钵是个方框另带一个盖(见图6)。

5.3 试样

5.3.1 取样

应按照GB/T 10325或双方协商取样。

5.3.2 尺寸

试样组件应包括两个相同的试块,尺寸不小于200 mm×100 mm×50 mm。

注:在满足5.3.3的条件下,建议选用230 mm×114 mm × 64 mm 或230 mm×114 mm×76 mm标准砖做试块。

5.3.3 表面平整度

尽可能将两个试块的接触面磨平,使得在距离100 mm以内的两点间平整度的偏差不超过0.2 mm。

5.3.4 致密材料刻槽

对于致密材料,需在试块的两个接触面或仅在下试块的砖面上刻槽以容纳热线和热电偶,其深度和宽度应满足图7的要求。

注:高导热材料(如≥5 W/(m·K))需在上下两个接触面上刻槽。

5.4 试验步骤

5.4.1 装样准备试验,在两个试块之间安置热线(5.2.2)和示差热电偶(5.2.4),使热线沿着砖面的中心线,并用泥浆将其粘合在槽内,泥浆由磨细的试样细粉和少量适当的粘合剂(如2%糊精和水)结合而成。应确保热线粘结均匀,使其在上下试块的热量传递相等(见图7)。

5.4.2 如果试样采用粉料或颗粒料,先用它们填满下部匣钵(5.2.7),将热线和热电偶放在其上(见图6),再把上匣钵放在下匣钵上,用试验材料填满,用与匣钵同样材质的盖板盖在匣钵上。装填试样时,不应敲打、振捣,以保持自然堆积状态,然后测量堆积体积密度。

注:在有关双方同意的情况下,可用振动或压实的方法充填匣钵使其达到规定的密度。

5.4.3 将试样组件装入炉内(5.2.1),要保证受热均匀,将试样组件放在与被试验材料材质类似的两个支座上,支座尺寸为125 mm×10 mm×20 mm、支承面为125 mm×10 mm,与试块114 mm × 76 mm(或100 mm×50 mm)的面平行,并距此面约20 mm。

5.4.4 将热线、热电偶联接到测量仪器上(5.2.5),断开热线回路。以不大于10 K/min的升温速率将炉温升至第一个试验温度。

注:升温速率应低至保证试样不受热震损坏。

5.4.5 根据最初试验设定输入功率,选择记录仪的灵敏度,至少使仪表读数为满量程的60%,最好80%。表1给出了一定范围的导热系数和记录仪表的灵敏度所需选择输入功率的参考值。此值是根据在最长测量延续时间(t_{max})内记录仪指针偏转满量程的80%所确定的。同时,该表也列出了时间t的测量精度。

注:热线输入功率大小根据设备的不同而不同,初始试验时可估计一下,最终可根据经验确定。

表1 选用的量程和功率值(0.8×满量程)

导热系数 λ/[W/(m·K)]	最大试验时间 t_{max}/s	时间t的测量精度 s	推荐的功率/(W·m^{-1})			
			0~20 μV量程	0~50 μV量程	0~100 μV量程	0~200 μV量程
0.1	2 500	4.0	—	—	7.5	15
0.4	1 260	2.0	—	15	30	60
1.0	900	2.0	15	40	75	150
2.0	450	1.0	30	75	150	—

表 1（续）

导热系数 λ/[W/(m·K)]	最大试验时间 t_{max}/s	时间 t 的测量精度 s	推荐的功率/(W·m^{-1})			
			0～20 μV 量程	0～50 μV 量程	0～100 μV 量程	0～200 μV 量程
4.0	350	1.0	60	150	300	—
8.0	190	0.4	120	300	—	—
16	100	0.2	240	—	—	—
25	65	0.2	375	—	—	—
注：此表的数据是根据使用"S"型热电偶（见 5.2.4）制定的，如果使用"R"型热电偶应该加以调整。						

5.4.6　当炉温达到试验温度后，应检查装样区温度是否均匀和稳定，示差热电偶（5.2.4）在试验前 10 min内其波动应不超过 0.05℃。

5.4.7　当满足 5.4.6 要求后，在接通热线回路的同时记录示差热电偶的输出和对应的时间，如果没有采用自控电源供给装置，就需在接通热线回路之时起，同时记录通过热线的电压和电流，并在整个测试期间间隔记录几次。

5.4.8　在加热一段时间之后（见表 1），切断热线回路，停止记录示差热电偶的输出。

5.4.9　在热线和试样达到温度平衡后，按照 5.4.6 检查温度的均匀与稳定，重复 5.4.7、5.4.8 操作，在相同条件下再次测量热线温升速率。

5.4.10　以不大于 10 K/min 的速率将炉温升到下一个试验温度，再按 5.4.5～5.4.9 进行重复测试。

5.4.11　每个试验温度重复 5.4.10 至少测量两次。

5.5　结果计算

导热系数按式(3)计算

$$\lambda = \frac{VI}{4\pi l} \times \frac{-E_i\left(\frac{-r^2}{4\alpha t}\right)}{\Delta\theta(t)} \quad \cdots\cdots(3)$$

式中：

λ——导热系数，单位为瓦每米开尔文[W/(m·K)]；

I——电流，单位为安(A)；

V——电压，单位为伏(V)；

l——在热线 P、Q 之间的长度（见图 5），单位为米(m)；

$\Delta\theta(t)$——在 t 时间测量热电偶和示差热电偶之间的温差，单位为开尔文(K)；

t——在接通和切断热线回路间的时间，单位为秒(s)；

r——热线和测量热电偶的间距，单位为米(m)；

α——热扩散系数，单位为平方米每秒(m^2/s)。

$-E_i\left(-\frac{r^2}{4\alpha t}\right)$为$\int_x^u \frac{-e^u du}{u}$的指数积分，确定了$\frac{\Delta\theta(2t)}{\Delta\theta(t)}$之后，$-E_i\left(-\frac{r^2}{4\alpha t}\right)$从表 2 查得。

当$\frac{\Delta\theta(2t)}{\Delta\theta(t)}$在 1.5～2.4 时，$\lambda$ 值认为是准确的。

6　试验报告

试验报告包括以下内容：

a)　试验单位；

b)　试验日期；

c) 使用标准(即 GB/T 5990—2006,并注明方法);

d) 试验材质(厂家、产品、类型、批号等);

e) 对不烧砖或不定形材料的预处理;

f) 对于粉料和颗粒料,试样的制备和堆积体积密度;

g) 炉内气氛;

h) 试验温度和在各个试验温度下导热系数的单值和平均值。

注 1:单值用于平均值的计算,平均值用于进一步的统计分析。

注 2:平行热线法测定导热系数的举例参见附录 B。

表 2 $-E_i\left(-\frac{r^2}{4\alpha t}\right)$与$\frac{\Delta\theta(2t)}{\Delta\theta(t)}$的函数关系

$\frac{\Delta\theta(2t)}{\Delta\theta(t)}$	0	1	2	3	4	5	6	7	8	9
1.1	6.928 7	6.296 6	5.768 9	5.321 3	4.936 6	4.602 1	4.308 5	4.048 3	3.816 2	3.607 7
1.2	3.419 2	3.248 0	3.091 8	2.948 5	2.816 6	2.694 9	2.582 0	2.477 2	2.379 5	2.288 3
1.3	2.202 8	2.122 7	2.047 3	1.976 4	1.909 4	1.846 1	1.786 3	1.729 5	1.675 7	1.624 5
1.4	1.575 8	1.529 5	1.485 2	1.443 1	1.402 8	1.364 2	1.327 4	1.292 0	1.258 2	1.225 7
1.5	1.194 5	1.164 6	1.135 8	1.108 1	1.081 4	1.055 7	1.031 0	1.007 1	0.984 1	0.961 9
1.6	0.940 5	0.919 7	0.899 7	0.880 3	0.861 6	0.843 4	0.825 9	0.808 9	0.792 4	0.776 4
1.7	0.760 9	0.745 9	0.731 3	0.717 1	0.703 4	0.690 0	0.677 0	0.664 4	0.652 1	0.640 2
1.8	0.628 6	0.617 3	0.606 3	0.595 6	0.585 2	0.575 0	0.565 2	0.555 5	0.546 1	0.537 0
1.9	0.528 0	0.519 3	0.510 8	0.502 5	0.494 4	0.486 5	0.478 8	0.471 2	0.463 9	0.456 7
2.0	0.449 6	0.442 8	0.436 0	0.429 5	0.423 0	0.416 8	0.410 6	0.404 6	0.398 7	0.392 9
2.1	0.387 3	0.381 8	0.376 4	0.371 1	0.365 9	0.360 8	0.355 8	0.351 0	0.346 2	0.341 5
2.2	0.336 9	0.332 4	0.328 0	0.323 7	0.319 4	0.315 2	0.311 2	0.307 2	0.303 2	0.299 4
2.3	0.295 6	0.291 9	0.288 2	0.284 6	0.281 1	0.277 6	0.274 2	0.270 9	0.267 6	0.264 4
2.4	0.261 3	0.258 2	0.255 1	0.252 1	0.249 1	0.246 2	0.243 4	0.240 6	0.237 8	0.235 1
2.5	0.232 5	0.229 8	0.227 3	0.224 7	0.222 2	0.219 8	0.217 4	0.215 0	0.212 6	0.210 3
2.6	0.208 1	0.205 8	0.203 6	0.201 5	0.199 3	0.197 2	0.195 2	0.193 1	0.191 1	0.189 2
2.7	0.187 2	0.185 3	0.183 4	0.181 6	0.179 7	0.177 9	0.176 1	0.174 4	0.172 7	0.171 0
2.8	0.169 3	0.167 6	0.166 0	0.164 4	0.162 8	0.161 2	0.159 7	0.158 2	0.156 7	0.155 2
2.9	0.153 7	0.152 3	0.150 9	0.149 5	0.148 1	0.146 7	0.145 4	0.144 1	0.142 7	0.141 4
3.0	0.140 2	0.138 9	0.137 7	0.136 4	0.135 2	0.134 0	0.132 9	0.131 7	0.130 5	0.129 4
3.1	0.128 3	0.127 2	0.126 1	0.125 0	0.123 9	0.122 9	0.121 8	0.120 8	0.119 8	0.118 8
3.2	0.117 8	0.116 8	0.115 8	0.114 9	0.113 9	0.113 0	0.112 1	0.111 2	0.110 3	0.109 4
3.3	0.108 5	0.107 6	0.106 8	0.105 9	0.105 1	0.104 3	0.103 4	0.102 6	0.101 8	0.101 0
3.4	0.100 2	0.099 5	0.098 7	0.097 9	0.097 2	0.096 4	0.095 7	0.095 0	0.094 3	0.093 6
3.5	0.092 8	0.092 2	0.091 5	0.090 8	0.090 1	0.089 5	0.088 8	0.088 1	0.087 5	0.086 9
3.6	0.086 2	0.085 6	0.085 0	0.084 4	0.083 8	0.083 2	0.082 6	0.082 0	0.081 4	0.080 8

表 2（续）

$\frac{\Delta\theta(2t)}{\Delta\theta(t)}$	0	1	2	3	4	5	6	7	8	9
3.7	0.080 3	0.079 7	0.079 1	0.078 6	0.078 0	0.077 5	0.077 0	0.076 4	0.075 9	0.075 4
3.8	0.074 9	0.074 4	0.073 9	0.073 4	0.072 9	0.072 4	0.071 9	0.071 4	0.070 9	0.070 5
3.9	0.070 0	0.069 5	0.069 1	0.068 6	0.068 2	0.067 7	0.067 3	0.066 9	0.066 4	0.066 0
4.0	0.065 6	0.065 2	0.064 7	0.064 3	0.063 9	0.063 5	0.063 1	0.062 7	0.062 3	0.061 9
4.1	0.061 5	0.061 2	0.060 8	0.060 4	0.060 0	0.059 7	0.059 3	0.058 9	0.058 6	0.058 2
4.2	0.057 9	0.057 5	0.057 2	0.056 8	0.056 5	0.056 1	0.055 8	0.055 5	0.055 1	0.054 8
4.3	0.054 5	0.054 2	0.053 8	0.053 5	0.053 2	0.052 9	0.052 6	0.052 3	0.052 0	0.051 7
4.4	0.051 4	0.051 1	0.050 8	0.050 5	0.050 2	0.049 9	0.049 6	0.049 4	0.049 1	0.048 8
4.5	0.048 5	0.048 2	0.048 0	0.047 7	0.047 5	0.047 2	0.046 9	0.046 7	0.046 4	0.046 2
4.6	0.045 9	0.045 6	0.045 4	0.045 2	0.044 9	0.044 7	0.044 4	0.044 2	0.043 9	0.043 7
4.7	0.043 5	0.043 2	0.043 0	0.042 8	0.042 5	0.042 3	0.042 1	0.041 9	0.041 7	0.041 4
4.8	0.041 2	0.041 0	0.040 8	0.040 6	0.040 4	0.040 2	0.040 0	0.039 8	0.039 6	0.039 3
4.9	0.039 1	0.038 9	0.038 7	0.038 6	0.038 4	0.038 2	0.038 0	0.037 8	0.037 6	0.037 4
5.0	0.037 2	0.037 0	0.036 8	0.036 7	0.036 5	0.036 3	0.036 1	0.035 9	0.035 8	0.035 6
5.1	0.035 4	0.035 2	0.035 1	0.034 9	0.034 7	0.034 6	0.034 4	0.034 2	0.034 1	0.033 9
5.2	0.033 7	0.033 6	0.033 4	0.033 3	0.033 1	0.032 9	0.032 8	0.032 6	0.032 5	0.032 3
5.3	0.032 2	0.032 0	0.031 9	0.031 7	0.031 6	0.031 4	0.031 3	0.031 1	0.031 0	0.030 9
5.4	0.030 7	0.030 6	0.030 4	0.030 3	0.030 2	0.030 0	0.029 9	0.029 7	0.029 6	0.029 5
5.5	0.029 3	0.029 2	0.029 1	0.029 0	0.028 8	0.028 7	0.028 6	0.028 4	0.028 3	0.028 2
5.6	0.028 1	0.027 9	0.027 8	0.027 7	0.027 6	0.027 5	0.027 3	0.027 2	0.027 1	0.027 0
5.7	0.026 9	0.026 8	0.026 6	0.026 5	0.026 4	0.026 3	0.026 2	0.026 1	0.026 0	0.025 8
5.8	0.025 7	0.025 6	0.025 5	0.025 4	0.025 3	0.025 2	0.025 1	0.025 0	0.024 9	0.024 8
5.9	0.024 7	0.024 6	0.024 5	0.024 4	0.024 3	0.024 2	0.024 1	0.024 0	0.023 9	0.023 8
6.0	0.023 7	—	—	—	—	—	—	—	—	—

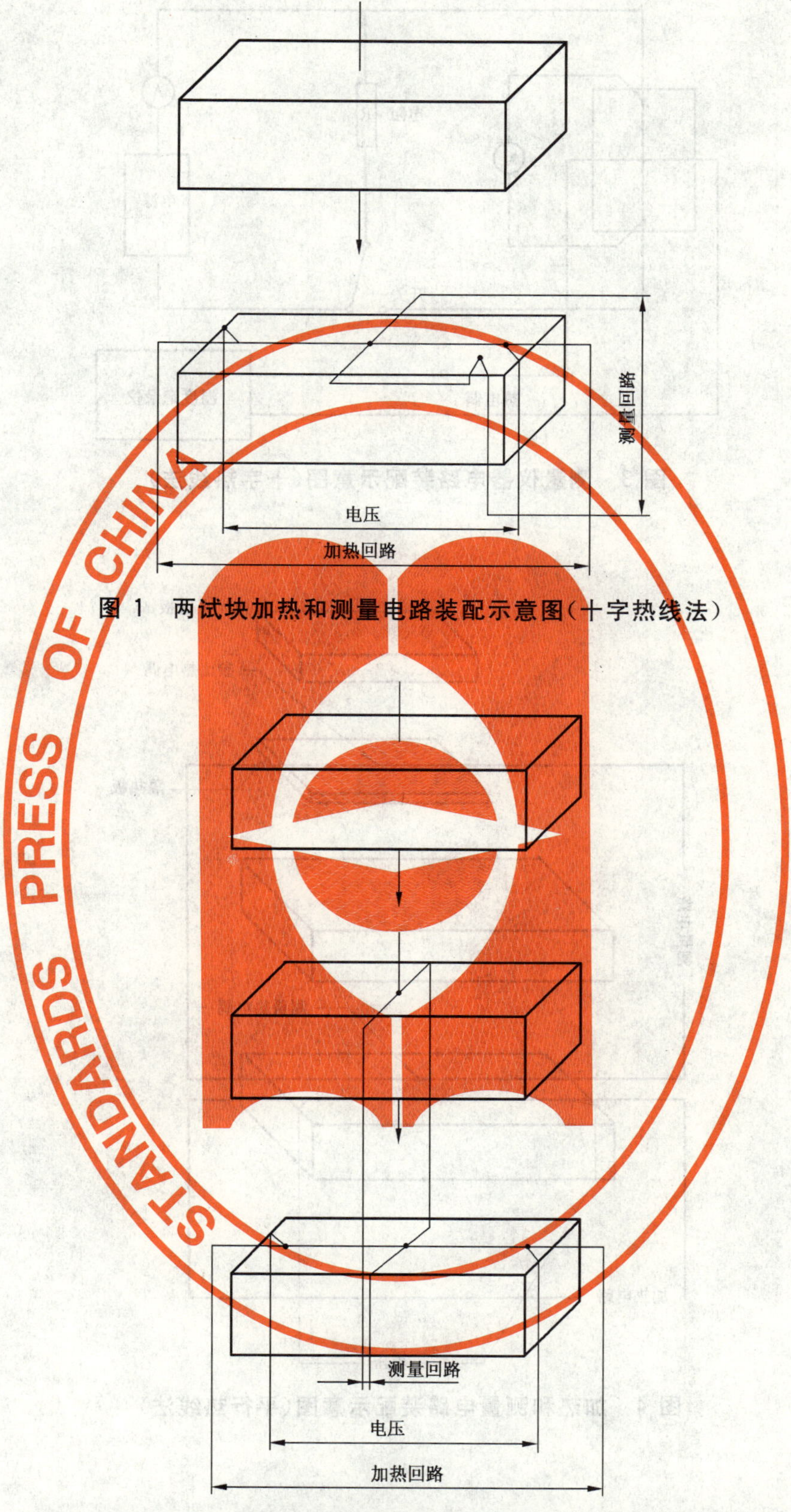

图 1　两试块加热和测量电路装配示意图(十字热线法)

图 2　三试块加热和测量电路装配示意图(十字热线法)

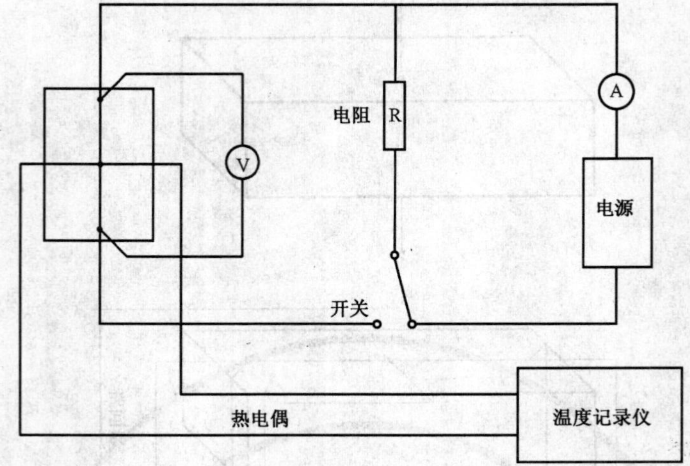

图3 测量仪器电路装配示意图(十字热线法)

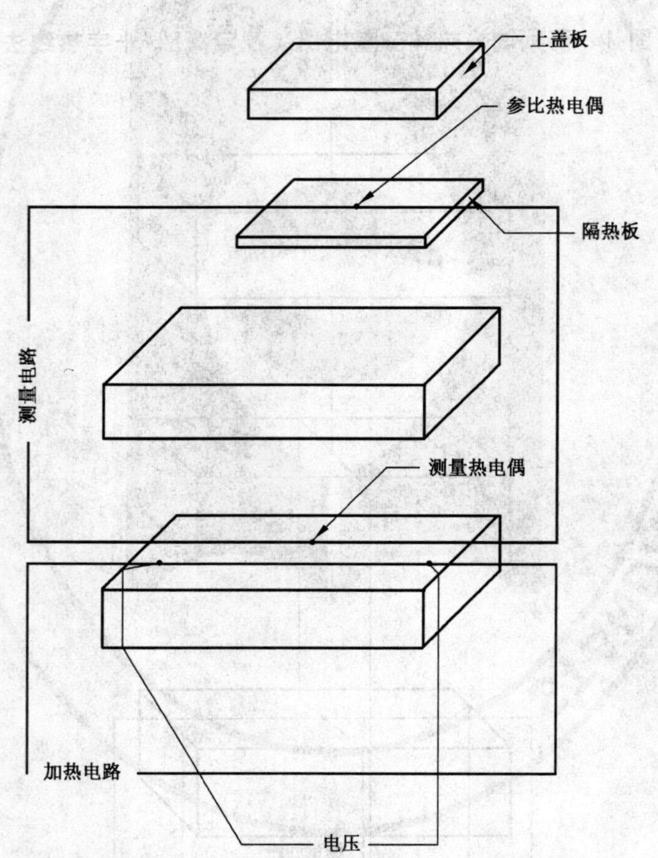

图4 加热和测量电路装配示意图(平行热线法)

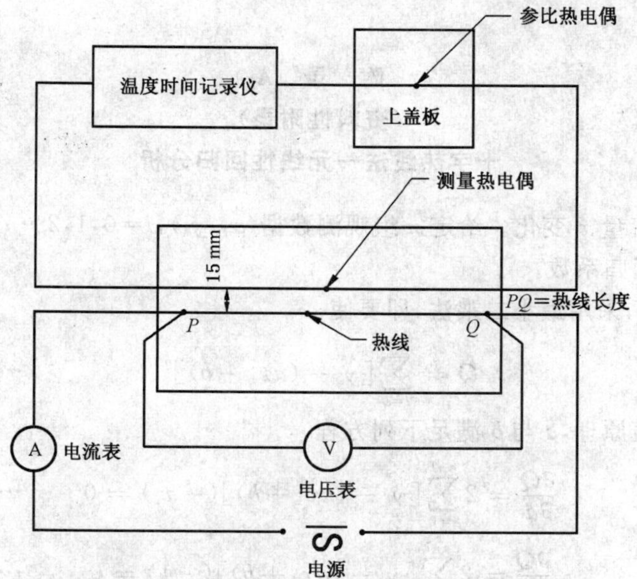

图 5　测量仪器电路装配示意图(平行热线法)

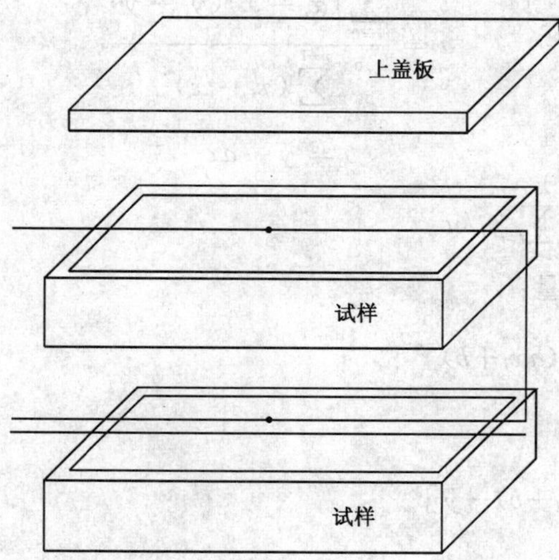

图 6　装有热线和热电偶的试样匣钵(平行热线法)

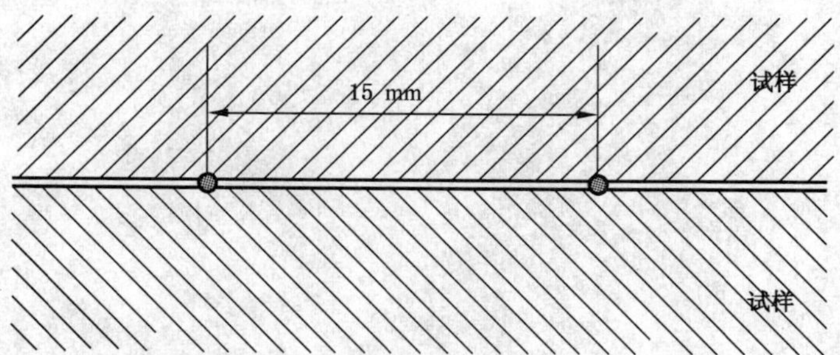

图 7　对称埋入试块中的热线和热电偶(平行热线法)

附 录 A
（资料性附录）
十字热线法一元线性回归分析

设随机变量 y 随自变量 x 变化。给定 n 组观测数据(x_i,y_i)，$i=0,1,2\cdots n-1$，用直线 $y=ax+b$ 作回归分析。其中 a,b 为回归系数。

为确定回归系数 a,b，采用最小二乘法，即要使

$$Q=\sum_{i=0}^{n-1}[y_i-(ax_i+b)]^2 \qquad \text{(A.1)}$$

达到最小。根据极值原理，a 与 b 满足下列方程

$$\frac{\partial Q}{\partial a}=2\sum_{i=0}^{n-1}[y_i-(ax_i+b)](-x_i)=0 \qquad \text{(A.2)}$$

$$\frac{\partial Q}{\partial b}=2\sum_{i=0}^{n-1}[y_i-(ax_i+b)](-1)=0 \qquad \text{(A.3)}$$

从而解得

$$a=\frac{\sum_{i=0}^{n-1}(x_i-\bar{x})(y_i-\bar{y})}{\sum_{i=0}^{n-1}(x_i-\bar{x})^2} \qquad \text{(A.4)}$$

$$b=\bar{y}-a\bar{x} \qquad \text{(A.5)}$$

其中：$\bar{x}=\sum_{i=0}^{n-1}x_i/n \quad \bar{y}=\sum_{i=0}^{n-1}y_i/n$ ……………………（A.6）

最后可以计算出以下几个量：

偏差平方和 $q=\sum_{i=0}^{n-1}[y_i-(ax_i+b)]^2$ ……………………（A.7）

平均标准偏差 $s=\sqrt{q/n}$ ……………………（A.8）

回归平方和 $p=\sum_{i=0}^{n-1}[(ax_i+b)-\bar{y}]^2$ ……………………（A.9）

附 录 B
（资料性附录）
平行热线法测定导热系数举例

表 B.1 平行热线法测定导热系数测量结果举例

时间 t/s	$\Delta\theta(t)$		$\frac{\Delta\theta(2t)}{\Delta\theta(t)}$	$-E_i\left(-\frac{r^2}{4\alpha t}\right)$	导热系数/[W/(m·K)]	导热系数平均值/[W/(m·K)]
	μV	K				
6	0.55	0.054	4.46	0.049 6	13.2	—
12	2.47	0.241	2.46	0.243 4	14.5	—
18	4.45	0.434	1.96	0.478 8	15.8	—
24	6.08	0.593	1.78	0.652 1	15.7	—
30	7.47	0.729	1.69	0.776 4	15.3	15.1
36	8.72	0.851	1.61	0.919 7	15.5	—
48	10.82	1.056	1.52	1.135 8	15.4	—
60	12.60	1.229	1.46	1.327 4	15.5	—
72	14.05	1.371	—	—	—	—
96	16.47	1.607	—	—	—	—
120	18.40	1.795	—	—	—	—

$\frac{VI}{4\pi l}=14.32\ \text{W/m}$

在表 B.1 第 2 列给出了每个时间 t 时示差热电动势(μV)。

在表 B.1 第 3 列将电动势值转换成温度值(K)。

在换算温度时，必须使用正确的热电势，各类型热电偶的热电势值可在 1990 年国际温标大会确定的表中查得。

在表 B.1 第 4 列给出了$\frac{\Delta\theta(2t)}{\Delta\theta(t)}$值，是用 $2t$ 周期内温差除以 t 周期温差计算此表达式。

此表达式可以通过测量数据计算(见表 B.1 第 2 列)。

示例：

$$\frac{\Delta\theta(2t)}{\Delta\theta(t)}=\frac{\Delta\theta(60)}{\Delta\theta(30)}=\frac{1.229\ \text{K}}{0.729\ \text{K}}=1.69$$

$$\frac{\Delta\theta(2t)}{\Delta\theta(t)}=\frac{\Delta\theta(96)}{\Delta\theta(48)}=\frac{1.607\ \text{K}}{1.056\ \text{K}}=1.52$$

$-E_i\left(-\frac{r^2}{4\alpha t}\right)$与$\frac{\Delta\theta(2t)}{\Delta\theta(t)}$对应值取之表 2，见表 B.1 第 5 列。

将$-E_i\left(-\frac{r^2}{4\alpha t}\right)$、$\Delta\theta(t)$，输入功率和热线长度代入式(3)，计算结果列于表 B.1 第 6 列。

随着测量时间的变化，λ 值几乎不变，仅取决于材料。实际测量结果是几次准确测量结果(表 B.1 第 6 列)的平均值。

应该报告任一温度下的两次平均值，每次试验测定的单值 λ 的偏差不应大于其平均值的 5%。

附 录 C
（资料性附录）
本标准章条编号与 ISO 8894 章条编号对照

表 C.1 给出了本标准章条编号与 ISO 8894 章条编号对照一览表。

表 C.1　本标准章条编号与 ISO 8894 章条编号对照

本标准章条编号	对应的 ISO 8894 章条编号
1	ISO 8894-1 和 ISO 8894-2 第 1 章的合并
2	2
3	3
4	ISO 8894-1:1987 第 4 章～第 9 章
4.7	—
5	ISO 8894-2:1990 第 4 章～第 8 章
6	ISO 8894-1:1987 第 10 章或 ISO 8894-2:1990 第 9 章
附录 A	—
附录 B	ISO 8894-2:1990 附录 A
—	ISO 8894-2:1990 附录 B
附录 C	—

ICS 83.060
G 40

中华人民共和国国家标准

GB/T 6030—2006
代替 GB/T 6030—1985

橡胶中炭黑和炭黑/二氧化硅分散的评估　快速比较法

Rubber—Assessment of carbon black and carbon black /silica dispersion—Rapid comparative methods

2006-09-01 发布　　2007-02-01 实施

中华人民共和国国家质量监督检验检疫总局
中国国家标准化管理委员会　发布

前　言

本标准代替 GB/T 6030—1985《硫化橡胶中炭黑分散度的测定　显微照相法》。

本标准等同翻译 ISO/FDIS 11345:2005《橡胶中炭黑和炭黑/二氧化硅分散的评估　快速比较法》。

本标准的规范性引用文件，采用了等效采用 ISO 1382:1996 的 GB/T 6039—1997，本标准所引用的部分与 ISO 1382:1996 完全相同，没有技术性差异。

为便于使用，本标准做了下列编辑性修改：

a)　“本国际标准”改为“本标准”；

b)　删除了国际标准前言；

c)　在引言中增加了关于试验方法选择的指引。

本标准与 GB/T 6030—1985 相比，主要技术内容变化如下：

——增加了炭黑/二氧化硅分散的评估方法，扩大了评价填料分散程度的适用范围(本版第 1 章)；

——增加了显微放大倍数分别为 30 倍和 100 倍的 5 种试验方法(本版第 4 章)；

——增加了显微放大倍数 30 倍和 100 倍的 10 级标准图片(本版的附录 A、附录 B、附录 C、附录 D 和附录 E)；

——细化了不同补强填料在橡胶中的分散(本版的附录 A、附录 B、附录 C、附录 D 和附录 E)；

——删除了方法概要和意义(1985 年版的第 2 章和第 3 章)。

本标准的附录 A、附录 B、附录 C、附录 D 和附录 E 为规范性附录。

本标准由中国石油和化学工业协会提出。

本标准由全国橡胶与橡胶制品标准化技术委员会橡胶物理和化学试验方法分技术委员会(SAC/TC 35/SC 2)归口。

本标准由全国橡胶与橡胶制品标准化技术委员会橡胶物理和化学试验方法分技术委员会负责解释。

本标准负责起草单位：北京橡胶工业研究设计院、北京万汇一方科技发展有限公司。

本标准参加起草单位：厦门正新橡胶工业有限公司。

本标准主要起草人：陈毅敏、伍江涛、聂兰民、蔡尚脉、邓海燕、颜晋钧、黄辉文。

本标准所代替标准的历次版本发布情况为：

——GB/T 6030—1985。

引　言

橡胶胶料中填料的分散程度非常重要。因为一些物理性能，如拉伸强度、滞后和耐磨性等都受分散程度的影响。

本标准的方法运用了一个众所周知的原理：当一个胶料中的各种填料分散良好时，光线从胶料的新鲜切割表面上反射会显现出一个平整、光滑、无瑕疵的表面。如果胶料中的填料分散不好，表面就会呈现环形、凸形的“包块”或凹陷的痘痕。这些瑕疵的大小和数量可以用来表征胶料的实际分散与最适宜分散之间的差距。确立一套包含10幅具有大小和数量不同瑕疵的标准图片，依据这些标准图片可评定填料的分散程度。此法提供了在橡胶胶料中评价填料的分散程度并对分散程度进行分级的方法。

本标准描述了评价橡胶中炭黑和炭黑/二氧化硅宏观分散程度的试验步骤。本标准方法主要用于工厂在混炼和后加工过程中的快速检测，以帮助保证炭黑得到适当的分散。本标准方法的放大倍率规定在30倍～100倍之间。较低的放大倍率可以充分保证所观察到的样品的面积具有足够的代表性，较高的放大倍率则更有利于表现样品更细微一些的表面特征。

本标准共介绍了5种可供选择的方法。其中：方法A和方法B及其配套的标准图片为推荐使用的通用方法；方法C和方法D及其配套的标准图片是为适应轮胎制造及填料生产企业的需求增加的可供选用的方法；方法E是为适应汽车工业中挤出型材制造企业的特殊要求而增加的可供选用的方法。

橡胶中炭黑和炭黑/二氧化硅分散的评估　快速比较法

警告——使用本标准的人员应有正规实验室工作的实践经验。本标准并未指出所有可能的安全问题。使用者有责任采取适当的安全和健康措施,并保证符合国家有关法规规定的条件。

1　范围

本标准规定了评估橡胶中炭黑和炭黑/二氧化硅的宏观分散程度的定性、快速比较目测试验方法。依据一套分为1～10级的标准图片来定级,结果用数字表示。

此外,本标准还规定了用数字等级(1～10级)来说明大团块状况的方法。

2　规范性引用文件

下列文件中的条款通过本标准的引用而成为本标准的条款。凡是注日期的引用文件,其随后所有的修改单(不包括勘误的内容)或修订版均不适用于本标准,然而,鼓励根据本标准达成协议的各方研究是否可使用这些文件的最新版本。凡是不注日期的引用文件,其最新版本适用于本标准。

GB/T 6039　橡胶物理试验和化学试验术语(GB/T 6039—1997, eqv ISO 1382:1996)

3　术语和定义

GB/T 6039 确立的术语和定义适用于本标准。

4　原理

切割填充有炭黑或炭黑/二氧化硅的橡胶胶料,观测放大的新鲜暴露面。

本标准规定了5种可选择的方法:

方法 A　目视显微镜或摄影显微镜观察法(30×放大倍率,适用于炭黑);

方法 B　分区对比显微镜观察法(30×放大倍率,适用于炭黑);

方法 C　目视显微镜或摄影显微镜观察法(100×放大倍率,适用于炭黑或炭黑/二氧化硅);

方法 D　分区对比显微镜观察法(100×放大倍率,适用于炭黑或炭黑/二氧化硅);

方法 E　大团块计算法(100×放大倍率,适用于炭黑)。

方法A～方法D的炭黑分散等级是通过与一组10张标准图片或电子版存储的标准图片对比而确定的,采用30°斜照光源,有效放大倍率30 ×(方法A和方法B见附录A) 和 100 ×(方法C和方法D见附录B～附录E),并以数字10(很好)到1(很差)表示。

10级表示最佳的分散状态,而1级则表示最劣的分散状态。表1中给出了目测分散等级和相应的分散质量水平。

表1　目测分散等级和相应的分散质量水平

目测分散等级	分散质量水平
9～10	很好
8	好
7	可接受
5～6	不确定
3～4	差
1～2	很差

在方法 E 中，利用图像处理系统分析采用 30°斜照光源、100 倍有效放大倍率时团块的状态。分级以数字 10(很好)到 1(很差)表示。10 级指没有直径≥23 μm 的团块，说明所有的团块的尺寸均<23 μm；1 级指对应于现实中出现的最大量的大尺寸团块的情况。

5 试验数量

每一个试样至少取 5 个不同部位试验。

6 方法 A：目视显微镜或摄影显微镜观察法(30×放大倍率)

6.1 概述

方法 A 通过目视显微镜或摄影显微镜观察试样，与幻灯片或电子版存储的标准图片进行对比分级，以确定橡胶胶料中炭黑分散程度的试验方法。

6.2 设备

6.2.1 剃刀刀片

单刃，安装在切样台使用。

6.2.2 切样台

由机械手柄(可保证垂直切割)、刀片夹具组成。

6.2.3 双目目视显微镜

30×或符合 6.2.4 的规定。

6.2.4 双目摄像显微镜

30×且装有标准立拍立现照相机或至少 2 兆像素分辨率的数码照相机。

6.2.5 光源

显微镜用高照度光源，光线照射试样的角度(入射角)为 30°。

6.3 试样

6.3.1 硫化胶

用切样台切取试样。不要接触用于观测、分级的表面。当刀片磨损而产生刀痕时应更换刀片。

6.3.2 未硫化胶

压缩胶料除去气孔，即使有很少一点气孔都会使胶料呈现炭黑分散较差的特征而影响分级。为此可将胶料夹在两片薄塑料片之间放入模具，在 1 kPa、105℃下压制 5 min 制成厚片。在此过程中应小心避免使胶料有过分的流动。应尽可能避免被测试样的表面被扭曲变形和弄脏。因此，切割具的刃口不应有缺损和污物。将剃刀刀片加热到约 100℃，并注意均匀、缓慢地切割，尽可能减少样品的扭曲变形。然而，即便如此，观测同一个胶料的硫化试样也仍然会有可能得到不同的分级结果。

6.4 程序

在双目显微镜下观察准备好的试样，以斜射的光线(30°入射角度)突出试样表面的细节。光源应置于与切割方向平行的方位，以尽量减少刀痕的出现。

将试样中炭黑团块(表现为凸起的包块或凹陷的痘痕)的大小和出现频率与标准图片(见附录 A)进行比较。

注：如果显微镜使用立拍立现照相机或数码照相机，可把照片与标准图片放在一起对比，确定分级。这可在数分钟内提出一份试样分散形态的永久记录。

被评定的胶料的分散级别一般用整数 1～10 级表示。为了更加准确地表达也可以使用分数，如5½级表示级别在 5 级与 6 级之间。

10 级表示最佳的分散状态，而 1 级则表示最劣的分散状态。

7 方法 B：分区对比显微镜观察法(30×放大倍率)

7.1 概述

方法 B 利用分区观察技术，将试样与一组幻灯片或电子版存储的标准图片进行对比分级。即应用分区光学显微技术，将由黑白摄像机或 CCD 摄像头采集的试样的图像和标准图片同时显示在显示器上，评估炭黑的分散程度。

本方法使用与方法 A 相同的标准图片。

7.2 设备

7.2.1 剃刀刀片

单刃，安装在切样台使用。

7.2.2 切样台

由机械手柄(可保证垂直切割)、刀片夹具组成。

7.2.3 分区成像装置

基于分区光学显微技术，10 张标准图片中的每一张都可以与试样的表面图像并排投影。如果是幻灯片标准图片放置在一个可旋转的圆盘上或如果是数字图像以电子版储存，并且能够被依次调出与试样表面进行对照，找出与试样表面最相近的标准图片。

使用摄像机或 CCD 摄像头，以及一台显示器，以提供试片与标准图片并排比较的画面(见图 1 和图 2)。

1——光束；

2——灯；

3——摄像机；

4——视频显示器；

5——试样；

6——标准图片；

7——试样支撑物；

8——棱镜；

9——标准图片幻灯片；

10——幻灯片转盘。

图 1 带摄像机的方法 B 和方法 D 使用的设备

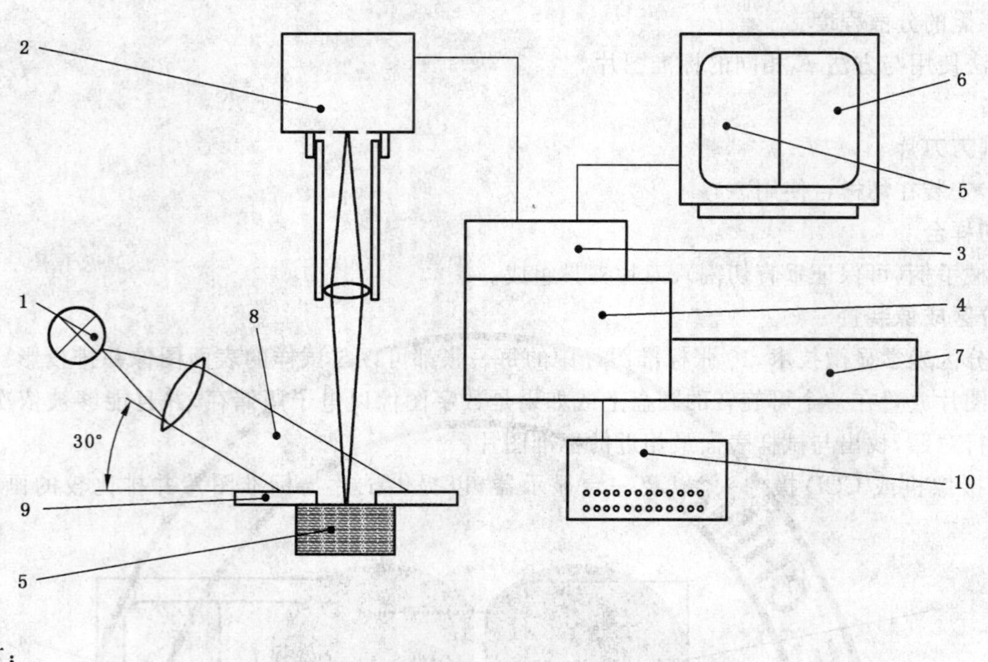

1——灯；
2——CCD 摄像机；
3——电子版组件；
4——微机；
5——试样；
6——标准图片；
7——数字存储器；
8——光束；
9——试样支撑物；
10——键盘。

图 2 带 CCD 摄像机的方法 B 和方法 D 使用的设备

7.3 试样

按照 6.3 规定的方法制取方法 B 所需的试样。

7.4 程序

启动仪器并按仪器的要求进行预热。

放置试样使试样的新鲜切割面正对着试样支撑物，并应当注意使试样切割的方向与仪器中光束照射的方向平行。

仔细观察仪器中在斜照光线(30°入射角度)照射下的准备好的试样。通过并排的对照，比较试样中炭黑团块(表现为凸起或凹陷)的大小和出现频率与标准图片中团块的大小和出现频率。不断调入标准图片，选择一张与被观察的试样的图像最为相像的标准图片，评定该试样的分散程度。

被评定的胶料的分散级别一般用整数 1～10 级表示。为了更加准确地表达也可以使用分数，如5½级表示级别在 5 级与 6 级之间。

10 级表示最佳的分散状态，而 1 级则表示最劣的分散状态。

8 方法 C：目视显微镜或摄影显微镜观察法(100×放大倍率)

8.1 概述

方法 C 通过目视显微镜或摄影显微镜观察试样，与一组以幻灯片或电子版存储的标准图片进行对比分级，确定橡胶胶料中炭黑或炭黑/二氧化硅的分散程度的方法。

8.2 **设备**

8.2.1 **剃刀刀片**

单刃，安装在切样台使用。

8.2.2 **切样台**

由机械手柄(可保证垂直切割)、刀片夹具组成。

8.2.3 **双目目视显微镜**

100×或符合8.2.4的规定。

8.2.4 **双目摄像显微镜**

100×且装有标准立拍立现照相机或至少2兆像素分辨率的数码照相机。

8.2.5 **光源**

显微镜用高照度光源，光线照射试样的角度(入射角)为30°。

8.3 **试样**

按照6.3规定的方法制取方法C所需的试样。

8.4 **程序**

在双目显微镜下观察准备好的试样，以斜射的光线(30°入射角度)突出试样表面的细节。光源应置于与切割方向平行的方位，以尽量减少刀痕的出现。

选用一套最接近试样胶料中的主要填料类型的标准图片(各组标准图片之间的关系见图3)。将试样中炭黑或炭黑/二氧化硅团块(表现为凸起或凹陷)的大小和出现频率与标准图片进行比较。

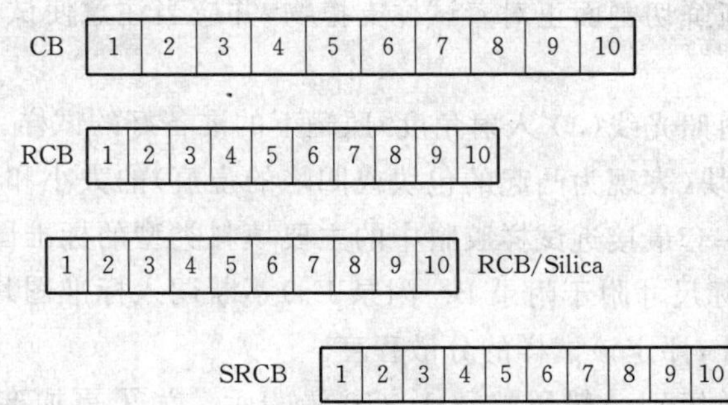

CB——炭黑：通用方法，适用于填充任何类型炭黑的胶料；

RCB——补强炭黑：提高分辨率方案，适用于填充补强炭黑的胶料；

RCB/Silica——补强炭黑与二氧化硅并用：提高分辨率方案，适用于填充了补强炭黑和大量二氧化硅的胶料；

SRCB——半补强炭黑：提高分辨率方案，适用于填充半补强炭黑的胶料。

图3 用于方法C和方法D的标准图片原理图

标准图片按实际尺寸附于附录B～附录E。

注：如果显微镜使用立拍立现照相机或数码照相机，可把照片与标准图片放在一起对比，确定分级。这可在数分钟内提出一份试样分散形态的永久记录。

被评定的胶料的分散级别一般用整数1～10级表示。为了更加准确地表达也可以使用分数，如5½级表示级别在5级与6级之间。

10级表示最佳的分散状态，而1级则表示最劣的分散状态。

9 方法D：分区对比显微镜观察法(100×放大倍率)

9.1 **概述**

方法D是一种确定橡胶胶料中炭黑或炭黑/二氧化硅分散程度的试验方法，它利用分区观察技术，将试样与一组幻灯片或电子版文本存储的标准图片进行对比分级。使用分区光学显微技术，将由黑白摄像机或CCD摄像头采集的试样的图像和标准图片同时显示在监视器(显示器)上,评估炭黑或炭黑/二氧化硅的分散程度。

本方法使用与方法C相同的标准图片(见图3)。

9.2 设备

9.2.1 剃刀刀片

单刃,安装在切样台使用。

9.2.2 切样台

由机械手柄(可保证垂直切割)、刀片夹具组成。

9.2.3 分区成像设备

这一装置是基于"分区光学显微技术":10张标准图片中的每一张都可以与试样的表面反射图像并排投影。标准图片放置在一个可旋转的圆盘上(如果是幻灯片)或以电子版储存(如果是数字图像),并且能够被依次调出与试样表面进行对照,直至找到与试样表面的形貌最相近的标准图片。

使用摄像机或CCD摄像头,以及一台监视器,以提供试片与标准图片并排比较的画面(见图1和图2)。

9.3 试样

按照6.3规定的方法制取方法D所需的试样。

9.4 程序

启动仪器并按仪器的要求进行预热。

放置试样使试样的新鲜切割面正对着试样支撑物,并应当注意使试样切割的方向与仪器中光束照射的方向平行。

仔细观察仪器中在斜照光线(30°入射角度)照耀下的准备好的试样。通过并排的对照,比较试样中炭黑或炭黑/二氧化硅团块(表现为凸起的包块或凹陷的痘痕)的大小和出现频率与标准图片中团块的大小和出现频率。选用一套最接近试样胶料中的主要填料类型的标准图片。(各组标准图片之间的关系见图3,标准图片按实际尺寸附于附录B~附录E。)不断调入标准图片,选择一张与被观察的试样的图像最为相像的标准图片,评定该试样的分散程度。

被评定的胶料的分散级别一般用整数1~10级表示。为了更加准确地表达也可以使用分数,如5½级表示级别在5级与6级之间。

10级表示最佳的分散状态,而1级则表示最劣的分散状态。

10 方法E:大团块计算法(100×放大倍率)

10.1 概述

方法E根据试样的测试区域被不规则团块覆盖的面积百分比来对试样进行分级。团块的数目由图像处理系统计算。图像处理系统由CCD摄像头以及用来分析橡胶切割表面上的团块的帧抓取器构成。

等级,亦即y值,以1~10的数字表示(见表2)。10级代表没有直径≥23 μm的团块存在;1级代表有大量直径≥23 μm的团块存在(相当于覆盖了19%的测试区域)。y值由下列公式计算:

$$y = 10 - 9 \times \frac{N_{w}}{0.19 \times N_{tot}}$$

式中:

N_{w}——白色像素点的数量,这些点被认为是测试区域内平均直径≥23 μm的团块,这些是由测试区域的下层团块引起;

N_{tot}——测试区域所有像素点总数。

表 2 白色区域所占比例和 y 值

白色区域所占比例/%	y 值
19	1
	2
	3
	4
	5
	6
	7
	8
	9
0	10

图 4 为原理图。所有直径<23 μm 的团块被忽略,因为通常认为这些团块对最终产品的特性是无害的。将有其他团块的白色区域相加,所得到的总数再利用上述公式换算成 1～10 的值(y 值等于 10 的曲线代表没有直径≥23 μm 的团块存在;等级为 1 意味着接近表面处存在大量的大团块)。

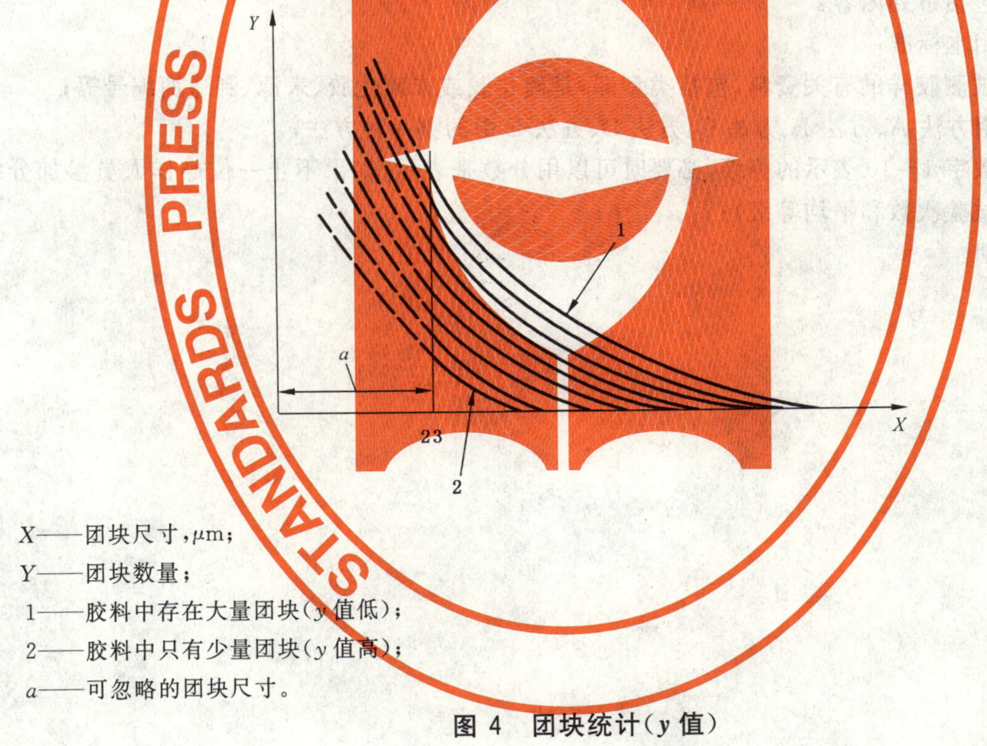

X——团块尺寸,μm;

Y——团块数量;

1——胶料中存在大量团块(y 值低);

2——胶料中只有少量团块(y 值高);

a——可忽略的团块尺寸。

图 4 团块统计(y 值)

10.2 设备

10.2.1 剃刀刀片

单刃,安装在切样台使用。

10.2.2 切样台

由机械手柄(可保证垂直切割)、刀片夹具组成。

10.2.3 分区成像设备

本方法除需使用 7.2.3 所规定的设备外,还应有检测表面的团块的图像处理软件。设备应能够被校准，以保证光线的均匀性以及光强度维持在一个固定的水平。校准系统应能消除设备中的光学和电子版器件的偏差，能够补偿设备中光学部件逐渐受到的灰尘沉积的影响。

10.3 试样

按照 6.3 规定的方法制取方法 E 所需的试样。

10.4 程序

启动仪器并按仪器的要求进行预热。

放置试样使试样的新鲜切割面正对着试样支撑物，并应当注意使试样切割的方向与仪器中光束照射的方向平行。

观察斜照光线(30°入射角度)照耀下的准备好的试样，使用图像处理软件扫描试样表面，获得试样表面团块出现的频率和大小的柱状图。忽略所有直径<23 μm 的团块，将所有直径≥23 μm 的团块的面积相加，得到团块的面积总数。该面积总数除以被测试区域面积，得到被团块所覆盖的区域百分比。利用表 2 将该百分比换算成以数字表示的等级。

对每一个被分级的胶样指定最为接近的分级数，为了更加准确地表达也可以使用分数，如 5½级表示级别在 5 级与 6 级之间。

10 级表示不存在任何直径≥23 μm 的团块，1 级表示有大量的团块存在。

11 试验报告

试验报告应包括下列内容：

a) 说明引用本标准；

b) 完整的被测胶样的有关资料，包括类型即：是硫化胶或未硫化胶、来源、制造商编号等；

c) 说明使用方法 A、方法 B、方法 C、方法 D、方法 E 中的哪一种方法；

d) 列出以数字 1～10 表示的等级，必要时可以用分数来表示(如果不止一位操作人员参加分级，应报告试验次数和平均等级)；

e) 试验日期。

附 录 A
（规范性附录）
目视分散分级与分散度等级
（30×放大倍率）

一般方法，适用于填充任何类型炭黑的胶料。

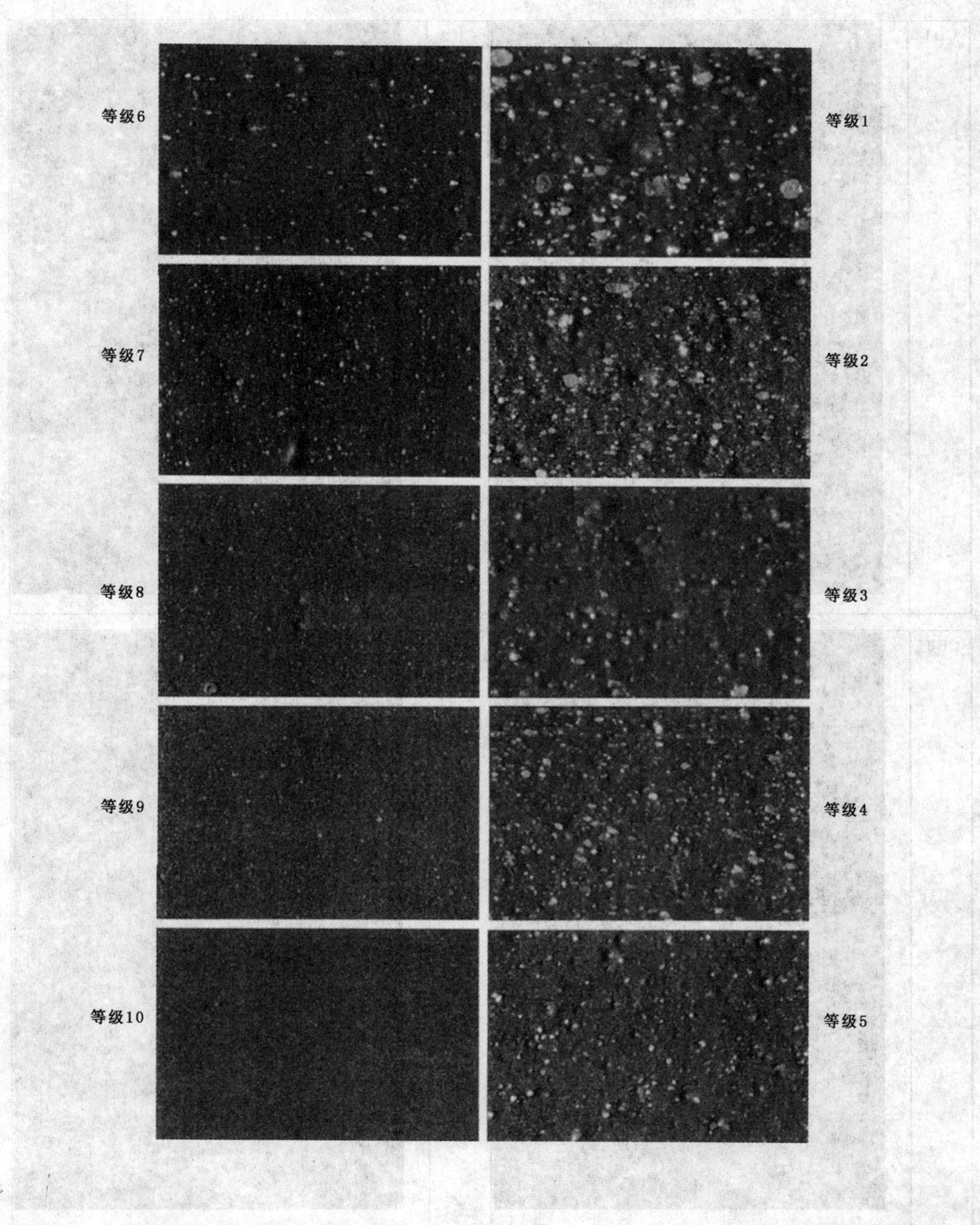

附　录　B
(规范性附录)
目视分散分级与分散度等级
(100×放大倍率)—炭黑(CB)

一般方法,适用于填充任何类型炭黑的胶料。

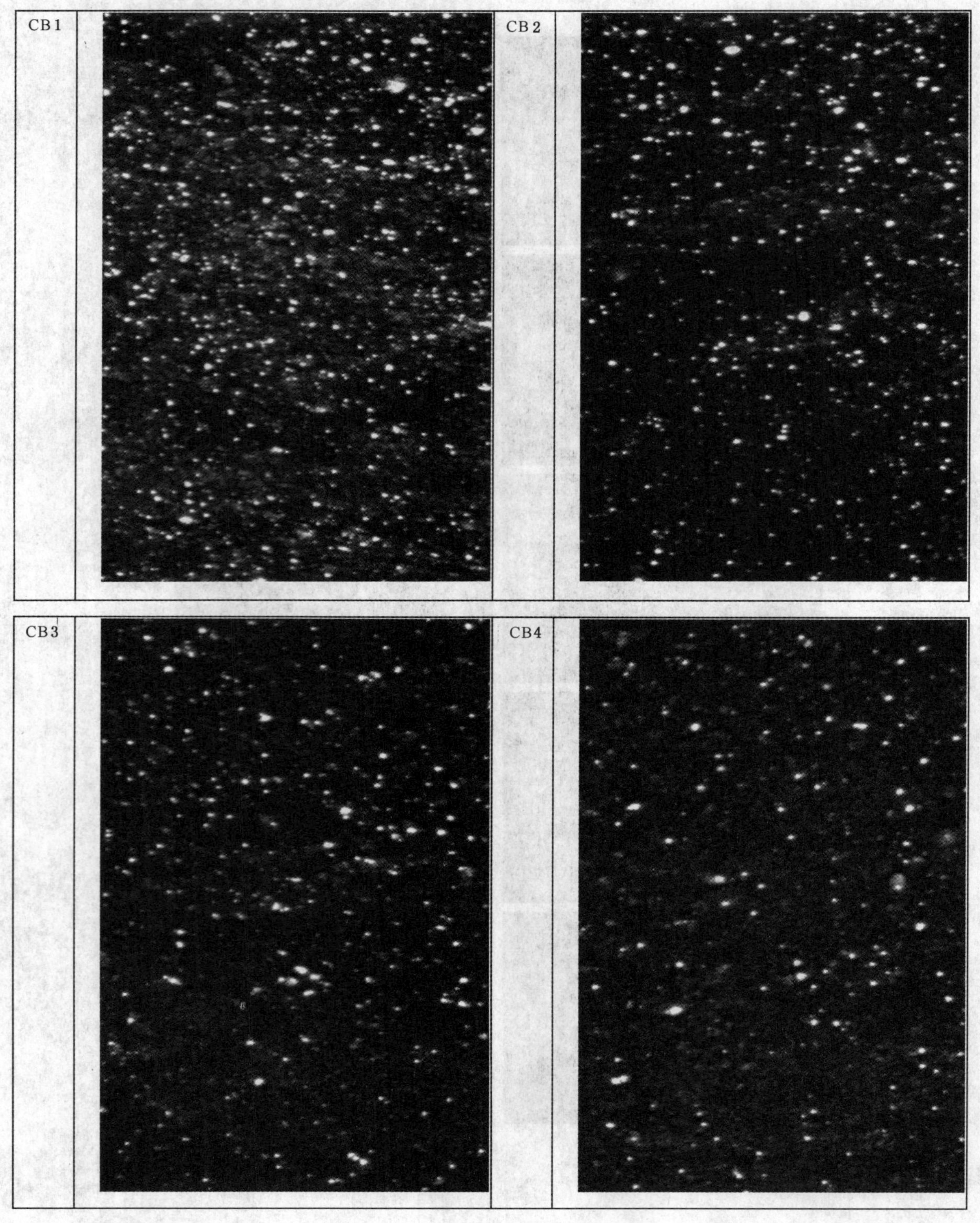

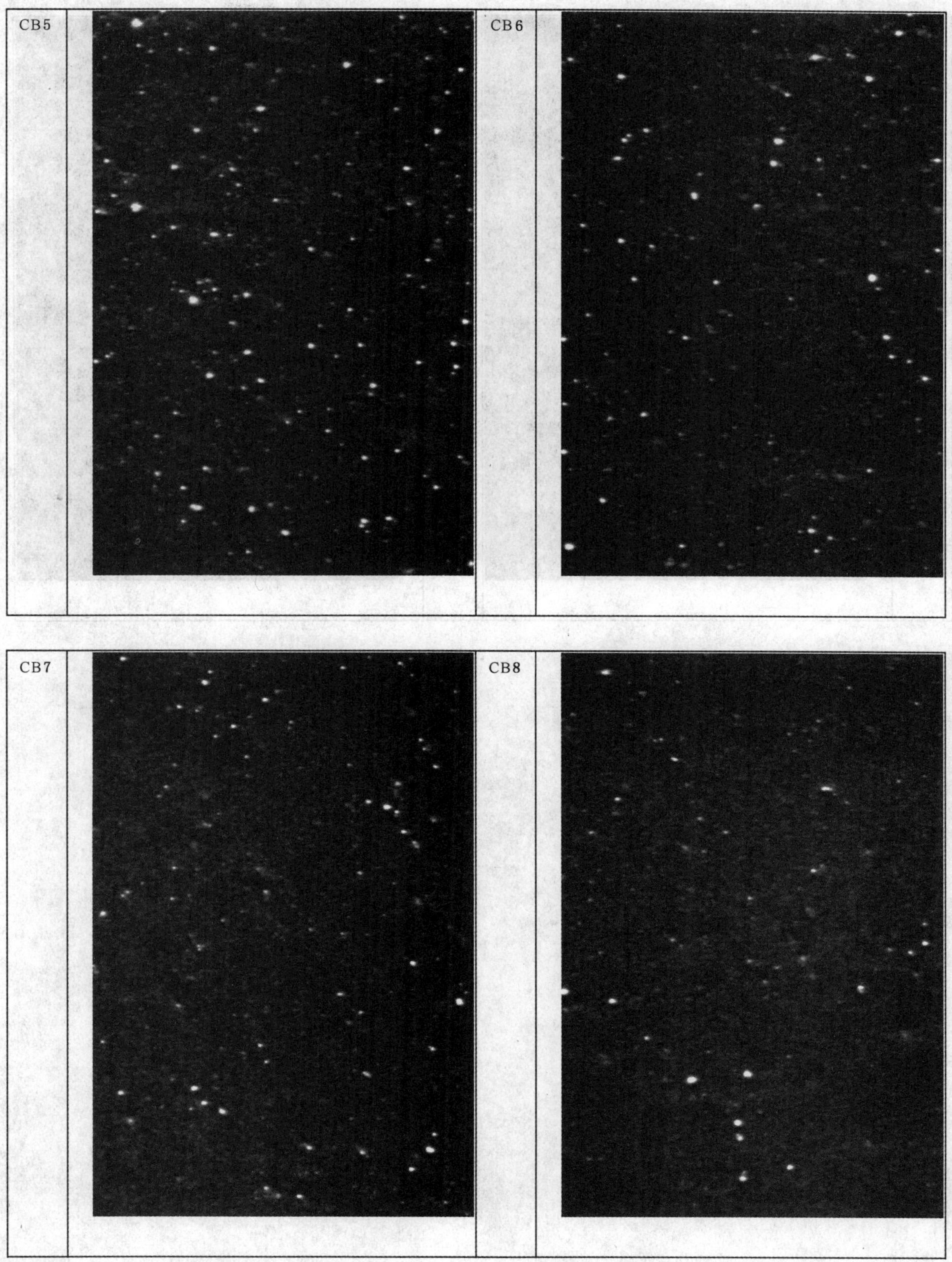
CB5
CB6
CB7
CB8

CB9
CB10

附 录 C
（规范性附录）
目视分散分级与分散度等级
（100×放大倍率）—补强炭黑（RCB）

提高分辨率方案，适用于填充补强炭黑的胶料。

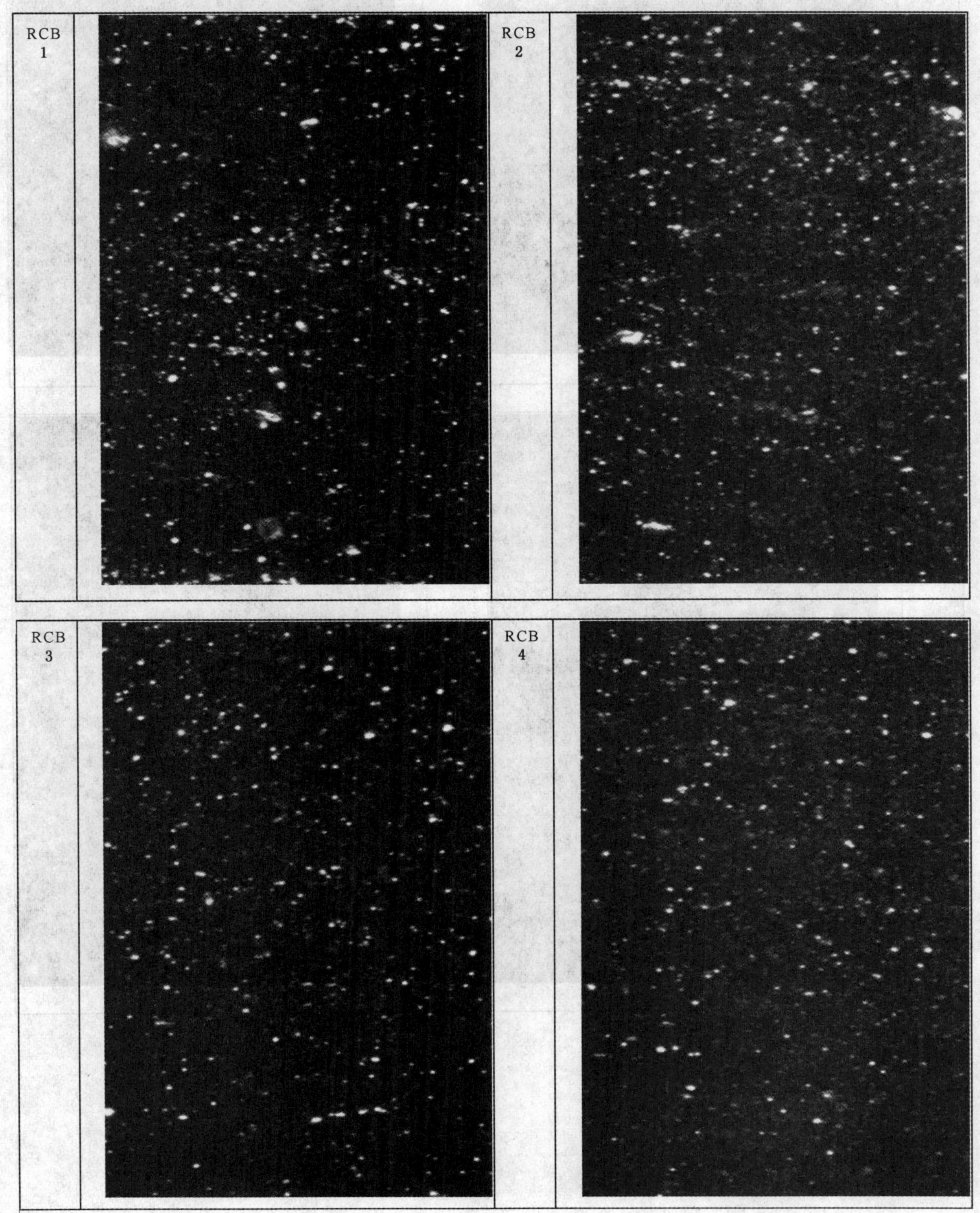

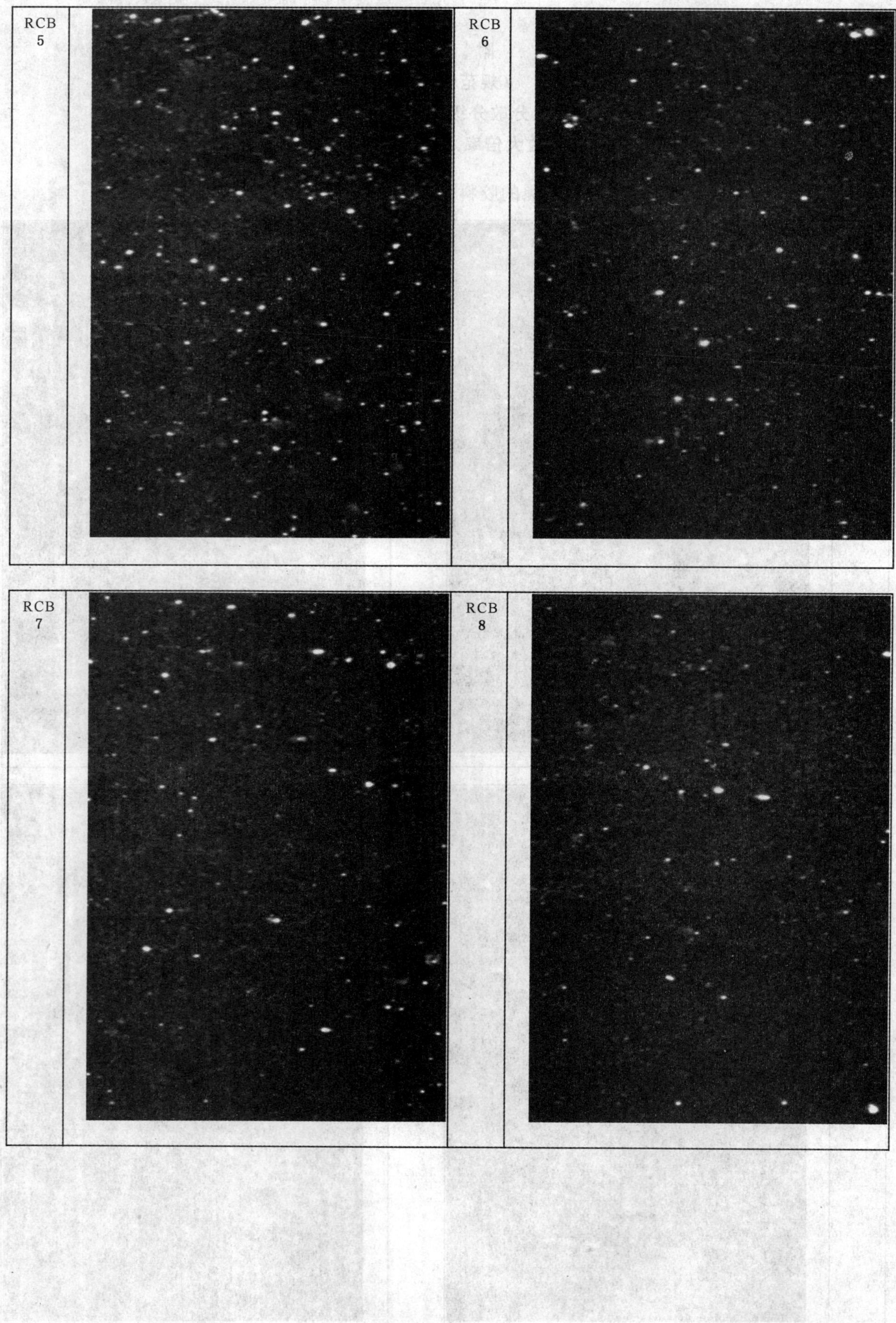
RCB
5
RCB
6
RCB
7
RCB
8

RCB
9
RCB
10

附 录 D
（规范性附录）
目视分散分级与分散度等级
（100×放大倍率）—补强炭黑和二氧化硅（RCB/ Silica）

提高分辨率方案，适用于填充补强炭黑和大量二氧化硅的胶料。

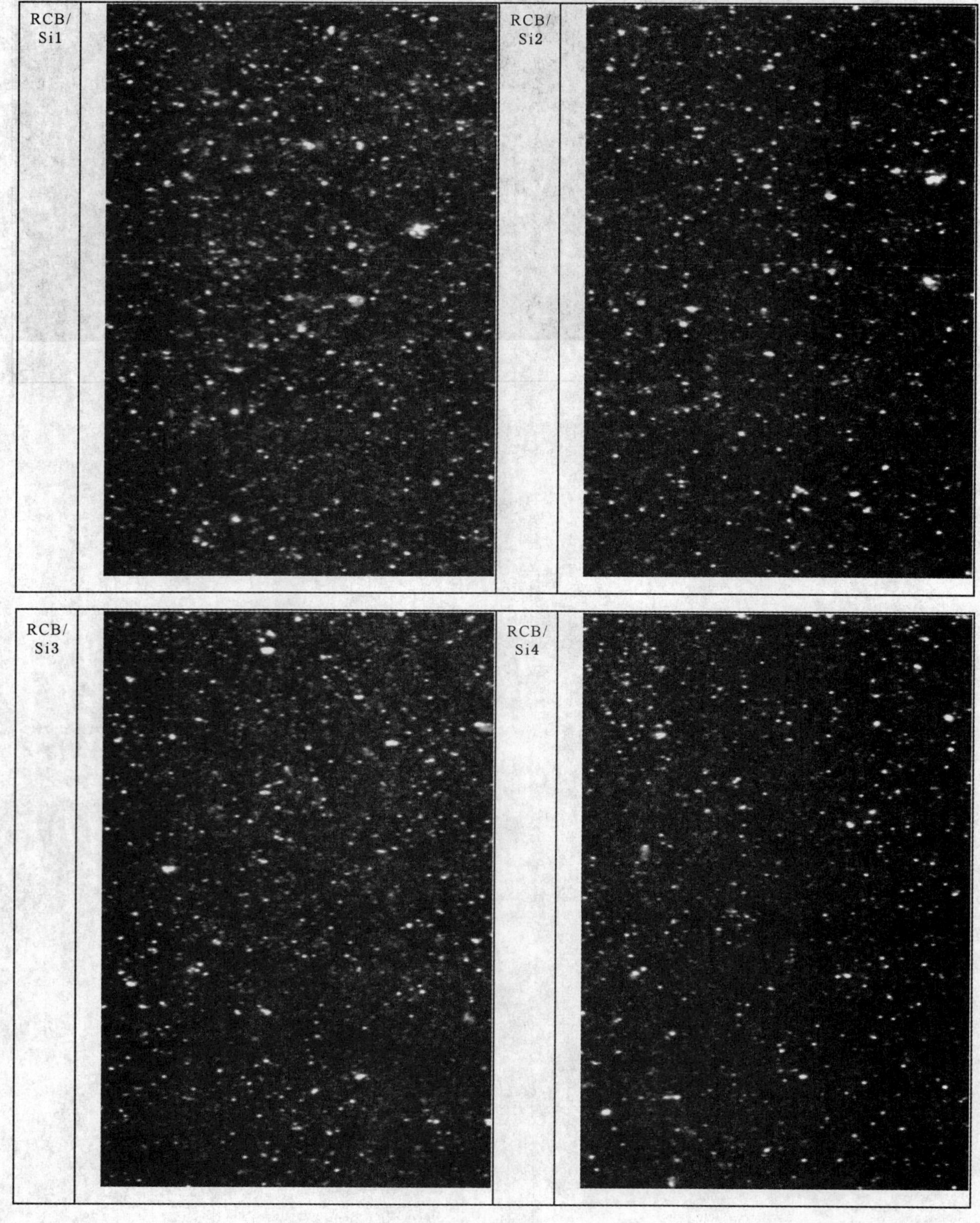

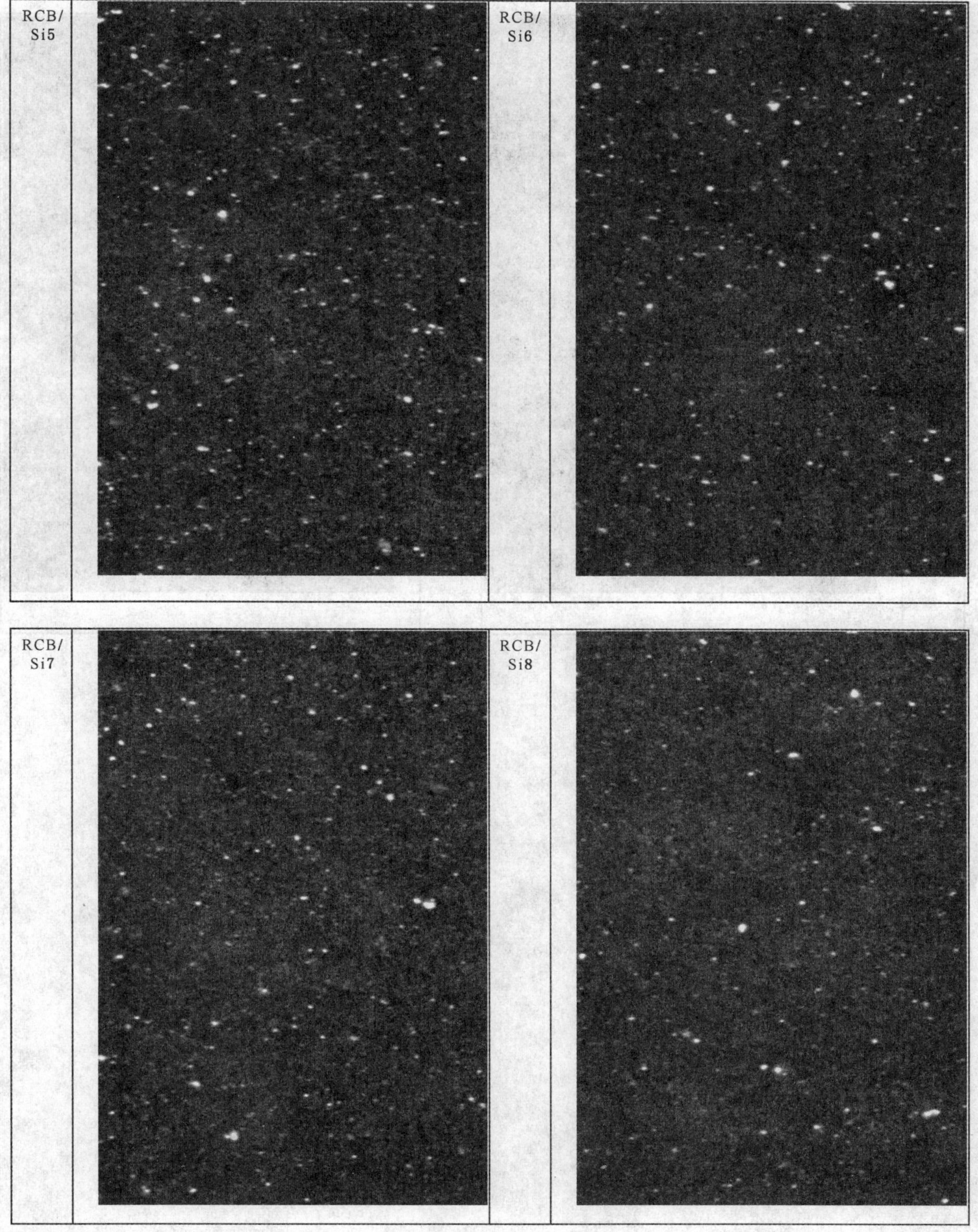
RCB/
Si5
RCB/
Si6
RCB/
Si7
RCB/
Si8

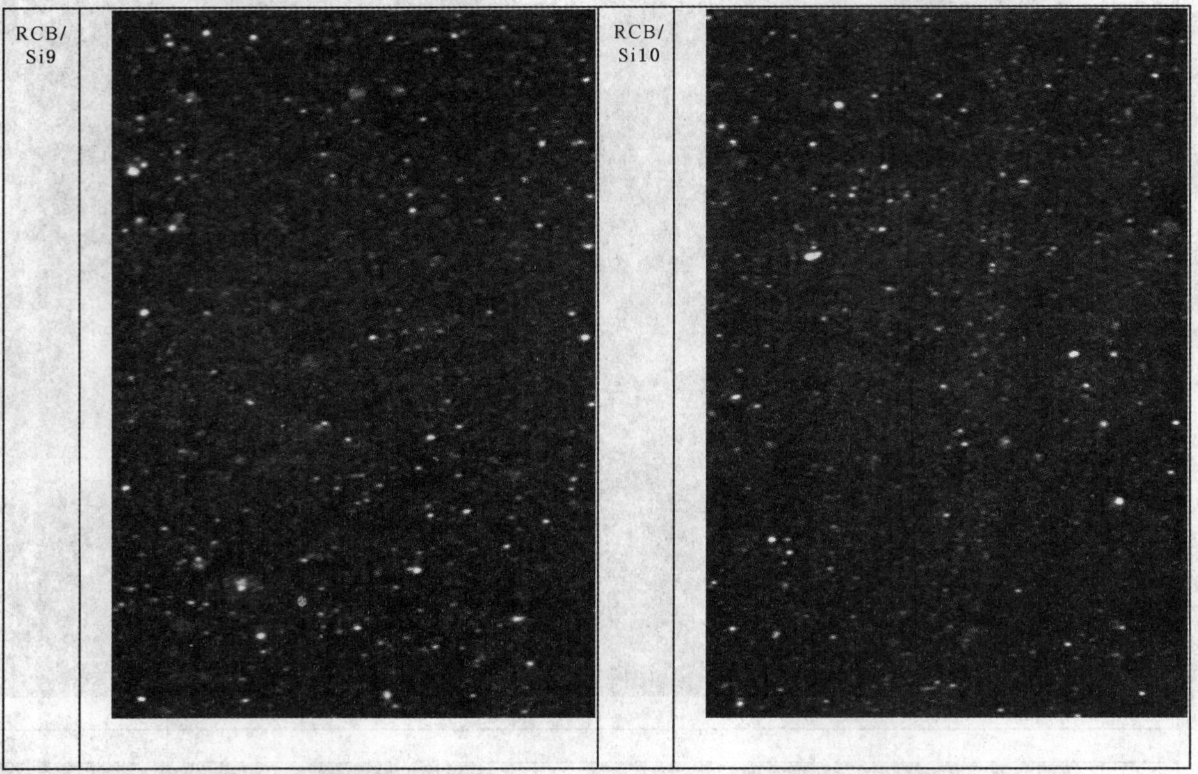
RCB/
Si9
RCB/
Si10

附　录　E
（规范性附录）
目视分散分级与分散度等级
（100×放大倍率）—半补强炭黑(SRCB)

提高分辨率方案，适用于填充半补强炭黑的胶料。

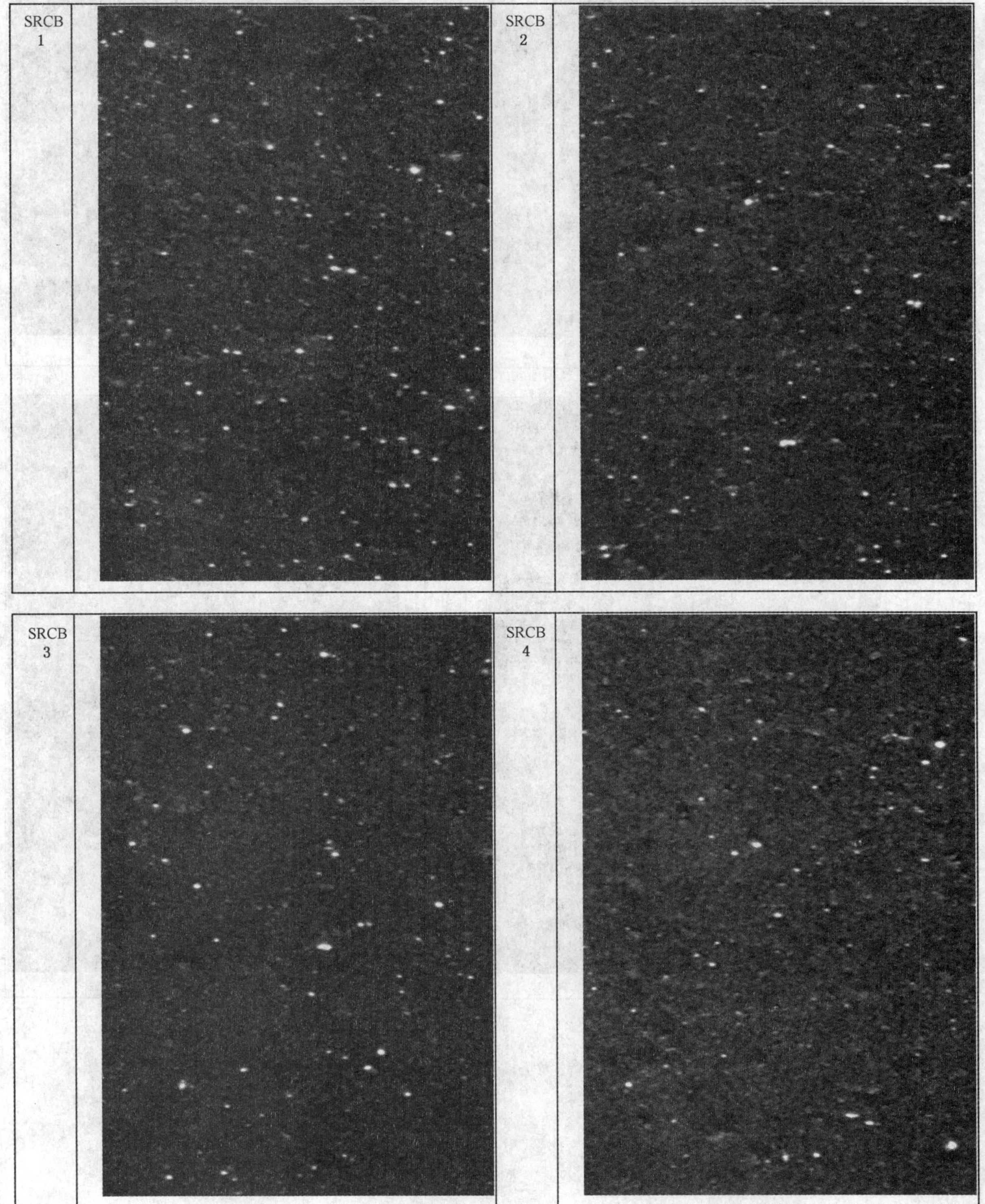

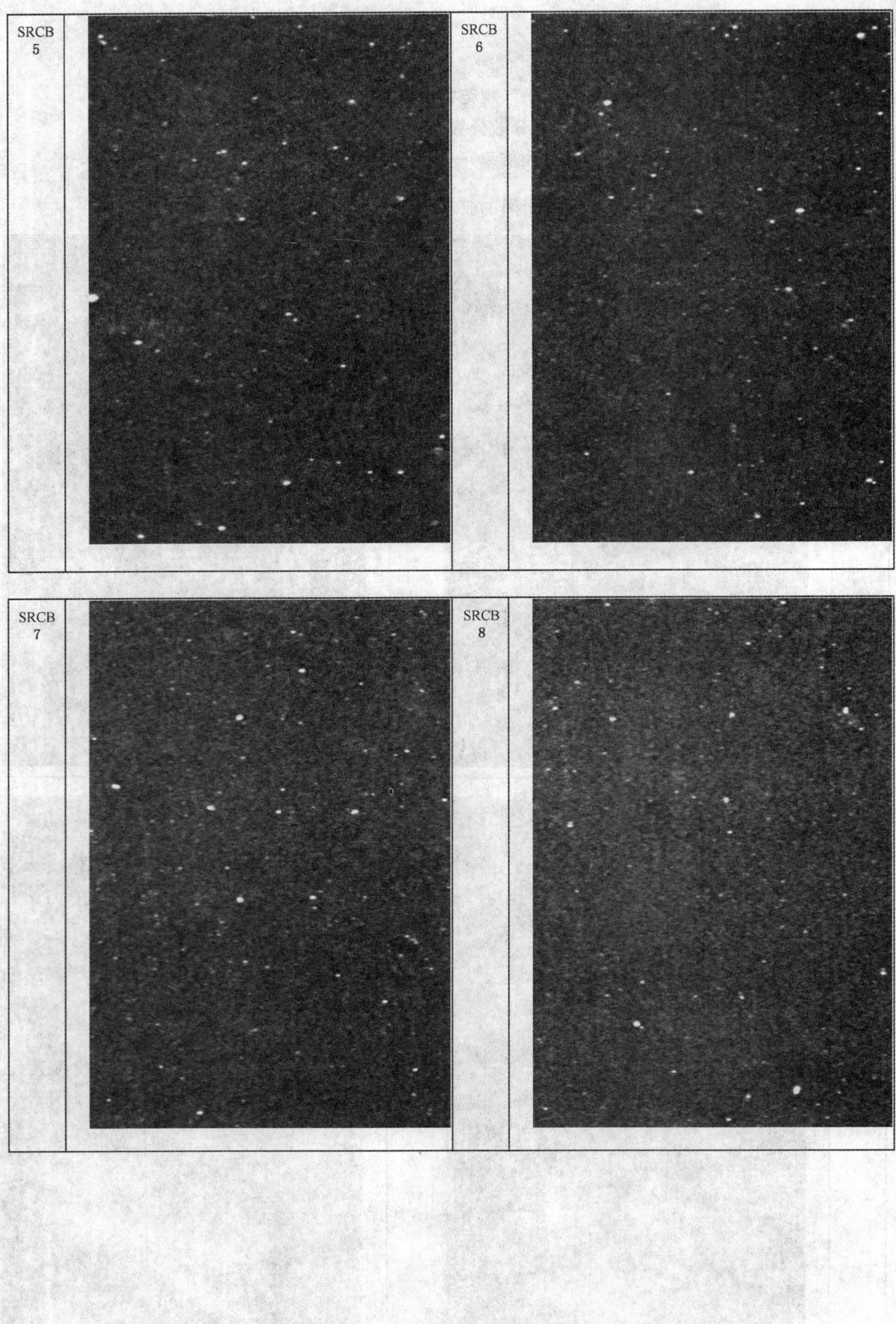
SRCB
5
SRCB
6
SRCB
7
SRCB
8

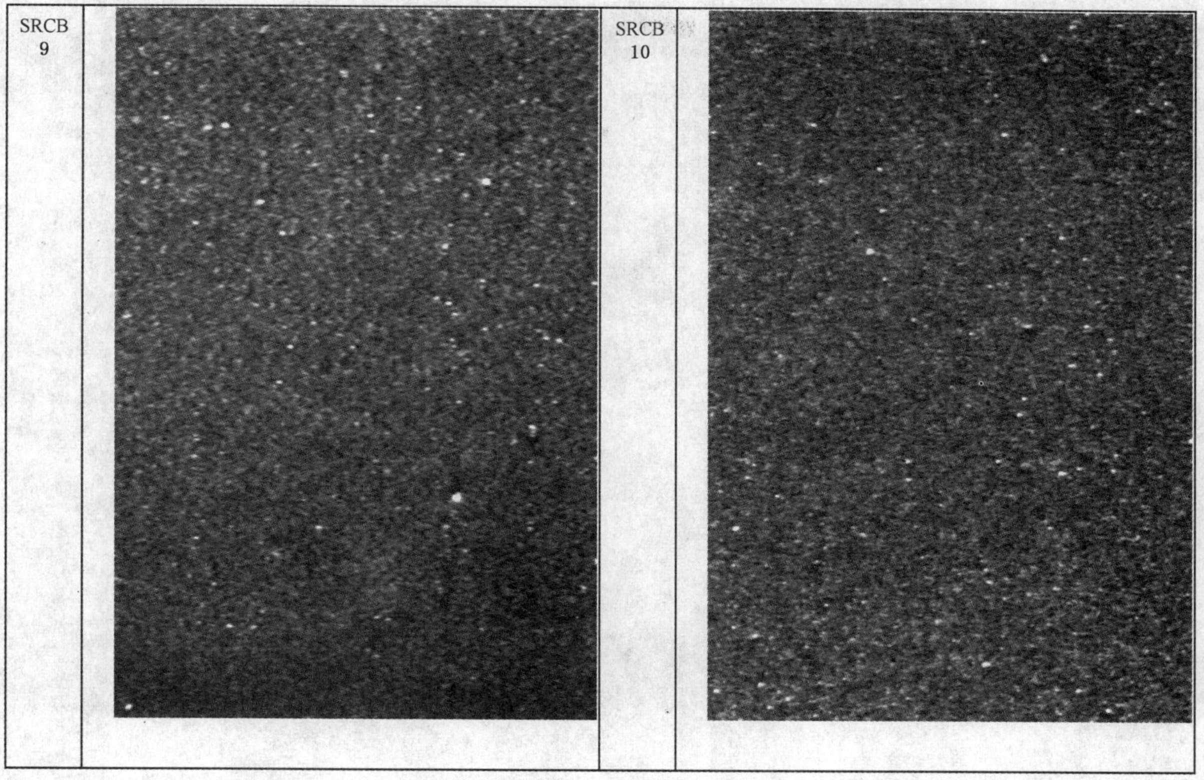
SRCB
9
SRCB
10

ICS 83.060
G 40

中华人民共和国国家标准

GB/T 6038—2006
代替 GB/T 6038—1993

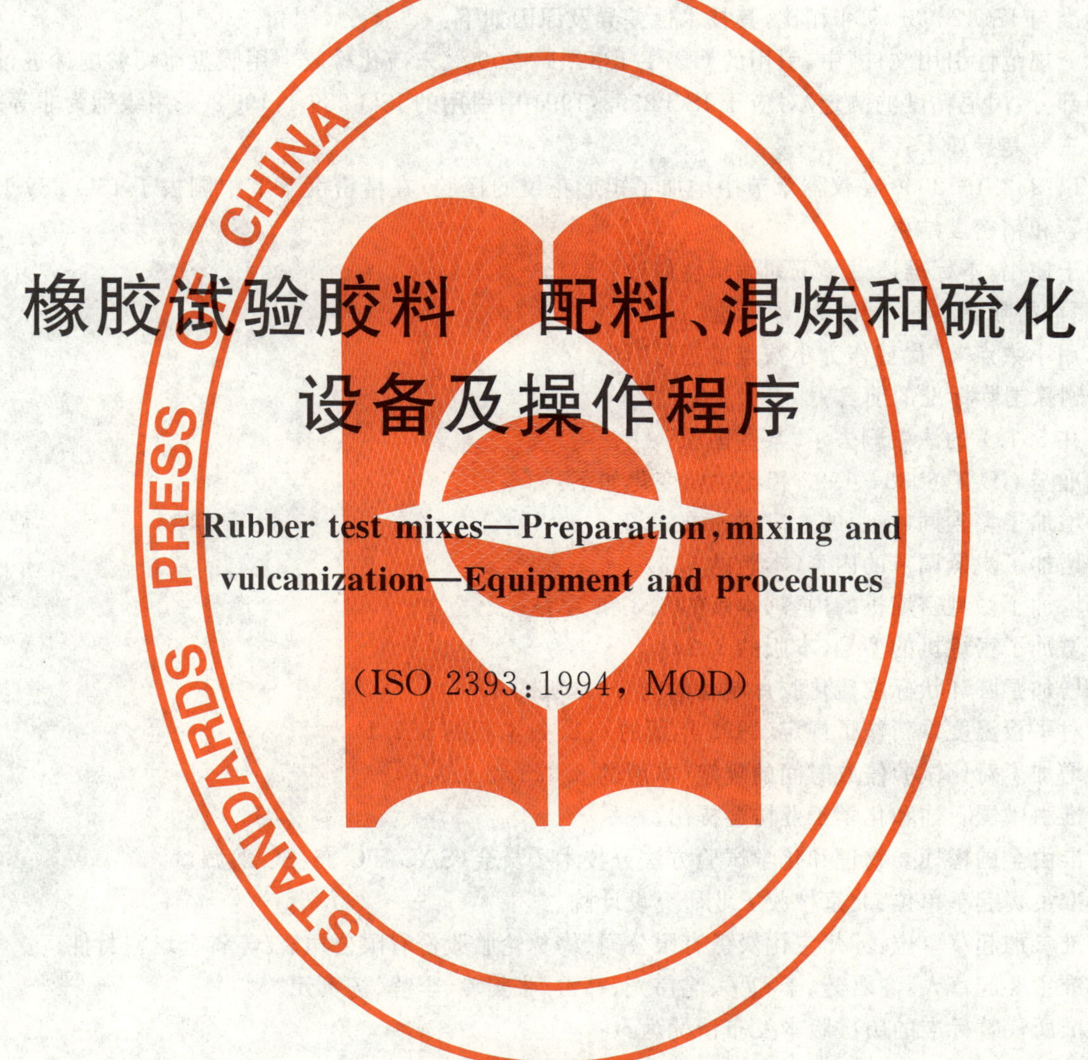

橡胶试验胶料　配料、混炼和硫化设备及操作程序

Rubber test mixes—Preparation, mixing and vulcanization—Equipment and procedures

(ISO 2393:1994, MOD)

2006-03-14 发布　　2006-12-01 实施

中华人民共和国国家质量监督检验检疫总局
中国国家标准化管理委员会　发布

前　言

本标准修改采用国际标准 ISO 2393:1994《橡胶试验胶料　配料、混炼和硫化　设备及操作程序》(英文版)。

本标准代替 GB/T 6038—1993《橡胶试验胶料的配料、混炼和硫化设备及操作程序》。

本标准与 ISO 2393:1994 相比,其技术性差异及原因如下:

在"2　规范性引用文件"中,引用的 GB/T 1232.1—2000《未硫化橡胶　用圆盘剪切粘度计进行测定　第 1 部分:门尼粘度的测定》对应于 ISO 2393:1994 中引用的 ISO 289-1:1994,采用级别为非等效,其技术上主要差异如下:

GB/T 1232.1—2000 在仪器章节中增加了矩形花纹的模腔;在精密度章节中删去了 ISO 289-1 中的计划内容和精密度结果 。

为便于使用,本标准还做了下列编辑性修改:

a) "本国际标准"一词改为"本标准";

b) 用小数点"."代替作为小数点的逗号",";

c) 删除国际标准的前言;

d) 在 5.1.1 的注中删去了"某些国家"。

本标准与 GB/T 6038—1993 相比主要变化如下:

——增加了警告词(本版的 6.1,本版的 6.2.2);

——增加了炭黑调节的内容(本版的 5.3);

——增加了微型密炼机的内容(本版的 6.3 和 7.3);

——增加了密炼机的型号(本版的 6.2);

——增加了圆环状标准硫化胶片制备的内容(本版的 9);

——对平板温度重新作了规定(1993 年版的 6.2.4;本版的 8.2.1);

——增加了对比试验停放时间的规定(本版的 8.3.5 和 8.3.6)。

本标准由中国石油和化学工业协会提出。

本标准由全国橡标委物理和化学试验方法分技术委员会(SAC/TC 35/SC 2)归口。

本标准负责起草单位:北京橡胶工业研究设计院。

本标准参加起草单位:苏州宝化炭黑有限公司、桦林轮胎股份有限公司、江苏省金坛密封件厂。

本标准主要起草人:谢君芳、李和平、沈伟光、韩雷、张美玲、李静、杨贵元。

本标准所代替标准的历次版本发布情况为:

——GB 6038—1985、GB/T 6038—1993。

橡胶试验胶料　配料、混炼和硫化设备及操作程序

1　范围

本标准规定了橡胶试验用胶料的配料、混炼、硫化所需设备和一般操作程序，如同在橡胶评估程序中规定的一样。

2　规范性引用文件

下列文件中的条款通过本标准的引用而成为本标准的条款。凡是注日期的引用文件，其随后所有的修改单(不包括勘误的内容)或修订版均不适用于本标准，然而，鼓励根据本标准达成协议的各方研究是否可使用这些文件的最新版本。凡是不注日期的引用文件，其最新版本适用于本标准。

GB/T 528　硫化橡胶或热塑性橡胶　拉伸应力应变性能的测定(GB/T 528—1998，eqv ISO 37：1994)

GB/T 1232.1　未硫化橡胶　用圆盘剪切粘度计进行测定　第1部分：门尼粘度的测定(GB/T 1232.1—2000，neq ISO 289-1：1994)

GB/T 2941　橡胶试样环境调节和试验的标准温度、湿度及时间(GB/T 2941—1991，eqv ISO 471：1983)

GB/T 9869　橡胶胶料硫化特性的测定(圆盘振荡硫化仪法)(GB/T 9869—1997，idt ISO 3417：1991)

3　术语和定义

下列术语和定义适用于本标准。

3.1

基本配方量　formulation batch mass

以生胶或充油生胶为100 g时，胶和配方中所有配合剂的总量，单位以克(g)计。与相应橡胶评估过程规定的一致。

3.2

批混炼量　batch mass

指一次加工所制得的胶料总量。

3.3

总混炼室容积　total free volume

当转子处于腔室时，混炼室的容积。

3.4

额定混炼容量　nominal mixer capacity

混炼过程中占据总混炼室容积的比例。对于切向转子密炼机以0.75倍为宜。

4　配合剂

制备橡胶试验用胶料的各种配合剂应符合相应产品标准的规定，本规定也适用于相应的橡胶评估操作程序。

5 配料

5.1 混炼胶的批量

5.1.1 除非在相应橡胶评估程序中另有规定，试验室开放式炼胶机标准批混炼量应为基本配方量的4倍，单位以克(g)计。

注：若采用较小的批混炼量，其结果可能不同。

5.1.2 标准密炼机的每次批混炼量[单位以克(g)计]，应等于密炼机额定混炼容量[单位以立方厘米(cm^3)计]乘以混炼胶的密度。

5.1.3 微型密炼机的每次批混炼量[单位以克(g)计]，应等于微型密炼机额定混炼容量(单位以立方厘米(cm^3)计]乘以混炼胶的密度。

5.2 称量允许偏差

5.2.1 生胶和炭黑的称量应精确至1 g；油类应精确至1 g或±1%(以精确度高的为准)；硫化剂和促进剂应精确至0.02 g；氧化锌和硬脂酸应精确至0.1 g；所有其他配合剂应精确至±1%。

5.2.2 用微型密炼机混炼时，生胶和炭黑的称量应精确至0.1 g；油类应精确至0.1 g或±1%(以精确度高的为准)；硫化剂和促进剂应精确至0.002 g；氧化锌和硬脂酸应精确至0.01 g；所有其他配合剂应精确至±1%。

5.3 炭黑的调节

除非另有规定，炭黑在称量前应进行调节。将炭黑放入温度为105℃±5℃的烘箱中加热2 h。在调节过程中，炭黑应放置在一个开放的尺寸适宜的容器中，以使炭黑深度不超过10 mm。调节好的炭黑在混炼前应贮存在一个密闭防潮容器中。

另一种调节方法是将炭黑置于温度为125℃±3℃的烘箱中加热1 h。以这种方式调节过的炭黑可能会与105℃±5℃调节过的炭黑所得结果不同。所用的调节温度应记录在试验报告中。

6 混炼设备

6.1 开放式炼胶机

标准试验室开放式炼胶机主要技术参数如下：

辊筒直径(外径)(mm)，150 ～ 155；

辊筒长度(两挡板间)(mm)，250 ～ 280；

前辊筒(慢辊)转速(r/min)，24 ± 1；

辊筒速比(优先采用)，1.0：1.4；

两辊筒间隙(可调)(mm)，0.2 ～ 8.0；

控温偏差(℃)±5(除非另有规定)。

警告——依照国家安全规章，开放式炼胶机应配备安全设施，以防止事故发生。

注1：若使用其他规格开放式炼胶机，可调整混炼批量和混炼周期，以获得可比结果。

注2：若辊筒速比不是1.0：1.4，则可调整混炼程序，以获得可比结果。

辊筒间隙应明确按以下方法测量。首先，准备两根铅条，至少长50 mm，宽10 mm±3 mm，厚度比欲测辊距大0.25 mm～0.50 mm。再根据GB/T 1232.1，准备一块尺寸大约75 mm×75 mm×6 mm的混炼胶，其门尼黏度ML(1+4)100℃大于50。将两根铅条分别插入辊筒两端距挡板约25 mm处，同时把混炼胶从两辊筒中心部位轧过。此时，辊筒温度应调节至混炼所要求的温度。铅条轧过后，用精度为±0.01 mm的厚度计分别测量两根铅条上三个不同点的厚度，辊筒间距的允许偏差为±10%或0.05 mm，以较大值为准。

开放式炼胶机应具有循环加热、冷却系统。

6.2 密炼机

6.2.1 密炼机可分为两种基本类型：切线型转子密炼机和啮合型转子密炼机。

对于切线型转子密炼机，剪切应力-应变集中发生在转子顶端和混炼室内壁之间。并且转子以不同速度运转，以协助对胶料进行捏压、混炼操作。

对于啮合型转子密炼机，其转子以相同速度运转，但由于转子凸棱的设计以及啮合运动，使转子间产生摩擦。因此，剪切应力应变集中发生在转子之间。

6.2.2 本标准描述了试验室标准密炼机的三种类型。A_1 型和 A_2 型属于切线型转子密炼机，B 型属于啮合型转子密炼机。除此之外，也可用其他类型密炼机。通常情况下，使用不同类型密炼机最终所得混炼胶性能不同。在仲裁等特殊场合，有关人员应协商并限定调整。

警告—— 依照国家安全规章，为防止事故发生，密炼机应具有适当的排气系统及安全装置。

6.2.3 三种试验室用标准密炼机的数据见表 1。

表 1 密炼机类型

密炼机的技术特征	A_1 型（切线型即非啮合型转子密炼机）	A_2 型（切线型即非啮合型转子密炼机）	B 型（啮合型转子密炼机）
额定混炼容量/cm^3	1 170±40	2 000	1 000
转子速度（快速转子）/(r/min)	77±10 110±10	40±10	55
转子摩擦比	1.125 : 1	1.2 : 1	1 : 1
转子间隙/mm 新 旧	 2.38±0.13 3.70	 4.0±1.0 	 2.45～2.50 5.0
每转消耗功率/[kW/(r/min)]	0.13（快速转子）		0.227
混炼胶上顶栓压力/MPa	0.5～0.8 （或参照有关标准）	0.5～0.8	0.3 （或参照有关标准）
注：通常使用 A_1 型。			

6.2.4 密炼机应装有测温系统，以便指示和记录混炼操作中的温度，精确至 1℃。

注 3：实际混炼温度通常大于测温系统显示的温度，所超值受混炼条件和测温位置影响。

6.2.5 密炼机应装有计时装置，以便显示混炼操作的时间，精确至±5 s。

6.2.6 密炼机应装有指示和记录消耗的功率和转矩的系统。

6.2.7 密炼机还应配有有效的加热和冷却系统，以便控制转子和混炼室内腔壁表面的温度。

6.2.8 在混炼过程中，密炼室是封闭的。胶料被上顶栓封闭在密炼室内。

6.2.9 当转子间隙超过表 1 中规定的值时，需进行大修，否则会影响混炼质量。转子间隙达到表 1 中最大值时相当于增加约 10%的额定混炼容积。

6.2.10 为将密炼机排出的胶料压实，应同时备有符合 6.1 中所规定的开放式炼胶机。

6.3 微型密炼机

优先采用的微型密炼机的技术参数如下：

转子类型，非啮合型转子；

额定混炼容量(cm^3)，64±1；

转子速度(r/min)，60^{+3}_{0}(快转子)；

转子摩擦比，1.5 : 1。

注 4：微型密炼机仅可以为硫化仪试验和尺寸约 150 mm×75 mm×2 mm 的硫化胶片提供充足的混炼胶。

6.3.1 微型密炼机应装有测温系统，以便测量和指示或记录混炼操作中的温度，精确至 1℃。

注 5：实际混炼温度通常超过显示的温度，所超数值受混炼条件影响。

6.3.2 应配有计时装置，以显示混炼操作时间，精确至±5 s。

6.3.3 微型密炼机应配有功率及转矩记录系统，以指示和记录所消耗的功率和转矩。

6.3.4 微型密炼机还应配有有效的加热和冷却系统，以便控制混炼室内腔壁的温度。

6.3.5 微型密炼机在混炼过程中，密炼室是密闭的。胶料被上顶栓或操作杆封闭在密炼室内。

7 混炼程序

7.1 开放式炼胶机混炼程序

7.1.1 除非另有规定，每批胶料在混炼时都要包在前辊上。

7.1.2 在混炼过程中，应确保辊筒始终保持规定温度，可采用连续式温度自动记录仪，也可采用手动测温计(精度为±1℃或精度更高的仪器)连续测量辊筒表面中间部位的温度。为测量前辊筒表面温度，可以把胶料迅速地从炼胶机上取下，测温后再将胶料放回。

7.1.3 做3/4割刀时规定：切割包辊胶宽度的3/4，同时割刀保持在这一位置，直到积胶全部通过辊筒间隙。

7.1.4 配合剂应沿着整个辊筒的长度加入。当堆积胶或辊筒表面上还有明显的游离粉料时，不应切割胶料，应将从间隙散落的配合剂小心收集并重新混入胶料中。

7.1.5 除非另有规定，每次按规定做连续3/4割刀，应交替方向进行，并且两次连续割刀之间允许间隔时间为20 s。

7.1.6 混炼后的胶料质量与所有原材料总质量之差不应超过+0.5%或不应低于−1.5%。

7.1.7 混炼后的胶料应放置在平整、清洁、干燥的金属表面冷却至室温，冷却后的胶料应用铝箔或其他合适材料包好以防被其他物料污染。另外，混炼后的胶料也可放入水中冷却，但结果可能不同。

7.1.8 应为每批混炼胶填写报告，并在报告中指明：

a) 摩擦比(或辊筒速比)和辊筒转速；

b) 两挡板间距离；

c) 辊筒最高及最低温度；

d) 炭黑调节温度；

e) 混炼后胶料的冷却方式。

7.2 密炼机混炼程序

7.2.1 密炼机混炼方法应按不同橡胶的相应标准规定进行，若无可依据的标准，可按供需双方协议规定进行混炼。

7.2.2 在一系列相同混炼胶制备期间，每一批胶料的混炼条件应当相同。在一系列混炼开始前，可先混炼一个与试验胶料配方相同的胶料以调整密炼机的工作状态，同时也可起到净化密炼室的作用。密炼机在一次试验结束后和下一次试验开始前应冷却至规定温度。在一系列试验胶混炼期间，密炼机的温度控制条件应保持不变。

注：为得到最好的结果，需要对比的试验胶料最好使用同一台密炼机进行混炼。

7.2.3 为了更简便、快速地喂料，材料应加工成小块或小片。

7.2.4 按照相关标准规定，密炼机排出胶料应在标准实验室开放式炼胶机上压实，并在一个平整、洁净、干燥的金属表面上冷却至GB/T 2941规定的温度之一(23℃±2℃或27℃±2℃)。

7.2.5 混炼后的胶料质量与所有原材料总质量之差不应超过+0.5%或不应低于−1.5%。

已知某些橡胶配合剂含有少量挥发物，它们在密炼机混炼温度下可能挥发，其结果可能无法满足上述质量差范围，在这种情况下应在试验报告中注明实际质量差。此段叙述也适用于7.2.8和7.3.4。

7.2.6 需分阶段混炼的胶料，在进行第二段混炼操作前将混炼胶至少停放30 min或直到胶料达到标准温度为止，两个阶段混炼之间最长停放时间为 24 h。

7.2.7 若使用密炼机进行最终阶段(第二段)混炼时，应先将第一阶段胶料切成条状以便于投入密炼机，然后再按相关标准规定加入余下的配合剂。若用开放式炼胶机进行最终阶段混炼时，应按有关标准规定加入剩余配合剂，除非另有规定，每批混炼胶量应减至基本配方量的四倍。

7.2.8 当最终阶段混炼用密炼机时，从密炼机排出的胶料应按有关标准规定，在 6.1 中规定的开放式炼胶机上压实。

最终胶料的质量与所有原材料总质量之差不应超过＋0.5％或不应低于－1.5％。

7.2.9 除非另有规定，按照 GB/T 9869 的规定取出一个硫化仪试样和一个胶料黏度试样(若需要)后，余下混炼胶在 50℃±5℃辊温下在开炼机上过辊四次，每次过辊后沿混炼胶纵向对折，并让胶片总以同一方向过辊以获得压延效应。调整辊距使收缩后的胶片厚度为 2.1 mm ～2.5 mm，以适于制备哑铃状试样的硫化胶片。若需要制备环状试样的硫化胶圆片，调整辊距使压出胶片厚度为 4.1 mm ～4.5 mm。

7.2.10 应为每批混炼胶填写报告，并在报告中指出：

a) 起始温度；
b) 混炼时间；
c) 转子速度；
d) 上顶栓压力；
e) 密炼胶料排出时的温度；
f) 所用密炼机的类型；
g) 任何超出 7.2.5 和 7.2.8 规定范围的许可质量损失；
h) 炭黑调节温度。

对于在密炼机上完成的分阶段混炼胶料，每完成两个阶段混炼，填写一份胶料报告。

7.3 微型密炼机混炼程序

7.3.1 在混炼操作前，预热微型密炼机密炼室达到规定温度至少 5 min。

7.3.2 除非另有规定，转子速度应为($1.0^{+0.05}_{0}$) r/s，即为(60^{+3}_{0}) r/min。对于转子速度可变的机型，转子速度需经常核对。

7.3.3 对于所有橡胶，其混炼工艺在相应的标准中应有叙述。如果没有标准，工艺应由工作双方协商制定。

7.3.4 微型密炼机排出胶料应立刻置于标准开炼机(保持规定温度)上过辊两次，此时辊筒最好以相同转速运行并且辊距为 0.5 mm，然后调节辊距至 3 mm，再过辊两次，以便散热和称重。混炼后的胶料质量与所有原材料总质量之差不大于 0.5％。

某些橡胶和配合剂含有少量挥发物，它们在微型密炼机混炼温度下可能挥发，其结果无法满足上述质量差范围，在这种情况下应在试验报告中注明实际质量差。

8 哑铃状试样标准硫化胶片的制备

8.1 胶料的调节

8.1.1 胶料应在 GB/T 2941 规定的标准温度条件下调节 2 h～24 h，为避免吸收空气中的潮气，可放置在密闭容器中或将室内相对湿度控制在(35±5)％。

8.1.2 压成片状的胶料应放置在平整、洁净、干燥的金属表面上。裁切成与模腔尺寸相应的胶坯，并在每片上标明橡胶的压延方向。当在按 8.2.2 规定的模具中硫化时，胶坯质量由表 2 给出，其偏差范围在 0 g～＋3 g 之间。

胶料尽可能不要返炼，一旦需要返炼，应按 7.2.9 的规定进行。

表 2 胶坯质量

胶料密度/Mg/m³	胶坯质量/g	胶料密度/Mg/m³	胶坯质量/g
0.94	47	1.14	57
0.96	48	1.16	58
0.98	49	1.18	59
1.00	50	1.20	60
1.02	51	1.22	61
1.04	52	1.24	62
1.06	53	1.26	63
1.08	54	1.28	64
1.10	55	1.30	65
1.12	56		

8.2 硫化设备

8.2.1 平板硫化机

在整个硫化过程中，平板硫化机在模具模腔面积上施加的压强不应小于 3.5 MPa，它应有足够尺寸的加热板以使在硫化期间它的边缘与模具边缘应有不小于 30 mm 的距离。平板最好由轧制钢制成，加热系统可采用电加热、蒸汽加热或热流质加热。

当使用蒸汽加热时，每块平板需单独供汽。在蒸汽管道引出端需设置自动汽水分离器或气孔，以使蒸汽连续通过平板，如使用箱式热板，则应将蒸汽出口设置在略低于蒸汽室的部位，以确保良好的排水性。

为了防止加热板与硫化机体之间的热传导，最好在它们之间加上钢化热绝缘板或用其他方法使之尽量减少热损失，并对加热平板周围的通风进行适当的隔离。

平板硫化机两加热板加压面应互相平行。将软质焊条或铅条放置在平板之间，当平板在 150℃满压下闭合时，其平行度应在 0.25 mm/m 范围之内。

两种形式的热板都应使整个模具面积上的温度分布均匀。平板中心处的最大温度偏差不超过 ±0.5℃。相邻平板之间相应位置点的温度差不应超过 1℃。平板温度的平均差不超过 0.5℃。

8.2.2 模具

模具模腔尺寸应满足哑铃状试样的裁取数量要求，并符合 GB/T 528 的规定，合适的模具如图 1 所示。但是最佳选择是用尺寸接近 150 mm×145 mm×2 mm 的长方形模腔的模具。模具应使压出胶片具有明显的压延方向的标识。

模腔边缘宽不超过 6 mm，深 1.9 mm～2.0 mm。模腔交角的圆弧半径一般不超过 6 mm。

模具表面应干净并高度抛光。模具材料最好选用高硬度钢，也可选用镀铬中碳钢或不锈钢。模具的模盖为厚度不小于 10 mm 的平板，且应与模腔有较好的接合，以使得模腔表面减少刮痕。

取代分体的模具与模盖，可将模腔直接插入平板硫化机的平板间硫化。

通常模具表面不使用隔离剂，如果需要，可选用与硫化胶片不产生化学作用的隔离剂，并用硫化方式将多余的隔离剂去除，硫化后的第一套胶片抛弃不要。适合的隔离剂有硅油或中性皂液，但硫化硅胶时不应使用硅油作隔离剂。

单位为毫米

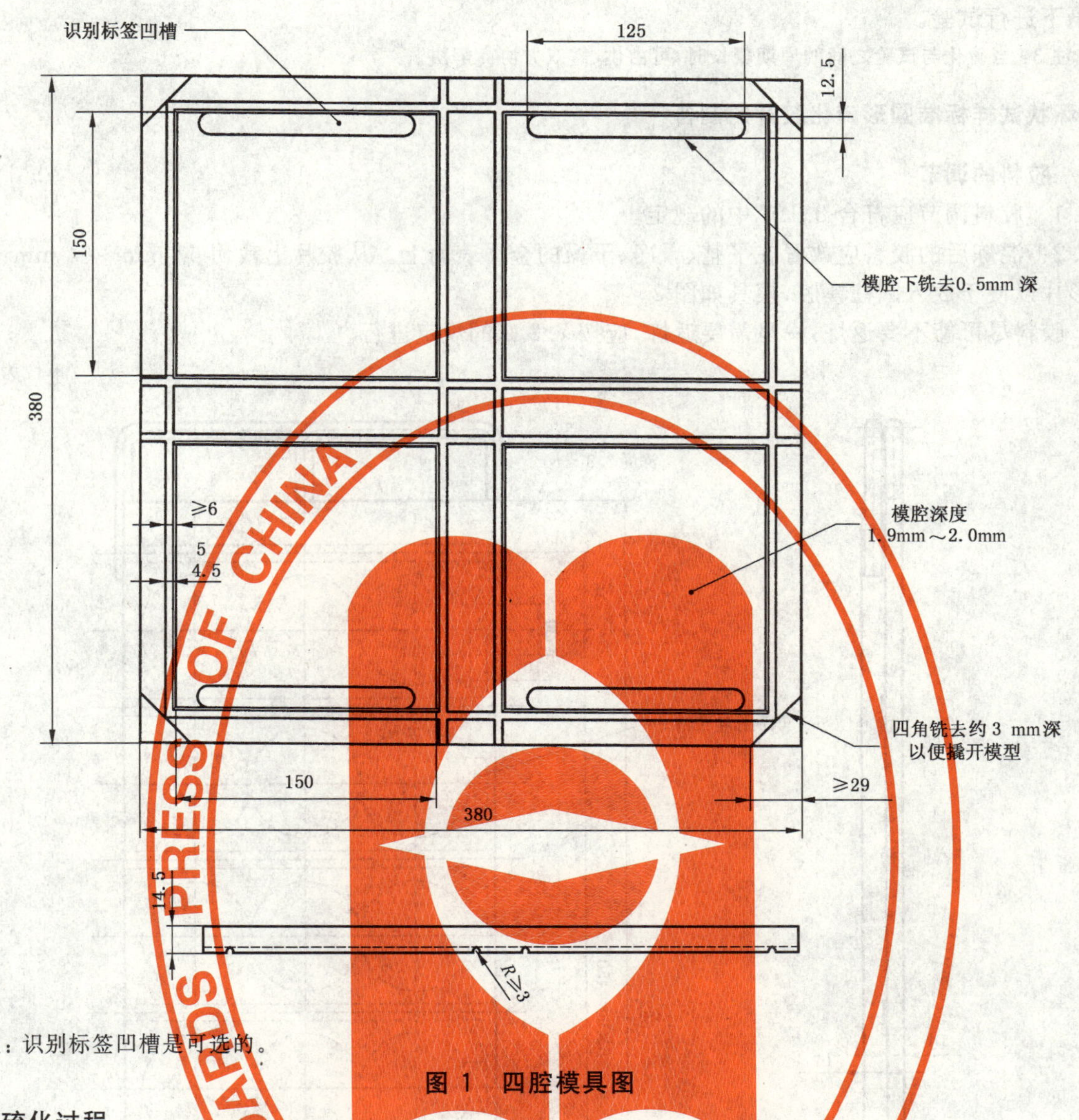

注：识别标签凹槽是可选的。

图 1　四腔模具图

8.3　硫化过程

8.3.1　未硫化胶片放入模具前，将模具放置在温度为硫化温度±0.5℃之内的闭合热板之间至少20 min，模具的温度通过热电偶或其他适宜的温度测量装置插入其中一个溢胶槽以及与模具紧密接触的地方确认。

8.3.2　开启平板并在尽可能短的时间内将准备好的未硫化胶片装入模具并闭合平板。当取出模具装入胶片时，应采取预防措施以免模具因接触冷金属板或暴露在空气中而过冷。

8.3.3　硫化时以加足压力瞬间至泄压瞬间这段时间作为硫化时间。硫化期间要保持模腔压强不小于3.5 MPa。

硫化平板打开后立即从模具中取出硫化胶片，放入水(室温或低于室温)中或放在金属板上冷却10 min～15 min，用于电学测量的胶片应放在金属板上冷却。放入水中冷却的胶片擦干后保存备验。上述操作要仔细进行以防止胶片被过分拉伸和变形。

注 1：另可选择将模具从硫化平板上取下后、在硫化胶片取出前直接放入冷水中冷却。

注 2：不同程序将获得不同的结果。

8.3.4　硫化胶片的保存温度应符合 GB/T 2941 中规定的温度之一。在储存时可用铝箔或其他适宜材料分隔以防污染。

8.3.5　对于所有试验而言，硫化与试验之间的时间间隔最短应为 16 h。

8.3.6 硫化和试验之间的最长时间间隔应为 96 h，用于对比试验的硫化胶片，应尽可能在相同的时间间隔下进行试验。

注 3：当硫化与试验之间的周期较长时，可由供、需双方协商解决。

9 环状试样标准圆形硫化胶片的制备

9.1 胶料的调节

9.1.1 胶料调节应符合 8.1.1 中的规定。

9.1.2 混炼后的胶料应放置在平整、干净、干燥的金属表面上。从胶片上裁切 63 mm～64 mm 直径的圆形片以便于放入圆柱模腔，模具如图 2。

胶料尽可能不要返炼，一旦需要返炼，应按 7.2.9 的规定进行。

单位为毫米

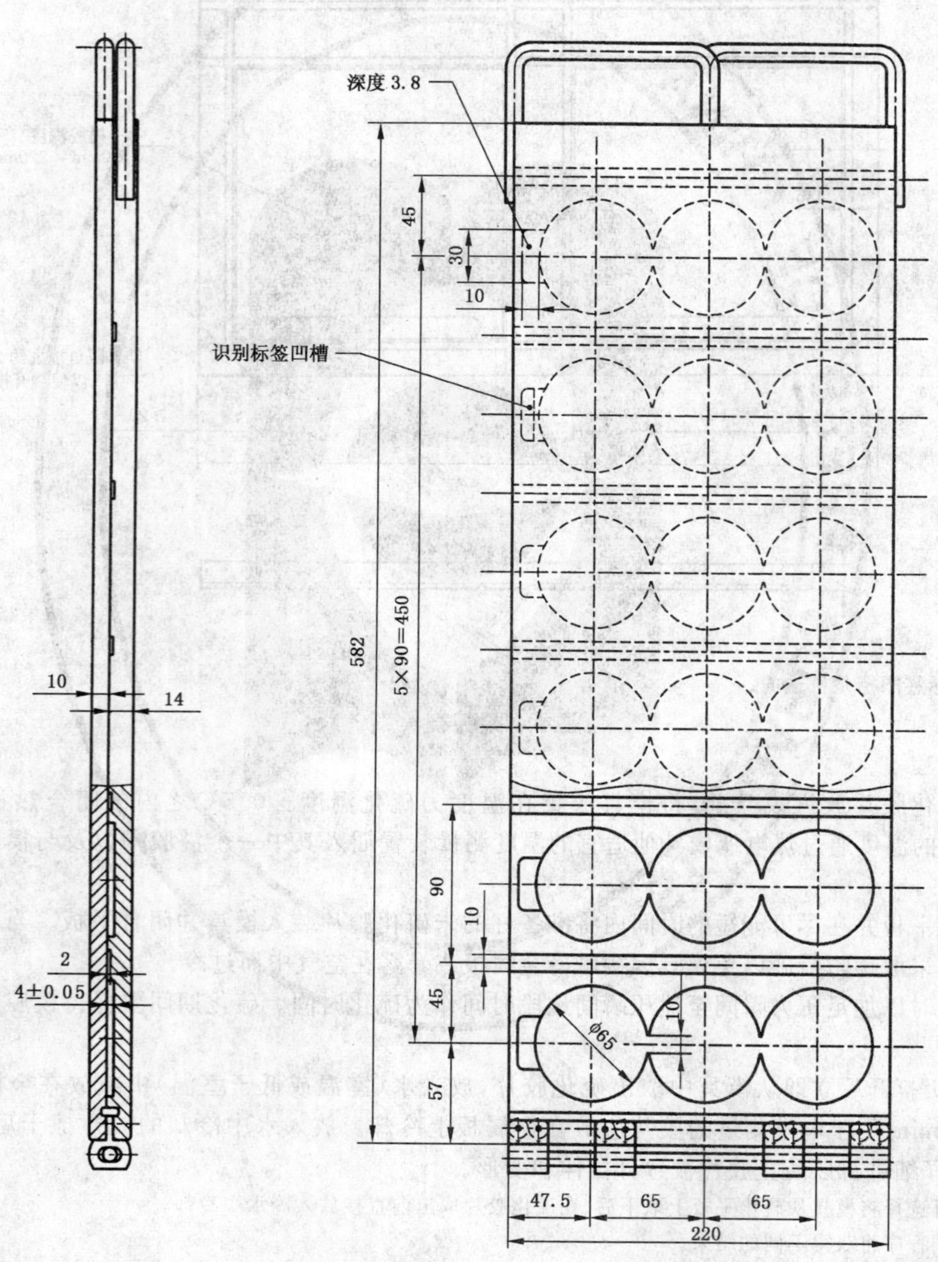

注：识别标签凹槽是可选的。

图 2 环状试样圆形硫化胶片模具图

9.2 硫化设备

9.2.1 平板硫化机

应符合 8.2.1 中的规定。

9.2.2 模具

模具的模腔部分参考尺寸应与图 2 所示相近，圆柱直径为 65 mm，深 4 mm。

模具由模盖和彼此连接的模腔部分构成。合页开椭圆形孔以使两加压面保持水平，从而防止装入厚胶片平板闭合时，模盖发生扭变。

模腔部分由几组圆柱状腔体组成，每组有三个相互连接的圆柱腔。每组闭合腔体上有一个 10 mm 的凹槽，用以识别每组胶料。由于工艺上的原因，凹槽的深度要小于圆片腔体深度。为便于识别，可将压花铝条放置在凹槽内，标签连接在每组三个试样上。

模腔腔体数量可依平板硫化机平板尺寸而定，材料可选用硬质铝合金制造，如图 2 所示，较薄的模具(如：上盖 4 mm，模腔截面部分 8 mm)可选用钢质的。但较薄模具的合页部分更难于加工。

模腔应均匀，深度偏差不超过 0.05 mm。模腔交角圆弧半径不超过 0.5 mm。模具表面应洁净并高度抛光。

9.3 硫化过程

应符合 8.3 的规定。

ICS 25.020
J 42

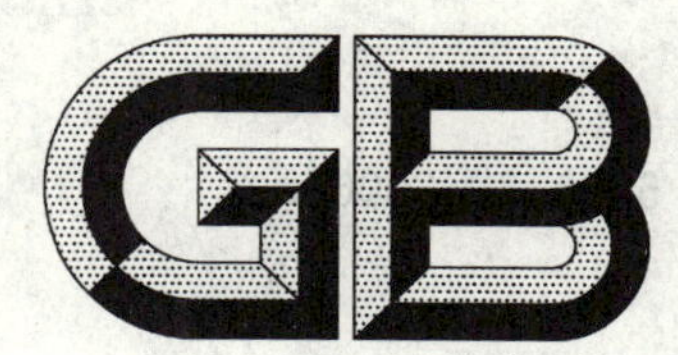

中华人民共和国国家标准

GB/T 6060.2—2006
代替 GB/T 6060.2—1985

表面粗糙度比较样块 磨、车、镗、铣、插及刨加工表面

Roughness comparison specimens—Ground, turned, bored, milled, shaped and planed

(ISO 2632-1:1985, Roughness comparison specimens—
Part 1: Turned, ground, bored, milled, shaped and planed, MOD)

2006-02-05 发布 2006-08-01 实施

中华人民共和国国家质量监督检验检疫总局
中国国家标准化管理委员会 发布

前言

GB/T 6060《表面粗糙度比较样块》分为5个部分：

——第1部分：铸造表面；

——第2部分：磨、车、镗、铣、插及刨加工表面；

——第3部分：电火花加工表面；

——第4部分：抛光加工表面；

——第5部分：抛(喷)丸、喷砂加工表面。

本部分为GB/T 6060的第2部分，对应于ISO 2632-1：1985《表面粗糙度比较样块　第1部分：磨、车、镗、铣、插及刨加工表面》。本部分是依据ISO 2632-1：1985，对GB/T 6060.2—1985《表面粗糙度比较样块　磨、车、镗、铣、插及刨加工表面》进行修订的。本部分与ISO 2632-1：1985的一致性程度为修改，其主要差异如下：

——按GB/T 1.1—2000标准对编排格式进行了修改；

——依据我国有关法规的要求，样块表面粗糙度参数 Ra 的公称值、取样长度值仅给出了公制单位值。

本部分自实施之日起，代替GB/T 6060.2—1985《表面粗糙度比较样块　磨、车、镗、铣、插及刨加工表面》。

本部分与GB/T 6060.2—1985相比，主要变化如下：

——表面粗糙度比较样块的定义更为明确(1985版的2.1；本版的3.1)；

——采用插、刨加工的表面粗糙度比较样块，其不同评定长度的标准偏差百分率由5%、4%改为4%、3%(1985版的6.3；本版的7.3)；

——交叉式弓形纹理样块加工方法由端铣、端磨和杯形砂轮磨三类改为端铣、端磨两类(1985版的8.2表5；本版的9.2表5)。

本部分由中国机械工业联合会提出。

本部分由全国量具量仪标准化技术委员会(SAC/TC 132)归口。

本部分起草单位：机械科学研究院、成都工具研究所、哈尔滨量具刃具厂、哈尔滨理工大学。

本部分主要起草人：王欣玲、邓宁、高善铭、陈捷。

本部分所代替标准的历次版本发布情况为：

——GB/T 6060.2—1985。

表面粗糙度比较样块 磨、车、镗、铣、插及刨加工表面

1 范围

GB/T 6060的本部分规定了磨、车、镗、铣、插及刨加工表面粗糙度比较样块(简称“样块”)的术语与定义、制造方法、表面特征、分类、表面粗糙度参数及评定、结构与尺寸、加工纹理以及标志与包装等。

本部分适用于磨、车、镗、铣、插及刨加工表面粗糙度比较样块。该样块用于与同其表征的材质和加工方法相同的机械加工件表面进行比较,以确定该机械加工件的表面粗糙度参数值;本部分还可以作为选用磨、车、镗、铣、插及刨加工方法获得的表面粗糙度数值的参考依据。

2 规范性引用文件

下列文件中的条款通过GB/T 6060的本部分的引用而成为本部分的条款。凡是注日期的引用文件,其随后所有的修改单(不包括勘误的内容)或修订版均不适用于本部分,然而,鼓励根据本部分达成协议的各方研究是否可使用这些文件的最新版本。凡是不注日期的引用文件,其最新版本适用于本部分。

GB/T 1031—1995 表面粗糙度参数及其数值(neq ISO 468:1982)

GB/T 17163—1997 几何量测量器具术语 基本术语

GB/T 6062—2002 产品几何量技术规范(GPS)表面结构 轮廓法 接触(触针)式仪器的标称特性(eqv ISO 3274:1996)

3 术语与定义

GB/T 17163—1997中确立的以及下列术语和定义适用于GB/T 6060的本部分。

3.1

表面粗糙度比较样块 roughness comparison specimens

采用特定材料和加工方法,具有不同的表面粗糙度参数值,通过触觉和视觉与同其所表征的材质和加工方法相同的被测件表面作比较,以确定被测件表面粗糙度的直接比较测量器具。

3.2

加工纹理 lay of processing

通常由加工方法所决定的主要表面的加工痕迹方向。

4 制造方法

样块按下列方法制造:

a) 用电铸法复制的表面的阳模;

b) 用塑料或其他材料复制的具有机械加工表面特征的阳模;

c) 直接用样块表征的机械加工方法制造的表面。

5 表面特征

样块表面应只呈现它所要表征的机械加工方法产生的表面粗糙度特征,而不应包含在不正常条件下机械加工可能产生的不真实的表面特征。

6 分类及粗糙度参数

样块的分类及对应的表面粗糙度参数(以表面轮廓算术平均偏差 Ra 表示)公称值见表 1。

表 1

单位为微米

样块加工方法	磨	车、镗	铣	插、刨
表面粗糙度参数 Ra 公称值	0.025			
	0.05			
	0.1			
	0.2			
	0.4	0.4	0.4	
	0.8	0.8	0.8	0.8
	1.6	1.6	1.6	1.6
	3.2	3.2	3.2	3.2
		6.3	6.3	6.3
		12.5	12.5	12.5
				25.0

注 1：表中的表面粗糙度参数 Ra 公称值系选自 GB/T 1031—1995 表 1；如需提供中间数值的样块，其中间数值则应从 GB/T 1031—1995 附录 A 的表 A1 中选择。

注 2：表中表面粗糙度参数 Ra 值较小(如 0.025 μm、0.05 μm 和 0.1 μm)的样块主要适用于为设计人员提供较小表面粗糙度差异的概念。

7 表面粗糙度的评定

7.1 评定方法

在样块标准表面垂直于加工纹理的方向上，均匀分布测取足够的数据，以便能求出平均值和标准偏差。对于大多数样块标准表面，测取 25 个数据已经足够；对于加工纹理呈周期变化的样块标准表面，则可以少于 25 个数据；而对于加工纹理呈随机变化的样块标准表面，则可以多于 25 个数据。数据必须是按 GB/T 6062—2002 的要求选择测量仪器，经正确操作所测得的。

7.2 取样长度

取样长度应按照表 2 的规定选取。

表 2

表面粗糙度参数 Ra 公称值/μm	样块加工方法			
	磨	车、镗	铣	插、刨
	取样长度/mm			
0.025	0.25	—	—	—
0.05	0.25	—	—	—
0.1	0.25	—	—	—
0.2	0.25	—	—	—
0.4	0.8	0.8	0.8	—

表 2（续）

表面粗糙度参数 Ra 公称值/μm	样块加工方法			
	磨	车、镗	铣	插、刨
	取样长度/mm			
0.8	0.8	0.8	0.8	0.8
1.6	0.8	0.8	2.5	0.8
3.2	2.5	2.5	2.5	2.5
6.3	—	2.5	8.0	2.5
12.5	—	2.5	8.0	8.0
25.0	—	—	—	8.0

注 1：样块表面微观不平度主要间距应不大于给定的取样长度。

注 2：对于加工纹理呈周期变化的样块标准表面，其取样长度应取距表中规定值最近的、较大的整周期数的长度。

7.3 平均值公差

测量读数的平均值对公称值的偏离量应不超过表 3 给出的公称值百分率的范围。

表 3

样块加工方法	平均值公差（公称值百分率%）	标准偏差（有效值百分率 %）			
		评定长度所包括的取样长度的数目			
		3 个	4 个	5 个	6 个
磨	+12 −17	12	10	9	8
铣					
车、镗		5		4	
插		4		3	
刨					

注：表中取样长度数目为 3 个、4 个、6 个的标准偏差是按取样长度数目为 5 个的标准偏差计算的。

7.4 标准偏差

偏离平均值的标准偏差应不超过表 3 中给出的有效值百分率的范围。

不同评定长度的标准偏差的最大允许值 σ_n，依据评定长度所包括的取样长度的数目，按照以下公式计算：

$$\sigma_n = \sigma_5 \sqrt{\frac{5}{n}}$$

式中：

σ_5——评定长度包括 5 个取样长度的标准偏差；

n——实测所选用的评定长度所包括的取样长度的个数。

8 结构与尺寸

8.1 样块的结构尺寸应便于样块与机械加工件表面的对比，以及对其本身的检测。

8.2　样块表面每边的最小长度应符合表 4 的规定。

表 4

表面粗糙度参数 Ra 公称值/μm	0.025～3.2	6.3～12.5	25
最小长度/mm	20	30	50
注：表面粗糙度参数 Ra 公称值为 6.3 μm～12.5 μm 的样块，当取样长度为 2.5 mm 时，其表面每边的最小长度可为 20 mm。			

9　加工纹理

9.1　加工纹理方向

加工纹理的总方向宜平行于样块的短边；当精圆周铣削时，虽然走刀痕迹可平行于长边，但主要加工纹理的方向仍应平行于样块的短边。

9.2　加工纹理特征

加工纹理特征应符合表 5 的规定。

表 5

纹理形式	样块加工方法	样块表面形式	表面纹理特征图
直纹理	圆周磨削	平面 圆柱凸面	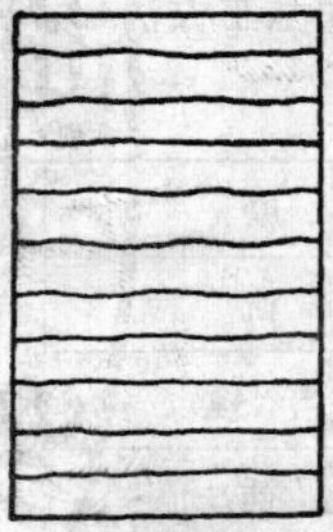
	车	圆柱凸面	
	镗	圆柱凹面	
	平铣	平面	
	插	平面	
	刨	平面	
弓形纹理	端铣	平面	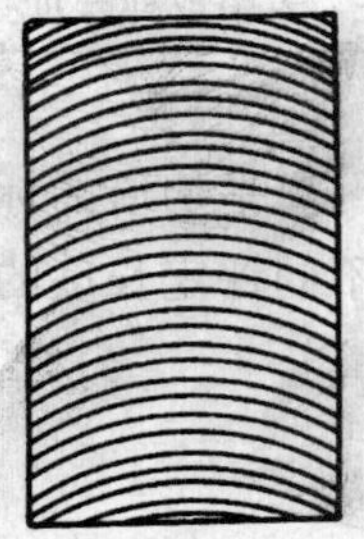
	端车	平面	
交叉式弓形纹理	端铣	平面	
	端磨	平面	

10 标志与包装

样块应标志：

a) 制造厂厂名或注册商标；

b) 采用的标准代号；

c) 表面粗糙度参数 Ra 及其公称值(μm)；

d) 表征的机械加工方法；

e) 产品序号。

ICS 21.220.30
J 18

中华人民共和国国家标准

GB/T 6074—2006/ISO 4347:2004
代替 GB/T 6074—1995

板式链、连接环和槽轮 尺寸、测量力和抗拉强度

Leaf chains, clevises and sheaves—
Dimensions, measuring forces and tensile strengths

(ISO 4347:2004,IDT)

2006-12-25 发布　　2007-05-01 实施

中华人民共和国国家质量监督检验检疫总局
中国国家标准化管理委员会　发布

前　言

本标准等同采用 ISO 4347:2004《板式链、连接环和槽轮　尺寸、测量力和抗拉强度》(英文版)。

本标准是对 GB/T 6074—1995《板式链、端接头及槽轮》的修订。

本标准与 GB/T 6074—1995 相比主要技术内容变化如下:

——删除了 8×8 的板数组合;

——对 3.2 链条标号的举例做了修订;

——预拉载荷为最小抗拉强度的 30%,原标准规定的预拉载荷为最小抗拉强度的三分之一;

——对 3.6 链长精度一节所要求的"标准的最小测量长度"做了修订,较原标准规定得更加具体;

——增加了 3.7 弯板链节,规定在板式链中不得使用弯板链节;

——修订了对连接环的规定,将原标准规定的一种形式的连接环增加为本标准的两种形式,即外连接环和内连接环;

——对槽轮的计算公式也做了修订;

——表 1 增加了 ASME 链号、外链节内宽和测量力,删除了每米质量;

——表 2 增加了外链节内宽和测量力,删除了每米质量;

——表 3 增加了 ASME 链号、尺寸参数 b_7、b_{13} 和 b_{14};

——表 4 增加了尺寸参数 b_7、b_{11}、b_{13} 和 b_{14}。

本标准由中国机械工业联合会提出。

本标准由全国链传动标准化技术委员会(SAC/TC 164)归口。

本标准负责起草单位:吉林大学(原吉林工业大学)。

本标准参加起草单位:江苏双菱链传动有限公司、浙江恒久机械集团有限公司、杭州东华链条集团有限公司、杭州西林链条制造有限公司、青岛征和工业有限公司。

本标准主要起草人:孟祥宾、曹苏建、寿峰、叶斌、马锦华、金玉谟。

本标准参加起草人:谈光成、孟丹红、徐美珍、汪志军、付振明。

本标准所代替标准的历次版本发布情况为:

——GB 6074—1985、GB/T 6074—1995。

ISO 引言

本标准包括了两种系列的链条，一种是由 ISO 606 A 系列和美国 ASME B29.8 标准派生出来的，这一系列的链条由符号“LH”或“BL”标记；另一个系列是由 ISO 606 B 系列派生出来的，它们由符号“LL”标记。

标准中所有的尺寸均以毫米(mm)为单位表示，这些尺寸是由原始的英制尺寸转换过来的。

板式链、连接环和槽轮 尺寸、测量力和抗拉强度

1 范围

本标准规定了一般提升用板式链条的技术特性，槽轮和连接环的形状。内容包括尺寸、互换性极限、链长测量、预拉和最小抗拉强度。本标准中的规定不适用于8×8的板数组合。

2 规范性引用文件

下列文件中的条款通过本标准的引用而成为本标准的条款。凡是注日期的引用文件，其随后所有的修改单(不包括勘误的内容)或修订版均不适用于本标准，然而，鼓励根据本标准达成协议的各方研究是否可使用这些文件的最新版本。凡是不注日期的引用文件，其最新版本适用于本标准。

GB/T 1243 传动用短节距精密滚子链、套筒链、附件和链轮(GB/T 1243—2006，ISO 606:2004，IDT)

GB/T 1800.4 极限与配合 标准公差等级和孔、轴的极限偏差表(GB/T 1800.4—1999，eqv ISO 286-2:1988)

GB/T 1801 极限与配合 公差带和配合的选择(GB/T 1801—1999，eqv ISO 1829:1975)

ASME[1)] B 29.8 板式链、连接环和槽轮

3 链条

3.1 术语

链条的术语见图1、表1和表2，图示并不定义链板的实际形状。

3.2 链条标号

由GB/T 1243 A系列派生出的板式链条用前缀“LH”标号；由GB/T 1243 B系列派生出的板式链条用前缀“LL”标号；标号中的头两位数字表示链条节距，它是3.175 mm(1/16 in)的倍数；后两位数字表示链板组合(外链板数目和内链板数目的组合)。

同样的原理被使用在ASME “BL”的标号方法中，标号的头一位或两位数字表示链条节距，它是1/8 in的倍数。

例1：由GB/T 1243 08B派生出的公称节距为12.7 mm，包含各2片内外链板的板式链标号如下：

LL 0822

例2：由GB/T 1243 12A(ASME 60号链条)派生出的公称节距为19.05 mm，包含3片外链板和4片内链板的板式链标号如下：

LH 1234 [BL634]

3.3 尺寸

表1和表2规定的链条尺寸提供了最大和最小尺寸极限，是保证链条的互换以及链条与正确设计的连接环相连接的尺寸。

制造商对其产品的实际尺寸特性负有责任。

由不同制造商制造的链条决不能放在同一应用场合中一起使用。

---

1) ASME为美国机械工程师学会。

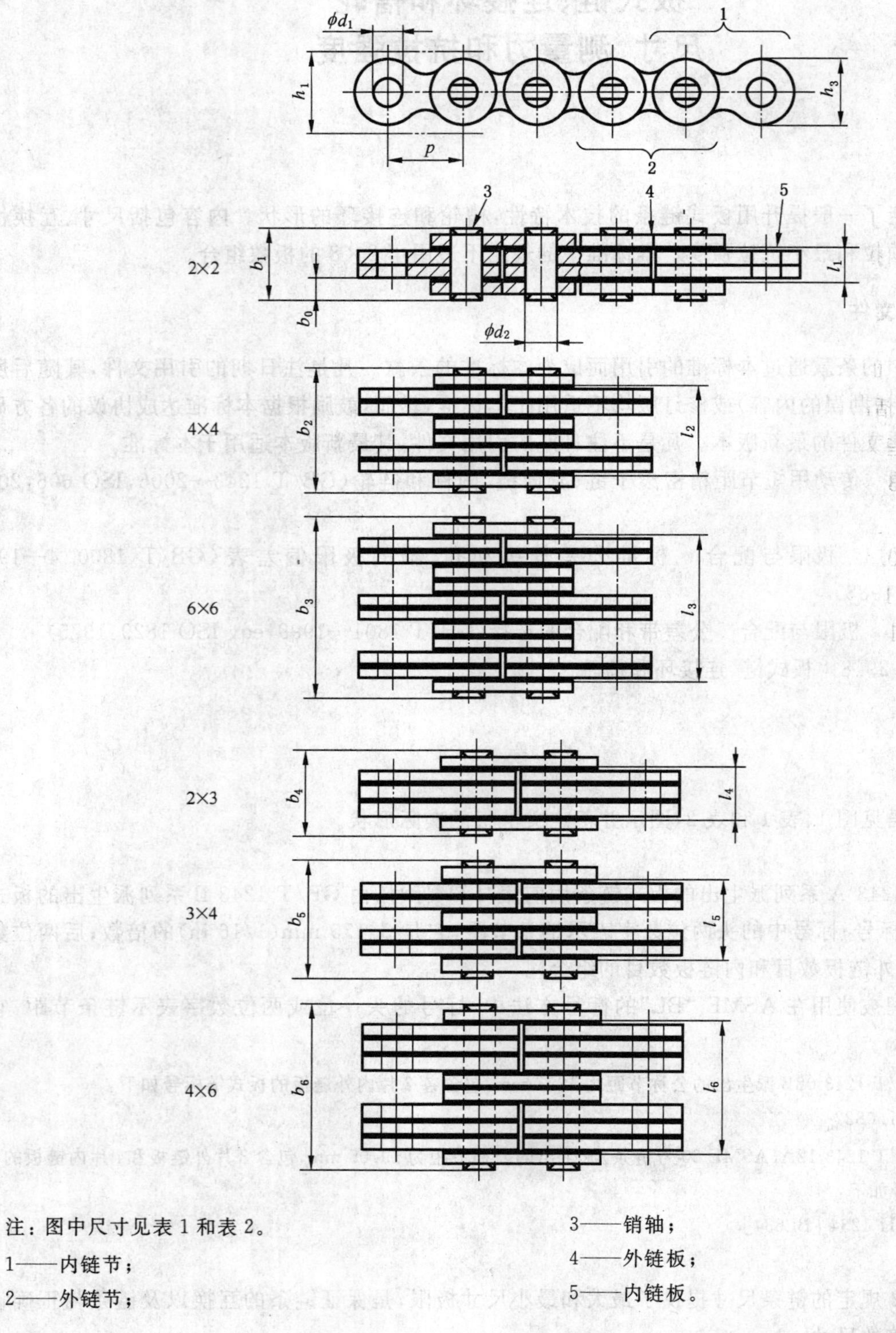

注：图中尺寸见表 1 和表 2。

1——内链节；

2——外链节；

3——销轴；

4——外链板；

5——内链板。

图 1 链条的板数组合形式和尺寸代号

表 1　LH 系列链条主要尺寸、测量力和抗拉强度

链号	ASME 链号	节距 p nom	板数组合	链板厚度 b_0 max	内链板孔径 d_1 min	销轴直径 d_2 max	链条通道高度 h_1^a min	链板高度 h_3 max	铆接销轴高度 $b_1 \sim b_6$ max	外链节内宽 $l_1 \sim l_6$ min	测量力	抗拉强度 min
		mm		mm							N	kN
LH0822[b]	BL422	12.7	2×2	2.08	5.11	5.09	12.32	12.07	11.1	4.2	222	22.2
LH0823	BL423	12.7	2×3	2.08	5.11	5.09	12.32	12.07	13.2	6.3	222	22.2
LH0834	BL434	12.7	3×4	2.08	5.11	5.09	12.32	12.07	17.4	10.4	334	33.4
LH0844[b]	BL444	12.7	4×4	2.08	5.11	5.09	12.32	12.07	19.6	12.4	445	44.5
LH0846	BL446	12.7	4×6	2.08	5.11	5.09	12.32	12.07	23.8	16.6	445	44.5
LH0866	BL466	12.7	6×6	2.08	5.11	5.09	12.32	12.07	28	21	667	66.7
LH1022[b]	BL522	15.875	2×2	2.48	5.98	5.96	15.34	15.09	12.9	4.9	334	33.4
LH1023	BL523	15.875	2×3	2.48	5.98	5.96	15.34	15.09	15.4	7.4	334	33.4
LH1034	BL534	15.875	3×4	2.48	5.98	5.96	15.34	15.09	20.4	12.3	489	48.9
LH1044[b]	BL544	15.875	4×4	2.48	5.98	5.96	15.34	15.09	22.8	14.7	667	66.7
LH1046	BL546	15.875	4×6	2.48	5.98	5.96	15.34	15.09	27.7	19.5	667	66.7
LH1066	BL566	15.875	6×6	2.48	5.98	5.96	15.34	15.09	32.7	24.6	1000	100.1
LH1222[b]	BL622	19.05	2×2	3.3	7.96	7.94	18.34	18.11	17.4	6.6	489	48.9
LH1223	BL623	19.05	2×3	3.3	7.96	7.94	18.34	18.11	20.8	9.9	489	48.9
LH1234	BL634	19.05	3×4	3.3	7.96	7.94	18.34	18.11	27.5	16.5	756	75.6
LH1244[b]	BL644	19.05	4×4	3.3	7.96	7.94	18.34	18.11	30.8	19.8	979	97.9
LH1246	BL646	19.05	4×6	3.3	7.96	7.94	18.34	18.11	37.5	26.4	979	97.9
LH1266	BL666	19.05	6×6	3.3	7.96	7.94	18.34	18.11	44.2	33.2	1 468	146.8
LH1622[b]	BL822	25.4	2×2	4.09	9.56	9.54	24.38	24.13	21.4	8.2	845	84.5
LH1623	BL823	25.4	2×3	4.09	9.56	9.54	24.38	24.13	25.5	12.3	845	84.5
LH1634	BL834	25.4	3×4	4.09	9.56	9.54	24.38	24.13	33.8	20.5	1 290	129
LH1644[b]	BL844	25.4	4×4	4.09	9.56	9.54	24.38	24.13	37.9	24.6	1 690	169
LH1646	BL846	25.4	4×6	4.09	9.56	9.54	24.38	24.13	46.2	32.7	1 690	169
LH1666	BL866	25.4	6×6	4.09	9.56	9.54	24.38	24.13	54.5	41.1	2 536	253.6
LH2022[b]	BL1022	31.75	2×2	4.9	11.14	11.11	30.48	30.18	25.4	9.8	1 156	115.6
LH2023	BL1023	31.75	2×3	4.9	11.14	11.11	30.48	30.18	30.4	14.8	1 156	115.6
LH2034	BL1034	31.75	3×4	4.9	11.14	11.11	30.48	30.18	40.3	24.5	1 824	182.4
LH2044[b]	BL1044	31.75	4×4	4.9	11.14	11.11	30.48	30.18	45.2	29.5	2 313	231.3
LH2046	BL1046	31.75	4×6	4.9	11.14	11.11	30.48	30.18	55.1	39.4	2 313	231.3
LH2066	BL1066	31.75	6×6	4.9	11.14	11.11	30.48	30.18	65	49.2	3 470	347

表 1(续)

链号	ASME 链号	节距 p nom	板数组合	链板厚度 b_0 max	内链板孔径 d_1 min	销轴直径 d_2 max	链条通道高度 h_1^a min	链板高度 h_3 max	铆接销轴高度 $b_1 \sim b_6$ max	外链节内宽 $l_1 \sim l_6$ min	测量力	抗拉强度 min
		mm		mm							N	kN
LH2422[b]	BL1222	38.1	2×2	5.77	12.74	12.71	36.55	36.2	29.7	11.6	1 512	151.2
LH2423	BL1223	38.1	2×3	5.77	12.74	12.71	36.55	36.2	35.5	17.4	1 512	151.2
LH2434	BL1234	38.1	3×4	5.77	12.74	12.71	36.55	36.2	47.1	28.9	2 446	244.6
LH2444[b]	BL1244	38.1	4×4	5.77	12.74	12.71	36.55	36.2	52.9	34.4	3 025	302.5
LH2446	BL1246	38.1	4×6	5.77	12.74	12.71	36.55	36.2	64.6	46.3	3 025	302.5
LH2466	BL1266	38.1	6×6	5.77	12.74	12.71	36.55	36.2	76.2	57.9	4 537	453.7
LH2822[b]	BL1422	44.45	2×2	6.6	14.31	14.29	42.67	42.24	33.6	13.2	1 913	191.3
LH2823	BL1423	44.45	2×3	6.6	14.31	14.29	42.67	42.24	40.2	19.7	1 913	191.3
LH2834	BL1434	44.45	3×4	6.6	14.31	14.29	42.67	42.24	53.4	32.7	3 158	315.8
LH2844[b]	BL1444	44.45	4×4	6.6	14.31	14.29	42.67	42.24	60.0	39.1	3 826	382.6
LH2846	BL1446	44.45	4×6	6.6	14.31	14.29	42.67	42.24	73.2	52.3	3 826	382.6
LH2866	BL1466	44.45	6×6	6.6	14.31	14.29	42.67	42.24	86.4	65.5	5 783	578.3
LH3222[b]	BL1622	50.8	2×2	7.52	17.49	17.46	48.74	48.26	40.0	15.0	2 891	289.1
LH3223	BL1623	50.8	2×3	7.52	17.49	17.46	48.74	48.26	46.6	22.5	2 891	289.1
LH3234	BL1634	50.8	3×4	7.52	17.49	17.46	48.74	48.26	61.8	37.5	4 404	440.4
LH3244[b]	BL1644	50.8	4×4	7.52	17.49	17.46	48.74	48.26	69.3	44.8	5 783	578.3
LH3246	BL1646	50.8	4×6	7.52	17.49	17.46	48.74	48.26	84.5	59.9	5 783	578.3
LH3266	BL1666	50.8	6×6	7.52	17.49	17.46	48.74	48.26	100.0	75.0	8 674	867.4
LH4022[b]	BL2022	63.5	2×2	9.91	23.84	23.81	60.88	60.33	51.8	19.9	4 337	433.7
LH4023	BL2023	63.5	2×3	9.91	23.84	23.81	60.88	60.33	61.7	29.8	4 337	433.7
LH4034	BL2034	63.5	3×4	9.91	23.84	23.81	60.88	60.33	81.7	49.4	6 494	649.4
LH4044[b]	BL2044	63.5	4×4	9.91	23.84	23.81	60.88	60.33	91.6	59.1	8 674	867.4
LH4046	BL2046	63.5	4×6	9.91	23.84	23.81	60.88	60.33	111.5	78.9	8 674	867.4
LH4066	BL2066	63.5	6×6	9.91	23.84	23.81	60.88	60.33	131.4	99.0	13 011	1 301.1

a 链条通道高度是装配好的链条应能通过的最小高度。

b 与具有相同节距和相同最小抗拉强度的非偶数组合的链条相比，这些链条已经降低了疲劳强度和磨损寿命。当选择特殊应用的链条时应引起注意。

表 2　LL 系列链条主要尺寸、测量力和抗拉强度

链号	节距 p nom	板数组合	链板厚度 b_0 max	内链板孔径 d_1 min	销轴直径 d_2 max	链条通道高度 h_1[a] min	链板高度 h_3 max	铆接销轴高度 $b_1 \sim b_3$ max	外链节内宽 $l_1 \sim l_3$ min	测量力	抗拉强度 min
	mm		mm							N	kN
LL0822		2×2						8.5	3.1	180	18
LL0844	12.7	4×4	1.55	4.46	4.45	11.18	10.92	14.6	9.1	360	36
LL0866		6×6						20.7	15.2	540	54
LL1022		2×2						9.3	3.4	220	22
LL1044	15.875	4×4	1.65	5.09	5.08	13.98	13.72	16.1	10.1	440	44
LL1066		6×6						22.9	16.8	660	66
LL1222		2×2						10.7	3.9	290	29
LL1244	19.05	4×4	1.9	5.73	5.72	16.39	16.13	18.5	11.6	580	58
LL1266		6×6						26.3	19.0	870	87
LL1622		2×2						17.2	6.2	600	60
LL1644	25.4	4×4	3.2	8.3	8.28	21.34	21.08	30.2	19.4	1 200	120
LL1666		6×6						43.2	31.0	1 800	180
LL2022		2×2						20.1	7.2	950	95
LL2044	31.75	4×4	3.7	10.21	10.19	26.68	26.42	35.1	22.4	1 900	190
LL2066		6×6						50.1	36.0	2 850	285
LL2422		2×2						28.4	10.2	1 700	170
LL2444	38.1	4×4	5.2	14.65	14.63	33.73	33.4	49.4	30.6	3 400	340
LL2466		6×6						70.4	51.0	5 100	510
LL2822		2×2						34	12.8	2 000	200
LL2844	44.45	4×4	6.45	15.92	15.9	37.46	37.08	60	38.4	4 000	400
LL2866		6×6						86	64.0	6 000	600
LL3222		2×2						35	12.8	2 600	260
LL3244	50.8	4×4	6.45	17.83	17.81	42.72	42.29	61	38.4	5 200	520
LL3266		6×6						87	64.0	7 800	780
LL4022		2×2						44.7	16.2	3 600	360
LL4044	63.5	4×4	8.25	22.91	22.89	53.49	52.96	77.9	48.6	7 200	720
LL4066		6×6						111.1	81.0	10 800	1 080
LL4822		2×2						56.1	20.2	5 600	560
LL4844	76.2	4×4	10.3	29.26	29.24	64.52	63.88	97.4	60.6	11 200	1 120
LL4866		6×6						138.9	101.0	16 800	1 680

[a] 链条通道高度是装配好的链条应能通过的最小高度。

3.4 拉力试验

3.4.1 概述

拉力试验是破坏性试验,尽管链条在经过最小抗拉强度作用后试样可能没有产生明显破坏,但链条所受拉力超过了其屈服限,因此经过拉力试验后的链条将不能再使用。

3.4.2 最小抗拉强度

最小抗拉强度是指当拉力被施加到试样上直至试样破坏时必须达到的最低强度值,见3.4.3中的定义。

注:最小抗拉强度不是链条的工作载荷,它主要用于比较不同结构链条的数据。对于应用信息,应向制造商咨询或查阅他们发布的数据。

3.4.3 施加抗拉载荷

拉力应缓慢地施加到至少包含5个自由链节的链段的两端,其值不得低于表1或表2中规定的最小抗拉强度。用允许在链条铰链的法平面以及链条中心线的两侧自由运动的夹头连接。

链条破坏被认为是发生在当链条伸长增加而不再伴随着载荷增加的第一点上,即"载荷-变形"图的顶点。

若破坏发生在与夹头连接处时,则认为该试验无效。

3.5 预拉

按本标准制造的链条要经过预拉,施加的预拉载荷应等于表1或表2中规定的最小抗拉强度的30%。

3.6 链长精度

由传动用短节距滚子链链板构成的"LL"系列板式链条,其实际节距不必等于它的公称节距,这取决于链条制造商。

装配好的链条,其链长的测量应在预拉之后、加润滑剂之前进行。

标准的最小测量长度为:

a) 节距为19.05 mm及以下的链条,标准测量长度应是610 mm;

b) 节距为19.05 mm以上的链条,标准测量长度应是1 220 mm。

测量时,整个链长应全部得到支撑,并按表1或表2的规定施加测量力。

测量长度应为链条公称节距乘以由制造商规定的链节数,其链长公差为±0.25%。节距数(链节数)应与本条中a)或b)规定的最小数值相一致。

3.7 弯板链节

板式链中不使用弯板链节。

3.8 标记

链条应标有制造商名称或商标,表1或表2中的链号应标记在链条上(去掉表示板数组合的数字)。

4 连接环

4.1 形式

板式链连接环有两种基本形式,如图2所示,即内连接环和外连接环。

4.2 尺寸

用于LH系列和LL系列板式链终端连接环的尺寸见图3、表3和表4。

注:列在表中的极限尺寸是为了保证与按本标准的先前版本制造的链条相连接。

4.3 最小抗拉强度

连接环和用于固定链条的销轴应能承受至少和链条一样的最小抗拉强度(见3.4.2和3.4.3)。

4.4 链长调整

当板式链多排应用时,就必须补偿在不同链排之间存在的长度误差。通常使用长度调节器,将其装在固定装置上,其长度调节能力至少等于一个链条节距。

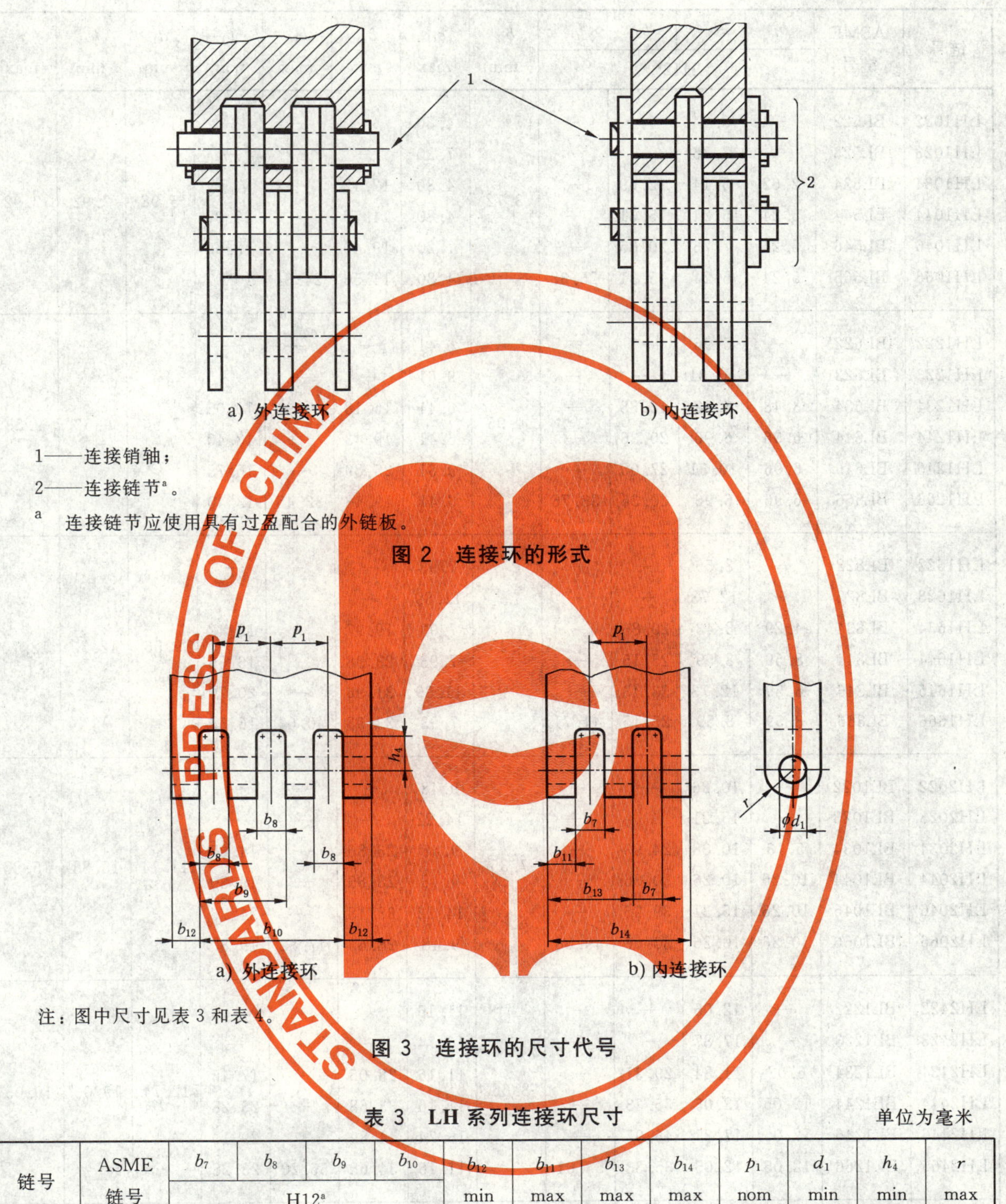

1——连接销轴；

2——连接链节[a]。

[a] 连接链节应使用具有过盈配合的外链板。

图 2　连接环的形式

注：图中尺寸见表 3 和表 4。

图 3　连接环的尺寸代号

表 3　LH 系列连接环尺寸　　　　单位为毫米

链号	ASME 链号	b_7	b_8	b_9	b_{10}	b_{12}	b_{11}	b_{13}	b_{14}	p_1	d_1	h_4	r
		H12[a]				min	max	max	max	nom	min	min	max
LH0822	BL422	—	4.41	—	—	3.12	4.03	—	—	—	5.11	6.35	6.35
LH0823	BL423	—	6.53	—	—		6.05	—	—	—			
LH0834	BL434	2.21	4.33	10.68	—		4.03	10.20	—	6.35			
LH0844	BL444	4.41	4.41	12.89	—		4.03	12.25	—	8.47			
LH0846	BL446	4.41	6.53	17.12	—		6.05	16.32	—	10.59			
LH0866	BL466	4.41	4.41	12.89	21.36		4.03	12.25	20.47	8.47			

表 3(续)

单位为毫米

链号	ASME 链号	b_7	b_8	b_9	b_{10}	b_{12}	b_{11}	b_{13}	b_{14}	p_1	d_1	h_4	r
		H12[a]				min	max	max	max	nom	min	min	max
LH1022	BL522	—	5.24	—	—		4.80	—	—	—			
LH1023	BL523	—	7.76	—	—		7.20	—	—	—			
LH1034	BL534	2.62	5.14	12.69	—	3.72	4.80	12.12	—	7.55	5.98	7.92	7.92
LH1044	BL544	5.24	5.24	15.31	—		4.80	14.56	—	10.07			
LH1046	BL546	5.24	7.76	20.35	—		7.20	19.40	—	12.59			
LH1066	BL566	5.24	5.24	15.31	25.38		4.80	14.56	24.31	10.07			
LH1222	BL622	—	6.96	—	—		6.41	—	—	—			
LH1223	BL623	—	10.31	—	—		9.61	—	—	—			
LH1234	BL634	3.48	6.83	16.88	—	4.95	6.41	16.18	—	10.05	7.96	9.53	9.53
LH1244	BL644	6.96	6.96	20.36	—		6.41	19.43	—	13.40			
LH1246	BL646	6.96	10.31	27.06	—		9.61	25.89	—	16.75			
LH1266	BL666	6.96	6.96	20.36	33.76		6.41	19.43	32.45	13.40			
LH1622	BL822	—	8.59	—	—		7.93	—	—	—			
LH1623	BL823	—	12.73	—	—		11.89	—	—	—			
LH1634	BL834	4.29	8.43	20.86	—	6.13	7.93	19.97	—	12.42	9.56	12.70	12.70
LH1644	BL844	8.59	8.59	25.15	—		7.93	23.98	—	16.56			
LH1646	BL846	8.59	12.73	33.43	—		11.89	31.96	—	20.70			
LH1666	BL866	8.59	8.59	25.15	41.71		7.93	23.98	40.04	16.56			
LH2022	BL1022	—	10.26	—	—		9.48	—	—	—			
LH2023	BL1023	—	15.21	—	—		14.22	—	—	—			
LH2034	BL1034	5.13	10.08	24.93	—	7.35	9.48	23.86	—	14.85	11.14	15.88	15.88
LH2044	BL1044	10.26	10.26	30.06	—		9.48	28.65	—	19.80			
LH2046	BL1046	10.26	15.21	39.96	—		14.22	38.18	—	24.75			
LH2066	BL1066	10.26	10.26	30.06	49.86		9.48	28.65	47.82	19.80			
LH2422	BL1222	—	12.05	—	—		11.16	—	—	—			
LH2423	BL1223	—	17.87	—	—		16.74	—	—	—			
LH2434	BL1234	6.02	11.84	29.31	—	8.66	11.16	28.05	—	17.46	12.74	19.05	19.05
LH2444	BL1244	12.05	12.05	35.33	—		11.16	33.68	—	23.28			
LH2446	BL1246	12.05	17.87	46.97	—		16.74	44.89	—	29.10			
LH2466	BL1266	12.05	12.05	35.33	58.61		11.16	34.68	56.20	23.28			
LH2822	BL1422	—	13.76	—	—		12.76	—	—	—			
LH2823	BL1423	—	20.41	—	—		19.13	—	—	—			
LH2834	BL1434	6.88	13.53	33.48	—	9.90	12.76	32.04	—	19.95	14.31	22.23	22.23
LH2844	BL1444	13.76	13.76	40.36	—		12.76	38.47	—	26.60			
LH2846	BL1446	13.76	20.41	53.66	—		19.13	51.28	—	33.25			
LH2866	BL1466	13.76	13.76	40.36	66.97		12.76	38.47	64.18	26.60			

表 3(续) 单位为毫米

链号	ASME链号	b_7 H12[a]	b_8 H12[a]	b_9 H12[a]	b_{10} H12[a]	b_{12} min	b_{11} max	b_{13} max	b_{14} max	p_1 nom	d_1 min	h_4 min	r max
LH3222	BL1622	—	15.65	—	—	11.28	14.53	—	—	—	17.49	25.40	25.40
LH3223	BL1623	—	23.22	—	—		21.80	—	—	—			
LH3234	BL1634	7.82	15.40	38.11	—		14.53	36.48	—	22.71			
LH3244	BL1644	15.65	15.65	45.93	—		14.53	43.80	—	30.28			
LH3246	BL1646	15.65	23.22	61.07	—		21.80	58.38	—	37.85			
LH3266	BL1666	15.65	15.65	45.93	76.22		14.53	43.80	73.07	30.28			
LH4022	BL2022	—	20.53	—	—	14.86	19.19	—	—	—	23.84	31.75	31.75
LH4023	BL2023	—	30.49	—	—		28.78	—	—	—			
LH4034	BL2034	10.27	20.23	50.11	—		19.19	48.11	—	29.88			
LH4044	BL2044	20.53	20.53	60.37	—		19.19	57.76	—	39.84			
LH4046	BL2046	20.53	30.49	80.30	—		28.78	76.99	—	49.80			
LH4066	BL2066	20.53	20.53	60.37	100.22		19.19	57.76	96.33	39.84			

a 公差 H12 是根据 GB/T 1801 确定的。

表 4 LL 系列连接环尺寸 单位为毫米

链号	b_7 H12[a]	b_8 H12[a]	b_9 H12[a]	b_{10} H12[a]	b_{12} min	b_{11} max	b_{13} max	b_{14} max	p_1 nom	d_1 min	h_4 min	r max
LL0822	—		—	—			—	—				
LL0844	3.35	3.35	—	—	2.33	2.97	9.07		6.35	4.46	6	6.35
LL0866	3.35		9.71	16.06			9.07	15.17				
LL1022	—		—	—			—	—				
LL1044	3.58	3.58	—	—	2.48	3.14	9.58	—	6.75	5.09	8	7.92
LL1066	3.58		10.33	17.08			9.58	16.01				
LL1222	—		—	—			—	—				
LL1244	4.16	4.16	—	—	2.85	3.61	11.03	—	7.80	5.73	9	9.52
LL1266	4.16		11.96	19.76			11.03	18.45				
LL1622	—		—	—			—	—				
LL1644	6.81	6.81	—	—	4.8	6.15	18.64	—	13	8.3	12	12.7
LL1666	6.81		19.81	31.81			18.64	31.14				
LL2022	—		—	—			—	—				
LL2044	7.86	7.86	—	—	5.55	7.08	21.45	—	15	10.21	14	15.88
LL2066	7.86		22.86	37.86			22.45	35.82				
LL2422	—		—	—			—	—				
LL2444	10.91	10.91	—	—	7.8	10.02	30.26	—	21	14.65	18	19.05
LL2466	10.91		31.91	52.91			30.26	50.50				
LL2822	—		—	—			—	—				
LL2844	13.46	13.46	—	—	9.68	12.46	37.57	—	26	15.92	20	22.2
LL2866	13.46		39.46	65.47			37.57	62.68				

表 4（续） 单位为毫米

链号	b_7	b_8	b_9	b_{10}	b_{12}	b_{11}	b_{13}	b_{14}	p_1	d_1	h_4	r
	H12[a]				min	max	max	max	nom	min	min	max
LL3222	—		—	—			—	—				
LL3244	13.51	13.51	—	—	9.68	12.39	37.38	—	26	17.83	23	25.4
LL3266	13.51		39.51	65.52			37.38	62.37				
LL4022	—		—	—			—	—				
LL4044	17.21	17.21	—	—	12.38	15.87	47.80	—	33.2	22.91	28	31.75
LL4066	17.21		50.41	83.62			47.80	79.73				
LL4822	—		—	—			—	—				
LL4844	21.41	21.41	—	—	15.45	19.84	59.72	—	41.4	29.26	34	38.1
LL4866	21.41		62.82	104.2			59.72	99.60				

[a] 公差 H12 是根据 GB/T 1801 确定的。

5 槽轮

槽轮尺寸代号见图 4，其值由下列公式设计计算：

a） 最小槽轮直径：

$$D_1 = 5 \times \text{链条公称节距}$$

假如有试验根据，可以采用更小的槽轮直径。

b） 最小轮缘内宽：

$$b_{15} = 1.05 \times \text{铆接销轴高度}$$

c） 最小轮缘直径：

$$D_{2\,\min} = D_1 + h_3$$

尺寸 h_3 和铆接销轴高度（尺寸 $b_1 \sim b_6$）见图 1、表 1 或表 2。

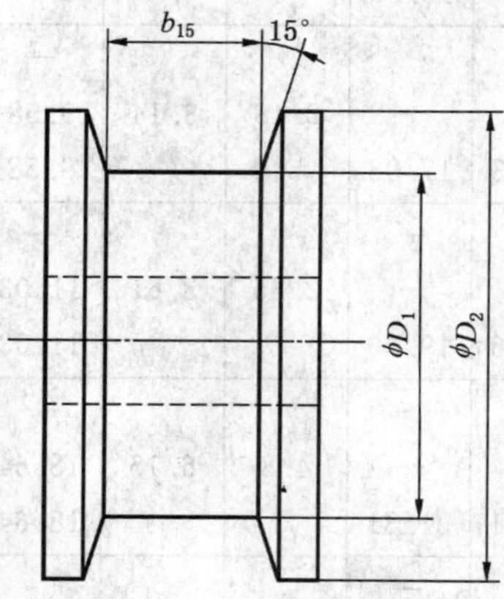

图 4 槽轮尺寸代号

ICS 59.060.10
W 10

中华人民共和国国家标准

GB/T 6097—2006
代替 GB/T 6097—1985

棉纤维试验取样方法

Sampling method for testing of cotton fibers

2006-03-10 发布　　2006-09-01 实施

中华人民共和国国家质量监督检验检疫总局
中国国家标准化管理委员会　发布

前　言

本标准对 GB/T 6097—1985《棉纤维试验取样方法》进行了修订。本次修订将 GB 1103—1999《棉花　细绒棉》的有关内容纳入了本标准。

本标准与 GB/T 6097—1985 相比主要变化如下：

——在第 1 章范围增加了试验用批样(1985 年版的第一段;本版的第 1 章)；

——增加了规范性引用文件(本版的第 2 章)；

——修改了批样、实验室样品、试验样品、试验棉条、试验试样术语的定义(1985 年版的 1.1～1.5；本版的 3.1～3.5)；

——删除了棉纤维、皮棉、试验、取样等名词术语(1985 年版的 1.6)；

——增加了批样的取样数量和取样方法(本版的 6.1.1 和 6.1.2)；

——增加了籽棉的实验室样品取样数量和取样方法(本版的 6.2.1.2、6.2.1.3 和 6.2.2.2)；

——删除了气流仪检测棉纤维细度、电测器检测棉纤维回潮率的取样数量和取样方法(1985 年版的 4.2.1.3 和 4.2.1.5)；

——增加了气流仪检测棉纤维成熟度、马克隆值,梳片式长度分析仪检测棉纤维长度和线密度的取样数量和取样方法(本版的 6.3.1.2、6.3.1.6)；

——增加了棉纤维断裂比强度、含糖、跨距长度、长度整齐度、短纤维率的取样数量和取样方法(本版的 6.3.1.3、6.3.1.4、6.3.1.7 和 6.3.1.9)；

——修改了部分棉纤维手扯长度的范围,如将 29 mm～31 mm 修改为 28 mm～31 mm,将 33 mm 及以上修改为 32 mm 及以上(见表 1)；

——增加了试验试样的取样方法(1985 年版的 4.2.2.2.2 的第二段;本版的 6.4.2.1)。

本标准从实施之日起,同时代替 GB/T 6097—1985。

本标准由国家质量监督检验检疫总局提出。

本标准由中国纤维检验局归口。

本标准由陕西省纤维检验局负责起草,四川省纤维检验局参加起草。

本标准主要起草人:仲学宪、卢学英、杨新莉、熊伟、苏丽亚。

棉纤维试验取样方法

1 范围

本标准规定了棉纤维试验用批样、实验室样品、试验样品、试验棉条、试验试样的抽取或制备方法。

本标准适用于棉纤维的试验取样。

2 规范性引用文件

下列文件中的条款通过本标准的引用而成为本标准的条款。凡是注日期的引用文件,其随后所有的修改单(不包括勘误的内容)或修订版均不适用于本标准,然而,鼓励根据本标准达成协议的各方研究是否可使用这些文件的最新版本。凡是不注日期的引用文件,其最新版本适用于本标准。

GB 1103 棉花 细绒棉

3 术语和定义

下列术语和定义适用于本标准。

3.1

批样 lot sample

按规定从一批棉花中抽取的一个或多个棉样,作为实验室样品的来源。

3.2

实验室样品 laboratory sample

按规定取自批样的棉样,作为试验样品的来源。

3.3

试验样品 test sample

按规定取自实验室样品的棉样,作为试验试样的来源。

3.4

试验棉条 test sliver

试验样品经纤维引伸器牵伸、并合而成的供试验用的条子。

3.5

试验试样 test specimen

取自试验样品或试验棉条用以试验的棉样。

4 原理

从一批棉花中取出批样,从批样中取出实验室样品,从实验室样品中取出试验样品,从试验样品中取出一个或一个以上的试验试样。这些步骤中每一步都在减少棉纤维的数量,而又尽可能地保持着被试验棉纤维的代表性。

5 仪器与工具

5.1 纤维混合器及附件。

5.2 纤维引伸器:适应于手扯长度为 15 mm～50 mm 的纤维。

5.3 天平:称量范围 0～200 g,分度值 0.01 g。

5.4 工具:纤维专用尺、镊子、黑绒板、大挑针、取样方框、小毛刷。

6 取样

6.1 批样

6.1.1 取样数量

6.1.1.1 收购籽棉每 500 kg 取样数量不少于 1.5 kg，然后用衣分试轧机加工，从轧出的皮棉中取棉样约 300 g。籽棉不足 500 kg 的按 500 kg 计。

6.1.1.2 籽棉大垛以垛为单位取样。10 t 及以下大垛取籽棉 10 kg；10 t 以上 50 t 及以下大垛取籽棉 20 kg；50 t 以上大垛取籽棉 25 kg。将取出的籽棉按每份不少于 1.5 kg 大致均衡地分成若干份，逐一用衣分试轧机加工，从轧出的每份皮棉中各取棉样约 300 g。

6.1.1.3 成包皮棉(含轧花厂出厂检验)每 10 包抽 1 包，不足 10 包的按 10 包计。每个取样棉包中取棉样约 300 g。

6.1.2 取样方法

6.1.2.1 收购籽棉采取多点随机取样方法。

6.1.2.2 籽棉大垛采取在不同方位、多点、多层随机取样方法，取样深度不低于 30 cm。

6.1.2.3 成包皮棉从棉包包身上部开包后，去掉棉包表层棉花，取完整成块的棉样。

6.1.2.4 轧花厂出厂检验可从皮棉滑道上取样。在整批棉花的成包过程中，每隔 10 包取样一次。

6.2 实验室样品

6.2.1 取样数量

6.2.1.1 实验室样品常规大小约为 200 g～250 g，对于包含较小试验试样的试验，只需要较小的量。

6.2.1.2 收购籽棉每 500 kg 可取实验室样品一份，不足 500 kg 的按 500 kg 计。

6.2.1.3 籽棉大垛 10 t 及以下时，取实验室样品一份；10 t 以上 50 t 及以下时，取实验室样品二份；50 t以上时，取实验室样品三份。

6.2.1.4 成包皮棉(含轧花厂出厂检验)取实验室样品的份数，根据每批皮棉的包数来决定。每 100 包及以下取一份；101 包～300 包取二份；301 包～500 包取三份；500 包以上取四份。

6.2.1.5 皮棉数量在 250 g 以上 1 包以下时，取实验室样品一份。

6.2.1.6 有关 GB 1103 涉及的品质检验和公量检验项目的取样份数和方法严格按照 GB 1103 执行。

6.2.1.7 科学实验及其他方面特殊需要的取样，则根据试验目的、要求，并要考虑到代表来样的特性，确定取样的比例和方法。

6.2.2 取样方法

6.2.2.1 皮棉数量在 250 g 以上 1 包以下时，从批样的多部位随机抽取至少 100 丛，每丛 2 g～2.5 g，从而获得实验室样品。

6.2.2.2 籽棉大垛、成包皮棉(含轧花厂出厂检验)根据每批棉花应取实验室样品的份数，将抽取的批样的棉样按个数大致均衡地分成相应的几组，每一组从各个棉样中随机抽取部分棉纤维，形成 200 g～250 g的一份实验室样品。

6.3 试验样品

6.3.1 取样数量

6.3.1.1 从实验室样品中均匀地抽取锯齿棉 10 g 或皮辊棉 10 g 和 5 g 各一份，供检测原棉疵点用。

6.3.1.2 从实验室样品中均匀地抽取 10 g 或 30 g，供气流仪检测棉纤维成熟度或马克隆值用。

6.3.1.3 从实验室样品中均匀地抽取 16 小束(共 80 mg 左右)，供强力试验仪检测棉纤维断裂比强度用。

6.3.1.4 从实验室样品中均匀地抽取 8 g～15 g，供检测棉纤维含糖用。

6.3.1.5 从实验室样品中均匀地抽取 5 g 左右或(45±5) g，供光电长度仪或自动光电长度仪检测棉纤维长度用。

6.3.1.6 从实验室样品中均匀地抽取 200 mg 左右，供梳片式长度分析仪检测棉纤维长度和线密度用。

6.3.1.7 从实验室样品中均匀地抽取 30 g～200 g(通常可取 100 g 左右)，供检测棉纤维长度(跨距长度)和长度整齐度用。

6.3.1.8 从实验室样品中均匀地抽取 7 g 左右，通过纤维混合器制备试验样品。

6.3.1.9 也可从实验室样品中均匀地抽取 2 g～2.5 g，通过纤维引伸器制备试验棉条。供中腔胞壁对比法、偏光仪法、显微镜法检测棉纤维成熟度，罗拉分析仪检测棉纤维长度、短纤维率，中段称重法检测棉纤维线密度及长度等指标用。

6.3.2 取样方法

6.3.2.1 将取得的 200 g～250 g 实验室样品，稍加撕松混匀，平铺在工作台上，使之成为厚薄均匀、面积约为 0.25 m^2 的棉层，分别从上下两面各 16 个分布大致均匀的部位，随机抽取可测各项目的试验样品。

6.3.2.2 若采用图 1 所示的一对取样方框，其面积为 0.5 m×0.5 m，并用波浪型的铁丝分隔成 16 个部位，把实验室样品夹在取样方框中逐部位(上下两面共抽取 32 丛)抽取，取样就更均匀。

单位为米

1——棉花。

图 1 试验样品取样方框

6.3.3 试验样品的制备

6.3.3.1 用纤维引伸器制备试验棉条

6.3.3.1.1 纤维引伸器调整

准确调整罗拉中心距指针在毫米刻度尺上指示的读数。

调整弹簧施于给棉罗拉的压力为 1 176 cN，输出罗拉的压力为 1 961 cN。

纤维引伸器给棉罗拉至输出罗拉的罗拉中心距，根据棉纤维的手扯长度按表 1 的规定调整。

表 1 纤维引伸器罗拉中心距调整规定

单位为毫米

手扯长度	罗拉中心距
27 及以下	手扯长度＋6
28～31	手扯长度＋8
32 及以上	手扯长度＋10

6.3.3.1.2 制备步骤

将 2 g～2.5 g 的试验样品撕松混匀，并拣去危害性杂物，然后分成二等份，分别通过纤维引伸器不少于 5 次(若棉条较厚，可沿不揭层的纵向分为两个小条喂入，并注意横向混合)。引伸后，将每根棉条横向分为两个半根，丢弃每根的一半，把其余两个半根合并成一根棉条，再通过纤维引伸器不少于5次。用镊子轻轻拣出危害性杂物和疵点，注意避免带出纤维，能松开的索丝、棉结要进行松解，再经纤维引伸器5次，最后制成一根纤维平直光洁的试验棉条。每次喂入棉条引伸时，应注意调换棉条前进的方向。图2所示即为试验棉条的制备过程。

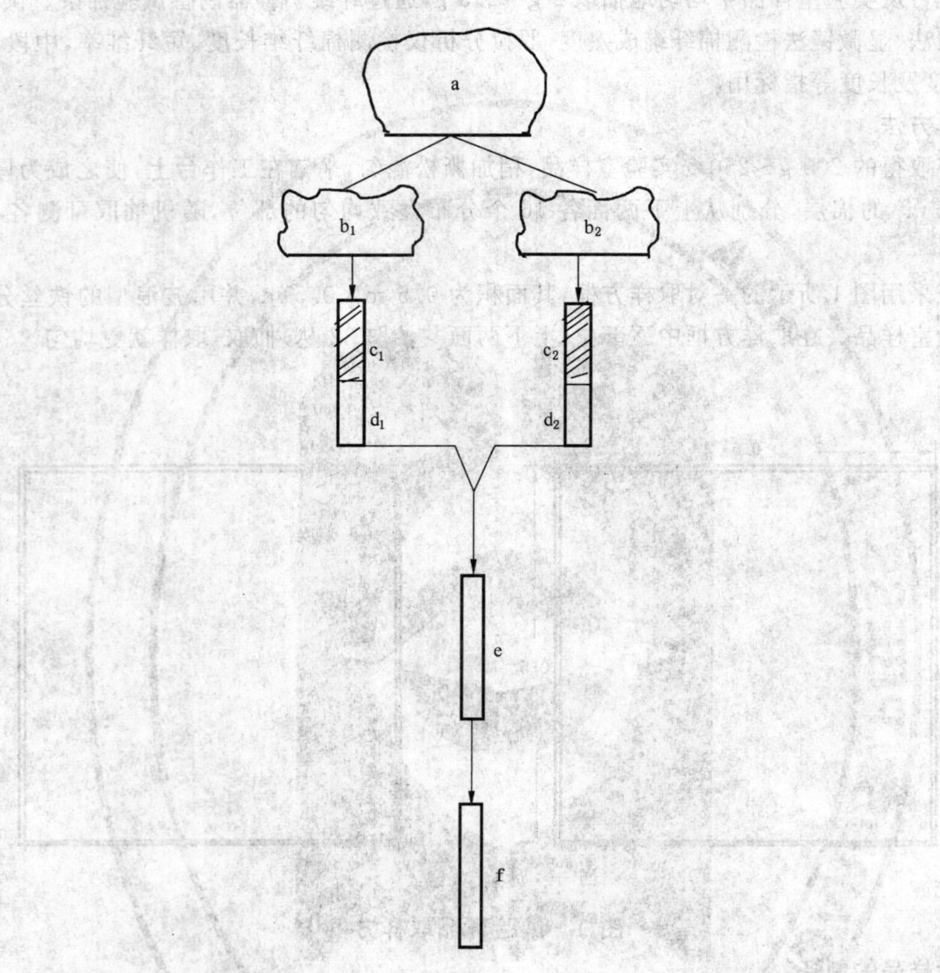

a——试验样品，2 g～2.5 g；

b_1，b_2——分成两等份的试验样品，每份约1 g～1.25 g；

c_1，c_2——通过第一次引伸(不少于5次)后丢弃的半根棉条；

d_1，d_2——通过第一次引伸(不少于5次)后保留的半根棉条；

e——通过第二次引伸(不少于5次)的试验棉条；

f——通过第三次引伸(5次)制备好的试验棉条。

图2 试验棉条制备过程示例

6.3.3.2 用纤维混合器制备试验样品

6.3.3.2.1 纤维混合器的调整。

纤维混合器给棉板到锡林的隔距为1 mm～2 mm。

6.3.3.2.2 制备步骤

6.3.3.2.2.1 将7 g左右的试验样品扯成薄片，拣去危害性杂物，喂入纤维混合器。纤维由给棉罗拉与给棉板夹持，经锡林针布分梳、开松并沉积在锡林针布的针间，一层层重叠卷绕，起到并合作用。然后用大挑针把纤维层挑出一个头，剥下，形成一块大棉条。将这棉条上下面翻身，重新喂入纤维混合器。

如此重复 3 次～4 次，制备成混合均匀的试验样品。

6.3.3.2.2.2　也可从制备好的试验样品中，用横向拔平取样法抽取 2 g～2.5 g，再经纤维引伸器引伸 4 次～5 次，制备成试验棉条。

6.4　试验试样

6.4.1　取样数量

根据检测项目方法标准对试验试样个数及重量的规定取样。

6.4.2　取样方法

6.4.2.1　对不需要把纤维排在限制器绒板上的试验，可按 6.3.2.1 或 6.3.2.2 的方法从实验室样品中直接取样，也可从经纤维混合器制备的试验样品中，用横向拔平取样法取试验试样样品。

6.4.2.2　对需要把纤维排在限制器绒板上的试验，可从试验棉条中取试验试样样品。

6.4.2.2.1　横向拔平取样法(优先采用)

双手在靠近自由端相隔 2 cm～3 cm 处握持并拉断试验棉条，丢掉较短的一段。把留下的一段端部夹入一手虎口，头端放在手背一侧，用另一手捏住伸在前面的少量纤维，拔出并丢掉，经多次整理，使头端拔平齐。再拔取若干次得到需要数量的试验试样样品。注意在拔出纤维时不应带出纤维。

6.4.2.2.2　纵向取样法

用手或压板按住试验棉条，另一手用镊子沿着不揭层的纵向先拔弃试验棉条边缘部分，然后再取出一细条需要数量的试验试样样品。

6.4.3　试样制备

抽取的试验试样样品，根据有关试验方法标准的要求制备成试验试样。

ICS 59.060.10
B 32

中华人民共和国国家标准

GB/T 6098.1—2006
代替 GB/T 6098.1—1985

棉纤维长度试验方法 第1部分:罗拉式分析仪法

Test method for length of cotton fibres—Part 1:Roller analyser

2006-03-10 发布　　2006-09-01 实施

中华人民共和国国家质量监督检验检疫总局
中国国家标准化管理委员会　发布

前言

GB/T 6098《棉纤维长度试验方法》分为两个部分：

——第1部分：罗拉式分析仪法；

——第2部分：光电长度仪法。

本部分为GB/T 6098的第1部分。

本部分对GB/T 6098.1—1985《棉纤维长度试验方法 罗拉式分析仪法》进行了修订，修订后保留了原标准中仍适用的技术内容。

本部分代替GB/T 6098.1—1985，本部分与GB/T 6098.1—1985相比主要变化如下：

——将原来称量用的25 mg的扭力天平改用分度值≤0.02 mg的天平(1985版的3.2；本版的5.2)；

——将原来的压力单位gf改为N(1985版的4.3；本版的6.2)；

——增加了注：一号夹子、二号夹子、限制器绒板可与仪器配套使用的规定(见第6章)；

——修改了试验报告(1985版第10章，本版的第12章)；

——增加了附录C“格拉布斯(Grubbs)检验法”(见附录C)；

——增加了附录B“EXCEL工作表在长度计算中的使用方法”(见附录B)。

本部分的附录A、附录B、附录C、附录D和附录E为资料性附录。

本部分由国家质量监督检验检疫总局提出。

本部分由中国纤维检验局归口。

本部分由上海纤维检验所负责起草。

本部分主要起草人：眭华明、李颖。

本部分于1985年首次发布。本次为第一次修订。

棉纤维长度试验方法
第1部分:罗拉式分析仪法

1 范围

GB/T 6098 的本部分规定了使用罗拉式分析仪测定棉纤维长度的方法。

本部分适用于测定棉纤维长度指标,包括皮棉及纺纱各道工序中的半成品棉条的长度测定,不适用于从棉与其他纤维的混合物中取出的纤维,以及从棉纱或棉织物中取出的纤维的长度测定。

2 规范性引用文件

下列文件中的条款通过 GB/T 6098 的本部分的引用而成为本部分的条款。凡是注日期的引用文件,其随后所有的修改单(不包括勘误的内容)或修订版均不适用于本部分,然而,鼓励根据本部分达成协议的各方研究是否可使用这些文件的最新版本。凡是不注日期的引用文件,其最新版本适用于本部分。

GB/T 5705 纺织名词术语(棉部分)

GB/T 6097 棉纤维试验取样方法

GB 6529 纺织品的调湿和试验用标准大气

GB/T 8170 数值修约规则

3 术语和定义

下列术语和定义适用于本部分。

3.1

主体长度 modal length

棉纤维长度分布中,占质量或根数最多的那部分纤维长度(也称众数长度)。

3.2

品质长度 quality length

棉纤维长度分布中,主体长度以上各组纤维的质量加权平均长度。

3.3

短纤维率 short fibre content

棉纤维中短于一定长度界限的短纤维质量(或根数)占纤维总质量(或根数)的百分率。

注:在本标准中,短纤维长度界限以棉花类别区分。细绒棉界限为 16 mm;长绒棉界限为 20 mm。对特殊品种棉花,长度接近长绒棉的以长绒棉界限,反之以细绒棉界限。

3.4

质量平均长度 average length of mass

棉纤维长度分布中,以各组纤维的质量加权得出的平均长度。

3.5

基数 uniformity extent

用罗拉式分析仪测试时表示棉纤维长度整齐程度的指标。为主体长度组及其相邻共 5 mm 长度范围内纤维质量占总质量的百分率。

3.6

长度均匀度　uniformity of length

用来表示棉纤维长度整齐度的指标。是基数与主体长度的乘积。

4 原理

本部分系将试样整理成一端整齐的棉束,再以罗拉钳口控制长短纤维进行等距分组称量,确定棉纤维长度分布,计算各项长度指标。

5 仪器和工具

5.1 罗拉式长度分析仪。

5.2 天平:分度值≤0.1 mg;分度值≤0.02 mg。

5.3 计算机或计算圆盘。

5.4 其他附件:限制器绒板、一号夹子、二号夹子、垫木、压板、稀梳(10 针/cm)、密梳(20 针/cm)、尖头镊子、50 mm 小钢尺、黑绒板。

6 仪器调整

6.1 溜板内缘至输出沟槽罗拉中心距离应为 9.5 mm,如果大于或小于 9.5 mm,应调整一号夹子下挡片的距离,直至符合要求为止。

6.2 分析仪盖上后弹簧施于皮辊上的压力应为 70 N,二号夹子的弹簧压力应为 2 N。

6.3 一号夹子的夹口应平直、无缝隙,二号夹子的绒布应无磨损、光秃等现象。

6.4 当分析仪指针在蜗轮刻度第 16 格时,桃形偏心轮应与溜板开始接触。

注:一号夹子、二号夹子、限制器绒板可与分析仪配套使用。

7 试验用标准大气

试验用标准大气应符合 GB 6529 规定的试验用温带二级标准大气,温度为(20±2)℃,相对湿度为(65±3)%。

8 试验试样的抽取和制备

8.1 试验试样的抽取

按 GB/T 6097 的规定,从试验棉条中取出试验试样,每个试验试样的质量,细绒棉为(30±1) mg,长绒棉为(35±1) mg。

8.2 试验试样的制备

8.2.1 整理试验试样,用手扯法将纤维整理 2 遍~3 遍,使纤维形成比较平直,一端整齐的棉束。

8.2.2 捏住棉束整齐一端,将一号夹子钳口紧靠限制器绒板后一组金属片,从长到短分层夹取纤维,排列在限制器绒板上,其整齐一端应当伸出前一组金属片 2 mm,如此反复进行 2 次,叠成宽度为 32 mm,一端整齐平直,厚薄均匀、层次清晰的棉束。

8.2.3 在整理过程中,可用稀梳将棉束不整齐一端轻轻梳理几次,梳下的游离纤维仍要整理后放入棉束中,其中短于 9 mm 的纤维另行收集,待分组时并入 9.5 mm 纤维一组中。

8.2.4 在制作棉束的全部过程中,不得丢弃纤维,以免影响长度试验结果的准确性。

9 试验步骤

9.1 将分析仪的盖子揭起,摇动手柄,使蜗轮上的第 9 刻度与指针重合。

9.2 用一号夹子将限制器绒板上的棉束夹起,移置到分析器沟槽罗拉上。移置时应使一号夹子下面的挡片紧靠溜板，用水平垫木垫住一号夹子，使棉束达到水平。放下带有压辊的盖子，取下一号夹子，纤维整齐一端应与溜板内缘平齐，拴紧弹簧。

9.3　放下溜板，转动手柄一周，蜗轮上的第 10 刻度与指针重合，罗拉将纤维送出 1 mm，这时，短于 10.5 mm 的纤维处于未被仪器握持的状态，用二号夹子夹取未被握持的纤维两次，第三次可再夹去露出整齐一端的游离纤维，置于绒板上，搓成条状或环状(视天平秤盘或秤钩而定)，这是最短一组的纤维。

9.4　以后每转动手柄两周，均用上述方法将脱离握持的纤维夹出，分别收集在绒板上。当指针与蜗轮第 16 刻度重合时，将溜板抬起，以后二号夹子都要靠住溜板边缘夹取纤维。

9.5　分别将各组纤维放在天平上称量，准确至 0.02 mg。

9.6　试验次数：每根试验棉条试验两次。两次试验结果的差值应符合第 11 章精密度的规定。

10　试验结果的计算

10.1　真实质量

上述测得的各组纤维质量为称见质量，包含有上、下相邻两长度组的部分纤维在内，所以各组的称见质量必须加以修正，以获得真实质量。

真实质量的计算按式(1)：

$$m_j = 0.17m'_{j-1} + 0.46m'_j + 0.37m'_{j+1} \quad \cdots\cdots(1)$$

式中：

m_j——第 j 组纤维的真实质量，单位为毫克(mg)；

m'_j——第 j 组纤维的称见质量，单位为毫克(mg)；

m'_{j-1}——第 $j-1$ 组纤维的称见质量，单位为毫克(mg)；

m'_{j+1}——第 $j+1$ 组纤维的称见质量，单位为毫克(mg)。

真实质量总质量与称见质量总质量相差不应超过 ±1 mg。

计算真实质量也可应用计算圆盘(参见附录 A)，或用 EXECL 程序进行(参见附录 B)。

10.2　主体长度

主体长度的计算按式(2)：

$$L_m = (L_n - 1) + \frac{2(m_n - m_{n-1})}{(m_n - m_{n-1}) + (m_n - m_{n+1})} \quad \cdots\cdots(2)$$

式中：

L_m——主体长度，单位为毫米(mm)；

L_n——最重组纤维长度的组中值，单位为毫米(mm)；

m_n——最重组纤维的质量，单位为毫克(mg)；

m_{n-1}——长度为 L_n-2 mm 组纤维的质量，单位为毫克(mg)；

m_{n+1}——长度为 L_n+2 mm 组纤维的质量，单位为毫克(mg)；

n——最重纤维组顺序数。

10.3　品质长度

品质长度的计算按式(3)：

$$L_p = L_n + \frac{\sum_{j=n+1}^{k}(j-n)dm_j}{Y + \sum_{j=n+1}^{k} m_j} \quad \cdots\cdots(3)$$

$$Y = \frac{(L_n + 1) - L_m}{2} \times m_n \quad \cdots\cdots(4)$$

式中：

L_p——品质长度，单位为毫米（mm）；

d——相邻两组之间长度差（$d=2$ mm）；

Y——L_m 所在组内，长于 L_m 部分纤维的质量，单位为毫克（mg）；

k——最长纤维组顺序数。

10.4 短纤维率

短纤维率的计算按式(5)：

$$R=\frac{\sum_{j=1}^{i}m_j}{\sum_{j=1}^{k}m_j}\times 100\% \quad \cdots\cdots(5)$$

式中：

R——短纤维率，%；

i——短纤维界限组顺序数。

10.5 质量平均长度

质量平均长度的计算按式(6)：

$$L=\frac{\sum_{j=1}^{k}L_jm_j}{\sum_{j=1}^{k}m_j} \quad \cdots\cdots(6)$$

式中：

L——质量平均长度，单位为毫米（mm）；

L_j——第 j 组纤维长度的组中值，单位为毫米（mm）。

10.6 长度标准差和变异系数

长度标准差和变异系数的计算按式(7)和式(8)：

$$s=\sqrt{\frac{\sum_{j=1}^{k}m_jL_j^2}{\sum_{j=1}^{k}m_j}-L^2} \quad \cdots\cdots(7)$$

$$CV=\frac{s}{L}\times 100\% \quad \cdots\cdots(8)$$

式中：

s——长度标准差，单位为毫米（mm）；

CV——长度变异系数，%。

10.7 数值修约

各项长度指标计算结果修约至 1 位小数；长度标准差修约至 2 位小数。数值修约应按 GB/T 8170 的规定进行。

11 精密度

11.1 重复性

用本部分的试验方法，对同一试验室样品，在相同条件下（同一试验室、同一操作者、同一设备和在短时间间隔内）所完成的两个单次试验，主体长度结果之间差值的绝对值，在 95% 概率水平下，应小于重复性 r_1 值。r_1 值等于 0.70 mm。

用本部分的试验方法，对同一试验棉条，制作两个试验试样，在相同条件下（同一试验室、同一操作者、同一设备和在短时间间隔内)进行试验,主体长度结果之间差值的绝对值,在95%概率水平下应小于重复性 r_2 值。r_2 值等于0.83 mm。

如果同一试验室内,对同一试验棉条,在重复性条件下试验的两个试验试样,试验结果差值的绝对值大于0.83 mm,则应增试一次。用格拉布斯(Grubbs)法(参见附录C)对三个试验试样的试验结果进行异常值检验。若有异常值,以剔除异常值后余下的两个结果的平均值作为最终试验结果。若无异常值,则以临界值1.00 mm进行判断。若三个试验试样试验结果的极差小于此临界值,则以这三个结果的平均值为最终试验结果;若大于此临界值,则继续增试一次,再用格拉布斯法对试验结果进行异常值检验,以剔除异常值后的所有结果的平均值作为最终试验结果。

11.2 再现性

用本部分的试验方法,对于同一试验室样品,在不同的条件下(不同试验室、不同操作者和不同的设备)各完成一个单次试验,主体长度结果之间差值的绝对值,在95%概率水平下,应小于再现性 R_1 值。R_1 值等于1.39 mm。

用本部分的试验方法,对于同一试验棉条,在不同的条件下(不同试验室、不同操作者和不同的设备)制备单个试验试样进行试验,主体长度结果之间差值的绝对值,在95%概率水平下,应小于再现性 R_2 值。R_2 值等于1.44 mm。

若两试验室试验结果所包含的试验试样数各有两个,则这两个试验室试验结果之间差值的绝对值应小于1.31 mm。

12 试验报告

试验报告包括各项长度指标,并写明批样来源,样品编号,试验日期,温、湿度条件和检验依据等。试验报告单参见附录D。

附　录　A
（资料性附录）
计算圆盘的使用方法

A.1　仪器附件:计算圆盘

圆盘上刻有400个分度,每一分度代表0.02 mg。圆盘上标有L−2和17%字样的固定盘,用作计算短于某长度2 mm组称见质量的17%。另有两块装在固定盘上可旋转的扇形板,一块标有L和46%,用于计算某长度组称见质量的46%,另一块标有L+2和37%,用于计算长于某长度2 mm组称见质量的37%。三块扇形板的每一分度代表0.1 mg。

A.2　计算圆盘的使用

使用时,将L组扇形板的零点对准L−2组的称见质量处,再将L+2组扇形板的零点对准L组的称见质量处,则与L+2组的称见质量对应的圆盘读数,即为L组的真实质量。

附 录 B
（资料性附录）
EXCEL 工作表在长度计算中的使用方法

B.1 在“Y111 型棉纤维长度试验记录单”工作表的“真实质量”一栏中：

B.1.1 单元格 G7（对应于组序数“1”的这一栏“各组纤维真实质量”），输入“＝ROUND((0.46＊E7＋0.37＊E8),3)”。

B.1.2 单元格 G8（对应于组序数“2”的这一栏“各组纤维真实质量”），输入“＝ROUND((0.17＊E7＋0.46＊E8＋0.37＊E9),3)”。然后，将鼠标放在单元格 G8 的右下角，出现黑十字，拖曳至单元格 G25。

B.1.3 单元格 G26（对应于组序数“20”的这一栏“各组纤维真实质量”），输入“＝ROUND((0.17＊E25＋0.46＊E26),3)”。

B.1.4 在单元格 E27（“各组纤维称见质量”总计栏），输入“＝SUM(E7:E26)”。

B.1.5 在单元格 G27（“各组纤维真实质量”总计栏），输入“＝SUM(G7:G26)”。

B.2 在“Y111 型棉纤维长度试验记录单”工作表中，插入另一工作表，命名为“计算依据”，在此表中：

B.2.1 分别在单元格 A1 中输入“各组纤维真实质量”，单元格 B1 中输入“组中值”，单元格 C1 中输入“各组纤维真实质量”，单元格 D1 中输入“组序数”。

B.2.2 单元格 A2 至 A21 分别等于“棉纤维 Y111 长度试验记录单”工作表的单元格 G7 至 G26；单元格 B2 至 B21 分别等于“棉纤维 Y111 长度试验记录单”工作表的单元格 D7 至 D26；单元格 C2 至 C21 分别等于“Y111 型棉纤维长度试验记录单”工作表的单元格 G7 至 G26；单元格 D2 至 D21 分别等于“Y111 型棉纤维长度试验记录单”工作表的单元格 A7 至 A26。

B.2.3 在单元格 E1 中，输入“j-n”，单元格 E2 中，输入“＝IF(D＜＝＄N＄2,0,E1＋1)”，然后将鼠标放在单元格 E2 右下角，出现黑十字，拖曳至 E21。

B.2.4 单元格 F1 中，输入“＝(j-n)′”；单元格 F2 中，输入“＝IF(D2＜＝＄N＄2,0,1)”，然后将鼠标放在单元格 F2 右下角，出现黑十字，拖曳至 F21；单元格 F22 中，输入“＝SUMPRODUCT(C2:C21,F2:F21)”。

B.2.5 单元格 G1 中，输入“(j-n)dm_j”；单元格 G2 中，输入“＝C2＊2＊E2”，然后将鼠标放在单元格 G2 右下角，出现黑十字，拖曳至 G21；单元格 G22 中，输入“＝SUM(G2:G21)”。

B.2.6 单元格 H1 中，输入“L_j^2”；单元格 H2 中，输入“＝B2＊B2”；然后将鼠标放在单元格 H2 右下角，出现黑十字，拖曳至 H21。

B.2.7 单元格 I1 中，输入“L_m”，单元格 I2 中，输入“＝VLOOKUP(MAX(A2:A21),A:B,2,FALSE)”；单元格 J1 中，输入“m_n”，单元格 J2 中，输入“＝MAX(A2:A21)”；单元格 K1 中，输入“m_{n-1}”，单元格 K2 中，输入“＝VLOOKUP((I2-2),B:C,2,FALSE)”；单元格 L1 中，输入“m_{n+1}”，单元格 L2 中，输入“＝VLOOKUP((I2＋2),B:C,2,FALSE)”；单元格 M1 中，输入“Y”，单元格 M2 中，输入“＝IF(棉纤维 Y111 长度试验记录单！B3＝0,0,((I2＋1)-棉纤维 Y111 长度试验记录单！H8)/2＊J2)”；单元格 N1 中，输入“n”，单元格 N2 中，输入“＝VLOOKUP(I2,B:D,3,FALSE)”；单元格 O1 中，输入“分类”，单元格 O2 中，输入“＝RIGHT(LEFT(棉纤维 Y111 长度试验记录单！B3,3),2)”。

B.3 在“棉纤维 Y111 长度试验记录单”工作表中：

B.3.1 单元格 H8（对应主体长度一栏），输入“＝IF(B3＝0,“ ”,ROUND(((计算依据！I2-1)＋2＊(计算依据！J2-计算依据！K2)/((计算依据！J2-计算依据！K2)＋(计算依据！J2-计算依据！L2))),2))”。

B.3.2 单元格 H10（对应品质长度一栏），输入“＝IF(B3＝0,“ ”,ROUND((计算依据！I2＋计算依据！G22/(计算依据！M2＋计算依据！F22)),2))”。

B.3.3 单元格 H12(对应短纤维率一栏),输入"＝IF(B3＝0,"",IF(计算依据! O2＞＝"33",ROUND((SUM(G7:G13)/SUM(G7:G26)＊100),2),ROUND((SUM(G7:G11)/SUM(G7:G26)＊100,2)))"。

B.3.4 单元格 H14(对应平均长度一栏),输入"＝IF(B3＝0,"",ROUND((SUMPRODUCT(D7:D26,G7:G26)/SUM(G7:G26)),2))"。

B.3.5 单元格 H16(对应标准差一栏),输入"＝IF(B3＝0,"",ROUND((POWER((SUMPRODUCT(G7:G26,计算依据! H2:H21)/SUM(G7:G26)-POWER(H14,2)),0.5)),2))"。

B.3.6 单元格 H18(对应变异系数一栏),输入"＝IF(B3＝0,"",ROUND((H16/H14＊100),2))"。

B.3.7 单元格 H20(对应基数一栏),输入"＝IF(B3＝0,"",IF(计算依据! K2＞计算依据! L2,ROUND(((计算依据! K2＋计算依据! J2＋0.55＊计算依据! L2)/SUM(G7:G26)＊100),2),ROUND((0.55＊计算依据! K2＋计算依据! J2＋计算依据! L2)/SUM(G7:G26)＊100,2)))"。

B.3.8 单元格 H22(对应均匀度一栏),输入"＝IF(B3＝0,"",ROUND((H20＊H8),0))"。

附　录　C
（资料性附录）
格拉布斯(Grubbs)检验法

C.1　对于观测值 $X_1,\cdots X_n$，计算统计量：

$$G_n=\frac{|\overline{X}-X_i|}{s} \qquad \cdots\cdots(C.1)$$

式中：

G_n——统计量；

X_i——与 $\overline{X}$ 差异最大的观测值；

$\overline{X}$——样本均值；

s——样本标准差。

C.2　确定显著性水平 α，通常选 5％(95％概率水平下)，根据试验次数 n，查 α 的临界值 $G_{1-\alpha}(n)$。见表 C.1。

表 C.1　格拉布斯检验法的临界值表

n	α		
	0.10	0.05	0.01
3	1.148	1.153	1.155
4	1.425	1.463	1.492
5	1.602	1.672	1.749

注：α 值不宜选得过小，因为 α 小了，把不是异常数据判定为异常数据的错判率 α 固然小了，但是反过来，把异常数据判定为不是异常数据，从而犯错误的概率 β 却增大了。

C.3　当 $G_n>G_{1-\alpha}(n)$，判与 $\overline{X}$ 差异最大的观测值 X 为异常值；否则，判断“没有异常值”。

附　录　D
（资料性附录）
棉纤维长度（罗拉式法）试验记录单

表 D.1

样品编号			样品来源			
质量标志			仪器型号/编号			
天平型号/编号			温度　　℃		相对湿度　　%	
检验依据						
组序数	蜗轮刻度	长度范围/mm	组中值/mm	各组纤维称见质量/mg	各组纤维真实质量/mg	计算结果
1	—	<8.50	7.5			主体长度/mm
2	10	8.50～10.49	9.5			
3	12	10.50～12.49	11.5			品质长度/mm
4	14	12.50～14.49	13.5			
5	16	14.50～16.49	15.5			短纤维率/(%)
6	18	16.50～18.49	17.5			
7	20	18.50～20.49	19.5			质量平均长度/mm
8	22	20.50～22.49	21.5			
9	24	22.50～24.49	23.5			标准差/mm
10	26	24.50～26.49	25.5			
11	28	26.50～28.49	27.5			变异系数/(%)
12	30	28.50～30.49	29.5			
13	32	30.50～32.49	31.5			基数/(%)
14	34	32.50～34.49	33.5			
15	36	34.50～36.49	35.5			均匀度
16	38	36.50～38.49	37.5			
17	40	38.50～40.49	39.5			备注
18	42	40.50～42.49	41.5			
19	44	42.50～44.49	43.5			
20	46	44.50～46.49	45.5			
总计						

复核　　　　　　　　　　试验　　　　　　　　　　日期

附 录 E
（资料性附录）
基数和均匀度的计算

E.1 基数(*B*)的计算公式

如 $m_{n-1}>m_{n+1}$：

$$B=\frac{m_{n-1}+m_n+0.55\,m_{n+1}}{\sum_{j=1}^{k}m_j}\times 100\% \qquad \text{(E.1)}$$

如 $m_{n-1}<m_{n+1}$：

$$B=\frac{0.55m_{n-1}+m_n+m_{n+1}}{\sum_{j=1}^{k}m_j}\times 100\% \qquad \text{(E.2)}$$

计算结果修约至一位小数。

E.2 均匀度(*E*)的计算公式

$$E=B\times L_{\mathrm{m}} \qquad \text{(E.3)}$$

计算精确至十位数。

E.3 基数和均匀度仅作为长度指标的参考值。

ICS 59.060.10
W 04

中华人民共和国国家标准

GB/T 6102.1—2006
代替 GB/T 6102.1—1985

原棉回潮率试验方法 烘箱法

Test method for moisture regain in raw cotton by oven drying

2006-03-10 发布 2006-09-01 实施

中华人民共和国国家质量监督检验检疫总局
中国国家标准化管理委员会 发布

前　言

本标准是对 GB/T 6102.1—1985《原棉回潮率试验方法　烘箱法》的修订，修订时保留了原标准中仍适用的技术内容。与 GB/T 6102.1—1985 相比较，修改的主要内容如下：

——放宽了试验用标准大气条件，增加了对非标准大气下烘干质量的修正内容；

——取消了对烘验时间的具体规定，烘验时间根据使用的烘箱烘验性能而定。

本标准代替 GB/T 6102.1—1985。

本标准附录 A 为规范性附录。

本标准由中国纤维检验局提出。

本标准由中国纤维检验局归口。

本标准由北京市纺织纤维检验所负责起草。

本标准主要起草人：赵玉福、邹喻胜、雷春蕊、夏明。

原棉回潮率试验方法
烘箱法

1 范围

本标准规定了箱内热称法测定原棉回潮率的试验方法。

本标准适用于籽棉经锯齿轧棉机或皮辊轧棉机加工后所得的原棉。

2 规范性引用文件

下列文件中的条款通过本标准的引用而成为本标准的条款。凡是注日期的引用文件，其随后所有的修改单(不包括勘误的内容)或修订版均不适用于本标准，然而，鼓励根据本标准达成协议的各方研究是否可使用这些文件的最新版本。凡是不注日期的引用文件，其最新版本适用于本标准。

GB 1103 棉花 细绒棉

GB 6529 纺织品的调湿和试验用标准大气

GB/T 8170 数值修约规则

GB/T 3291.3 纺织 纺织材料性能和试验术语 第3部分:通用

3 术语和定义

下列术语和定义适用于本标准。

3.1

水分 moisture

原棉烘验中失去的水和其他挥发性物质。

3.2

恒量 constant mass

原棉烘验过程中间隔15 min称量，当连续两次称量的差值小于后一次称量值的0.05%时，后一次的称见质量为恒量。

3.3

烘干质量 oven-drying mass

将试验试样置入烘箱内烘验至恒量时的质量作为烘干质量。

4 原理

称取一定量的试验试样，置于一定温度的烘箱内烘验，使试验试样中的水分蒸发，直至试验试样达到恒量。从原始质量与烘干质量的差值和烘干质量计算出原棉的回潮率。

5 仪器和器具

5.1 烘箱

附装有天平，能进行箱内称量，自动控温在105℃±3℃的通风式烘箱。

5.2 烘篮

不吸湿的盛样和称样容器。尺寸应与烘箱相匹配，并能避免试验试样内抖出的微粒丢失。

5.3 样品容器

可密封的有盖金属容器，或有一定壁厚的防止透湿的塑料袋。

5.4 天平

量程≥100 g，最小分度值 0.01 g。

6 试验用标准大气

试验在温度 20℃±2℃，相对湿度 65%±3%的条件下进行。如在非标准大气条件下进行，应将测得的烘干质量修正到标准大气条件下的数值。修正方法见附录 A。

7 取样

按 GB 1103 规定的方法进行。

8 试验步骤

8.1 称取烘前质量

从样品容器中快速取出样品、剥去样品表面棉层，取出中间部分，用天平称取 50 g 试验试样，精确至 0.01 g，每称取一个试验试样不应超过 1 min。自取样至称样，存放时间不应超过 24 h。

8.2 撕样

称好的试验试样在烘验前应加以撕松。撕样时下面放一光面纸，撕落的杂物和短纤维应全部放回试验试样中，撕样时发现的棉籽、油棉和特殊杂物等，应拣出并以相同质量的棉样替换。经撕松的试验试样放入烘篮内并充满其容积的二分之一至三分之二。

8.3 烘验及确定烘干质量

开启烘箱电源，待箱内温度升至 105℃±3℃时，将装有试验试样的烘篮放入烘箱内，关闭箱门，待箱内温度回升至 105℃±3℃时，记录时间。不同型号烘箱的预烘时间不同，达到预烘时间后，关闭转篮和风扇电源，记录时间，进行第一次箱内称量，做好记录。称毕，开启转篮和风扇电源，续烘 15 min 后，再按上述方法进行第二次称量，直至前后两次质量差值不超过后一次质量的 0.05%时，则后一次质量视为烘干质量。每次称完 8 个试验试样不应超过 5 min。

9 试验结果的计算及表述

9.1 试样回潮率

按式(1)计算。

$$R_i = \frac{m_i - m_{i0}}{m_{i0}} \times 100\% \qquad \cdots\cdots(1)$$

式中：

R_i——第 i 个试验试样回潮率，%；

m_i——第 i 个试验试样烘前质量，单位为克(g)；

m_{i0}——第 i 个试验试样烘干质量，单位为克(g)。

当需要对非标准大气条件下测得的烘干质量 m_{i0} 进行修正时，修正方法见附录 A。

9.2 平均回潮率

按式(2)计算。

$$R = \frac{\sum_{i=1}^{n} R_i}{n} \qquad \cdots\cdots(2)$$

式中：

R——平均回潮率，%；

n——试验试样个数。

9.3 数值修约

试验试样回潮率和平均回潮率都修约至两位小数。数值修约按 GB/T 8170 的规定进行。

10 试验报告

试验记录单见表 1。

试验报告单见表 2。

表 1 原棉回潮率试验记录单

批样编号______________　　　　烘箱型号______________

样品数量______________　　　　烘箱编号______________

实验室温度、湿度____℃______%　　　　试验日期______年____月____日

第____页共____页

样品号	烘前质量	第一次称量	第二次称量	第三次称量	烘干质量	标准大气下的烘干质量	回潮率/(%)
修正系数							
平均回潮率/(%)							

复核：__________　　　　试验：__________

表 2　原棉回潮率试验报告单

批样编号＿＿＿＿＿＿＿＿　　　　烘箱型号＿＿＿＿＿＿＿＿

样品数量＿＿＿＿＿＿＿＿　　　　烘箱编号＿＿＿＿＿＿＿＿

实验室温度、湿度＿＿℃＿＿＿%　　　　试验日期＿＿＿年＿＿月＿＿日

第＿＿页共＿＿页

样品号	烘前质量/g	烘干质量/g	修正后的烘干质量/g	回潮率/(%)
平均回潮率/(%)				

复核：＿＿＿＿＿＿　　　　试验：＿＿＿＿＿＿

附 录 A
（规范性附录）
非标准大气条件下烘干质量的修正

进入烘箱的大气如果不是标准大气，测得的烘干质量可按以下公式修正：

$$C = \alpha(1 - 6.58 \times 10^{-6} \times p \times r) \qquad \cdots\cdots(A.1)$$

式中：

C——用作修正至标准大气条件（20℃，相对湿度 65%）下烘干质量的系数（当 $C<0.05\%$ 时不予修正），%；

α——常数（棉花为 0.3）；

p——送入烘箱空气的饱和水蒸气压力（可查表 A.1）；

r——通入烘箱空气的相对湿度，%。

$$m_s = m_0(1 + C/100) \qquad \cdots\cdots(A.2)$$

式中：

m_s——标准大气条件下烘干质量，单位为克（g）；

m_0——非标准大气条件下测得质量，单位为克（g）。

例如：棉花在空气条件 25℃，相对湿度 70%时称得烘干质量为 45 g，烘前质量为 50.6 g，求在标准大气条件下的回潮率。

解：查表 A.1 知，$p=3170$。

由式（A.1）得：$C=0.3\times(1-6.58\times10^{-6}\times3170\times70)=-0.14\%$

由式（A.2）得：$m_s=45\times(1-0.14/100)=44.94(\text{g})$

因此在标准大气条件下回潮率 $R(\%)$ 为：

$$R = \frac{50.6-44.94}{44.94}\times100\% = 12.6\%$$

表 A.1

温度/℃	饱和蒸汽压 p/Pa	温度/℃	饱和蒸汽压 p/Pa
3	760	21	2480
4	810	22	2640
5	870	23	2810
6	930	24	2990
7	1000	25	3170
8	1070	26	3360
9	1150	27	3560
10	1230	28	3770
11	1310	29	4000
12	1400	30	4240
13	1490	31	4490
14	1600	32	4760
15	1710	33	5030
16	1810	34	5320
17	1930	35	5630
18	2070	36	5940
19	2200	37	6270
20	2330	38	6620

ICS 59.060.10
W 10

中华人民共和国国家标准

GB/T 6103—2006
代替 GB/T 6103—1985

原棉疵点试验方法　手工法

Test method for cotton defects in raw cotton—Hand

2006-03-10 发布　　2006-09-01 实施

中华人民共和国国家质量监督检验检疫总局
中国国家标准化管理委员会　发布

前 言

本标准是对 GB/T 6103—1985《原棉疵点试验方法》的修订，修订时保留了原标准中仍适用的技术内容。本标准代替 GB/T 6103—1985。

本标准与 GB/T 6103—1985 相比，主要变化如下：

——第 3 章“术语和定义”中新增加了五个术语及其定义；

——第 7 章“取样”中减少了棉结实验室样品的取样份数；

——第 9 章“允许偏差”中，增加了棉结试验方法的允许偏差。

本标准的附录 A、附录 B 为资料性附录。

本标准由中国纤维检验局提出。

本标准由中国纤维检验局归口。

本标准由陕西省纤维检验局负责起草。

本标准主要起草人：朱速成、兰水娥、杨新莉、李小恩。

原棉疵点试验方法 手工法

1 范围

本标准规定了手工挑拣原棉疵点的试验方法。

本标准适用于籽棉经锯齿轧棉机或皮辊轧棉机加工后所得的原棉。

2 规范性引用文件

下列文件中的条款通过本标准的引用而成为本标准的条款。凡是注日期的引用文件,其随后所有的修改单(不包括勘误的内容)或修订版本均不适用于本标准,然而,鼓励根据本标准达成协议的各方研究是否可使用这些文件的最新版本。凡是不注明日期的引用文件,其最新版本适用于本标准。

GB 1103 棉花 细绒棉

GB/T 6097 棉纤维试验取样方法

GB 6529 纺织品的调湿和试验用标准大气

GB/T 8170 数值修约规则

3 术语和定义

下列术语和定义适用于本标准。

3.1

原棉疵点 cotton defects in raw cotton

由于棉花生长发育不良或轧工不良而形成的对纺纱有害的纤维性物质,一般在纺织工艺中不易清除。包括破籽、不孕籽、索丝、软籽表皮、僵片、带纤维籽屑、棉结及黄根。

注1:锯齿棉疵点有破籽、不孕籽、软籽表皮、僵片、带纤维籽屑、索丝及棉结。

注2:皮辊棉疵点有破籽、不孕籽、软籽表皮、僵片、带纤维籽屑及黄根。

3.1.1

破籽 broken seed

轧碎的棉籽壳,面积在 2 mm^2 及以上,带有或不带有纤维。

3.1.2

不孕籽 aborted seed

未受精的棉籽。色白,呈扁圆形,附有少量较短的纤维。

3.1.3

索丝 curly cotton; stringy cotton

棉纤维相互纠缠呈条索状,难以从纵向扯开。

3.1.4

软籽表皮 cuticle of immature cotton seed

未成熟棉籽上的表皮。软薄呈黄褐色,一般带有底绒。

3.1.5

僵片 ginned dead cotton

从受到病虫害或未成熟的带僵籽棉轧下的僵棉片,或连有碎籽壳。

3.1.6

带纤维籽屑 bearded motes; fuzzy motes seed coat fragments

带有纤维的碎籽屑。面积在 2 mm^2 以下。

3.1.7

棉结　nep；nap

由棉纤维不成熟或轧工不良造成的纤维纠缠而成的结点。一般在染色后形成深色或浅色细点。

3.1.8

黄根　tinged linter

由于皮辊机轧工不良而混入原棉中的棉籽上的黄褐色底绒。

3.2

单项疵点粒数　a certain cotton defect numbers

100 g 原棉中所含单项疵点的粒数。

3.3

总疵点粒数　total cotton defect numbers

100 g 原棉中所含各类疵点(皮辊棉黄根除外)的总粒数。

3.4

单项疵点质量百分率　percentage of a certain cotton defect mass

从原棉试验试样中拣出的单项疵点的质量占试验试样质量的百分率。

3.5

总疵点质量百分率　percentage of total cotton defect mass

从原棉试验试样中拣出的各类疵点(皮辊棉黄根除外)的总质量占试验试样质量的百分率。

3.6

黄根率　percentage of tinged linter mass

从原棉试验试样中拣出的黄根的质量占试验试样质量的百分率。

4　原理

从一定量的原棉中用手工法挑拣出各项疵点,分别计数或称量,计算出 100 g 原棉中单项疵点粒数或单项疵点质量百分率、总疵点粒数或总疵点质量百分率和黄根率。

5　仪器与工具

5.1　天平

5.1.1　称量范围:0～200 g;分度值:0.01 g。

5.1.2　称量范围:0～100 mg;分度值:0.2 mg。

5.1.3　称量范围:0～10 mg;分度值:0.02 mg。

5.2　工具

镊子,黑绒板,光面黑板,玻璃压板,原棉疵点灯箱(灯炮 8 W,磨砂玻璃罩)。

6　试验用标准大气

试验宜在标准温湿度条件下进行,温度为(20±2)℃,相对湿度为(65±3)%。

7　取样

7.1　除测试棉结的实验室样品批量在 300 包及以下的棉花,抽取 1 份试验室样品;批量 301 包～600 包的棉花,抽取 2 份试验室样品;批量大于 600 包的棉花,抽取 3 份试验室样品,其余的取样方法按 GB/T 6097 执行。

7.2　取样中若发现棉籽或危害性杂物应予剔除。

8 试验步骤

8.1 锯齿棉

8.1.1 从 10 g 试验试样(精确至 0.01 g)中用镊子拣取破籽、不孕籽、索丝、软籽表皮和僵片,分别计数或称取质量(精确至 0.2 mg)。

8.1.2 将拣过以上各项疵点的试验试样均匀混合后,随机称取 2 份质量各为 2 g(精确至 0.01g)的试验试样,一份用于拣取棉结和带纤维籽屑,另一份仅用于拣取棉结,分别计数或称取质量(精确至 0.02 mg),棉结两次试验结果的差值应符合 9.2 的规定。

8.2 皮辊棉

8.2.1 从 10 g 试验试样(精确至 0.01 g)中,用镊子拣取破籽、不孕籽、软籽表皮和僵片,分别计数或称取质量(精确至 0.2 mg)。

8.2.2 将拣过以上各项疵点的试验试样均匀混合后,随机称取 2 g 试验试样(精确至 0.01 g),拣取带纤维籽屑,计数或称取质量(精确至 0.02 mg)。

8.2.3 从 5 g 试验试样(精确至 0.01 g)中拣取黄根,称取质量(精确至 0.2 mg)。

8.3 试验过程中若发现棉籽或危害性杂物应予以剔除,其质量由实验室样品中同一样品补偿。

注 1:根据有关双方协议或其他规定,也可以只检验部分疵点项目。

注 2:检验棉结、带纤维籽屑也可在原棉疵点灯箱中进行(灯泡 8 W,磨砂玻璃罩)。

9 试验结果

9.1 试验结果的表述以及计算

9.1.1 单项疵点粒数按式(1)计算:

$$N_i = \frac{n_i}{m_i} \times 100 \qquad \cdots\cdots(1)$$

式中:

N_i——单项疵点粒数,单位为粒每百克(粒/100 g);

n_i——从试验试样中拣出的单项疵点的粒数,单位为粒;

m_i——试验试样的质量,单位为克(g)。

9.1.2 总疵点粒数按式(2)计算:

$$N = \sum_{i=1}^{n} N_i \qquad \cdots\cdots(2)$$

式中:

N——总疵点粒数,单位为粒每百克(粒/100 g);

N_i——单项疵点粒数,单位为粒每百克(粒/100 g);

i——疵点类别(其中 1 为破籽;2 为不孕籽;3 为软籽表皮;4 为僵片;5 为带纤维籽屑;6 为索丝;7 为棉结);

n——疵点项数(锯齿棉为 7;皮辊棉为 5)。

9.1.3 单项疵点质量百分率按式(3)计算:

$$L_i = \frac{m_i}{m} \times 100\% \qquad \cdots\cdots(3)$$

式中:

L_i——单项疵点质量百分率,%;

m_i——从试验试样中拣出的单项疵点的质量,单位为克(g);

m——试验试样的质量，单位为克(g)。

9.1.4 总疵点质量百分率按式(4)计算：

$$L = \sum_{i=1}^{n} L_i \qquad (4)$$

式中：

L——总疵点质量的百分率，%；

L_i——单项疵点的质量百分率，%；

i——疵点类别(其中 1 为破籽；2 为不孕籽；3 为软籽表皮；4 为僵片；5 为带纤维籽屑；6 为索丝；7 为棉结)；

n——疵点项数(锯齿棉为 7；皮辊棉为 5)。

9.1.5 黄根率按式(5)计算：

$$L_8 = \frac{m_8}{m} \times 100\% \qquad (5)$$

式中：

L_8——黄根率，%；

m_8——从试验试样中拣出的黄根的质量，单位为克(g)；

m——试验试样的质量，单位为克(g)。

9.1.6 当一批棉花抽取多份实验室样品时，以各实验室样品试验结果的算术平均值作为该批棉花的试验结果。

9.2 允许偏差

一份实验室样品在重复条件下进行的两次棉结测试试验，其试验结果的差值不得大于 2 粒，若大于 2 粒，应增试一次，并以三次试验结果的算术平均值为该实验室样品的试验结果。

9.3 数值修约

疵点粒数的计数为整数。总疵点质量百分率和黄根质量百分率的计算结果修约至 2 位小数，数值修约应按 GB/T 8170 的规定进行。

10 试验报告

试验报告应包括以下内容：

a) 样品编号；

b) 样品批号、产地、包数、等级；

c) 试验温、湿度；

d) 本标准编号；

e) 试验结果；

f) 试验日期及试验人员。

试验报告格式参见附录 A、附录 B。

附 录 A
（资料性附录）
锯齿棉疵点试验报告

样品编号：________________ 批　　号：________________
产　　地：________________ 包　　数：________________
样品等级：________________ 执行标准：________________
试验日期：________________ 温度、相对湿度：________________

试样质量	疵点名称		疵点粒数/粒	疵点质量/mg	单项疵点粒数/（粒/100 g）	单项疵点质量百分率/（%）
10 g	破　　籽					
	不孕籽					
	索　　丝					
	软籽表皮					
	僵　　片					
2 g	带纤维籽屑					
	棉结	1				
		2				
		3				
		平均				
总疵点粒数：	粒/100 g		总疵点质量百分率：	%		
备　　注						

复核：________________ 试验员：________________

附　录　B
（资料性附录）
皮辊棉疵点试验报告

试样编号：＿＿＿＿＿＿＿＿　　批　　号：＿＿＿＿＿＿＿＿

产　　地：＿＿＿＿＿＿＿＿　　包　　数：＿＿＿＿＿＿＿＿

样品等级：＿＿＿＿＿＿＿＿　　执行标准：＿＿＿＿＿＿＿＿

试验日期：＿＿＿＿＿＿＿＿　　温度、相对湿度：＿＿＿＿＿＿＿＿

<table>
<tr><th>试样质量</th><th>疵点名称</th><th>疵点粒数/粒</th><th>疵点质量/mg</th><th>单项疵点
粒数/(粒/100 g)</th><th>单项疵点
质量百分率/(%)</th></tr>
<tr><td rowspan="4">10 g</td><td>破　籽</td><td></td><td></td><td></td><td></td></tr>
<tr><td>不孕籽</td><td></td><td></td><td></td><td></td></tr>
<tr><td>软籽表皮</td><td></td><td></td><td></td><td></td></tr>
<tr><td>僵　片</td><td></td><td></td><td></td><td></td></tr>
<tr><td>2 g</td><td>带纤维籽屑</td><td></td><td></td><td></td><td></td></tr>
<tr><td colspan="3">总疵点(黄根除外)粒数：　　粒/100 g</td><td colspan="3">总疵点(黄根除外)质量百分率：　　%</td></tr>
<tr><td rowspan="2">5 g</td><td rowspan="2">黄根</td><td colspan="4">质量/mg：</td></tr>
<tr><td colspan="4">质量百分率/(%)：</td></tr>
<tr><td>备　注</td><td colspan="5"></td></tr>
</table>

复核：＿＿＿＿＿＿＿＿　　试验员：＿＿＿＿＿＿＿＿

ICS 33.100
L 06

中华人民共和国国家标准化指导性技术文件

GB/Z 6113.3—2006/CISPR 16-3:2003

无线电骚扰和抗扰度测量设备和测量方法规范 第3部分:无线电骚扰和抗扰度测量技术报告

Specification for radio disturbance and immunity measuring apparatus and methods—Part 3:CISPR technical report

(CISPR16-3:2003,IDT)

2006-07-13 发布

中华人民共和国国家质量监督检验检疫总局
中国国家标准化管理委员会 发布

前　言

GB/Z 6113.3《无线电骚扰和抗扰度测量设备和测量方法规范　第 3 部分　无线电骚扰和抗扰度测量技术报告》的全部内容为指导性。

本部分等同采用 CISPR16-3:2003《无线电骚扰和抗扰度测量设备和方法规范　第 3 部分　CISPR 技术报告》。

本指导性技术文件仅供参考。有关对本指导性技术文件的建议和意见，请向国务院标准化行政主管部门反映。

鉴于 IEC/CISPR 16 为电磁兼容系列基础标准，且篇幅大，内容多；为了方便标准的制定、维护和使用，2002 年 IEC/CISPR A 分会决定对该标准的结构进行重大调整，将原来的 4 个分部分拆分为现在的 14 个分部分(2006 年增至 15 个分部分)，并从 2003 年 11 月起陆续发布。我国依据等同原则，将陆续完成相应国标的制定和修订工作。该系列中的新、旧国家标准及其与 IEC/CISPR16 系列标准/出版物的对应关系如下：

旧标准编号和名称	新标准编号和名称
GB/T 6113.1—1995 (eqv CISPR16-1:1993)* 《无线电骚扰和抗扰度测量设备规范》	GB/T 6113.101(idt CISPR16-1-1) 第 1-1 部分：无线电骚扰和抗扰度测量设备　测量仪器
	GB/T 6113.102(idt CISPR16-1-2) 第 1-2 部分：无线电骚扰和抗扰度测量设备　辅助设备——传导骚扰
	GB/T 6113.103(idt CISPR16-1-3) 第 1-3 部分：无线电骚扰和抗扰度测量设备　辅助设备——骚扰功率
	GB/T 6113.104(idt CISPR16-1-4) 第 1-4 部分：无线电骚扰和抗扰度测量设备　辅助设备——辐射骚扰
	GB/T 6113.105(idt CISPR16-1-5) 第 1-5 部分：无线电骚扰和抗扰度测量设备　30 MHz～1 000 MHz天线校准场地
GB/T 6113.2—1998 (eqv CISPR16-2:1996)* 《无线电骚扰和抗扰度测量方法》	GB/T 6113.201(idt CISPR16-2-1:2004) 第 2-1 部分：无线电骚扰和抗扰度测量方法　传导骚扰测量
	GB/T 6113.202(idt CISPR16-2-2:2004) 第 2-2 部分：无线电骚扰和抗扰度测量方法　骚扰功率测量
	GB/T 6113.203(idt CISPR16-2-3:2004) 第 2-3 部分：无线电骚扰和抗扰度测量方法　辐射骚扰测量
	GB/T6113.204(idt CISPR16-2-4:2004) 第 2-4 部分：无线电骚扰和抗扰度测量方法　抗扰度测量
CISPR16-3:2000 《无线电干扰和抗扰度测量统计方法和技术报告》 无对应的国家标准	**GB/Z 6113.3—2006(idt CISPR16-3:2003)** **第 3 部分　无线电骚扰和抗扰度测量技术报告**

旧标准编号和名称	新标准编号和名称
CISPR16-4:2002 《电磁兼容测量的不确定度》 无对应的国家标准	GB/Z 6113.401** (idt CISPR16-4-1:2003) 第 4-1 部分:不确定度、统计学和限值模型标准化的 EMC 试验不确定度
	GB/T 6113.402—2006 (idt CISPR16-4-2:2003) 第 4-2 部分:不确定度、统计学和限值建模　测量设备和设施的不确定度
	GB/Z 6113.403** (idt CISPR16-4-3:2003) 第 4-3 部分:不确定度、统计学和限值建模　批量产品的 EMC 符合性确定的统计考虑
	GB/Z 6113.404** (idt CISPR16-4-4:2003) 第 4-4 部分:不确定度、统计学和限值建模　抱怨的统计和限值的计算模型
注 1:*修订中,**制定中;黑体字为该标准的本部分。 注 2:表中除 GB/Z 6113.3 以外的国家标准名称以制定或修订后、发布的标准名称为准。	

为国内读者方便,按 GB/T 20000.2 的相应规定,本部分中的引用标准用 GB/T 6113.1 和 GB/T 6113.2替代了等同标准中的 CISPR16-1 (all parts) 和 CISPR16-2 (all parts)。

本部分由全国无线电干扰标准化技术委员会 A 分会提出并归口。

本部分起草单位:信息产业部电子标准化研究所、北京交通大学、东南大学和上海电器科学研究所等。

本部分主要起草人:陈俐、闻映红、张林昌、蒋全兴、杨自佑、王素英。

引　言

本部分主要包括范围、引用标准、术语、专题技术报告以及有关 CISPR 历史及相关的背景资料 5 部分内容。由于本部分的基础是以往出版过的 CISPR 推荐物和专题技术报告，因此各章相对独立。此外本部分中还引用了大量的技术文献(如由 CISPR 制订的、ITU 制订或其他国际组织制订/出版的技术性文本)。

根据 GB/T 20000.2，本部分对 CISPR 16-3:2003 所做的主要的编辑性修改和更正如下：

1. 为方便使用者，引用标准中还增加了 3 个现行的国家标准：GB/T 6113.1—1995(IDT CISPR 16-1:1993)和 GB/T 6113.2—1997((IDT CISPR16-2:1996)以及 GB/T 4365—2003(IDT IEC 60050(161):1990＋Amd1:1997＋Amd2:1998)；

2. 为协调起见，本部分第 3 章术语和定义均与 GB/T4365 保持一致；

3. 为阅读方便，将 CISPR16-3 附录 4.3A 的内容移至 4.3.4 条之后，即本部分的 4.3.5 条“公式的推导”；

4. 增加了对表 4.1-1 中滑退型峰值检波器的注释；

5. 增加了对 4.1.7“点火干扰”中“CISPR Recommendation 35”相关内容的注释；

6. 4.4.2.2 条中“因子”改为“天线系数”，以免概念混淆；本部分中天线系数和天线因子互为倒数关系；

7. 原文图 4.4.2-4 中“天线因子 G_j”应为“天线系数 G_i”，图 4.4.2-5 和表 4.4.2-2 也作了类似的更正；

8. 原文中表 4.4.3.2 中“$G_{i,o}$”应为“G_i，G_o”，“19^{-4}”应为“10^{-4}”，特作更正；

9. 对原文附录 4.4-A 中的公式所用(大、中、小)括号做了相应的调整；

10. 原文附录 4.4-B2 第 2 自然段所述“4.1 条”应为“4.4.1 条”，特作更正；

11. 原文附录 4.4-D.1 中式 4.4-D2(c)之后，“式 4.4-D2”应为“式 4.4-D3”，特作更正；

12. 4.4.4.1 条中对“产品委员会”一词增加了括号内的注释，以便理解。

13. 5.1.3 条中的年代上限改为“2003”，以提供最新出版物的信息。

无线电骚扰和抗扰度测量设备和测量方法规范 第3部分:无线电骚扰和抗扰度测量技术报告

1 范围

本部分包含关于专题技术报告和有关CISPR(无线电干扰特别委员会)的历史资料。

近年来,CISPR已经制定了大量的建议书和报告,它们很有技术价值,但人们一般无从得到。这些报告和建议书曾暂时发布在CISPR第7号出版物和CISPR第8号出版物上。

1988年在巴西Campinas举行的CISPR会议上,CISPR A分会就本部分的目次、以及给这些报告在本标准第3部分中一个永久的位置,并出版这些报告以示后人达成了共识。

2 规范性引用文件

下列文件中的条款通过本部分的引用而成为本部分的条款。凡是注日期的引用文件,其随后所有的修改单(不包括勘误的内容)或修订版均不适用于本部分,然而,鼓励根据本部分达成协议的各方研究是否可使用这些文件的最新版本。凡是不注日期的引用文件,其最新版本适用于本部分。

GB/T 4365—2003 电工术语 电磁兼容(idt IEC60050(161):1990 + Amd.1:1997 + Amd.2:1998)

GB 4824—2001 工业、科学和医疗(ISM)射频设备电磁骚扰特性的测量方法和限值(idt CISPR 11:1997)

ITU-R BS 468-4 广播中的音频噪声电压测量

GB/T 6113.1—1995 无线电骚扰和抗扰度测量设备规范(eqv CISPR 16-1:1993)

GB/T 6113.2—1998 无线电骚扰和抗扰度测量方法(eqv CISPR 16-2:1996)

3 术语和定义

对于本部分所涉及的术语,GB/T 6113.1—1995和GB/T 4365—2003中的术语以及以下的术语都同样适用。

3.1

带宽 Bandwith

B_n

接收机的总波形,在中频响应下参考衰减度两点之间的频率宽度。带宽通常用B_n表示,n是参考衰减的dB数。

3.2

脉冲带宽 impulse bandwidth

B_{imp}

$$B_{imp} = A(t)_{max}/(2G_0 \times IS)$$

式中:

$A(t)_{max}$——以冲激脉冲IS馈入接收机后,在接收机中频输出端所得到的包络信号的峰值。

G_0——中频点处的回路增益。

在专业应用领域中,对于临界耦合的调谐变压器,有

$$B_{imp} = 1.05 \times B_6 = 1.31 \times B_3$$

式中：

B_6——6 dB带宽；

B_3——3 dB带宽。

3.3

冲激脉冲面积　impulse area（有时称为冲激脉冲强度）

IS

冲激脉冲的时域强度是这样定义的：

$$IS = \int_{-\infty}^{+\infty} V(t)\mathrm{d}t, [\mu\mathrm{Vs}\ 或\ \mathrm{dB}(\mu\mathrm{Vs})]$$

频谱密度(D)跟冲激脉冲面积有关，可以表示为μVs/MHz或者dB(μVs)/MHz。对于周期为T，重复频率$f \ll 1/T$的方波脉冲，存在以下关系式：

$$D(\mu\mathrm{Vs/MHz}) = 2 \times 10^6 / IS(\mu\mathrm{Vs})$$

这是因为D是由相应正弦波的均方根值(有效值)修正后得到的。

3.4

充电时间常数　electrical charge time constant

$\boldsymbol{T_c}$

紧挨着检波器输入端突然加上一正弦电压后，其输出电压达到稳态值的63%所需的时间。

注：充电时间常数可以这样来测定：将一个幅度保持不变，频率等于中频放大器的中频的正弦波信号加到紧挨着检波器的输入端前级。再将一个无惯性的仪器，比如，阴极显像管示波器连接到直流放大回路的端口上，以不影响检波器的工作，然后记下示波器的指示值M。再调节信号电平使检波器输出端的响应保持在线性可调范围内。然后，保持这一电平，把信号馈入检波器，这样在检波器的输出端将得到一个包络为方波的信号。当包络的幅度上升到0.63M时，该包络的持续时间就是检波器的充电时间。

3.5

放电时间常数　electrical discharge time constant

$\boldsymbol{T_D}$

从移去加在检波器输入端的恒定正弦波电压的瞬间起，到检波器的输出电压下降至初始值的37%，其间所用的时间就是放电时间常数。

注：放电时间常数的测定方法与充电时间常数的测定相似，不过要确定的不是馈入信号的持续时间，而是信号切除之后的时间。当输出信号包络的幅度下降到0.37M时，该包络的持续时间就是检波器的放电时间。

3.6

临界阻尼状态下指示仪表的机械时间常数　mechanical time constant of a critically damped indicating instrument

$\boldsymbol{T_M}$

$$T_{\mathrm{M}} = T_{\mathrm{L}}/2\pi$$

式中：

T_{L}——去除全部阻尼之后的自由振荡周期。

注：对于临界阻尼指示器，其系统的运动方程可写成：

$$T_{\mathrm{M}}^2(\mathrm{d}^2\alpha/\mathrm{d}t^2) + 2T_{\mathrm{M}}(\mathrm{d}\alpha/\mathrm{d}t) + \alpha = KI$$

式中：

α——偏转指示；

I——流经指示器的电流；

K——指示器的时间常数。

从上述关系式可以推论，机械时间常数等于输入一恒定幅度的正弦波，检波器输出的方波信号，其包络达到初始值的35%所需的时间。

注：(机械时间常数的)测量和校正可从下述方法之一得到：

a) 把自由振荡周期调节到 $2\pi T_M$，然后加上阻尼，使 $\alpha_{T_M}=0.35\alpha_{max}$；

b) 如果振荡周期无法测量，则调节指示仪表至刚低于临界阻尼状态，使振幅小于5%，从而使惯性运动能达到 $\alpha_{T_M}=0.35\alpha_{max}$。

3.7

过载系数 overload factor

正弦输入信号最大幅值与指示仪表满刻度偏转时输入幅值之比，对应于这一最大输入信号，接收机前电路的幅/幅特性偏离线性应不超过1 dB。

3.8

对称电压 symmetric voltage

在双线回路中，例如单相供电系统，对称电压就是指出现于两线间的射频干扰电压。有时也称为差模电压。如果用 V_a 表示其中一个电源端子与地之间的电压矢量，V_b 表示另一个端子与地之间的电压矢量，那么对称电压即差模电压就是 V_a 与 V_b 矢量之差，即 V_a-V_b。

3.9

非对称电压 asymmetric voltage

非对称电压是指出现于两电源端子电气中点和地之间的射频干扰电压，有时也称为共模电压，其值为 V_a 与 V_b 矢量之和的一半，即 $(V_a+V_b)/2$。

3.10

不对称电压 unsymmetric voltage

不对称电压是第3.8条和第3.9条中定义的 V_a 与 V_b 矢量电压的幅度。这一电压用V形人工电源网络测量。

3.11

CISPR 接收机指示范围 CISPR indicating range

制造商给出的最大和最小的指示值，在此范围内，接收机满足GB/T 6113.1(CISPR16-1)准峰值测量接收机的要求。

4 技术报告

4.1 使用CISPR设备进行的测量与使用不同于CISPR特性的设备进行测量的相关性

4.1.1 概述

有关测量仪器和测量方法的CISPR标准已经制订，该标准为控制国际贸易中电子和电器设备的无线电干扰提供了一个共同的基础。

制定的限值是为给定的通信系统产生的降级和干扰测量值之间提供合理的、良好的相关性。对任意给定的通信系统，可接受的信号/噪声比是带宽、调制方式和其他设计参数的函数。因此，为了对此进行有针对性的研究，研发工作中，实验室采用了各种形式测量。

第4.1条的目的是为了分析测量设备参数和被测干扰波形对测量值的影响。

4.1.2 干扰测量仪器的关键参数

决定干扰测量仪器响应的最关键参数包括：带宽、检波器和被测干扰的类型；其次，对特定环境中相关仪器有影响且有实质意义的参数包括：过载系数、AGC设计(如果采用)、镜像响应和乱真响应、仪表时间常数和阻尼等。

为了讨论方便，规定脉冲、随机和正弦波三种基本类型的无线电噪声基准。表4.1-1给出了不同类型的检波器带宽、检波方式(类型)对这三种基本噪声的响应之间的关系。表中 δ 为脉冲强度的幅度，Δf_{imp} 为脉冲宽度，Δf_m 为随机噪声宽度，$P(\alpha)$ 为准峰值脉冲响应，f_{pr} 为脉冲重复频率，E' 为随机噪声的频谱幅度。图4.1-1为一台仪器中各类检波器对脉冲干扰的相对响应。

表 4.1-1 滑退峰值、准峰值和平均值检波器对正弦波、周期脉冲和高斯波形的响应比对

输入波形	检波类型			
	滑退峰值	准峰值:1/600	平均值	RMS
CW 正弦波	E^{+}	e	e	e
周期脉冲（无重叠）	$1.41\delta\Delta f_{imp}$	$1.41\delta\Delta f_{imp}\ P(\alpha)^{*}$	$1.41\delta\Delta f_{PR}{}^{+}$	$1.41\delta\sqrt{f_{PR}\Delta f_{imp}}$
随机++	—	$1.85\sqrt{\Delta f_m E'}^{**}$	$0.88\sqrt{\Delta f_m E'}$	$\sqrt{\Delta f_m E'}$

+：e 为施加正弦波时的 r.m.s.响应值。

*：P(α)为图 4.1-2 给定值。

**：E′为频谱强度 V(r.m.s.)/带宽(V/Hz)。

+：δ为脉冲强度。假设该仪器用正弦波的 r.m.s.值校准。

++：假设测得的该类型检波器对随机噪声响应的包络特性。

注："滑退峰值"的概念引自 CISPR16:1977(第一版)，其工作原理是：给检波器二极管加一个偏压(即相当于二极管的反向电压)，该偏压的值是可以调节的。当将该偏压调到刚好使二极管检波器的输出截止，则接在检波器输出端的监测表(该监测表的灵敏度应足以满足该项测量精确度的需要)就测不出电压来。在此状态下，用另一个电压表去测量加到二极管上的偏压，该偏压值就是检波器输入电压的峰值。滑退峰值检波器的过载系数仅需略大于 1 即可。(理论上讲，只有当放电时间常数与充电时间常数之比为∞时，直读式峰值检波器才可测到输入电压的真正峰值，尤其是对低重复率的输入脉冲。而只要监测表足够灵敏，滑退型峰值检波器(slideback type of peak detector)就可以测到输入电压真正的峰值，而不论输入脉冲的重复率多么低，即使是接近孤立脉冲。)

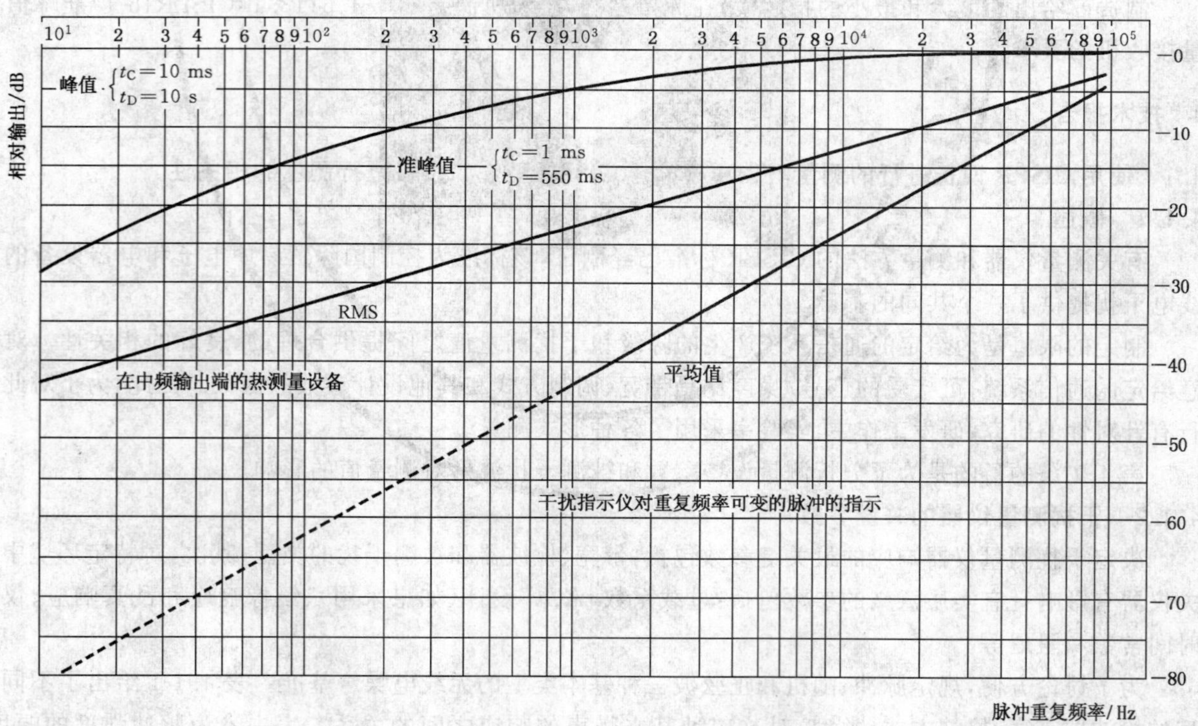

图 4.1-1 各种类型的检波器对脉冲干扰的相对响应

表 4.1-1 表明，对 3 种不同类型的干扰，带宽对噪声仪表响应的影响是不大的。如果可以按表 4.1-1所列 3 种类型中的任意一种来定义被测波形，且标准源能够提供那种类型的波形，以及该仪器具有足够的过载系数，那么使用替代法，就可以使受带宽影响的仪器得到满意的校准。因此，对于单纯的随机干扰或已知重复率的脉冲干扰，可以通过相应的源，或在已知线路参数基础上计算得到的修正系数来校准。如果特定的干扰波形介于这 3 种波形之间，那么修正和修正系数也会介于这三者之间。

对于任意给定的情况，有必要按某种方式对噪声加以分类以便能够给出修正系数，因此，为了达到这一目的，有必要检验典型的干扰源，以确定其为脉冲、随机或正弦波形的特征(范畴)。

如果一台测量仪器包含有不同类型的检波器，如峰值、准峰值和平均值，那么被测干扰的类型可以通过这些检波器读数之比来确定。当然，不同检波器的读数之间的比值大小与测量接收机带宽及其特性有关。

4.1.3 脉冲干扰——相关系数

任何干扰测量设备中准峰值检波器对恒定幅度、规定重复脉冲的响应可以通过图 4.1-2 所示的脉冲响应曲线来确定。该图示出了任意给定带宽、充电电阻和放电电阻的情况下，准峰值检波器对峰值检波器响应的百分比。从该曲线可以看出，峰值响应的大小与带宽有关；带宽增大，峰值也随之增大，但峰值(从检波器读数得到)的百分比却随之减小。在带宽的很窄范围内，这种效应趋于相互抵消。该曲线所用的带宽为 6dB。最典型的干扰测量仪的通带特性，比所谓的脉冲带宽窄约 5%。图 4.1-3 示出了具有各种带宽和检波参数的测量仪器与 CISPR 仪器的理论比值。

平均值检波器对脉冲噪声的响应令人关注。对于脉冲噪声，平均值检波器的响应与前置检波级的带宽无关，但与脉冲的重复频率成正比。多数情况下，从平均值检波器得到的脉冲响应读数较之实际值要小得多，除非噪声仪表的带宽非常窄，低至数百赫兹的量级。对于重复率为 100Hz、数量级为 10kHz 的带宽，平均值仅为峰值的 1%。该值对任意精度的测量仪器来说，都太低了。对于通信系统来说，这种情况更为严重。当然，这也是使用准峰值仪表检测脉冲噪声的理由之一。

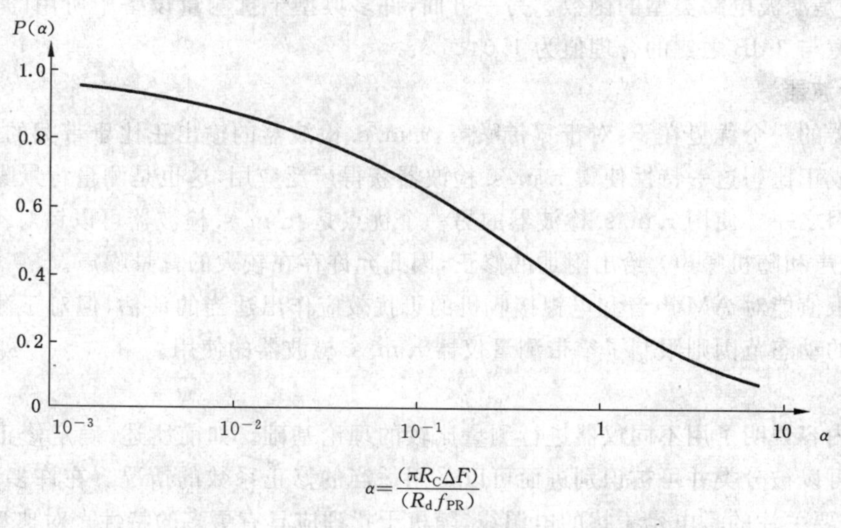

R_C——充电电阻/Ω；

R_d——放电电阻/Ω；

ΔF——6 dB 带宽/Hz；

f_{PR}——脉冲重复频率/Hz。

图 4.1-2 脉冲校准(修正)系数

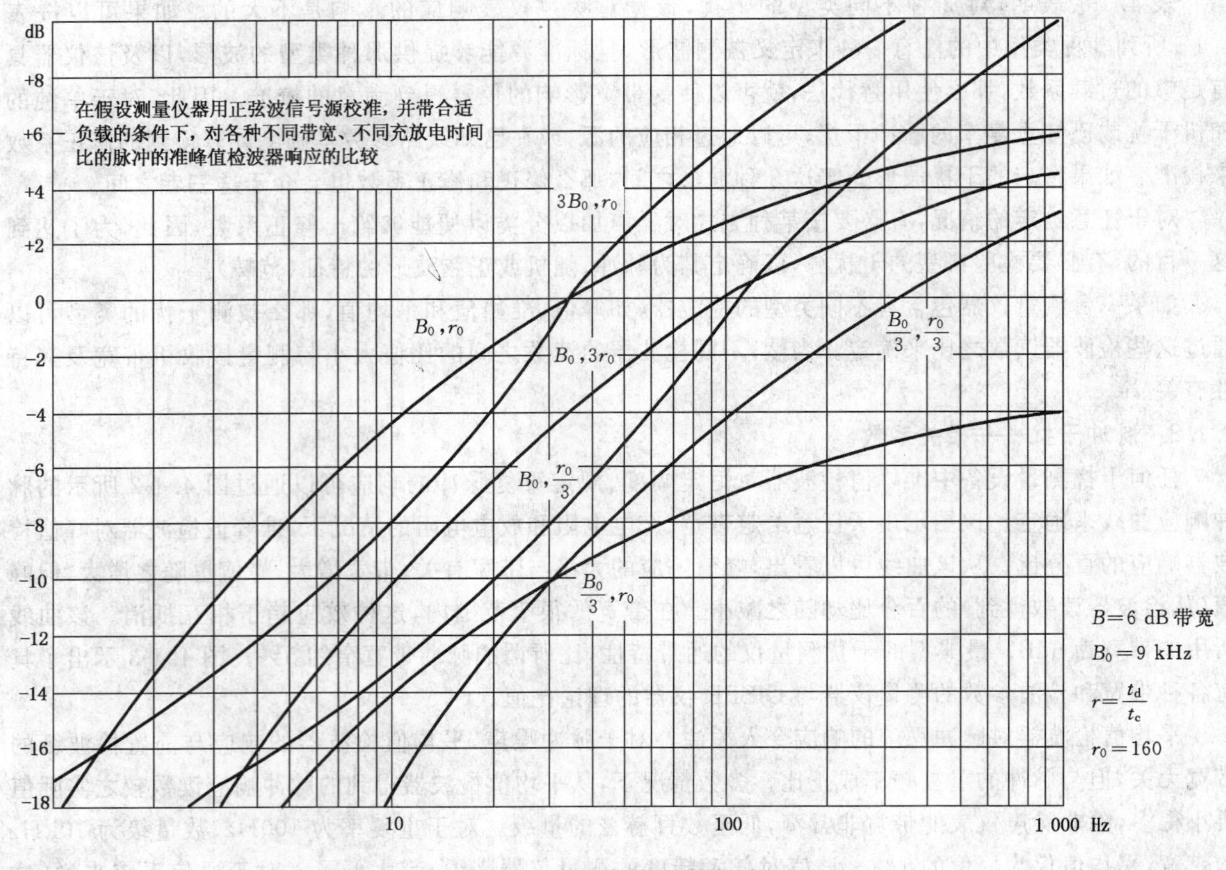

图 4.1-3 脉冲重复频率

4.1.4 随机骚扰

噪声仪表对随机噪声的响应与其带宽的平方根成正比，其结果与所用检波器类型无关。随机噪声与 3 dB 带宽之比是滤波电路类型的函数。另一方面，许多典型干扰测量设备中所用的典型电路表明：有效随机噪声带宽与 3 dB 之比的合理值为 1.04。

4.1.5 r.m.s.检波器

均方根检波器的一个优势在于：对于宽带噪声，r.m.s.检波器的输出正比于带宽的平方根，即噪声功率直接与带宽成正比。这一特性使得 r.m.s.检波器获得广泛应用，这也是测量背景噪声采用r.m.s.检波器的主要原因之一。使用 r.m.s.检波器的另一个优点是：r.m.s.检波器可以针对不同源产生的噪声功率（如脉冲噪声和随机噪声）给出附加的修正，因此允许存在较大的背景噪声。

噪声的均方根值能对 AM 声音和电视接收机的干扰效应作出适当的评估，但对于测量脉冲使用宽带仪器所需的大的动态范围则限制了窄带测量仪器 r.m.s.检波器的使用。

4.1.6 讨论

以上章节的内容说明了用不同仪器进行测量比较的理论基础。如前所述，确定修正系数的可能性只限于那种噪声可以被分类并可被识别进而可以采用适当的修正系数的情况。在许多频段，脉冲干扰是非常严重的，首要关注的是电晕干扰的电源线，随机干扰理应具有更多的特性。对典型的干扰特性需要其他的定量数据。过载系数是另外一个重要的参数。

4.1.7 典型噪声源

整流电动机

整流电动机产生的噪声通常是脉冲噪声和随机噪声的合成。随机噪声是由电刷接触电阻变化引起的，而脉冲噪声是由整流电刷的切换动作引起的。适当调整电刷能够尽量减少脉冲干扰。然而，当负载发生变化时，对于峰值和准峰值检波器，测量的噪声主要是脉冲型的，其中的随机分量可以忽略不计。

当脉冲重复频率达到4kHz的数量级时,有效重复频率将更低,因为脉冲幅度同样在2倍的电源频率上被调制。试验结果表明:假如脉冲重复频率是电源频率的2倍,那么准峰值读数与带宽的变化相一致。

由于整流电动机开关动作的非常规性,峰值测量会出现在这种噪声背景上的抖动电平。

基于以下原因,准峰值与平均值之比对整流电动机的响应要比对于单纯的脉冲噪声响应低一些。

1) 整流开关瞬态在电源频率上的调制会产生许多低于被测准峰值电平的脉冲。这些脉冲不会影响准峰值,但会影响平均值。

2) 相对较低的、连续的随机噪声基本上只对平均值产生影响。选取带宽的最高值120 kHz,准峰值和平均值之比在13 dB~23 dB之间。

脉冲源

实验表明:针对点火器、整流电动机和使用振动调速器的设备产生的脉冲源,当使用相同的带宽、时间常数为1~3、输出仪表指示刻度在有限范围内时,测量仪器可以获得良好的一致性。

点火干扰

CISPR第35号推荐物(CISPR Recommendation 35)认为:根据实际情况可以建立起准峰值和峰值检波器之间的相关性,两者之间的转换系数为20dB。之所以能实现这种转化,部分基于均匀重复脉冲理论,部分是基于脉冲波形和幅度实际上的不规则性。

注:CISPR第35号推荐物包含在1969年出版的CISPR第7号出版物之中。峰值与准峰值之间的相关性也可参见GB 14023(idt CISPR12:1997)

高压线的噪声

用分别满足CISPR规范和美国标准协会规范的设备进行了比对试验。其中一次试验结果显示,后者比前者高0 dB~1 dB;另一次试验结果显示高1 dB~3 dB(参见IEEE专题出版物31C44)。

带宽的影响

英国研究所对仪器90 kHz和9 kHz两种带宽进行了比对试验,报告显示对大多数干扰,两种情况下得到的数值比在14 dB ~18 dB范围。这一结果与下述情况吻合:干扰主要是脉冲型噪声,但也存在部分随机分量。

4.1.8 结论

经过对各种仪器的响应的数据比较分析后发现:在多数情况下,可以解释测量值在理论上和实际中的差异。许多事例表明:对于已知特性的波形,预期的修正系数可以精确到2 dB~4 dB之内。

需要进一步研究:

a) 各种干扰源波形的详细特性,以及

b) 这些波形特性与被测量值和仪器参数之间的相关性。

4.2 干扰模拟器

4.2.1 概述

干扰模拟器广泛应用于各个方面,特别是存在干扰的情况下对设备和系统进行信号处理的研究(例如:接收机过载、电视接收机的同步、数据信号的错误率等)以及由广播、通信业务的骚扰引起的噪声的评估。

模拟器应能产生稳定并可重现的输出信号。然而,一个实际的干扰源往往达不到上述要求,模拟器的输出波形应能显示出与实际干扰信号非常类似的波形。

4.2.2 干扰信号的类型

a) 产生正弦波信号的窄带干扰源,例如:接收机振荡器和ISM设备。这些源可由合适的RF标准信号发生器来模拟。ISM干扰经常被电源电压调制,该电压由全波整流的电源信号调制的RF信号来模拟。

b) 产生连续宽带噪声的宽带干扰源,例如:气体放电和电晕。为了模拟这种干扰,可以采用标准宽带噪声源(饱和真空二极管、齐纳二极管或气体二极管的相应宽带放大器)。该类型的馈电电源存在着电源调制。但是因为气体放电的非线性效应,实际噪声信号的包络可能与正常的全波整流波形产生明显的偏离。这种情况下,以两倍于电源频率的重复频率控制模拟噪声源能产生与实际干扰信号相似的模拟干扰噪声。

c) 相位可控制的晶闸管整流器在 RF 通道产生两倍于电源频率的幅度恒定的窄脉冲。它们可由标准脉冲发生器来简单地模拟。该发生器可输出相同重复频率的窄脉冲(脉宽为:10^{-7} s～10^{-9} s)。

d) 点火系统、机械触点和整流子电机产生短周期(猝发)准脉冲噪声。该类噪声是由在随机时间间隔产生的规则或不规则幅度的短脉冲引起的。如果相邻脉冲之间的平均间隔小于受试通道带宽的倒数($\tau_{av}<\frac{1}{B}$),则脉冲相互重叠并因相位随机性而导致输出信号的随机波动(噪声)。因此,该类型的准脉冲干扰的猝发由门电路选通宽带噪声信号来模拟。

不同干扰源,对应不同的猝发持续时间和重复频率(见表 4.2-1)。

表 4.2-1 各种模拟宽带噪声门发生器和调制器特性

模拟器信号	猝发周期	猝发重复频率	电源调制[a]
气体放电		连续	是/否[b]
点火	20～200 μs	30～300 次/秒	否
开关	5～500 ms	0.2～30 次/分钟或单次	是/否
整流式电动机	30～300 μs	10^3～10^4 次/秒	是/否

a a.c 或 d.c 电源。

b 在该电源调制情况下,门重复频率为电源频率的 2 倍且门宽为 1 ms～2 ms 更适合。

由发动机的气缸数和转数决定的不同干扰源的特性由 20 μs～200 μs 之间的猝发持续时间、30 次/s～300 次/s 之间的重复频率来表征。

机械触点产生的猝发(喀呖声)在几毫秒(快速开关)直至 200 ms 以上变化。在馈电电源电路有接触装置情况下,猝发期间的噪声被全波整流器的电源电压所调制。

整流子电机在 20 μs～200 μs 之间产生重复频率为 10^3/s～10^4/s 的更短的猝发。这由电机换向器铜排和电枢的转速来决定。也就是在这种情况下,使供电电源产生与噪声猝发相类似的包络调制。

4.2.3 模拟宽带干扰的电路

该类模拟器应该能产生带有或不带有调制的选通噪声猝发,其特性如表 4.2-1 和图 4.2-1 所示。该噪声源的简单设计为:70 dB～80 dB 放大增益、模拟猝发门电路、电源包络调制器和按要求调节输出电平的输出衰减器。

该电路设计的缺点是对于噪声源和输出端之间整个电路在很宽的有效的频率范围内要求很宽的带宽。这里最重要的部分是高增益放大器。在这样宽的频率范围(例如:0 MHz～1 000 MHz)内可以分成几个频段或用可调放大器来实现。这样的设计明显地使模拟器的结构复杂化。

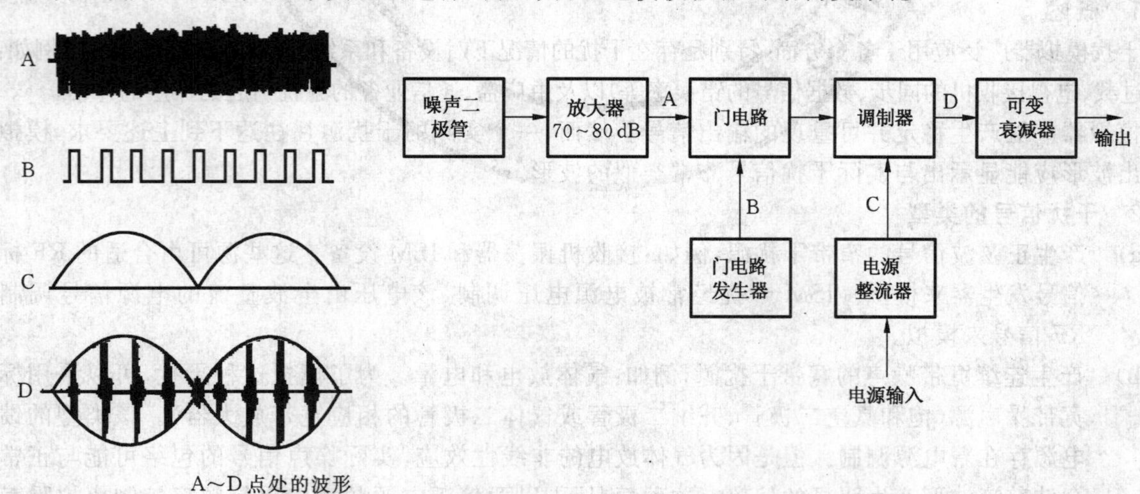

图 4.2-1 产生猝发模拟器的框图和波形

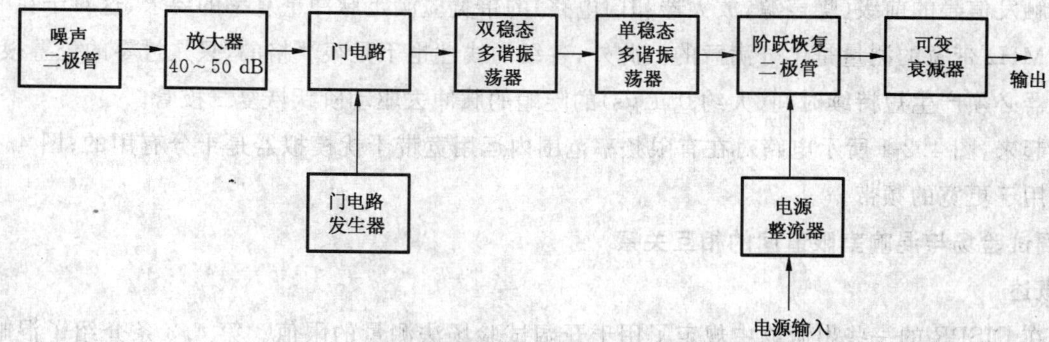

图 4.2-2　根据脉冲原理产生噪声猝发的模拟器框图

图 4.2-2 给出了产生选通宽带噪声信号的另一种途径。在该设计中，输出级可产生纳秒级脉冲，例如：阶跃恢复二极管或类似装置。为了在通道输出端产生准脉冲噪声，在受试 RF 通道，高稳定脉冲时间间隔随机地、高重复率地被触发。对于 TV 通道和需要几兆赫兹的 FM 通道平均重复率至少为 100 kHz、对于 AM 通道平均重复率至少为 10 kHz 来进行测量。随机触发脉冲，可由宽带信号的过零获得。为达到此目的，噪声源的输出馈给一合适的放大器，之后跟随一个模拟猝发门电路。选通噪声信号馈到双稳多谐振荡器，该振荡器过零转换到宽度随机变化的脉冲。因此，由单稳多谐振荡器随机产生窄触发脉冲。

从图 4.2-1 电路看，该系统的优点是有效的频率范围仅由阶跃恢复二极管的输出脉冲确定。图 4.2-3给出了这种电路的例子。在该电路中，输出脉冲由阶跃恢复二极管 HP0102 产生，脉冲宽度由长度为 L 的短路同轴电缆确定。振铃效应由快速开关二极管 HP2301 抑制，对阶跃恢复二极管的调制电压是由具有全波整流的电源电压提供的。持续时间为 1 ns、幅度为 5 V 的脉冲是适用的，且提供大约到 500 MHz 平坦的输出频谱。这样的单脉冲在 TV 通道将引起 50 mV 脉冲；在 FM 通道将引起 1 mV 脉冲叠加后使信号的峰值、准峰值明显增高。

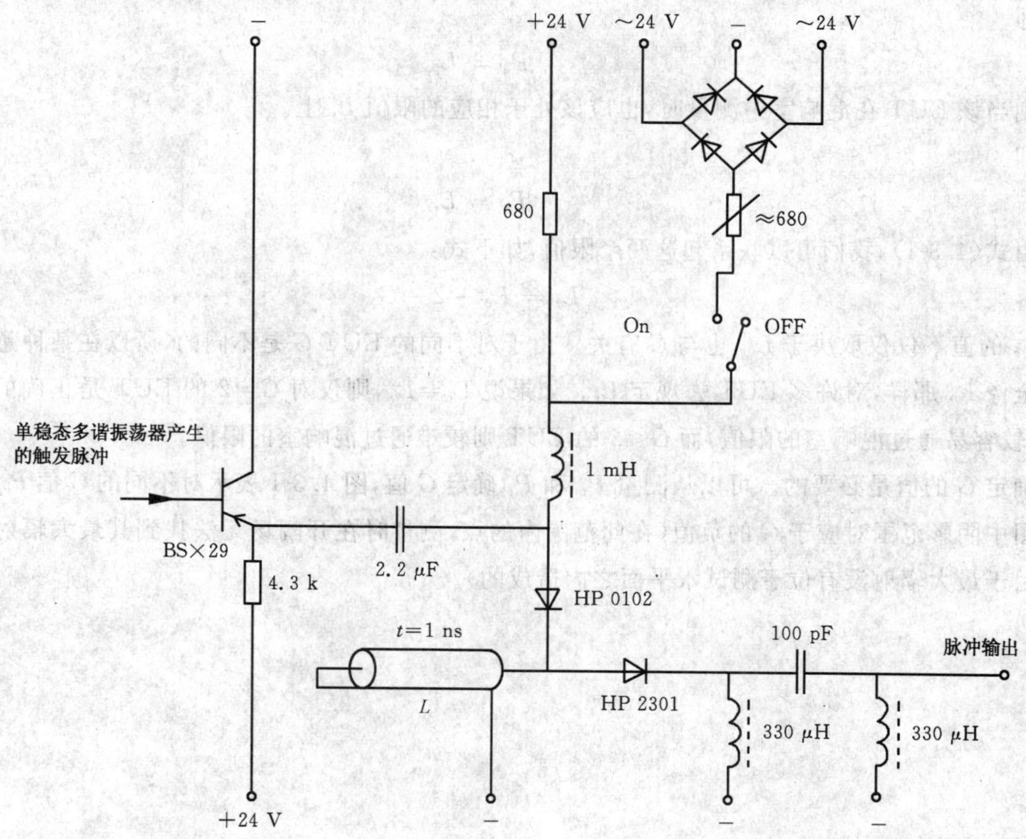

图 4.2-3　典型输出级的实例

产生触发信号的前级(噪声源,放大器和门电路)的带宽应满足脉冲重复率的要求,这对于在 TV 通道 5～10 MHz 带宽的测量是十分满意的。此外,各级的线性也不是很严格的,只是过零的位置很重要。多谐振荡器必须产生短持续时间(大约 0.1 μs)的陡峭的脉冲去驱动阶跃恢复二极管。

归纳起来,图 4.2-1 所示电路对在有限频率范围内运用宽带干扰模拟器是十分有用的;图 4.2-2 所示电路可用于更宽的频带。

4.3 开阔试验场与混响室限值间的相互关系

4.3.1 概述

当前在 CISPR 的一些出版物中规定了用于开阔试验场法测量的限值。第 4.3 条介绍了混响室法测量的设备,其限值与开阔场法限值之间的关系。

4.3.2 混响室与开阔试验场间的相关性

开阔试验场测量给出 EUT(受试设备)辐射的最大值。不论是对测量天线处的功率密度或场强的测量还是对输入至代替 EUT 的天线功率的测量,该测量结果可以等效地表示为一个半波振子辐射的功率,令该等效辐射功率为 P_q(dBpW)。

在混响室测量 EUT 的总辐射功率,令测量得到的功率为 P_t(dBpW)。

测量作为辐射器的 EUT 及全向辐射器的增益,研究两种测量之间的相互关系。设 EUT 的增益为 G dB。式(4.3-1)给出了该相互关系,其推导见 4.3.5 条。

$$P_t + G = P_q + 2 \tag{4.3-1}$$

4.3.3 混响室法的限值

假设当在开阔试验场测量时,EUT 的辐射恰好在限值 L_0 上。

即

$$P_q = L_0$$

则当该 EUT 在混响室中测量时,也应该处于相应的限值 L_r 上。

即

$$P_t = L_r$$

由式(4.3-1),我们可以联系起这两个限值,如下式:

$$L_r = L_0 + 2 - G \tag{4.3-2}$$

L_r 的值不仅仅取决于 L_0,也与 G 有关。由于对不同的 EUT G 是不同的,所以在某种意义上,不可能完全像 L_0 那样,对许多 EUT 去规定 L_r。如果说 $L_r = L_0$,则仅对 $G=2$ 的 EUT 是正确的。$G>2$ 的 EUT 较容易通过混响室的限值,而 $G<2$ 的 EUT 则较难通过混响室的限值。

确定 G 的值是必要的。可以从测量 P_q 和 P_t 确定 G 值,图 4.3-1 表示对不同的 G 值 P_q 与 P_t 的关系。图中阴影范围对应于 G 的负值(在此范围内的点,测量时在开阔场无法找到其最大辐射位置,这可能是由于最大辐射没有位于测试水平面之内造成的)。

图 4.3-1　不同 G 时,P_t 与 P_q 之间的关系

图 4.3-2 中给出测量了一批微波炉的 P_q 和 P_t 的例子。由图可见：

——对落在正 G 范围的点,大多数具有 2 左右的值；

——当频率上升时更多的点位于正 G 范围,表明辐射图更定向于垂直方向。

由此证明,混响室能够与开阔场相比。实际上,这表明了一种测量最大辐射典型值的更有效的方法。

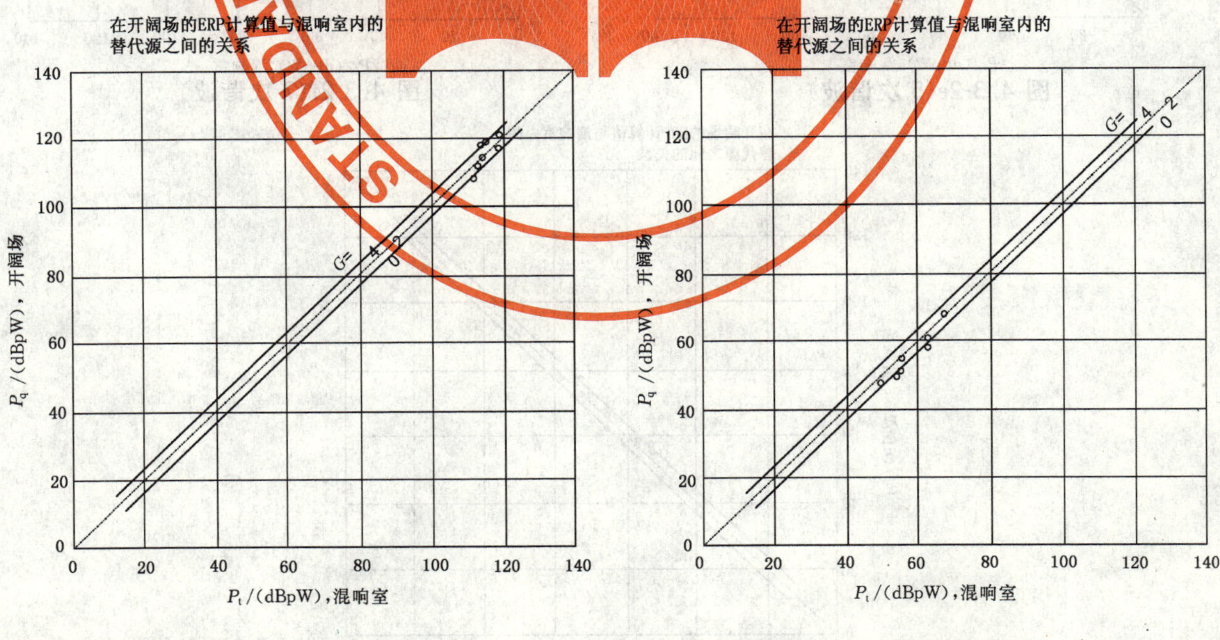

图 4.3-2a(基波)　　图 4.3-2b(3 次谐波)

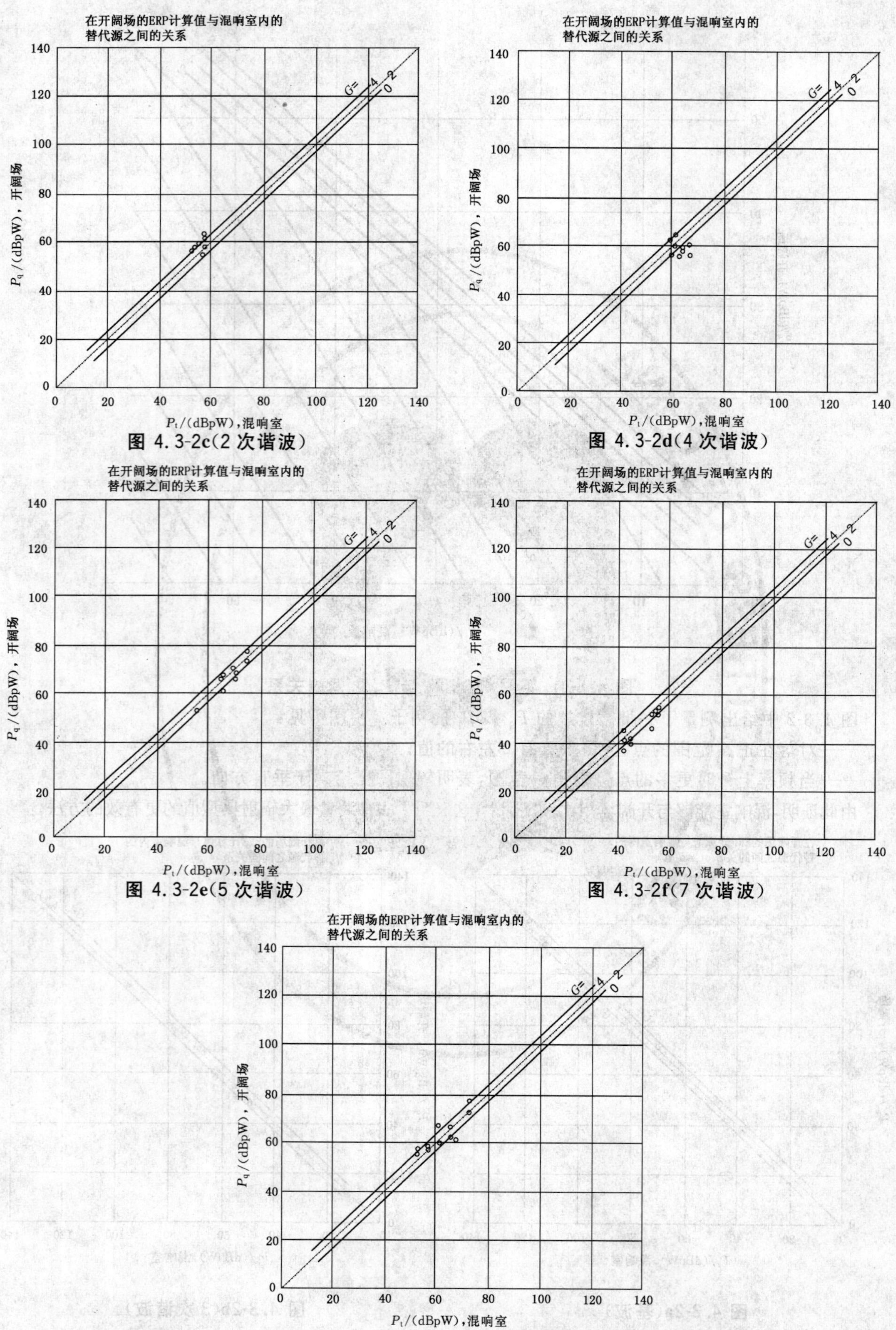

图 4.3-2c(2 次谐波)

图 4.3-2d(4 次谐波)

图 4.3-2e(5 次谐波)

图 4.3-2f(7 次谐波)

图 4.3-2g(6 次谐波)

图 4.3-2 微波炉实测得到的 P_t 与 P_q 之间的关系(水平极化和垂直极化,使用 B588A 频谱分析仪,0.1 MHz 带宽)。

4.3.4 确定混响室限值的方法

其方法如下:

a) 在开阔试验场测量设备样品的最大辐射值。转换测量值为半波振子辐射的等效功率 P_q(dBpW)。

b) 在混响室内,测同一样品的总辐射功率 P_t(dBpW)。

c) 混响室的限值与开阔试验场的限值之间的关系可以用图 4.3-1 的方法求出或者借助于计算每个设备的增益,用统计方法及式(4.3-2)得到相应类型(设备)G 的典型值。

4.3.5 公式的推导

考虑一个具有增益 g 以及输入功率 p 的无耗天线的一般情况。在最大辐射方向上距离为 d 处,场强 e 由众所周知的下式给出:

$$e = (30 \times p \times q)^{1/2}/d$$

则,对于分别具有增益 g_1 与 g_2、输入功率 p_1 与 p_2 的两付天线,在最大辐射方向,同样距离的点上产生相同的场强时,

$$p_1 \times g_1 = p_2 \times g_2$$

或写为对数形式

$$P_1 + G_1 = P_2 + G_2$$

在满足公式(4.3-2)的情况下,$P_1 = P_t, G_1 = G, P_2 = P_q, G_2 = 2$,于是其关系式为:

$$P_t + G = P_q + 2$$

4.4 长波(LW)、中波(MW)和短波(SW)波段的调幅广播发射机在电话用户线里感应的非对称骚扰源的分类和特性

4.4.1 引言

在电话终端设备(TTE)中应用半导体器件,必须检验该设备对射频场的抗扰度。因为非线性的半导体器件会解调感应的射频(RF)信号[1-5]。后者的影响会引起直流漂移,它可能改变这类器件的工作点,例如,降低了数字器件的噪声裕量。就调幅射频场而言,非线性会解调出基带信号,它可能变成声音出现在电话设备中。一类重要的射频场源是由长波(LW)、中波(MW)和短波(SW)波段的调幅广播发射机产生的。

由于与骚扰信号的波长相比,TTE 的尺寸较小,在电信线路中感应的非对称(共模)源预计将成为主要的骚扰源。所以传导抗扰度试验(电流注入试验)用于该设备(TTE)是恰当的。在这项试验中,骚扰信号经由电信线路注入。因此第 4.4 条论述了电信线路呈现的有害的天线特性和预测模型。这些模型可提供实际中遇到的某些参数值的概率。此外,还讨论了抗扰度试验中规定使用的骚扰源的一些有关参数。但种种考虑都将受到电话线用户终端相关参数的限制。

在 4.4.2 中天线的特性将采用用户线的天线因子(即将感应的非对称开路电压归一化到射频场强上)和感应的非对称源的等效电阻来表示。当对射频场和感应的非对称骚扰进行分类(4.4.3),以及设定抗扰度限值时(4.4.4),需要用到预测模型。第 4.4 条认为抗扰度试验中的骚扰源由开路电压和源阻抗来确定。

与模型推导有关的所有数学关系式和将这些模型应用于各个地区时,本报告的使用者所需要的数学关系式都在附录 4.4-A~4.4-D 中给出。

第 4.4 条建立在对德国[6]、[7]和荷兰[8]的地下电话线用户的试验调查结果基础上。在这些调查中记录了在大量现场测得的感应电压、感应电流和磁场强度的数据,以用于对一些参数值进行统计评估。因为电话线路在建筑物中的敷设有随机性,所以需要用统计方法。因此,当建筑物引起射频场的随机散射时,随机取向的射频场就与附近的金属物体产生随机耦合。

预期第 4.4 条的内容也适用于建筑物内部与电话用户线路类似方式敷设的其他类型的线路，例如，系统总线及信号和控制线路。

4.4.2 试验特性

在参考文献[7]、[8]中充分描述了试验特性。因此，第 4.4 条仅包含与本报告中需要的参数有关的方法的综述。

感应的不对称电压是用改进后的 T-网络[9][10]在电话用户线的插口处测得的。这种改进可以做到在一个 10 kΩ 的电阻和一个 150 Ω 的电阻上分别测得电压 U_h 和 U_l。研究表明，U_h 可以认为是感应的开路电压。实际上，此电压的基准通常是未知的。在测量过程中，那个基准是一个特殊的金属测量车，它通过铜条与中央加热(CH)系统相连。感应源的等效电阻通过数据对$\{U_h, U_l\}$来估算。

在每个位置上广播发射机的两个磁场强度数据是用位于垂直面内的环天线来测量，并围绕其垂直轴旋转得到最大读数。一个数据 H_i 是在建筑物内部被试验的电话插座附近测得的，另一个数据 H_0 是在距建筑物外大约 10 m 处测得的。为了获得足够高的感应信号/环境噪声比，测试是在射频场强值相对高的地区进行。预计这不会影响到试验结果的适用性，因为考虑到不会将广播发射机安置在电话用户线路区域内。此外，如在 4.4.1 中提及的感应电压将归一化到场强上，由此得到的“天线因子”将表明被测的电话用户线的特性。

4.4.2.1 场强和建筑物的影响

虽然射频场不是电话用户线固有的现象，但它是感应骚扰的来源。第 4.4 条将从两个方面来研究该射频场：

a) 建筑物外的被测场强 H_0 相当于用简单的远场关系计算得到的半波偶极子(其主瓣方向上)的场强 H_C：

$$H_C = \frac{7\sqrt{P}}{Z_0 r} \tag{4.4.2-1}$$

式中：

P——发射机功率；

Z_0——自由空间波阻抗(377 Ω)；

r——发射机与观察点之间的距离。

计算时将使用参考文献[13]中给出的 P 值。

注：虽然广播发射机天线通常为单极天线(在关注的频率上)，但为了方便仍使用半波偶极子公式(4.4.2-1)进行计算。

b) 建筑物对场强的影响可以用参数 A_b 来表示，它定义为：

$$A_b = H_0(\mathrm{dB\mu A/m}) - H_i(\mathrm{dB\mu A/m}) \tag{4.4.2-2}$$

这个参数常被称作建筑物衰减因子。但是，此参数不仅取决于建筑材料本身的衰减特性，而且还与该建筑物内部以及附近建筑物的金属结构的二次辐射特性有关，此外，还与距地面高度有关。H_0 和 H_i 可通过测量得到。因此，在第 4.4 条中引用了术语“建筑物影响”一词。

鉴于在 4.4.2.2 条将要讨论的天线因子以及在 4.4.2.3 条中将要研究的预测模型，所以，需要考虑这两方面的特性。

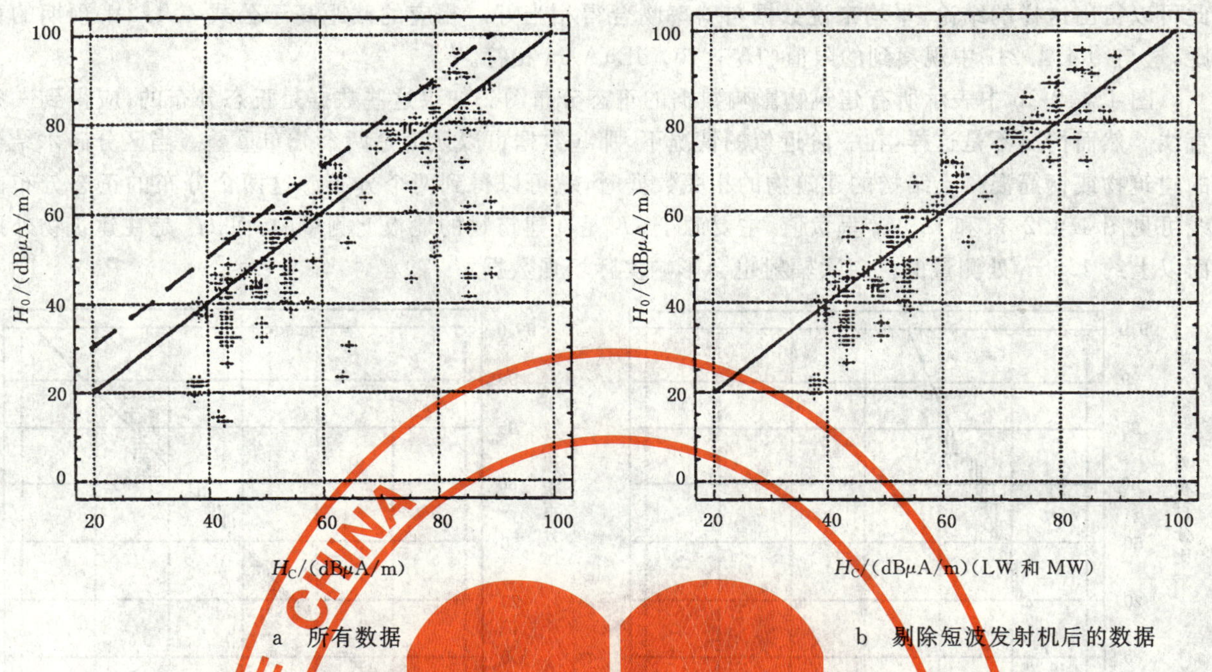

a 所有数据

b 剔除短波发射机后的数据

图 4.4.2-1 室外磁场强度 H_0(dBμA/m)的测量值与计算值的关系

图 4.4.2-1a 中表明：给出的 $H_0(H_C)$值 $H_0=H_C$(实线)有很大偏差是可能的，但 $H_0 \leqslant (H_C+10)$ dBμA/m(虚线)，因此，被测值至多高于由公式 4.4.2-1 计算所得值的 3 倍。最大的偏差与短波 SW 发射机参数有关，这是可以理解的。因为短波(SW)发射机通常都具有定向天线辐射图形，而长波(LW)和中波(MW)发射机的天线辐射图接近于圆。图 4.4.2-1b 给出剔除短波(SW)发射机数据后的 $H_0(H_C)$分布图。

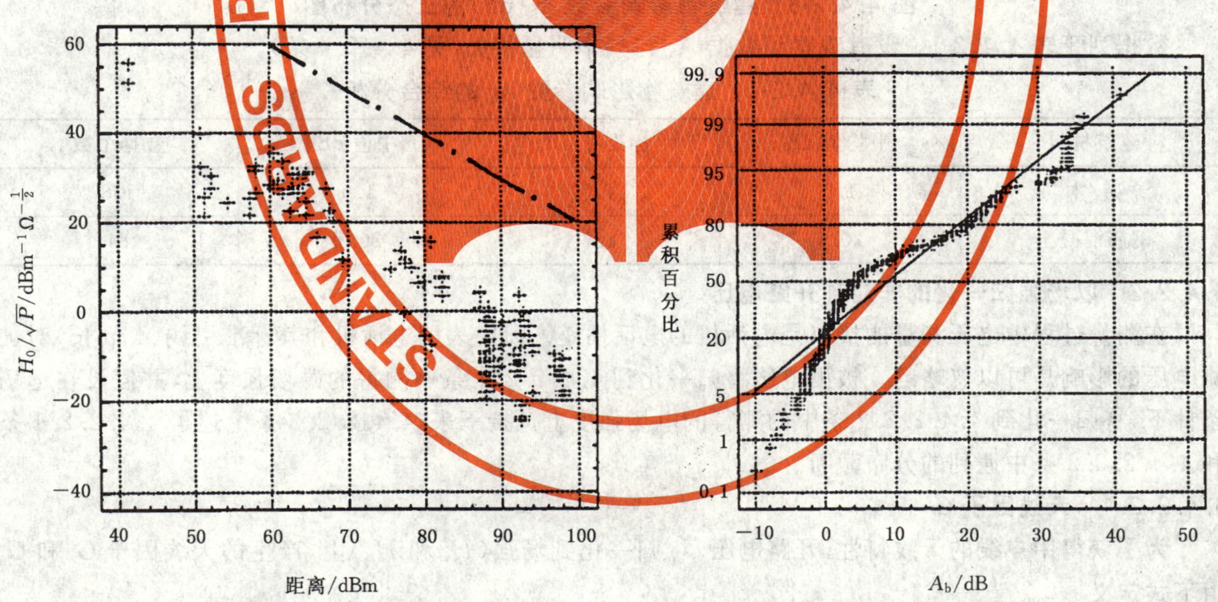

a 以功率平方根[11]归一化的室外磁场强度 H_0 与距离 d(m)的关系

b 建筑物影响参数 A_b(dB)的正态分布图(所有数据)

图 4.4.2-2

图 4.4.2-2a 中表示 $H_0/\sqrt{P}$之比与观察点到发射机距离之间的关系。点划线显示斜率为－1。由

此可以得出这样的结论，平均来说数据与斜率吻合得相当好。相应的截距高于公式 4.4.2-1 预期的截距，这与图 4.4.2-1 中观察到的限值(H_C+10) dBμA/m 相符。

图 4.4.2-2b 中表示所有建筑物影响数据的正态分布图。如果这些数据是正态分布的，应得到一条直线。然而情况不是这样，在一阶近似的情况下，那些数据可以认为是两个分布重叠。当区分砖木结构的建筑物或钢筋混凝土结构的建筑物的相关数据时，就可以得到两个分布。这两个分布的正态分布曲线可见图 4.4.2-3a 和 b。A_b 呈负值，主要源于 H_i 是在建筑物的地板上测量的，而 H_o 是在建筑物外地面以上约 1.5 m 处测量的。二次辐射也会影响实际场强数据。

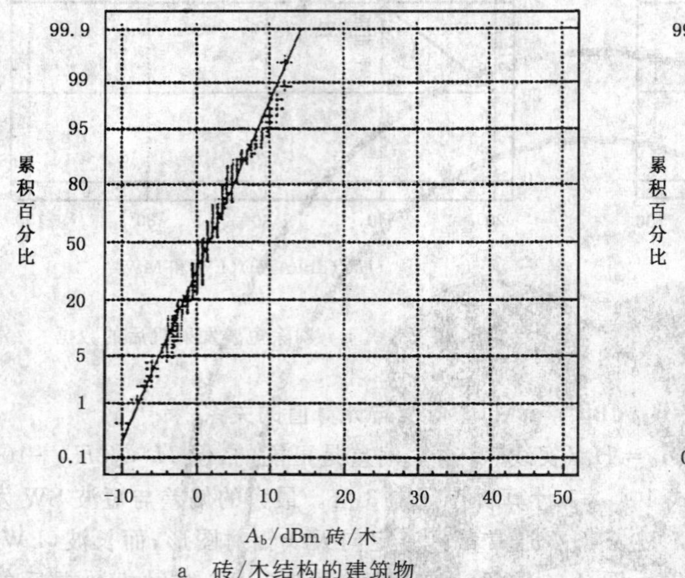

a　砖/木结构的建筑物

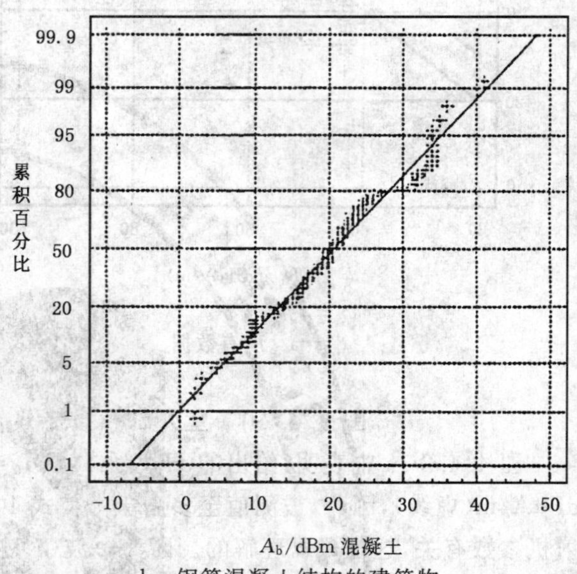

b　钢筋混凝土结构的建筑物

图 4.4.2-3　建筑物影响参数 A_b(dB)的正态分布图

数据列于表 4.4.2-1。没有观察到数据 A_b 与频率明显相关(见 4.4.2.4 条)。

表 4.4.2-1　建筑物影响参数 A_b 的综合分析

建筑材料	平均值 dB	标准差 dB	中值 dB	数据个数
砖/木	1.6	4.0	1.0	138
钢筋混凝土	20.6	8.7	20.1	84

4.4.2.2　以场强归一化的非对称开路电压

在测量过程中电压测量的接口是电话机的电话插座。研究表明电话机和其标准引线(4 m 长)对被测电压的影响是可以忽略的。被测电压将归一化到 4.4.2.2.1 条中测得的磁场强度上，并假设在远场条件下，将归一化到 4.4.2.2.2 条中的测得的电场强度上。接下来，4.4.2.2.3 条论述了 4.4.2.2.1 条和 4.4.2.2.2 条中遇到的分布截断。

4.4.2.2.1　天线因子 *G*

为了获得用户线的天线特性，开路电压 U_h 归一化到场强(H_i 和 H_o)上，产生的天线因子 G_i 和 G_o 由下式定义

$$G_{i,o}(\Omega m)=\frac{U_h(\mu V)}{H_{i,o}(\mu A/m)} \qquad (4.4.2\text{-}3)$$

图 4.4.2-4a 表示使用所有数据的 G_i(G_o)分布图。假想该图存在着一个较集中的数据“云”和有着更大分散性的第二个数据“云”。进一步的研究表明，第一团数据“云”是在砖木结构的建筑物中测得的数据形成的，见图 4.4.2-4b。而另一团数据“云”则是在钢筋混凝土结构为主的建筑物中测得的数据形成的。所以，在 4.4.2.1 中讨论的建筑物的影响是很重要的。

与研究的两类建筑材料有关的 G_i(dBΩm)和 G_o(dBΩm)的正态概率曲线在图 4.4.2-5 中给出。可以得出这样的结论，数据服从正态分布就意味着因子 G(Ωm)呈对数正态分布。有关的数据列在表 4.4.2-2中，此处的 G_U 和 G_L 是 G 的实验值的上下限(见 4.4.2.2.3)。所研究的两类建筑材料的 G_i 和 G_o 的差异与表 4.4.2-1 中列出的这些建筑物的建筑物影响数据相吻合。没有观察到数据与频率明显相关(见 4.4.2.4 条)。

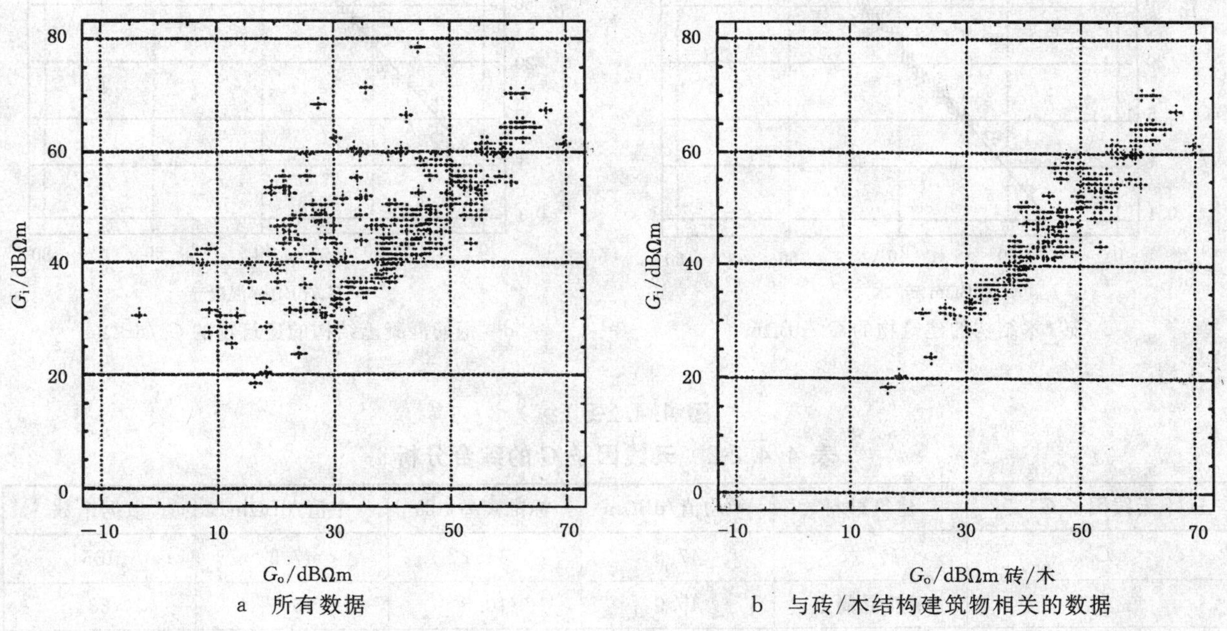

a 所有数据　　b 与砖/木结构建筑物相关的数据

图 4.4.2-4 室外天线因子 G_o(dBΩm)，与室内天线因子 G_i 的分布图

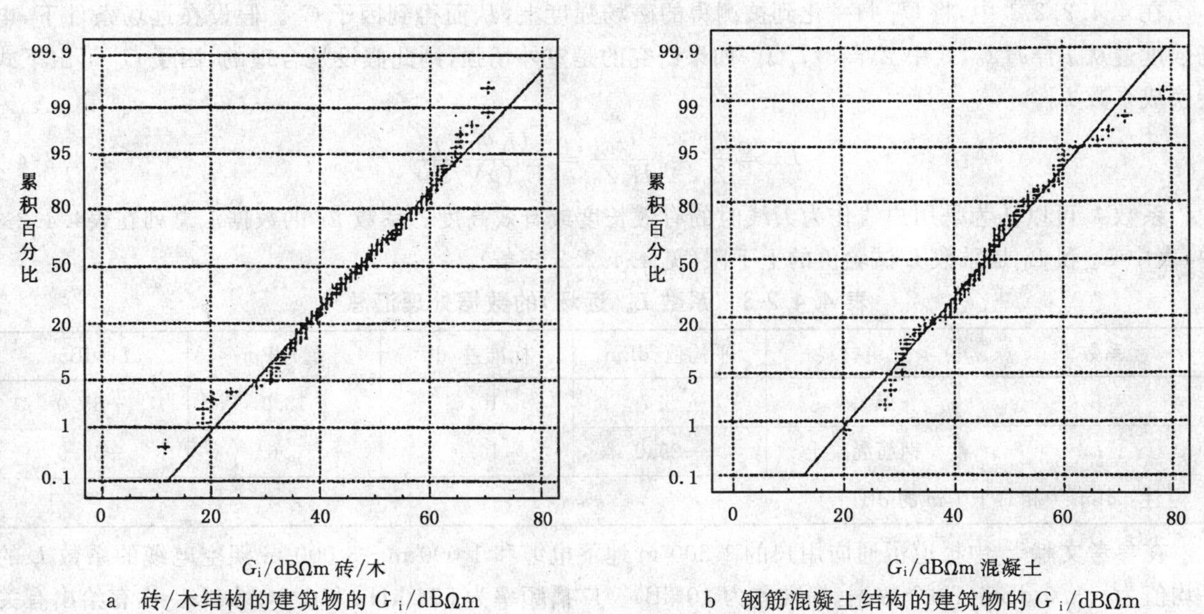

a 砖/木结构的建筑物的 G_i/dBΩm　　b 钢筋混凝土结构的建筑物的 G_i/dBΩm

图 4.4.2-5 天线因子的正态分布图

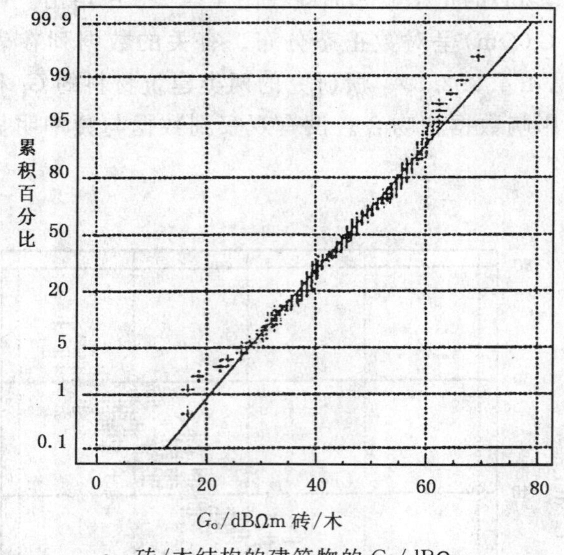

c 砖/木结构的建筑物的 G_o/dBΩm

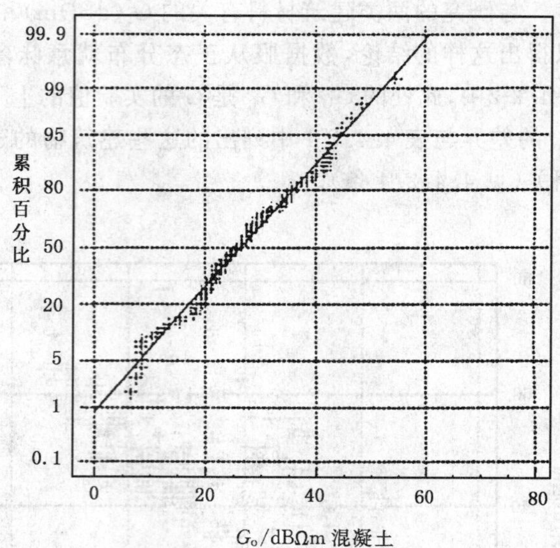

d 钢筋混凝土结构的建筑物的 G_o/dBΩm

图 4.4.2-5(续)

表 4.4.2-2 天线因子 *G* 的综合分析

天线因子 G	建筑材料	平均值/dBΩm	标准离差/dB	中值/dBΩm	数据个数
G_i	砖/木	47.3	11.2	47.5	135
G_i	钢筋混凝土	45.9	10.5	46.5	88
G_o	砖/木	45.8	10.6	46.4	134
G_o	钢筋混凝土	26.5	10.9	26.0	90

4.4.2.2.2 天线系数 *L*

在 4.4.2.2.1 中,将 U_h 归一化到被测得的磁场强度上,从而得到因子 G_o。假设在远场条件下,电场强度遵从 $E=HZ_0$,式中 $Z_0=377\ \Omega$。如果研究的是室外场强,则此假设是合理的,因子 G_o 可由下式转换成系数 L_o。

$$L_o=\frac{G_o}{Z_0}=\frac{U_l}{H_oZ_0}=\frac{U_h(\mu V)}{E_o(\mu V/m)} \tag{4.4.2-4}$$

系数 L 可以认为是用户线作为天线时的有效长度或有效高度。系数 L_o 的数据汇总列在表4.4.2-3中,表中 L_u 和 L_l 是系数 L 试验值的上下限(见 4.4.2.2.3 条)。

表 4.4.2-3 系数 L_o(远场)的数据处理汇总

系数 L	建筑材料	平均值/dBm	标准差/dB	L_u/dBm	L_l/dBm
L_o	砖/木	−5.7	10.6	18.0	−35.0
L_o	钢筋混凝土	−25.0	10.9	3.0	−55.0
注:dBm 为相对于 1 m 的 dB。					

在参考文献[12]中报道了通向用户的 1 300 m 地下电缆和 1 000 m～3 000 m 架空电缆的系数 L 的平均值为−3.0 dBm(10 个数据,标准差为 10 dB)。广播频率为 594 kHz 和 1 242 kHz。没有给出有关场强测量、非对称电压的基准和建筑材料特性的细节。参考文献[12]报道的结果与表 4.4.2-3 中给出的 L_o(B/W)值相吻合。但是,由同一组(见[15])最新的研究表明系数 L 的平均值为 0 dBm。

按系数 L_o 相同的推导方式,也可由因子 G_i 推导系数 L_i。但是,不能期望在建筑物内满足远场条件,因而必须确定应采用怎样的波阻抗。

4.4.2.2.3 截断

在 4.4.2.2.1 中可得出结论：因子 G(天线因子)的分布 $f(G)$ 为对数正态分布或用数学形式表达为

$$f(G)\mathrm{d}G=\frac{1}{G\sigma\sqrt{2\pi}}\mathrm{e}^{\frac{(\ln G-\mu)}{2\sigma^2}}\mathrm{d}G \tag{4.4.2-5}$$

但是，由于采用对数分布就自动假设因子 G 的域值范围可能从 0 到无限大。实际上，由于波长的影响以及与附近物体的耦合，永远不会发生无限大的情况，因此会产生天线因子的上限(G_u 或 L_u)[13]。因此，为了正确使用模型(4.4.3 条和 4.4.4 条)，$f(G)$必须被截断。类似地，截断也必须应用于建筑物影响参数的分布。

遗憾的是不知道怎样预测在考虑建筑物内部、地下和建筑物外部的线路的长度和走向后，实际电话用户线路的因子 G(或 L)的上限。但是，必须预计到存在这样的限值。最好的方法是使用实验得到的上限值(G_u 或 L_u)。

除上限值之外，也可以考虑存在一个下限(G_L 或 L_L)而在低端截断 $f(G)$。将会发现在 4.4.3 条和 4.4.4 条中所研究的参数值的范围内，G_L(或 L_L)的影响是可以忽略的。

被截断的概率密度函数可以写成：

$$f_t(G)\mathrm{d}G=\frac{f(G)\mathrm{d}G}{\int_{G_L}^{G_U}f(G)\mathrm{d}G}=\frac{f(G)\mathrm{d}G}{F(G_U)-F(G_L)}=\alpha_t f(G)\mathrm{d}G \tag{4.4.2-6}$$

累积分布(函数)$F(G_U)$和 $F(G_L)$的数学表达式在附录 4.4-D 中给出。表 4.4.2-4 综合分析了因子 G 和建筑物影响参数 A_b 的截断数据。注意 α_t 与 1 的差很小，这是因为如果 $-\infty\leqslant G(\mathrm{dB\Omega m})\leqslant+\infty$ 或 $-\infty\leqslant A_b(\mathrm{dB})\leqslant+\infty$ 而 $F(+\infty)=0.5$，$F(-\infty)=-0.5$，则那时的 α_t 值就是 1。系数 L 取值范围的上限和下限就可以从相应的因子 G(dBΩm)中减去 51.5 dBΩ 求出。

表 4.4.2-4 $f(G)$截断参数的汇总

因子 G 或参数 A_b	建筑材料	G_U/dBΩm A_{bU}/dB	G_L/dBΩm A_{bL}/dB	$F(G_U)$ $F(A_{bU})$	$F(G_L)$ $F(A_{bL})$	α_{tG} α_{tA}
G_i	砖/木	70.5	11.5	0.480 5	−0.499 3	1.021
G_i	混凝土	78.5	20.5	0.498 5	−0.492 2	1.009
G_o	砖/木	69.5	16.5	0.487 3	−0.497 1	1.016
G_o	混凝土	54.5	−3.5	0.495 0	−0.497 1	1.008
A_b	砖/木	12.0	−10.0	0.495 3	−0.498 1	1.007
A_b	混凝土	41.0	2.0	0.490 5	−0.483 7	1.026

4.4.2.3 非对称源的等效电阻 R_a

感应的非对称源的等效电阻可以通过数据对$\{U_h, U_l\}$来确定，此处 U_h 为开路电压，U_l 是在 150 Ω 电阻上测出的电压，可用简单的关系式表示为：

$$R_a=\frac{U_h-U_l}{U_l}150(\Omega) \tag{4.4.2-7}$$

图 4.4.2-6 给出 R_a(dBΩ)的正态分布图可以得出这样的结论，若 R_a(dBΩ)服从正态分布，则 R_a(Ω)服从对数正态分布。R_a(dBΩ) 数值的综合分析列在表 4.4.2-5 中。求出的平均值接近于现在的抗扰度试验[9][14]中使用的 150 Ω 电阻值。在表 4.4.2-5 中，R_{au} 和 R_{al} 分别为实验获得的 R_a 数据的上下限。与 R_a 的平均值比较起来，R_{au} 相对较大和 R_{al} 较小，这是因为在用户线的共模电路中发生了谐振和抗谐振。没有观察到 R_a 明显与频率相关(见 4.4.2.4)，也没有观察到建筑材料的影响。

表 4.4.2-5 等效电阻 R_a 的汇总

R_a 平均值 dBΩ	标准差 dB	中值 dBΩ	R_a(平均值) Ω	数据个数	R_{au} dBΩ	R_{al} dBΩ	R_{au} Ω	R_{al} Ω
44.2	6.8	43.5	162	204	63.7	25.2	1 531	18

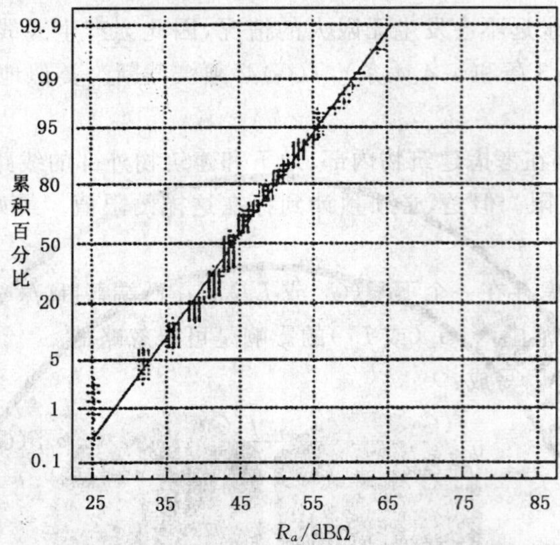

图 4.4.2-6 等效非对称电阻 R_a(dBΩ)的正态分布图

4.4.2.4 参数的频率相关性

在 LW、MW 和 SW 波段由测量所确定频率范围内，没有观察到建筑物影响 A_b 因子、天线因子 G_o 和 G_i 及等效电阻 R_a 与频率明显相关。这些可由图 4.4.2-7a 和图 4.4.2-7b 加以说明，数据 A_b 对应于砖/木建筑物，数据 R_a、G_o 分别对应于砖/木建筑物及钢筋混凝土建筑物。

因为没有观察到各个量与频率明显相关，因此在 4.4.3 条和 4.4.4 条中假设：建筑物影响，因子 G 和 L 以及等效电阻在 LW、MW 和 SW 波段内与频率无关。一种可能的频率相关性是体现在各自分布的标准差上。

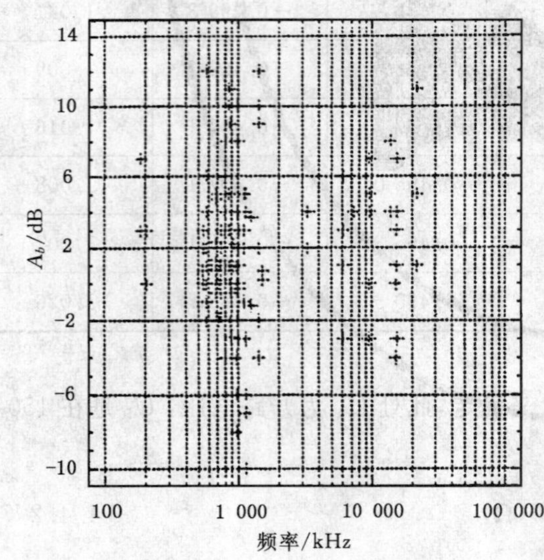

a 砖/木结构的建筑物的影响 A_b

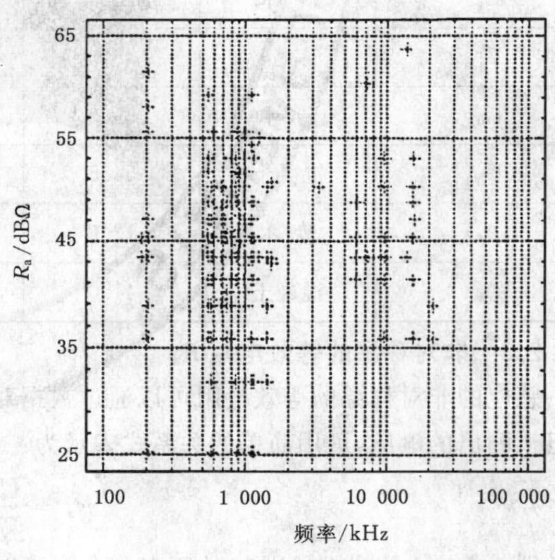

b 等效电阻 R_a

图 4.4.2-7 一些参数的频率相关性举例

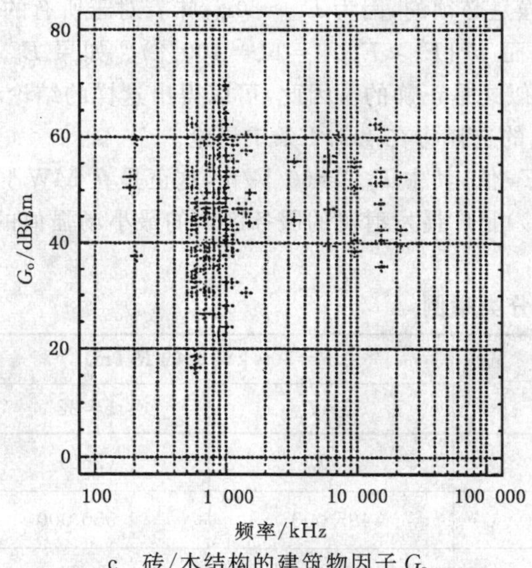

c 砖/木结构的建筑物因子 G_o

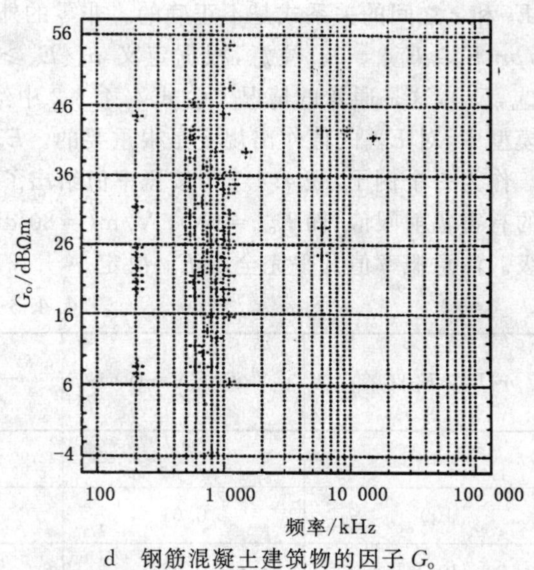

d 钢筋混凝土建筑物的因子 G_o

图 4.4.2-7(续)

4.4.3 预测模型和分类

本条提出一些在电磁环境的分类和为连接到用户的电话机设定抗扰度限值时需要采用的场强和电压的简单预测模型。

为了获得一个足够高的感应信号/环境噪声比，测量位置不是随意选定的，推导出4.4.2条中所述的那些参数的基本数据不能直接应用。因为它们是由实际的分布构成的非随机样本。将要讨论的模型可以对场强和感应电压的完全分布做出评估。此外，这些完全分布可用于对这些参量进行分类。本报告仅给出了这种分类的方法，实际的分类依据超出本报告的范围。

4.4.3.1 场强分类

如4.4.2.1条中所提到的，场强不是用户线的特性。然而，为了对感应电压做出预测，有关场强的信息还是必要的。

由4.4.2.1条给出的结果，可以得出结论：在一阶近似的情况下，室外场强(电场分量和磁场分量将分别用 E_o 和 H_o 表示)与从观察点到发射机之间的距离 r 成反比，与发射机的功率平方根成正比。由4.4.2.1条综合分析的结果，可以看出在最坏的情况下的比例常数是3(=10 dB)，它大于在半波偶极子情况下的比例常数。

对室外电场强度或磁场强度也许可基于概率 $pr(E_o \geqslant E_L\}$ 或 $pr\{H_o \geqslant H_L\}$ 来分类，此概率表示室外场强等于或大于给定限值的概率，用下标L表示限值。按照附录4.4-A中的解释，这个概率可以写成下式：

$$pr\{H_o \geqslant H_L\} = \int_{H_L}^{H_{max}} f_n(H)\mathrm{d}H \qquad 或\ pr\{E_o \geqslant E_L\} = \int_{E_L}^{E_{max}} f_n(E)\mathrm{d}E \tag{4.4.3-1}$$

式中：$f_n(H)$ 和 $f_n(E)$ 表示归一化场强，而 H_{max} 和 E_{max} 表示必须作出概率评估的那个地区的最大场强。在远场条件下，公式4.4.3-1中的两个关系式是等效的。

考虑方向性图为一圆的发射机周围的RSA(Ring Shape Area)区域，可以得到下式(见附录4.4-A)

$$pr(E_o \geqslant E_L\} = \frac{(E_{max}^2 - E_L^2)E_{min}^2}{(E_{max}^2 - E_{min}^2)E_L^2} \approx \frac{E_{min}^2}{E_L^2} \tag{4.4.3-2}$$

式中：E_{max} 是RSA内边界的场强，E_{min} 是RSA外边界的场强。类似的表达式用于磁场强度时也是正确的，见附录4.4-A。

必须对RSA的内边界作出规定，因为任意地接近发射机即在发射机的近场区时，由测量数据导出

的 E_o 和 r 之间的关系式是不正确的。非零的外边界场强是必须的,因为 $E_{min}=0$ 意味着对于所有的 E_L 值,$pr\{E_o \geqslant E_L\}=0$。注意,根据定义 $pr\{E_o \geqslant E_L\}=0$ 而 $pr\{E_o \geqslant E_{min}\}=1(=100\%)$。如果 $E_{max} \gg (E_{min}, E_L)$,这是通常的情况。公式 4.4.3-2 中给出的近似式是正确的。因此,可以得出这样的结论:在本模型中,对 E_{min} 的值作出规定是很重要的。E_{min} 和 E_{max} 的选择将在 4.4.4 条中讨论。

作为一个例子,表 4.4.3-1 按概率值给出了相应的 E_L 值,其中 $E_{max}=60$ V/m,这正是在 MW 频段中的有害辐射限值;而 $E_{min}=0.01$ V/m(=80 dB(μV/m))是广播发射机的服务区内的最小场强值的数量级。注意概率值几乎完全由 E_{min} 决定。

表 4.4.3-1 场强分类举例

$pr\{E_o \geqslant E_L\}$(%)	E_L/(V/m)	$\frac{E_{min}}{\sqrt{pr\{E_o \geqslant E_L\}}}$	$P=500$ kW 时的 R_L(m)	
			$k=7$	$k=22$
0	60	—	(80)	(260)
100	0.01	—	495 000	1 550 000
10^{-1}	0.32	0.33	15 652	49 193
10^{-2}	1.00	1.00	4 950	11 556
10^{-3}	3.16	3.16	1 565	4 919
10^{-4}	9.86	10.00	495	1 556

要根据场强来划分 RSA 的边界,而不是根据发射机到观察点之间的距离来划分,式 4.4.3-1 适用于产生的场强与距离成反比的任何发射机。但是,在分类后,某种发射机将有其确定的比例常数 k,因而分类界限可与发射机到观察点之间的距离 $R_L=(k/P)/E_L$ 有关。表 4.4.3-1 给出了 R_L 的例子,假定 $k=7$(如在半波偶极子的情况下),$k=22$(在 4.4.2.1 条中求得的最坏情况下的值),而发射机功率 $P=500$ kW。与 $E_L=60$ V/m 相对应的 R_L 值在括号中给出。由于是在所考虑的频率范围内,因此在这些距离上远场条件是不成立的。

选择场强作为边界的优点,首先在于各种发射机的分类方法是相同的,其次类别的选择是由辐射设备所处的距所选种类发射机一定距离上的概率所决定的。一般评估后者的概率比评估场强的概率要容易。

4.4.3.2 非对称电压的分类

感应开路共模电压 U_h 可基于概率 $pr\{U_h \geqslant U_L\}$ 来分类,即 U_h 大于或等于给定限值 U_L 的概率。如果 $f_t(G)$ 表示因子 G 的截断分布函数(见 4.4.2.2.3 条),$f_n(H_o)$ 表示归一化到场强的分布函数,并且关系式 $U_h=G_o \cdot H_o$ 成立(它出现在附录 4.4-B 中),则该概率可正式表示为:

$$pr\{U_h \geqslant U_L\}=\int_{G_1}^{G_2} \mathrm{d}G_o \int_{U_1}^{U_2} \mathrm{d}U_h \frac{1}{G_o} f\left(\frac{U_h}{G_o}\right) f_t(G_o) \qquad (4.4.3\text{-}3)$$

式中:G_1,G_2,U_1 和 U_2 适合选作边界(见附录 4.4-B)。在这个公式中需要两个分布函数的积,即联合分布,因为概率 $pr\{U_h \geqslant U_L\}$ 必须同时满足一定的场强值 $H_o(=U_h/G_o)$ 和一定的 G_o 值。在式 4.4.3-3 中,因子 $1/G_o$ 源于 $f(H_o)$ 变换为 $f(U_h/G_h)$。

注意式 4.4.3-3 不是发射机到观察点之间距离的显函数,因为实际上 RSA 边界是由场强值决定的。关于式 4.4.3-1 也可作类似的解释,这里类似的结论都是可以接受的。

再次考虑 4.4.3.1 条中提出的环形区域,表 4.4.3-2 给出了 U_h(即 U_L 值对应于被选择的概率值 $pr\{U_h \geqslant U_L\}$)的分类举例。所用的关系式都能在附录 4.4-B 中找到。如同 4.4.3.1 条一样,假设规定了室外场强的最大值 $E_{max}=60$ V/m($H_{max}=0.16$ A/m)和最小值 $E_{min}=0.01$ V/m($H_{min}=27$ μA/m)。当采用 G_i 和规定的室外场强时,如附录 4.4-B 中所解释的那样必须考虑建筑物影响。

表 4.4.3-2　假设室外场强 E_{max}=60 V/m,E_{min}=0.01 V/m 时,电压分类举例

建筑材料	G_i		G_o	
	砖/木	混凝土	砖/木	混凝土
A_b/dB	1.6	20.6	—	—
S_b/dB	4.0	8.7	—	—
A_{bu}/dB	12.0	41.0	—	—
A_{bl}/dB	−10.0	2.0	—	—
G_i,G_o/dBΩm	47.3	45.9	45.8	26.5
S/dB	11.2	10.5	10.6	10.9
G_U/dBΩm	70.5	78.5	69.5	54.5
G_L/dBΩm	11.5	20.5	16.5	−3.5
$pr\{U_h \geq U_L\}$	U_L(dBμV)	U_L(dBμV)	U_L(dBμV)	U_L(dBμV)
10^{-1}	115	101	114	96
10^{-2}	125	111	124	106
10^{-3}	135	121	134	116
10^{-4}	145	131	143	125

4.4.4　抗扰度试验骚扰源的特性

在 4.4.2 条和 4.4.3 条中给出的结果,可用来规定开路电压和传导抗扰度试验中的骚扰源的内阻抗,该试验是使连接在电话用户线上的电话终端设备(TTE)具有足够高的概率以达到电磁兼容性。

开路电压 U_L 的技术规范应基于所考虑的所有电话插座上的电压分布。因此,计算时首先要应用先前几节导出的模型和参数值。一旦知道了分布,就可能计算出 $N_o(U_h \geq U_L)$,即在相应地区的电话插座数,此处 U_L 可以认为是抗扰度试验中的开路电压。直接使用表 4.4.2-3 给出的结果就可能选定内阻抗。接下来,将在 4.4.4.2 条中综述抗扰度试验中骚扰源的相关参数。

本条仅给出了获得所需参数的方法。实际参数由产品委员会选择。

4.4.4.1　插座电压分布

在附录 4.4-B 和 4.4-C 中详细描述了插座电压分布的推导。在推导中采用了以下步骤:

a)　确定要研究的 N 个发射机的环形区域(RSA)内,经受室外磁场强度 H_o 的电话插座的总概率密度 $n(H_o)$,此时区域的内边界由最大场强 H_{max} 来确定,而外边界限由最小场强 H_{min} 来确定(此外,首先考虑磁场强度,因为这个场强是在试验过程中被测得的。若远场条件成立,那么磁场强度和电场强度成正比,该结果可以直接由电场强度来转化而来)。

b)　确定描述插座密度的联合概率分布函数 $f(H_o,G_o)=f(H_o)f(G_o)$,式中 H_o 为场强幅值,G_o 为用户的天线因子。利用关系式 $U_h=H_o \cdot G_o$,将此结果转变成联合概率密度函数 $f(U_h,G_o)$。

c)　计算概率 $pr\{U_h \geq U_L\}$。如果相应地区的电话插座总数为 N_T,边界条件为 $N_o(U_h \geq U_L)=N_T$(或=0)且 $pr\{U_h \geq U_L\}=1$ 或 $pr\{U_h \geq U_L\}=0$,则插座数 $N_o(U_h \geq U_L)$ 等于 $N_T \cdot pr\{U_h \geq U_L\}$。

产品委员会(即制订产品类标准的技术委员会)可选择得出 U_L 的 $N_o(U_h \geq U_L)$ 值,从而选择抗扰度试验中的骚扰源的开路电压。

假设场强与电话插座到发射机之间的距离成反比,并假设发射机周围的电话插座密度为常数,则在附录 4.4-C 中所阐述的场强分布 $n(H_o)$ 可以写成下式:

$$n(H_o)=\frac{2\pi\sum_{j=1}^{N}\mu_j k_j^2 P_j}{H_o^3}=\frac{-C_{H_o}}{H_o^3} \tag{4.4.4-1}$$

式中：μ_j 是插座密度，k_j 是第 j 个发射机的比例常数，N 为所研究的发射机总数。如果所有的发射机周围的插座密度 μ 都相同，并且如果所有的发射机都具有相同的比例常数 k，那么，C_{H_o} 只是全部发射机功率的总和与比例常数的乘积。

当考虑电场强度 $E_o=(k/P)/r$ 时，分布 $n(E_o)$ 为

$$n(E_o)=\frac{2\pi\sum_{j=1}^{N}\varepsilon_j k_j^2 P_j}{E_o^3}=\frac{-C_{E_o}}{E_o^3} \tag{4.4.4-2}$$

这样，$C_{E_o}=C_{H_o}\cdot Z_o^2$。在附录 4.4-A 和 4.4-B 中解释了当应用室内场强 H_i 或 E_i 时，各种关系式的变化情况。

一般发射机周围的插座密度是不均匀的。在此情况下，为了导出 $n(H_o)$，一种可能的方法是确定频度直方图 $\Delta N(H_o,\Delta H_o)$，这样可由 $n(H_o)=\Delta N(H_o,\Delta H_o)/\Delta H_o$ 近似得到 $n(H_o)$。

实际上，电场强度的值几乎全都考虑到了，因此，可以首先确定 $n(E_o)$，然后假设在远场条件下，确定 $n(H_o)$。在图 4.4.4-1 中给出一个 $\Delta N(E_o,\Delta E_o)$ 的例子，不同的阴影区是由发射机的不同和发射机周围插座密度的不均匀造成的。

各种发射机场强的叠加导致图 4.4.4-1 所示的方法的缺陷和式 4.4.4-1、式 4.4.4-2 所示模型的缺陷。尤其是在低场强地区。其结果是若不对广播发射频率加以区别，就会造成这些地区中相同的插座不止一次被计及。4.4.2.4 条中阐明了没有实际观察到频率的相关性，因此不可能对频率加以区别，这导致了在较低场强值的情况下，过高估计了 $\Delta N(E_o,\Delta E_o)$。

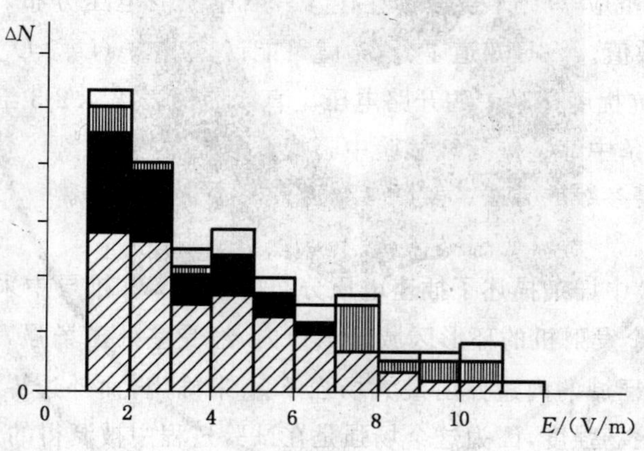

不同的阴影区大致表示出不同的发射机的分布和插座密度不均匀的情况。此图例中场强步长 $\Delta E_o=1$ V/m。

图 4.4.4-1　频度直方图 $\Delta N(E_o,\Delta E_o)$ 举例

于是可能采用的一种方法是确定各个地区内经受最大场强的插座分布 $n_m(E_o)$，最大场强是由在那个地区(和其近邻地区)内的 N 个发射机产生的。图 4.4.4-2 给出了这种分布的一个例子。该分布是对德国的某一个地区(面积 2.5×10^5 km^2，插座 42×10^6 个)以 1 km 乘以 1 km 的方格在整个地区内的每个节点上计算最大场强值而得到的。它由各个频率范围内的总有效辐射功率为 12.2 MW 的 79 个现有广播发射机中的一个产生的。场强的分辨率即 ΔE_o 取 0.1 dB(V/m)。假设在整个地区内密度 μ 为常数($42\times10^6/2.5\times10^5=168$ km^{-2})。在进行计算时，可以发现，当考虑的发射机达到一定数量(在本例中为 50 台，总功率为 7.5 MW)之后，$n_m(E_o)$ 就不会变化很大了。

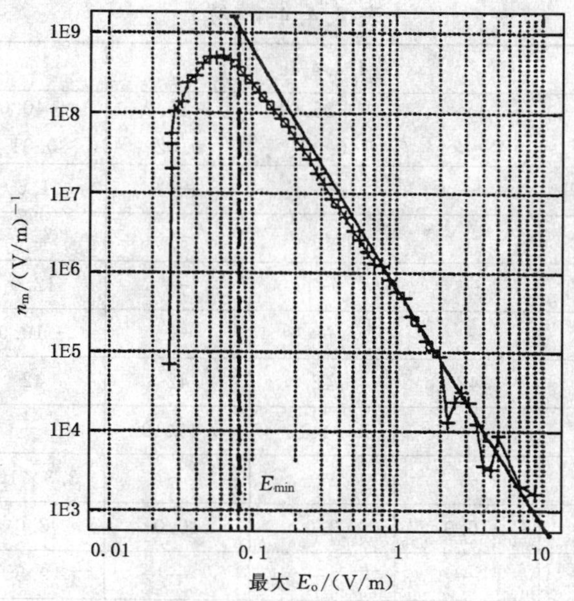

在 $n(E_o=1\ V/m)=n_m(E_o=1\ V/m)$时，实线代表了 $n(E_o)=-C_{E_o}/E_o^3$ 的情况。已选择的 E_{min} 要使得对 $n_m(E_o)$和 $n(E_o)$的场强积分都会得到那个地区的插座总数。

图 4.4.4-2 经受到由各个地区(或其近邻)内给定数量的发射机产生的最大场强 E_o 的插座分布 $n_m(E_o)$的例子

图 4.4.4-2 中的实线代表 $n(E_o)=-C_{E_o}/E_o^3$，C_{E_o} 的取值使 $E_o=1$ V/m 时，$n(E_o)=n_m(E_o)$，这个值稍小于由式 4.4.4-2 计算得到的 C_{E_o}。这是因为当发射机数量增加时，$n_m(E_o)$似乎达到了"饱和"造成的。

当对该分布在各个地区的全体进行积分时，总插座数 N_T 应服从下式：

$$N_T=\int_{E_{min}}^{E_{max}} n(E_o)\mathrm{d}E_o=\frac{C_{E_o}}{2}\left\{\frac{1}{E_{min}^2}-\frac{1}{E_{max}^2}\right\} \qquad (4.4.4\text{-}3)$$

当使用式 4.4.4-2 时，应采用式 4.4.4-3 的右边部分。式 4.4.4-3 表明，对于给定或约定的最大场强 E_{max}，当 C_{E_o} 给定时，采用 E_{min}；或者当 E_{min} 给定时，采用 C_{E_o}。当假设 $n_m(E_o=1\ V/m)=C_{E_o}/E_o^3=C_{E_o}=5.4\times 10^5(V^2/m^2)$时，用前一种方法可计算得到 $E_{min}=0.08$ V/m，正如图 4.4.4-2 中所示的那样。

本条结论可从 $N_0(U_h\geqslant U_L)$的几个实例中得到，N_o 为当感应开路电压 $U_h\geqslant U_L$ 时在各个地区的插座数。这里，可以认为 U_L 是抗扰度试验中的开路电压。这些实例取自德国的一些地区。在附录 4.4-B 和 4.4-C 中可以找到计算 $N_o(U_h\geqslant U_L)$所用的关系式。表 4.4.4-1 汇总了这些计算中所用到的各种参数值。

表 4.4.4-1 在图 4.4.4-3 和图 4.4.4-4 种提供的数字实例中所用参数的汇总

图	4.4.4-3	4.4.4-4a			4.4.4-4b		
曲线	—	1	3	4	2	3	4
因子 L	L_o	L_o	L_o	L_o	L_i *	L_o	L_i *
建筑材料	砖/木	砖/木	砖/木	砖/木	砖/木	混凝土	混凝土
M_L/dBm	−5.7	−5.7	−5.7	−5.7	−4.2	−25.0	−5.6
S_L/dB	10.6	10.6	10.6	10.6	11.2	10.9	10.5
L_u/dBm	18.0	+∞	18.0	18.0	19.0	3.0	27.0
L_u/m	7.9	+∞	7.9	7.9	8.9	1.4	22.4

表 4.4.4-1（续）

图	4.4.4-3	4.4.4-4a			4.4.4-4b		
L_i/dBm	−35.0	−∞	−35.0	−35.0	−40.0	−55.0	−31.0
L_i/m	0.02	−∞	0.02	0.02	0.01	0.002	0.03
M_A/dB	—	—	—	—	1.6	—	20.6
S_A/dB	—	—	—	—	4.0	—	8.7
A_{bu}/dB	—	—	—	—	12.0	—	41.0
A_{bl}/dB	—	—	—	—	−10.0	—	0
$N_T\times10^6$	42	42	42	42	42	42	42
C_{Eo}/(V^2/m^2)	5.4×10^5	5.4×10^5	5.4×10^5	5.4×10^5	—	5.4×10^5	—
C_{Ei}/(V^2/m^2)	—	—	—	—	3.3×10^4	—	—
E_{max}/(V/m)	10.0	10.0	3.0	10.0	3.0	3.0	3.0
$E_{i,max}$/(V/m)	—	—	—	—	9.5	—	2.4
E_{min}/(V/m)	0.08	0.08	0.08	0.008	0.08	0.08	0.08
$E_{i,min}$/(V/m)	—	—	—	—	0.02	—	0.000 7
U_{max}/V	79	+∞	24	79	85	42	53
* 见本条末的注 3。							

图 4.4.4-2 表明：当在电压范围为 $U_L\leqslant U_{max}=79$ V 时，给出的 $N_o(U_h\geqslant U_L)$ 的例子是基于砖/木结构建筑物的数据并假设此类型的建筑物中共有 4 200 万个插座。U_{max}（见表 4.4.4-1）由公式 $U_{max}=E_{max}L_U$ 确定，式中 E_{max} 为各个地区的室外场强的最大值，L_U 为数据 L_o(B/W) 的上限（见 4.4.2.2.2 条）。在此情况下，U_{max} 的值很大。在试验调查中测得的最大值为 22 V。

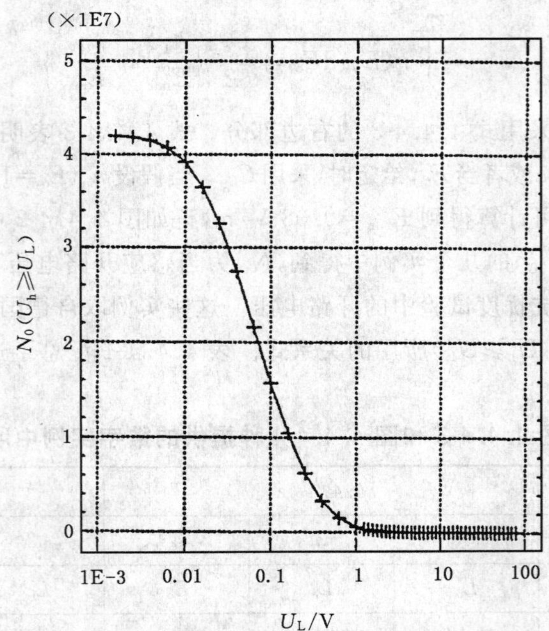

图 4.4.4-3　具有感应非对称开路电压 $U_L\leqslant U_h\leqslant U_{max}=79$ V 的插座数量举例（见表 4.4.4-1），插座总数 $N_T=42\times10^6$

为了建立抗扰度试验的规范，需要关注高端的 U_L 值。因此，图 4.4.4-3 中给出的结果被画成图 4.4.4-4a 中的曲线 2。图 4.4.4-4a 中的曲线 1 给出了如图 4.4.4-3 中相同情况下的 $N_o(U_h\geqslant U_L)$，但忽略了因子 L 分布的截断影响。在这种情况下，U_{max} 为无限大，这是很不现实的。图 4.4.4-4a 中的曲线 3

说明了当 E_{max} 从 10 V/m 减小到 3 V/m 时，曲线 2 表示的结果如何被修改了。此时 $U_{max}=24$ V。最后，图 4.4.4-4a 中的曲线 4 说明了当 E_{min} 从 0.08 V/m 减小到 0.008 V/m 时，曲线 2 表示的结果如何被修改了。后一条曲线清楚说明了在该地区最小场强的重要性。

从图 4.4.4-4b 可以观察到建筑材料（砖/木或混凝土）的影响和系数 L（L_o 或 L_i）的选择对结果的影响。该图中的曲线 1 与图 4.4.4-4a 中的曲线 3 等同，因同样与砖/木建筑物的数据 L_o 有关。当用数据 L_i 时，必须考虑建筑物的影响，因为没有直接的模型可用来预测室内场强的分布。这样，可以求出由曲线 2 表示的结果。至于曲线 1，虽然最大的室外场强 $E_{max}=3$ V/m，但由于建筑物影响使最大室内场强 $E_{i,max}=E_{max}A_{bj}$，式中 A_{bj} 为建筑物的最小影响，可由测试数据确定。在 $A_{bj}=-10$ dB 的情况下，$E_{i,max}=9.5$ V/m，因此增大了室外场强。

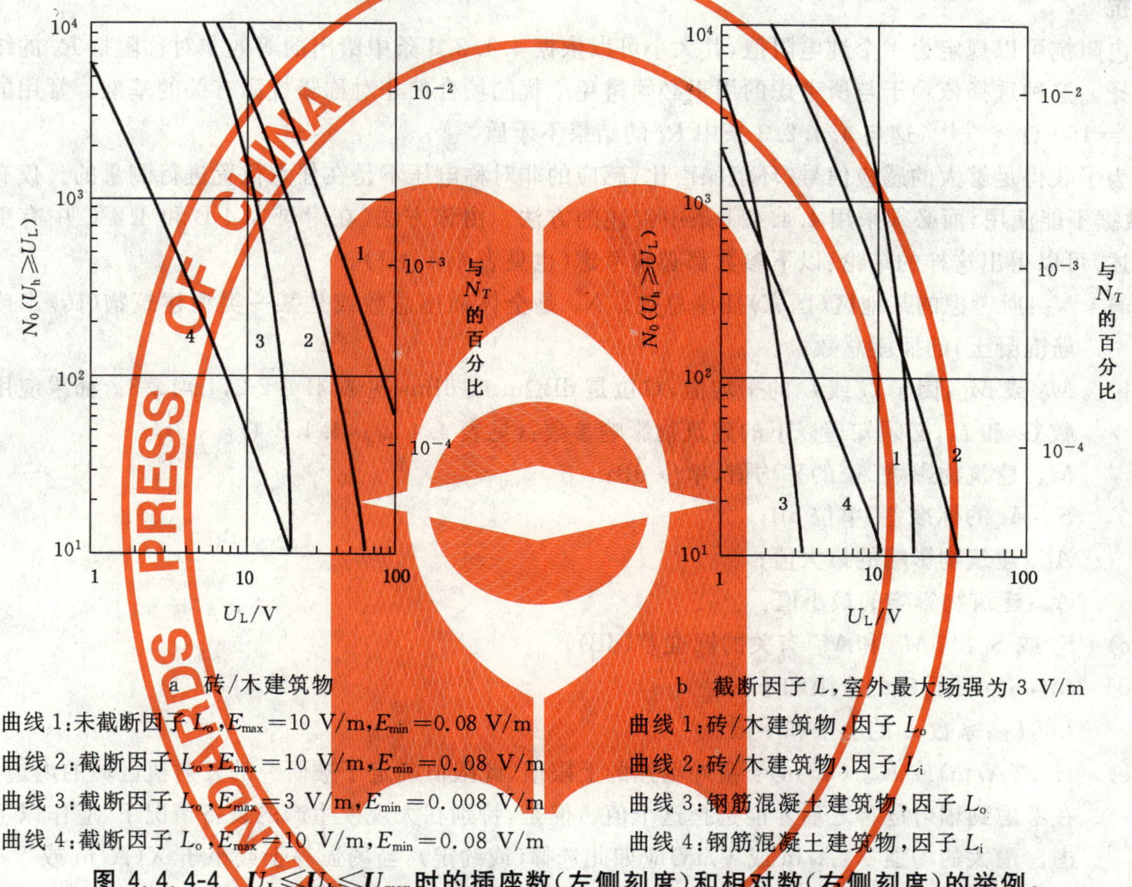

a　砖/木建筑物

曲线 1：未截断因子 L_o，$E_{max}=10$ V/m，$E_{min}=0.08$ V/m

曲线 2：截断因子 L_o，$E_{max}=10$ V/m，$E_{min}=0.08$ V/m

曲线 3：截断因子 L_o，$E_{max}=3$ V/m，$E_{min}=0.008$ V/m

曲线 4：截断因子 L_o，$E_{max}=10$ V/m，$E_{min}=0.08$ V/m

b　截断因子 L，室外最大场强为 3 V/m

曲线 1：砖/木建筑物，因子 L_o

曲线 2：砖/木建筑物，因子 L_i

曲线 3：钢筋混凝土建筑物，因子 L_o

曲线 4：钢筋混凝土建筑物，因子 L_i

图 4.4.4-4　$U_L \leqslant U_h \leqslant U_{max}$ 时的插座数（左侧刻度）和相对数（右侧刻度）的举例，用到的各种参数值见表 4.4.4-1。插座总数为 42×10^6，插座的均匀密度 $\mu=168$ km^{-2}

A_{bj} 为负值是不切实际的，它表示增益。如 4.4.2.1 条中所述出现负值主要是因为室内场强是在建筑物内的地板上测量的，而室外场强在距地面高度为 1.5 m 处测量的。此外，二次辐射也影响实际的场强数据。人们可能会在建筑物影响分布的低端 0 dB 处作截断。在那种情况下，$E_{i,max}$ 和 U_{max} 由 85 V 减少至 $E_{max}L_U=8.9\times3=27$ V。

假设所有的 4 200 万个插座都位于钢筋混泥土的建筑物中，由图 4.4.4-4b 中的曲线 1 表示的结果被修改成曲线 3 所表示的结果。如果使用数据 L_i，那么要采用曲线 4。实际上，插座是分布在砖/木和钢筋混凝土建筑物中。因此所计算的给定类型的建筑物中插座的总数 N_T，对这两种类型的建筑物来说，都必须增大。

注 1：图 4.4.4-4 中给出的插座数 $N_0(U_h \geqslant U_L)$ 的数值可能相当大，但相对数非常低。这就强调了所应用的各种分布的“尾部”重要性和应用截断的重要性。此外，若不使用在附录中给出的那些分析表达式，则需要进行全数值计算（例如，以 $n_m(E_o)$ 作起点），需要注意的是数字计算的准确性应足够高。非常低的相对数值 $N_0(U_h \geqslant U_L)/N_T$ 的值，构成所需要的准确性。相对数等同于 $pr\{U_h \geqslant U_L\}$ 百分数。

注 2：在所有的计算中，对于整个相关地区来说，插座密度 μ 被认为是常数。当考虑与位置相关的 μ 值时，计算结果的准确性可以提高。例如，计算导出的 $n_m(E_o)$，见图 4.4.4-2。

注 3：注意图 4.4.4-4b 中的曲线 2 和曲线 4 是基于数据 L_i 和 A_b。如 4.4.2 中叙述的，在建筑物内部满足远场条件是不大可能的。具体地讲，L_i 不能由 G_i 导出。此外 A_b 由磁场强度数据确定，对于电场强度 A_b 不必相同。在计算得出曲线 2 和曲线 4 时，默许假设了 $L_i = G_i/Z_0(Z_0 = 377\ \Omega)$，但是，在正确使用在 G_i 和 A_b 的条件下，将可求出 $N_0(U_h \geqslant U_L)$ 的相同曲线，但要引用表 4.4.4-1 中的第 15、16 行数据，磁场值为 $H_{max} = E_{max}/Z_0$ 等，用 $C_{H_i} = C_{E_i}/Z_0^2$ 替代 C_{E_i}（见附录 4.4-A 中的 4.4-A3 条）。

4.4.4.2 骚扰源参数的综述

假设传导抗扰度试验中的骚扰源可以用开路电压和内阻抗充分描述，下列参数十分重要。

内阻抗

内阻抗可以规定为一个纯电阻值，其大小可以依据 4.4.2.3 条中给出的等效非对称阻抗 R_a 的结果来选择。这种选择依赖于与所考虑的用于必须避免干扰的场合的非对称骚扰源有关的基准。常用的值为 $R_a = 150\ \Omega$[9][10][14]，这与 4.4.2.3 条中 R_a 的结果不矛盾。

为了获得足够大的感应信号/环境噪声比，感应的非对称电压不是在任意位置进行测量的。仅有的 U_h 数据不能使用，而必须采用 4.4.4.1 条中叙述的方法。由该方法（在附录 4.4-B 和 4.4-C 中有更详细叙述）可以得出这样的结论：以下参数都必须考虑（也见表 4.4.4-1）。

a) N_T：所考虑的某地区（国家）插座总数。N_T 是全体插座总数或是某一类型建筑物（砖/木或钢筋混凝土）的插座总数。

b) M_G 或 M_L：因子 G 或 L 的平均值，单位是 dBΩm 或 dBm，见表 4.4.2-2，4.4.2-3。如果应用参数 G_i 和 L_i，必须知道以下的建筑物影响参数：（见表 4.4.2-1，4.4.2-4）

M_A：建筑物影响 A_b 的平均值，单位 dB；

S_A：A_b 的标准差，单位 dB；

A_{bu}：建筑物影响的最大值；

A_{bl}：建筑物影响的最小值。

c) S_g 或 S_L：与 M_G 和 M_L 有关的标准差（dB）。

d) G_U，G_L：因子 G 的上限和下限；

L_U，L_L：系数 L 的上限和下限。

e) H_{max}(A/m) 或 E_{max}(V/m)：室外场强的上限值，此限值确定了被研究的发射机区域的内边界。在考虑到辐射危害之后才能选择这个值。但是，特别在大规模生产的设备情况下，应作以下考虑。最大的场强 X(A/m 或 V/m) 应如此选择（或约定）：当场强等于或小于 X(A/m 或 V/m) 时，所有的设备都有很高的概率达到电磁兼容性。而当场强大于 X(A/m 或 V/m) 和（同时）发生抱怨时，则约定必须采取专门的 EMC 强化措施。

f) H_{min} 或 E_{min}：确定发射机区域外边界的最小场强（见 4.4.4.1）。此值只有当场强分布 $n(H)$ 或 $n(E)$ 未知时，才必须选择。如果该分布是已知的，则 H_{min} 或 E_{min} 可由式（4.4.4-3）计算得到。

g) $n(H)$ 或 $n(E)$：在 4.4.4.1 条和附录 4.4-A 中讨论的场强分布。

4.4.5 参考文献

[1] Determining EMI in microelectronics—A review of the past decade, J. J. Whalen, Proc, Intern. Sump. on EMC, pp337-334, Zurich, Switzerland, March 1995;

[2] A modified Ebers—Moll transistor model for RF interference analysis, C. E. Larson and J. M. Roe, IEEE Trans. on MEC, vol. EMC_21, pp293-290, Nov. 1979;

[3] The combined effects of internal noise and electromagnetic interference in CMOS VLSI circuits, K. Liu and J. J. Whalen, Proc. 6th Intern. Symp. on EMC, p303, York, Uinted Kingdom, Sep. 1988;

[4] Interference effects in CMOS and TTL integrated circuits, B. Demoulin, Clarde and P. Degauge, Proc. Intern. Symp. on EMC, pp543-546, Zurich, Switzerland, March 1989;

[5] EMC problems associated with non-linear device characteristics, Proc. 1st Intern. Symp. on EMC Madrid, Spain, Nov. 1990;

[6] EMC Working Group of the ZVEI (Union of Electrotechnical Industries), P. O. Box 700969, 6000 Frankfurt/Main 70, Germany;

[7] RF disturbances on telephone-subscriber lines induced by AM broadcasting transmitter, J. J. Deodbloed and G. Jeschar, Proc. Intern. Symp. on EMC, pp537-542, Zurich, Switzerland, March 1989;

[8] Characterization of transient and CW disturbances induced in telephone-subscriber lines, J. J. Doedboed and G. Jeschar, Proc. Intern. Symp. on EMC, pp 211-218, York, United Kingdom, Aug. 1990;

[9] Fuck-Entsorung von Anlagen und Geraten der Femmelde Technlk, DIN/VDE 0878, Part 1/12.86. Dec. 1986;

[10] Amendment of Publication 16, Part 1, Clause 20: LT-type networks, CISPR/A(Secretariat)98, March 1986;

[11] World Radio and TVHandbook, 1986;

[12] Radio broadcast induction voltage and pair unbalance in subscriber cable, M. Hatori, F. Ohtsuki, T. Motomitsu and H. Koga, IEEE Intern. Symp. on EMC, pp 884-889, 1984;

[13] Calculation of voltage induced into telecommunication lines from radio stations broadcasts and method of reducing interference, CCITT Recommendation K. 18;

[14] Measurement of the immunity of sound and television broadcast receivers and associated equipment in the frequency range 1.2MHz to 30 MHz by the current-injection method, CISPR Publication 20, 1985;

[15] Electromagnetic interference and countermeasures on metallic lines for ISDN, M. Hattori and T. Ideguchi, IECEE trans. on Communications, Vol. E75-B, No1, Jan 1992。

附录 4.4-A 场强分布

本附录考虑在围绕发射机的环形区域(RSA)内,室外磁场强度 H_o 等于或大于给定场强 H_L 的概率 $pr\{H_o \geqslant H_L\}$。选择磁场强度是因为在 4.4.2 条中提供的试验数据基于磁场强度测量。在此附录末尾的表达式中给出了基于室外电场强度 E_o 的公式,条件是假设满足远场条件。

4.4-A.1 室外磁场 H_o 表达式

引 4.4.2 条中给出的结果,假设 H_o 可以表示为

$$H_o = \frac{k\sqrt{p}}{rZ_0}, (r \geqslant R_{\min}) \qquad (4.4\text{-A1})$$

式中:k 为常数,r 是观察点到发射机之间的距离,p 为发射机功率,Z_0 为自由空间波阻抗。需要满足条件 $r \geqslant R_{\min}$ 是为了指出接近发射机时,即在近场区,式 4.4-A1 不适用。

应用式 4.4-A1,可得

$$pr\{H_o \geqslant H_L\} = pr\left\{\frac{1}{r} \geqslant \frac{1}{R_L}\right\} = pr(r \leqslant R_L), (R_L \leqslant R_{\max}) \qquad (4.4\text{-A2})$$

式中,$R_L = (k/P)/(H_L Z_0)$。后面的概率等于由 R_L 和 $R_{\min}$ 所确定的环形区域,见图 4.4-A1,并归一化到总的环形区域上,即由 $R_{\min}$ 和 $R_{\max}$ 确定的环形区域。必须对有限的外边界 $R_{\max}$ 作出说明,因为无限扩大围绕发射机的区域就将产生一个场强为零的无限大的区域,也就意味着在 $R > R_{\min}$ 的条件下,对

于所有的 H_L 值,概率 $pr\{H_o \geqslant H_L\}$ 趋近于零。

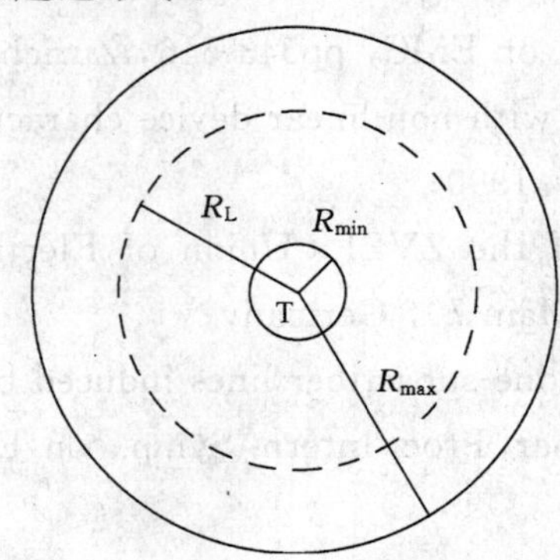

图 4.4-A1 在发射机 T 周围的环形区域的定义

现在概率可以写成:

$$pr\{H_o \geqslant H_L\} = \frac{\pi(R_L^2 - R_{min}^2)}{\pi(R_{max}^2 - R_{min}^2)} = \frac{H_L^{-2} - H_{max}^{-2}}{H_{min}^{-2} - H_{max}^{-2}} \quad (4.4\text{-A3})$$

或写成:

$$pr(H_o \geqslant H_L) = \frac{(H_{max}^2 - H_L^2)H_{min}^2}{(H_{max}^2 - H_{min}^2)H_L^2} \quad (4.4\text{-A4})$$

式中:$H_{min}=(k/P)/(R_{max}Z_0)$ 和 $H_{min}=(k/P)/(R_{min}Z_0)$,即 H_{max} 和 H_{min} 分别是该环形区域的内边界和外边界上的场强,在 $H_{max} \gg \{H_L, H_{min}\}$ 的条件下,式 4.4-A4 可简化为:

$$pr\{H_o \geqslant H_L\} = \frac{H_{min}^2}{H_L^2} \quad (4.4\text{-A5})$$

这就意味着 $pr\{H_o \geqslant H_L\}$ 不再是 H_{max} 的函数。依据定义 $pr\{H_o \geqslant H_{max}\}=0$,$pr\{H_o \geqslant H_{max}\}=1$,结果 H_L 不再是距离 r 的显函数。所以 H_{min} 的选取十分重要。

必须知道附录 4.4-B 和附录 4.4-C 中的分布函数 $f(H_o)$。因为积累分布函数 $F(H_o)=pr\{H_o \leqslant H_L\}=1-pr\{H_o \geqslant H_L\}$,根据定义,$f(H_o)$ 是 $F(H_o)$ 相对于场强的导数,归一化的分布函数 $f_n(H_o)$ 可以用式 4.4-A4 来计算,得到:

$$f_n(H_o) = \frac{\partial}{\partial H} pr\{H_o \leqslant H\} = \frac{-2}{H_o^3(1/H_{max}^2 - 1/H_{min}^2)} = \frac{-C_{H_o}}{H_o^3} = -C_{H_o} f(H_o) \quad (4.4\text{-A6})$$

因此,分布函数 $f_n(H_o)=1/H_o^3$。比例常数 $C_{H_o} n f_n(H_o)=C_{H_o} f(H_o)$ 来源于归一化的 $f(H_o)$。常数 C_{H_o} 可以正式写成:

$$C_{H_o}^{-1} = \int_{H_{min}}^{H_{max}} \frac{dH_o}{H_o^3} \quad (4.4\text{-A7})$$

当场强变化与距离成反比时,关系式 $f_n(H_o)=-C_{H_o}/H^3$ 适用于各种情况,并且不需要规范发射机的功率。当然,H_o 是 r 和 P 的隐函数。

最终,$pr\{H_o \geqslant H_L\}$ 可正式写为

$$pr\{H_o \geqslant H_L\} = \frac{\int_{R_L}^{H_{max}} f(H_o)dH_o}{\int_{H_{min}}^{H_{max}} f(H_o)dH_o} \quad (4.4\text{-A8})$$

4.4-A.2 室内磁场 H_i 表达式

对于室内磁场 H_i 没有像室外场强那样有可以直接应用的模型。因此分布函数 $f(H_i)$ 必须由 $f(H_o)$ 和建筑物影响的分布 $f(A_b)$ 导出。

假设 $f(H_o)$ 和 $f(A_b)$ 是独立的，而联合分布 $f_n(H_o,A_b)=f(H_o)f(A_b)$。后一个分布代表了室外场强为 H_o，同时建筑物影响为 A_b 的一些地点的分布。通过变换 $H_i=H_o/A_b$，可以知道联合分布 $f(H_i,A_b)$。因为

$$f(H_i,A_b)\mathrm{d}H_i = f(A_b)f(H_o)\mathrm{d}H_o$$

或
$$f(H_i,A_b) = \frac{f(H_o)f(A_b)}{\mathrm{d}H_i/\mathrm{d}H_o} = A_b f(H_o)f(A_b) \tag{4.4-A9}$$

而 $f(H_o)=1/H_o^3$，它服从

$$pr\{H_i \leqslant H_L\} = \int_{H_i}\mathrm{d}H_i\int_{A_b}\mathrm{d}A_b\frac{f(A_b)}{A_b^2 H_i^3} = E[A_b^{-2}]\int_{H_i}\frac{\mathrm{d}H_i}{H_i^3} \tag{4.4-A10}$$

式中：$E[A_b^{-2}]$ 是 A_b^{-2} 的期望值。应采用带有截断因子 A_{tA} 的被截断的 A_b 的分布，见 4.4.2.1 条和 4.4.2.2.3 条，$E[A_b^{-2}]$ 可由下式给出：

$$E[A_b^{-2}] = \int_{A_{bl}}^{A_{bu}}\frac{f(A_b)\mathrm{d}A_b}{A_b^2} = \frac{\alpha_{tA}}{2}[\mathrm{erf}(Z_u)-\mathrm{erf}(Z_l)]\mathrm{e}^{-2\mu_A+2\sigma_A^2} \tag{4.4-A11}$$

式中：A_{bu} 和 A_{bl} 分别为 A_b 测量值上下限，如 4.4.2.2.3 条所述，$\mu_A=M_a\ln(10)/20$，$\sigma_A=S_a\ln(10)/20$，其中 M_a 和 S_a 分别为呈对数正态分布的 A_b 的平均值和标准差。在式 4.4-A11 中"erf"表示误差函数，见附录 4.4-D，而 Z_u 和 Z_l 由下式给出：

$$Z_u = \frac{\ln(A_{bu})-\mu_A}{\sigma_A\sqrt{2}}+\sigma_A\sqrt{2},\quad Z_l = \frac{\ln(A_{bl})-\mu_A}{\sigma_A\sqrt{2}}+\sigma_A\sqrt{2} \tag{4.4-A12}$$

根据定义，$f(H_i)$ 是 $F(H_i)$ 对场强的导数。因此，归一化的分布函数为

$$f_n(H_i) = \frac{C_{H_i}}{H_i^3},\quad C_{H_i}^{-1} = E[A_b^{-2}]\int_{H_{i,\min}}^{H_{i,\max}}\frac{\mathrm{d}H_i}{H_i^3} \tag{4.4-A13}$$

式中：$H_{i,\min}=H_{\min}/A_u$，$H_{i,\max}=H_{\max}/A_l$，而 $H_{\min}$ 和 $H_{\max}$ 分别为室外场强的最小值和最大值。

4.4-A.3 室外电场 E_o 表达式

假定在远场条件下，室外磁场分量 H_o 和室外电场分量 E_o 的比为常数，即：$E_o=H_oZ_0$，那么，如果 $E_{\min}$ 和 $E_{\max}$ 是环形区域内外边界的场强值，则 $E_o \geqslant E_L$ 的概率为

$$pr\{E_o \geqslant E_L\} = \frac{(E_{\max}^2-E_L^2)E_{\min}^2}{(E_{\max}^2-E_{\min}^2)E_L^2} \tag{4.4-A14}$$

在 4.4.3.1 条中所述的场强分类中，式 4.4-A9 用来确定场强等级之间的边界，这时，式 4.4-A9 可重写为

$$E_L = \frac{E_{\min}}{\sqrt{pr\{E_o \geqslant E_L\}[1-(E_{\min}/E_{\max})^2]+(E_{\min}/E_{\max})^2}} \approx \frac{E_{\min}}{\sqrt{pr\{E_o \geqslant E_L\}}} \tag{4.4-A15}$$

该式直接由式 4.4-A6 得出，在 $E_{\max} >> \{E_{\min}, E_L\}$ 的情况下，近似表达式成立。在后一种情况下，E_L 与 $E_{\max}$ 无关。

类似于 4.4-A.1，在已知 $f(H_o)$ 的情况下，分布函数 $f(E_o)$ 由下式给出：

$$f_n(E_o) = \frac{-C_E}{E_o^3} = -C_E f(E_o)$$

式中，

$$C_E^{-1} = \int_{E_{\min}}^{E_{\max}}\frac{\mathrm{d}E_o}{E_o^3} \tag{4.4-A16}$$

而概率由下式给出：

$$pr\{E_o \geqslant E_L\} = \frac{\int_{E_L}^{E_{max}} f(E_o)\,dE_o}{\int_{E_{min}}^{E_{max}} f(E_o)\,dE_o} \qquad (4.4\text{-A17})$$

常数 C_{E_o} 和 C_{H_o} 之间的关系满足 $C_{E_o}=C_{H_o}\cdot Z_0^2$。

当然，$f(H_i)$ 和 $f_n(H_i)$ 也可以用类似的方法变换为 $f(E_i)$ 和 $f_n(E_i)$。

附录 4.4-B 感应的非对称开路电压分布

在本附录中，感应的非对称开路电压 U_h 的分布函数 $f(U_h)$ 可由联立场强分布函数（见附录 4.4-A）和因子 G 和 L 的分布函数求得。接着，可以通过计算求得 U_h 大于或等于给定值 U_L 的概率 $pr\{U_h \geqslant U_L\}$。这个结果已用在 4.4.3.2 条中。

如同附录 4.4-A，假设室外磁场强度 H_o 可表示为 $H_o=(k/P)/(rZ_0)$ 或 $E_o=(k/P)/r$，其中 k 为常数，p 为发射机功率，Z_0 为自由空间波阻抗，r 为观察点到发射机之间的距离；并且还假设产生场强 H_o 和 E_o 的发射机位于环形区域的中心点。环形区域内圆半径为 R_{min}，外圆半径为 R_{max}。内边界场强为 H_{max} 或 E_{max}，外边界场强为 H_{min} 或 E_{min}。附录 4.4-A 说明了需要这些边界值的原因，并解释了所有那些关系式的推导都是从磁场强度开始的，即采用由 $U_h=G\cdot H$ 定义的因子 G。由 $U_h=L\cdot E$ 定义的因子 L 的场强关系式将在 4.4-B.2 条中讨论。

4.4-B.1 基于磁场 *H* 的关系式

假设场强分布函数 $f_n(H_o)$ 和因子 G 的分布函数 $f(G_o)$ 是独立的，则联合分布为 $f(H_o,G_o)=f_n(H_o)\cdot f(G_o)$。此联合分布给出了当室外场强等于 H_o，并且室外因子 G 等于 G_o 时的位置分布。然后通过 $U_h=G_o\cdot H_o$ 的变换，就可求出非对称电压等于 U_h 而因子 G 等于 G_o 时的位置分布。因为

$$f(U_h)\,dU_h = f_n(H_o)\,dH_o\text{，或 } f(U_h) = \frac{f_n(H_o)}{dU_h/dH_o} = \frac{f_n(H_o)}{G_o} \qquad (4.4\text{-B1})$$

它服从

$$f(U_h,G_o) = \frac{f_n\left(\frac{U_h}{G_o}\right)f(G_o)}{G_o} = \frac{C_{H_o}G_o^2 f(G_o)}{U_h^3} \qquad (4.4\text{-B2})$$

如果采用附录 4.4-A 导出的分布函数，即当假设 $f_n(H_o)=C_{H_o}/H_o^3$（见式 4.4-A6）时，那么这个公式的右侧等号是成立的。如果用 $f(G_i)$，那么就必须考虑建筑物影响 A_b。因此，应采用附录 4.4-A 中的 4.4.A.2 条中讨论的 $f_n(H_i)$。

在 U_h 和 G_o 的允许边界上对联合分布进行积分，可求得概率 $pr\{U_h \geqslant U_L\}$：

$$pr\{U_h \geqslant U_L\} = \int_{U_h} dU \cdot \int_{G_o} dG \frac{C_{H_o}G_o^2 f(G_o)}{U_h^3} = \frac{C_{H_o}}{2}\int_{G_o}\left(\frac{G_o^2}{U_{h1}^2} - \frac{G_o^2}{U_{h2}^2}\right)f(G_o)\,dG \qquad (4.4\text{-B3})$$

式中，U_{h1} 和 U_{h2} 是相关的边界值。为了求出 U_h 与 G 有关的域值和边界，考虑图 4.4-B1 所示的 U_h-G 平面。当场强处在 H_{min} 和 H_{max} 之间时，电压满足关系式 $H_{min}G \leqslant U_h \leqslant H_{max}G$。应用因子 G 的截断对数正态分布（见 4.4.2.2.3 条），我们就得到 $G_L \leqslant G \leqslant G_U$。

如果 U_L 具有图 4.4-B1 中所表示的值，那么通过在图 4.4-B1 中阴影区所表示的 U_h 和 G 值的范围内对联合分布进行积分就可求出概率 $pr\{U_h \geqslant U_L\}$。从此图上可以清楚地看到 U_L 值仅在 $U_a=H_{min}G_L$ 和 $U_d=H_{max}G_U$ 之间。电压 U_b 和 U_c 分别由 $U_b=H_{max}G_L$ 和 $U_c=H_{min}G_U$ 确定。

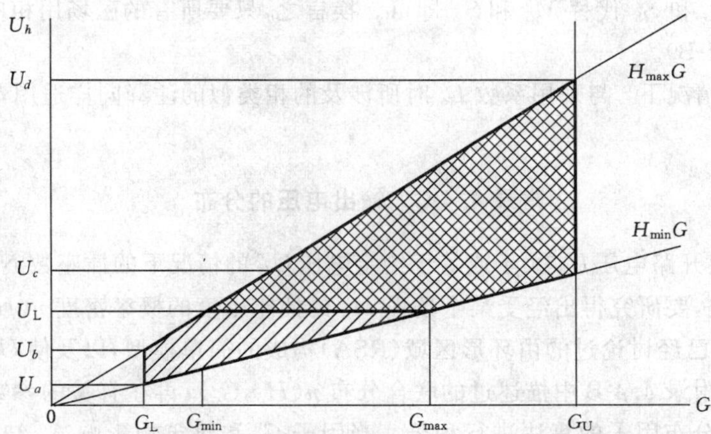

图 4.4-B1 U_h 和 G 允许的取消范围处在多边形$\{G_L,U_a\}\{G_L,U_b\}\{G_U,U_d\}\{G_U,U_c\}$和$\{G_L,U_a\}$之内。对于给定的 U_L 值,双阴影部分代表了概率 $pr\{U_h \geqslant U_L\}$

在直接计算时,由式 4.4-B3 表示的概率 $pr\{U_h \geqslant U_L\}$可由下式计算得到:

$$pr\{U_h \geqslant U_L\} = \frac{\alpha_{tG} C_{H_o}}{4}\left[\delta_U \frac{\mathrm{erf}(x_U)-\mathrm{erf}(x_i)}{H_{\min}^2} - \frac{\mathrm{erf}(y_U)-\mathrm{erf}(y_i)}{H_{\max}^2} + \mathrm{e}^{2\mu_G+2\sigma_G^2}\frac{\mathrm{erf}(z_u)-\mathrm{erf}(z_i)}{U_L^2}\right] \tag{4.4-B4}$$

式中,$\mu_G = M_G \ln(10)/20$,而 $\sigma_G = S_G \ln(10)/20$。$G$ 是符合截断因子为 α_{tG} 的对数正态分布的因子,M_G 和 S_G 是截断因子为 α_{tG}的因子 G 的平均值和标准差。变量 x_U 和 x_i 由式 4.4-B5 给出。而取决于 U_L 值的 y_u, y_i, z_u, z_i 和 δ,由式 4.4.6 和式 4.4-8 给出。

$$x_U = \frac{\ln(G_U)-\mu_G}{\sigma_G\sqrt{2}}, x_i = \frac{\ln(U_L/H_{\min})-\mu_G}{\sigma_G\sqrt{2}} \tag{4.4-B5}$$

a) $U_a \leqslant U_L < U_b$:$\delta_U = 1$,

$$y_u = \frac{\ln(G_u)-\mu_G}{\sigma_G\sqrt{2}}, y_i = \frac{\ln(G_L)-\mu_G}{\sigma_G\sqrt{2}} \tag{4.4-B6(a)}$$

$$z_u = \frac{\ln(U_L/H_{\min})-\mu_G-2\sigma_G^2}{\sigma_G\sqrt{2}}, z_i = \frac{\ln(G_L)-\mu_G-2\sigma_G^2}{\sigma_G\sqrt{2}} \tag{4.4-B6(b)}$$

b) $U_b \leqslant U_L < U_c$:$\delta_U = 1$

$$y_u = \frac{\ln(G_U)-\mu_G}{\sigma_G\sqrt{2}}, y_i = \frac{\ln(U_L/H_{\max})-\mu_G}{\sigma_G\sqrt{2}} \tag{4.4-B7(a)}$$

$$z_u = \frac{\ln(U_L/H_{\min})-\mu_G-2\sigma_G^2}{\sigma_G\sqrt{2}}, z_i = \frac{\ln(U_L/H_{\max})-\mu_G-2\sigma_G^2}{\sigma_G\sqrt{2}} \tag{4.4-B7(b)}$$

c) $U_c \leqslant U_L < U_d$:$\delta_U = 0$

$$y_u = \frac{\ln(G_U)-\mu_G}{\sigma_G\sqrt{2}}, y_i = \frac{\ln(U_L/H_{\max})-\mu_G}{\sigma_G\sqrt{2}} \tag{4.4-B8(a)}$$

$$z_u = \frac{\ln(G_U)-\mu_G-2\sigma_G^2}{\sigma_G\sqrt{2}}, z_i = \frac{\ln(U_L/H_{\max})-\mu_G-2\sigma_G^2}{\sigma_G\sqrt{2}} \tag{4.4-B8(b)}$$

在采用因子 G_i 的情况下,可利用式 4.4-4。只要用 $E[A_b^{-2}]C_{H_i}$ 替代 C_{H_o},用 $H_{i,\min}$ 和 $H_{i,\max}$ 替代 $H_{\min}$ 和 $H_{\max}$ 即可(见附录 4.4-A 中的 4.4.A.2 条)。

式 4.4-B4～式 4.4-B8 用来计算表 4.4.3-3 中的数据,而计算结果列在图 4.4.4-3 和 4.4.4-4 中。

4.4-B.2 基于电场 E 的基本式

假设是在远场条件下,那么室外电场强度可以用来计算与系数 L_o 相关的概率 $pr\{U_h \geqslant U_L\}$,见 4.4.2.2.2 条。在那种情况下,式 4.4-B4～4.4-B8 可以应用,只要用 C_{Eo} 代替 C_{Ho},$E_{\max}$ 代替 $H_{\max}$,$E_{\min}$ 代

替 $H_{\min}$，$L_{\circ}$ 代替 $G_{\circ}$，M_{L} 和 S_{L} 代替 M_{G} 和 S_{G} 即可。换言之，只要所有的磁场用相应的电场来替代即可应用式 4.4-B4～式 4.4-B9。

在采用系数 L_i 的情况下，与采用系数 $L_{\circ}$ 时所涉及的相类似的注释同样适用，但也不要忽视 4.4.1 条末尾处的"注 3"。

附录 4.4-C　输出电压的分布

本附录研究在感应开路电压 U_h 大于或等于给定电压 U_L 的情况下的插座数 $N_{\circ}\{U_h \geqslant U_L\}$。推导此值需要诸多步骤。首先，要研究得出经受某个场强 $H_{\circ}$ 的插座密度的概率密度 $n(H_{\circ})$；然后应用在附录 4.4-A 和附录 4.4-B 中已经讨论过的由环形区域(RSA)构成的简单模型，以及使 U_h 归一化到磁场强度上的因子 $G_{\circ}$ 来计算在附录 4.4-B 中描述过的联合分布 $n(H_{\circ}, G_{\circ})$；再在有关的参数值允许的范围内对 $N_{\circ}\{U_h \geqslant U_L\}$ 仿效联合分布因子的算法进行积分。当因子 G_i 和建筑物影响 A_b 结合在一起应用时，可以采用附录 4.4-B 中的同样的方法。

4.4-C.1　基于磁场 *H* 的关系式

假设在上述的发射机周围每平方米插座的平均密度为 μ，在 r 和 $r+dr$ 间的环形单元区域内的插座数 $\mathrm{d}n(r)$ 由下式给出：

$$\mathrm{d}n(r) = \mu 2\pi r \mathrm{d}r \tag{4.4-C1}$$

应用公式 $H_{\circ}=(k/P)/(rZ_0)$（见附录 4.4-A）和式 4.4C1 由场强范围 $H_{\circ}(r)$ 到 $H_{\circ}(r+\mathrm{d}r)$ 所确定的区域内的插座数 $\mathrm{d}n(H_{\circ})$ 由下式给出：

$$\mathrm{d}n(H_{\circ}) = 2\pi\mu \frac{k^2 P}{H_{\circ}^3 Z_0^2} \mathrm{d}H_{\circ} \tag{4.4-C2}$$

在有 N 个发射机的情况下，第 j 个发射机用 $\{k_j, P_j\}$ 来表征。如果在该发射机周围的插座密度为 μ_j，则 $\mathrm{d}n(H_{\circ})$ 可以写成：

$$\mathrm{d}n(H_{\circ}) = \sum_{j=1}^{N} 2\pi\mu_j \frac{k_j^2 P_j}{Z_0^2} \frac{\mathrm{d}H_{\circ}}{H_{\circ}^3} = \frac{\mathrm{d}_{H_{\circ}}}{Z_0^2 H_{\circ}^3} = \sum_{j=1}^{N} 2\pi\mu_j k_j^2 P_j = \frac{C_{H_{\circ}}}{H_{\circ}^3} \mathrm{d}H_{\circ} \tag{4.4-C3}$$

此模型中的正态分布函数 $n(H_{\circ})$ 由下式给出

$$n(H_{\circ}) = \frac{\mathrm{d}n(H_{\circ})}{\mathrm{d}H_{\circ}} = \frac{C_{H_{\circ}}}{H_{\circ}^3} \tag{4.4-C4(a)}$$

式中：

$$C_{H_{\circ}} = \frac{2\pi}{Z_0^2} \sum_{j=1}^{N} \mu_j k_j^2 P_j \tag{4.4-C4(b)}$$

正如所期望的，分布函数 $n(H_{\circ})$ 等于附录 4.4-A 中所讨论的 $f_n(H_{\circ})$。

如果 N_T 为 RSA 内插座总数，并由 $H_{\max}$ 和 $H_{\min}$ 来确定 RSA 区域的边界，则必须满足下列关系式：

$$N_T = \int_{H_{\min}}^{H_{\max}} n(H)\mathrm{d}H \tag{4.4-C5}$$

或代入式 4.4-C4 后，成为：

$$N_T = \frac{C_{H_{\circ}}}{2}\left(\frac{1}{H_{\min}^2} - \frac{1}{H_{\max}^2}\right) \tag{4.4-C6}$$

通过式 4.4-C4 建立了 N_T 和 $C_{H_{\circ}}$ 之间的关系，若感应开路电压 $U_h \geqslant U_L$ 的插座数 $N_{\circ}\{U_h \geqslant U_L\}$ 与由附录 4.4-B 中式 4.4-B4 导出的概率 $pr\{U_h \geqslant U_L\}$ 的表达式等同。由此 $N_0\{U_h \geqslant U_L\}$ 可写为

$$N_0\{U_h \geqslant U_L\} = \frac{\sigma_{tG} C_{H_{\circ}}}{4}\left(\delta_U \frac{\mathrm{erf}(x_U) - \mathrm{erf}(x_i)}{H_{\min}^2} - \frac{\mathrm{erf}(y_u) - \mathrm{erf}(y_i)}{H_{\max}^2} + \mathrm{e}^{2\mu_G + 2\sigma_G^2} \frac{\mathrm{erf}(z_U) - \mathrm{erf}(z_i)}{U_L^2}\right) \tag{4.4-C7}$$

式 4.4-C7 中各变量的含义在式 4.4-B4～式 4.4-B8 中已作了说明。在附录 4.4-B 中还说明了如何

变换式 4.4-C7,进而利用因子 G_i 进行计算。

假设 N_T 已知,并选用 H_{max},式 4.4-C6 中还有两个"未知数"C_{H_o} 和 H_{min}。如果在某一地区,C_{H_o} 可由式 4.4-C4b 计算得到,那么随之可求出 H_{min}。这样,式 4.4-C7 中所有的变量都已知了。如在 4.4.4 条中所讨论的,另一种可能性是确定那个地区的 H_{min},而 C_{H_o} 可用式 4.4-C6 来计算。

4.4-C.2 基于电场 *E* 的关系式

假设在远场条件下,室外电场强度和系数 L 可以用来计算 $N_o\{U_h \geqslant U_L\}$,则可以应用式 4.4-C7,只需用 C_{E_o} 代替 C_{H_o},E_{max} 代替 H_{max},E_{min} 代替 H_{min},L_o 代替 G_o,而 M_G 和 S_G 由 M_L 和 S_L 代替即可。换言之,只要将所有的磁场替换为相应的电场就可以应用式 4.4-C7。

如果 $E_o=(k/P)/r$,根据对偶关系,式 4.4-C4 可写成:

$$n(E)=\frac{dN(E)}{dE}=-\frac{C_{E_o}}{E^3} \tag{4.4-C8(a)}$$

式中:

$$C_{E_o}=2\pi\sum_{j=1}^{N}\mu_j k_j^2 P_j \tag{4.4-C8(b)}$$

式 4.4-C6 也可写成

$$N_T=\frac{C_{E_o}}{2}\left(\frac{1}{E_{min}^2}-\frac{1}{E_{max}^2}\right) \tag{4.4-C9}$$

关于如何变换各种关系式以利用系数 L_i 来进行计算见附录 4.4-B。

附录 4.4-D 一些数学关系式

本附录汇总了大量的数学关系式,包括在附录 4.4-B 和附录 4.4-C 中用到的所谓的误差函数。在 4.4-D.1 中也给出了一系列误差函数的表达式,它们应用在以附录 4.4-B 和附录 4.4-C 中所描述的数学表达式为基础的计算机计算中足够精确。4.4-D.2 综合分析了一些数学关系式,其中包括对数正态分布函数和误差函数。

4.4-D.1 误差函数

根据 erf(x)定义,x 的误差函数由式 4.4-D1 给出

$$\operatorname{erf}(x)=\frac{2}{\sqrt{\pi}}\int_0^x e^{-\alpha^2}\,d\alpha \tag{4.4-D1}$$

误差函数具有以下特性:

$$\operatorname{erf}(0)=0 \tag{4.4-D2(a)}$$

$$\operatorname{erf}(\infty)=1 \tag{4.4-D2(b)}$$

$$\operatorname{erf}(-x)=\operatorname{erf}(x) \tag{4.4-D2(c)}$$

erf(x)的一个有效的级数展开式是式 4.4-D3

$$\operatorname{erf}(x)=1-(a_1t+a_2t^2+a_3t^3+a_4t^4+a_5t^5)e^{-x^2}+\varepsilon(x) \tag{4.4-D3(a)}$$

$$t=\frac{1}{1+px},\ |\varepsilon(x)|\leqslant 1.5\times10^{-7} \tag{4.4-D3(b)}$$

式中:

P=0.284 496 736;

a_1=0.254 829 592;

a_2=0.284 496 739;

a_3=1.421 413 741;

a_4=−1.453 152 027;

a_5=1.061 405 429。

4.4-D.2 对数正态分布的应用

当 x 的对数具有正态分布时，则 x 具有对数正态分布。x 的对数分布的函数形式如下：

$$f(x)\mathrm{d}x = \frac{1}{x\sigma\sqrt{2\pi}}\mathrm{e}^{-\frac{(\ln(x)-\mu)^2}{2\sigma^2}}\mathrm{d}x \tag{4.4-D4}$$

式中：μ 为 $\ln(x)$ 的平均值，而 σ 为相关的标准差。如果后者已知，单位为 dB，M(dB…)是平均值，S(dB)是相关的标准差，则 $\mu=M\ln(10)/20$，而 $\sigma=S\ln(10)/20$。在式 4.4-D4 中给出的分布函数具有这样的特性：如果 $-\infty\leqslant x\leqslant+\infty$，则这函数在 x 的所有取值范围内的积分等于 1，这就意味着在式4.4-D4 给出的 $f(x)$具有恰当的正态特性。如果 $f_t(x)$是 x 的截断正态分布，那么 $x_i\leqslant x\leqslant x_u$，该分布必须再次标准化。在此情况下，$f_t(x)$可以正式写成 $f_t(x)=\alpha_t f(x)$，式中，

$$\alpha_t^{-1} = \int_{x_l}^{x_u}\frac{1}{x\sigma\sqrt{2\pi}}\mathrm{e}^{-\frac{(\ln(x)-\mu)^2}{2\sigma^2}}\mathrm{d}x = \frac{1}{\sqrt{\pi}}\int_{-\infty}^{y_u}\mathrm{e}^{-y^2}\mathrm{d}y - \frac{1}{\sqrt{\pi}}\int_{-\infty}^{y_i}\mathrm{e}^{-y^2}\mathrm{d}y \tag{4.4-D5(a)}$$

结果

$$\alpha_t = \frac{\mathrm{erf}(y_u)-\mathrm{erf}(y_i)}{2} \tag{4.4-D5(b)}$$

式中：

$$y = \frac{\ln(x)-\mu}{\sigma\sqrt{2}}, y_u = \frac{\ln(x_u)-\mu}{\sigma\sqrt{2}}, y_i = \frac{\ln(x_i)-\mu}{\sigma\sqrt{2}} \tag{4.4-D5(c)}$$

当在附录 4.4-B 中进行积分时，可利用以下的积分解，它可以很容易地用上述关系式来验证。利用下式，4.4-B4 导出式 4.4-B7 ：

$$\int_{x_i}^{x_u}x^{-2}f_t(x)\mathrm{d}x = \alpha_t\frac{\mathrm{e}^{-2\mu+2\sigma^2}}{2}\{\mathrm{erf}(z_u)-\mathrm{erf}(z_i)\} \tag{4.4-D6(a)}$$

式中：

$$z_u = y_u - \sigma\sqrt{2},\qquad z_i = y_i - \sigma\sqrt{2} \tag{4.4-D6(b)}$$

在式 4.4-B5 的推导中应用了下式：

$$\int_{x_i}^{x_u}x^{-2}f_t(x)\mathrm{d}x = \alpha_t\frac{\mathrm{e}^{-2\mu+2\sigma^2}}{2}[\mathrm{erf}(z_u)-\mathrm{erf}(z_i)] \tag{4.4-D7(a)}$$

式中：

$$z_u = y_u + \sigma\sqrt{2}\qquad z_i = y_i + \sigma\sqrt{2} \tag{4.4-D7(b)}$$

参考文献

D1 Handbook of mathematical functions, M. Abramowitz and I. A Stegun, Dover Publications Inc., New York, 1972;

D2 Approximation for digital computers, C. Hastings Jr., Princeton Univ. Press, Princeton, N. J., 1959 (see also Ref. D1)。

4.5 30 MHz 以上垂直方向上辐射的可预测性

概述

CISPR 11 规定了地面上工业、科学和医疗等射频设备的电磁干扰在现场近地位置的辐射限值。在 CISPR 11 中，鉴于系统安全的保护，其中讲到“许多航空通讯设备都要求对垂直方向电磁干扰有限制，决定这些系统需要什么样的保护的工作正在进行。”

本条考虑了频率在 30 MHz 以上，由靠近真实均匀地面的电小源所产生的电场的垂直方向图的计算。其目的是根据地面附近的电场强度的现场测量来研究垂直方向辐射的可预测性。电小源是激励频率在 30 MHz～1 GHz 的对称电偶极子或磁偶极子。

由大范围内的地面的电特性对垂直方向性图的影响，随着地面由潮湿地向非常干燥地的改变而改变。还有，大地接近理想导体这种特例，也被考虑在内。

研究表明，靠近地面测量时，仰角辐射的可预测性受到限制。第4.5条确认在研究制定高于30 MHz频率的电磁干扰辐射的限值和测量方法时须考虑的有关因素，旨在保护工作频率高于30 MHz的航空无线电导航和通信系统。例如，理想导体上的场垂直方向性图不能代替真实地面上的场方向性图。更重要的是，第4.4条表明为了得到对仰角辐射场的良好预测性，近地面现场测量时，在已知发射源设备距离的情况下，不应固定测量的高度，而必须进行高度扫描。

4.5.1 范围

第4.5条涉及的垂直方向上辐射的可预测性，是基于靠近地面的电气设备产生的电场场强。测量目的是给一些电气设备仰角辐射时的可预测性作一些指导，特别是工业、科学和医疗等射频设备。为此，研究由频率高于30 MHz的位于靠近真实均匀地面的电小源辐射的电场的垂直方向性图的计算。

在离各种电小源10 m、30 m和300 m处水平和垂直极化电场(包括地面波)的垂直方向性图已分别被计算出来，以便于量化辐射场随距离的变化，并给出了一系列有关垂直方向上的方向性图的形状。通过对近地电场场强仰角辐射时电场场强的比较，我们可了解到有关电场场强是随离地高度而变化的。

电小源是激励频率在30 MHz～1 GHz范围内的对称电偶极子或磁偶极子。出于研究的需要，电偶极子源的最大线尺寸不能大于有关频率的自由空间波长的十分之一。

第4.5条同时考虑了由大范围内的地面电特性的变化对垂直方向性图的影响。从潮湿地向非常干燥地[1][2]和接近理想导体的大地改变时，电导率和介电常数必将随着改变。

由靠近地面的墙、建筑、不规则地形、河道和植被等对电波传播造成的影响不在考虑的范围内。需要强调的是，这些不连续介质成为对电波传播造成影响的额外的不确定因素，以及由电介质现场测量的可预测性所造成的影响尚未考虑。

4.5.2 引言

在CISPR 11[3]的5.3条中表Ⅵ提供了保护特殊安全业务的辐射限值。它适用于在地面上方的工业、科学和医疗等射频设备所产生的电磁干扰的现场测量，而不适用于在试验场地测量。表Ⅵ所列出的30 MHz以上5个频率段全部适用于航空业务，包括仪表着陆系统或仪表低空近进系统(ILS)、指点信标、航向信标和下滑信标频率，还有救生频率、其他无线电导航和通信频段。表Ⅵ的一个注释提到：“许多航空通信业务都需要对垂直辐射电磁骚扰加以限制，决定需要为这些系统提供什么样的保护的工作正在继续进行。”

现场测量的距离已在表格Ⅵ中列出，适用于30 MHz以上的所有5个频段的距离是离设备所在的建筑物外墙10 m。需强调的是离工科医等射频设备的准确测量距离并没有给出。

测量对称偶极子产生的水平或垂直极化电场的高度在CISPR 11中7.2.4列出。“在第2组A类设备中，天线中心应离地面3 m±0.2 m。在第1组和第2组B类设备中，天线中心应在离地面1 m～4 m之间调节，以获得在每个测试频点的最大指示。天线上离地面最近的点不应小于0.2 m。”测量天线在测量第1组A类设备(例如包括大型“开关电源组件(还未合并成一个设备)”，见CISPR 11附件4.4-A)的发射时，离地高度没有给定。一般来说，CISPR 11允许A类工业、科学和医疗设备应制造商的要求在试验场地或在现场测试，同时要求B类工业、科学和医疗设备必须在试验场地测试。但是，为对一些特殊安全业务提供保护，CISPR 11指出“……国家权威机构会要求在现场测量……”从中可以推断出当要求提高时，例如在5.3规定下，A类和B类工业、科学和医疗设备都必须在现场测量。

当我们在CISPR 11中考虑规定现场测量中的测量距离和测量天线高度的方法后，提出以下的问题是有意义的：

a) 通过对离发射源水平距离10 m，在真实地面以上1 m～4 m之间进行高度扫描的同时，分别测量水平极化和垂直极化电场，能否精确预测仰角辐射场强？

b) 当离发射源水平距离大于10 m，或者实际距离未知时(未指定)，仰角辐射场强能否预测？

c) 当测量天线的中心离地高度固定时，例如3 m，预测性将受到怎样的影响？

d) 如果计算时采用通常的近似方法，那么用理想导体来代替真实大地的影响会给对垂直方向性图预测的判断造成什么样的错误，在计算时只用近似值，那么在判断垂直模型的可预测性时，什么样的错误会增加?

为了在 30 MHz~1 GHz 的频率范围内得到答案,将四种电偶极子靠近真实均匀地面表面放置,根据其所产生的电场辐射计算出一些垂直极面方向性图和随高度线性扫描的场分布图。预测性的好坏已可以判断出来。计算所得的方向性图表明:基于地面测量的各种源发射的垂直和水平极化电场与仰角辐射时的垂直极化和水平极化电场场强的最大值(无论哪个方向更大)有关。最简单的源辐射到地面上半空间的方向性图被计算出来。如果用方向性图来预测有问题的话,那么当真实的工业、科学和医疗设备,像塑料焊接机器或射频透热疗法机器作为源时,就不太可能改善预测的准确性。

电小源在铜接地平面上方所辐射的电场的垂直极面方向性图和线性高度扫描场分布图也已被计算出来。铜接地平面提供了理想导体的边界条件,来区别良导体和真实地面,这样可以识别接近真实地面的垂直方向性图和接近理想导体表面的垂直方向性图的差异,这种差异体现了如果考虑在理想导体接地面上方所计算出来的垂直方向性图来判断预测性所出现的错误有多大。

所用的四种源是电小水平及垂直电偶极子和磁偶极子。在研究工业、科学和医疗设备仰角辐射的预测性时,用这些电小偶极子源作为模型是有道理的。真实大地上方工作频率为 27 MHz 的工业、科学和医疗设备所产生的 4 次谐波的空中传播测量在参考文献[4]中的报告比参考文献[5]研究的深远。参考文献[5]表明,与经过工业、科学和医疗设备上空的单个飞行器相遇的、约在频率 109MHz 的水平极化场的垂直分布完全可以和一个电偶极子或磁偶极子源仰角辐射的场分布相匹配。参考文献[5]中一些报告在附录 4.5-A 中汇总。

4.5.3 垂直面场方向性的计算方法

电场垂直极面方向性图和线性高度扫描场分布图可以用双精度的矩量法计算机软件 NEC[6]计算出来。用带有 SOMNEC 软件的 NEC2 可以计算在空气和大地分界处的场相互作用的 Sommerfeld 积分,这样当计算实际地面上的电场总场时,就可以得到 Sommerfeld-Norton 表面波的分布(在 4.5.4.3 中讨论)。在第 4.5 条的计算中也将包括近场。

计算中所用模型包括垂直与水平对称的小电偶极子,垂直与水平对称的电流环(磁偶极子),每个偶极子都有单位偶极矩(例如:电偶极子的偶极[电流]矩为 1 Am,电流环的偶极矩为 1 Am^2)。为了表明场源高度的变化对垂直方向性图的影响,所有场源都放置在其中心距离地面 1 m 或 2 m 的高度上。这种影响还包括,当场源和其在地下的镜像之间的距离随着频率增加增大超过 $\lambda/2$ 时,出现附加的辐射主瓣(称为栅瓣)图[8]。

计算垂直极面方向性图的场源模型的几何结构和垂直面内以场源为中心的等半径扫描路径都表示在每个极化方向性图的右上角。

计算线性高度扫描分布图的平面如图所示,图中同时给出了每个线性高度扫描分布图。

4.5.3.1 激励频率和大地的电特性参数

场源模型的 5 个激励频率分别属于 CISPR 11 表Ⅵ中 国际电信联盟规定的 5 个频段,如表 4.5-1 所示:

表 4.5-1

激励频率 MHz	国际电信联盟(ITU)规定频段
75	74.8~75.2 MHz,航空无线导航(仪表着陆系统(ILS),指点信标,水平极化)
110	108~137 MHz,航空无线导航和移动航空导航 (包括 ILS 定位器(108~112 MHz),水平极化)
243	243 MHz 主要用于救生航空站和救生设备
330	328.6~335.4 MHz,限于 ILS 应用(滑行路径,水平极化)
1 000	960~1 215 MHz,在世界范围内被预留用于发展航空电子辅助导航

电小发射源放置在“中等干燥地”(CCIR—中等干燥地、岩石、沙地、中等城市[2])上空,受到极大关

注[1]。在 30 MHz 和其他 5 个频率上的“中等干燥地”的电特性参数:相对介电常数 ε_r 和电导率 σ(mS/m)列于表 4.5-2。

表 4.5-2 “中等干燥地”的电特性常数[1](CCIR 中等干燥地、岩石、沙地、中等城市[2])

频率/MHz	ε_r	σ/(mS/m)	频率/MHz	ε_r	σ/(mS/m)
30	15	1	243	15	4.5
75	15	1.5	330	15	7.5
110	15	2	1 000	15	35

在接近频段的最低点和最高点,即 75 MHz 和 1 000 MHz,以电小垂直环(水平磁偶子)放置在两种地面上为例来说明大地的电特性参数对垂直方向上的辐射特性的影响(详见 4.5.4.1)。“潮湿地”和“非常干燥地”在 30 MHz、75 MHz 和 1 000 MHz 的频率上的电气参数列于表 4.5-3。

表 4.5-3 “潮湿地”[1](CCIR 沼泽地(流动水);耕地[2])和“非常干燥地”[1]的电特性参数(CCIR—— 非常干燥地;寒冷地带的岩石山峰;工业地区[2])

频率 MHz	“潮湿地”		“非常干燥地”	
	ε_r	σ/(mS/m)	ε_r	σ/(mS/m)
30	30	10	3	0.1
75	30	13	3	0.1
1 000	30	140	3	0.15

4.5.4 仰角辐射预测的局限性

4.5.4.1 大地电特性参数的影响

在预测仰角辐射场强时,观察大地电特性参数宽范围的变动对场相对小的影响是有用的。选择一个中心离地 2 m 的电小垂直环(水平磁偶极子)作为场源模型。模型的几何结构如图 4.5-1。对这种源来说,当在接近地面处测得的垂直方向 Z 上的电场分量 E_z,以估算在仰角处的水平方向上的电场分量 E_x 和垂直方向上的电场分量 E_z 的最大值时,能获得最好的可预测性。

4.5.4.1.1 75 MHz 时大地电特性参数的影响

如图 4.5-1(a)所示,为 75 MHz 的垂直极化辐射图,该图给出了如表 4.5-2 和表 4.5-3 中所列出的电特性参数的大地上方,扫描半径 R 分别为 10 m、30 m 和 300 m 的 Y-Z 面上,水平极化的场强分量 E_X。可以看出对每个扫描半径,在垂直方向上 E_X 最大场强的差异不超过 3 dB。

如图 4.5-1(b)所示为计算所得的 75 MHz 时随高度扫描到 6 m 的辐射图。该图给出了在 3 种相同类型大地的上方,对应 3 种水平距离处,Z-X 面上的场强分量 E_Z。可以看出在 3 种类型大地上,沿地平线处 E_X 场强的差异远大于 3 dB。但是,如果 E_Z 的测量高度从 1 m 到 4 m,那么当水平距离为 10 m 时,保守估计 E_X 的最大值在垂直方向大约为 3.9 dB～4.7 dB(差异仅为 0.8 dB);当水平距离为 30 m 时,保守估计 E_X 的最大值大约为 5.1 dB～5.7 dB(差异仅为 0.6 dB);当水平距离为 300 m 时,保守估计 E_X 的最大值大约为 18.4 dB～22.1 dB(差异为 3.7 dB)。所以,这里要考虑地面参数值的范围和测量距离。保守估计垂直方向上场强最大值的变化范围在最差的情况下仅为 3.7 dB,这种情况出现在最大测量距离 300 m 处。

4.5.4.1.2 1 000 MHz 时大地电特性参数的影响

如图 4.5-2(a)所示为 1 000 MHz 时的垂直极面方向性图。该图给出了在三种类型的实际地面上以三种扫描半径扫描的在 Y-Z 平面内的水平极化的电场分量 E_X。这三种类型的大地的电特性参数由表 4.5-2 和表 4.5-3 给出。可以看出在此频率上,2 m 高的源的辐射图上出现了很多波瓣。

图 4.5-2(b)为 Z-X 面内垂直方向上的场强分量 E_Z 的垂直极面方向性图。图 4.5-2(c)为在三种真实地面上,以三种距离进行扫描且计算高度达到 6 m 时的 Z-X 面上的场强分量 E_Z 随高度扫描的辐射

特性图。

图 4.5-2(a)表明对于三种扫描半径，场强分量 E_X 的最大值都出现在仰角 77°至 78°之间。比较图 4.5-2(b)和图 4.5-2(a)可知，在"非常干燥地"情况下，当扫描半径为 30 m 和 300 m、仰角为 2°时(也就是，对应于两种半径，高度分别为 1.1 m 和 10.5 m)出现场强的最大值，这主要归功于 E_Z。

观察图 4.5-2 就会发现，如果用垂直极化天线来测量从 1 m 扫到 4 m 时的场强分量 E_Z 的最大值，那么在水平距离为 10 m 处的场强分量 E_X 的最大预测值就会偏小，大约在 1.8 dB～3.2 dB 之间，差异仅为 1.4 dB。从 1 m 扫到 4 m 时，在水平距离为 30 m 处由场强分量 E_Z 来估算 E_X，将使 E_X 的最大值偏小约 1.4 dB(对中等干燥地)或偏小约 2.9 dB(对湿地)，差异仅为 1.5 dB。在"非常干燥地"上，E_Z 的最大值出现在大约 1.1 m 处，因此测量的高度从 1 m 扫到 4 m。在"中等干燥地"或"潮湿地"上方，当扫描高度为 1 m～4 m 时，用水平距离为 300 m 处的 E_Z 来估算 E_X，将使 E_X 的最大值(仰角 77°)偏小约 4.4 dB("中等干燥地")或 5.2 dB("湿地")，差异仅为 0.8 dB。用在"非常干燥地"上方 4 m 处所测得的 E_Z 来估算最大值，E_Z 的最大值出现在仰角 2°处，高度大约为 10.5 m)，将使 E_Z 的最大值偏小约 5.1 dB。因此，在水平距离为 300 m 处的 E_Z 的最大值的差异仍为 0.8 dB。

因此，1 000 MHz 时的计算表明：当用扫描范围为 1 m～4 m，水平距离为 10 m～300 m 处的 E_Z 的测量值来估算考虑不同的大地电特性参数时电场场强的最大值时，我们将得到最大的误差仅为1.5 dB。

4.5.4.1.3 "中等干燥地"上方的可预测性

通过考虑在具有"中等干燥地"电特性参数的大地上方计算所得的电场场强分布图，对 75 MHz～1 000 MHz频率范围内大地上方垂直方向上的辐射场强的可预测性作出判断是合理的。

4.5.4.2 距发射源 10 m 处接近真实大地的基于高度扫描的测量的可预测性

本条对 4.5.2 中的第一个问题给出答案。

概括来说，答案就是：将四种发射源放置在"中等干燥地"上方 1 m 或 2 m、水平距离 10 m 处，通过高度 1 m～4 m 扫描，在不同仰角处对于电场强度的最大值的预测是非常好的。估计值在用于航空业务的 5 个频率处偏小 6 dB。

在两个较低频率点 75 MHz 和 110 MHz，当发射源无论要在大地上方 1 m 的水平电小偶极子，还是中心离地 2 m 的电小垂直环(水平磁偶极子)，估计值都将更加偏小。

在频率点 243 MHz 和 330 MHz，发射源无论是中心离地 1 m 的水平电小偶极子，还是电小垂直环，都将出现严重的偏小估计。

当频率为 1 000 MHz，发射源为中心离地 2 m 的电小垂直环(水平磁偶极子)时，也将出现更严重的偏小估计。

4.5.4.2.1 75 MHz 时的可预测性

如图 4.5-3(a)所示，当频率为 75 MHz 时，离地 1 m 的水平电偶极子周围，Y-Z 面上的场强分量 E_X 和 Z-X 面上的场强分量 E_Z 的场强分布图。当扫描半径为 10 m 时，E_X 在仰角接近 73°时达到最大值，约为 138 dBμV/m。Z-X 面上的 E_Z 场强分布图——真实大地上方的水平电偶极子垂直极化辐射发射[7]——表明在高仰角时近地的垂直极化测量不能对场强作最好的预测。如图 4.5-3(b)所示的基于高度扫描的在 Y-Z 面上水平极化场强分量 E_X 的计算表明，当高度为 4 m，水平距离为 10 m 时，E_X 的值约为 133 dBμV/m。结果，用在 10 m 处基于 1 m～4 m 高度扫描的 E_X 的测量值来预测仰角为 73°时的最大值，估计将至少小 5 dB 左右。

如图 4.5-1(a)所示的垂直极化场强分布图表明离地 10 m 处的 E_X 的测量值不能用来很好地预测 75 MHz 时处于"中等干燥地"上方 2 m 高度的电小环发射的场强最大值。在垂直的 Y-Z 面上 E_X 的最大值可超过 142 dBμV/m。如图 4.5-1(b)所示，由计算所得的随高度扫描场强分布图表明：当水平距离为 10 m 时，Z-X 面上的 E_Z 的垂直极化测量值将在 1.2 m 高时达到最大，约为 138 dBμV/m。由此可见，对垂直方向上的最大辐射场强的低估小于 5 dB。

表 4.5-4 的第 4 列汇总了工作在 75 MHz 的四种发射源在垂直方向上的场强预测值的误差估计，

这种误差估计基于水平距离为 10 m，高度为 1 m～4 m 扫描的测量。第 1 列列出了辐射源和它们的高度。第 2 列列出了对垂直极化场强分布图中场强最大值起作用的场强分量以及场强达到最大时的仰角。第 3 列列出了当在水平距离为 10 m 处、高度线性扫描时测量所得的用于能最好地预测场强最大值的场强分量。

表 4.5-4　基于在已知距离 d，高度扫描 1 m～4 m 的测量基础上，在对垂直方向的辐射进行预测时的误差估计，频率为 75 MHz（改编自[10]）

(1) 辐射源/高度	(2) 极化图 10 m 处最大场强/角度	(3) 水平距离 10 m 处场强的测量值	(4) 10 m 处预测估计误差	(5) 极化图 30 m 处最大场强/角度	(6) 水平距离 30 m 处场强的测量值	(7) 30 m 处预测估计误差	(8) 极化图 300 m 处最大场强/角度	(9) 水平距离 300 m 处场强的测量值	(10) 300 m 处预测估计误差
垂直电偶极子/1 m	E_Z/15.25°	E_Z	0 dB	E_Z/17.75°	E_Z	−2 dB	E_Z/18°	E_Z	−17.5 dB
垂直电偶极子/2 m	E_Z/8°	E_Z	0 dB	E_Z/12.75°	E_Z	−1 dB	E_Z/13°	E_Z	−16 dB
水平电偶极子/1 m	E_X/72.5° *Y-Z* 面	E_X *Y-Z* 面	−5 dB	E_X/67.5° *Y-Z* 面	E_X *Y-Z* 面	−12 dB	E_X/66° *Y-Z* 面	E_X *Y-Z* 面	−31.5 dB
水平电偶极子/2 m	E_X/30° *Y-Z* 面	E_X *Y-Z* 面	−1.5 dB	E_X/28.75° *Y-Z* 面	E_X *Y-Z* 面	−7 dB	E_X/28.5° *Y-Z* 面	E_X *Y-Z* 面	−26.5 dB
垂直环(水平磁偶极子)/1 m	E_Z/17.5° *Z-X* 面	E_Z *Z-X* 面	−0.5 dB	E_Z/19.75° *Z-X* 面	E_z *Z-X* 面	−2.5 dB	E_Z/20° *Z-X* 面	E_z *Z-X* 面	−18 dB
垂直环(水平磁偶极子)/2 m	E_X/90°	E_Z *Z-X* 面	−4.5 dB	E_X/90°	E_Z *Z-X* 面	−5.5 dB	E_X/90°	E_Z *Z-X* 面	−20.5 dB
水平环(垂直磁偶极子)/1 m	E_Y/37.5° *Z-X* 面	E_Y *Z-X* 面	−2.5 dB	E_Y/36.75° *Z-X* 面	E_Y *Z-X* 面	−9 dB	E_Y/36.5° *Z-X* 面	E_Y *Z-X* 面	−28.5 dB
水平环(垂直磁偶极子)/2 m	E_Y/27° *Z-X* 面	E_Y *Z-X* 面	−1 dB	E_Y/25.5° *Z-X* 面	E_Y *Z-X* 面	−6.5 dB	E_Y/25° *Z-X* 面	E_Y *Z-X* 面	−25.5 dB

4.5.4.2.2　110 MHz 时的可预测性

如图 4.5-4(a)所示，当频率为 110 MHz 时，离地 1 m 的水平电偶极子周围，*Y-Z* 面上的场分量 E_X 和 *Z-X* 面上的场分量 E_Z 的垂直极面方向性图。当扫描半径为 10 m 时，E_X 在仰角接近 41 时达到最大值，约为 141 dBμV/m。*Z-X* 面上的 E_Z 场强分布图表明在高仰角时近地的垂直极化测量不能对场强作最好的预测。如图 4.5-4(b)所示的基于高度扫描的在 *Y-Z* 面上水平极化场强分量 E_X 的计算表明，当高度为 4 m，水平距离为 10 m 时，E_X 的值几乎达到 139 dBμV/m。因此，对水平极化场分量 E_X 在仰角为 40°时的最大值的低估小于 3 dB。

如图 4.5-5(a)所示，当频率为 110 MHz 时，离地 2 m 的电小垂直环(水平磁偶极子)周围，*Y-Z* 面上的场分量 E_X 和 *Z-X* 面上的场分量 E_Z 的垂直极面方向性图。当扫描半径为 10 m 时，E_Z 在仰角接近 40°时达到最大值，约为 146 dBμV/m。如图 4.5-5(b)所示，当高度为 1 m，水平距离为 10 m 时，场分量 E_z 的值几乎达到 144 dBμV/m，这对在仰角为 40°时 E_Z 值的低估小于 2.5 dB。

表 4.5-5 的第 4 列汇总了工作在 110 MHz 的四种发射源在垂直方向上的场强预测值的误差估计。这种误差估计基于水平距离为 10 m，高度为 1 m～4 m 扫描的测量。

表 4.5-5 基于在已知距离 d，高度扫描 1 m～4 m 的测量基础上，在对垂直方向的辐射进行预测时的误差估计。频率为 110 MHz(改编自[10])

(1) 辐射源/高度	(2) 极化图 10 m 处最大场强/角度	(3) 水平距离 10 m 处场强的测量值	(4) 10 m 处预测估计误差	(5) 极化图 30 m 处最大场强/角度	(6) 水平距离 30 m 处场强的测量值	(7) 30 m 处预测估计误差	(8) 极化图 300 m 处最大场强/角度	(9) 水平距离 300 m 处场强的测量值	(10) 300 m 处预测估计误差
垂直电偶极子/1 m	E_Z/15.25°	E_Z	0 dB	E_Z/17.75°	E_Z	−2 dB	E_Z/18°	E_Z	−17.5 dB
垂直电偶极子/2 m	E_Z/8°	E_Z	0 dB	E_Z/12.75°	E_Z	−1 dB	E_Z/13°	E_Z	−16 dB
水平电偶极子/1 m	E_X/72.5° Y-Z 面	E_X Y-Z 面	−5 dB	E_X/67.5° Y-Z 面	E_X Y-Z 面	−12 dB	E_X/66° Y-Z 面	E_X Y-Z 面	−31.5 dB
水平电偶极子/2 m	E_X/30° Y-Z 面	E_X Y-Z 面	−1.5 dB	E_X/28.75° Y-Z 面	E_X Y-Z 面	−7 dB	E_X/28.5° Y-Z 面	E_X Y-Z 面	−26.5 dB
垂直环(水平磁偶极子)/1 m	E_Z/17.5° Z-X 面	E_Z Z-X 面	−0.5 dB	E_Z/19.75° Z-X 面	E_Z Z-X 面	−2.5 dB	E_Z/20° Z-X 面	E_Z Z-X 面	−18 dB
垂直环(水平磁偶极子)/2 m	E_X/90°	E_Z Z-X 面	−4.5 dB	E_X/90°	E_Z Z-X 面	−5.5 dB	E_X/90°	E_Z Z-X 面	−20.5 dB
水平环(垂直磁偶极子)/1 m	E_Y/37.5° Z-X 面	E_Y Z-X 面	−2.5 dB	E_Y/36.75° Z-X 面	E_Y Z-X 面	−9 dB	E_Y/36.5° Z-X 面	E_Y Z-X 面	−28.5 dB
水平环(垂直磁偶极子)/2 m	E_Y/27° Z-X 面	E_Y Z-X 面	−1 dB	E_Y/25.5° Z-X 面	E_Y Z-X 面	−6.5 dB	E_Y/25° Z-X 面	E_Y Z-X 面	−25.5 dB

4.5.4.2.3 243 MHz 时的可预测性

如图 4.5-6(a)所示，当频率为 243 MHz 时，中心离地 1 m 的垂直电偶极子周围，Z-X 面上的场分量 E_X 和 E_Z 的垂直极面方向性图。当扫描半径为 10 m 时，E_Z 在仰角接近 33.75°时达到最大值，约为 144 dB(μV/m)。而如图 4.5-6(b)所示，当高度在 1 m～4 m 范围内扫描，水平距离为 10 m 时，计算所得的场分量 E_Z 在 1.65 m 高度处有一个峰值，其值约为 143 dB(μV/m)。这对场强最大值的低估仅为 1 dB。

如图 4.5-7(a)所示为中心距离中等干燥地面 1 m 的电小垂直环周围，Y-Z 面上的场分量 E_X 和 Z-X 面上的场分量 E_Z 的垂直极面方向性图。当扫描半径为 10 m 时，E_Z 在 Z-X 面上仰角为 36.25°时达到最大值，约为 159 dBμV/m。而如图 4.5-7(b)所示，当高度在 1 m～4 m 范围内扫描，水平距离为 10 m 时，计算所得的场分量 E_Z 在 1.65 m 高度处有一个峰值，其值约为 157 dBμV/m。这对场强最大值的低估接近 2.5 dB。

如图 4.5-8(a)所示，当频率为 243 MHz 时，距中等干燥地面 1 m 的电小水平环周围，水平极化电场的垂直极面方向性图。最接近地面的主瓣峰值出现在仰角 17°的位置，因此，也就是在高度为 2.9 m，离场源的水平距离为 10 m 处达到场强的最大值。如图 4.5-8(b)所示为当水平距离为 10 m 时，Z-X 面上的场分量 E_Y 随高度扫描的场分布图。本例中，对 E_Y 最大值的低估小于 0.5 dB。

表 4.5-6 的第 4 列汇总了工作在 243 MHz 的四种发射源在垂直方向上的场强预测值的误差估计。

这种误差估计基于水平距离为 10 m,高度为 1 m～4 m 扫描的测量。

表 4.5-6 基于在已知距离 d,高度 1 m～4 m 扫描的测量基础上,在对垂直方向的辐射进行预测时的误差估计,频率为 243 MHz(改编自[10])

(1) 辐射源/高度	(2) 极化图 10m 处最大场强/角度	(3) 水平距离 10 m 处场强的测量值	(4) 10 m 处预测估计误差	(5) 极化图 30 m 处最大场强/角度	(6) 水平距离 30 m 处场强的测量值	(7) 30 m 处预测估计误差	(8) 极化图 300 m 处最大场强/角度	(9) 水平距离 300 m 处场强的测量值	(10) 300 m 处预测估计误差
垂直偶极子/1 m	E_Z/33.75°	E_Z	−1 dB	E_Z/10.5°	E_Z	−0.5 dB	E_Z/10.5°	E_Z	−16 dB
垂直电偶极子/2 m	E_Z/18.25°	E_Z	−0.5 dB	E_Z/18.25°	E_Z	−0.5 dB	E_Z/7°	E_Z	−13 dB
水平电偶极子/1 m	E_X/17.5° Y-Z 面	E_X Y-Z 面	−0.5 dB	E_X/17.5° Y-Z 面	E_X Y-Z 面	−4 dB	E_X/17.5° Y-Z 面	E_X Y-Z 面	−22.5 dB
水平电偶极子/2 m	E_X/9° Y-Z 面	E_X Y-Z 面	0 dB	E_X/8.75° Y-Z 面	E_X Y-Z 面	−0.5 dB	E_X/8.75° Y-Z 面	E_X Y-Z 面	−17 dB
垂直环(水平磁偶极子)/1 m	E_Z/36.25° Z-X 面	E_Z Z-X 面	−2.5 dB	E_Z/36.5° Z-X 面	E_Z Z-X 面	−2 dB	E_Z/36.50° Z-X 面	E_Z Z-X 面	−17 dB
垂直环(水平磁偶极子)/2 m	E_X/70.5° Y-Z 面	E_Z Z-X 面	−2.5 dB	E_X/69.25° Y-Z 面	E_Z Z-X 面	−3 dB	E_X/69° Y-Z 面	E_Z Z-X 面	−15 dB
水平环(垂直磁偶极子)/1 m	E_Y/17° Z-X 面	E_Y Z-X 面	−0.5 dB	E_Y/16.75° Z-X 面	E_Y Z-X 面	−3.5 dB	E_Y/16.75° Z-X 面	E_Y Z-X 面	−22.5 dB
水平环(垂直磁偶极子)/2 m	E_Y/9° Z-X 面	E_Y Z-X 面	0 dB	E_Y/8.75° Z-X 面	E_Y Z-X 面	0 dB	E_Y/8.75° Z-X 面	E_Y Z-X 面	−17 dB

4.5.4.2.4 330 MHz 时的可预测性

如图 4.5-9(a)所示,当频率为 330 MHz 时,中心离地 1 m 的垂直电小偶极子周围,Z-X 面上的场分量 E_X 和 E_Z 的垂直极面方向性图。当扫描半径为 10 m 时,E_Z 在仰角为 26°时达到最大值,约为 148 dB(μV/m)。而如图 4.5-9(b)所示,当高度在 1 m～4 m 范围内扫描,水平距离为 10 m 时,计算所得的场分量 E_Z 在 1.45 m 高度处有一个峰值,其值约为 146 dB(μV/m)。可见,对场强最大值的低估小于 2dB。

如图 4.5-10(a)所示为中心距中等干燥地面 1 m 的电小垂直环周围,Y-Z 面上的场分量 E_X 和 Z-X 面上的场分量 E_Z 的垂直极面方向性图。当扫描半径为 10 m 时,E_Z 在 Z-X 面上仰角为 69°时达到最大值,约为 167 dB(μV/m)。而如图 4.5-10(b)所示,当水平距离为 10 m 时,计算所得的场分量 E_Z 在 1.45 m高度处有一个峰值,其值约为 162 dB(μV/m)。因此,垂直极化场分量 E_Z 随高度扫描的测量值对水平极化场分量 E_X 在垂直方向上,仰角为 69°时的最大值的低估约为 4.5 dB。

由图 4.5-11(a)可以观察到当一个电小环放置在中等干燥地上方 1 m 时,它所发射的频率为 330 MHz的水平极化电场的垂直极面分布图。靠近地面的主瓣峰值出现在仰角 12.75°处。因此,如图 4.5-11(b)所示,这个峰值可在高度 2.2 m,水平距离为 10 m 处测得。所以,这个例子中,估计该仰角处的场强的最大值不存在误差。

表 4.5-7 的第 4 列汇总了工作在 330 MHz 的四种发射源在垂直方向上的场强预测值的误差估计。

这种误差估计基于水平距离为 10 m,高度为 1 m～4 m 扫描的测量。

表 4.5-7 基于在已知距离 d,高度扫描 1 m～4 m 的测量基础上,在对垂直方向的辐射进行预测时的误差估计,频率为 330 MHz（改编自[10]）

(1) 辐射源/高度	(2) 极化图 10 m 处最大场强/角度	(3) 水平距离 10 m 处场强的测量值	(4) 10 m 处预测估计误差	(5) 极化图 30 m 处最大场强/角度	(6) 水平距离 30 m 处场强的测量值	(7) 30 m 处预测估计误差	(8) 极化图 300 m 处最大场强/角度	(9) 水平距离 300 m 处场强的测量值	(10) 300 m 处预测估计误差
垂直电偶极子/1 m	E_Z/26°	E_Z	−2 dB	E_Z/26°	E_Z	−0.5 dB	E_Z/9°	E_Z	−15 dB
垂直电偶极子/2 m	E_Z/27.25°	E_Z	−0.5 dB	E_Z/5.75°	E_Z	0 dB	E_Z/5.5°	E_Z	−11.5 dB
水平电偶极子/1 m	E_X/13° Y-Z 面	E_X Y-Z 面	0 dB	E_X/12.75° Y-Z 面	E_X Y-Z 面	−2 dB	E_X/12.75° Y-Z 面	E_X Y-Z 面	−20 dB
水平电偶极子/2 m	E_X/6.5° Y-Z 面	E_X Y-Z 面	0 dB	E_X/6.5° Y-Z 面	E_X Y-Z 面	0 dB	E_X/6.5° Y-Z 面	E_X Y-Z 面	−14.5 dB
垂直环(水平磁偶极子)/1 m	E_Z/69° Y-Z 面	E_Z Z-X 面	−4.5 dB	E_Z/68.25° Z-X 面	E_Z Z-X 面	−3.5 dB	E_X/68° Z-X 面	E_Z Z-X 面	−17.5 dB
垂直环(水平磁偶极子)/2 m	E_X/66.75° Y-Z 面	E_Z Z-X 面	−2.5 dB	E_X/66° Y-Z 面	E_Z Z-X 面	−2.5 dB	E_X/66° Y-Z 面	E_Z Z-X 面	−12.5 dB
水平环(垂直磁偶极子)/1 m	E_Y/12.75° Z-X 面	E_Y Z-X 面	0 dB	E_Y/12.5° Z-X 面	E_Y Z-X 面	−2 dB	E_Y/12.5° Z-X 面	E_Y Z-X 面	−20 dB
水平环(垂直磁偶极子)/2 m	E_Y/6.5° Z-X 面	E_Y Z-X 面	0 dB	E_Y/6.5° Z-X 面	E_Y Z-X 面	0 dB	E_Y/6.5° Z-X 面	E_Y Z-X 面	−14.5 dB

4.5.4.2.5 1 000 MHz 时的可预测性

如图 4.5-2 所示,当频率为 1 000 MHz 时,中心距地面 1 m 的电小垂直环周围,场分量 E_X 和 E_Z 的垂直极面方向性图。当扫描半径为 10 m 时,E_X 在 Y-Z 面上仰角为 77.5°时达到最大值,约为 187 dBμV/m。而如图 4.5-2(c)所示,当水平距离为 10 m,扫描高度为 1～4 m 时,计算所得的场分量 E_Z 在 Z-X 面上 3.2 m 高度处有一个峰值,其值约为 184 dBμV/m。因此,垂直极化场分量 E_Z 随高度扫描的测量值对场强最大值的低估约为 3 dB。

由图 4.5-12(a)可以观察到当一个电小水平环放置在中等干燥地上方 1 m 时,它所发射的频率为 1 000 MHz的水平极化电场的垂直极面分布图。最接近地面的主瓣峰值仅出现在仰角 4.25°处。再如图 4.5-12(b)所示,这个峰值出现在高度 0.74 m,水平距离为 10 m 处。因此,这个最大值将不能在 1 m～4 m 的高度扫描测量中被测得。下一个旁瓣在 2.3 m 处,用它的测量值来预测主瓣的最大场强,低估值小于 0.5 dB。

表 4.5-8 的第 4 列汇总了工作在 1 000 MHz 的四种发射源在垂直方向上的场强预测值的误差估计。这种误差估计基于水平距离为 10 m,高度为 1 m～4 m 扫描的测量。

表 4.5-8 基于在已知距离 *d*，高度扫描 1 m～4 m 的测量基础上，在对垂直方向的辐射进行预测时的误差估计。频率为 1 000 MHz（改编自[10]）

(1) 辐射源/高度	(2) 极化图 10m 处最大场强/角度	(3) 水平距离 10 m 处场强的测量值	(4) 10 m 处预测估计误差	(5) 极化图 30 m 处最大场强/角度	(6) 水平距离 30 m 处场强的测量值	(7) 30 m 处预测估计误差	(8) 极化图 300 m 处最大场强/角度	(9) 水平距离 300 m 处场强的测量值	(10) 300 m 处预测估计误差
垂直电偶极子/1 m	E_Z/17.5°	E_Z	−0.5 dB	E_Z/4°	E_Z	0 dB	E_Z/3.75°	E_Z	−9.5 dB
垂直电偶极子/2 m	E_Z/17.75°	E_Z	−0.5 dB	E_Z/2°	E_Z	0 dB	E_Z/2°	E_Z	−5 dB
水平电偶极子/1 m	E_X/4.25° *Y-Z* 面	E_X *Y-Z* 面	−0.5 dB	E_X/4.25° *Y-Z* 面	E_X *Y-Z* 面	0 dB	E_X/4.25° *Y-Z* 面	E_X *Y-Z* 面	−11 dB
水平电偶极子/2 m	E_X/2.25° *Y-Z* 面	E_X *Y-Z* 面	0 dB	E_X/2.25° *Y-Z* 面	E_X *Y-Z* 面	0 dB	E_X/2.25° *Y-Z* 面	E_X *Y-Z* 面	−5.5 dB
垂直环(水平磁偶极子)/1 m	E_Z/64.5° *Z-X* 面	E_Z *Z-X* 面	−2.5 dB	E_Z/64.25° *Z-X* 面	E_Z *Z-X* 面	−1 dB	E_Z/4° *Z-X* 面	E_Z *Z-X* 面	−9.5 dB
垂直环(水平磁偶极子)/2 m	E_X/77.5° *Y-Z* 面	E_Z *Z-X* 面	−3 dB	E_X/77.25° *Y-Z* 面	E_Z *Z-X* 面	−1.5 dB	E_Z/2° *Z-X* 面	E_Z *Z-X* 面	−5 dB
水平环(垂直磁偶极子)/1 m	E_Y/4.25° *Z-X* 面	E_Y *Z-X* 面	−0.5 dB	E_Y/4.25° *Z-X* 面	E_Y *Z-X* 面	0 dB	E_Y/4.25° *Z-X* 面	E_Y *Z-X* 面	−11 dB
水平环(垂直磁偶极子)/2 m	E_Y/9° *Z-X* 面	E_Y *Z-X* 面	0 dB	E_Y/8.75° *Z-X* 面	E_Y *Z-X* 面	0 dB	E_Y/2.25° *Z-X* 面	E_Y *Z-X* 面	−5.5 dB

4.5.4.3 基于接近真实地面、距离发射源大于 10 m、高度进行扫描的测量的可预测性

现在我们可以回答 4.5.2 条中提出的第二个问题，这种测试状况与距离放置工科医设备的建筑物的外墙 10 m 时的现场测试情况相类似。工科医设备在建筑物内部的距离未知。正如前面所述，在这儿我们不考虑由建筑材料引起的衰减。

由计算得到了距离为 30 m 和 300 m 的垂直极化场强分布图和随高度线性扫描场强分布图。读者可以从这些图中看到这种场强分布。

由图和表 4.5-4 至表 4.5-8 中的第 7 列和第 10 列可见，基于接近真实地面高度扫描测量的不同仰角场强的预测，当水平距离超过 10 m，特别是在较低频率时容易低估其值。在距离为 300 m 时低估值将更大。当发射源作为水平电小偶极子时，该距离处的场强低估值在低频时可达到 30 dB。在低频段 30 MHz 附近[11]，尽管表面波起重要作用，但是对水平和垂直极化场的低估仍然存在。当频率升高时，预测值就会得到改善，这主要是因为高频段表面波的影响减小，并且在高度扫描过程中所测得的场强最大值是由空间波的反射波和直射波合成的（该合成波有时被误称作“地面波”）。随着频率的升高，空间波信号的影响在低仰角时将增加，从而形成更多旁瓣。

需要认识到的特别重要的一点是，在水平测试距离为 30 m 或更远处，当场水平极化时，常常会出现把场强的最大值估得过低的最坏情况。这是非常不幸的，因为 ILS（指点信标、航向信标、下滑信标，

见表 4.5-1)的信号都是水平极化传输的,因此,需要对水平极化的干扰的最大防护。

图中也提供了随距离变化的场强变化率。在固定高度上(避免零高度)的计算和测量表明,场强随距离的最大变化率接近与距离的平方成反比。当表面波的影响可忽略不计时,沿切线入射的远场场强在某一固定测量高度上与距离的平方成反比[11][12]。然而,在固定仰角上沿径向路径辐射的空间波场强的变化只是与距离的倒数成正比,而这是在自由空间传播的远场才具有的特性。因此,接近地面所测得到的场强(所谓的地面波)随距离的增加通常比同一波源向空间径向传播的场强衰减要快得多。

假如在某一未知高度进行现场高度扫描测量,就会导致很大的误差。在预测所有四种类型的发射源在 75 MHz～1 000 MHz 频率范围内垂直方向上的辐射场强时,所有的误差都是低估的。

4.5.4.4 基于固定高度测量的可预测性

在有关用到测量天线的测试方法的测试步骤中,CISPER 11 并没有区分保护特殊安全业务所作的现场测量和对保护其他业务所作的现场测量。因此,如果根据标准现场测量第 2 组 A 类的 ISM 设备的辐射发射,那么测量天线所在高度应为 3 m±0.2 m;没有规定扫描高度。

固定高度测试很明显的风险就是场强分布的测试是无意义的。如果发射源中心离地面的电高度增加,那么这种风险发生的可能性也会增加——例如,随着频率增加——会导致形成更多的旁瓣,因此会测得零信号。在高度接近 3 m(或 2 m 高,或其他任何固定高度)测量时,零信号对测试的影响的一些例子在好几个图中可看到。

例如,如图 4.5-2(c)所示,依赖于测试时所在的地面,距离电小垂直环发射源的水平距离为 10 m 时,测得 1 000 MHz 的垂直极化场强与测试高度在 2.8 m 和 3.2 m 之间的场强相比相差大于 6 dB。当水平距离为 30 m 时,在 3 m 高度测得的结果也接近于零。

如图 4.5-12(b)所示,距离高度为 1 m 的电小水平环发射源的水平距离为 10 m 时所测得的 1 000 MHz 的水平极化场强与当采用 CISPR 测量法、测量高度在 2.8 m 和 3.2 m 之间变化时所测得的场强相比,相差大于 12 dB。该图也表明了,当固定高度测量时,场强将以一种不规则的方式随距离而变化。注意当高度为 3 m 时,30 m 距离处和 10 m 距离处测得的场强值相同。在其他高度,30 m 距离处的场强值大于 10 m 距离处的场强。

比较图 4.5-13 与图 4.5-12(b)中的高度扫描曲线,可以看到,在 1 000 MHz,由于水平环电小发射源高度在 1 m 和 2 m 间变化,因此,在水平测试距离为 10 m 和 30 m 时,3 m 测试高度处会通过好几个零点。如果辐射源的高度增加,那么在水平测试距离较大和频率更低时会受到这种影响。

现在我们回答 4.5.2 条提出的第三个问题。答案就是固定高度测试的可预测性下降了。不应该允许在固定高度上的测试,尤其用来决定对特殊安全业务的保护。

必须规定高度扫描,或者,为了测试方便,可以以某种方式规定现场[13]的测试高度。因此,在水平距离为 10 m 时,测试距离可以规定为现场地面以上 4 m 或更低的高度,只要这一高度上的场强超过 4 m处的场强。

4.5.5 真实地面与理想导体上方的场的差异

在真实的地球表面和理想导体上方,场分布有显著的不同。造成这种差异的原因有好几个,而不仅仅是下面这一点,即在理想导体上方两个极化方向的反射系数的大小在任意入射角时都是一致的,而在真实地面上反射系数的大小除了沿切线时,其值都不同。此外,对于理想导体上方的垂直极化波,没有布鲁斯特(Brewster)角,或者用另一种方式表达,在所有反射角上,理想导体中的垂直极化镜像总是与理想导体上垂直极化波源同相。这正好与当垂直极化波遇到有损耗介质(例如大地)的情况相反。在这种情况下,发生 Brewster 角下面的反射的相位有很大的变化并且镜像近似与发射源反相。可以观察到,在 Brewster 角发射的垂直极化波的反射系数对大部分实际中可遇到的真实地来说幅度非常小。

在参考文献[11]中详细讨论金属接地平面上场的特性与实际地面上场的特性的比较。以下摘自参考文献[11],简要讨论是为了回答 4.5.2 条提出的第四个问题。

4.5.5.1 理想导体上方的垂直极化场

在真实大地上方垂直极化表面波的影响是很大的。但是,它不能增加由小的垂直电偶极子在真实大地上方所产生的总的场强,使它等于由相同的垂直偶极子在理想导体的上方所产生的场强。如图 4.5-14所示,为位于"中等干燥地"上方 1 m 处的小的垂直电偶极子所发射的频率为 30 MHz 的场的垂直分量,它可以使用软件通过 NEC 和 SOMNEC 计算以包括表面波,并与在几乎理想的导体(这里是退火铜)上方计算的场相比较。

将在真实大地上方的场与在良导体上方的场比较可知为什么 30 MHz 时,在带有金属接地平面的测量场地所作的垂直极化场测试与在以大地为地平面的测量场地所作的测试没有可比性。尤其是表明为什么在金属接地平面上所作的垂直极化骚扰场的测量结果与基于实际地面的场强骚扰限值相比,有可能对受试设备不利。在金属接地平面上测得的场极有可能超出限值,即使当同样的受试设备,在一个大地地平面上的场强值完全低于限值。这种比较也说明了为什么 30 MHz 时,用给定的偶极矩在理想导体或金属接地平面上所产生的垂直极化场的计算值来预测该偶极矩在真实大地上方不同仰角所产生的场是很差的。如果在良导体上方的场被错误地认为与真实大地上方的场类似,那么他们将越发错误地相信基于真实大地的测试可以对不同仰角上的场强的预测作很好的指导。

如图 4.5-15 所示,垂直电小偶极子所发射的电场的垂直分量随高度的分布图表明,在 1 000 MHz 时,就像在 30 MHz 时的情况一样,金属平面附近的垂直极化场比在"中等干燥地"附近的场要强得多。当把在金属接地平面上测得的骚扰与基于大地为接地平面的骚扰场强限值相比较时,有关在 30 MHz 得到可能对受试设备不利的结论也适用于 1 000 MHz。同样,从图 4.5-15 中也能看出,用金属接地平面上 1 000 MHz 的垂直极化场分布来预测相同的偶极矩在真实大地上不同仰角产生的场,也是很差的。

如图 4.5-15 所示的随高度扫描的场强分布图也清楚地举例说明了当反射发生在 Brewster 角以下时,在有耗介质体中的垂直偶极子镜像的反相的影响。代表 10 m 距离的穿越高度扫描场强分布图的水平虚线显示的高度近似为 1.6 m 处的那一点对应于当源在"中等干燥地"上方 1 m 处时发生在 Brewster 角处的反射。

从图 4.5-15 可以非常清楚地看到,当距离为 10 m 时,在铜接地平面和"中等干燥地"上方都超过 1.6 m的高度所出现的场强和最大值同相,这意味着当从真实大地的反射高于 Brewster 角的仰角时,在两种接地平面情况下的镜像有相同的相位。但是,它也非常清楚地表明,在"中等干燥地"上方、Brewster 角以下反射的垂直极化波与在相应铜接地平面上的反射波反相。换句话说,有损介质中的垂直镜像是相反的,在"中等干燥地"表面上产生相消干涉作用(零点),而在铜接地平面上产生相长干涉作用(最大值)(在两种情况下直射和反射路径的长度是相同的)。1 m 高的垂直偶极子源在"中等干燥地"上方距离 10 m 时的场强最大值发生在 0.75 m 高度处,而在铜接地平面上方,同样的高度都是场强零值。(两种情况下的直射和反射路径长度相差 $\lambda/2$)。

在距离为 30 m、300 m 情况下,高度扫描范围延伸到高度 6 m,反射发生在 Brewster 角以下时,在金属接地平面上方的随高度扫描的场强最大值与在真实大地平面上方的场强最小值相符。这就是为什么不可以认为良导体上方随高度扫描的垂直极化场的计算值与真实地面上方的场相类似,尤其在较大水平距离的时候的主要原因。这样的观念将致使错误地认为,接近真实大地测试能用来很好地预测指导仰角辐射场强，而不必关注距离源的水平距离。

4.5.5.2 理想导体上方的水平极化场

虽然 30 MHz 时真实大地上方的水平极化表面波的影响很小，但是图 4.5-16 所示的高度扫描场分布图表明靠近“中等干燥地”的水平极化场比同样条件下靠近铜平面的相应场要强。

在这两种情况下，为了满足边界条件，在垂直极化场分布图中，在地面上的场强要求为零，并且这个零值要比铜接地平面的情况更低。本例说明，与垂直极化场的测试相反，有可能用真实大地的辐射骚扰限值来衡量采用金属接地平面所测得的水平极化场，在测试中对受试设备较为有利。

如图 4.5-17 所示，由小的水平电偶极子发射的频率为 1 000 MHz 的水平极化场的高度的分布图表明，在没有表面波的影响时，距离 30 m 或更远的高度扫描中，在“中等干燥地”上方测得的水平极化场的最大值与在铜接地地平面测得的场最大值非常相似。与在相长干涉区域内的场强幅度相类似，是由在两种表面上方的低反射角的相似反射系数(大小接近一致)造成的。对于较高的反射仰角，较近的测试距离 10 m，金属接地平面上方的水平极化场的最大值超过真实大地平面上方的水平极化场的最大值。这是因为在真实地面的反射系数的幅值明显不一致，从而反射波对场强达到最大值处的相长干涉作用减小了。

真实大地上方的水平极化场的分布特性不会由于“布鲁斯特角现象”而变复杂。从总体上来说，在频率 30 MHz 或 30 MHz 以上时，真实大地上方的水平极化场的分布形状与金属接地平面上方的相应水平极化场的分布形状相似。在较低频率真实大地上方的场强与金属接地平面上方的场强的一些小差异是由于在真实大地表面上方有表面波存在。在水平距离较近和此时表面波的影响不很显著的较高频率也会存在差异，这是因为由于波在较大角度从地平面反射，水平反射系数就减小了。

4.5.5.3 用良导体上方的场来预测真实大地上方的场

现在我们可以回答 4.5.2 条提出的第四个问题了。

概括地说，在真实大地上方的水平极化场的分布，频率在 30 MHz 以及 30 MHz 以上时与金属接地平面上方的水平极化场的分布相似。但是场的幅值有几个分贝的差别。而且由于真实大地表面波的存在，在较低频率时也会导致一些小的差异；在较高频率，近距离测量时场强的差异是由于当反射角远大于沿切线的入射角时真实大地的水平反射系数减小而引起的。真实大地上方的入射波和反射波的相长干涉所产生的场强最大值略小于在所有反射角度反射系数都接近一致的良导体上方的场强最大值。

然而，当把金属接地平面上方的垂直极化场的分布与真实大地上方的垂直极化场的分布相比较时，就会发现两者有很大的差别。这种差别的主要是由当垂直极化波在有损介质(如真实大地)表面反射时的布鲁斯特角的存在而引起的。当从真实大地的反射低于布鲁斯特角时，场强的最小值与在金属接地平面上方相同的测量配置测得的场强的最大值发生在同一点上，这在地平面的表面最为明显。这种最大值与最小值的相反位置就是为什么不能假设在良导体上方计算所得的随高度扫描的垂直场与真实大地上方场类似的主要原因，特别是在水平距离较大，而反射发生在接近切向时。如果假定两者类似，就会怂恿人们错误地相信可用真实大地附近的测量来预测不同仰角的场强，而不考虑距离水平源的距离。

金属接地平面上方的垂直极化场的分布与同一个源在真实大地上方的垂直极化场的分布形状和幅度是不同的。

4.5.6 不确定度范围

由表 4.5-4～表 4.5-8 汇总的信息也可以形象地表示出 30 MHz 以上仰角辐射发射的电场预测的不确定度范围。这些信息已用于构筑直方图以举例说明对位于地面以上 1 m 或 2 m 的电小源的场强的预测的不确定度，这种预测基于水平距离为 10 m、30 m、300 m 的位置，高度 1 m～4 m 扫描的测量。

图 4.5-18 举例说明基于水平距离为 10 m 的测量预测的不确定度。代表频率为 330 MHz 的不确定度范围的直方图表明,无论是水平电小偶极子(dh)或电小水平环(lh)在 330 MHz 时,都可以得到最佳预测水平极化场 E_h 的最大值的误差基本为零。330 MHz 时的最差预测导致由电小垂直环(lv)发射的水平极化场 E_h 的最大值低估约 4.5 dB。

当在水平距离为 30 m 的位置作高度扫描测量时,如图 4.5-19 所示的频率为 110 MHz 的不确定度直方图表明,在 110 MHz 时,当源为垂直电小电偶极子源时的预测是最佳的源。对垂直极化场强的垂直分量 E_v 的预测可能小 0.5 dB,可以忽略不计。110 MHz 时对水平电小偶极子发射的水平极化分量 E_h 的预测是最差的,可以低估 9.5 dB。

图 4.5-20 举例说明当水平测量距离为 300 m 时预测的较大不确定度。在频率为 243MHz 时,表示不确定度范围的直方图表明对水平电小偶极子(dh)和电小水平环(lh)发射的水平极化场分量 E_h 的预测是最差的,误差可达 22.5 dB。尤其是对 243 MHz 时的垂直电小偶极子(dv)发射的垂直极化场分量 E_Z 的预测是最佳的,但也小了 13 dB。图 4.5-19 和图 4.5-20 特别说明当水平距离大于 10 m 的未知距离时,基于接近大地测量的对垂直方向辐射场强的预测误差相当大。

4.5.7 结论

由 CISPR 11 规定的、频率在 30 MHz 以上的 ISM 设备的仰角辐射场强测量会导致预测明显偏低。预测偏低是由于错误定义测量距离而引起的,而到 ISM 设备的测量距离并未定义。

预测仰角辐射场的水平极化场分量时,通常会发生最大的偏低。这是一个值得关注的问题,因为对来自地面的干扰作最佳防护的有关生命安全的航空业务是那些由 ILS 的水平极化的指点信标、航向信标、下滑信标提供的。

在某些条件下,由 CISPR 11 规定,测量在固定高度 3 m 上进行。如果测量是用于决定对特殊安全业务的保护,那么就不应该规定在固定的高度上测量。固定高度的测量是一种冒险,有可能测量值接近于零。当相对于源辐射中心的高度和频率较高时,冒险系数增加。固定高度测量会严重低估近地的真实场强,从而,严重低估某个仰角上的最大场强。基于理想导体或金属接地平面上方的垂直极化场场分布的计算或测量不能用来很好的预测真实地面上的场分布。在真实地面上方反射角低于布鲁斯特角的场强的最小值和最大值正好与同一个源在金属接地平面上方产生的场的情况相反。

为了对生命安全业务和其他通信系统提供保护,必须对近地现场的 ISM 设备在已知水平距离上的辐射骚扰高度扫描测试和限值作出规定。距离 ISM 设备的水平距离为 10 m 的高度扫描测试对仰角辐射场作出准确的估计。如果由于实际原因,距离只能大于 10 m 时,限值也必须是在更长距离上的限值,尤其是与测试距离大于 30 m 时,限值可由 10 m 的限值根据距离辐射源的测试距离的平方成反比导出。这样才能为高空的通信系统和无线电导航系统提供宽松的保护。

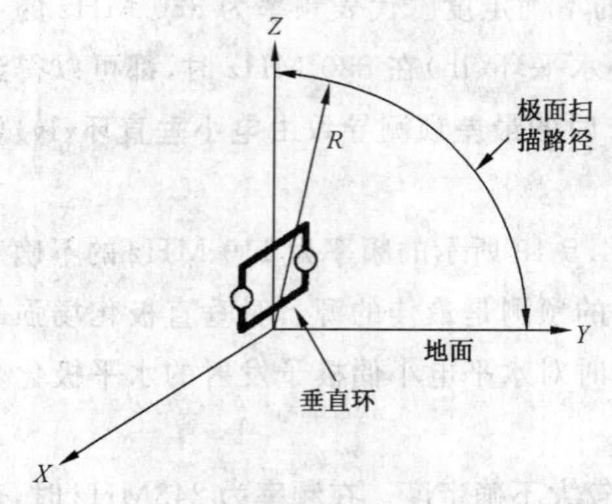

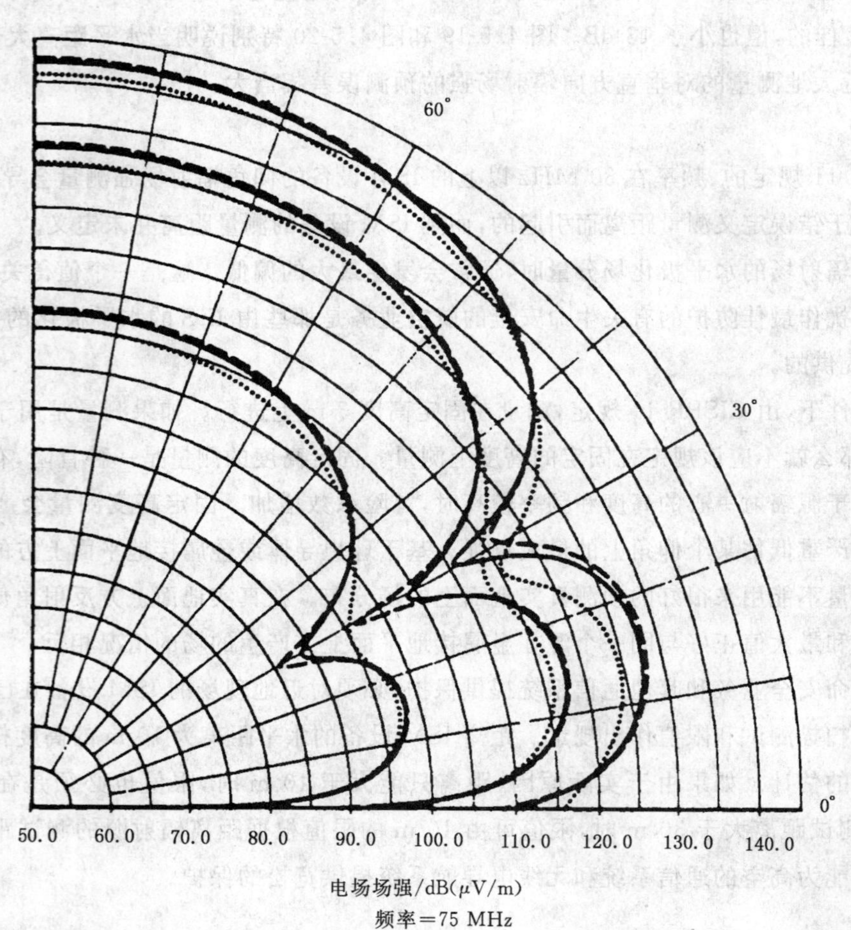

- - - - - 湿土地	$\varepsilon_r=30$，	$\sigma=13$ mS/m
——— 中等干燥土地	$\varepsilon_r=15$，	$\sigma=1.5$ mS/m
·········· 非常干燥土地	$\varepsilon_r=3$，	$\sigma=0.1$ mS/m

图 4.5-1(a)　由大小为 0.1 m×0.1 m，中心高度 2 m，偶极矩 1 A·m^2 的电小垂直环(水平磁偶极子)在三种不同类型真实大地上方辐射的频率为 75 MHz 的水平极化场分量 E_X 的垂直极面方向性图，在 Y-Z 平面内的扫描半径为 10 m、30 m 和 300 m

(引自参考文献[10])

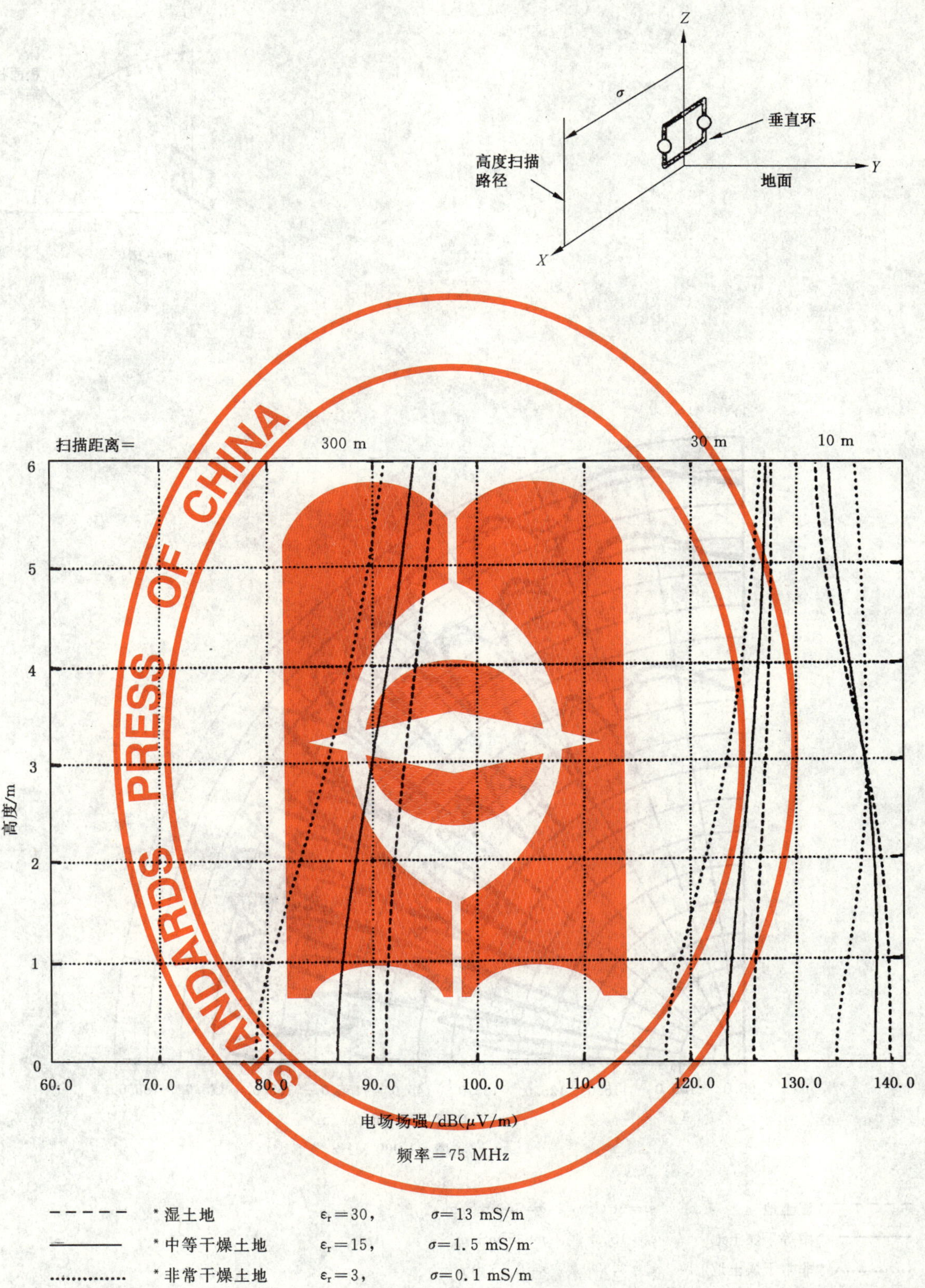

- - - - - ＊湿土地 $\varepsilon_r=30$， $\sigma=13$ mS/m

———— ＊中等干燥土地 $\varepsilon_r=15$， $\sigma=1.5$ mS/m

………… ＊非常干燥土地 $\varepsilon_r=3$， $\sigma=0.1$ mS/m

图 4.5-1(b) 由大小为 0.1 m×0.1 m，中心高度 2 m，偶极矩 1 A·m^2 的电小垂直环（水平磁偶极子）在三种不同类型真实大地上方辐射的频率为 75 MHz 的垂直极化场分量 E_Z 的高度扫描分布图，在 Z-X 平面内的水平距离为 10 m、30 m 和 300 m（引自参考文献[10]）

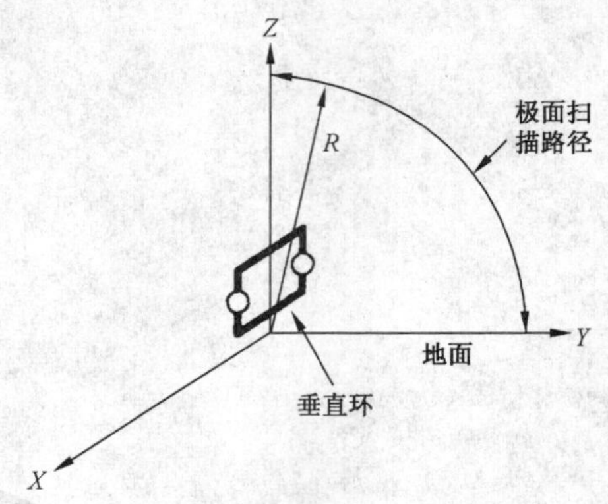

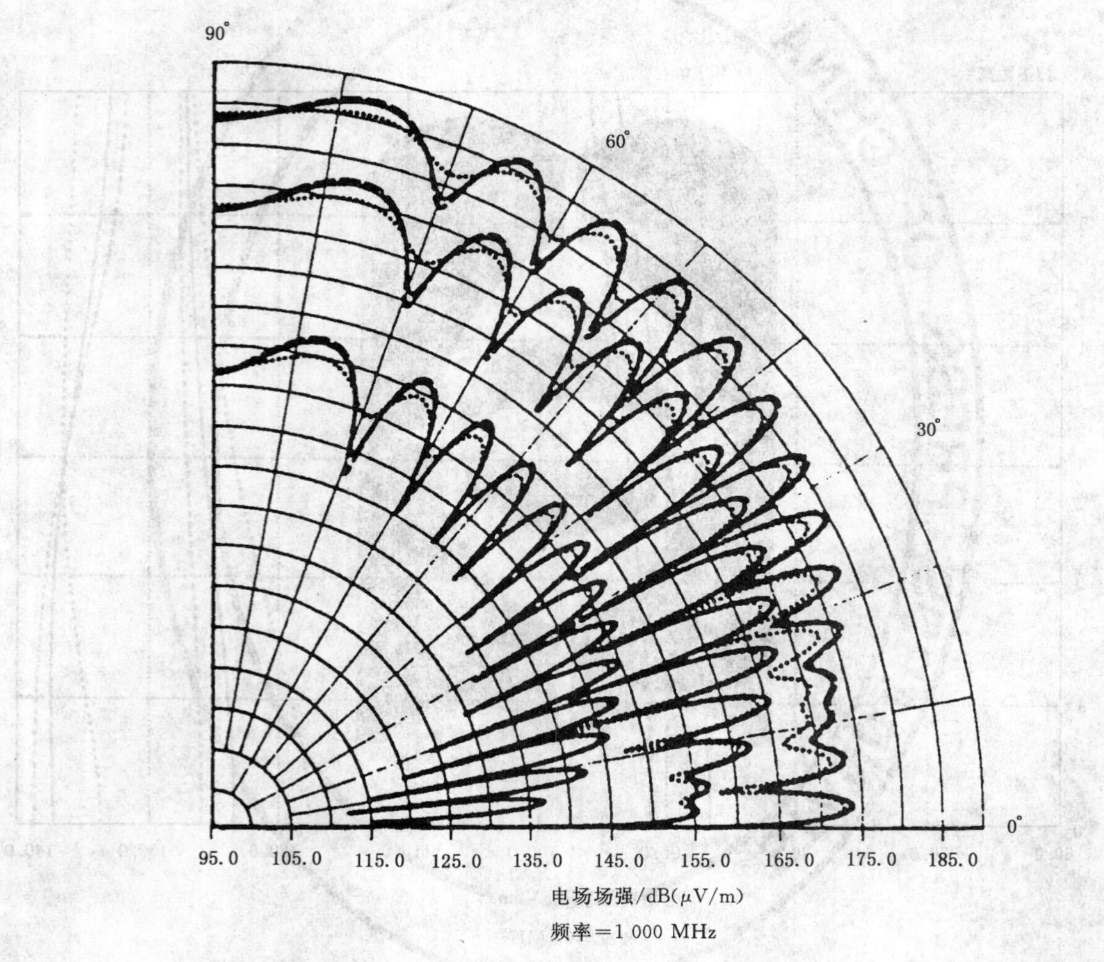

------ *湿土地	$\varepsilon_r=30$，	$\sigma=140$ mS/m
—— *中等干燥土地	$\varepsilon_r=15$，	$\sigma=35$ mS/m
······ *非常干燥土地	$\varepsilon_r=3$，	$\sigma=0.15$ mS/m

图 4.5-2(a)　由大小为 0.02 m×0.02 m，中心高度 2 m，偶极矩 1 A·m² 的电小垂直环（水平磁偶极子）在三种不同类型真实大地上方辐射的频率为 1 000 MHz 的水平极化场分量 E_X 的垂直极面方向性图，在 Y-Z 平面内的扫描半径为 10 m、30 m 和 300 m

（引自参考文献[10]）

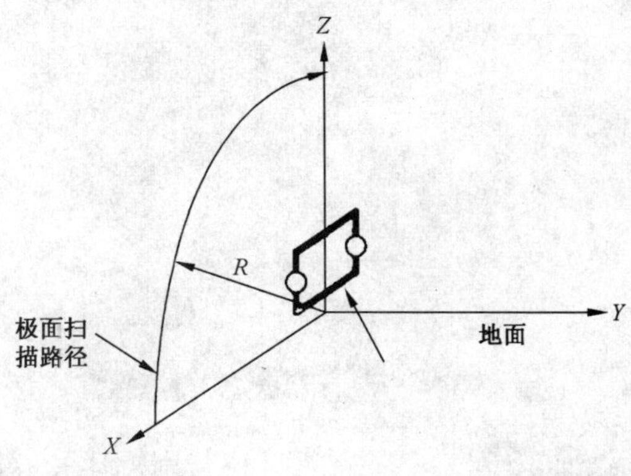

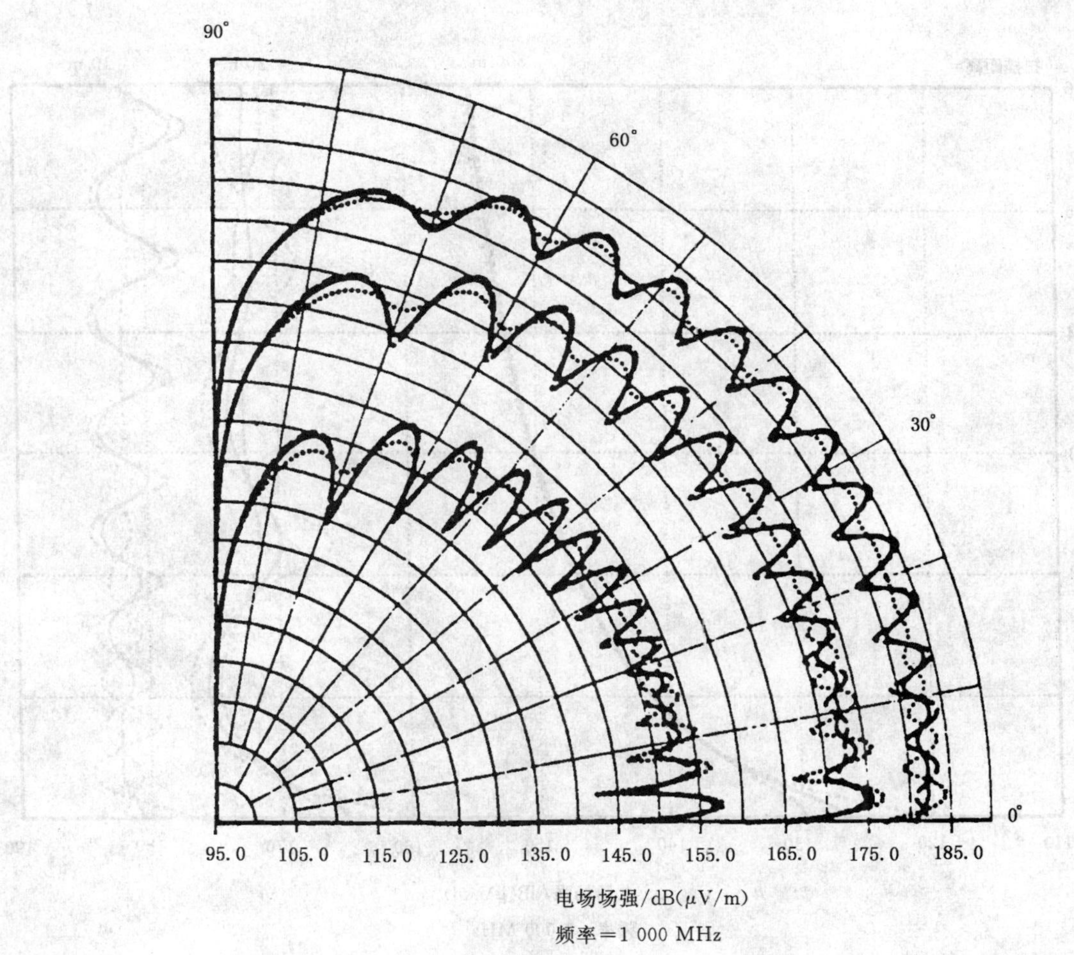

电场场强/dB(μV/m)

频率＝1 000 MHz

- - - - - *湿土地	$\varepsilon_r=30$，	$\sigma=140$ mS/m
—— *中等干燥土地	$\varepsilon_r=15$，	$\sigma=35$ mS/m
········ *非常干燥土地	$\varepsilon_r=3$，	$\sigma=0.15$ mS/m

图 4.5-2(b)　由大小为 0.02 m×0.02 m，中心高度 2 m，偶极矩 1 A·m^2 的电小垂直环（水平磁偶极子）在三种不同类型真实大地上方辐射的频率为 1 000 MHz 的垂直极化场分量 E_Z 的垂直极面方向性图，在 Z-X 平面内的扫描半径为 10 m、30 m 和 300 m

（引自参考文献[10]）

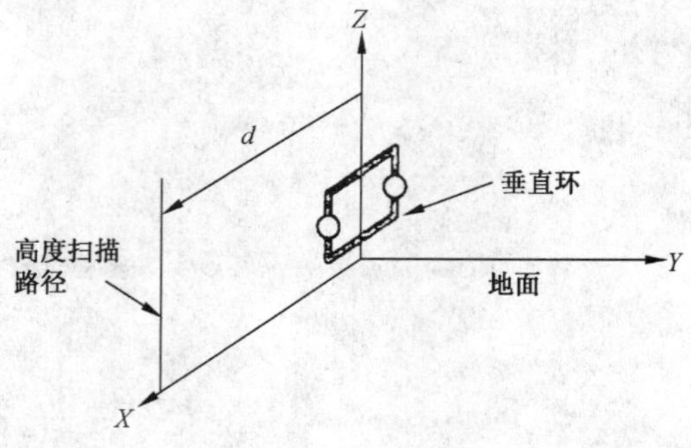

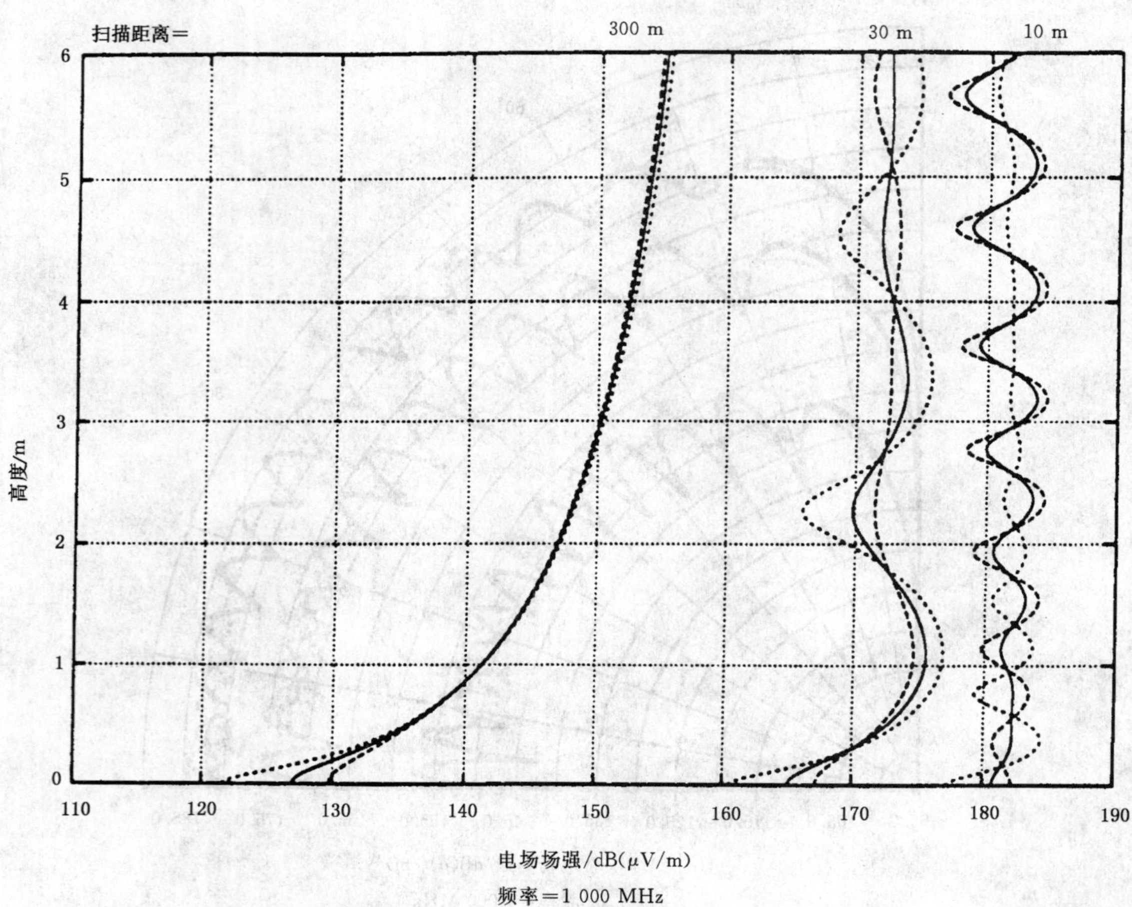

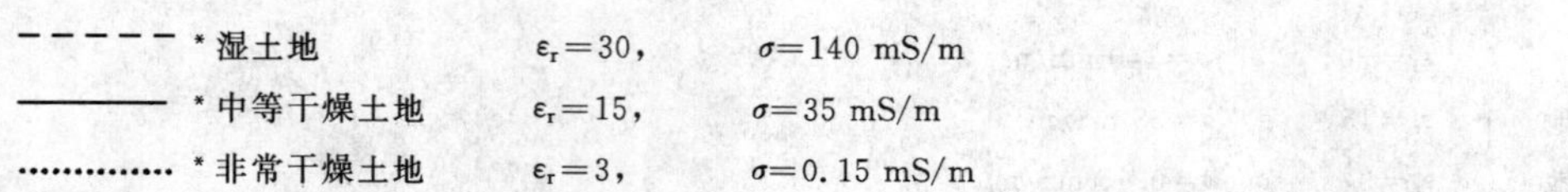

图 4.5-2(c) 由大小为 0.02 m×0.02 m，中心高度 2 m，偶极矩 1 A·m² 的电小垂直环(水平磁偶极子)在三种不同类型真实大地上方辐射的频率为 1 000 MHz 的垂直极化场分量 E_Z 的高度扫描分布图，在 Z-X 平面内的水平距离为 10 m、30 m 和 300 m

(引自参考文献[10])

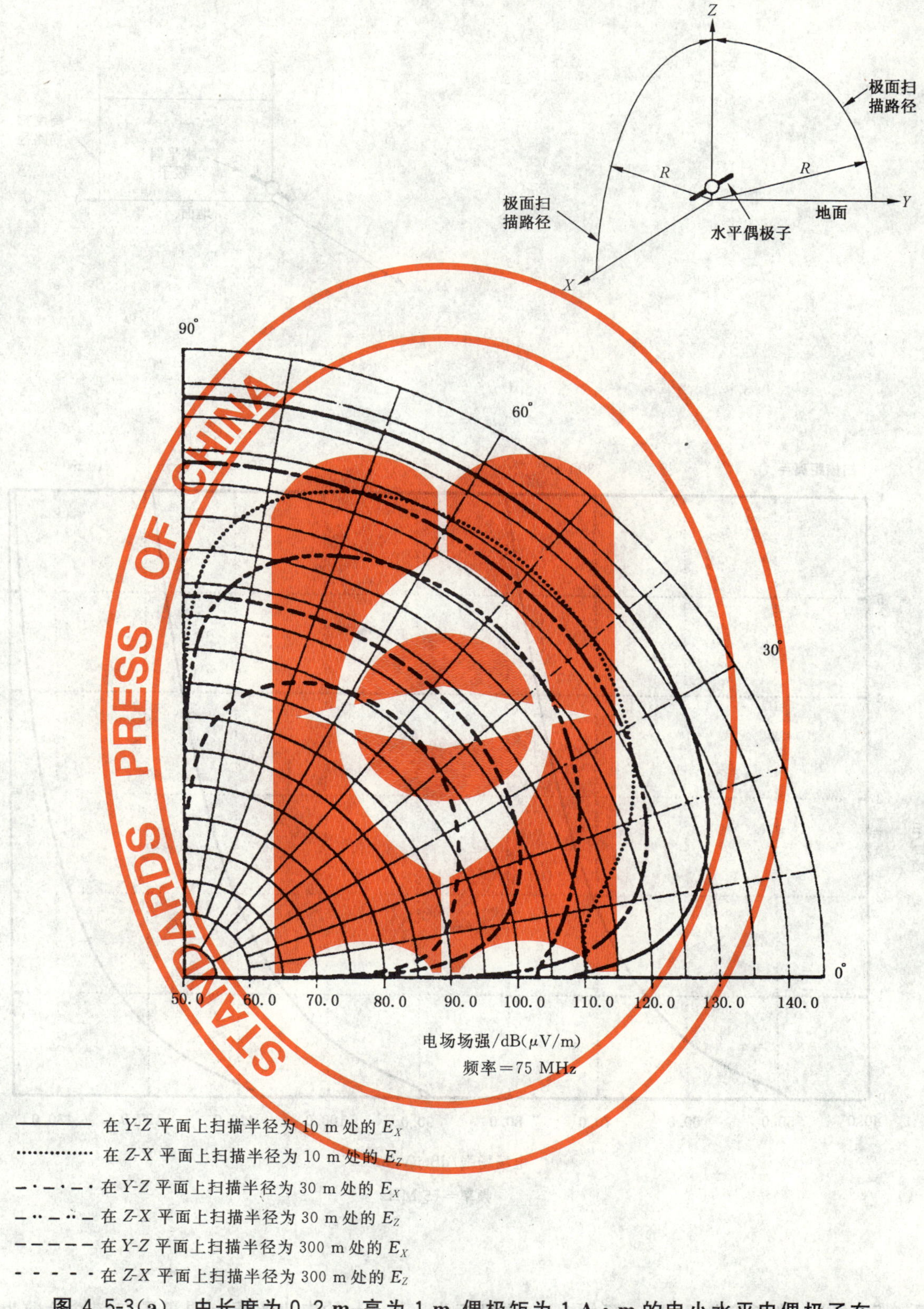

图 4.5-3(a) 由长度为 0.2 m,高为 1 m,偶极矩为 1 A·m 的电小水平电偶极子在特性参数为 $\varepsilon_r=15$,$\sigma=1.5$ mS/m 的地面上方辐射的频率为 75 MHz 的水平极化场分量 E_X 和垂直极化场分量 E_Z 的垂直极面方向性图,在 Y-Z 平面内和 Z-X 平面内的扫描半径分别为 10 m、30 m 和 300 m

(引自参考文献[10])

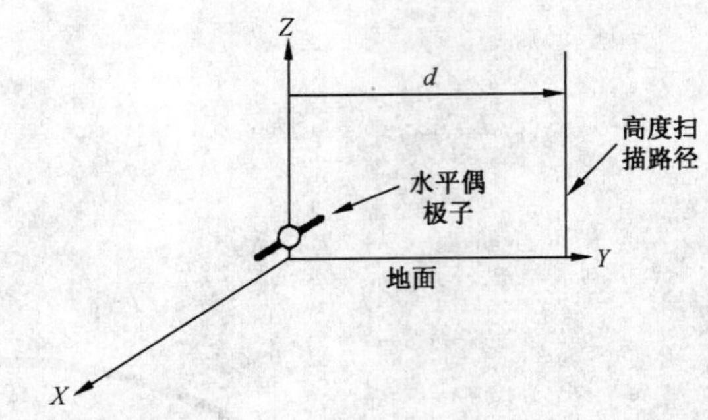

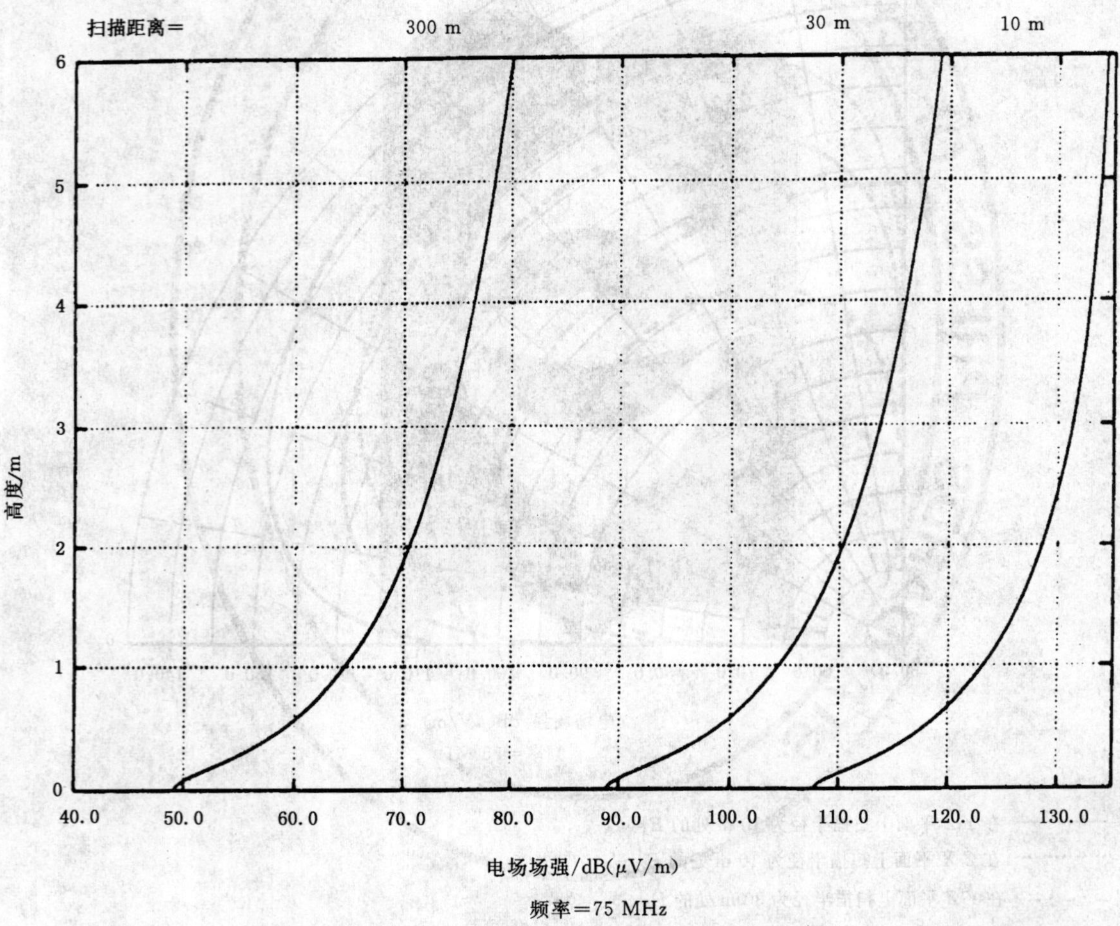

图 4.5-3(b) 由长度为 0.2 m,高为 1 m,偶极矩为 1 A·m 的电小水平电偶极子在特性参数为 $\varepsilon_r=15$,$\sigma=1.5$ mS/m 的地面上方辐射的频率为 75 MHz 的水平极化场分量 E_X 的高度扫描分布图,在 Y-Z 平面内水平距离分别为 10 m、30 m 和 300 m (引自参考文献[10])

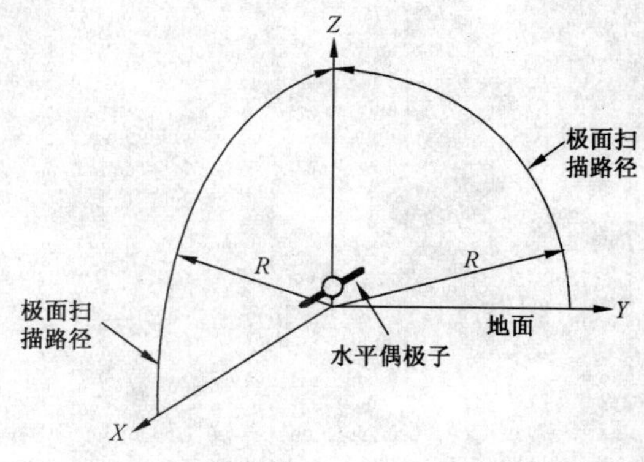

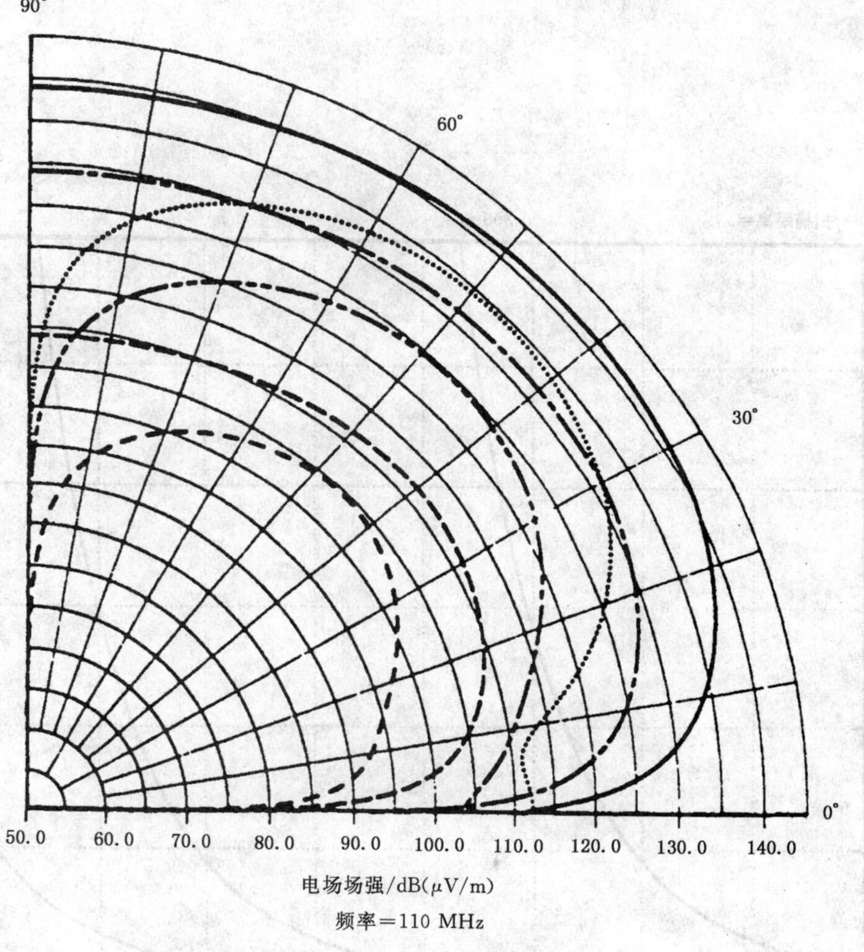

———— 在 Y-Z 平面上扫描半径为 10 m 处的 E_X

·········· 在 Z-X 平面上扫描半径为 10 m 处的 E_Z

—·—·— 在 Y-Z 平面上扫描半径为 30 m 处的 E_X

—··—··— 在 Z-X 平面上扫描半径为 30 m 处的 E_Z

– – – – – 在 Y-Z 平面上扫描半径为 300 m 处的 E_X

- - - - - 在 Z-X 平面上扫描半径为 300 m 处的 E_Z

图 4.5-4(a)　由长度为 0.2 m，高为 1 m，偶极矩为 1 A·m 的电小水平电偶极子在特性参数为 $\varepsilon_r=15$，$\sigma=2$ mS/m 的地面上方辐射的频率为 110 MHz 的水平极化场分量 E_X 和垂直极化场分量 E_Z 的垂直极面方向性图，在 Y-Z 平面内和 Z-X 平面内的扫描半径分别为 10 m、30 m 和 300 m

（引自参考文献[10]）

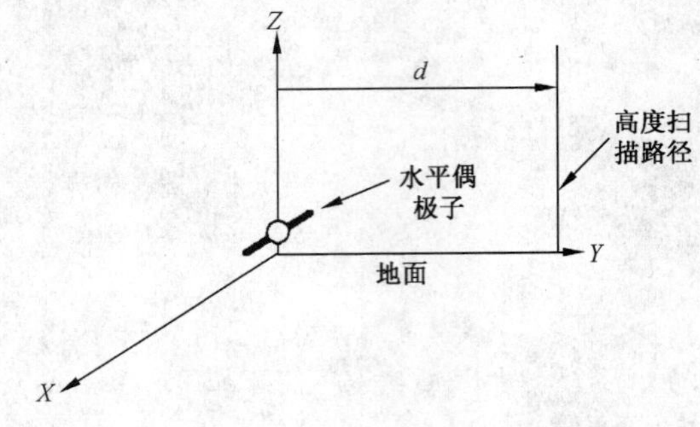

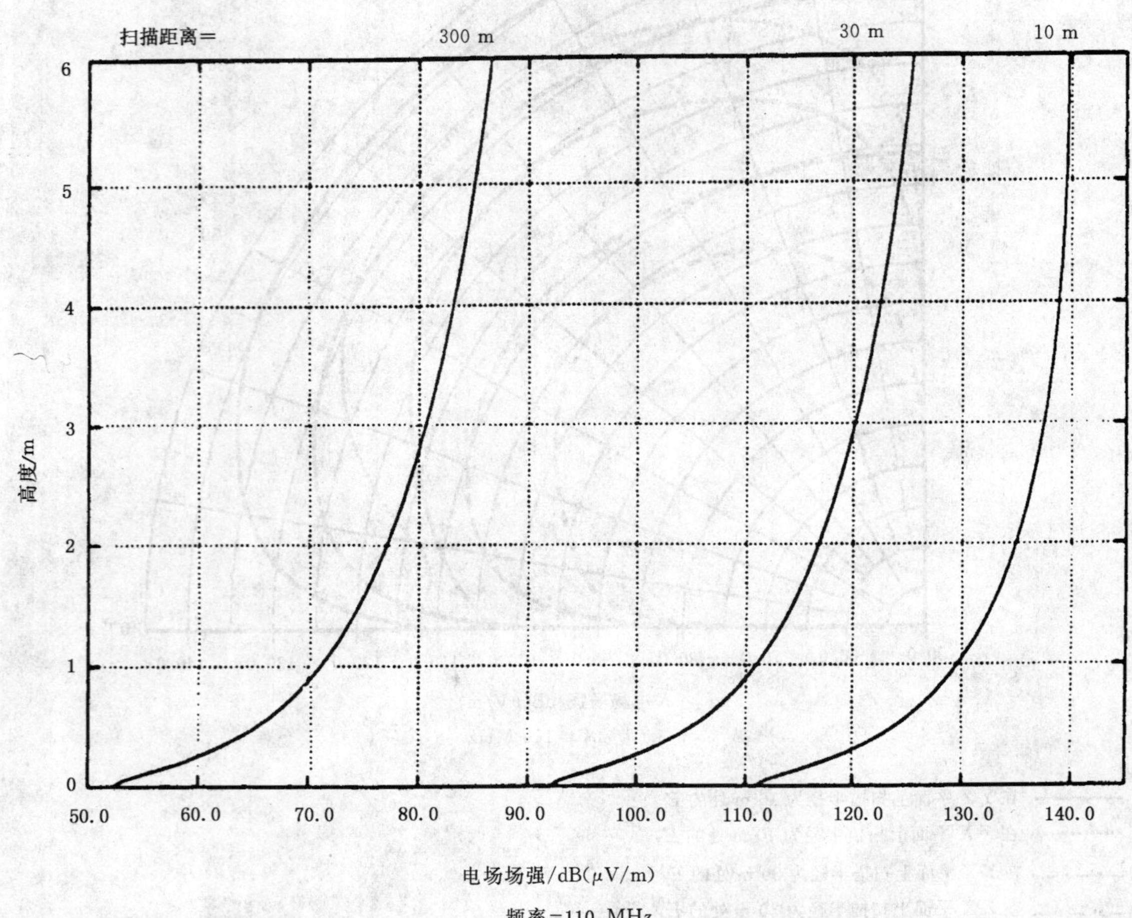

图 4.5-4(b) 由长度为 0.2 m,高为 1 m,偶极矩为 1 A·m 的电小水平电偶极子在特性参数为 $\varepsilon_r=15$,$\sigma=2$ mS/m 的地面上方辐射的频率为 110 MHz 的水平极化场分量 E_X 的高度扫描分布图,在 Y-Z 平面内的水平距离分别为 10 m、30 m 和 300 m

(引自参考文献[10])

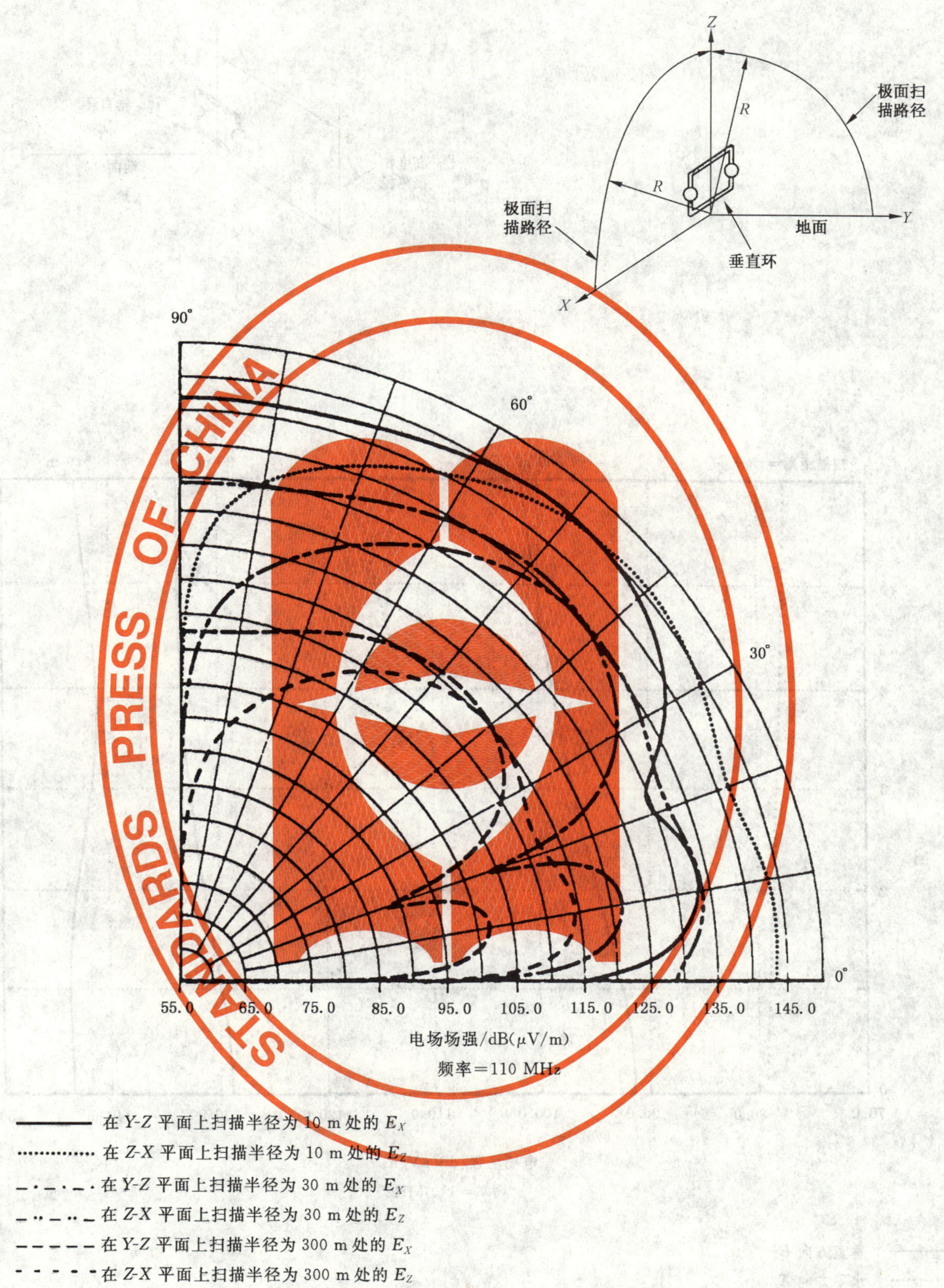

—— 在 Y-Z 平面上扫描半径为 10 m 处的 E_X

······ 在 Z-X 平面上扫描半径为 10 m 处的 E_Z

—·—· 在 Y-Z 平面上扫描半径为 30 m 处的 E_X

—··— 在 Z-X 平面上扫描半径为 30 m 处的 E_Z

– – – 在 Y-Z 平面上扫描半径为 300 m 处的 E_X

- - - 在 Z-X 平面上扫描半径为 300 m 处的 E_Z

图 4.5-5(a)　由尺寸为 0.1 m×0.1 m，中心高度为 2 m，偶极矩为 1 A·m^2 的电小垂直环（水平磁偶极子）在特性参数为 ε_r=15，σ=2 mS/m 的地面上方辐射的频率为 110 MHz 的水平极化场分量 E_X 和垂直极化场分量 E_Z 的垂直极面方向性图，在 Y-Z 平面内和 Z-X 平面内的扫描半径分别为 10 m、30 m 和 300 m（引自参考文献[10]）

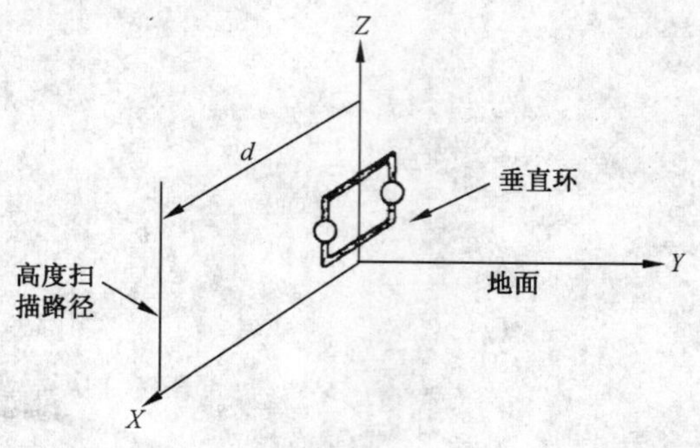

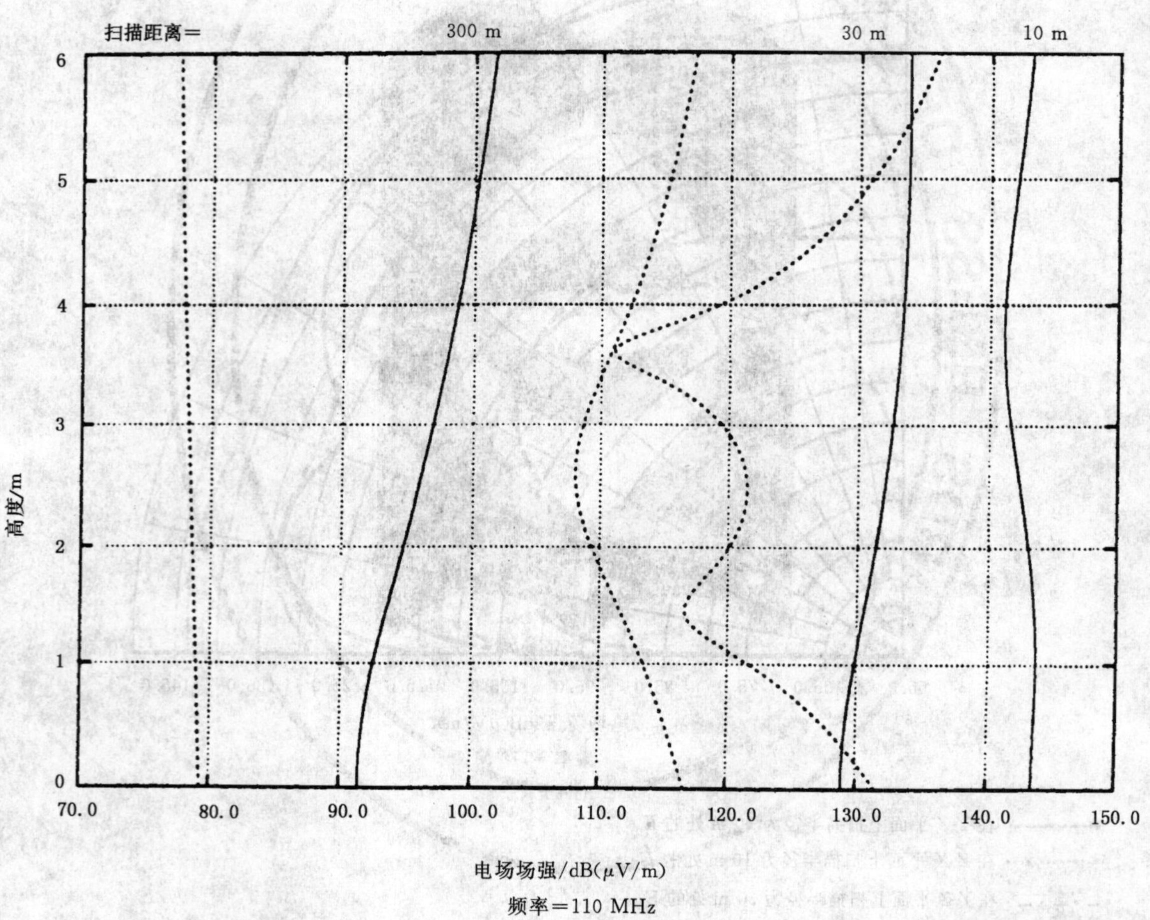

图 4.5-5(b)　由尺寸为 0.1 m×0.1 m，中心高度为 2 m，偶极矩为 1 A·m² 的电小垂直环（水平磁偶极子）在特性参数为 $\varepsilon_r=15$，$\sigma=2$ mS/m 的地面上方辐射的频率为 110 MHz 的水平极化场分量 E_X 和垂直极化场分量 E_Z 的高度扫描分布图，在 Z-X 平面内的水平距离分别为 10 m、30 m 和 300 m

（引自参考文献[10]）

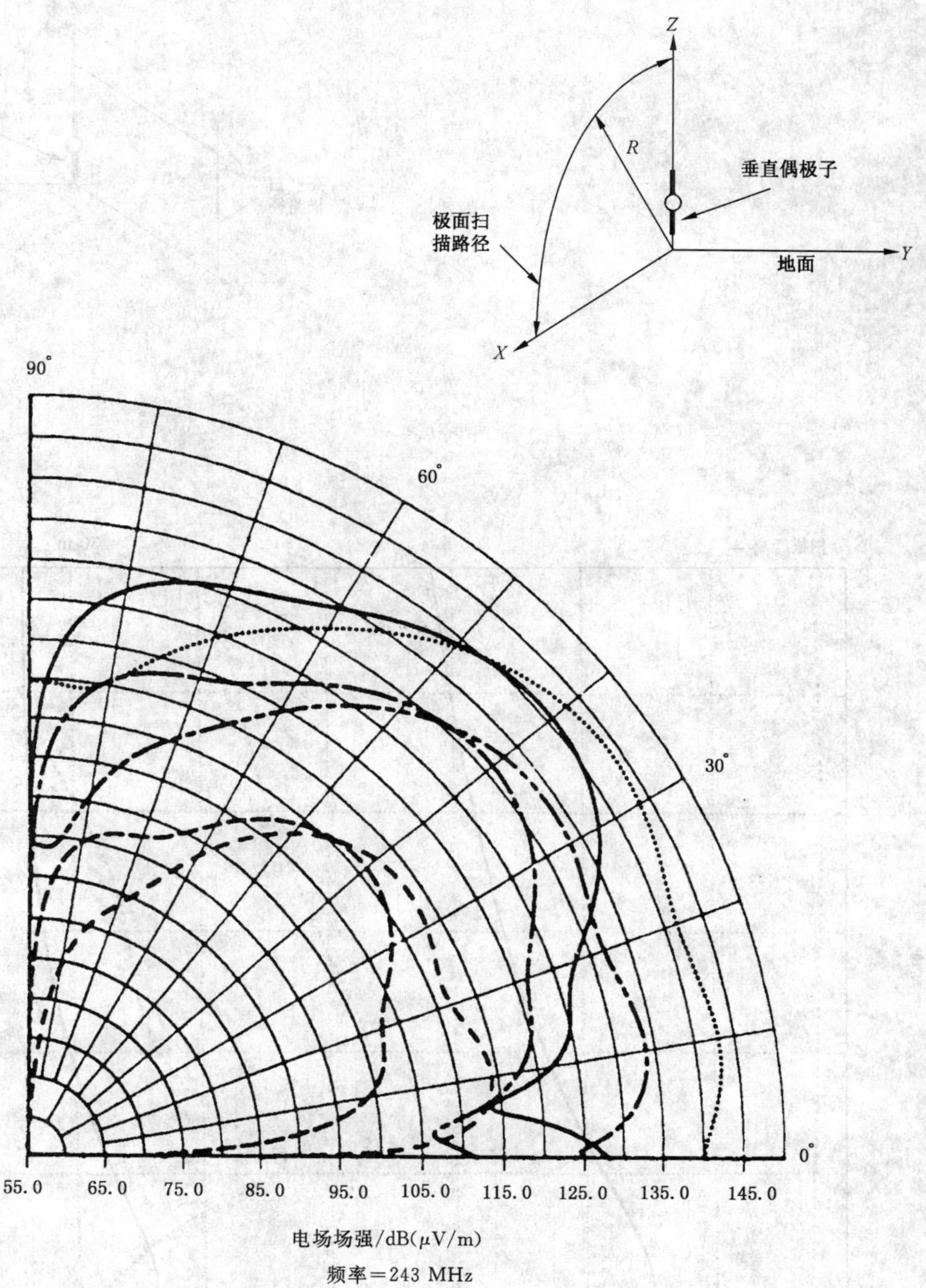

图 4.5-6(a) 由长为 0.05 m,中心高度为 1 m,偶极矩为 1 A·m 的电小垂直电偶极子在特性参数为 $\varepsilon_r=15$,$\sigma=4.5$ mS/m 的地面上方辐射的频率为 243 MHz 的水平极化场分量 E_X 和垂直极化场分量 E_Z 的垂直极面方向性图,在 Z-X 平面内的扫描半径分别为 10 m、30 m 和 300 m(引自参考文献[10])

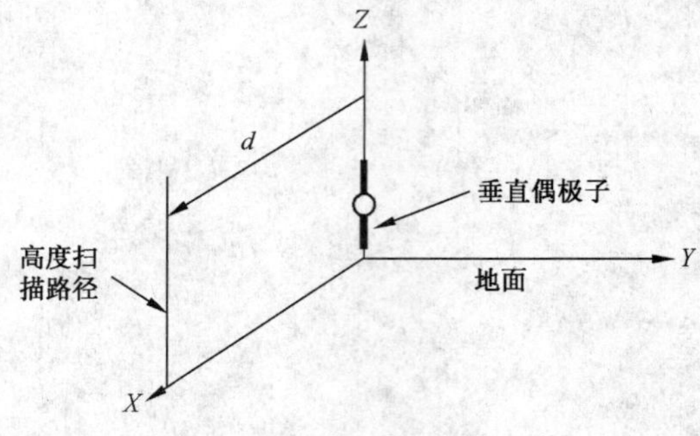

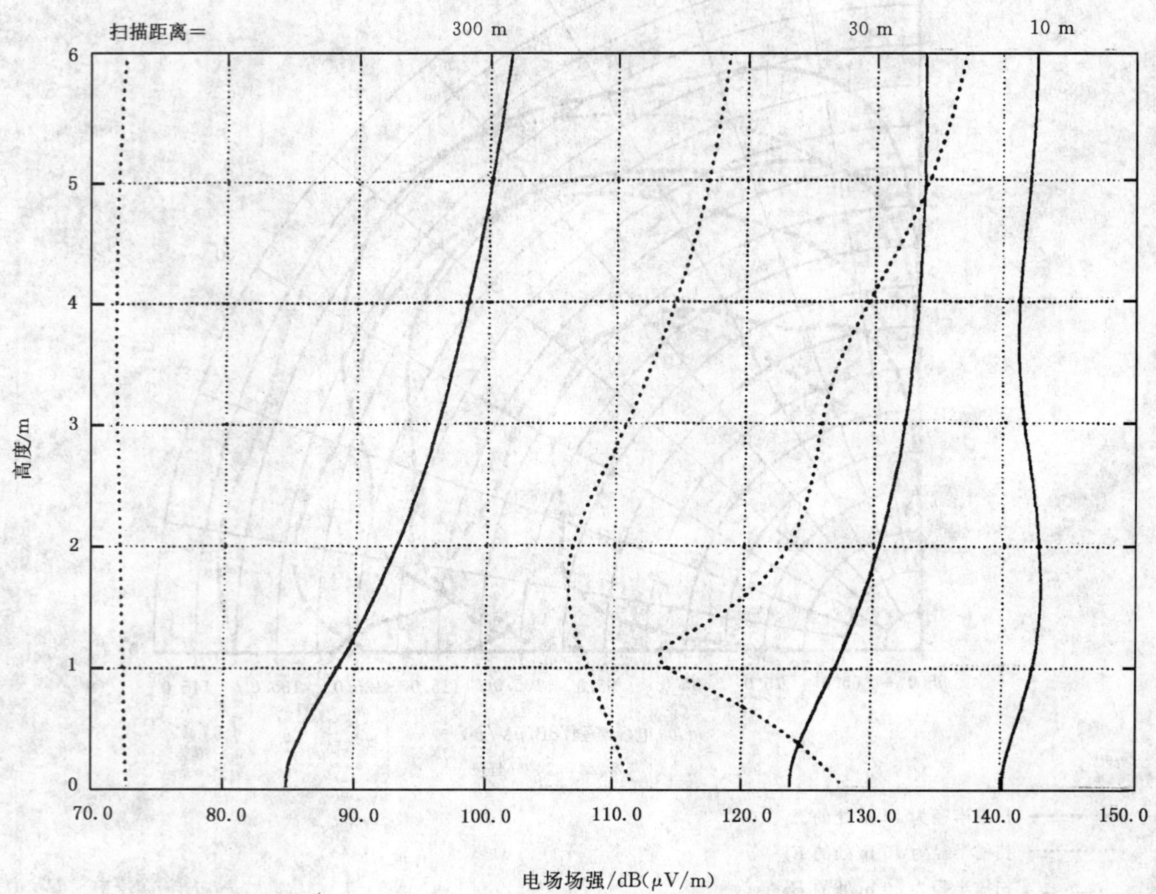

图 4.5-6(b) 由长为 0.05 m，中心高度为 1 m，偶极矩为 1 A·m 的电小垂直电偶极子在特性参数为 $\varepsilon_r=15$，$\sigma=4.5$ mS/m 的地面上方辐射的频率为 243 MHz 的水平极化场分量 E_X 和垂直极化场分量 E_Z 的高度扫描分布图，在 Z-X 平面内的水平距离分别为 10 m、30 m 和 300 m（引自参考文献[10]）

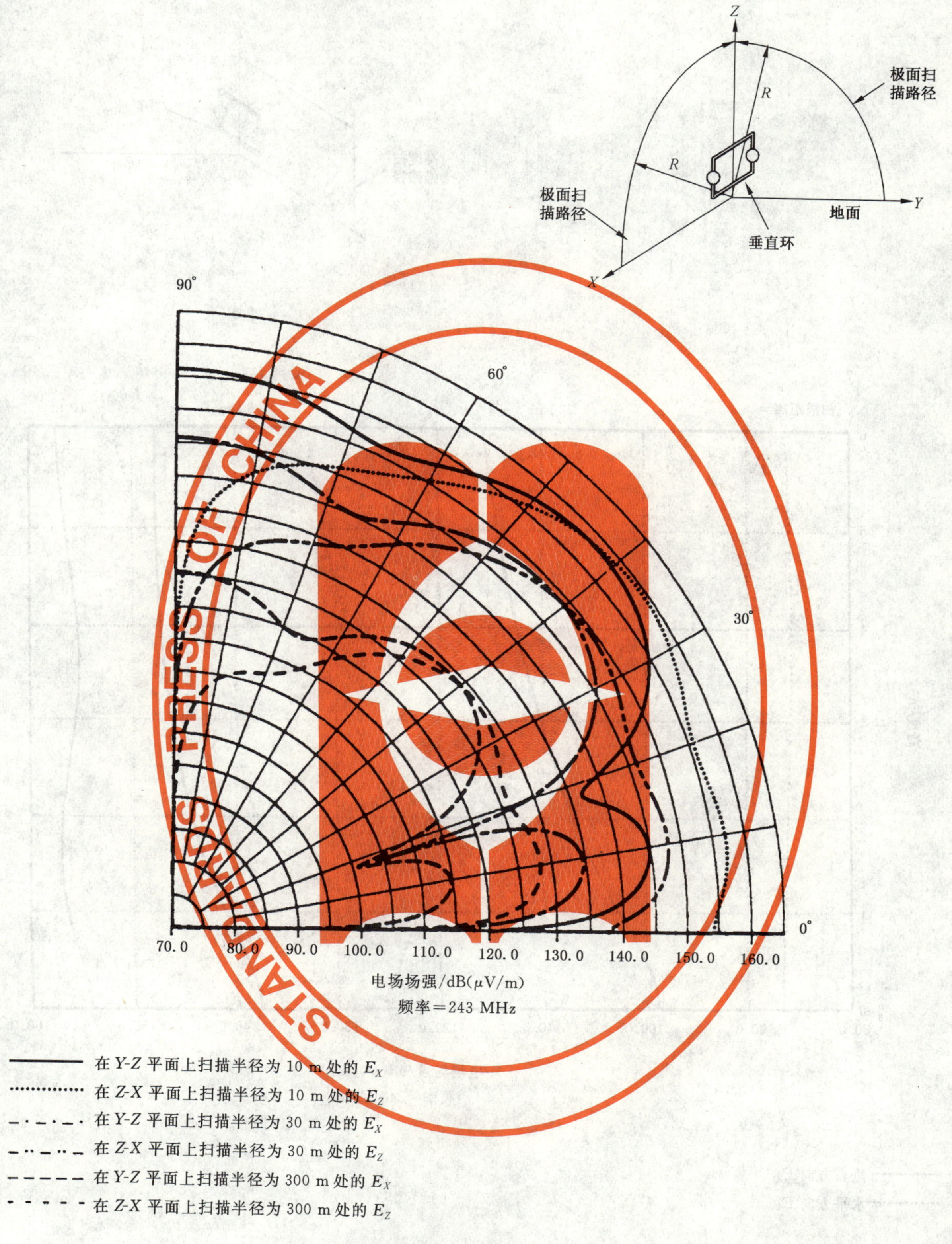

—— 在 Y-Z 平面上扫描半径为 10 m 处的 E_X

······ 在 Z-X 平面上扫描半径为 10 m 处的 E_Z

—·—·— 在 Y-Z 平面上扫描半径为 30 m 处的 E_X

—··—··— 在 Z-X 平面上扫描半径为 30 m 处的 E_Z

– – – – 在 Y-Z 平面上扫描半径为 300 m 处的 E_X

- - - - - 在 Z-X 平面上扫描半径为 300 m 处的 E_Z

图 4.5-7(a) 由尺寸为 0.05 m×0.05 m，中心高度为 1 m，偶极矩为 1 A·m² 的电小垂直环（水平磁偶极子）在特性参数为 $\varepsilon_r=15$，$\sigma=4.5$ mS/m 的地面上方辐射的频率为 243 MHz 的水平极化场分量 E_X 和垂直极化场分量 E_Z 的垂直极面方向性图，在 Y-X 平面和 Z-X 平面内的扫描半径分别为 10 m、30 m 和 300 m（引自参考文献[10]）

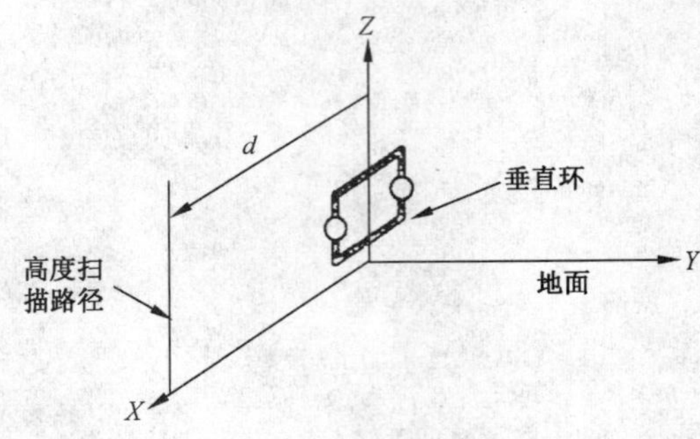

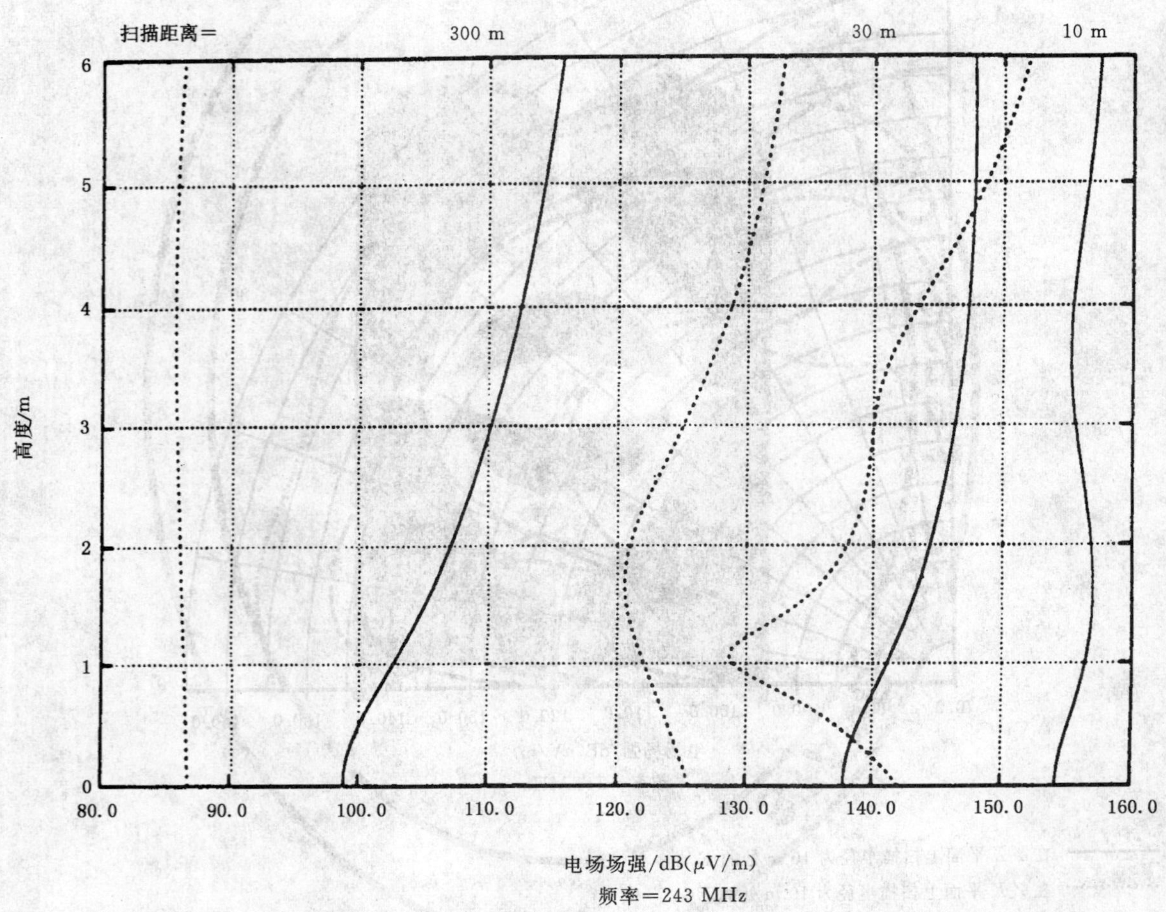

垂直方向 E_Z

水平方向 E_X

图 4.5-7(b)　由尺寸为 0.05 m×0.05 m,中心高度为 1 m,偶极矩为 1 A·m² 的电小垂直环(水平磁偶极子)在特性参数为 $\varepsilon_r=15$,$\sigma=4.5$ mS/m 的地面上方辐射的频率为 243 MHz 的水平极化场分量 E_X 和垂直极化场分量 E_Z 的高度扫描分布图,在 Z-X 平面内的水平距离分别为 10 m、30 m 和 300 m

(引自参考文献[10])

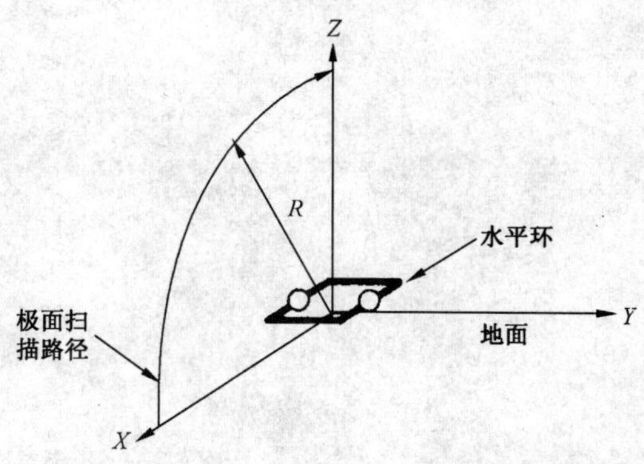

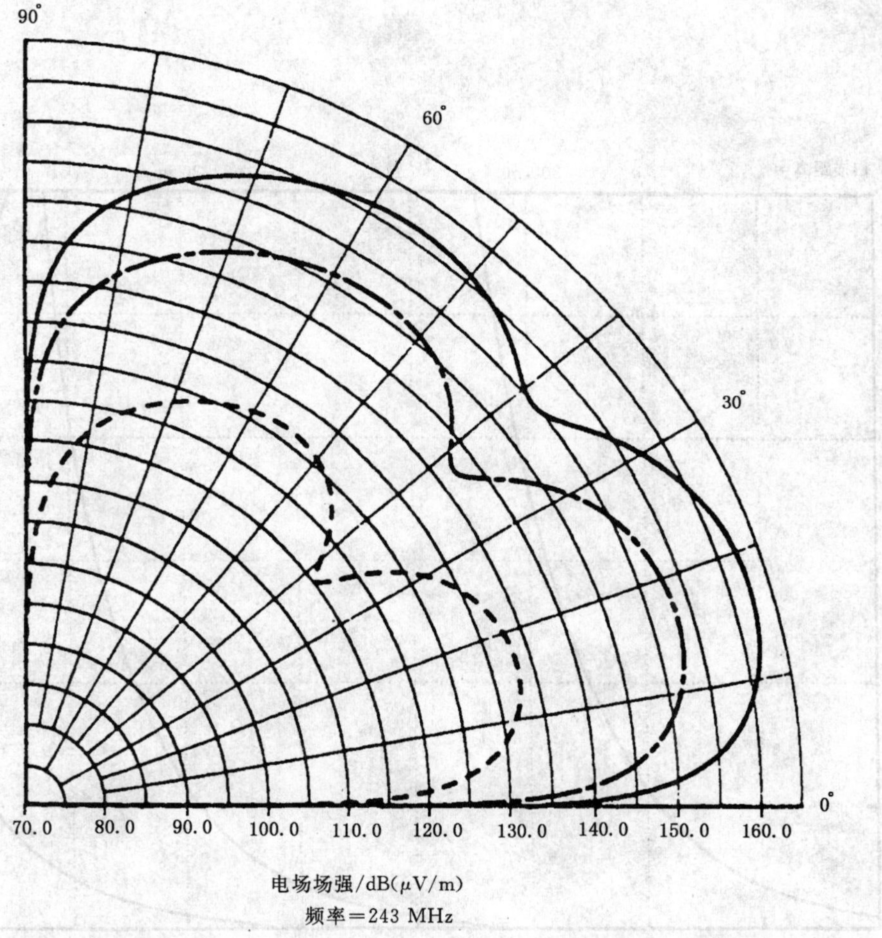

扫描半径为 10 m 时的 E_v

扫描半径为 30 m 时的 E_v

扫描半径为 300 m 时的 E_Y

图 4.5-8(a) 由尺寸为 0.05 m×0.05 m,中心高度为 1 m,偶极矩为 1 A·m^2 的电小水平环(垂直磁偶极子)在特性参数为 $\varepsilon_r=15$,$\sigma=4.5$ mS/m 的地面上方辐射的频率为 243 MHz 的水平极化电场的垂直极面方向性图,在 Z-X 平面内的扫描半径分别为 10 m、30 m 和 300 m

(引自参考文献[10])

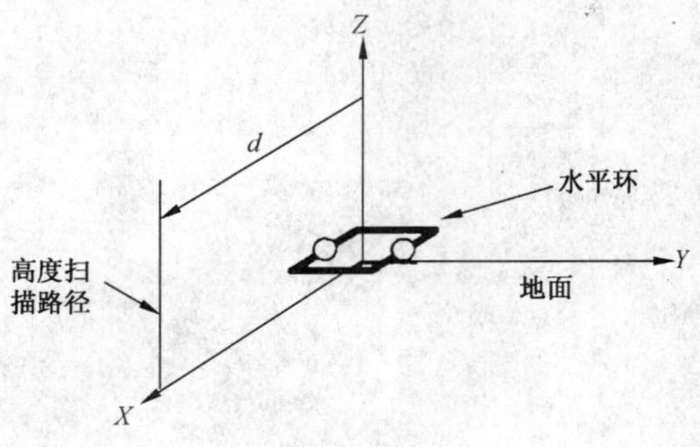

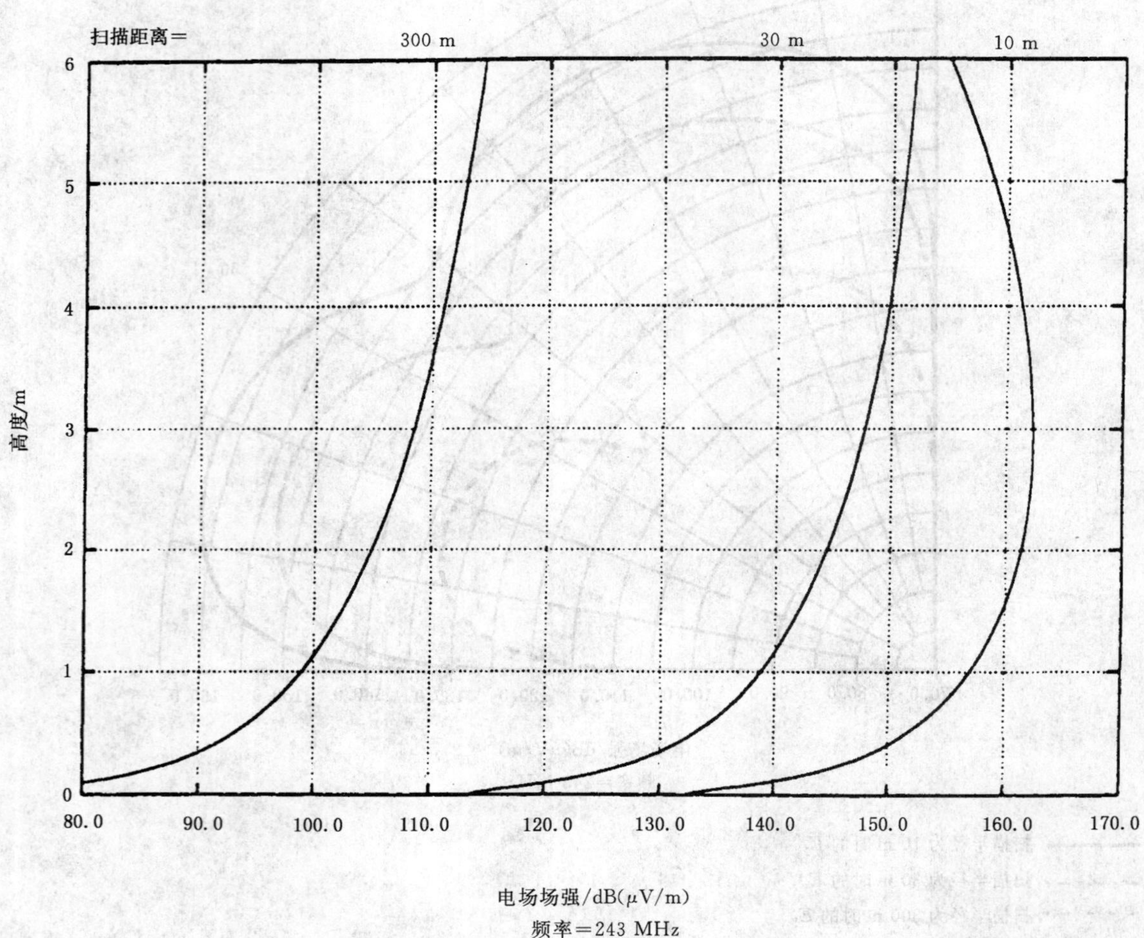

图 4.5-8(b) 由尺寸为 0.05 m×0.05 m,中心高度为 1 m,偶极矩为 1 A·m^2 的电小水平环(垂直磁偶极子)在特性参数为 $\varepsilon_r=15$,$\sigma=4.5$ mS/m 的地面上方辐射的频率为 243 MHz 的水平极化电场的高度扫描分布图,在 *Z-X* 平面内的水平距离分别为 10 m、30 m 和 300 m

(引自参考文献[10])

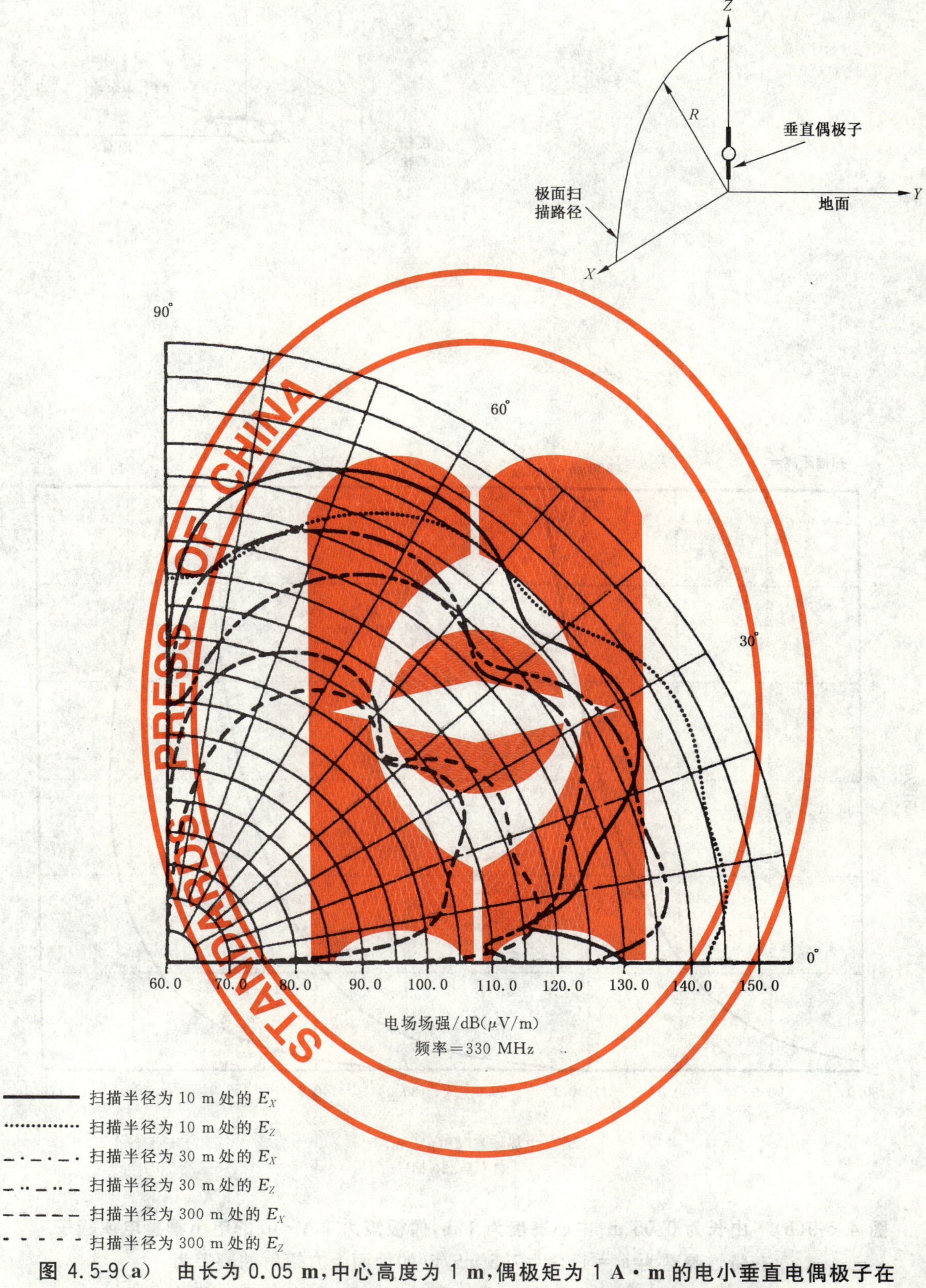

图 4.5-9(a) 由长为 0.05 m，中心高度为 1 m，偶极矩为 1 A·m 的电小垂直电偶极子在特性参数为 $\varepsilon_r=15$，$\sigma=7.5$ mS/m 的地面上方辐射的频率为 330 MHz 的水平极化场分量 E_X 和垂直极化场分量 E_Z 的垂直极面方向性图，在 Z-X 平面内的扫描半径为 10 m、30 m 和 300 m

（引自参考文献[10]）

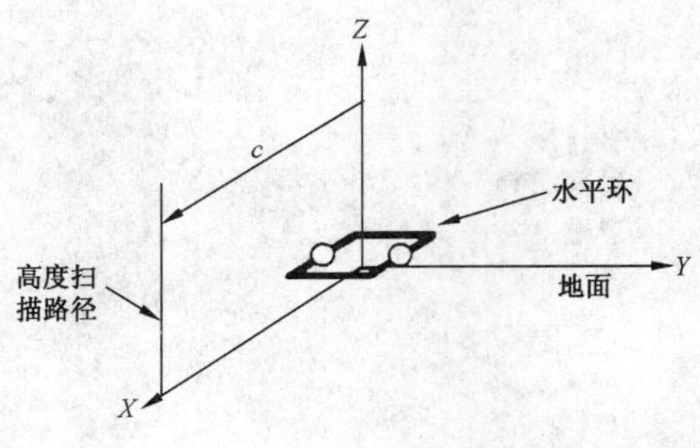

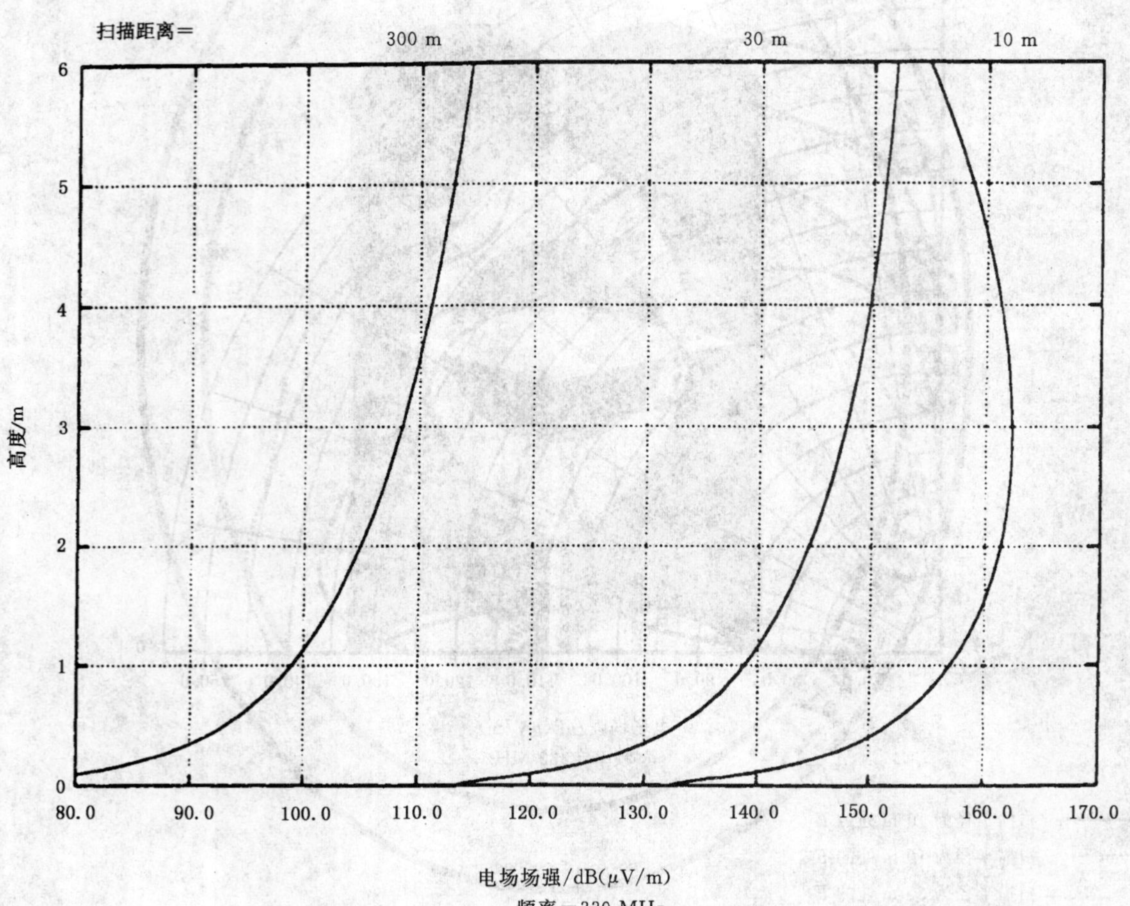

图 4.5-9(b) 由长为 0.05 m,中心高度为 1 m,偶极矩为 1 A·m 的电小垂直电偶极子在特性参数为 $\varepsilon_r=15$,$\sigma=7.5$ mS/m 的地面上方辐射的频率为 330 MHz 的水平极化场分量 E_X 和垂直极化场分量 E_Z 的高度扫描分布图,在 Z-X 平面内的水平距离分别为 10 m、30 m 和 300 m

(引自参考文献[10])

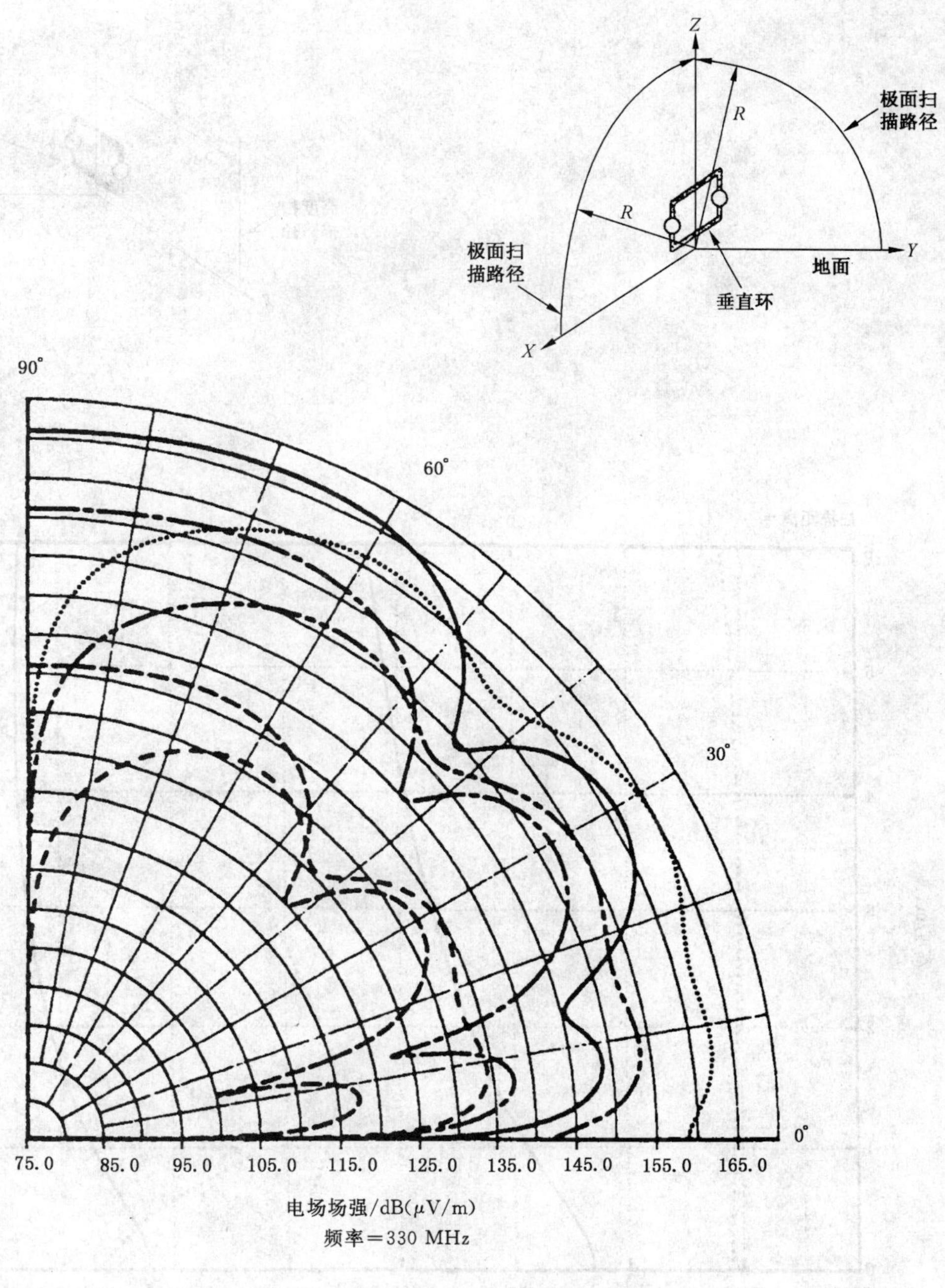

———— 在 Y-Z 平面上扫描半径为 10 m 处的 E_X

………… 在 Z-X 平面上扫描半径为 10 m 处的 E_Z

_·_·_ 在 Y-Z 平面上扫描半径为 30 m 处的 E_X

_··_··_ 在 Z-X 平面上扫描半径为 30 m 处的 E_Z

– – – – 在 Y-Z 平面上扫描半径为 300 m 处的 E_X

- - - - 在 Z-X 平面上扫描半径为 300 m 处的 E_Z

图 4.5-10(a) 由尺寸为 0.05 m×0.05 m,中心高度为 1 m,偶极矩为 1 A·m² 的电小垂直环（水平磁偶极子）在特性参数为 $\varepsilon_r=15$,$\sigma=7.5$ mS/m 的地面上方辐射的频率为 330 MHz 的水平极化场分量 E_X 和垂直极化场分量 E_Z 的垂直极面方向性图，在 Y-Z 平面和 Z-X 平面内的扫描半径为 10 m、30 m 和 300 m（引自参考文献[10]）

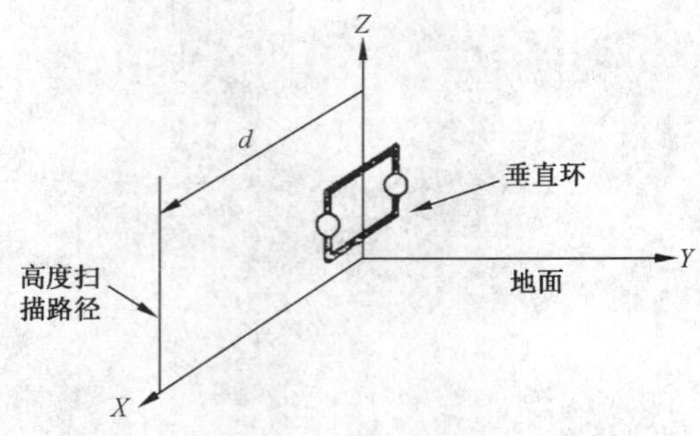

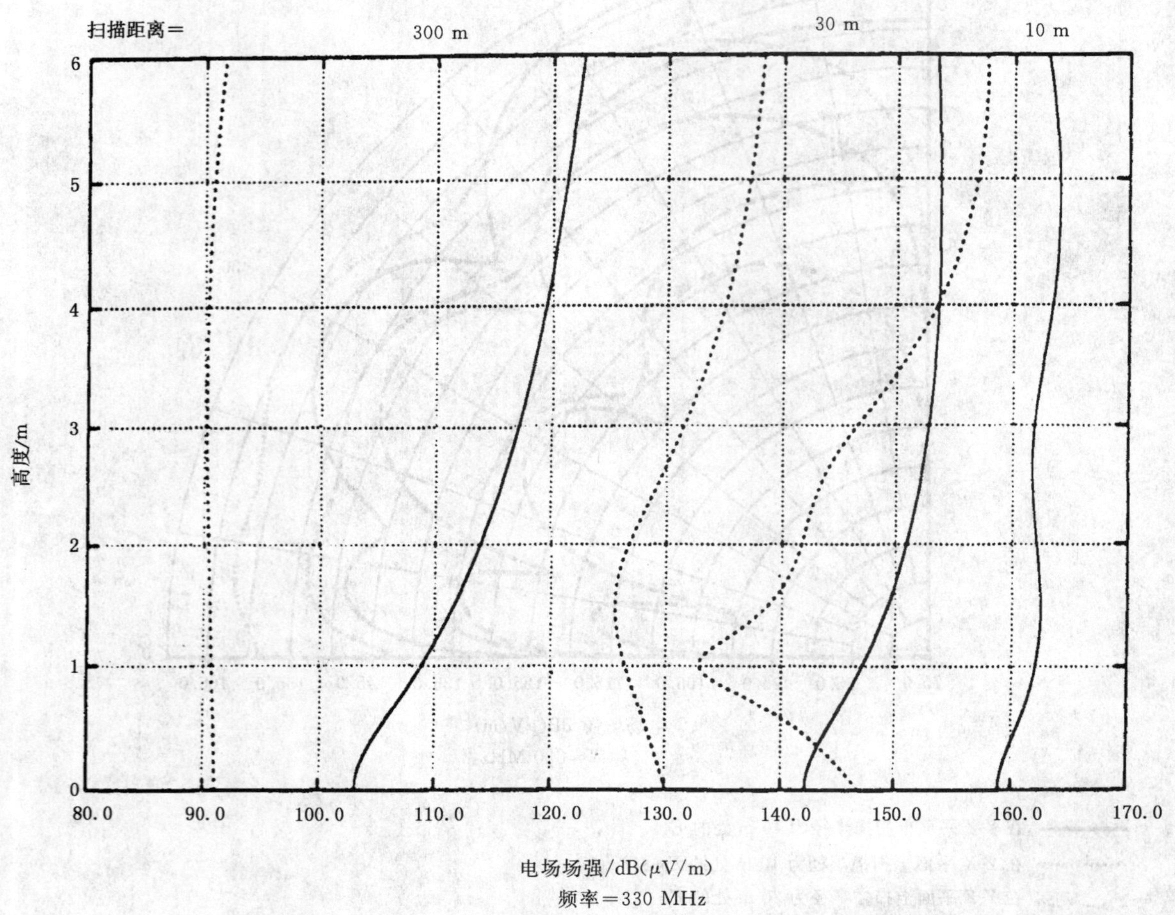

图 4.5-10(b) 由尺寸为 0.05 m×0.05 m，中心高度为 1 m，偶极矩为 1 A·m^2 的电小垂直环（水平磁偶极子）在特性参数为 $\varepsilon_r=15$，$\sigma=7.5$ ms/m 的地面上方辐射的频率为 330 MHz 的水平极化场分量 E_X 和垂直极化场分量 E_Z 的高度扫描分布图，在 Z-X 平面内的水平距离为 10 m、30 m 和 300 m（引自参考文献[10]）

图 4.5-11(a) 由尺寸为 0.05 m×0.05 m，中心高度为 1 m，偶极矩为 1 A · m^2 的电小水平环（垂直磁偶极子）在特性参数为 $\varepsilon_r = 15$，$\sigma = 7.5$ mS/m 的地面上方辐射的频率为 330 MHz 的水平极化电场的垂直极面方向性图，在 Z-X 平面内的扫描半径为 10 m、30 m 和 300 m（引自参考文献[10]）

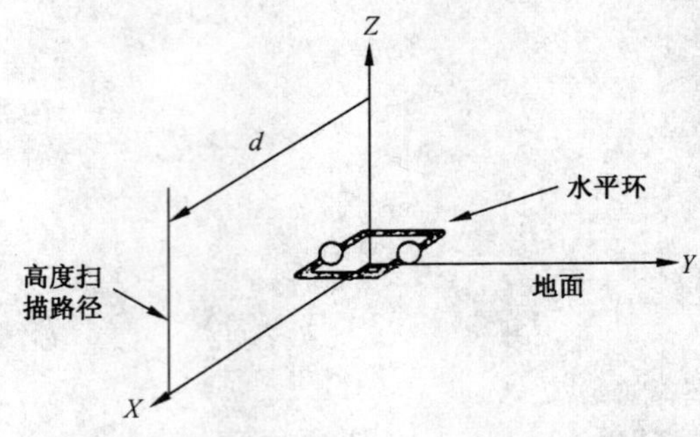

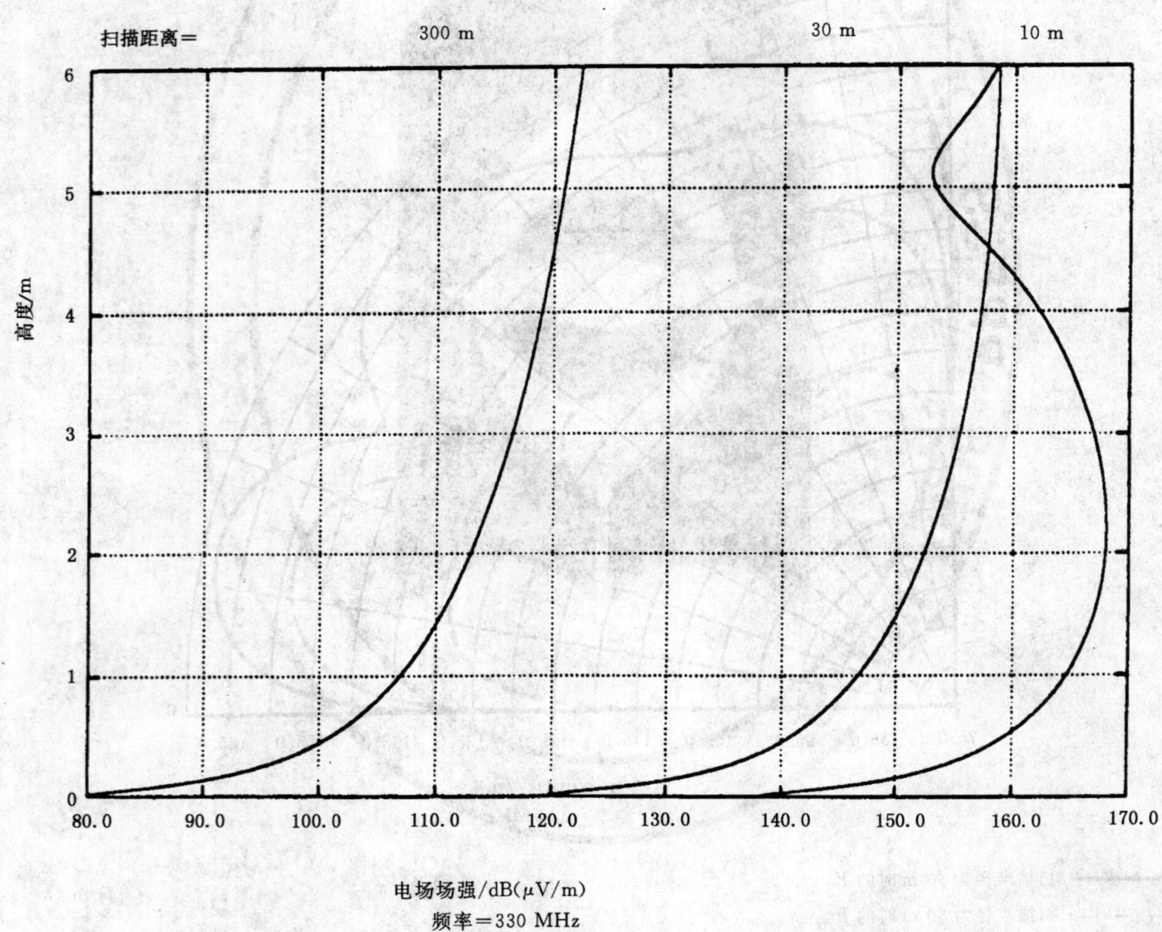

图 4.5-11(b)　由尺寸为 0.05 m×0.05 m，中心高度为 1 m，偶极矩为 1 A·m² 的电小水平环（垂直磁偶极子）在特性参数为 $\varepsilon_r=15$，$\sigma=4.5$ mS/m 的地面上方辐射的频率为 330 MHz 的水平极化电场的高度扫描分布图，在 Z-X 平面内的扫描半径为 10 m、30 m 和 300 m（引自参考文献[10]）

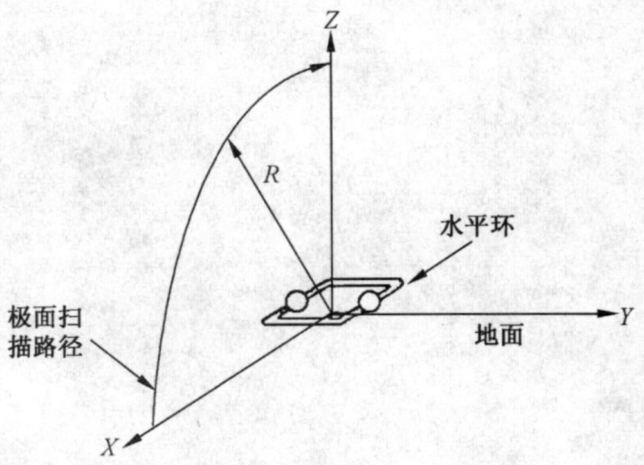

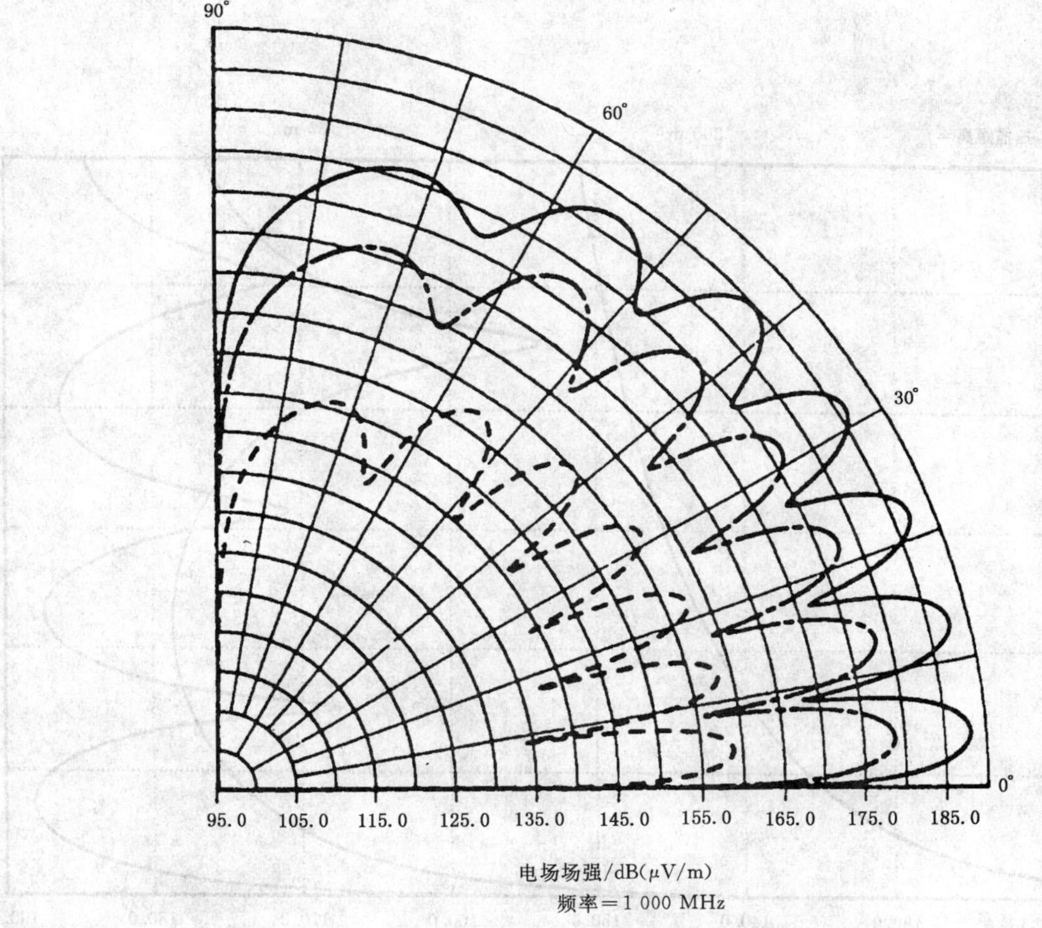

图 4.5-12(a)　由尺寸为 0.02 m×0.02 m，中心高度为 1 m，偶极矩为 1 A·m² 的电小水平环（垂直磁偶极子）在特性参数为 $\varepsilon_r=15$，$\sigma=35$ mS/m 的地面上方辐射的频率为 1 000 MHz 的水平极化电场的垂直极面方向性图，在 Z-X 平面内的扫描半径为 10 m、30 m 和 300 m（引自参考文献[10]）

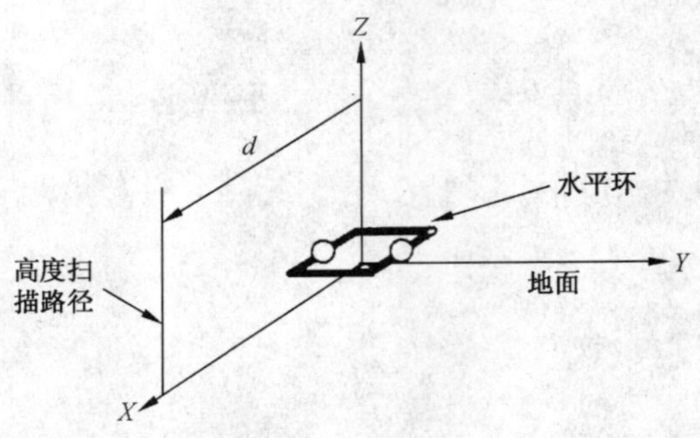

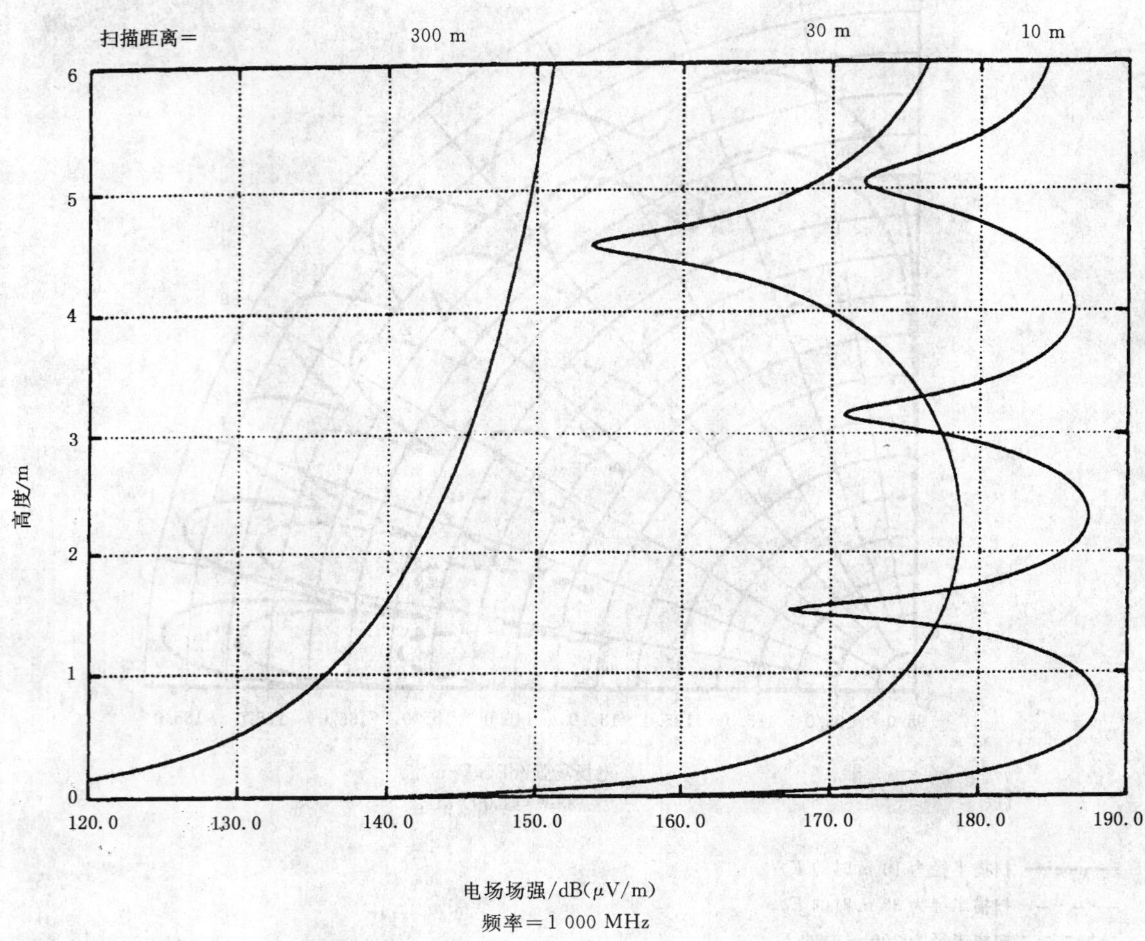

图 4.5-12(b) 由尺寸为 0.02 m×0.02 m,中心高度为 1 m,偶极矩为 1 A·m² 的电小水平环(垂直磁偶极子)在特性参数为 $\varepsilon_r=15$,$\sigma=35$ mS/m 的地面上方辐射的频率为 1 000 MHz 的水平极化电场的高度扫描分布图,在 Z-X 平面内的水平距离为 10 m、30 m 和 300 m(引自参考文献[10])

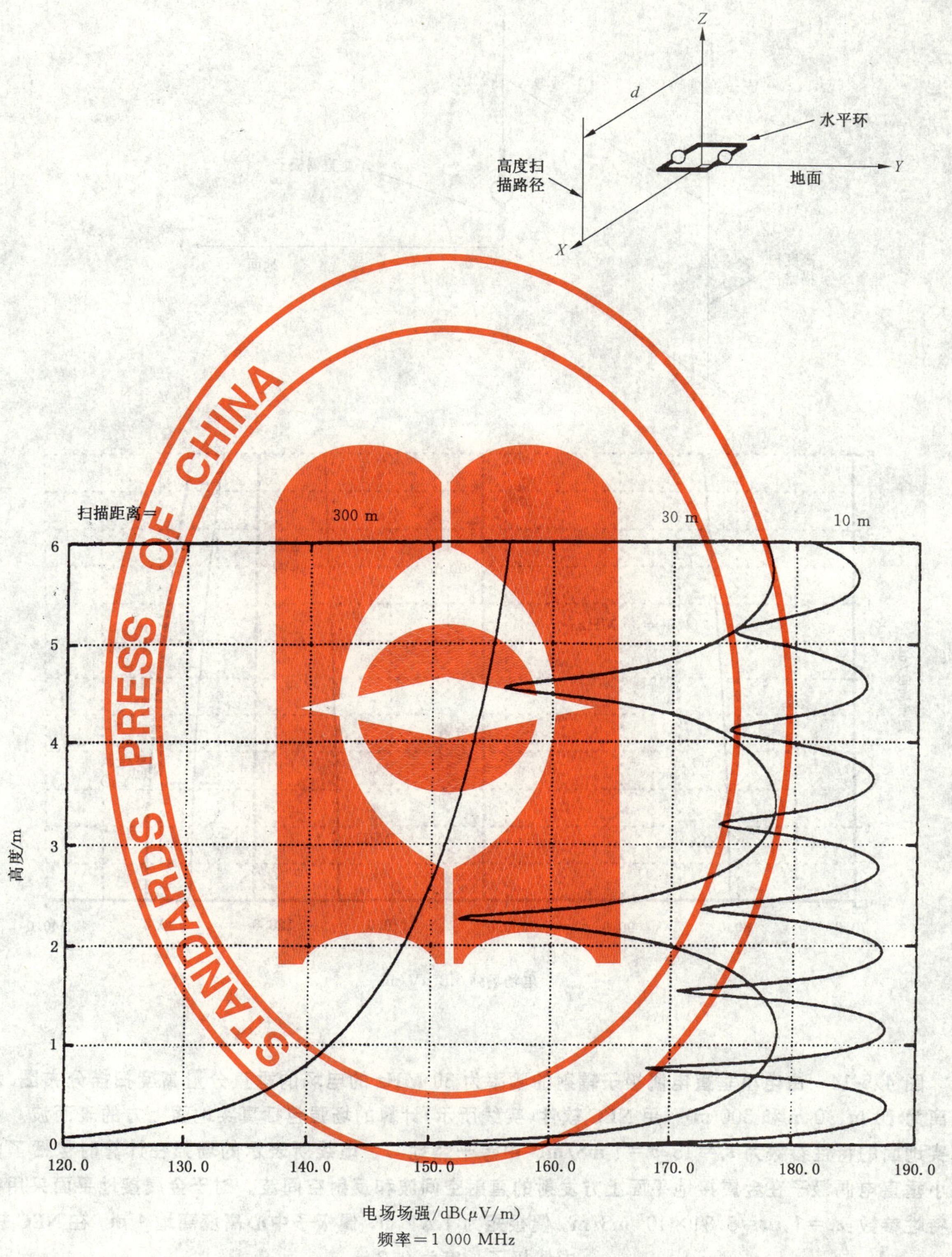

图 4.5-13 由尺寸为 0.02 **m**×0.02 **m**，中心高度为 2 **m**，偶极矩为 1 **A**·**m**^{2} 的电小水平环（垂直磁偶极子）在特性参数为 ε_r＝15，σ＝35 **mS/m** 的地面上方辐射的频率为 1 000 **MHz** 的水平极化电场的高度扫描分布图，在 *Z*-*X* 平面内的水平距离为 10 **m**、30 **m** 和 300 **m**（引自参考文献[10]）

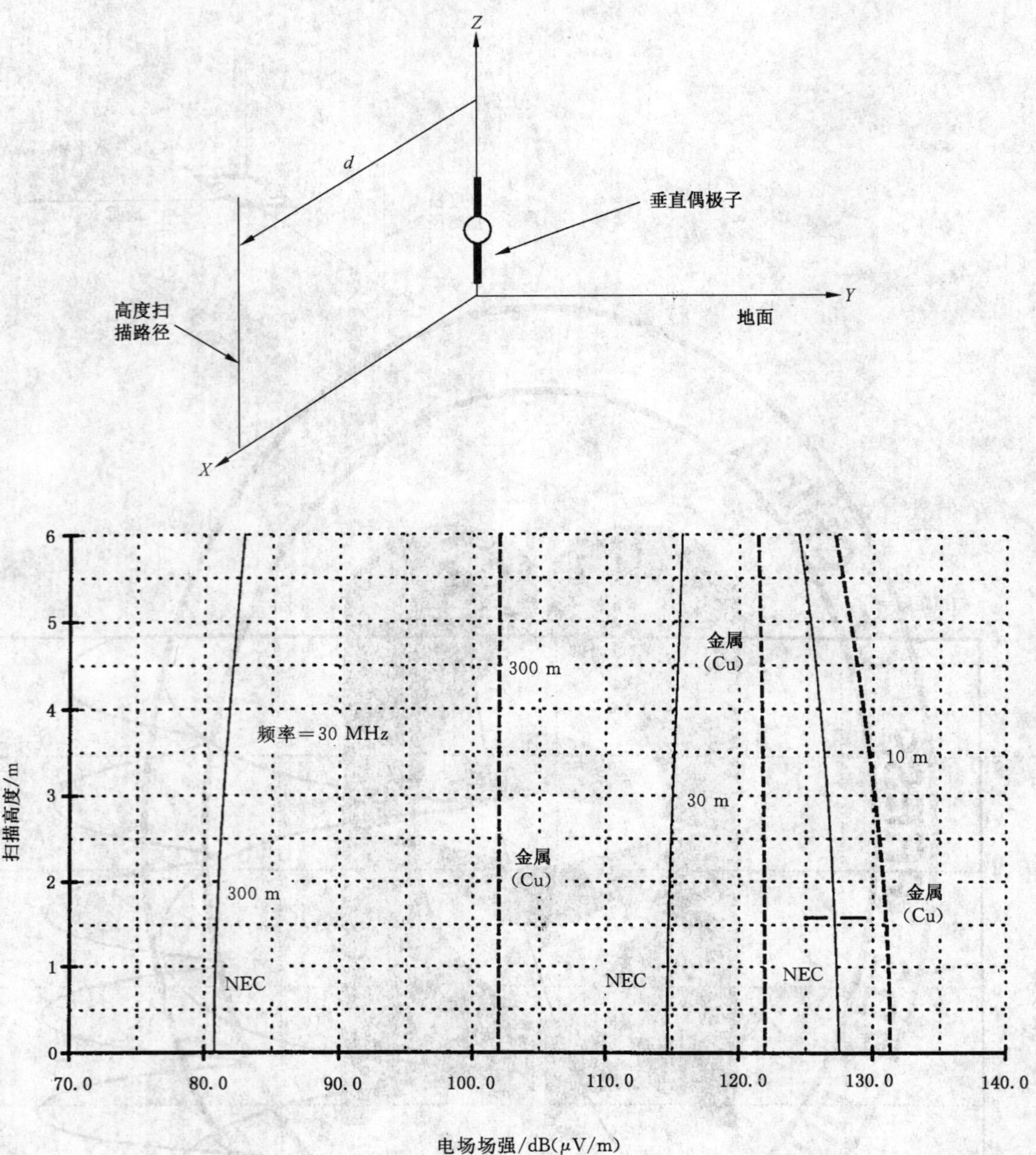

图 4.5-14　由电小垂直电偶极子辐射的频率为 30 **MHz** 的电场的垂直分量高度扫描分布图，水平距离为 10 **m**、30 **m** 和 300 **m** 。用 **NEC** 软件（实线所示）计算的场强包括真实地面上方的表面波。用于真实地面的特性参数为 $\varepsilon_r=15$，$\sigma=1$ **mS/m**（“中等干燥地”）。虚线所表示的场强在计算时包括了由无限小垂直电偶极子在金属接地平面上方发射的直射空间波和反射空间波。对于金属接地平面采用铜的电特性参数：$\varepsilon_r=1$，$\sigma=5.81\times10^7$ **mS/m**。偶极矩为 1 **A·m**，偶极子中心高度离地 1 **m**。在 **NEC** 软件中偶极子长度为 0.2 **m**

（引自参考文献[10]）

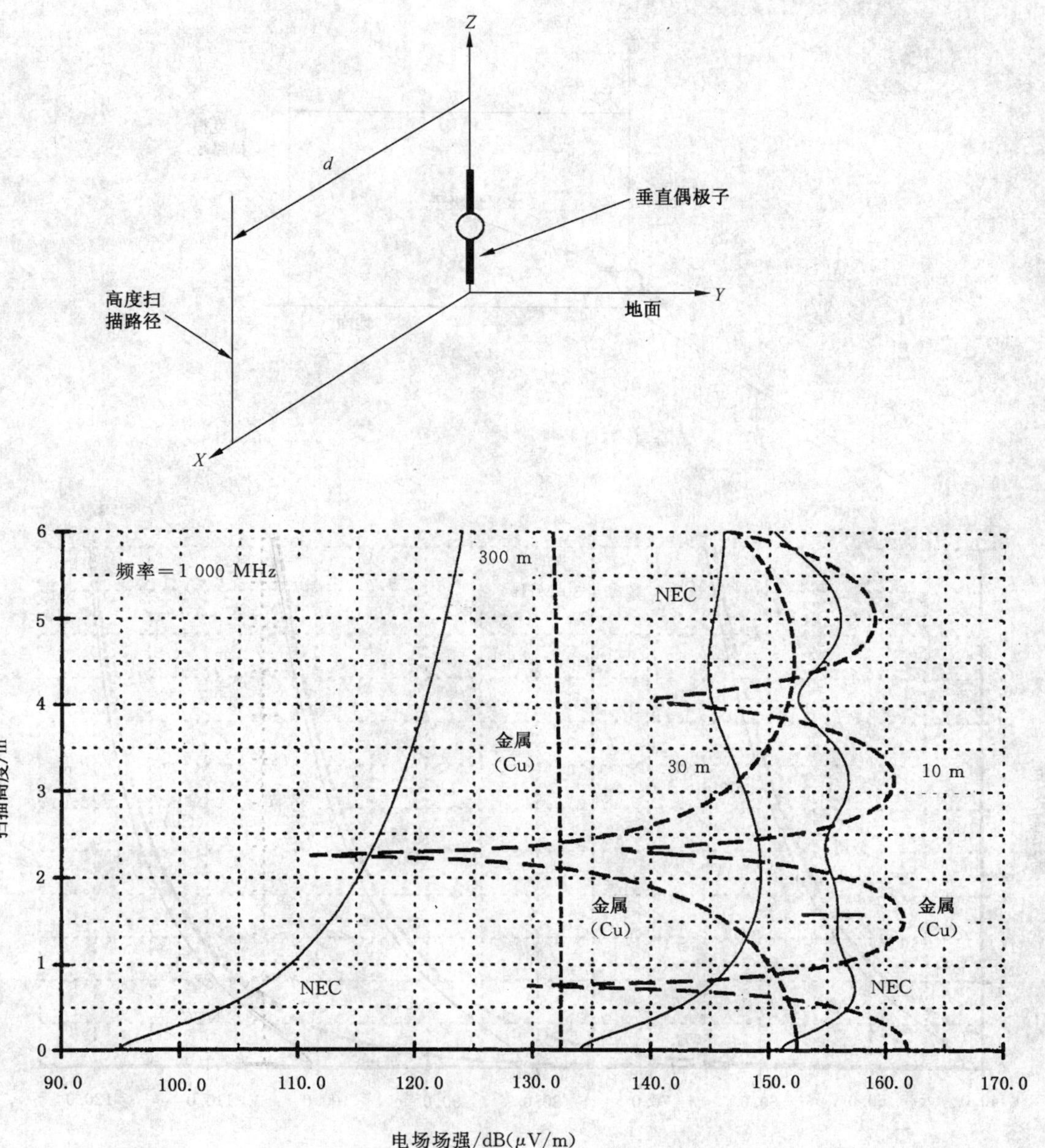

图 4.5-15 由电小垂直电偶极子辐射的频率为 1 000 MHz 的电场的垂直分量高度扫描分布图，水平距离为 10 m、30 m 和 300 m 。用 NEC 软件（实线所示）计算的场强包括真实地面上方的表面波。用于真实地面的特性参数为 $\varepsilon_r = 15$，$\sigma = 35$ mS/m。虚线所表示的场强在计算时包括了由无限小垂直电偶极子在金属接地平面上方发射的直射波和反射波。对于金属接地平面采用铜的电特性参数：$\varepsilon_r = 1$，$\sigma = 5.81 \times 10^7$ mS/m。偶极矩为 1 A·m，偶极子中心高度离地 1 m。在 NEC 软件中偶极子长度为 0.02 m（引自参考文献[11]）

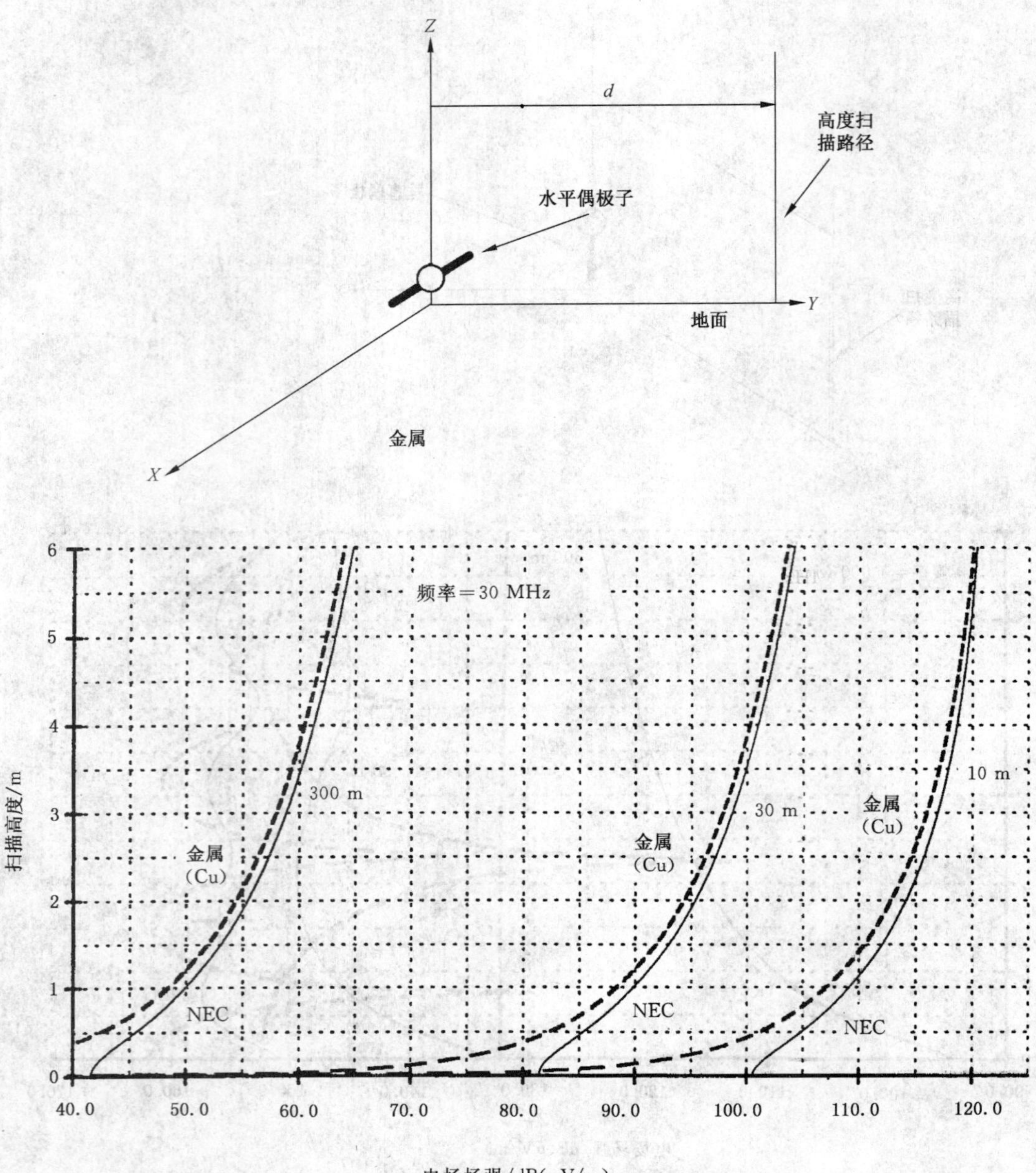

图 4.5-16　由电小水平电偶极子辐射的频率为 30 **MHz** 的电场的水平分量在沿偶极子轴线的法向平面内的高度扫描分布图，水平距离为 10 **m**、30 **m** 和 300 **m**。用 **NEC** 软件（实线所示）计算的场强包括真实地面上方的表面波。用于真实地面的特性参数为 $\varepsilon_r = 15, \sigma = 1$ **mS/m**（"中等干燥地"）。虚线表示所计算的由无限小水平电偶极子在金属接地平面上方发射的直射波和反射波的总和。对于金属接地平面采用铜的电特性参数：$\varepsilon_r = 1, \sigma = 5.81 \times 10^7$ **mS/m**。偶极矩为 1 **A·m**，偶极子中心高度离地 1 **m**。在 **NEC** 软件中偶极子长度为 0.2 **m**

（引自参考文献[11]）

图 4.5-17 由电小水平电偶极子辐射的频率为 1 000 MHz 的电场的水平分量在沿偶极子轴线的法向平面内的高度扫描分布图，水平距离为 10 m、30 m 和 300 m。用 NEC 软件（实线所示）计算的场强包括真实地面上方的表面波。用于真实地面的特性参数为 $\varepsilon_r=15$，$\sigma=1$ mS/m（“中等干燥地”）。虚线表示所计算的由无限小水平电偶极子在金属接地平面上方发射的直射波和反射波的总和。对于金属接地平面采用铜的电特性参数：$\varepsilon_r=1$，$\sigma=5.81\times10^7$ mS/m。偶极矩为 1 A·m，偶极子中心高度离地 1 m。在 NEC 软件中偶极子长度为 0.02 m

（引自参考文献[11]）

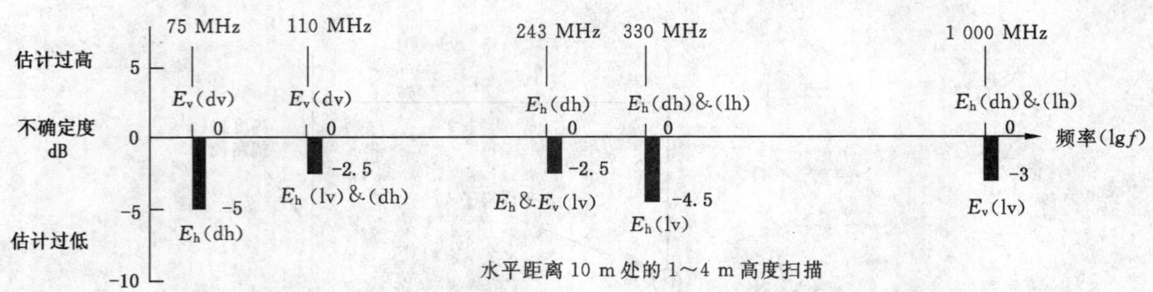

图 4.5-18 位于地面上方 1 m 或 2 m 的电小源在垂直方向上辐射预测的不确定度范围

这种预测是基于距离源的水平距离为 10 m，高度从 1 m 扫到 4 m 的垂直极化和水平极化电场的测量。下面的例子说明了如何解释直方图。直方图表明，在频率为 243 MHz 这一点上，当预测电小水平偶极子仰角辐射的水平极化电场 E_h 的最大值时，可得到最佳的预测，误差接近零。当在 243 MHz 频点上预测电小垂直环仰角辐射的水平极化电场 E_h 和垂直极化场的垂直分量 E_Z 的最大值时，预测性最差，预测值偏小可达 2.5 dB。（引自参考资料[10]）

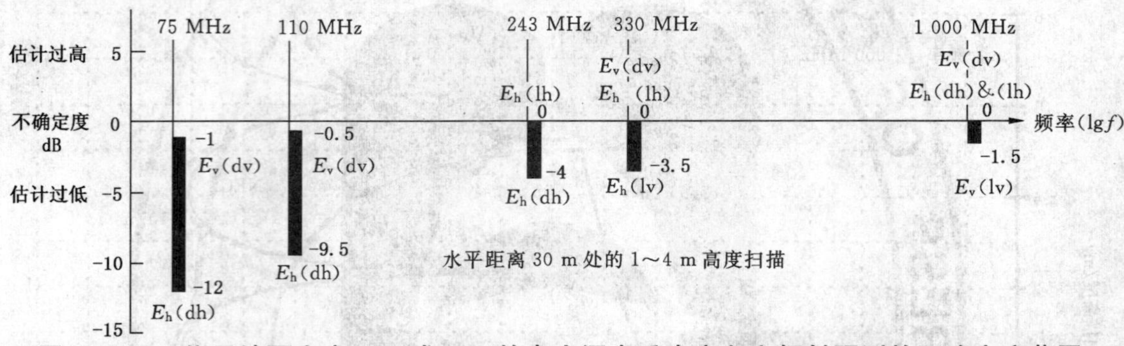

图 4.5-19 位于地面上方 1 m 或 2 m 的电小源在垂直方向上辐射预测的不确定度范围

这种预测是基于距离源的水平距离为 30 m，高度从 1 m 扫到 4 m 的垂直极化和水平极化电场的测量。下面的例子说明了如何解释直方图。直方图表明，在频率为 330 MHz 这一点上，当预测电小水平环仰角辐射的水平极化电场 E_h 和电小垂直环仰角辐射的垂直极化场的垂直分量 E_Z 的最大值时，都可得到最佳的预测，误差接近零。但当在 330 MHz 频点上预测电小垂直环仰角辐射的水平极化电场 E_h 的最大值时，预测值偏小可达 3.5 dB。（引自参考文献[10]）

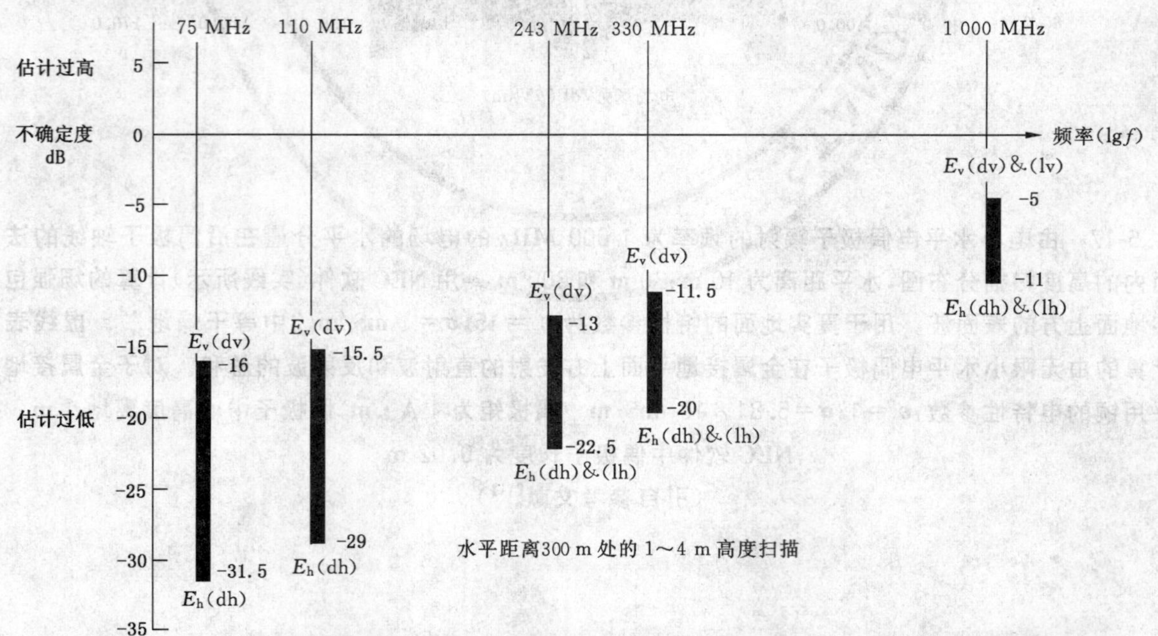

图 4.5-20 位于地面上方 1 m 或 2 m 的电小源在垂直方向上辐射预测的不确定度范围

这种预测是基于距离源的水平距离为 300 m,高度从 1 m 扫到 4 m 的垂直极化和水平极化电场的测量。下面的例子说明了如何解释直方图。直方图表明,在频率为 1 000 MHz 这一点上,当预测电小垂直环或电小垂直偶极子仰角辐射的垂直极化场的垂直分量 E_z 的最大值时,可得到最佳的预测,预测值最大偏小 5 dB。但当在 1 000 MHz 频点上预测电小水平环或电小水平偶极子仰角辐射的水平极化电场 E_h 的最大值时,预测性最差,预测值偏小可达 11 dB。(引自参考文献[10])

附录 4.5-A
从 27 MHz 工科医设备在真实地面上方仰角辐射的谐波场

计算所得的由在真实地面上方简单的电小偶极子和环的垂直辐射方向性图与真正的工科医设备产生的垂直辐射方向性图能够很好地匹配。这能够通过俄亥俄大学测试在空气传播的谐波场强数据得到证实。这些谐波场强来自四种不同的置于开阔场的 27 MHz 工科医设备[4]。每一个工科医设备都是一个射频塑料密封器,通过字母 A、B、C 或 D 标识。基本工作功率范围从 2 kW 到 27 kW。在参考文献中[5],由在固定高度上,变化倾斜范围内飞行的飞机采集的近 109 MHz 的水平极化四次谐波场强数据得到的径向距离为 300 m,仰角从近 40°变化到 90°,高度固定的垂直极面场方向性图。然后将合成的远场垂直方向性图与在相同距离下真实地面上方电小偶极子和环计算所得的垂直方向性图相比较。其目的是满足合适的容差,该容差可任意选为±10 dB。比较结果显示,在航空着陆系统的指定信标频段中的 109 MHz,工科医设备谐波辐射的垂直方向性图类似于对简单偶极子和环计算所得的辐射方向性图。

将在距工科医设备不同的倾斜距离上,获得的飞行中的场强数据转换为垂直方向性图,可以使用简单的衰减与距离成反比的公式(4.5-A1)

$$E_{300}(\mathrm{dB}(\mu\mathrm{V/m})) = E_d(\mathrm{dB}(\mu\mathrm{V/m})) + 20\ \log_{10}\left(\frac{d_s}{300}\right) \qquad (4.5\text{-A1})$$

式中:

E_d——在飞机上特定仰角测得的场强;

d_s——在该仰角上到飞机的倾斜距离;

E_{300}——在同一仰角,径向距离为 300 m 计算所得的场强。

已经画出每一次飞行,随仰角变化的 E_{300} 的值,从而得到两个垂直方向性图。一个垂直方向性图由产生于工科医设备的南部,另一个产生于工科医设备的北部。因此每一个图都延伸到 90°仰角,该点位于两个方向性图之间的公共场点。

在这其中也考虑到在非常低的仰角上,Sommerfeld-Norton 表面波对水平极化场的影响,正如考虑了它们的存在会使低仰角处场测试距离的调整变得复杂。30 MHz 以上的表面波已经在参考文献[11]被研究了。参考文献[11]表明表面波对获得飞行中数据的距离和高度是无影响的。

如图 4.5-A1 举例说明了用实线曲线表示的不带射频屏蔽的工科医设备 A(25 kW 的射频塑料密封器)的水平极化四次谐波辐射的垂直方向性图,该图利用式(4.5-A1)根据参考资料[4]中数据计算得来;与用虚线曲线表示的对两个水平电小偶极子计算所得的在 109 MHz 时的水平极化辐射方向性图比较,飞行中的场强数据是在飞行高度为 152 m 时获得的,如参考文献[4]第 54 页图 A-4 所示。

如图 4.5-A1(b)所示,工科医设备 A 在靠近仰角 5°处场强的陡变是与工科医设备的接通状况一致的。注意,为了与工科医设备南部的测量场分布相匹配,电流偶极矩 Idl,偶极子离地高度,以及所需要的电小电偶极子的辐射功率都和与工科医设备北部的测量场分布相匹配所需要的有所不同。

图 4.5-A2 使用的在飞行中的数据是在空间的带射频屏蔽的工科医仪器 B 在 152 m 高度所采集的。如图 4.5-A2(b)所示,测量中地面噪声层在仰角 12°与 20°之间的实线曲线中是可见的。工科医设

备接通状况发生在仰角 20°附近。注意在两个电小垂直环侧面形成的水平极化长的垂直极面方向性图用于提供匹配方向性图所要求的偶极矩是相同的,但是与南部方向性图相匹配和与北部方向性图相匹配所要求的源的高度和辐射功率是不同的。

图 4.5-A3 比较了工科医设备 C(一个 3 kW 的射频塑料密封器)飞行在 152 m 测试的 109 MHz 仪器 C(3 kW 射频封印)的辐射数据与计算得到的两个小水平电偶极子的水平极化场图。仪器 C 在空间射频屏蔽条件下操作。图 4.5-A3(b)仪器 C 在靠近仰角 20°处场强的陡变是符合工科医设备的接通情况的。在图 4.5-A3(a),在 2.7 m 高度获得了与小水平电偶极子的匹配,这一高度比在报告其他地方考虑的最大高度 2 m 稍高。

图 4.5-A4 显示了空间射频屏蔽条件下仪器 D(2 kW 射频封印)的匹配图。在这个例子中,两个电小垂直环生成的全面水平极化垂直场图被用于提供匹配图。在图 4.5-A4(a),在中心高度 0.85 m 高度使用小水平电偶极子,获得了匹配,这一高度比在文章其他地方考虑的最小高度 1 m 稍低。在图 4.5-A4(a),仪器在靠近仰角 5°处场强的陡变是符合工科医设备的断开情况的。

这些图都显示了在一个短时间内,工科医设备的辐射干扰场强是怎样的多变。从工科医设备的北部到南部,每一个搜集的数据都是发生在约 135 节(1 节约为 1.85 公里/h)的空中飞行速度时。在每一个飞行期间,工科医设备只有一个操作循环持续时间约 1 分钟。

但是,在垂直方向性图测试之后,我们可以得到以下结论,即尽管有场强波动,在任何单独飞越工科医设备的飞行期间,在仰角内飞机遇到的水平极化场分布能适度地被仰角内简单电和磁偶极子源生成的场分布匹配(±10 dB 以内)。给出角度 4°以上测试场的相关较好简单匹配图,以及减少近地面水平极化场强度的边界条件,如果在仰角 4°以下测试,近地面计算得的简单模型的场图与真实场图相同(参见参考文献[11])。这些结果也证实了下列论述,即在位置,在仰角内,工科医设备发射的远场辐射的可预测性能够通过考虑近地简单电磁偶极子发射的垂直方向性图来判断。

此外,典型工科医设备发射的垂直极化场与地上小偶极子发射的垂直极化场应该不同,这一点看来是没有明显原因的。这样的小偶极子模型也应该用于说明垂直极化场的可预测性。

更多的细节研究由 Ohio 大学 Avionics 工程中心给出报告参考文献[4],并且有许多匹配的测试数据的例子,它们都是电化的电或磁偶极子源计算的垂直图,这些都在参考文献[5]中描述。图 4.5-A1 到 4.5-A4 都是从参考文献[5]中的图改编的。

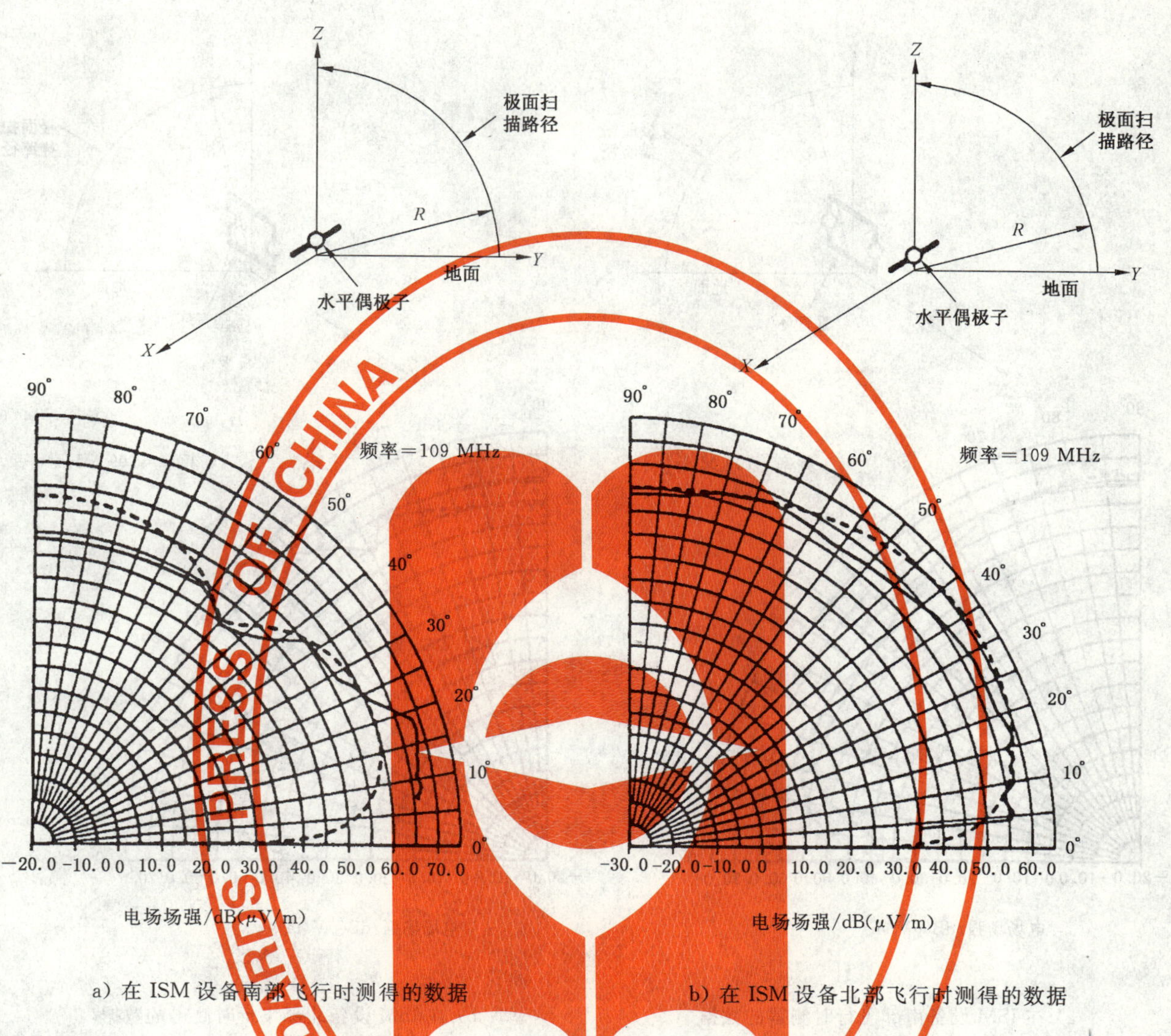

a) 在 ISM 设备南部飞行时测得的数据

b) 在 ISM 设备北部飞行时测得的数据

实线曲线：工科医设备 A(射频基频功率 25 kW)，方位角 180°，飞行高度 152 m，取消射频屏蔽，由参考文献[4]中第 54 页图 A-4 所示的在飞行中的场强数据导出。

a) 虚线曲线：源：水平电偶极子，中心高度离地 1.8 m，偶极矩(电流)$I \cdot dl \approx 2.51$ mA·m，辐射功率≈704 μW。

b) 虚线曲线：源：水平电偶极子，中心高度离地 1.3 m，偶极矩(电流)$I \cdot dl \approx 2.82$ mA·m，辐射功率≈996 μW。

图 4.5-A1　109 MHz 水平极化场的垂直方向性图，扫描半径 300 m(引自参考文献[5])

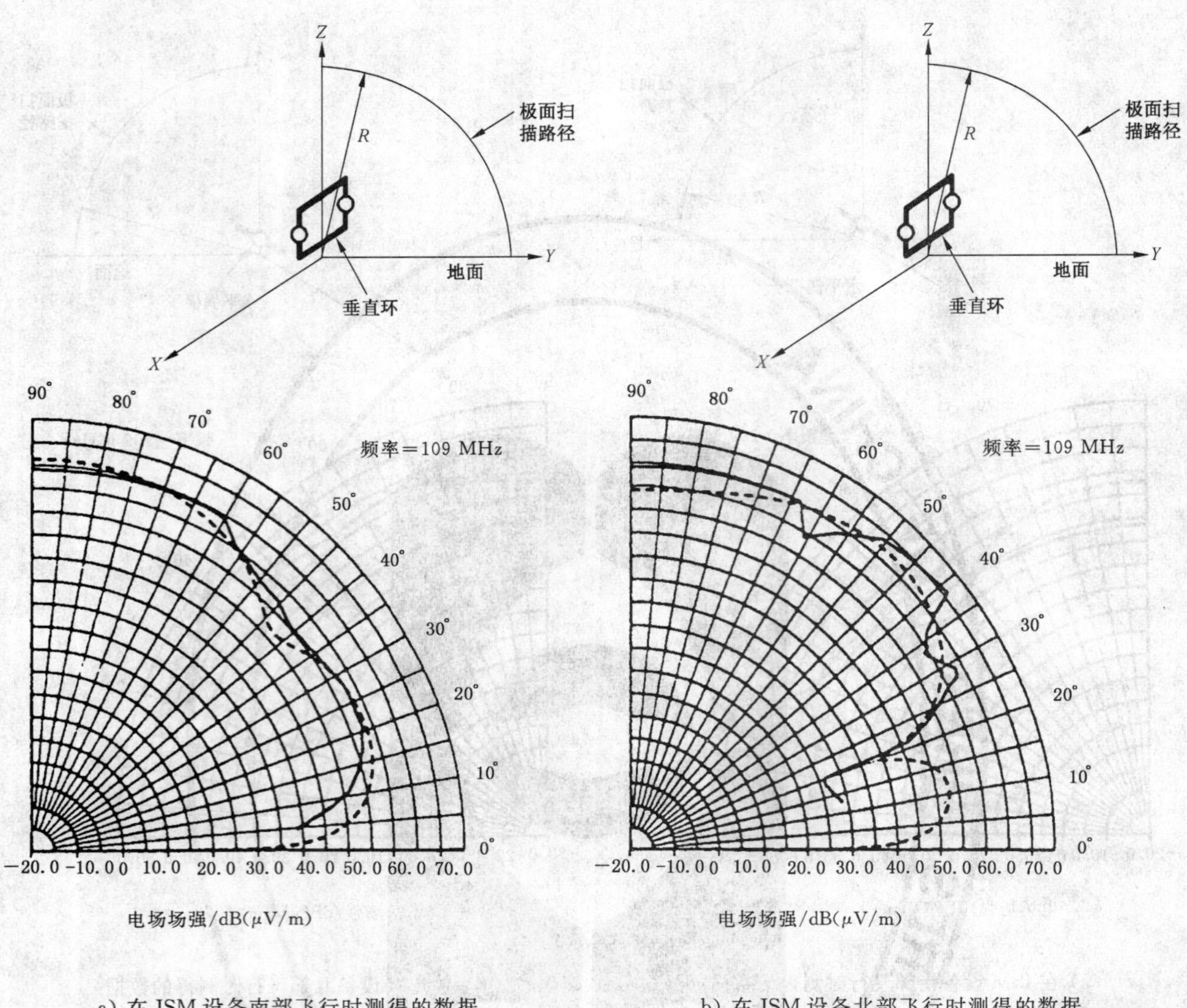

a) 在 ISM 设备南部飞行时测得的数据

b) 在 ISM 设备北部飞行时测得的数据

实线曲线:工科医设备 B(射频基频功率 2 kW),方位角 0°,飞行高度 152 m,空间射频屏蔽,由参考文献[4]中第 62 页图 A-11 所示的在飞行中的场强数据导出。

a) 虚线曲线:源:电小垂直环,中心高度离地 1 m,偶极矩 $I \cdot dA \approx 3.6\ \text{mA} \cdot \text{m}^2$,辐射功率≈6.56 mW。

b) 虚线曲线:源:电小垂直环,中心高度离地 2 m,偶极矩 $I \cdot dA \approx 3.6\ \text{mA} \cdot \text{m}^2$,辐射功率≈8.33 mW。

图 4.5-A2 109 MHz 水平极化场的垂直方向性图,扫描半径 300 m(引自参考文献[5])

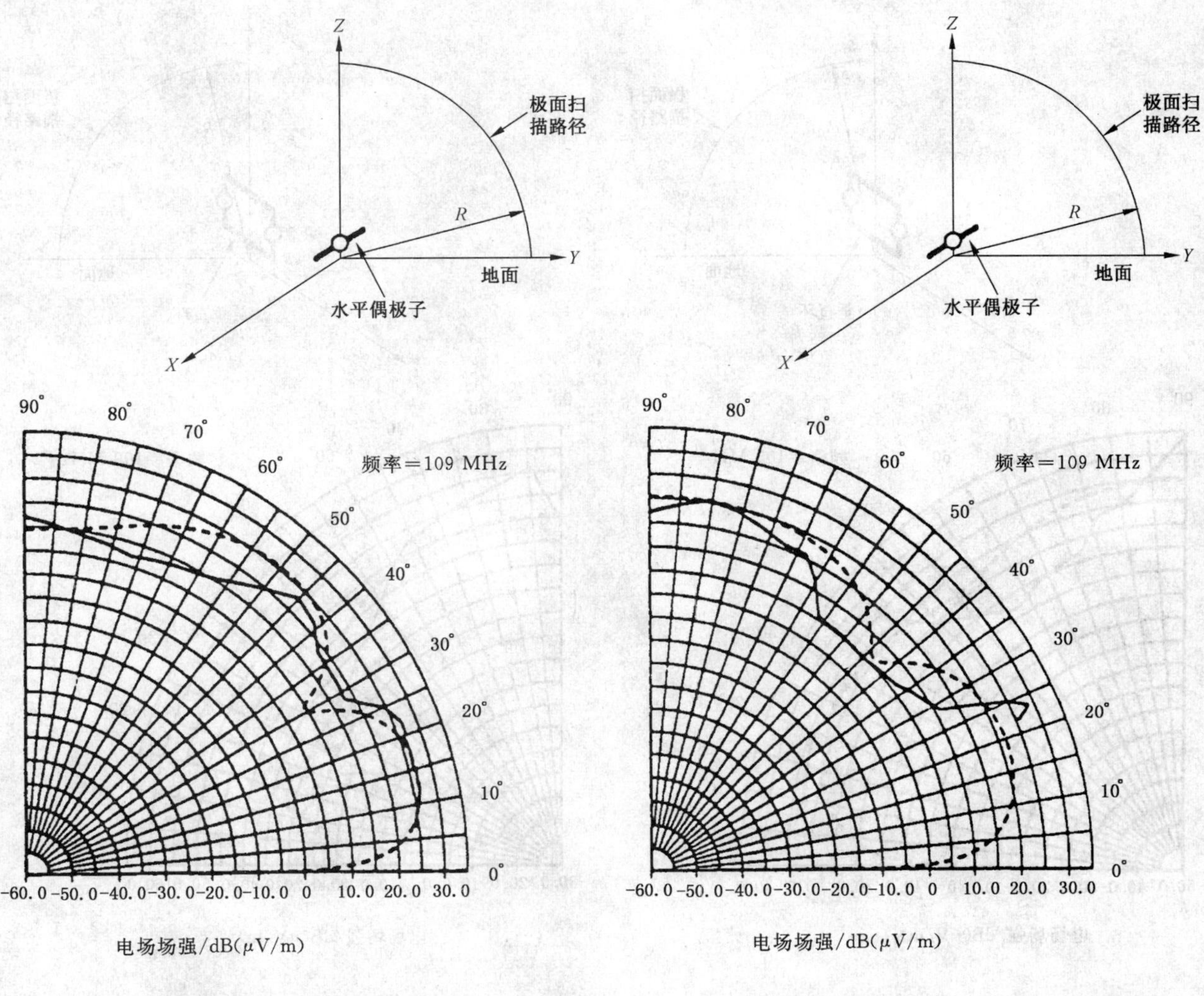

a) 在 ISM 设备南部飞行时测得的数据

b) 在 ISM 设备北部飞行时测得的数据

实线曲线：工科医设备 C(射频基频功率 3 kW)，方位角 20°，飞行高度 152 m，空间射频屏蔽，由参考文献[4]中第 65 页图 A-13 所示的在飞行中的场强数据导出。

a) 虚线曲线：源：水平电偶极子，中心高度离地 2.7 m，偶极矩(电流)$I\cdot dl\approx 50.1\ \mu A\cdot m$，辐射功率$\approx 0.31\ \mu W$。

b) 虚线曲线：源：水平电偶极子，中心高度离地 2 m，偶极矩(电流)$I\cdot dl\approx 28.2\ \mu A\cdot m$，辐射功率$\approx 0.096\ \mu W$。

图 4.5-A3 109 MHz 水平极化场的垂直方向性图，扫描半径 300 m(引自参考文献[5])

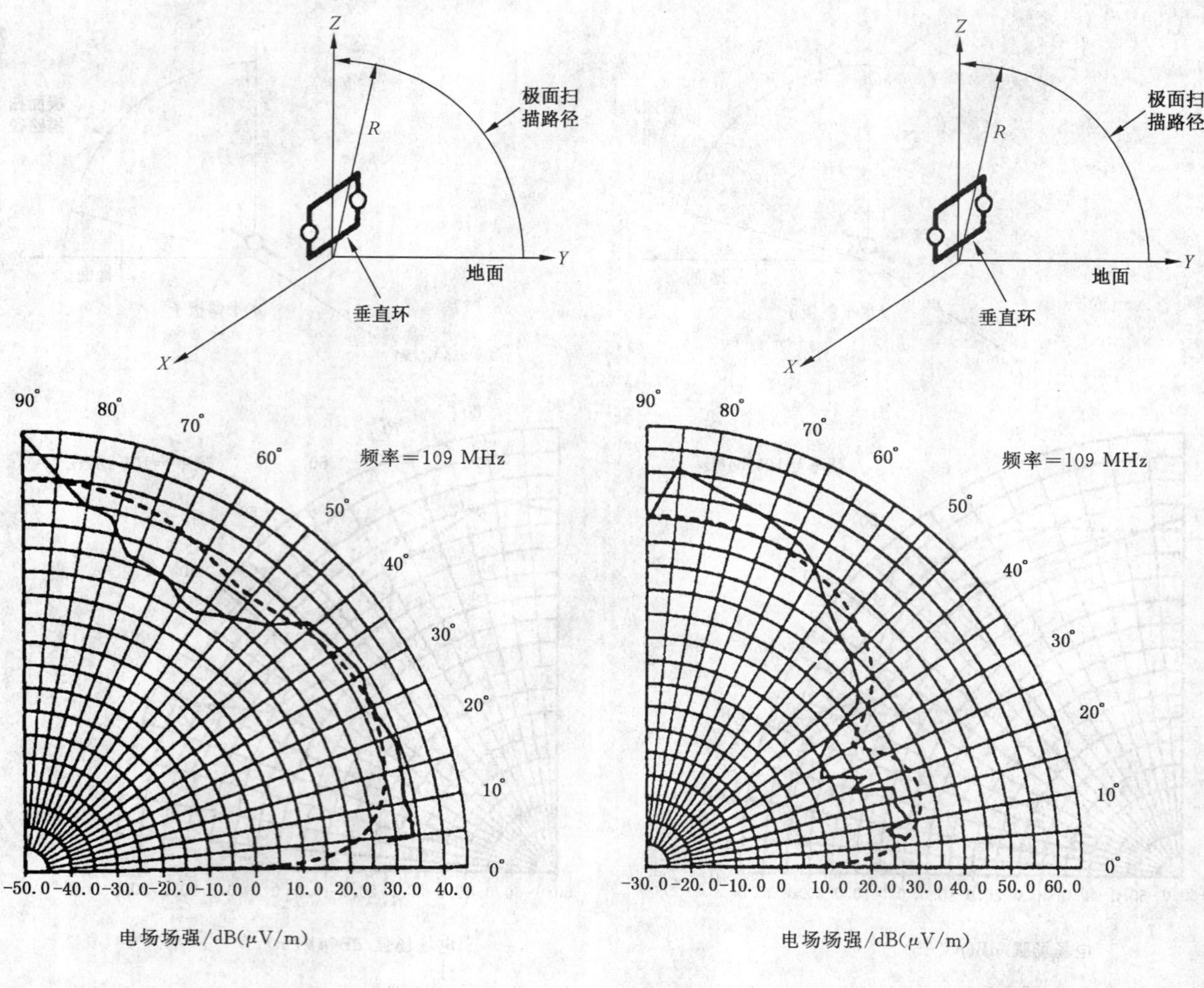

a) 在 ISM 设备南部飞行时测得的数据

b) 在 ISM 设备北部飞行时测得的数据

实线曲线:工科医设备 D(射频基频功率 2 kW),方位角 20°,飞行高度 152 m,空间射频屏蔽,由参考文献[4]中第 72 页图 A-19 所示的在飞行中的场强数据导出。

a) 虚线曲线:源:电小垂直环,中心高度离地 0.85 m,偶极矩 $I\cdot dA\approx 0.14$ mA·m²,辐射功率≈10.4 μW。

b) 虚线曲线:源:电小垂直环,中心高度离地 2 m,偶极矩 $I\cdot dA\approx 0.23$ mA·m²,辐射功率≈42.0 μW。

图 4.5-A4 109 MHz 水平极化场的垂直方向性图,扫描半径 300 m(引自参考文献[5])

4.5.8 参考文献

[1] ITU-R Recommendation 527-1, *Electrical characteristics of the Surface of the Earth*, International Consultative Committee on Radio (CCIR), International Telecommunication Union, Geneva, 1992

[2] ITR-R Report 879-1, *Methods for Estimating Effective Edlectrical Characteristiocs of the Surface of the Earth*, International Consultative Committeed on Radio (CCIT), Internationl Telecommunication Union, Geneva, 1996

[3] CISPR 11:1990, *Limits and methods of measurement of electromagnetic disturbance characteristics of industrial, scientific and medical (ISM) radio-frequency equipment*, Sec-

ond Edition, Internarional Special Committee on Radio Interfernce (CISPR), internationl Electrotechnical Commiission, Geneva, 1990

[4] J. D. Nickum and W. Drury, *Measurement of RF Fields Associated With ISM Equipment as it Relates to Aeronautical Services*, Report No. OU/AECD/EER 67-1, Avionics Engineering Center, Department of Electrical report to the US Federal Aviation Administration, Systems Engineering Service, Washington, DC20591, Report No. Department of Transportation, Publicly available through the National Technical information Service, Springfiedld, Virginia 22161, USA

[5] I. p. Macfariane, *Harmonic fields Radiated at Elevated Angles from 27MHz ISM Apparatus OKJver Real Ground*, TELTRSA Research Laboratories Report 8347, Telstra Research Laboratories, 77o Blackburn Road, Clayton, Victoria 3168, Australia, 1995

[6] G. J. Burke and A. J. Poggio, *Numerical electromagneiecs code* (*NEC*) - *Method of Moments*, Naval Ocean Systems Center, San Diedgo, CA 92152, USA, NOSC Technical Document 116, 1981. (Numerical Electromagnetics Code (NEC2) developed at Lawrence Livemore National Laboratory, Livemove, California, File Created 4/11/80, Double precision 6/4/85)

[7] A. Sommerfeld, translated by Straus, "Partial Differential Equations in Physics", *Lectures on Theoretical Physics*, *Volume VI*, *Academic Press*, *New York*, 1964, *Chapter VI*

[8] W. I. Stuzman and G. A. Thiele, *Antenna Theory and Design*, John Wiley & Sons, New York, 1981, p123

[9] Radio Regulations. Edition of 1990, International Telecommunication Union (ITU), General Secretariat, Geneva, 1990

[10] I. P. Macfarlane, *Predictability of Electromagnetic Radiation in the Vertical Plane Over Real Ground AT Freqencies Above* 30 *MHz*, Telstra Research Laboratories Report 8330, Telstra Research Laboratiories, 770 Blackburn Road, Clayton, Victoria 3168, Austrlia, 1995

[11] I. p. Macfarlane, *Surface Waves and Near Fields Over Ground Planes AT Frequencies Above 30 MHz*, Telstra Research Laboratiories Teport 8329, Testra Research Laboratories, 770 Blackburn Road, Clayton, Victoria 3168, Australia, 1995

[12] E. C. Jordon and K. G. Balmain, *Electromagnetic Waves and Radiating Systems*, *Prentice-Hall*, *Inc.*, Second Edition, 1968, Chapter 16

[13] US Code of Federal Regulations (CFR), Chapter I - *Federal Communications Commission* (*FCC*), *Title* 47, *Part* 18, *Industrial*, *scientific and medical equipmnet*, US Government Printion Office, issue of October 1992. Mdeasurement techniques to determine compliance are set out in FCC/OST Measurement Procedure MP-5 (1986), *Methods of Measurement of Radio Noise Emissions* Emissions from I

4.6 30 MHz 以下垂直方向上辐射的可预测性

4.6.1 范围

第 4.6 条涉及靠近均匀真实大地表面的电小源辐射的频率在 30 MHz 以下的磁场和电场在垂直方向上的方向性图。目的是为了研究垂直方向上的辐射基于近地磁场场强测量的可预测性。

对距不同电小源 30 m 处的场的垂直极面方向性图进行计算后，再计算更远处的场的方向性图，这样便可以衡量场随距离的变化特性。通过这种方法，可以获得垂直极面方向性图的形状、比较近地场强与仰角辐射场的幅度的不同，以及获得有关在地表面上方场强幅度随距离变化的一般性知识。

所用的源是电小平衡电偶极子与磁偶极子，其激励的频率范围为 100 kHz～30 MHz。出于第 4.6 条研究的目的，电小源的最大线性长度被规定为被研究频点所对应的自由空间波长的 1/10 或更小。

第 4.6 条考虑了电小源放置在靠近具有不同电导率和介电常数的真实大地表面[1][2]时，对垂直极面方向性图的影响，并且还研究了将大地近似为理想导电体的特殊情况。

至于由场源附近的墙壁、建筑物、钢筋混凝土结构等对垂直极面方向性图所带来的影响，以及由交叉路段、河道、埋设的金属管道等引起的地面的电特性参数随距离的变化而导致的对靠近地面的电波传播的影响也不在第 4.6 条的研究范围之内。因此，必须要注意，第 4.6 条并未考虑由这类因素所导致的可预测性的误差。

4.6.2 引言

CISPR 11[3]给出了工科医(ISM)射频设备近地辐射的电磁骚扰的限值。限值是用来保护无线电业务的接收。频率在 30 MHz 以下的限值用于限制 ISM 设备发射的磁场在水平方向上的分量。在进行场地测量时，限值适用的距离是距源点 30 m。在现场测量时，测量距离定义为离 ISM 设备所在建筑物的外墙壁为 30 m，而离源点的距离未作规定。测量时电流环垂直放置，其基座离地面的高度必须为 1 m。

在 CISPR 11 中已经提到许多航空通信业务要求限制垂直辐射的电磁骚扰，因此确定对这类系统提供保护所需要的条款的工作是有必要的。

有待保护的航空无线电业务或者是水平极化传输，或者是垂直极化传输。所以，在研究包括垂直极化和水平极化的电场和磁场场强分量的可预测性时，要关注地面附近各种潜在干扰源在各个仰角上发射的场分量。

第 4.6 条对垂直方向上辐射的可预测性的判断是基于各种不同的源发射的水平极化磁场在地面上测量的精确性，它表明了在不同仰角上水平或垂直极化磁场的场强最大值。

可以想象出，在距离电小源 30 m 处，当频率由 100 kHz 变化到 30 MHz 时，场的特性将随着波长的变化发生显著的改变。因此，第 4.6 条只关注四个频率点：100 kHz、1 MHz、10 MHz 和 30 MHz。在 100 kHz 时，30 m 的距离正好位于源的静电场或感应的近场区。1 MHz 时，30 m 的距离在电小源的 $\lambda/10$之内，此时的测试点位于可称之为辐射近场区的区域。10 MHz 时，30 m 的距离近似为距离场源一个波长，在该区域内远场开始形成。30 MHz 时，30 m 的距离近似为距离场源三个波长，此时的测试点正好位于远场区。

除了随着波长的变化，场的特性从近场变化到远场外，在 100 kHz～30 MHz 的频率范围内，真实大地的电特性也要发生变化。总之，真实大地在低频时具有有耗导体的特性，在高频时具有有耗介质的特性。而且，真实大地的电特性参数值的变化范围很大；典型的变化范围是从电导率为 10^{-4} S/m、相对介电常数为 3 到电导率为 10^{-2} S/m、相对介电常数为 30[1][2]。尽管大地的电特性参数有这么大的变化范围，它还不包括在一些地方可能会遇到的特殊参数值。

第 4.6 条指出了垂直方向上辐射的可预测性的局限。还特别指出了如果有可能在一个已知的误差范围内对不同仰角处的辐射场强进行预测的话，已知精确的测量距离，即源点到地面附近测量点之间的实际距离，是极其重要的。

第 4.6 条表明了当在真实大地上方距离源点的精确测试距离为 30 m 时，在预测中仍会产生显著的误差，以及由于假定大地为理想导电体的近似所导致的大误差。此外还指出，当测量距离为距源点 30 m时，用随高度扫描直到 6 m 所得到的垂直极化磁场来补偿地面附近所测得的水平极化磁场时可减小预测在真实大地上方场的误差，即使误差依然很显著。

4.6.3 垂直极面方向性图的计算方法

第 4.6 条中磁场和电场的垂直极面方向性图是采用矩量法，利用名为 NEC[4]的计算机软件计算得到的。这里用了双精度版本的 NEC2D，同时还利用了软件 SOMNEC2D。在计算真实大地上方的电场时，NEC 和 SOMNEC 软件都允许对空气-大地分界面[5]运用 Sommerfeld 积分方程进行场的积分运算。

在首次对公众开放的 NEC 程序版本里，用于计算大地上方的近场磁场的一段程序代码被省略了，这使得磁场计算的误差非常大[6][7]。在第 4.6 条中用来计算方向性图的 NEC2D 版本中，恢复了该段代码，允许计算所有靠近地表面的磁场分量。恢复的这段程序代码是通过由 Sommerfeld 方法得到的电场曲线用六点有限差分法来近似计算磁场分量的。

在软件 NEC 中，用于计算磁场的有限差分法中所采用的空间取样间隔一般固定在 $10^{-3}\lambda$。在 100 kHz和 1 MHz 两个频点计算磁场方向性图时，空间取样间隔分别变更为 $10^{-5}\lambda$ 和 $10^{-4}\lambda$，以获得近场磁场的精确计算[7][8]。

由于数值的不精确[9]使代表电场的曲线在某些情况下在数学上应为零的点，但在数值计算中却不为零，从而使基于电场的磁场的有限差分近似导致一些数值稳定性方面的问题，这需要对计算的磁场方向性图进行平滑处理。

4.6.4 源模型

构成第 4.6 条基本部分的电小源，包括电小平衡垂直电偶极子和水平电偶极子，以及电小平衡垂直磁偶极子和水平磁偶极子(分别为水平环和垂直环)。每个电小源具有单位偶极矩(比如，电偶极子的偶极矩为 1 Am，磁偶极子的偶极矩为 1 Am^2)。所有的电小源非常靠近空气和地面的分界面(在一个波长分之几以内)；每个偶极子的基座离地高度在 7 cm 或 15 cm 直至最大值 1 m 之间变化，以决定场强方向性图随源的高度变化的敏感性。第 4.6 条中的方向性图显示了方向性图形状随高度的最大变化。

用于场方向性图计算的场源模型的几何形状如图 4.6-1～图 4.6-4 所示，包括了每个场源的径向扫描路径。考虑到垂直磁偶极子和垂直电偶极子周围场的校验方位角的对称性这一优点，我们仅关注这些源在 Z-X 平面上的径向扫描特性。

由图 4.6-3 和图 4.6-4 可见，每个环由两个信号发生器激励。尽管模型中的电长度很小，但如果只用一个信号源激励的话，电流的不对称足以使环表现出显著的产生电磁场的电偶极子的特征——这是由于小环的尺寸有限，使得这些小环不能作为电气上无限小的磁偶极子。因此，这里所使用的模型中，每个环都由两个相同的信号发生器来激励，发生器的位置如图所示。由此使单个发生器引起的电流不对称性所带来的电偶极子效应就可以减至很小。当然，水平磁偶极子(垂直环)由于靠近地面，环中的电流总是不对称的(这会产生一个合成电偶极矩)；第 4.6 条中用到的场源模型也存在这种现象。

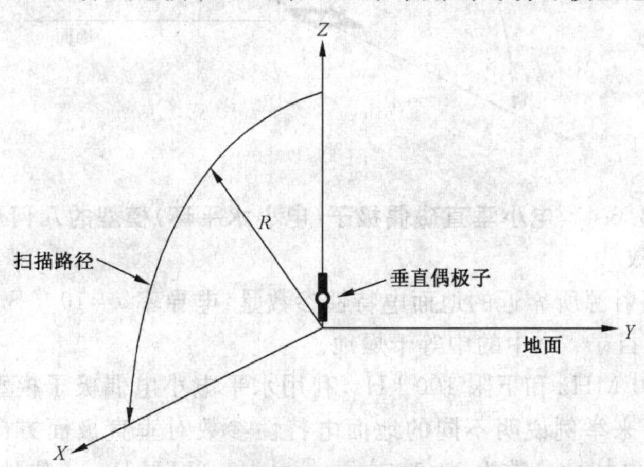

图 4.6-1 电小垂直电偶极子模型的几何形状

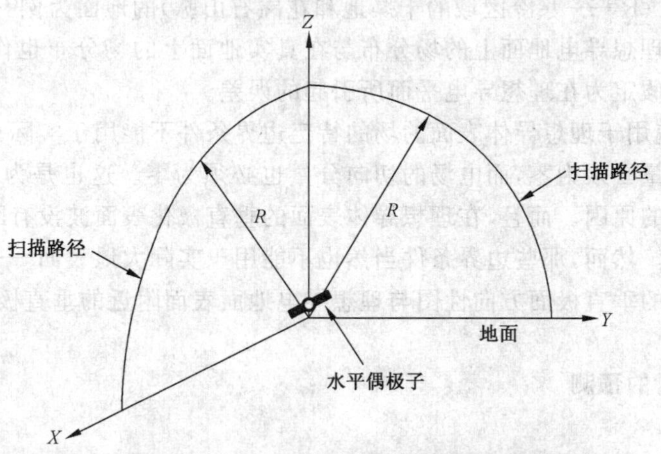

图 4.6-2 电小水平电偶极子模型的几何形状

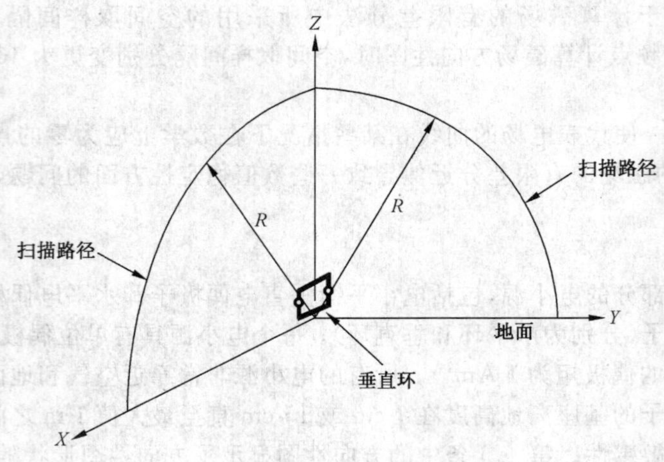

图 4.6-3　电小水平磁偶极子(电小垂直环)模型的几何形状

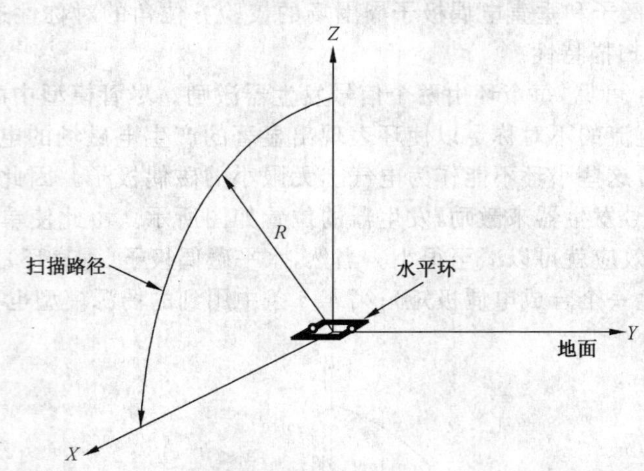

图 4.6-4　电小垂直磁偶极子(电小水平环)模型的几何形状

4.6.5　地面的电特性参数

第 4.6 条最关注的辐射源所靠近的地面电特性参数是:电导率 $\sigma=10^{-3}$ S/m,相对介电常数 $\varepsilon_r=15$。这些电参数可参阅 CCIR 目录[1][2]中的中等干燥地。

在频率范围的上限 30 MHz 和下限 100 kHz,利用水平电小电偶极子模型所靠近的地面具有两组不同电特性参数值的例子来举例说明不同的地面电特性参数对垂直极面方向性图的影响。具体以第 4.6.2 条中所提到的地面电特性参数为 $\sigma=10^{-2}$ S/m、$\varepsilon_r=30$(ITU-R——耕地和清水沼泽地)的地面和 $\sigma=10^{-4}$ S/m、$\varepsilon_r=3$(ITU-R——寒冷区域的干燥地和花岗石山脉)的地面为例[1][2]。

对每种类型的源在理想导电地面上的场分布与在真实地面上的场分布也作了比较,以辨别由于有时候将真实地面近似地假定为在理想导电平面所引起的误差。

总之有必要重申,应用于理想导体表面的场的特定边界条件不能用于实际大地表面。特别是,理想导体表面磁场的法向分量必须为零,而电场的切向分量也必须为零。这也是为什么在理想导体表面不能存在水平极化表面波的原因。而且,在理想导体表面的垂直极化表面波没有欧姆损耗,仅仅是随距离按自由空间衰减率衰减。然而,那些边界条件当然也不能用于实际大地表面——这样,边界条件反映了位于实际地面表面附近的垂直极面方向性图与理想导电地面表面附近的垂直极面方向性图之间的最一般的差别。

4.6.6　垂直方向上辐射的预测

4.6.6.1　预测汇总表

图 4.6-7～图 4.6-62 提供了对预测作出判断的垂直极面方向性图,这些图给出了场强随地面以上

仰角的分布。为了总结这些图所提供的信息，下面给出了四张信息汇总表(见表 4.6-1～表 4.6-4)，分别对应于第 4.6 条所考虑的 4 个频率。

表 4.6-1　使用基于地面的、距离场源最远为 3 km 的磁场水平分量的测量值对 100 kHz 时垂直方向上辐射的预测

场源类型	基于在真实地面附近距离场源 30 m 处的测量的预测	基于在距场源的精确距离未知的条件下，真实地面附近的现场测量的预测	基于在假定地面是理想导电体，并已知距场源距离的条件下，计算所得的垂直方向上辐射特性的预测
电小垂直电偶极子	极好 (见图 4.6-7,4.6-9)	极好 (见图 4.6-7,4.6-8,4.6-14,4.6-15)	极好 (见图 4.6-7)
电小水平电偶极子	极好 (见图 4.6-11,4.6-12,4.6-13)注1,2	很好 (见图 4.6-11,4.6-13,4.6-14,4.6-15)	差 (见图 4.6-11)注3
电小水平磁偶极子(垂直环)	极好 (见图 4.6-16,4.6-18)注4	很好 (见图 4.6-16,4.6-18,4.6-19,4.6-20)	很好 (见图 4.6-16,4.6-17)注5
电小垂直磁偶极子(水平环)	差 (见图 4.6-21,4.6-25)注6	不可能 (见图 4.6-21,4.6-23～4.6-26)注7	不可能 (见图 4.6-21,4.6-22)注8

注 1：由接近地面的电小水平电偶子发射的磁场水平分量的测量可高估从某一仰角发射的磁场垂直分量的最大值约 1 dB，见图 4.6-11。然而注意，该测量高估从垂直方向发射的磁场水平分量的场强约 5 dB。

注 2：地面的电特性参数在大范围内的变化对电小水平电偶极子的垂直极面方向性图在 100 kHz 时的较小影响见图 4.6-12。

注 3：地面是理想导电体时计算所得的水平电偶极子的磁场分布图表明，这一假定导致场强绝对值被低估 20 dB，并且错误地表明基于地面的测量对场强最大值低估 6 dB(参见注1)。

注 4：由近地电小水平磁偶极子(垂直环)发射的磁场水平分量的测量对不同仰角处的磁场垂直分量的最大值高估不足 1 dB，见图 4.6-16。然而注意，该测量对垂直方向上发射的磁场水平分量的高估超过 3 dB。

注 5：计算由电小水平磁偶极子(垂直环)发射的磁场水平分量在垂直极面内的方向性图时，假定地面是理想导电体可对在真实地面上场强的绝对值高估 6 dB。方向性图的形状对真实地面上方向性图的形状是一个很好的指导。然而，边界条件要求在理想导电体表面磁场的垂直分量必须为零，这在真实地面表面是不存在的，见图 4.6-16 和 4.6-17。

注 6：由接近地面的电小垂直磁偶极子(水平环)发射的距离为 30 m 处的磁场水平分量的测量对一定仰角处的磁场场强的低估将超过 16 dB，见图 4.6-21。然而，对接近地面的磁场垂直分量 H_Z 的测量将提高可预测性；它对垂直方向上发射的磁场的垂直分量将低估约 6 dB，对一定仰角处的磁场水平分量的最大值低估约 3 dB。

注 7：在一定仰角处的磁场分量与接近地面的磁场分量之间的相关量很大程度上依赖于电小水平环的实际距离。见图 4.6-21，4.6-23 和 4.6-24。

注 8：假定地面为理想导电地面时计算所得的靠近地面的电小水平环的场分布，无论形状还是幅度都与计算所得的靠近真实地面的场分布不同。见图 4.6-21 和图 46-22 。

表 4.6-2 使用基于地面的、距离场源最远为 300 m 的磁场水平分量的测量值对 1 MHz 时垂直方向上辐射的预测

场源类型	基于在真实地面附近距离场源 30 m 处的测量的预测	基于在距场源的精确距离未知的条件下，真实地面附近的现场测量的预测	基于在假定地面是理想导电体，并已知距场源距离的条件下，计算所得的垂直方向上辐射特性的预测
电小垂直电偶极子	极好 (见图 4.6-27,4.6-28)	极好 (见图 4.6-27,4.6-28,4.6-29)	极好 (见图 4.6-27)
电小水平电偶极子	很好 (见图 4.6-30,4.6-32)注9	好 (见图 4.6-30,4.6-31,4.6-32,4.6-33)	差 (见图 4.6-30)注10
电小水平磁偶极子(垂直环)	极好 (见图 4.6-34,4.6-37)注11	好 (见图 4.6-34,4.6-36,4.6-37,4.6-38)	失败 (见图 4.6-34,4.6-35)注12
电小垂直磁偶极子(水平环)	极好 (见图 4.6-39,4.6-42)注13	不可能 (见图 4.6-39,4.6-41～4.6-42)注14	差 (见图 4.6-40)注15

注 9：由接近地面的电小水平电偶子发射的磁场水平分量的测量可高估从某一仰角发射的磁场垂直分量的最大值约 3 dB,见图 4.6-30。然而注意，该测量对从垂直方向上发射的磁场水平分量的场强的高估超过 9 dB。

注 10：假定地面是理想导电体、计算所得的距水平电偶极子 30 m 处的磁场分布图表明，这一假定导致在 1 MHz 时场强绝对值被低估 20 dB,并且错误地表明基于地面的测量对垂直方向发射的场强最大值将低估 5 dB,见图 4.6-30。

注 11：由接近地面的电小垂直环发射的磁场的水平分量的测量对在仰角处发射的磁场的最大值的高估小于 3 dB,见图 4.6-34。

注 12：设地面是理想导电体时计算所得的距电小垂直环 30 m 处的磁场水平分量的场分布与真实地面上的磁场的场分布非常相似。见图 4.6-34 和 4.6-35。

注 13：接近地面的电小水平环发射的距离为 30 m 处的磁场的水平分量的测量对垂直方向上发射的磁场的垂直分量的最大值将低估 2 dB,且对一定仰角处发射的磁场的水平分量的最大值的低估小于 1 dB,见图 4.6-39。对接近地面的磁场的垂直分量的测量可减少对在垂直方向上发射的磁场的垂直分量的低估约为 1 dB,且可减少对磁场的水平分量的最大值的高估 1 dB 以上。

注 14：一定仰角处的磁场分量与接近地面的磁场分量之间的相关性很大程度上依赖于距电小水平环的实际距离。靠近地面的磁场的水平分量是一径向分量，它随着距离的增加而急剧衰减，就如同一定仰角处的磁场的水平分量。靠近地面的磁场垂直分量是由水平环发射的水平极化地表面波的分量，在 1 MHz 时，随着距场源的距离的增加而急剧地衰减，见图 4.6-39 和 4.6-41。

注 15：在 1 MHz 时，由理想导电体表面上的电小水平环发射的磁场水平分量的垂直极面方向性图中，场强的绝对值比在真实地面上计算所得的场强小至少 15 dB。比较图 4.6-39 和 4.6-40 可知，靠近理想导电地面计算所得的磁场垂直分量的垂直极面方向性图的形状与靠近真实地面的磁场在垂直极面内的方向性图的形状毫无共同之处。总之，要求在理想导电地表面的磁场垂直分量为零的边界条件意味着在真实地表面的磁场垂直分量的场分布特性(其值不为零)与理想导电地面上相应的场分布特性不同。

表 4.6-3 使用基于地面的、距离场源最远为 300 m 的磁场水平分量的测量值对 10 MHz 时垂直方向上辐射的预测

场源类型	基于在真实地面附近距离场源 30 m 处的测量的预测	基于在距场源的精确距离未知的条件下，真实地面附近的现场测量的预测	基于在假定地面是理想导电体，并已知距场源距离的条件下，计算所得的垂直方向上辐射特性的预测
电小垂直电偶极子	极好 （见图 4.6-43，4.6-44）	极好 （见图 4.6-43，4.6-44，4.6-45）注16	不可能 （见图 4.6-43）注17
电小水平电偶极子	差 （见图 4.6-46，4.6-47）注18	好 （见图 4.6-46，4.6-47，4.6-48）注19	不可能 （见图 4.6-46）注20
电小水平磁偶极子（垂直环）	很好 （见图 4.6-49，4.6-50）注21	不可能 （见图 4.6-49，4.6-50，）注22	不可能 （见图 4.6-49）注23
电小垂直磁偶极子（水平环）	差 （见图 4.6-51，4.6-52）注24	不可能 （见图 4.6-51，4.6-52）注25	失败 （见图 4.6-51）注26

注 16：近地面的磁场水平分量是垂直电偶极子发射的垂直极化地表面波的分量，10 MHz 时地面附近的垂直极化波随距离的增加而急剧衰减，这样当距离从 30 m 增加到 300 m 时，除了 20 dB 的天波衰减外，还有 8 dB 的地表面波衰减。见图 4.6-43。

注 17：距垂直电偶极子 30 m 处的理想导电地面上的磁场水平分量的垂直分布特性与真实地面上的磁场分布特性相比，相差在 3 dB 以内。然而，靠近理想导电地面上的垂直极化波以自由空间的衰减率随距离衰减，因而与在 10 MHz 时在真实地面上的垂直极化波随距离衰减的规律不同（见注[16]）。所以，在真实地面上距离大于 30 m 时，很容易对垂直极面的场分布产生误导。

注 18：接近地面的电小水平偶极子发射的距离 30 m 处的磁场的水平分量的测量对垂直方向上发射的磁场的水平分量的场强低估约 8 dB，且对一定仰角处发射的磁场的垂直分量低估约 3 dB。地面附近的磁场垂直分量的测量并不能改善这种情况下的可预测性。见图 4.6-46。

注 19：在 10 MHz 时，真实地面附近的磁场垂直分量随距水平电偶极子的距离的增加的衰减比天波的衰减要快，当距离从 30 m 增加到 300 m 时，额外的衰减大约为 7 dB，见图 4.6-46。

注 20：理想导电地面附近的磁场的水平分量当距电小水平电偶极子的距离从 30 m 增加到 300 m 时衰减了 40 dB。与天波相比，在同样的距离上额外衰减了 20 dB。在 10 MHz 时，在同样的距离上，真实地面附近的磁场的额外衰减大约在 7 dB 左右。因此在理想导电平面和真实地面上的垂直极面方向性图在测量距离范围内大不相同，见图 4.6-46。

注 21：接近地面的电小垂直环发射的距离 30 m 处的磁场的水平分量的测量对垂直方向上发射的磁场的水平分量的低估小于 3 dB，然而对在一定仰角处发射的磁场垂直分量的场强却高估了约 3 dB，见图 4.6-49。

注 22：10 MHz 时，真实地面附近的磁场垂直分量随距电小垂直环的距离的增加的衰减与天波相比要快得多。当距离从 30 m 增加到 300 m 时，额外的衰减大约为 8 dB，见图 4.6-49。

注 23：距垂直电小垂直环 30 m 处的理想导电地面上的磁场水平分量的垂直分布特性与真实地面上的磁场分布特性相比，相差在 4 dB 以内。然而，靠近理想导电地面上的垂直极化波以自由空间衰减率随距离的增加而衰减，而不像在 10 MHz 时在真实地面上的垂直极化波，随距离的增加衰减要快得多（见注 22 和图 4.6-49、图 4.6-50）。因此，用由理想导电地面上计算所得的垂直极面方向性图来预测 10 MHz 时远远超过 30m 以外的真实地面上的垂直极面方向性图是一种误导。

注 24：接近真实地面的电小水平环发射的距离 30 m 处的磁场的水平分量的测量对一定仰角上的磁场的水平和垂直分量的最大值的低估将超过 6 dB，然而注意，由在高度 6 m 处的磁场的垂直分量的测量对在 10 MHz 时一定仰角上的磁场的垂直分量的最大值的低估约为 5 dB，见图 4.6-51。

注 25:10 MHz 时,在一定仰角处的磁场分量与接近地面的磁场分量之间的相关性很大程度上依赖于距电小水平环的实际距离。靠近地面的磁场的水平分量是一径向分量,它随距离的增加而衰减的速度要比一定仰角处的磁场的水平分量随距离增加而衰减的速度要迅速得多。靠近地面的磁场的垂直分量是水平环发射的水平极化地表面波的分量,并且随着距场源的距离的增加而急剧地衰减,见图 4.6-51。

注 26:计算所得的位于理想导电地面上的电小水平环发射的距离 30 m 处的磁场水平分量在垂直极面内的方向性图的形状非常类似于 10 MHz 时位于真实地面上电小水平环的方向性图。理想导电地面上的场强绝对值比真实地面上的场强绝对值约小 5 dB。两种在 30 m 处垂直极面方向性图的计算结果都表明:基于地面测量的磁场水平分量对一定仰角处的场强最大值的低估在 6 dB 以上。靠近地面的磁场水平分量在上述两种情况下均为径向的近场分量,而不是辐射波的分量。因此与在一定仰角处的场相比,随着距场源的距离的增加而衰减的速度要快得多,见图 4.6-51。同时也必须注意,要求在理想导电地表面的磁场垂直分量为零的边界条件意味着在真实地面表面的磁场垂直分量的场分布特性(其值不为零)与理想导电地面上相应的场分布特性(其值变为零)不同。

表 4.6-4 使用基于地面的、距离场源最远为 300 m 的磁场水平分量的测量值对 30 MHz 时垂直方向上辐射的预测

场源类型	基于在真实地面附近距离场源 30 m 处的测量的预测	基于在距场源的精确距离未知的条件下,真实地面附近的现场测量的预测	基于在假定地面是理想导电体,并已知距场源距离的条件下,计算所得的垂直方向上辐射特性的预测
电小垂直电偶极子	很好 (见图 4.6-53,4.6-54)注27	不可能 (见图 4.6-53,4.6-54,)注28	不可能 (见图 4.6-53)注29
电小水平电偶极子	差 (见图 4.6-55,4.6-57,4.6-58)注30,31	不可能 (见图 4.6-55,4.6-56,4.6-58)注32	不可能 (见图 4.6-55,4.6-56)注33
电小水平磁偶极子(垂直环)	好 (见图 4.6-59,4.6-60)注34	不可能 (见图 4.6-59,4.6-60,)注35	不可能 (见图 4.6-59)注36
电小垂直磁偶极子(水平环)	差 (见图 4.6-61,4.6-62)注37	不可能 (见图 4.6-61,4.6-62)注38	好 (见图 4.6-61)注39

注 27:由接近真实地面的电小垂直偶极子发射的距离 30m 处的磁场水平分量的测量对一定仰角处 30 MHz 时的场强的最大值低估约 3 dB。

注 28:近地面的磁场水平分量是垂直电偶极子发射的垂直极化地表面波的分量。在 30 MHz 时,地面附近的垂直极化波随距离的增加而急剧衰减,这样当距离从 30 m 增加到 300 m 时,除了 20 dB 的天波衰减外,还有 13 dB的地表面波衰减。见图 4.6-53 和图 4.6-54。

注 29:距电小垂直电偶极子 30 m 处的理想导电地面上的磁场水平分量的垂直分布特性与真实地面上的磁场分布特性相比,相差在 8 dB 以内。但是,30 MHz 时,在真实地面上的垂直极化地面波的衰减也非常高,即使是在 30 m 的小范围内(见图 4.6-53)。除此以外,靠近地面的磁场水平分量是垂直电偶极子发射的垂直极化地表面波的分量,30 MHz 时地面附近的垂直极化波随距离的增加而急剧衰减,这样当距离从 30 m 增加到300 m 时除了 20 dB 的天波衰减外,还有 13 dB 的地表面波衰减。在理想导电地面上不会出现额外的地表面波的衰减,因此理想导电地面上的垂直极面方向性图不能对第 4.6 条所涉及的位于真实地面上的垂直电偶极子的方向性图提供指导。

注 30:30 MHz 时,由接近地面的电小水平电偶极子发射的磁场水平分量的测量对垂直方向发射的磁场的水平分量的最大值的低估将超过 16 dB,见图 4.6-55。然而注意,对 6 m 高的磁场垂直分量 H_Z 的测量将提高可预测性;它对垂直方向上发射的磁场的水平分量的幅度将低估约 12 dB。由磁场垂直分量 H_Z 的高度扫描测量对一定仰角处的磁场垂直分量的幅度将低估约 7 dB。

注 31：实地面的电特性参数在大范围内的变化对电小水平电偶极子的垂直极面方向性图的形状和幅度在 30 MHz 时的影响较小，见图 4.6-57。

注 32：由在真实地面上的电小水平电偶极子发射的垂直极化地表面波的磁场水平分量当距离从 30 m 增加到300 m 时的额外衰减比天波的衰减多将近 12 dB。如果实际的测量距离未知，则当基于地面测量来预测垂直方向上的辐射场强度时，地表面波的额外衰减也不能确定。

注 33：想导电地面附近的磁场的水平分量当距电小水平电偶极子的距离从 30 m 增加到 300 m 时衰减了 40 dB，与天波相比，在同样的距离上额外衰减了 20 dB。另一方面，靠近真实地面的垂直极化地面波的磁场分量当距离从 30 m 增加到 300 m 时，额外衰减约 12 dB。在 30 MHz 时，在理想导电平面和真实地面上的垂直极面方向性图在测量距离范围内大不相同，见图 4.6-55 和图 4.6-56。

注 34：接近真实地面的电小垂直环发射的距离 30 m 处的磁场的水平分量的测量对垂直方向上发射的磁场的水平分量的场强的最大值低估小于 6 dB。它明确指出了在仰角处的磁场垂直分量的场强。见图 4.6-59。

注 35：30 MHz 时，与天波相比，真实地面附近的由电小垂直环发射的磁场水平分量随着距离的增加衰减要快得多。距离从 30 m 增加到 300 m 时的额外衰减约为 13 dB。见图 4.6-59。

注 36：在距电小垂直环 30 m 处的理想导电地面上的磁场水平分量的垂直分布特性与真实地面上的磁场分布特性相比，相差在 8 dB 以内。然而，靠近理想导电地面上的垂直极化波以自由空间的衰减率随距离的增加而衰减，而不像在 30 MHz 时在真实地面上的垂直极化波那样随着距离的增加衰减要快得多(图 4.6-59 和图 4.6-60)。因此，用由理想导电地面上计算所得的垂直极面方向性图来预测 10 MHz 时 30 m 和 30 m 以外的真实地面上的垂直极面方向性图是一种误导。

注 37：接近地面的电小水平环发射的距离为 30 m 处的磁场水平分量的测量对一定仰角处的磁场场强的低估将超过 16 dB。然而注意，由基于 6 m 高处的磁场垂直分量 H_z 的测量对一定仰角处的磁场场强的最大值低估约 3 dB。见图 4.6-61。

注 38：一定仰角处的磁场分量与地面附近的磁场分量之间的相关性很大程度上依赖于距电小水平环的实际距离。靠近地面的磁场水平分量是一径向分量，它随距离的增加衰减的速度要比一定仰角处的磁场的水平分量随距离增加衰减的速度要快得多。靠近地面的磁场垂直分量是由水平环发射的水平极化地表面波的分量，并且在 30 MHz 时随着距场源的距离的增加而急剧地衰减，见图 4.6-61 和图 4-62。

注 39：计算所得的位于理想导体地面上的电小水平环发射的距离 30 m 处 30 MHz 时的磁场水平分量在垂直极面内的方向性图的幅度和形状非常类似于由位于真实地面上电小水平环计算所得的在垂直极面内的方向性图的幅度和形状 。两种垂直极面内的方向性图的计算结果都表明：基于地面的磁场水平分量的测量对一定仰角处的场强最大值将低估 16 dB 或 17 dB。然而，靠近地面的磁场水平分量在上述两种情况下都为径向的近场分量，而不是辐射波的分量。因此与在一定仰角处的场相比，随着距场源的距离的增加而衰减的速度要快得多，见图 4.6-61。同时也必须注意，通常，要求在理想导电地表面的磁场垂直分量为零的边界条件意味着 30 MHz 以下的所有频率在真实地表面的磁场垂直分量的场分布特性(其值不为零)与理想导电地面上相应的场分布特性(其值变为零)不相似。

4.6.6.2 误差范围

当已知距场源的精确的水平测量距离是 30 m 时，有可能用图形的方式来表示预测在不同频率时垂直方向上辐射的误差范围。

图 4.6-5 和图 4.6-6 以直方图的形式表示了预测的误差范围。如图 4.6-5 所示为由当距场源 30 m 处真实地面附近的磁场水平分量的测量来进行预测的误差范围；如图 4.6-6 所示为由当距场源 30 m 处真实地面附近的磁场水平分量的测量补偿扫描至 6 m 高时所得的磁场垂直分量的测量结果后来进行预测的误差范围。

误差范围直方图汇总了不同表格的注释和辐射方向性图中所表述的信息。

以下例子举例说明了解释误差范围的方法。

图 4.6-5 为基于地面附近距场源的水平距离为 30 m 时水平极化磁场分量的测量来对垂直方向上的辐射进行预测的误差范围。该图表明当场源为水平电小偶极子时，估计垂直方向上的辐射场强时所出现的最大偏离，磁场水平分量的场强最大值过高估计 5 dB。在 100 kHz 时，估计磁场垂直分量的最大误差仅为+1 dB，如图中直方条所示，场源同样还是水平电小电偶极子。在 100 kHz 时，图 4.6-5 还表明当场源为垂直电小磁偶极子(水平环)时，出现垂直方向上辐射场强预测的最大误差，且误差比磁场垂直分量的最大值小 16 dB。预测在 100 kHz 时垂直方向上发射的磁场水平分量的最大值时偏小，最大误差为 15 dB，场源同样为垂直电小磁偶极子(水平环)。

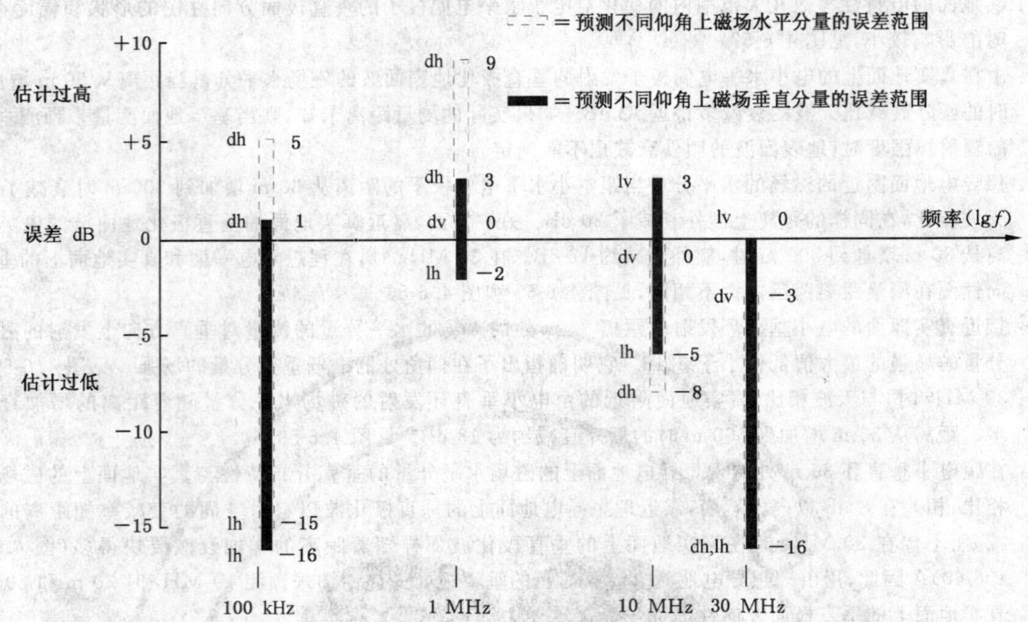

大地的电特性参数：σ=1 mS/m，ε_r=15

场源的描述：dh=水平电偶极子　　dv=垂直电偶极子

lv=水平磁偶极子(垂直环)　　lh=垂直磁偶极子(水平环)

图 4.6-5　预测近地电小源在垂直方向上辐射的误差范围

该预测基于距离场源 30 m 处地面附近的磁场水平分量的测量

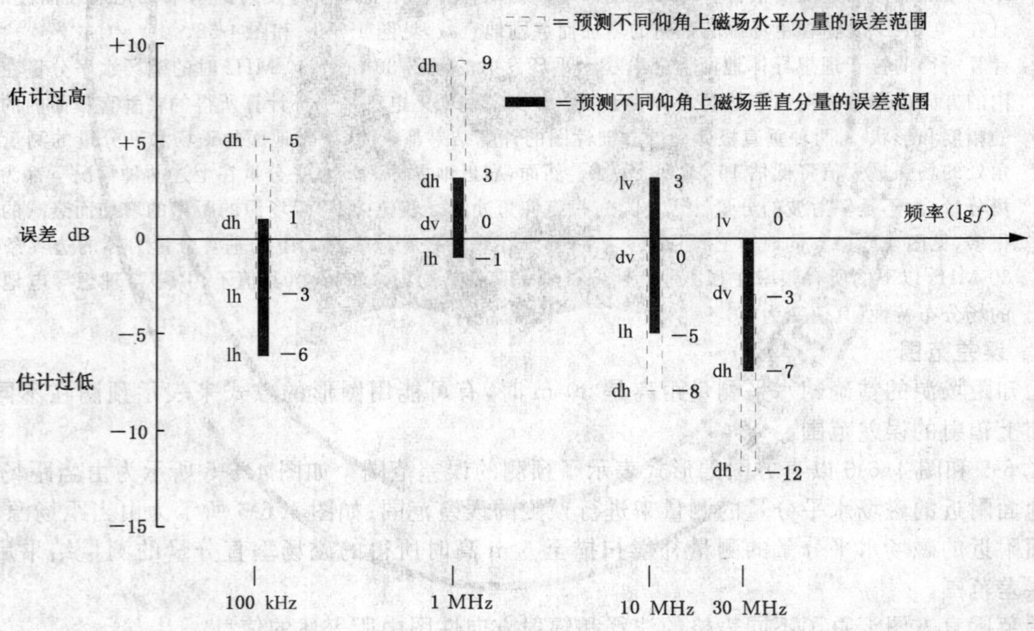

大地的电特性参数：σ=1 mS/m，ε_r=15

场源的描述：

dh=水平电偶极子　　dv=垂直电偶极子

lv=水平磁偶极子(垂直环)　　lh=垂直磁偶极子(水平环)

图 4.6-6　预测近地电小源在垂直方向上辐射的误差范围

该预测基于地面上磁场水平分量的测量并补充了距离场源 30 m 高度扫描直到 6 m 的磁场垂直分量的测量

图 4.6-6 为基于地面附近的磁场水平分量的测量，并补偿以距离场源 30 m、高度扫描直到 6 m 的磁场垂直分量的测量来对垂直方向上的辐射进行预测的误差范围。该图表明当频率为 100 kHz 时，对垂直方向上辐射场强预测的最大误差同样出现在对垂直极化磁场分量的预测中，这时场源为垂直电小磁偶极子(水平环)；但是误差的幅度已经减小到－6 dB(实线直方图)；100 kHz 时对垂直方向上发射的磁场水平分量的最大低估的幅度减小到 3 dB，这同样发生在当场源为垂直电小磁偶极子(水平环)时。

4.6.7 结论

位于靠近均匀大地表面的电小源的垂直极面方向性图已经被计算出来，但忽略了周围的建筑物，或者其他场的干扰，或者由于大地电特性参数的不连续性所带来的对方向性图的影响。然而，即使经过这样的简化，研究表明，当预测是基于对地面上水平极化磁场场强的测量时，预测靠近均匀大地表面的单一"电小源"在垂直方向上的辐射的误差仍很大。

特别地，第 4.6 条还列举了很多例子说明，当距离源的测试距离不是确切已知时，基于地面的测量是不可能在已知的误差范围内预测不同仰角处的场强的(在 CISPP 11 中也没有规定离工、科、医设备的精确的测试距离)，辐射的现场测试的限值和方法不能对航空通信业务提供明确的保护等级。例如，如果辐射源类似垂直电小磁偶极子(水平环)，那么，这种限值就要应用于 100 kHz～30 MHz 整个频率范围内。

有时候，在计算垂直极面方向性图过程中误差较大可能是由近似条件的应用而引入的。真实大地的影响可以通过假设大地是理想导电体加以确定。除了源和它在大地中的镜像之间复杂的相互作用外，还有两个产生误差的比较明显的原因：一个是理想导电大地表面的边界条件要求磁场的法向分量和电场的切线分量为零，但这不能应用于真实大地的表面；另一个原因是垂直极化地表面波在真实大地表面随距离的衰减大于在理想导电大地表面随距离的衰减，特别是在频率较高时。

第 4.6 条同时也指出，即使是当在真实地面上的测量距离确切已知时，基于测量距离为 30 m 的近场测量预测垂直方向上的辐射的误差仍然很大。

当预测仅仅建立在测量距离为 30 m 的近地磁场水平分量测量的基础上时，图 4.6-5 所描述的误差范围是可以应用的。由图可以看出，在 100 kHz～30 MHz 整个频率范围内，误差的上限在 1 MHz 时可达到 9 dB(过高估计)，或者在频率的两端 100 kHz 和 30 MHz，误差的下限可达－16 dB(过低估计)。

图 4.6-6 举例说明了当近地的磁场水平分量的测试以离高度直到 6 m 的磁场垂直分量的测试为补偿时，对垂直方向上磁场的预测的误差可减小。由图可以看出，在 1 MHz 时，9 dB 的潜在的过高估计还是可能的；但是在 100 kHz 和 30 MHz 时，16 dB 的潜在的过低估计可能变为 100 kHz 时的 6 dB 和 30 MHz 时的 12 dB。

第 4.6 条的研究还明确了为保护 30 MHz 以下频率范围内的航空通信业务而在确定工、科、医设备的辐射电磁骚扰的限值和方法时所必须考虑的一些因素。

除此之外，通过对真实地面上的垂直极面方向性图和理想导电地面上方的垂直极面方向性图的比较可以看出两者之间的巨大差别。这种现象也发生在将通过在具有理想导电金属接地平面的试验场地中的测试来评估潜在的干扰与通过在以真实大地为参考平面的试验场地中的测试来评估干扰这两种情况相比较时。

4.6.8 参考文献

［1］ ITU-R Recommendation 527-1, *Electrical characteristics of the Surface of the Earth*, International Telecommunication Union, Geneva, 1982

［2］ ITU-R Recommendation 879-1, *Methods of Estimating Effective Electrical Characteristics of the Surface of the Earth*, International Telecommunication Union, Geneva, 1986

［3］ CISPR 11, *Limits and methods fo measurement of electromagnetic disturbance characteristics of industrial, secentific and medical (ISM) radio-frequency equipment, Second edition, International Electrotechnical Commission, Geneva*, 1990

[4] Burke, G. J. and Poggio, A. J., *Numerical electromagnetics code (NEC) - Method of Moments*, *Naval Ocean System Center*, *San Diego*, CA, NOCS *Tech. Document* 116,1981. (Numerical Electromagnetics Code (Nec2) DEVELOPED AT Lawrence Livermore National Laboratory, Livemore, California, File Created 4/11/80, Double pricision 6/4/85).

[5] Haack, G. R. and Fleming, A. H. J., Iskra, Straus, "Partial diffenrential Equations in Physics, Lectures on Theoretical Physics", Volume VI, Academic Press, New York, 1964,Chapter Vi

[6] Macfarlance, I. P., Error in the Numerical Electromagnetic Code (NEC2) Calculation of Magnetic Field Strength Near Ground, Australian Telecommunication Research (ATR), Vol. 24, No. 1, 1990

[7] Macfarlane, I. P., Fleming, A. H. J., Iskra, S. And Haack, G. Pilgrims' Progress - Learning to Use the Numerical Electromagnetics Code (NEC) to Calculate Magnetic Fidld Strength Close to a Sommerfeld Ground, *Applied Computational Electromagnetics Sciety* (*ATR*), Vol. 5, No. 2, Winter 1990

[8] Macfarlane, I. P., Addendum to: Error in the Numerical Electromagnetiecs Code (NEC2), Calculation of Magnetic Field Strength Near Ground, Australian Telecomnication Tesearch (ATR), Vol. 24, No. 2,1990

[9] Haack, G. R. and Fleming, A. H. J., Using the Numerical Electromagnetics Code (NEC) to Calculate Magnetic Fiedld Strength Close to A Sommerfeld Gound, Proceedings of the Sevendth Annual Teview of Progress in *Applied Computational Electromagnetics*, Monterey, California, March 18-22,1991,pp 493-506, Managing Editor: Richard W. Adler, U. S. Naval PostGRADUATE School,Code EC/AB, Monterey, CA 93943, USA

偶极子长度为 3 m，偶极子基座距地面 0.15 m，偶极矩为 1 A·m

大地的电气常数：$\sigma=1$ mS/m，$\varepsilon_r=15$，

虚线曲线——扫描距离为 30 m 处的磁场水平分量 H_y。

大地近似为理想导电体，

点线曲线——扫描距离为 30 m 处的磁场水平分量 H_y。

图 4.6-7 近地垂直电小电偶极子辐射磁场水平分量的垂直极面方向性图

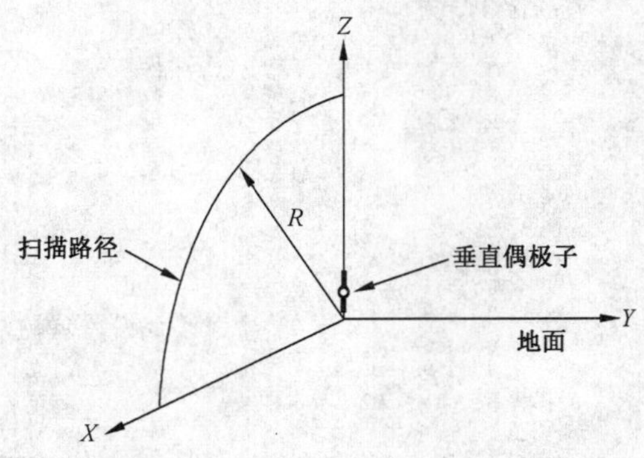

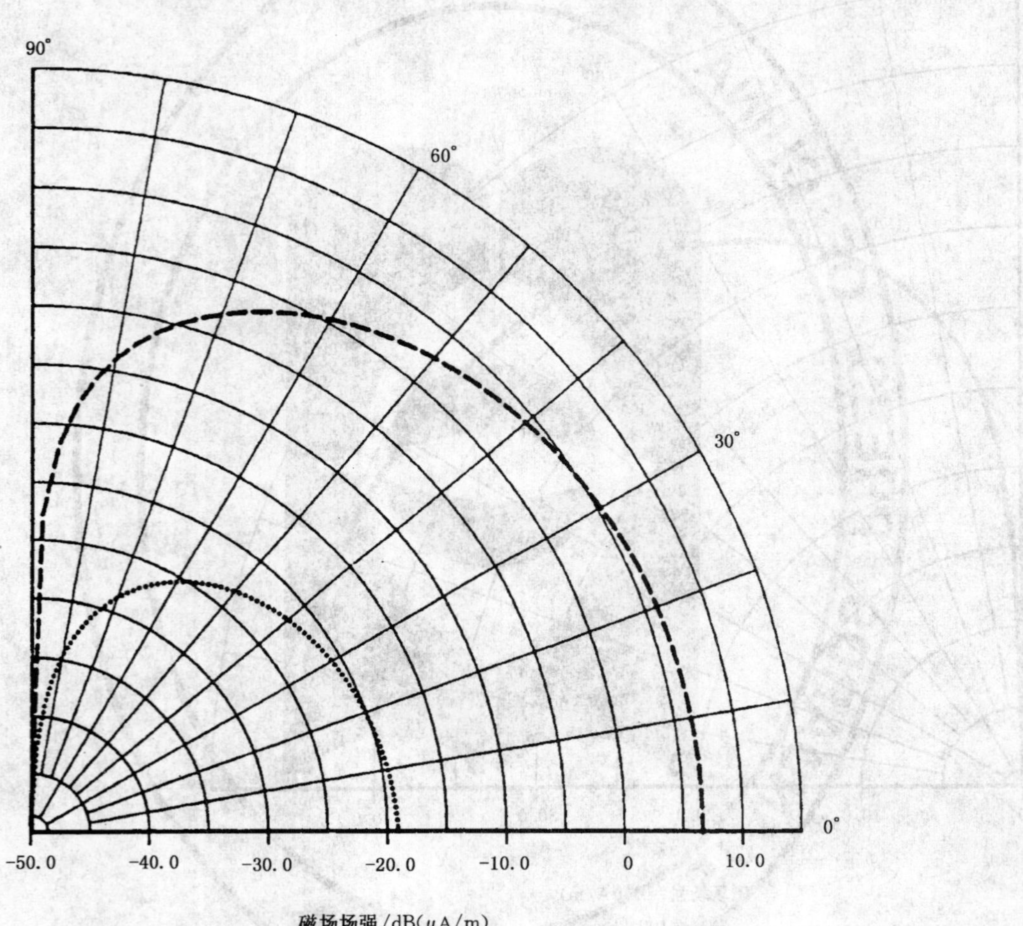

磁场场强/dB(μA/m)

频率=100 kHz

偶极子长度为 3 m，偶极子基座距地面 0.15 m，偶极矩为 1 A·m

大地的电气常数：$\sigma=1$ mS/m，$\varepsilon_r=15$，

虚线曲线——扫描距离为 300 m 处的磁场水平分量 H_y；

点线曲线——扫描距离为 3 000 m 处的磁场水平分量 H_y。

图 4.6-8 近地垂直电小电偶极子辐射磁场水平分量的垂直极面方向性图

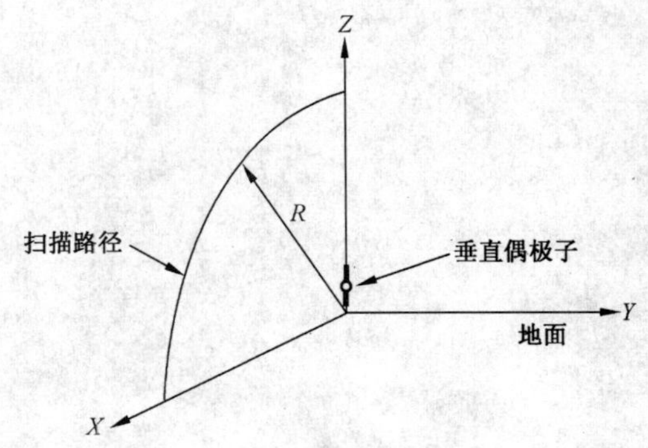

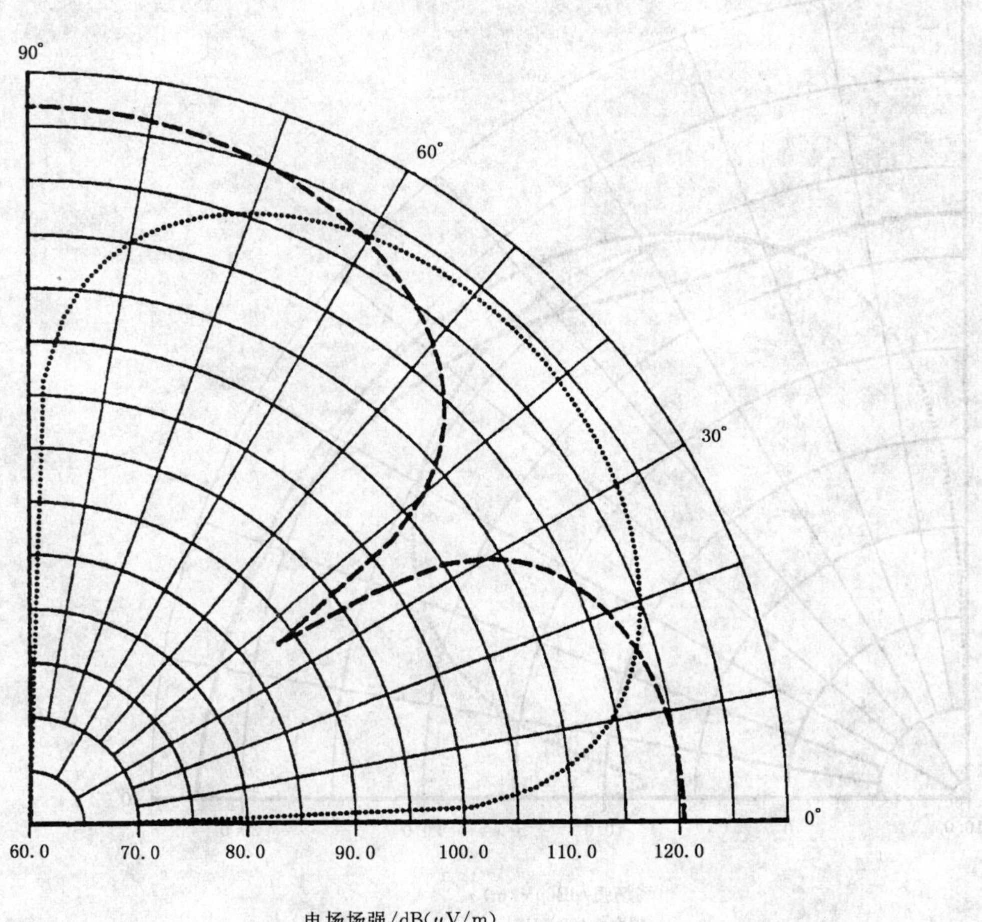

偶极子长度为 3 m,偶极子基座距地面 0.15 m, 偶极矩为 1 A·m

大地的电气常数:σ=1 mS/m,ε_r=15,

点线曲线——扫描距离为 30 m 处的电场水平分量 E_X;

虚线曲线——扫描距离为 30 m 处的电场垂直分量 E_Z。

图 4.6-9　近地垂直电小电偶极子辐射电场的垂直极面方向性图

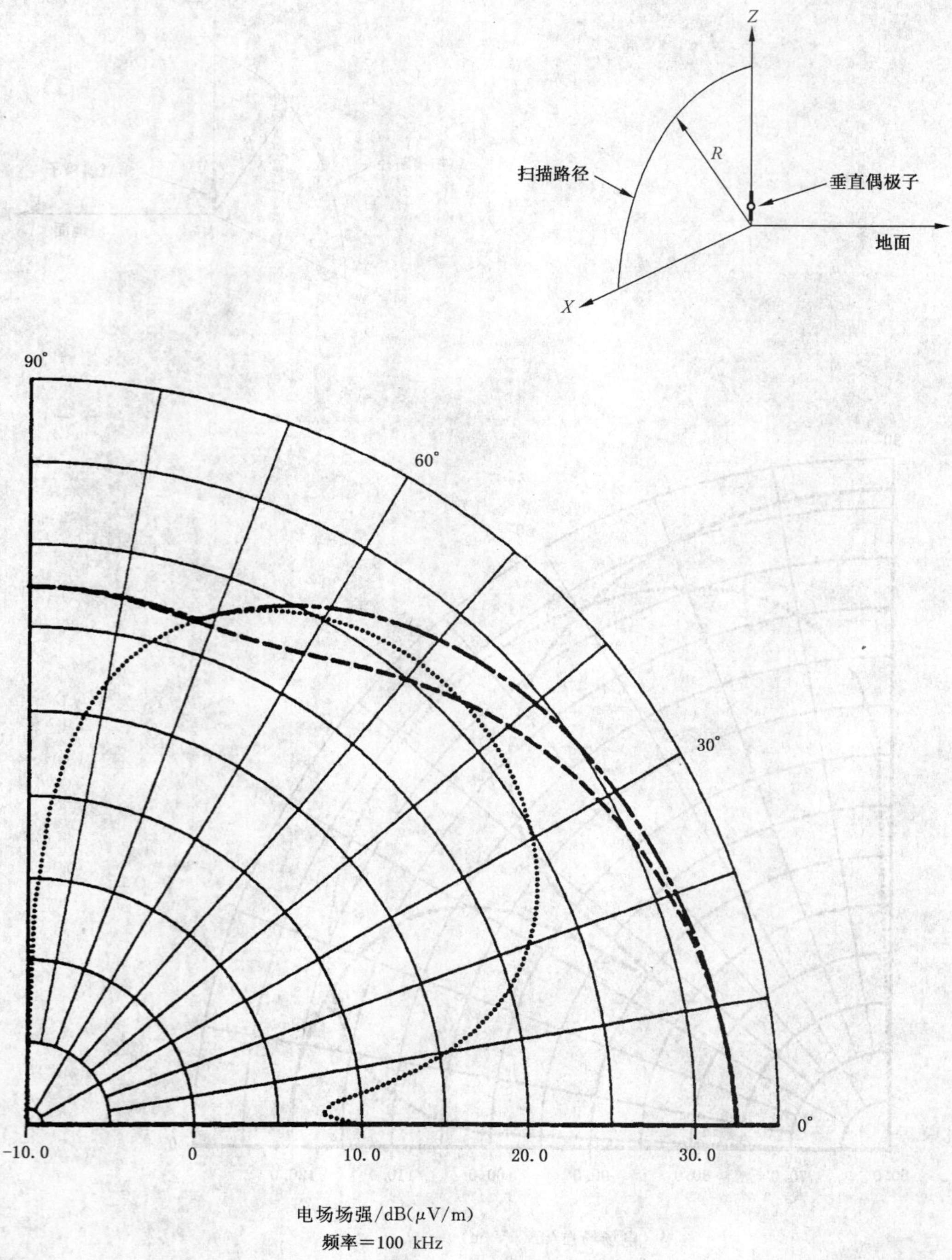

偶极子长度为 3 m，偶极子基座距地面 0.15 m，偶极矩为 1 A·m

大地的电气常数：$\sigma=1$ mS/m，$\varepsilon_r=15$，

虚线曲线——扫描距离为 3 000 m 处的电场垂直分量 E_Z；

点线曲线——扫描距离为 3 000 m 处的电场水平分量 E_X；

点划线曲线——扫描距离为 3 000 m 处垂直极化电场的水平分量 E_X 与垂直分量 E_Z 的矢量/相位和。

图 4.6-10　近地垂直电小电偶极子辐射电场的垂直极面方向性图

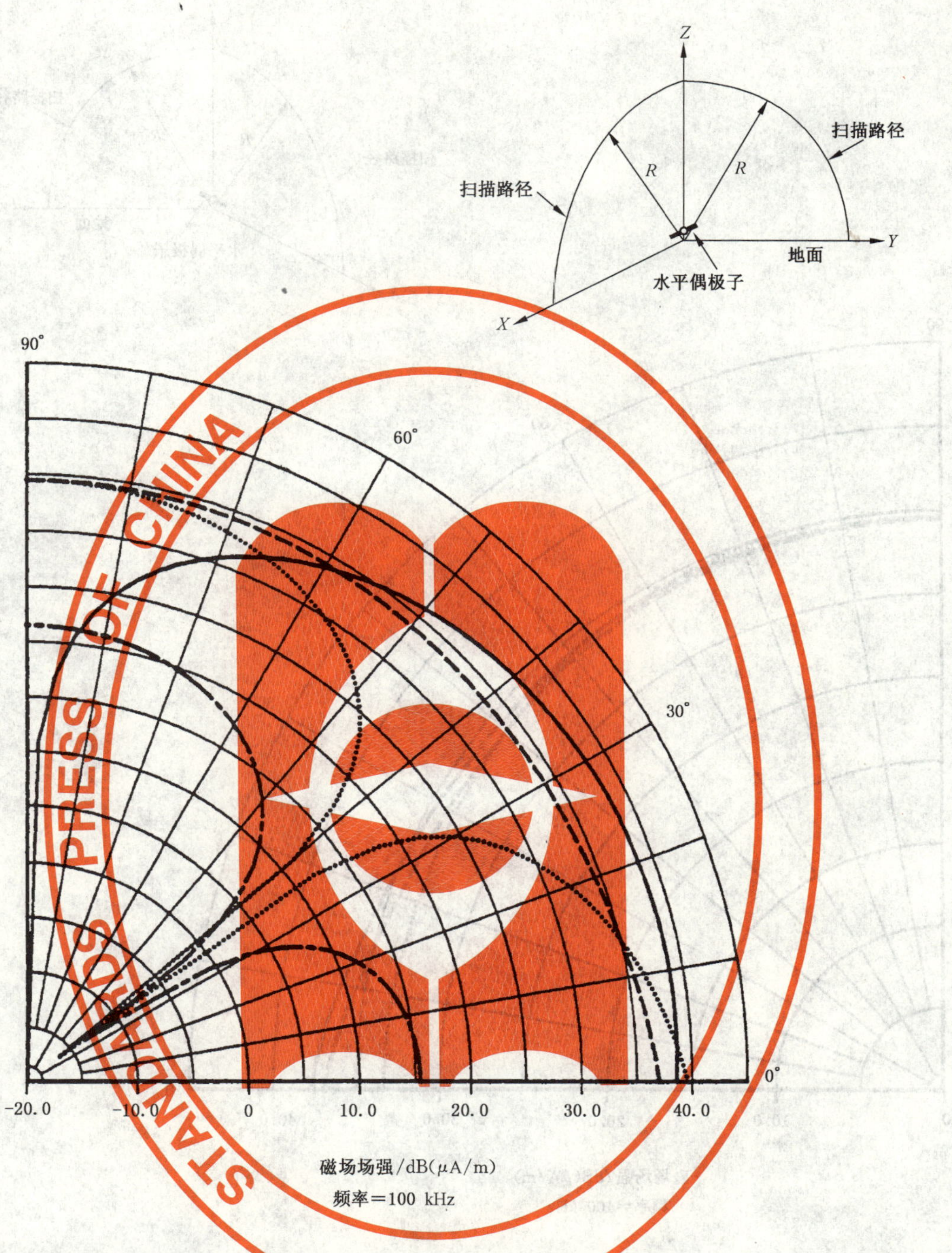

偶极子长度为 3 m，偶极子离地高度为 1 m，偶极矩为 1 A·m

大地的电气常数：$\sigma=1$ mS/m，$\varepsilon_r=15$，

虚线曲线——Z-X 面内扫描距离为 30 m 处的磁场水平分量 H_y；

点线曲线——Y-Z 面内扫描距离为 30 m 处的磁场水平分量 H_y；

实线曲线——Y-Z 面内扫描距离为 30 m 处的磁场垂直分量 H_z。

理想导电地面，

点划线曲线——Z-X 面内扫描距离为 30 m 处的磁场水平分量 H_y。

图 4.6-11　近地水平电小电偶极子辐射磁场的垂直极面方向性图

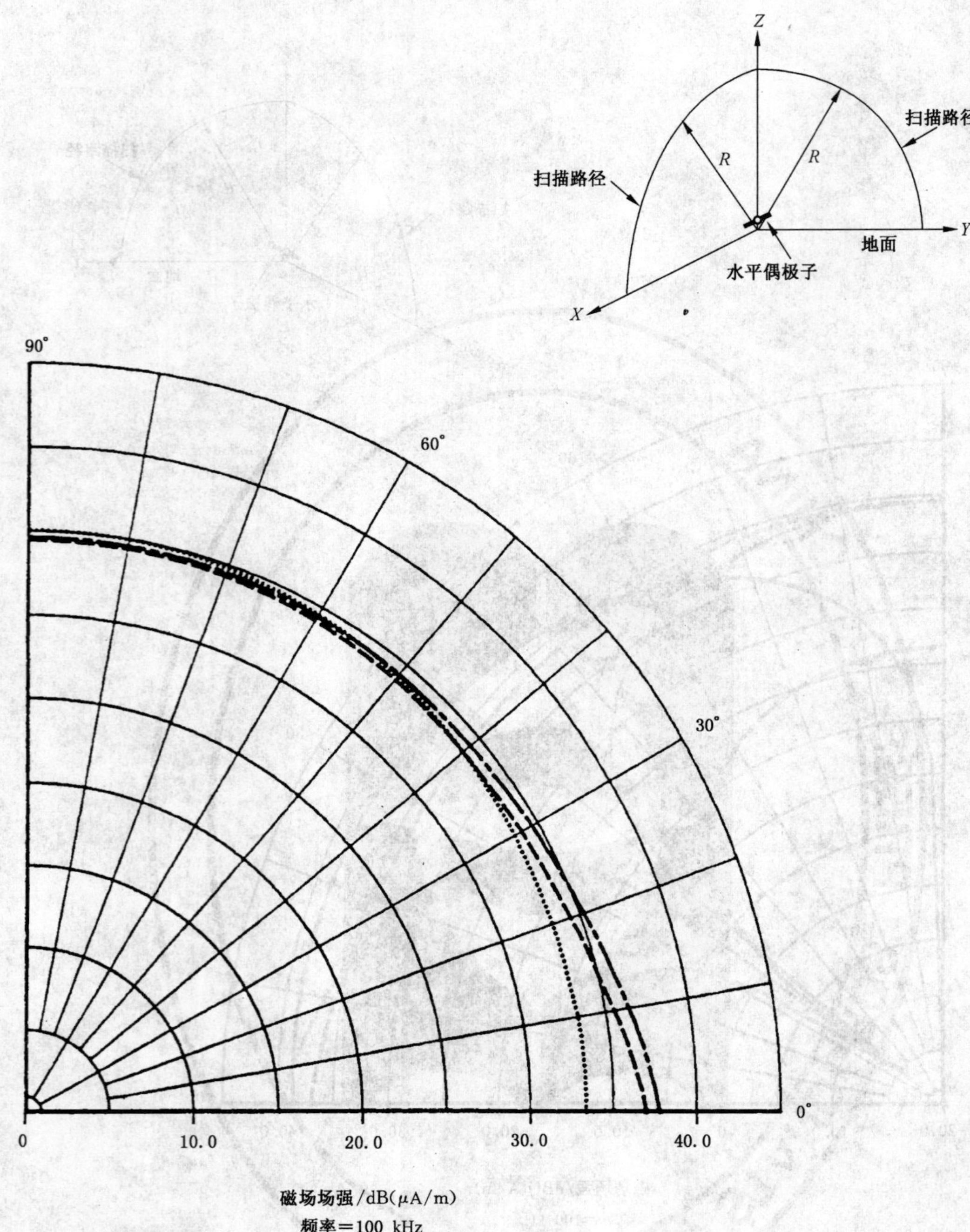

偶极子长度为 3 m，偶极子离地高度为 1 m，偶极矩为 1 A·m

Z-X 面内扫描距离为 30 m 处的磁场水平分量 H_y

点划线曲线——大地的电气常数：$\sigma=0.1$ mS/m，$\varepsilon_r=3$；

虚线曲线——大地的电气常数：$\sigma=1$ mS/m，$\varepsilon_r=15$；

点线曲线——大地的电气常数：$\sigma=10$ mS/m，$\varepsilon_r=30$。

图 4.6-12　大地电气常数的取值变化对近地水平电小电偶极子辐射磁场水平分量的垂直极面方向性图的影响

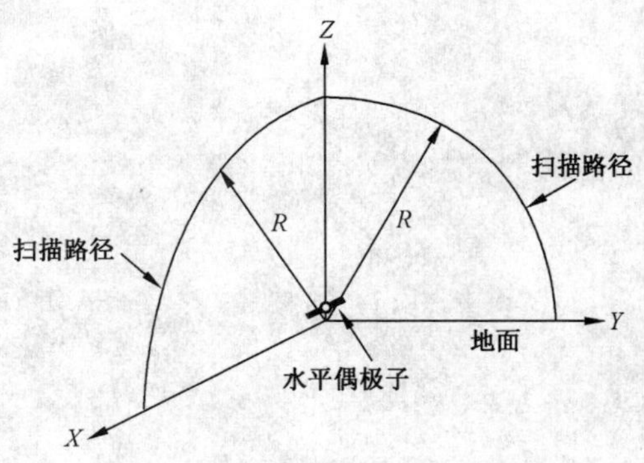

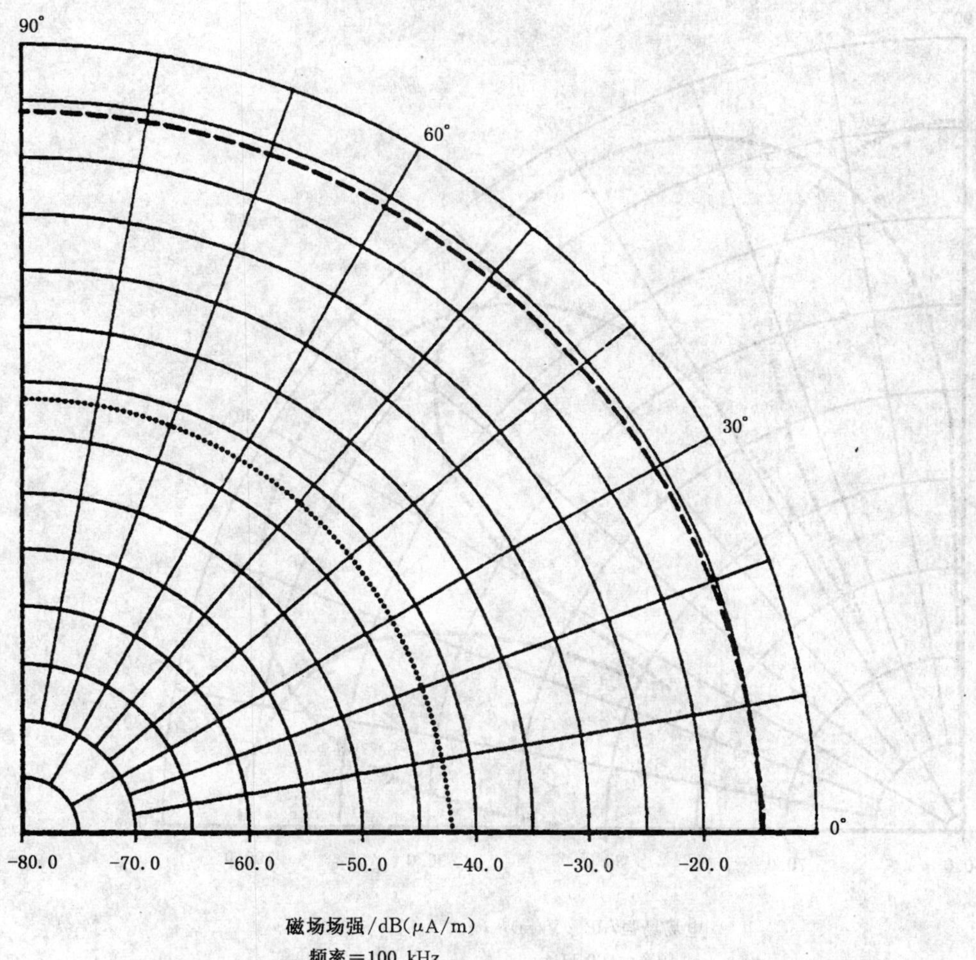

磁场场强/dB(μA/m)
频率=100 kHz

偶极子长度为 3 m,偶极子离地高度为 1 m, 偶极矩为 1 A·m

大地的电气常数:σ=1 mS/m,ε_r=15,
虚线曲线——Z-X 面内扫描距离为 300 m 处的磁场水平分量 H_y;
点线曲线——Z-X 面内扫描距离为 3 000 m 处的磁场水平分量 H_y。

图 4.6-13 近地水平电小电偶极子辐射磁场水平分量的垂直极面方向性图

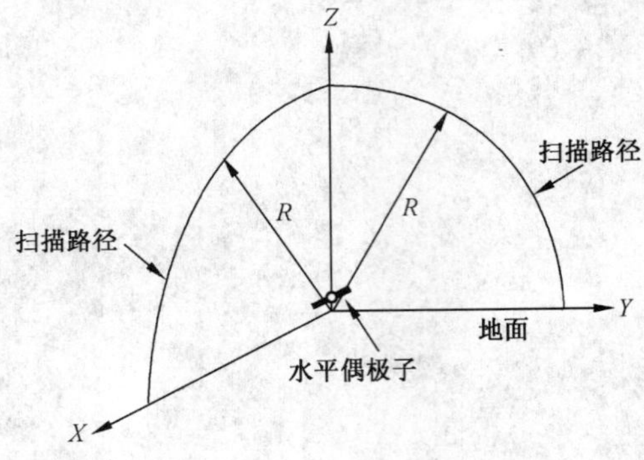

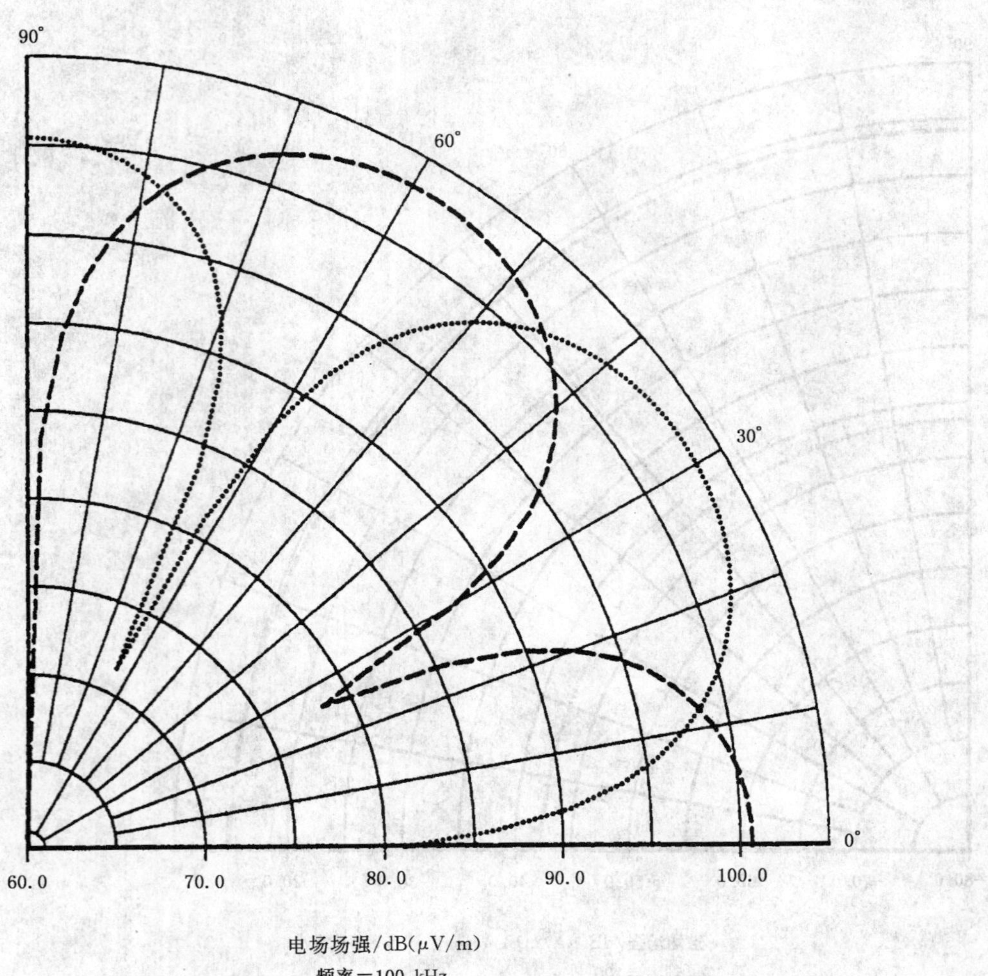

电场场强/dB(μV/m)
频率=100 kHz

偶极子长度为 3 m,偶极子离地高度为 1 m, 偶极矩为 1 A·m

大地的电气常数:σ=1 mS/m,ε_r=15,

虚线曲线——Z-X 面内扫描距离为 30 m 处的电场垂直分量 E_Z;

点线曲线——Z-X 面内扫描距离为 30 m 处的电场水平分量 E_X。

图 4.6-14 近地水平电小电偶极子辐射电场的垂直极面方向性图

偶极子长度为 3 m，偶极子离地高度为 1 m，偶极矩为 1 A・m

大地的电气常数：σ=1 mS/m，ε_r=15，

虚线曲线——Z-X 面内扫描距离为 3 000 m 处的电场垂直分量 E_Z；

点线曲线——Z-X 面内扫描距离为 3 000 m 处的电场水平分量 E_X；

点划线曲线——Z-X 面内扫描距离为 3 000 m 处的垂直极化电场的水平分量 E_X 和垂直分量 E_Z 的矢量/相位和。

图 4.6-15　近地水平电小电偶极子辐射电场的垂直极面方向性图

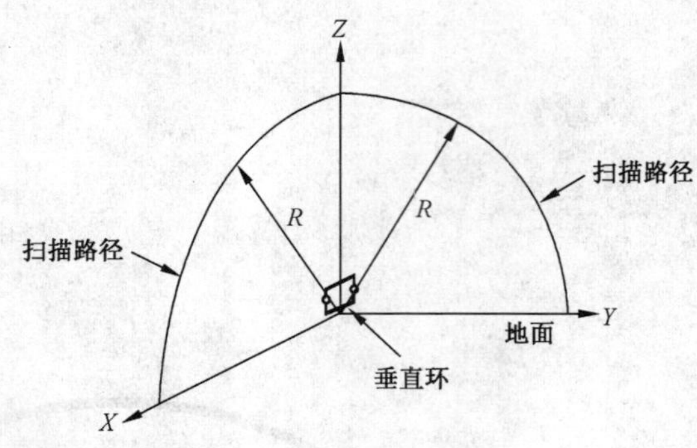

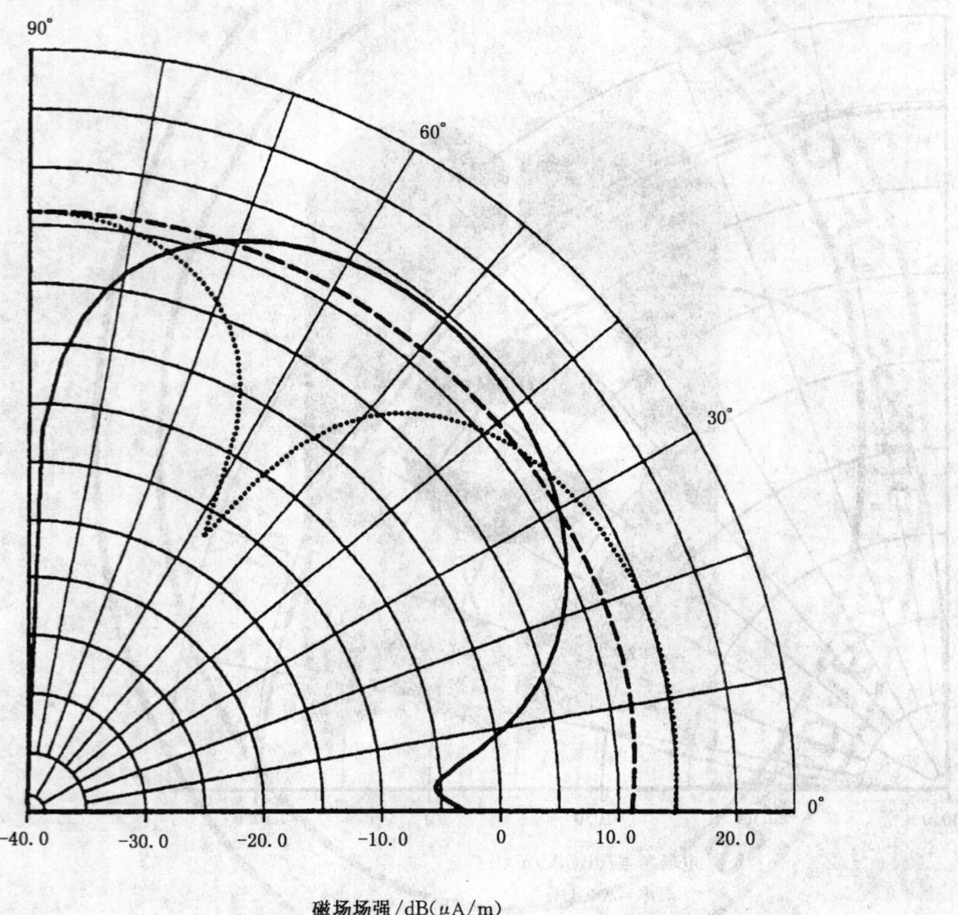

环面积为 3 m×3 m，环离地高度为 1 m，偶极矩为 1 A·m²

大地的电气常数：$\sigma=1$ mS/m，$\varepsilon_r=15$，

虚线曲线——Z-X 面内扫描距离为 30 m 处的磁场水平分量 H_y；

点线曲线——Y-Z 面内扫描距离为 30 m 处的磁场水平分量 H_y；

实线曲线——Y-Z 面内扫描距离为 30 m 处的磁场垂直分量 H_z。

图 4.6-16　近地水平电小磁偶极子(垂直环)辐射磁场的垂直极面方向性图

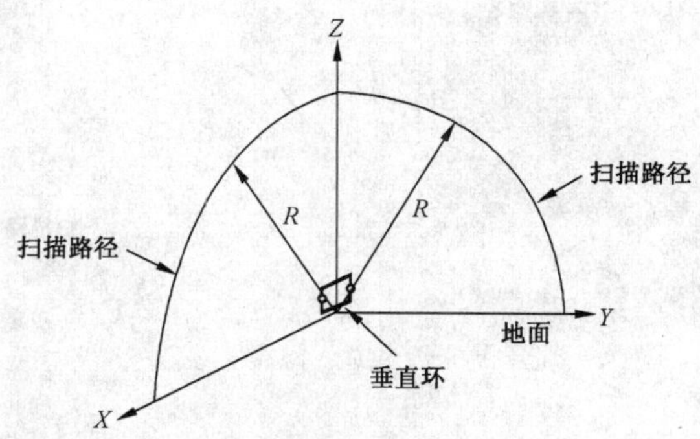

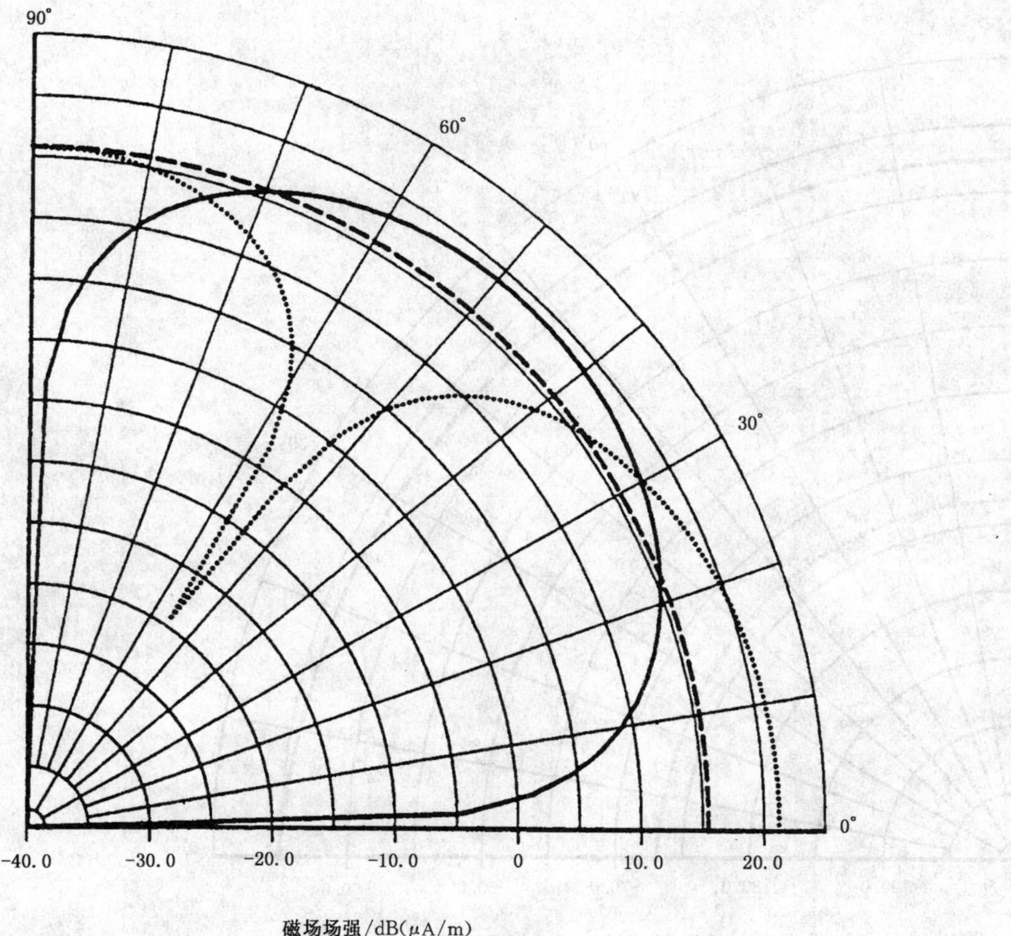

磁场场强/dB(μA/m)
频率=100 kHz

环面积为 3 m×3 m，环离地高度为 1 m，偶极矩为 1 A·m²

理想导电地面，

虚线曲线——Z-X 面内扫描距离为 30 m 处的磁场水平分量 H_y；

点线曲线——Y-Z 面内扫描距离为 30 m 处的磁场水平分量 H_y；

实线曲线——Y-Z 面内扫描距离为 30 m 处的磁场垂直分量 H_z。

图 4.6-17 近地水平电小磁偶极子(垂直环)辐射磁场的垂直极面方向性图

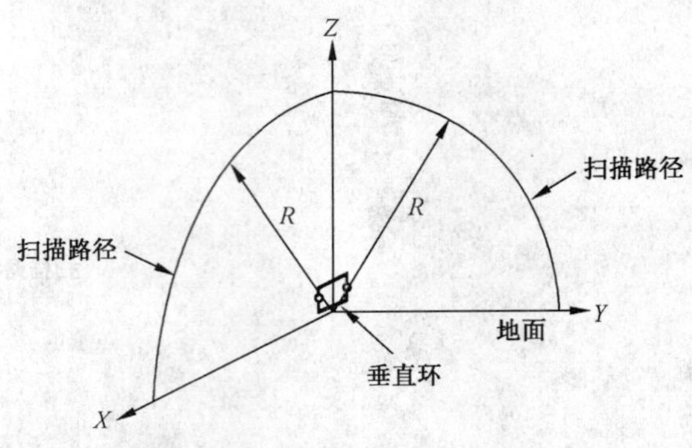

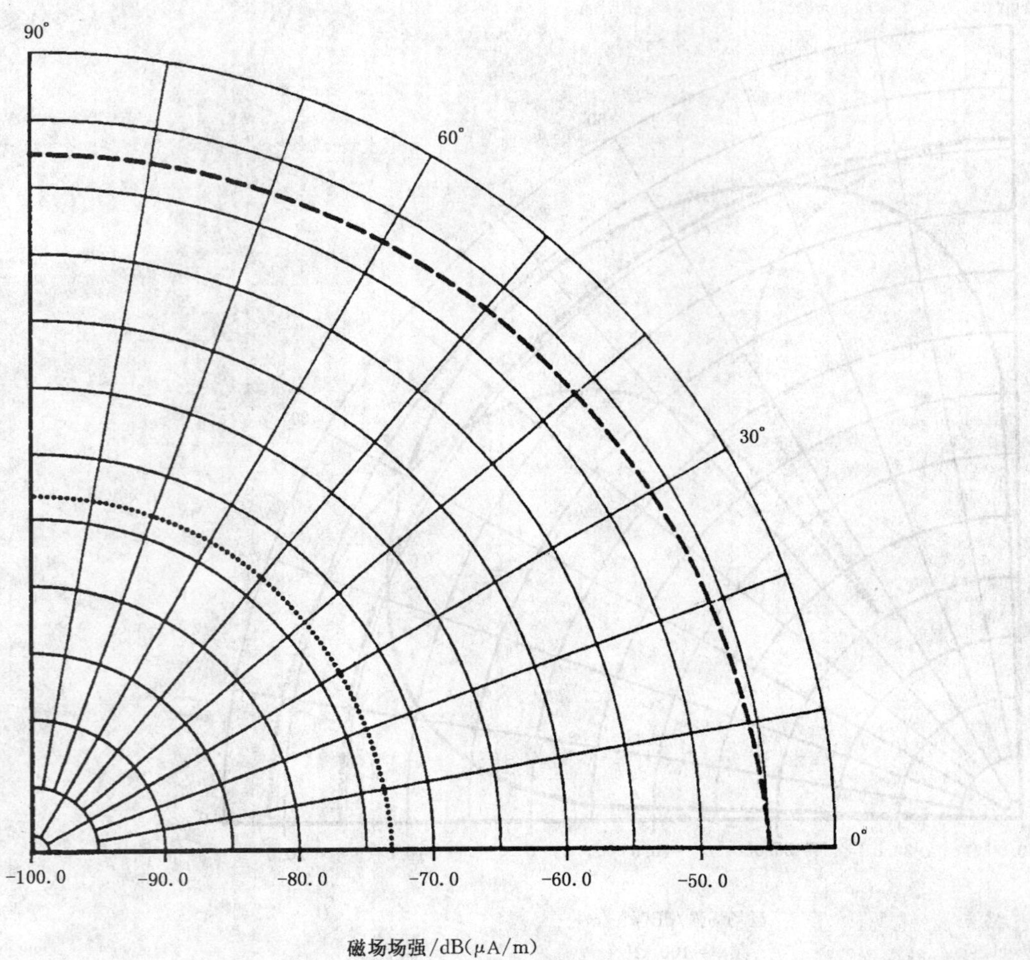

环面积为 3 m×3 m，环离地高度为 1 m，偶极矩为 1 A·m²

大地的电气常数：$\sigma=1$ mS/m，$\varepsilon_r=15$，

虚线曲线——Z-X 面内扫描距离为 300 m 处的磁场水平分量 H_y；

点线曲线——Z-X 面内扫描距离为 3 000 m 处的磁场水平分量 H_y。

图 4.6-18　近地水平电小磁偶极子(垂直环)辐射磁场水平分量的垂直极面方向性图

环面积为 3 m×3 m，环离地高度为 1 m，偶极矩为 1 A·m²

大地的电气常数：σ=1 mS/m，ε_r=15，

虚线曲线——Z-X 面内扫描距离为 30 m 处的电场垂直分量 E_Z；

点线曲线——Z-X 面内扫描距离为 30 m 处的电场水平分量 E_X。

图 4.6-19 近地水平电小磁偶极子(垂直环)辐射电场的垂直极面方向性图

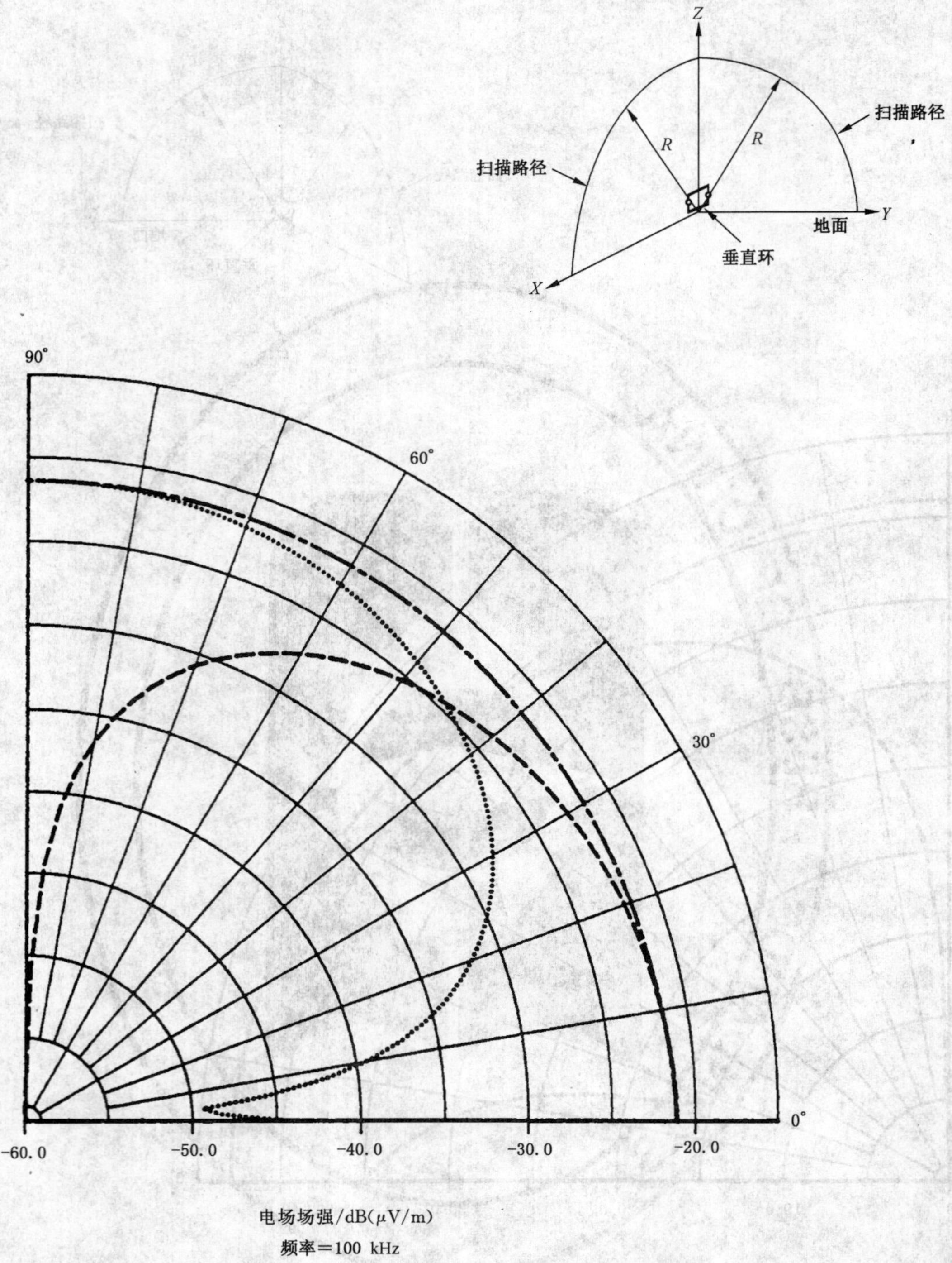

环面积为 3 m×3 m,环离地高度为 1 m,偶极矩为 1 A·m²

大地的电气常数:σ=1 mS/m,ε_r=15,

虚线曲线——Z-X 面内扫描距离为 3 000 m 处的电场垂直分量 E_Z;

点线曲线——Z-X 面内扫描距离为 3 000 m 处的电场水平分量 E_X;

点划线曲线——Z-X 面内扫描距离为 3 000 m 处的垂直极化电场的水平分量 E_X 和垂直分量 E_Z 的矢量/相位和。

图 4.6-20 近地水平电小磁偶极子(垂直环)辐射电场的垂直极面方向性图

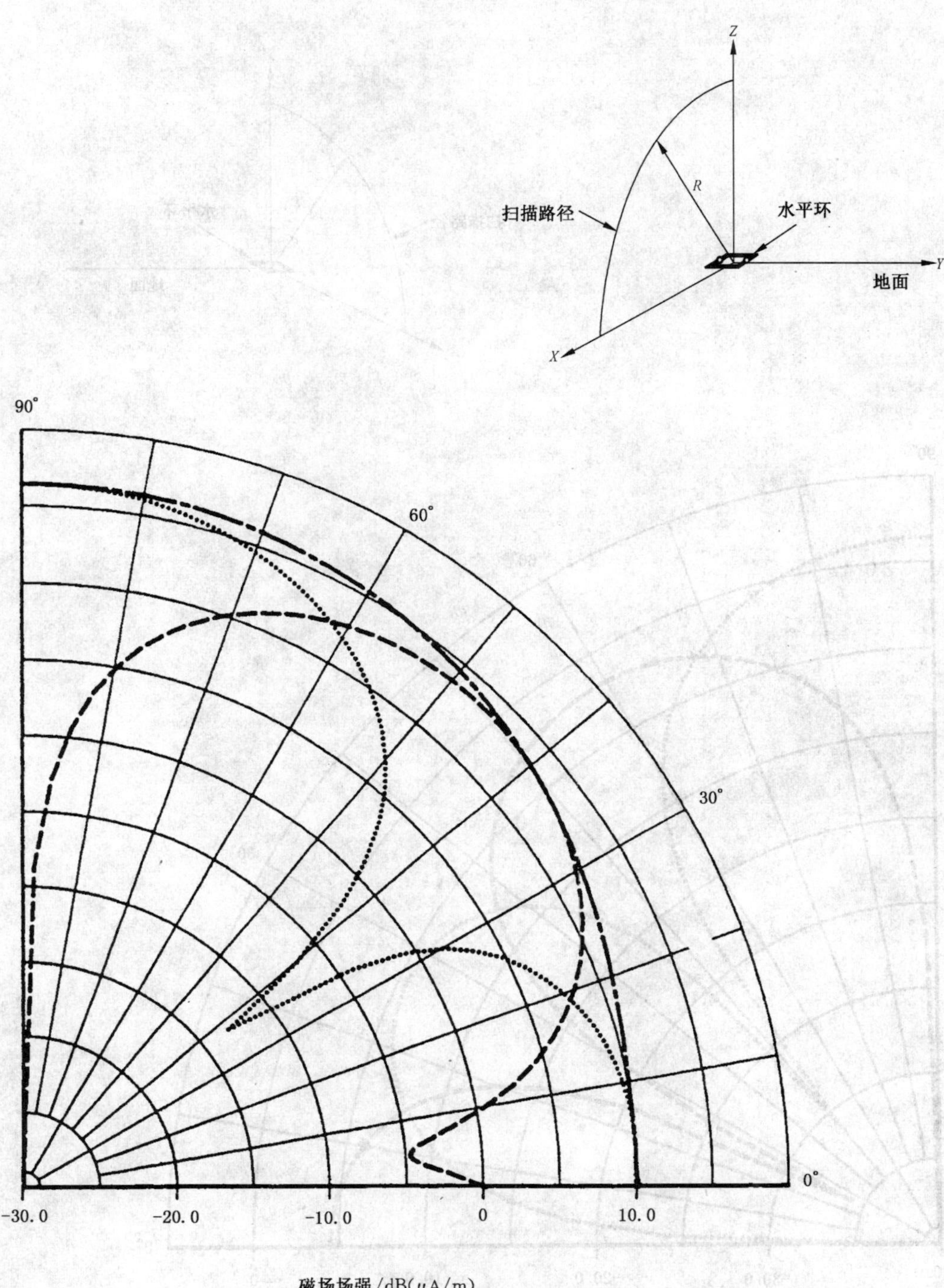

环面积为 3 m×3 m,环离地高度为 1 m，偶极矩为 1 A·m²

大地的电气常数:σ=1 mS/m,ε_r=15,

虚线曲线——扫描距离为 30 m 处的磁场水平分量 H_x；

点线曲线——扫描距离为 30 m 处的磁场垂直分量 H_z；

点划线曲线——扫描距离为 30 m 处的水平极化磁场的水平分量 H_x 和垂直分量 H_z 的矢量/相位和。

图 4.6-21　近地垂直电小磁偶极子(水平环)辐射磁场的垂直极面方向性图

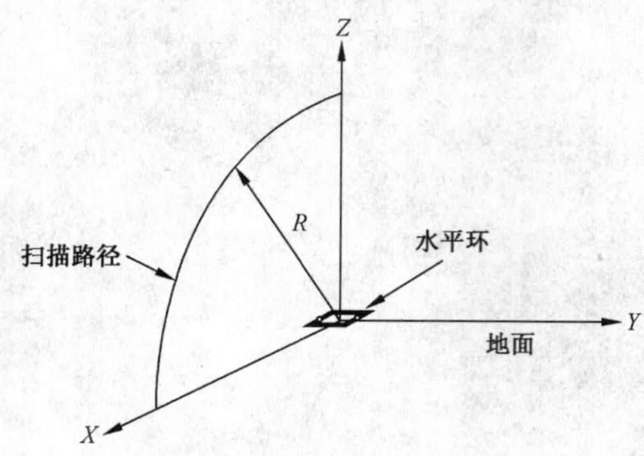

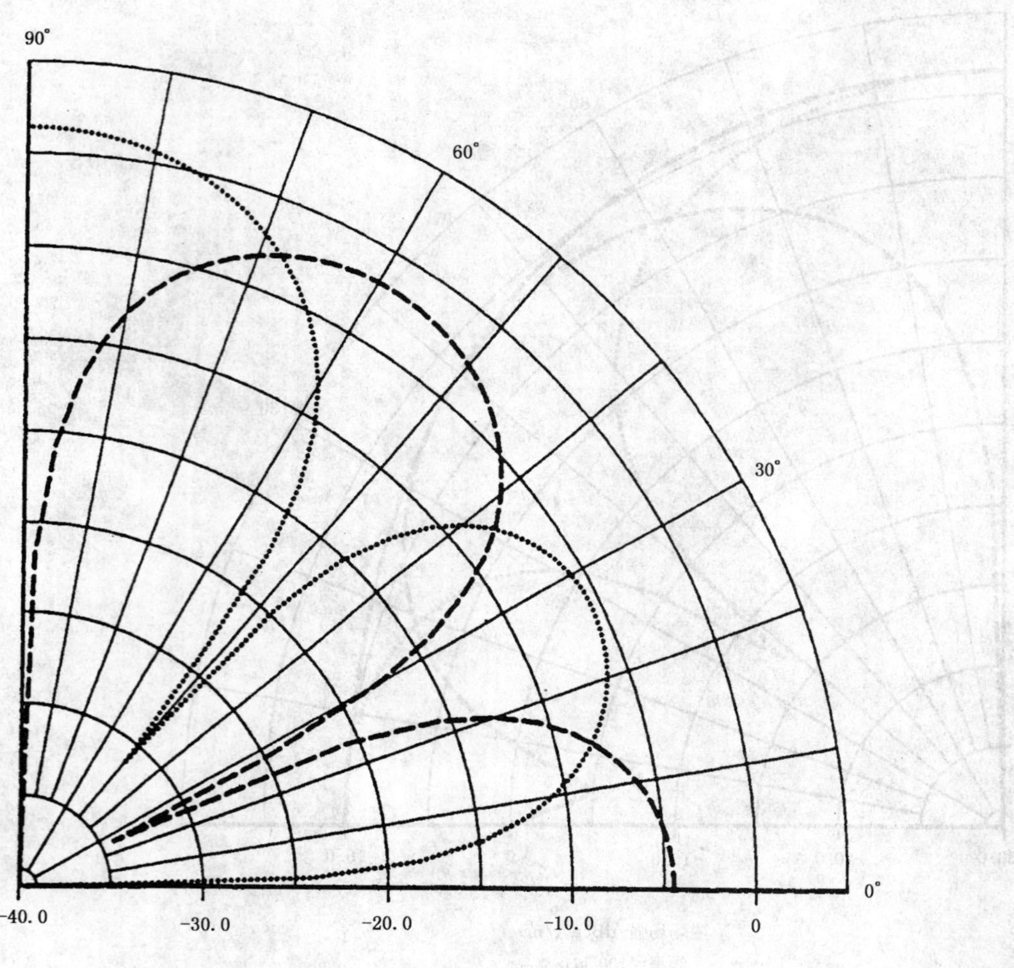

磁场场强/dB(μA/m)
频率=100 kHz

环面积为 3 m×3 m,环离地高度为 1 m, 偶极矩为 1 A·m²

理想导电地面,
虚线曲线——扫描距离为 30 m 处的磁场水平分量 H_x;
点线曲线——扫描距离为 30 m 处的磁场垂直分量 H_z。

图 4.6-22 近地垂直电小磁偶极子(水平环)辐射磁场的垂直极面方向性图

环面积为 3 m×3 m,环离地高度为 1 m,偶极矩为 1 A·m²

大地的电气常数:σ=1 mS/m,ε_r=15,

虚线曲线——扫描距离为 300 m 处的磁场水平分量 H_x;

点线曲线——扫描距离为 300 m 处的磁场垂直分量 H_z。

图 4.6-23 近地垂直电小磁偶极子(水平环)辐射磁场的垂直极面方向性图

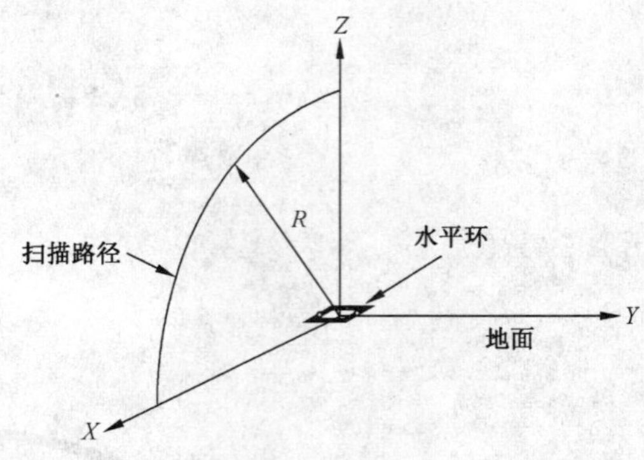

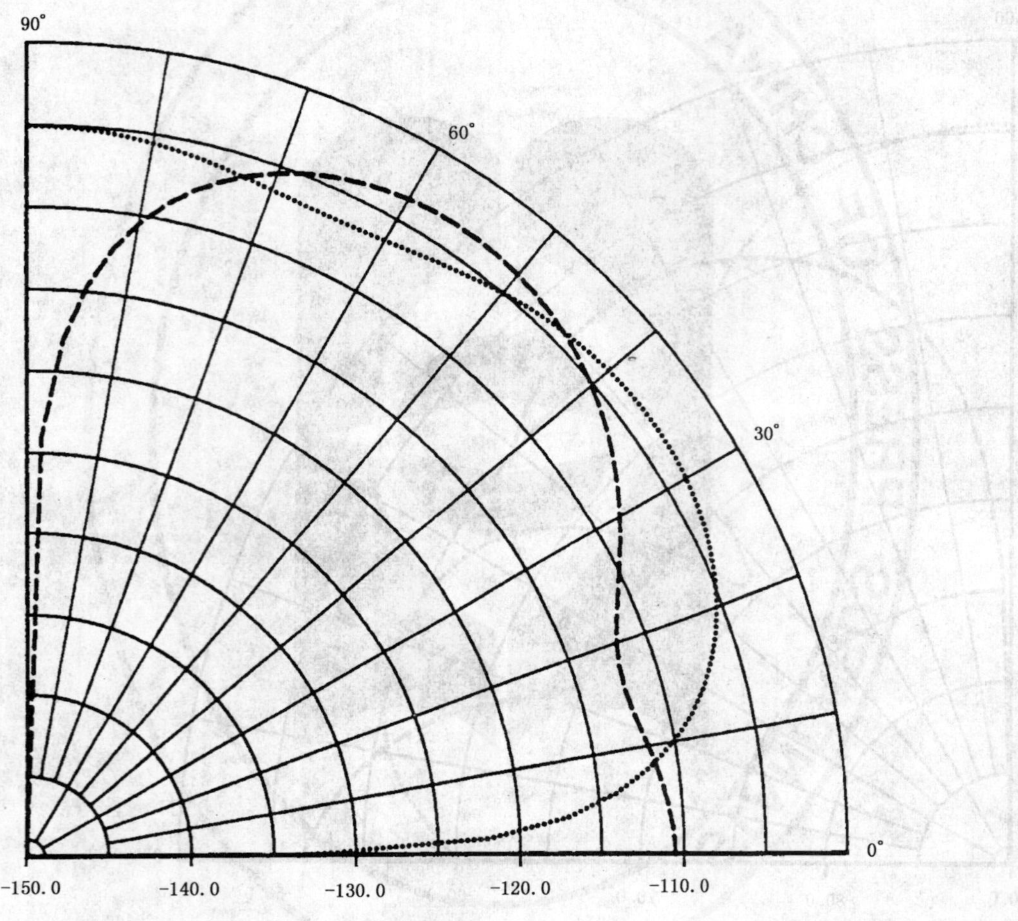

磁场场强/dB(μA/m)
频率=100 kHz

环面积为 3 m×3 m,环离地高度为 1 m, 偶极矩为 1 A·m²

大地的电气常数:σ=1 mS/m,ε_r=15,

虚线曲线——扫描距离为 3 000 m 处的磁场水平分量 H_x;

点线曲线——扫描距离为 3 000 m 处的磁场垂直分量 H_z。

图 4.6-24 近地垂直电小磁偶极子(水平环)辐射磁场的垂直极面方向性图

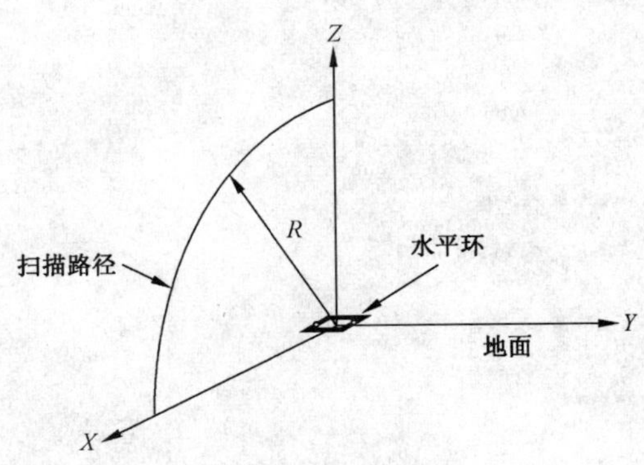

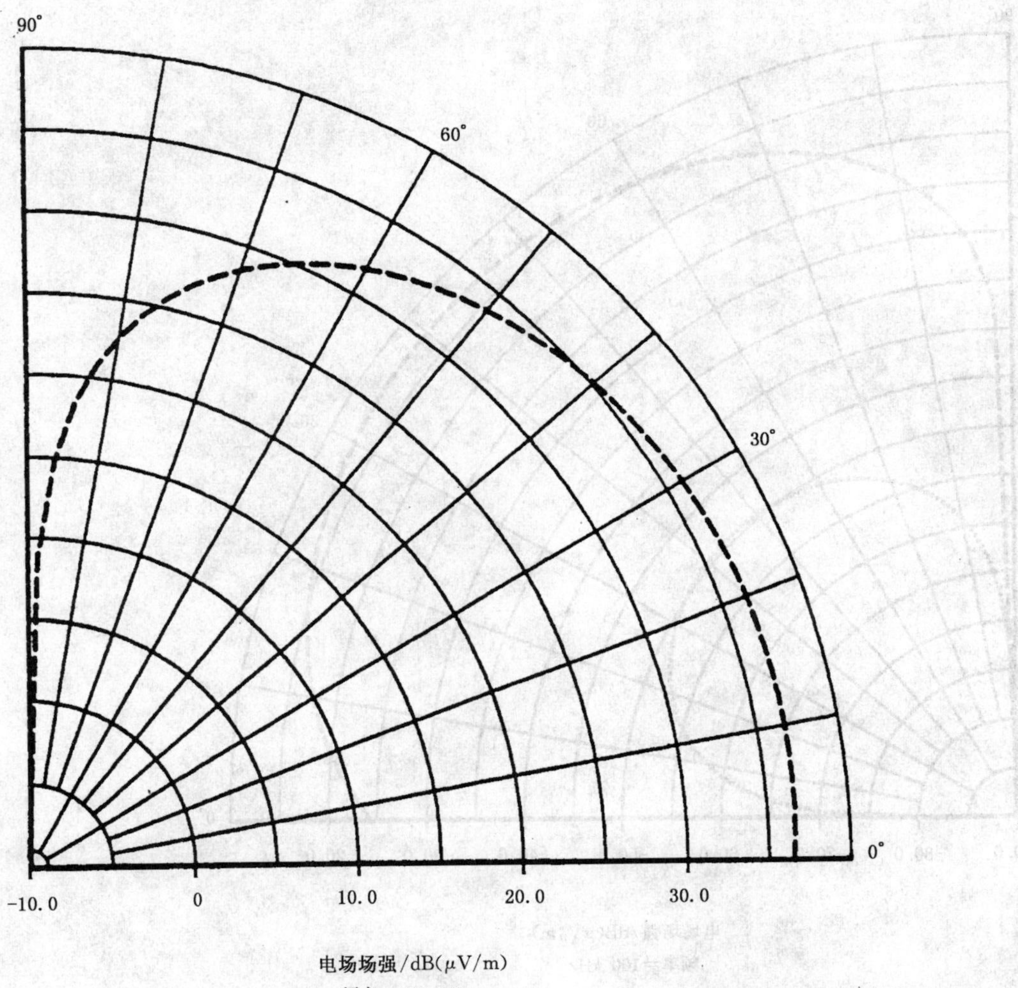

环面积为 3 m×3 m,环离地高度为 1 m,偶极矩为 1 A·m^2

大地的电气常数:σ=1 mS/m,ε_r=15,

虚线曲线——扫描距离为 30 m 处的电场水平分量 E_Y。

图 4.6-25　近地垂直电小磁偶极子(水平环)辐射电场的垂直极面方向性图

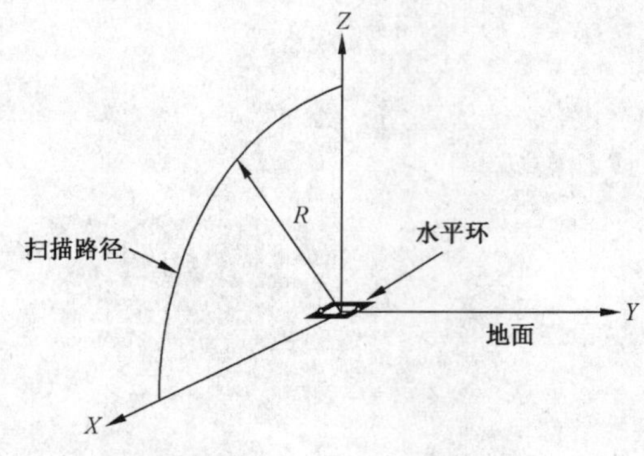

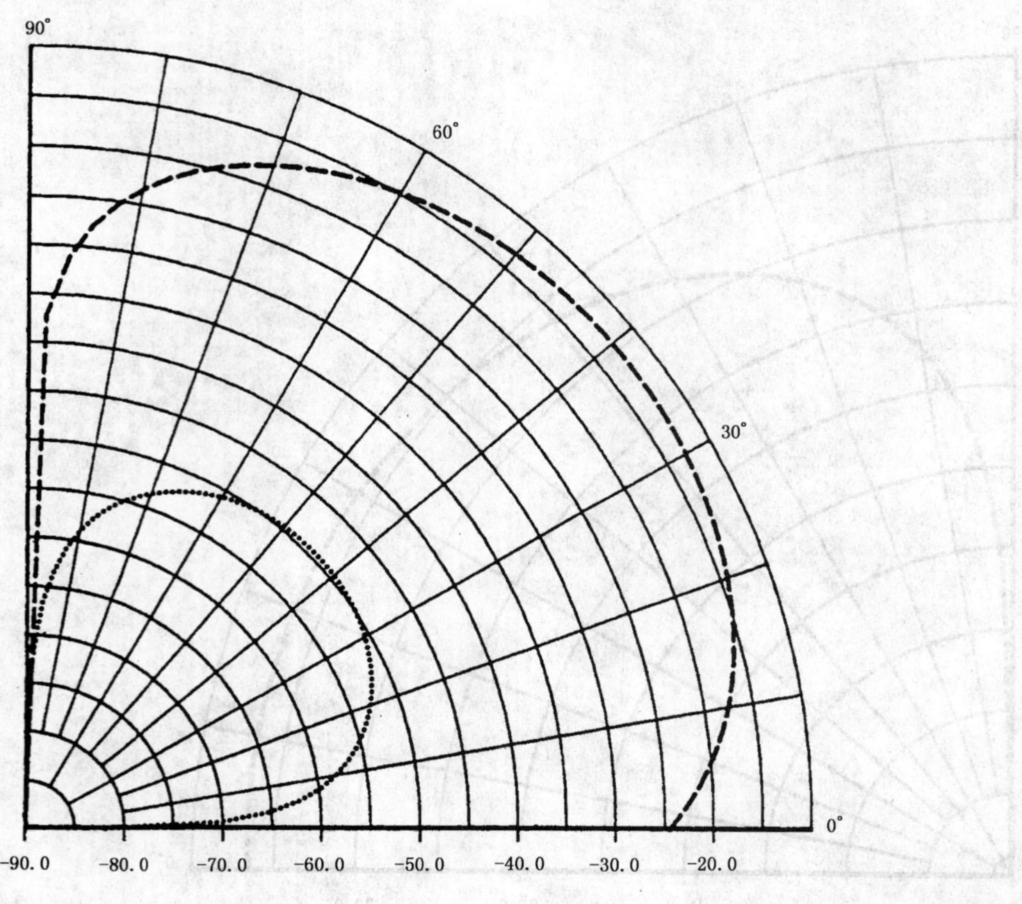

电场场强/dB(μV/m)

频率=100 kHz

环面积为 3 m×3 m,环离地高度为 1 m,偶极矩为 1 A·m^2

大地的电气常数:σ=1 mS/m,ε_r=15,

虚线曲线——扫描距离为 300 m 处的电场水平分量 E_Y;

点线曲线——扫描距离为 3 000 m 处的电场水平分量 E_Y。

图 4.6-26 近地垂直电小磁偶极子(水平环)辐射电场的垂直极面方向性图

偶极子长度为 3 m,偶极子离地高度为 0.15 m，偶极矩为 1 A·m

大地的电气常数:σ=1 mS/m,ε_r=15,

虚线曲线——扫描距离为 30 m 处的磁场水平分量 H_y;

点划线曲线——扫描距离为 300 m 处的磁场水平分量 H_y。

理想导电地面,

点线曲线——扫描距离为 30 m 处的磁场水平分量 H_y。

图 4.6-27　近地垂直电小电偶极子辐射磁场水平分量的垂直极面方向性图

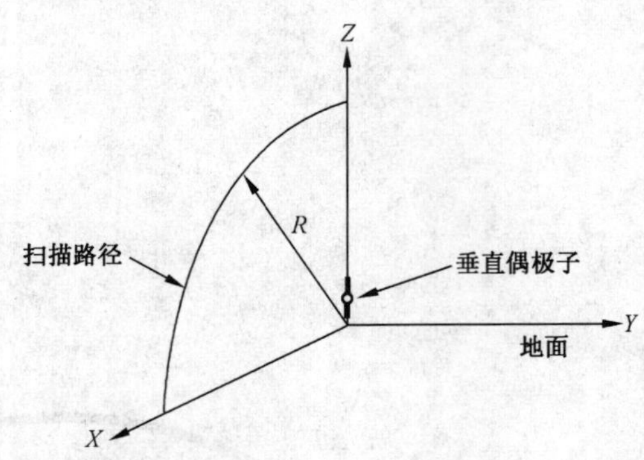

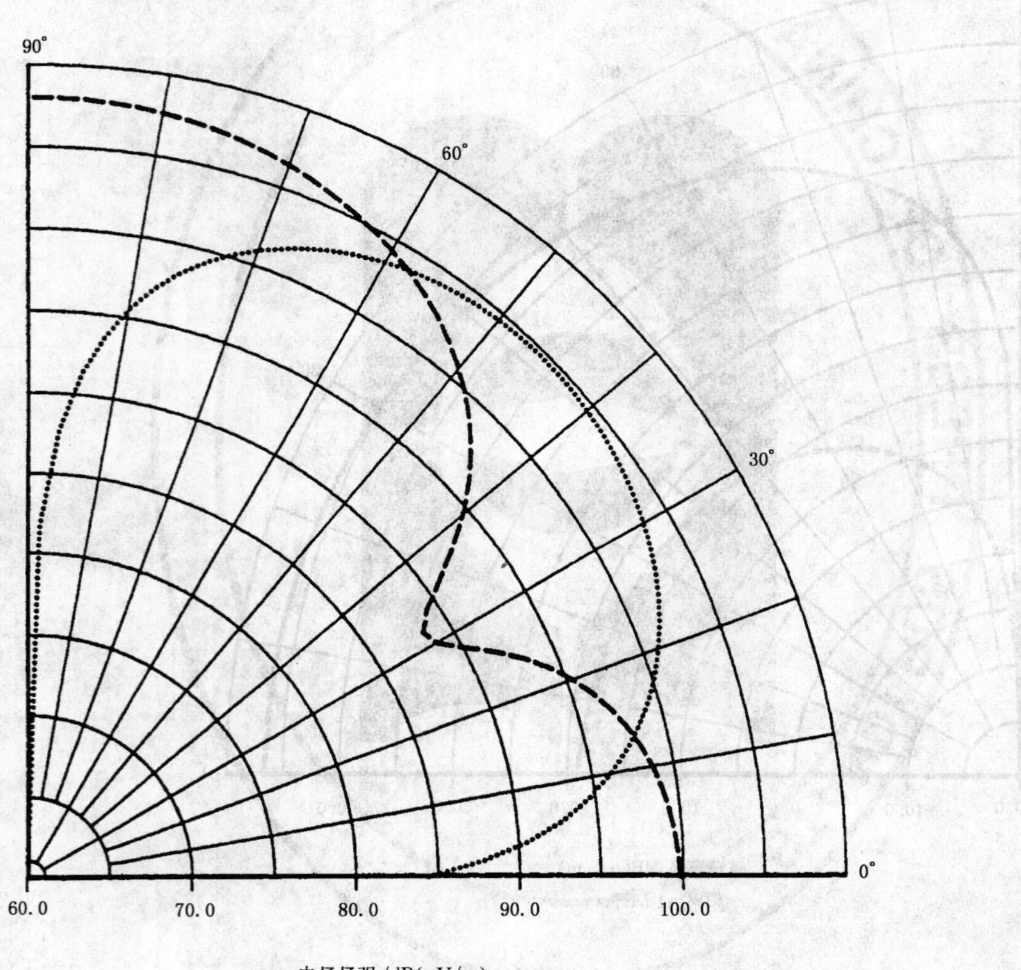

电场场强/dB(μV/m)
频率=1 MHz

偶极子长度为 3 m,偶极子基座距地面 0.15 m,偶极矩为 1 A・m

大地的电气常数:$\sigma=1$ mS/m,$\varepsilon_r=15$,

虚线曲线——扫描距离为 30 m 处的电场垂直分量 E_Z;

点线曲线——扫描距离为 30 m 处的电场水平分量 E_X。

图 4.6-28 近地垂直电小电偶极子辐射电场的垂直极面方向性图

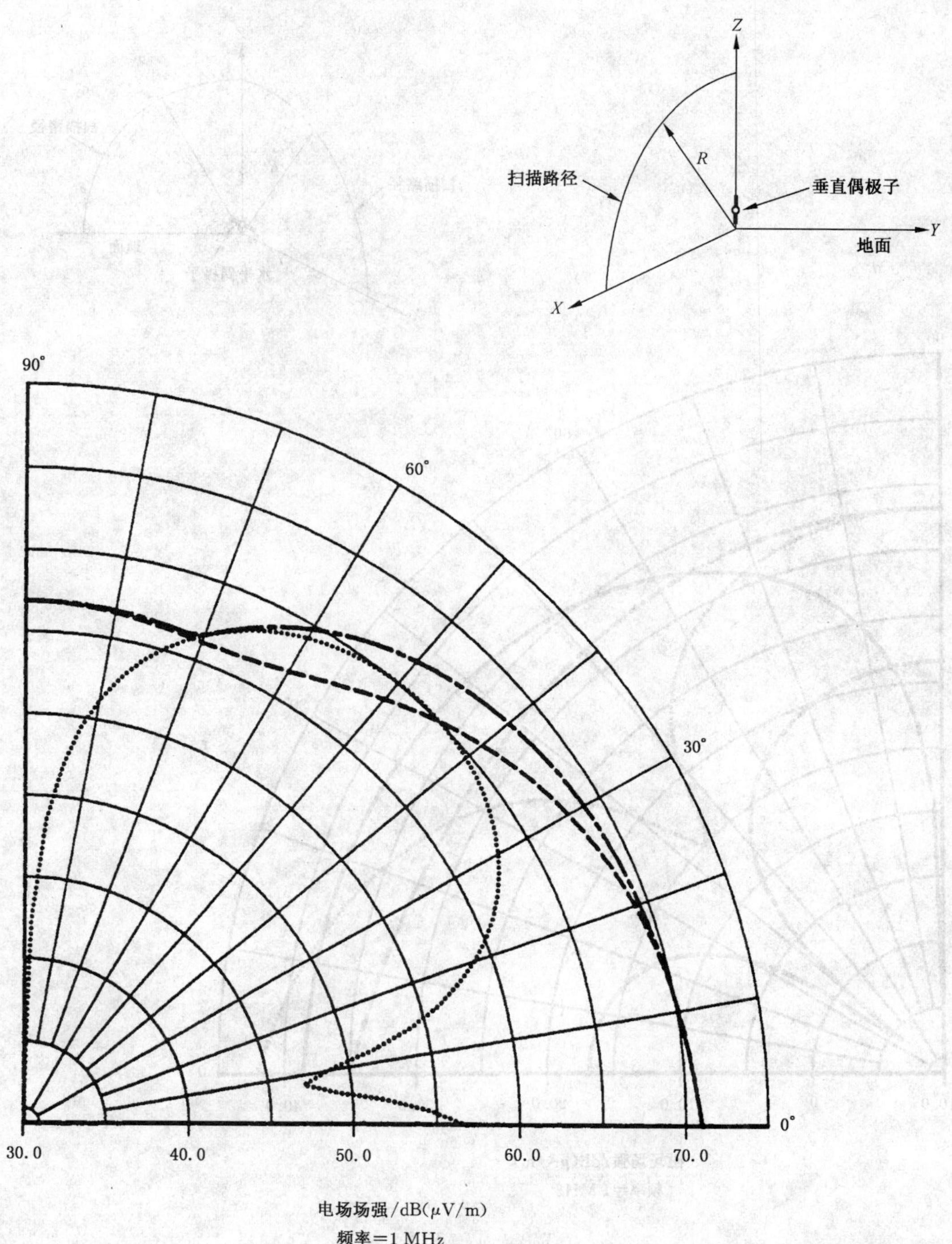

偶极子长度为 3 m,偶极子基座距地面 0.15 m,偶极矩为 1 A·m

大地的电气常数:σ=1 mS/m,ε_r=15,

虚线曲线——扫描距离为 300 m 处的电场垂直分量 E_Z;

点线曲线——扫描距离为 300 m 处的电场水平分量 E_X;

点划线曲线——扫描距离为 300 m 处垂直极化电场的水平分量 E_X 与垂直分量 E_Z 的矢量/相位和。

图 4.6-29 近地垂直电小电偶极子辐射电场的垂直极面方向性图

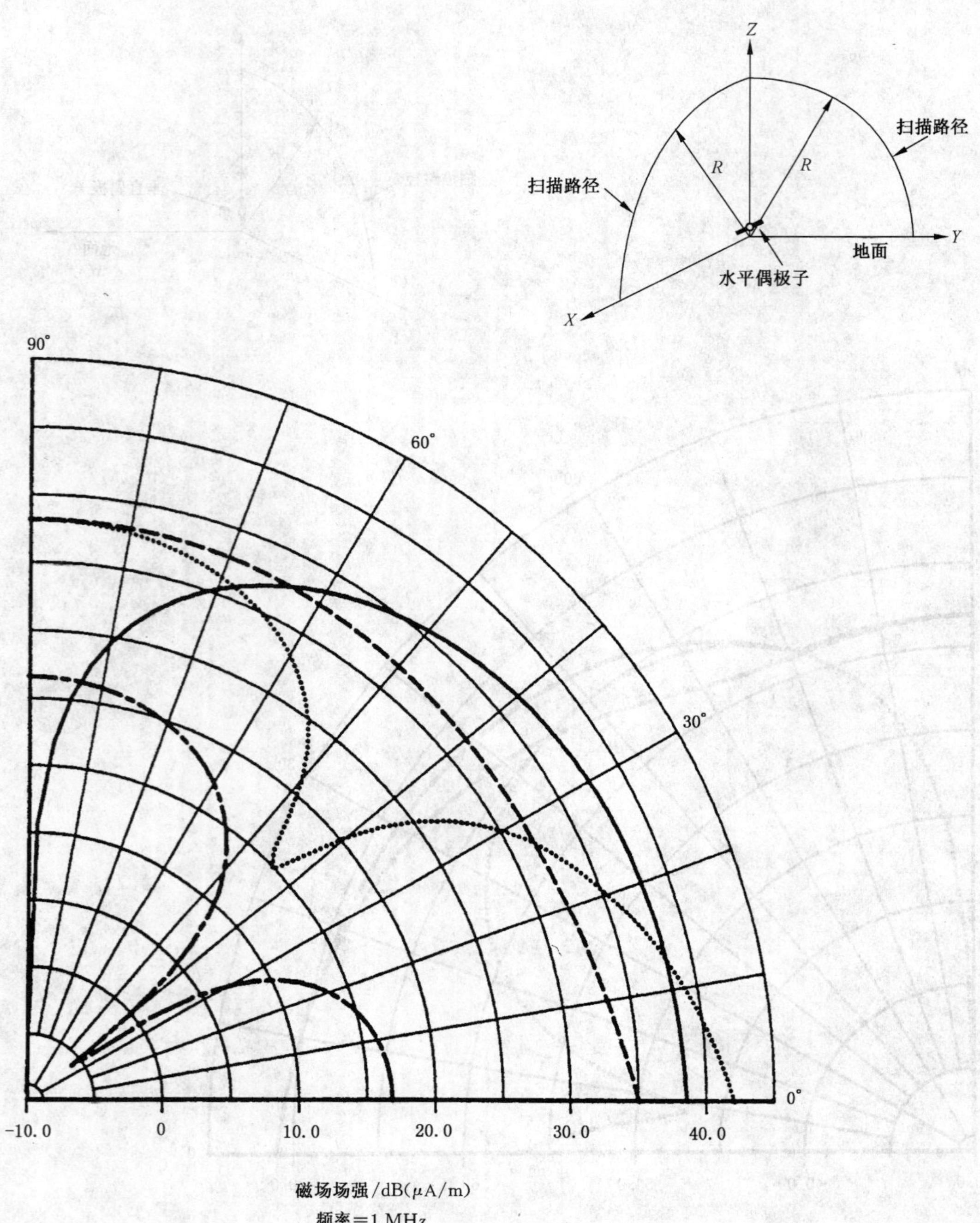

偶极子长度为 3 m，偶极子离地高度为 1 m，偶极矩为 1 A·m

大地的电气常数：σ＝1 mS/m，ε_r＝15，

虚线曲线——Z-X 面内扫描距离为 30 m 处的磁场水平分量 H_y；

点线曲线——Y-Z 面内扫描距离为 30 m 处的磁场水平分量 H_y；

实线曲线——Y-Z 面内扫描距离为 30 m 处的磁场垂直分量 H_z。

理想导电地面，

点划线曲线——Z-X 面内扫描距离为 30 m 处的磁场水平分量 H_y。

图 4.6-30　近地水平电小电偶极子辐射磁场的垂直极面方向性图

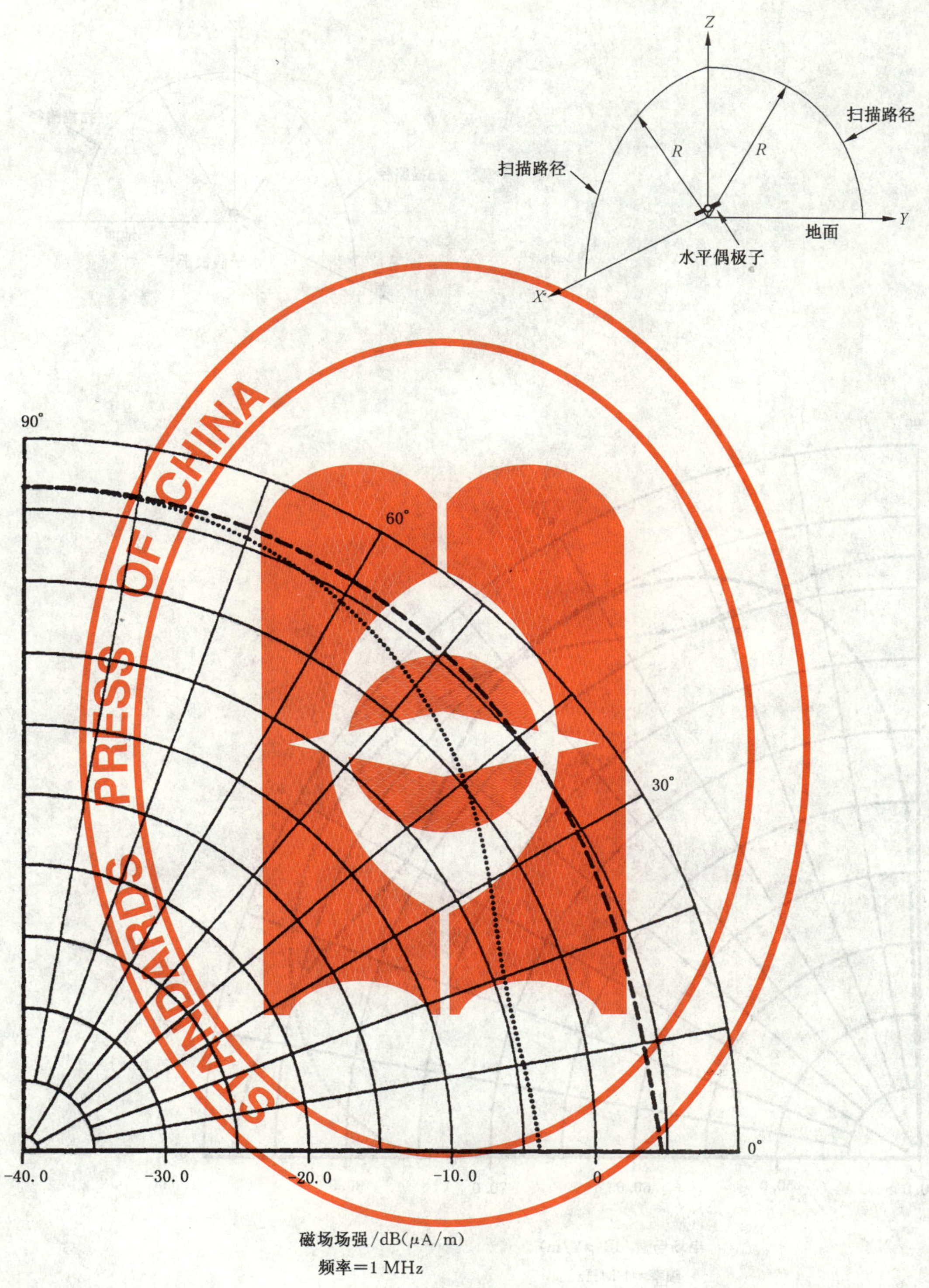

偶极子长度为 3 m，偶极子离地高度为 1 m，偶极矩为 1 A·m

大地的电气常数：$\sigma=1$ mS/m，$\varepsilon_r=15$，

虚线曲线——Z-X 面内扫描距离为 300 m 处的磁场水平分量 H_y；

点线曲线——Y-Z 面内扫描距离为 300 m 处的磁场水平分量 H_y。

图 4.6-31 近地水平电小电偶极子辐射磁场水平分量的垂直极面方向性图

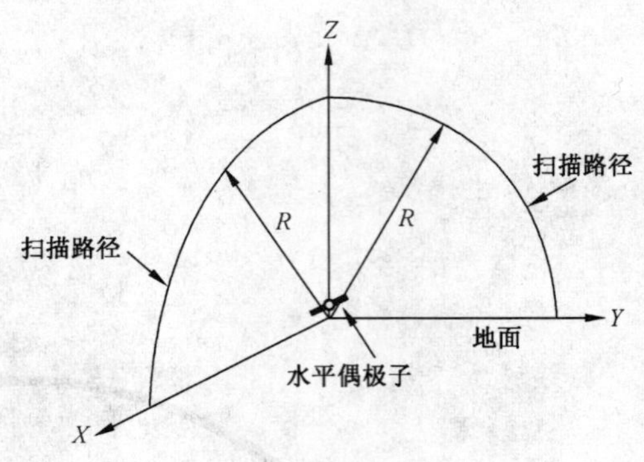

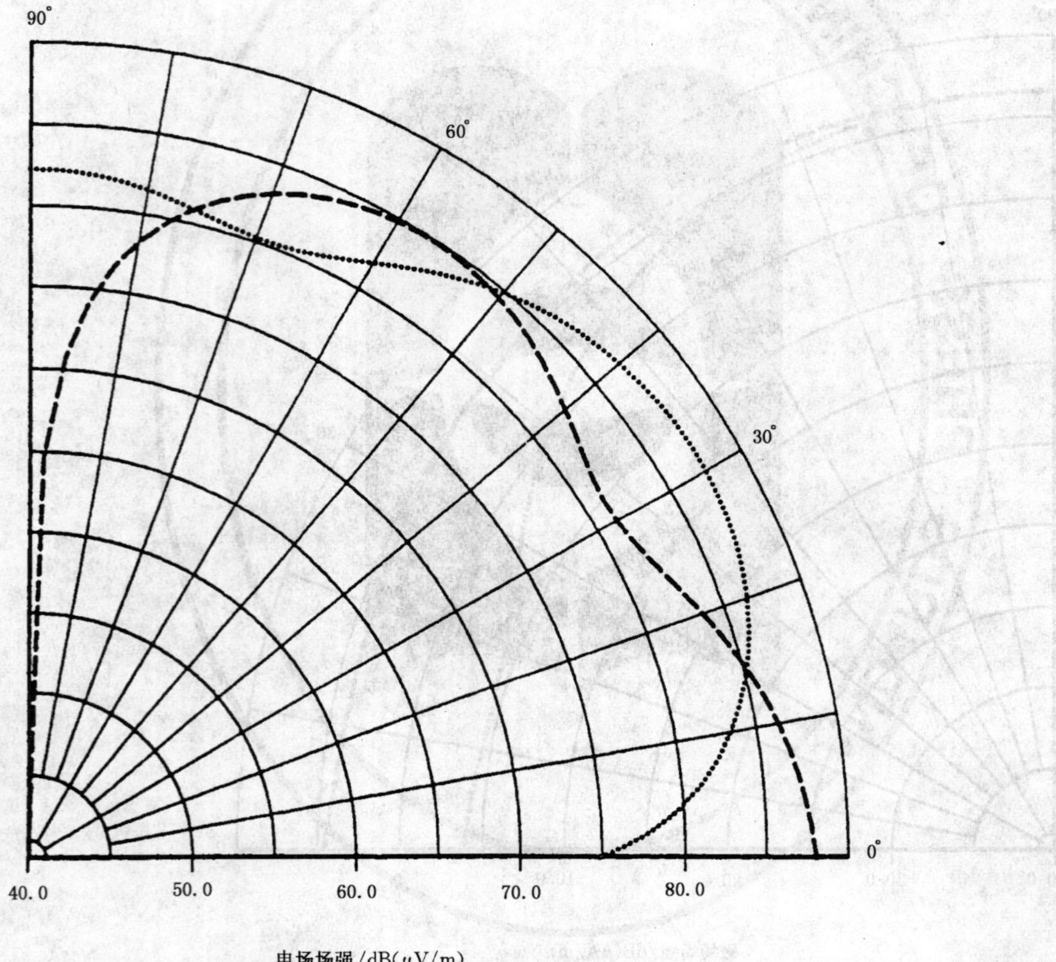

偶极子长度为 3 m,偶极子离地高度为 1 m,偶极矩为 1 A·m

大地的电气常数:σ=1 mS/m,ε_r=15,

虚线曲线——Z-X 面内扫描距离为 30 m 处的电场垂直分量 E_Z;

点线曲线——Z-X 面内扫描距离为 30 m 处的电场水平分量 E_X。

图 4.6-32 近地水平电小电偶极子辐射电场的垂直极面方向性图

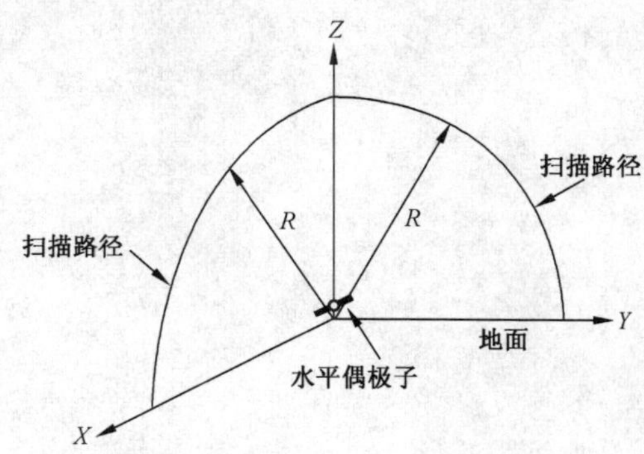

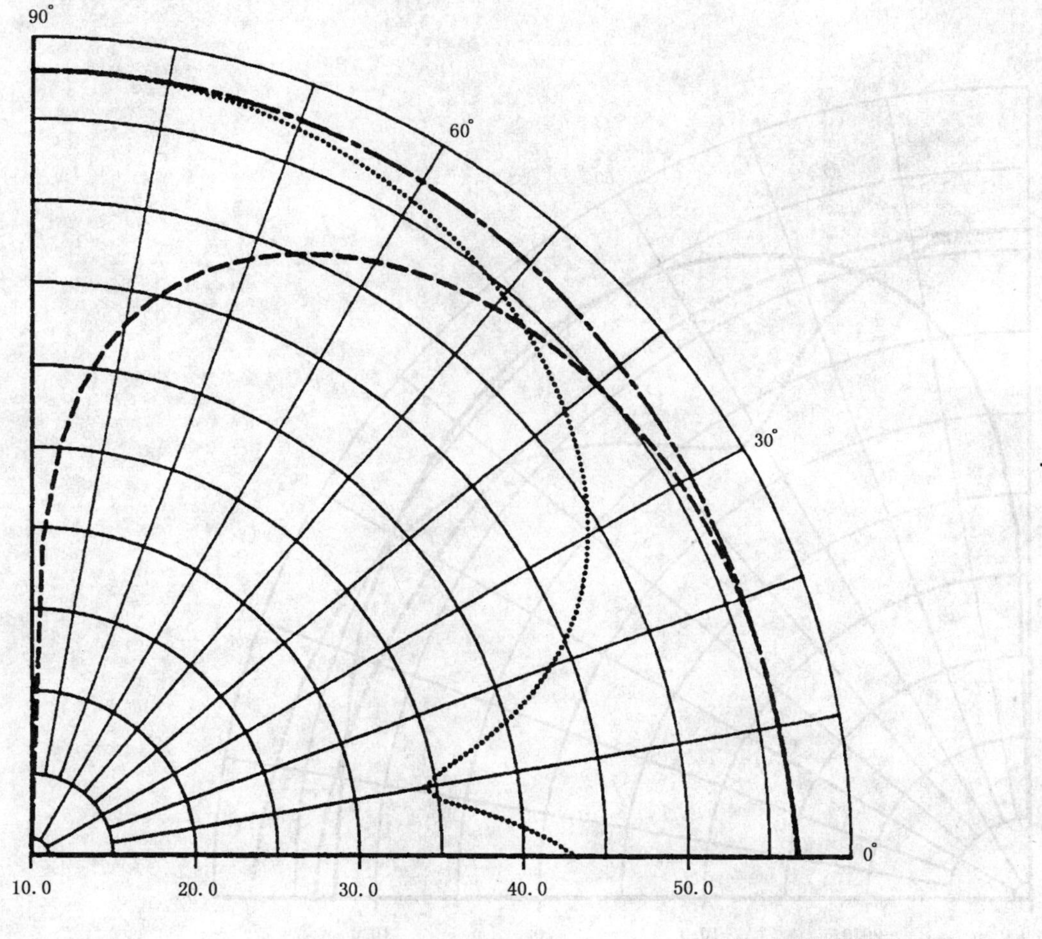

电场场强/dB(μV/m)

频率=1 MHz

偶极子长度为 3 m,偶极子离地高度为 1 m,偶极矩为 1 A·m

大地的电气常数:σ=1 mS/m,ε_r=15,

虚线曲线——Z-X 面内扫描距离为 300 m 处的电场垂直分量 E_Z;

点线曲线——Z-X 面内扫描距离为 300 m 处的电场水平分量 E_X;

点划线曲线——Z-X 面内扫描距离为 300 m 处的垂直极化电场的水平分量 E_X 和垂直分量 E_Z 的矢量/相位和。

图 4.6-33 近地水平电小电偶极子辐射电场的垂直极面方向性图

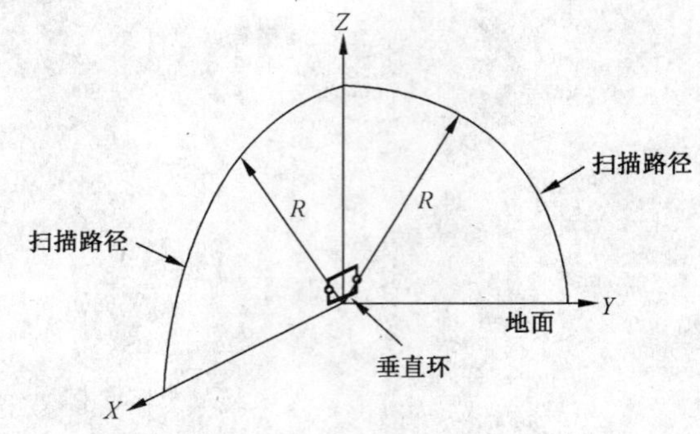

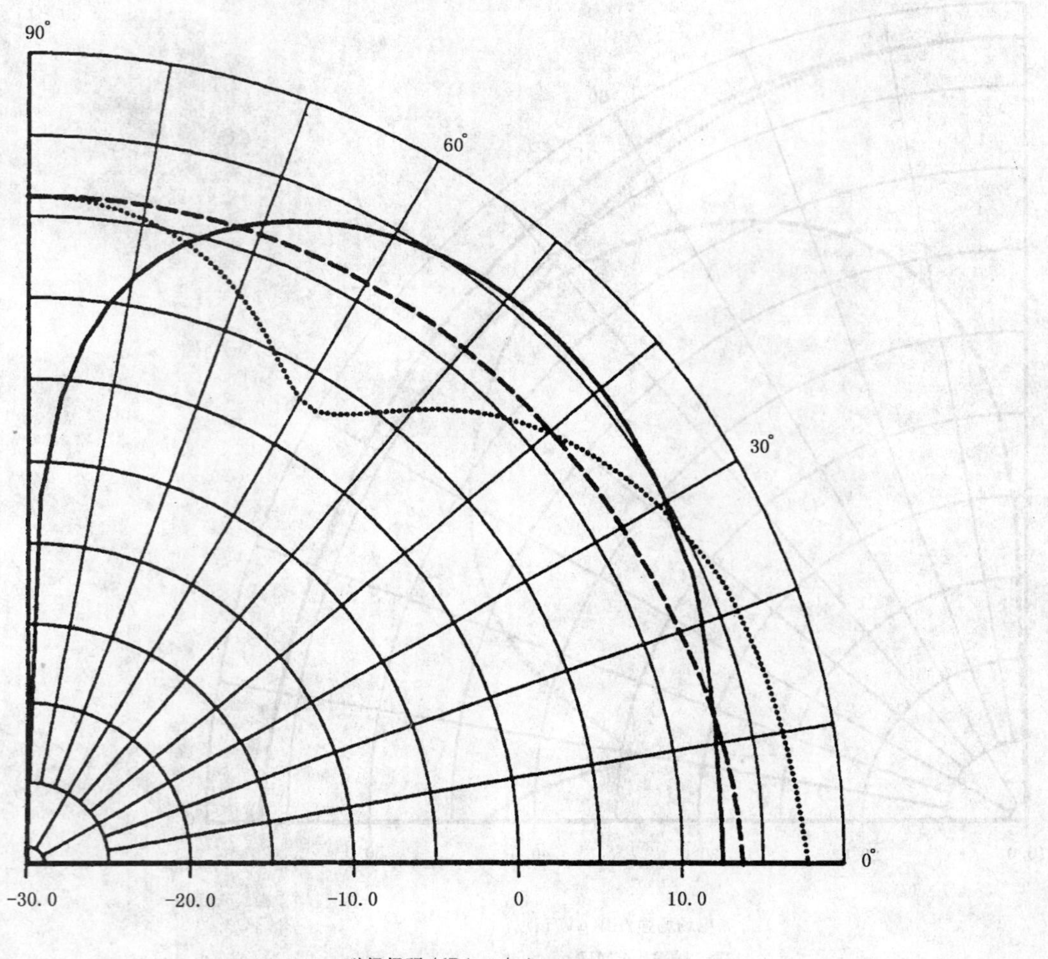

环面积为 3 m×3 m,环离地高度为 0.15 m,偶极矩为 1 A·m^2

大地的电气常数:σ=1 mS/m,ε_r=15,

虚线曲线——Z-X 面内扫描距离为 30 m 处的磁场水平分量 H_y;

点线曲线——Y-Z 面内扫描距离为 30 m 处的磁场水平分量 H_y;

实线曲线——Y-Z 面内扫描距离为 30 m 处的磁场垂直分量 H_z。

图 4.6-34　近地水平电小磁偶极子(垂直环)辐射磁场的垂直极面方向性图

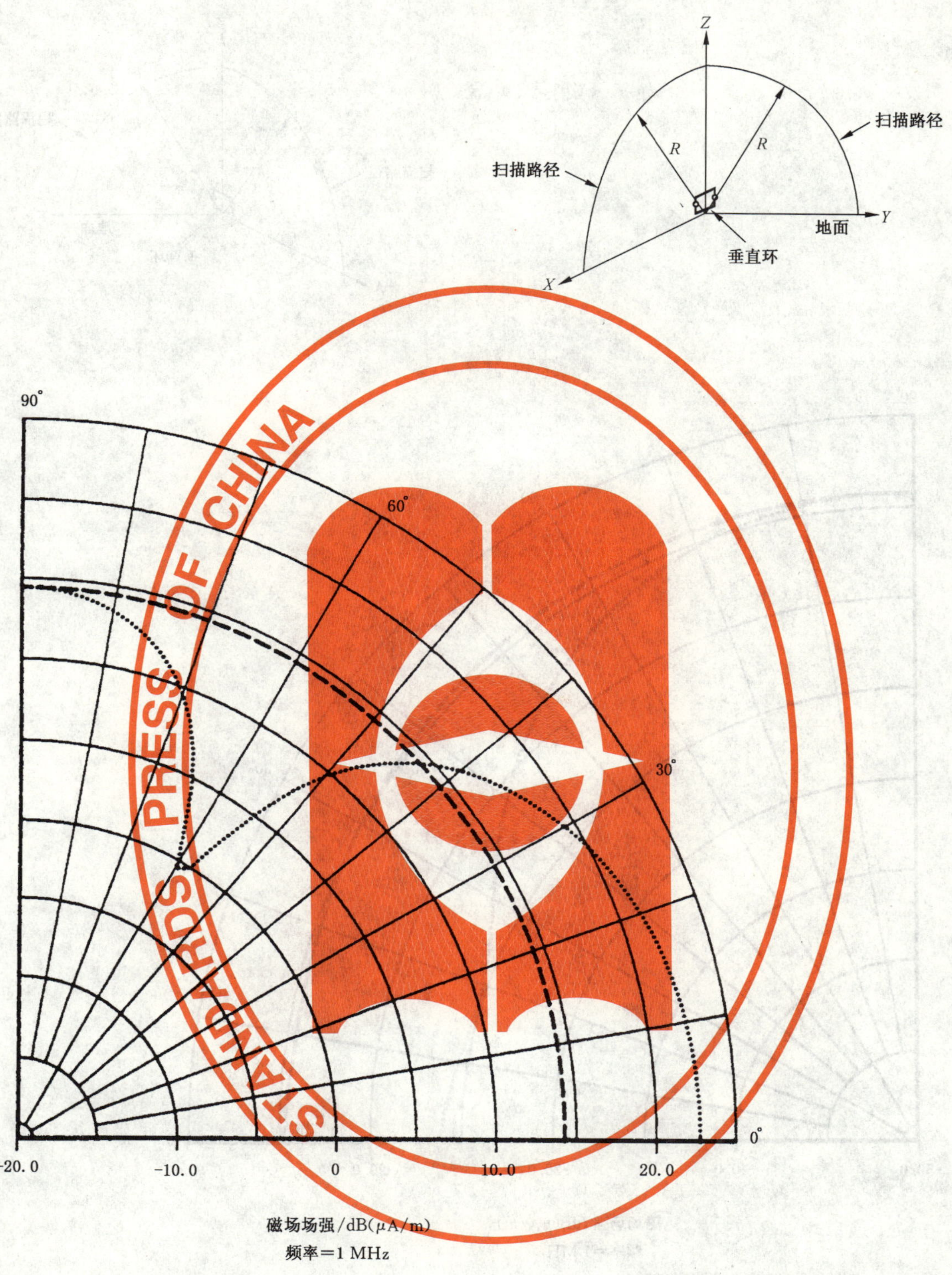

环面积为 3 m×3 m,环离地高度为 0.15 m,偶极矩为 1 A·m²

理想导电地面,

虚线曲线——Z-X 面内扫描距离为 30 m 处的磁场水平分量 H_y;

点线曲线——Y-Z 面内扫描距离为 30 m 处的磁场水平分量 H_y。

图 4.6-35　近地水平电小磁偶极子(垂直环)辐射磁场水平分量的垂直极面方向性图

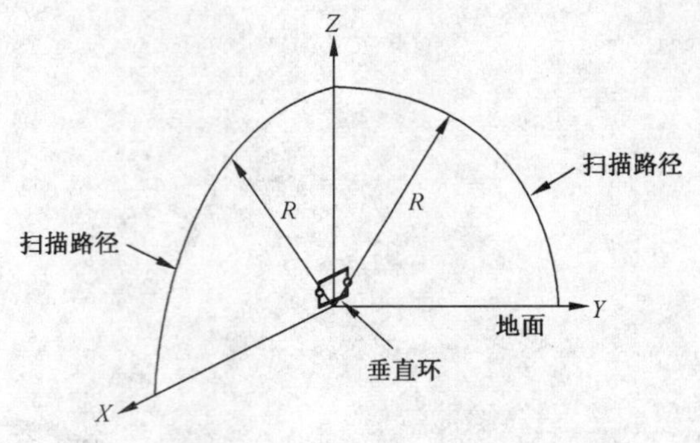

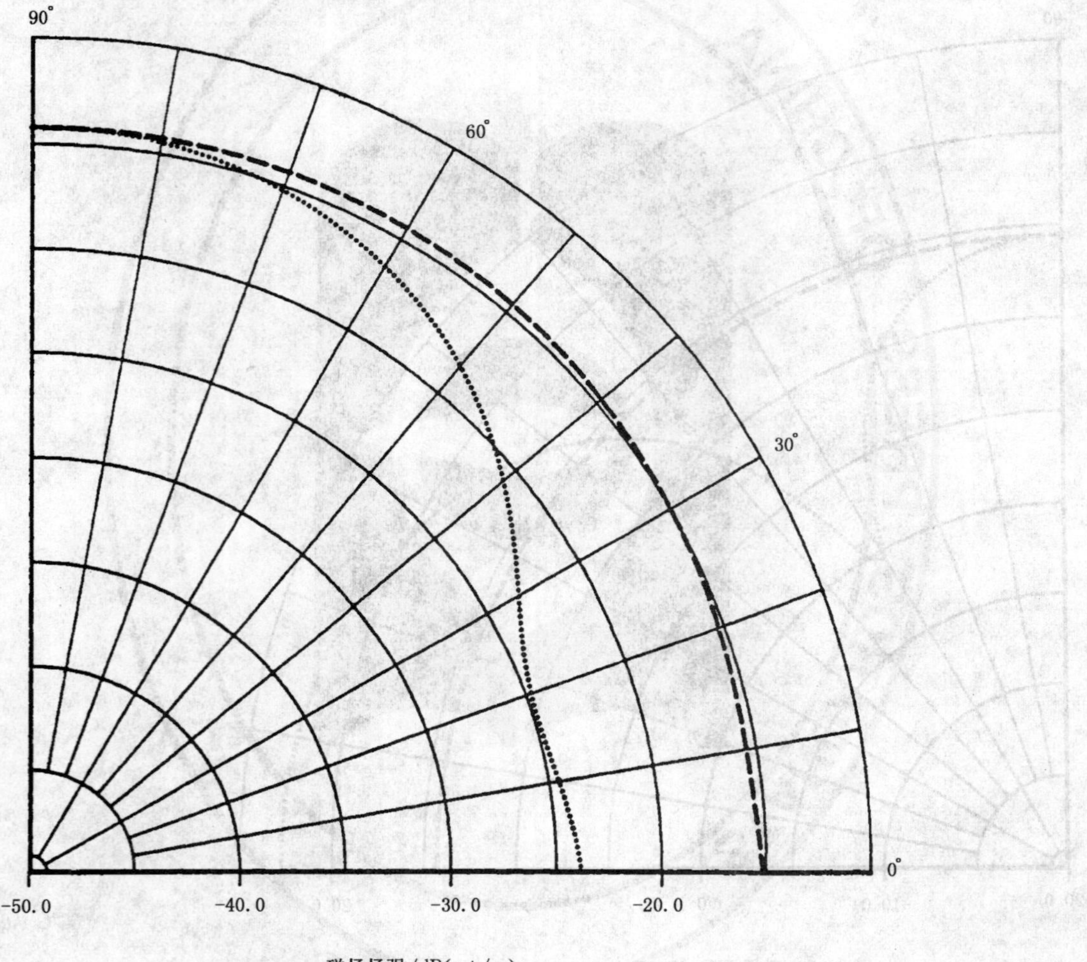

磁场场强/dB(μA/m)
频率=1 MHz

环面积为 3 m×3 m，环离地高度为 0.15 m，偶极矩为 1 A·m²

大地的电气常数：σ=1 mS/m，ε_r=15，

虚线曲线——Z-X 面内扫描距离为 300 m 处的磁场水平分量 H_y；

点线曲线——Y-Z 面内扫描距离为 300 m 处的磁场水平分量 H_y。

图 4.6-36 近地水平电小磁偶极子(垂直环)辐射磁场水平分量的垂直极面方向性图

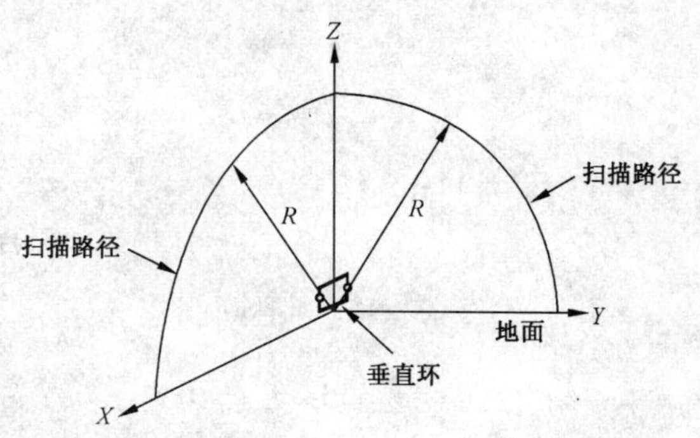

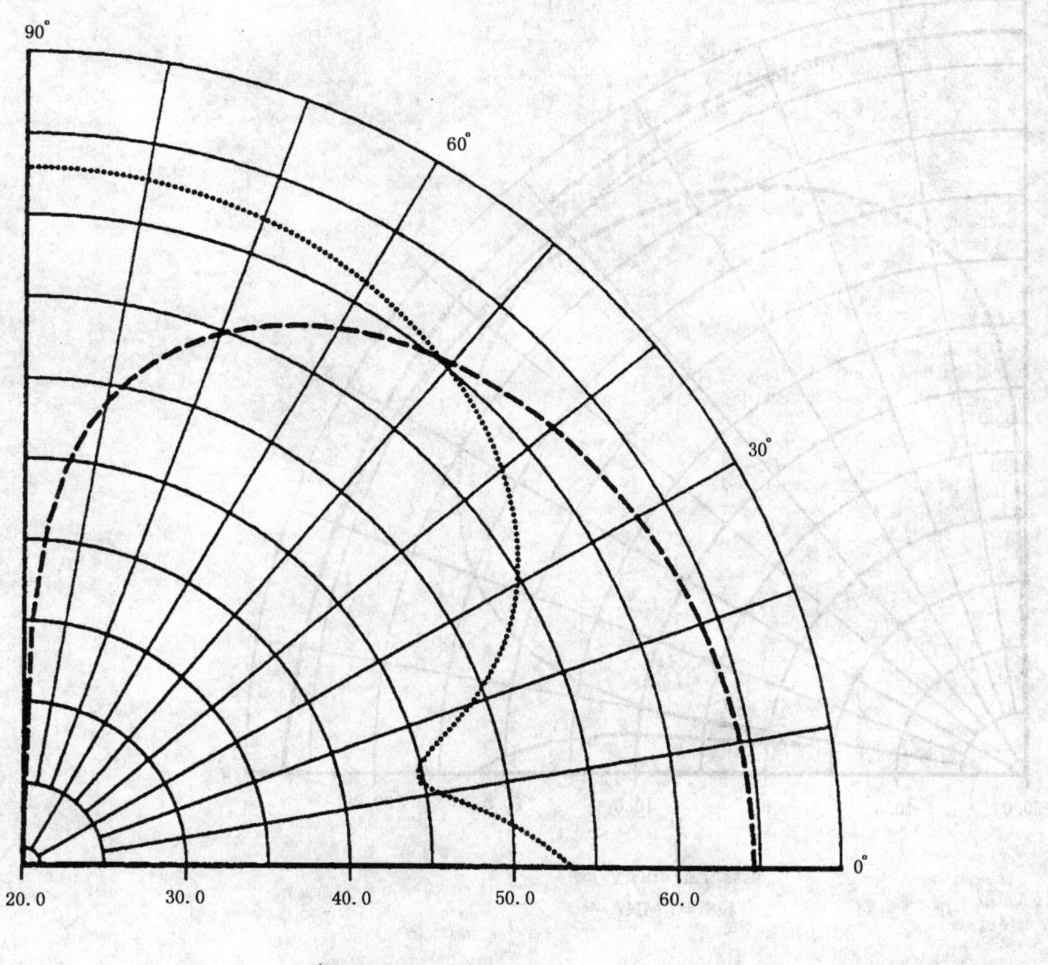

电场场强/dB(μV/m)

频率=1 MHz

环面积为 3 m×3 m,环离地高度为 0.15 m,偶极矩为 1 A·m²

大地的电气常数:$\sigma=1$ mS/m,$\varepsilon_r=15$,

虚线曲线——Z-X 面内扫描距离为 30 m 处的电场垂直分量 E_Z;

点线曲线——Z-X 面内扫描距离为 30 m 处的电场水平分量 E_X。

图 4.6-37 近地水平电小磁偶极子(垂直环)辐射电场的垂直极面方向性图

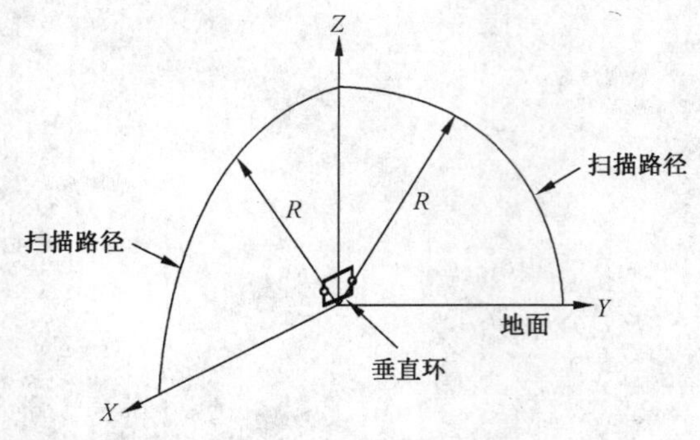

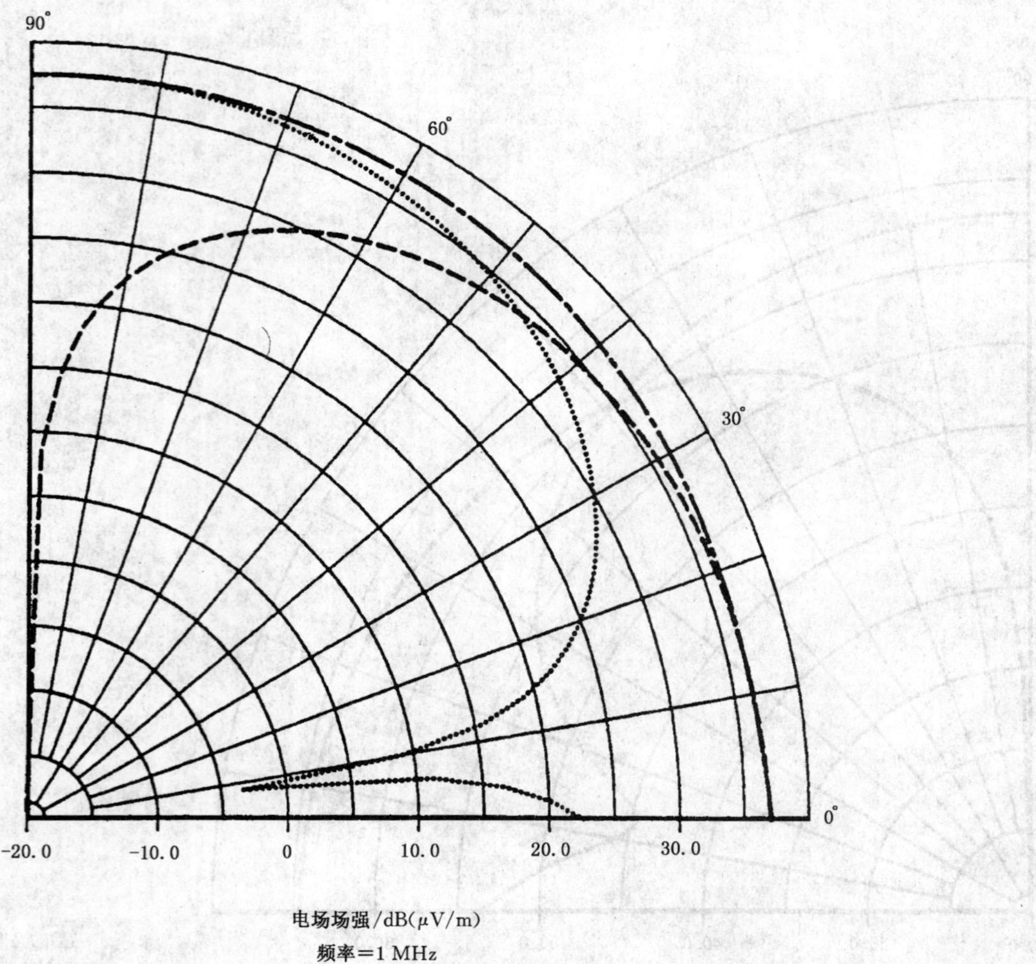

环面积为 3 m×3 m，环离地高度为 0.15 m，偶极矩为 1 A·m²

大地的电气常数：σ=1 mS/m，ε_r=15，

虚线曲线——Z-X 面内扫描距离为 300 m 处的电场垂直分量 E_Z；

点线曲线——Z-X 面内扫描距离为 300 m 处的电场水平分量 E_X；

点划线曲线——Z-X 面内扫描距离为 300 m 处的垂直极化电场的水平分量 E_X 和垂直分量 E_Z 的矢量/相位和。

图 4.6-38　近地水平电小磁偶极子(垂直环)辐射电场的垂直极面方向性图

环面积为 3 m×3 m,环离地高度为 1 m,偶极矩为 1 A·m²

大地的电气常数:σ=1 mS/m,ε_r=15,

虚线曲线——扫描距离为 30 m 处的磁场水平分量 H_x;

点线曲线——扫描距离为 30 m 处的磁场垂直分量 H_z。

图 4.6-39 近地垂直电小磁偶极子(水平环)辐射磁场的垂直极面方向性图

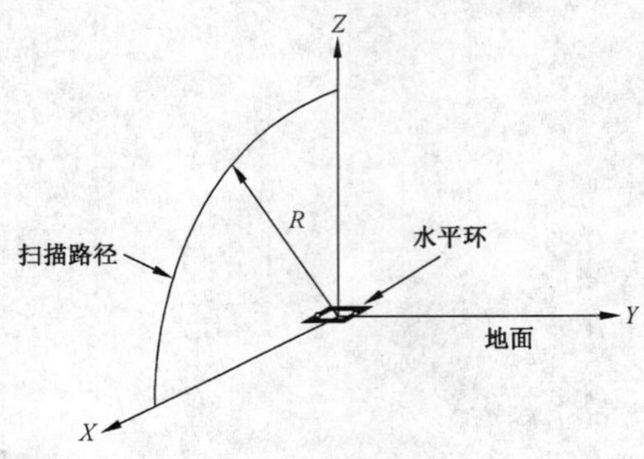

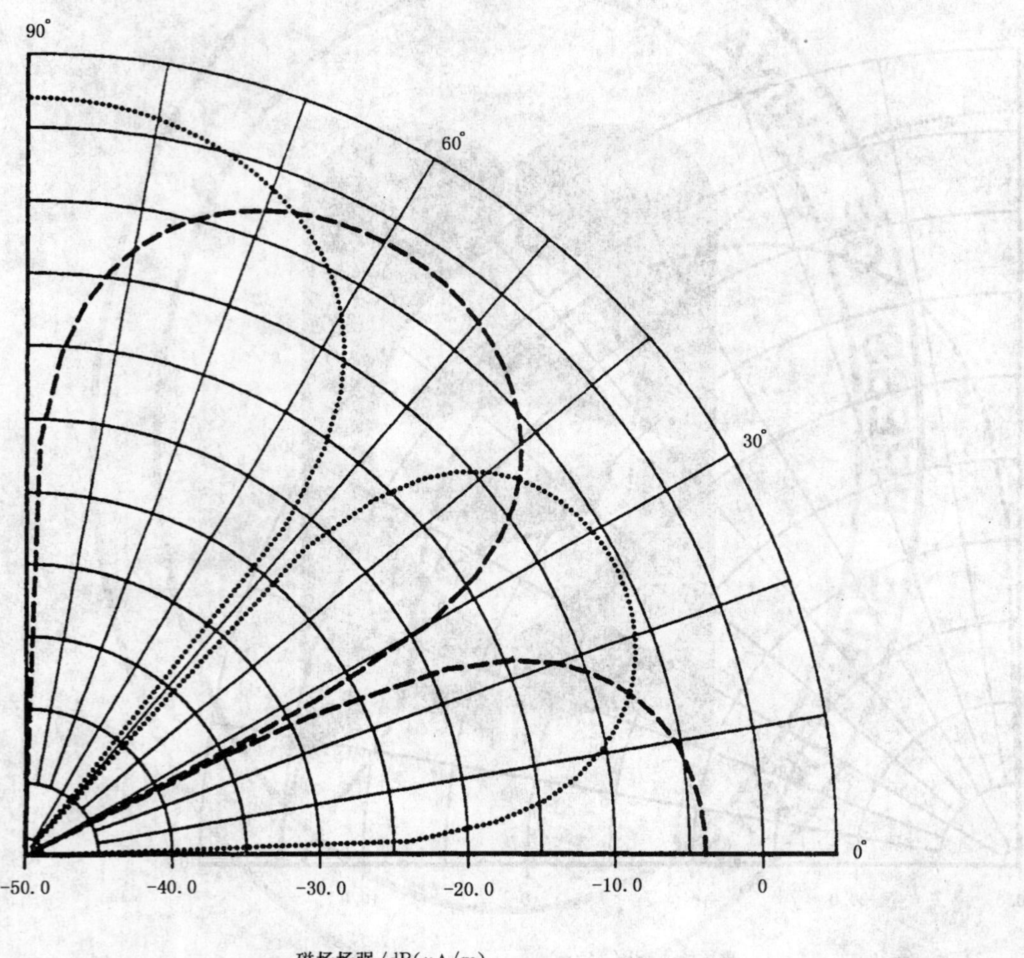

环面积为 3 m×3 m,环离地高度为 1 m, 偶极矩为 1 A·m²

理想导电地面,

虚线曲线——扫描距离为 30 m 处的磁场水平分量 H_x;

点线曲线——扫描距离为 30 m 处的磁场垂直分量 H_z。

图 4.6-40 近地垂直电小磁偶极子(水平环)辐射磁场的垂直极面方向性图

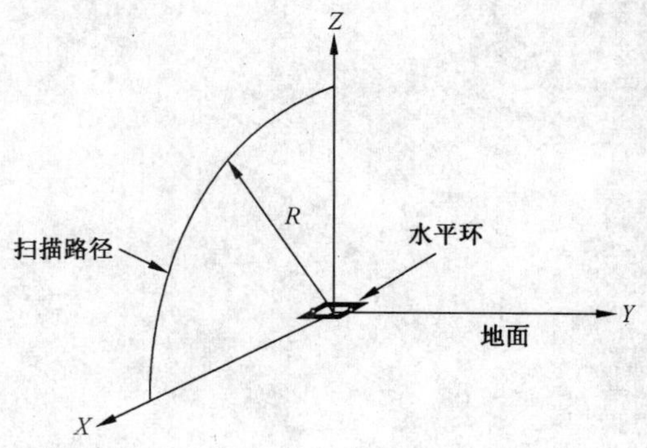

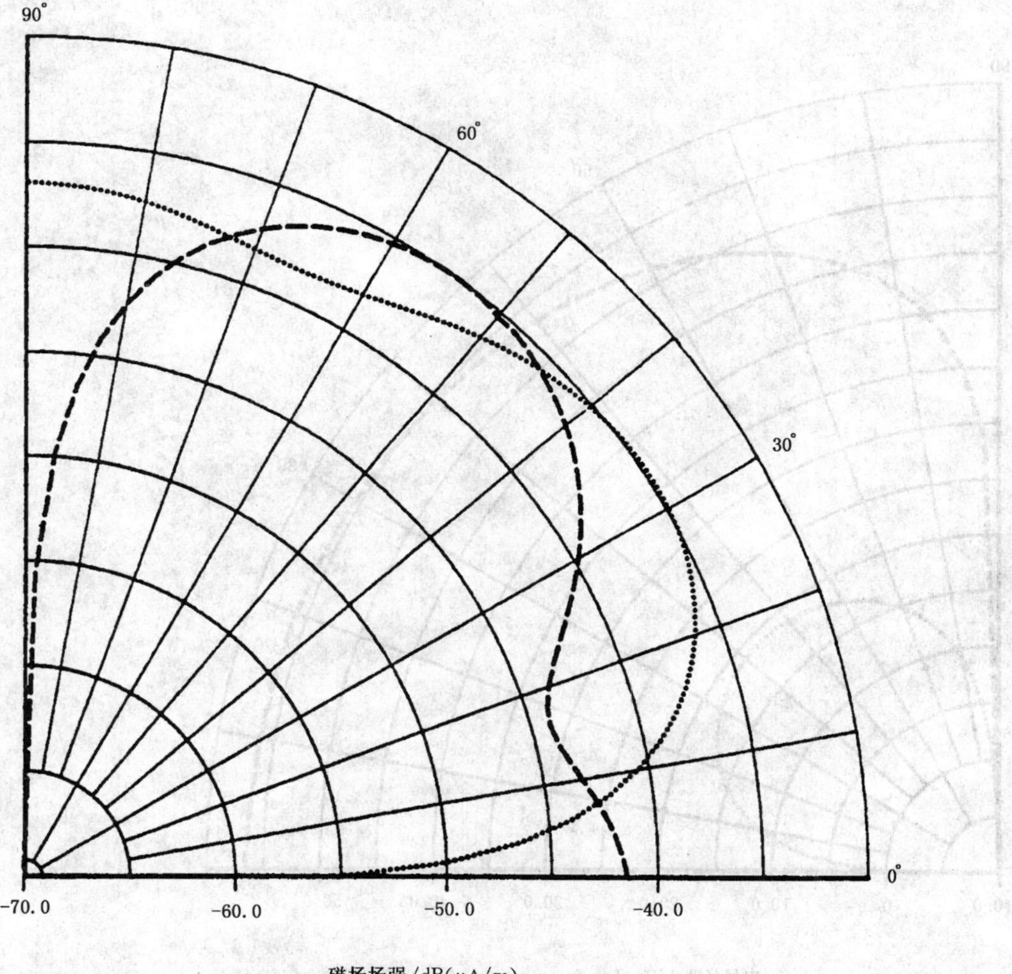

环面积为 3 m×3 m,环离地高度为 1 m,偶极矩为 1 A·m²

大地的电气常数:σ=1 mS/m,ε_r=15,

虚线曲线——扫描距离为 300 m 处的磁场水平分量 H_x;

点线曲线——扫描距离为 300 m 处的磁场垂直分量 H_z。

图 4.6-41 近地垂直电小磁偶极子(水平环)辐射磁场的垂直极面方向性图

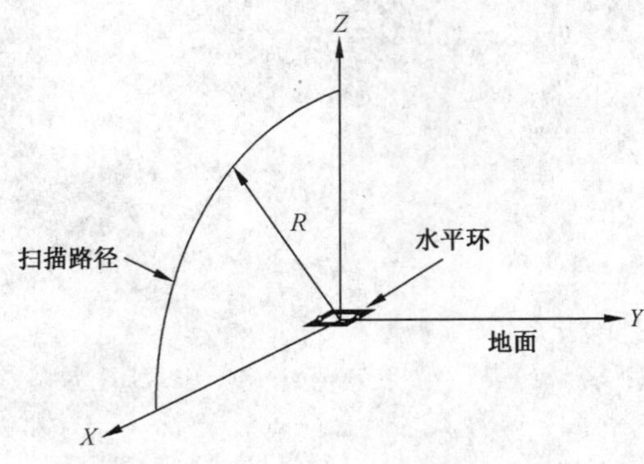

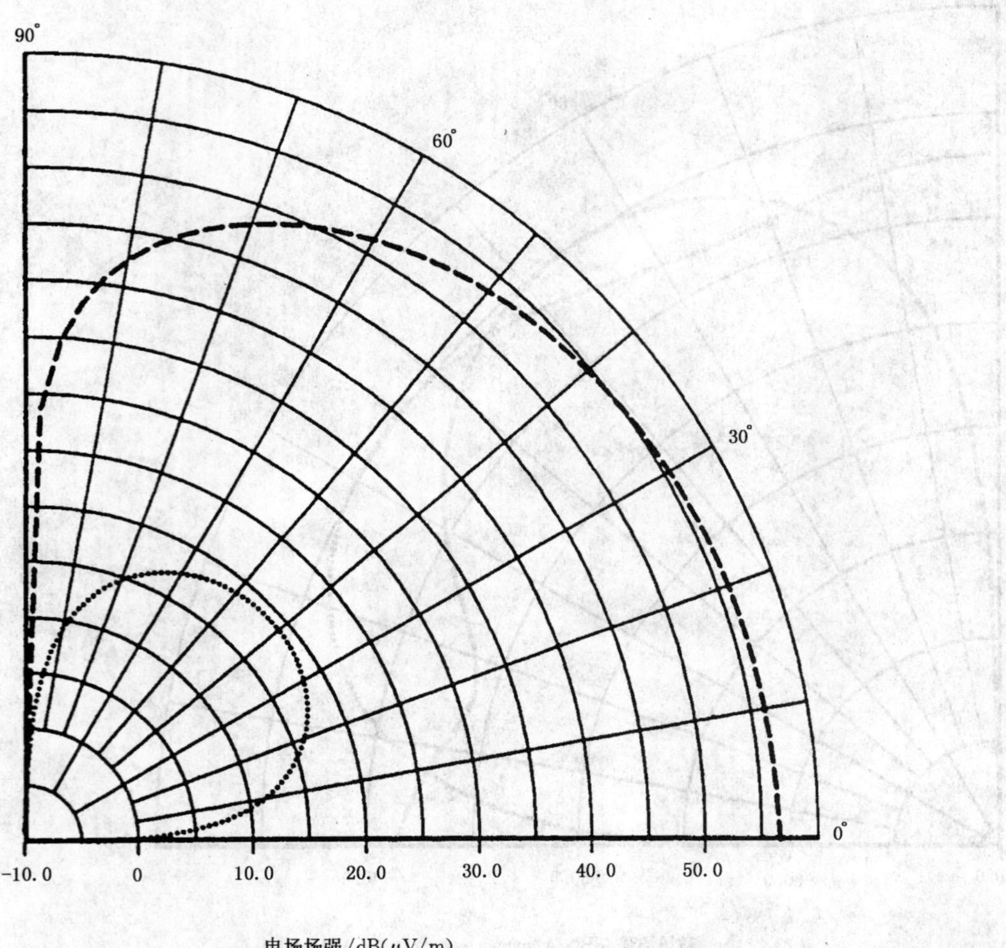

环面积为 3 m×3 m,环离地高度为 1 m,偶极矩为 1 A·m^2

大地的电气常数:σ=1 mS/m,ϵ_r=15,

虚线曲线——扫描距离为 30 m 处的电场水平分量 E_Y;

点线曲线——扫描距离为 300 m 处的电场水平分量 E_Y。

图 4.6-42　近地垂直电小磁偶极子(水平环)辐射电场的垂直极面方向性图

偶极子长度为 1 m，偶极子基座距地面 0.15 m，偶极矩为 1 A·m

大地的电气常数：σ=1 mS/m，ε_r=15，

虚线曲线——扫描距离为 30 m 处的磁场水平分量 H_y；

点线曲线——扫描距离为 300 m 处的磁场水平分量 H_y。

理想导电地面，

点划线曲线——扫描距离为 30 m 处的磁场水平分量 H_y。

图 4.6-43 近地垂直电小电偶极子辐射磁场水平分量的垂直极面方向性图

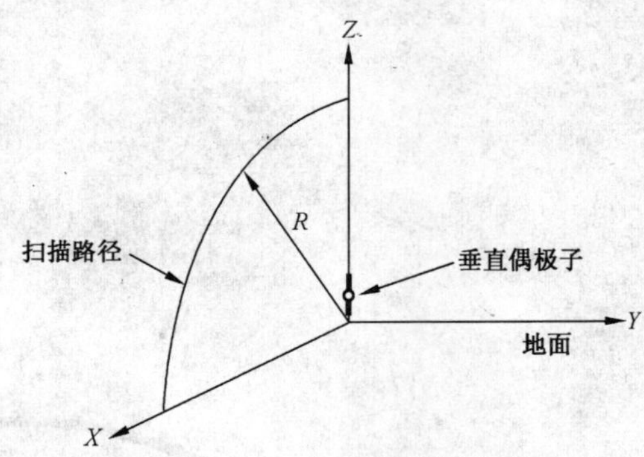

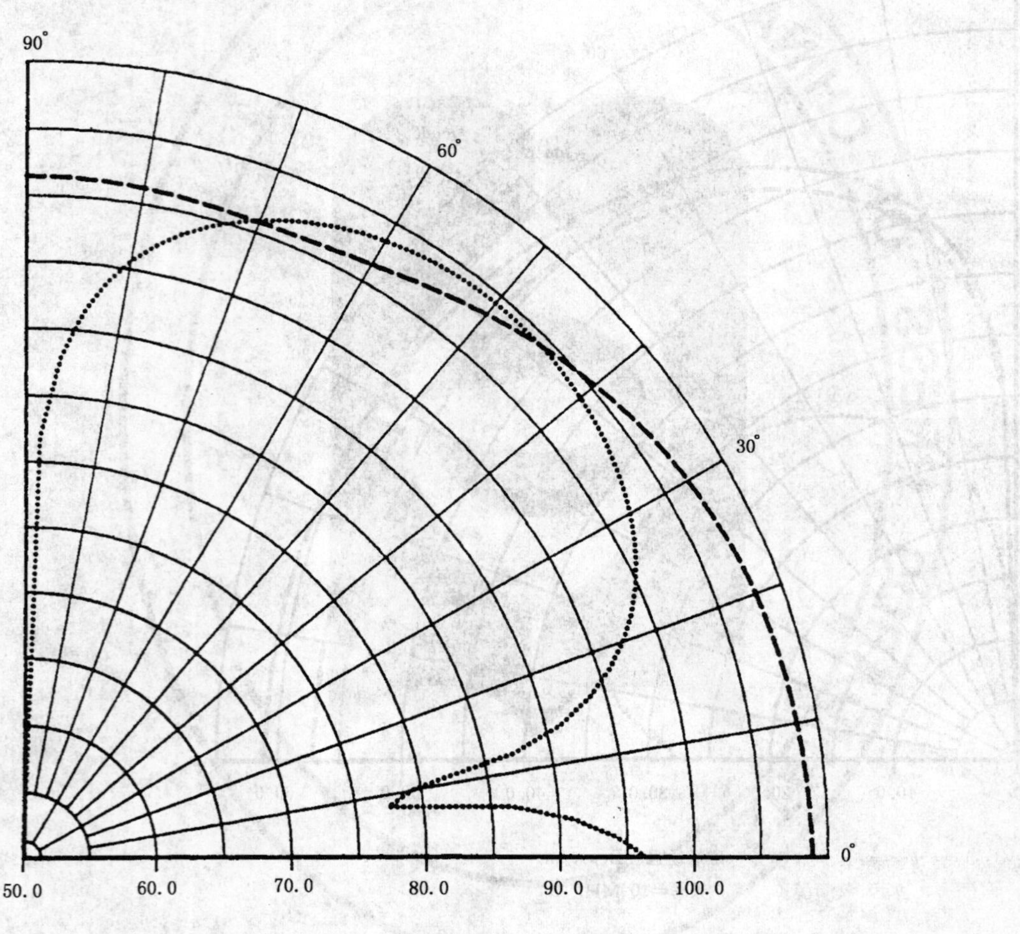

电场场强/dB(μV/m)

频率=10 MHz

偶极子长度为 1 m,偶极子基座距地面 0.15 m,偶极矩为 1 A·m

大地的电气常数:σ=1 mS/m,ε_r=15,

点线曲线——扫描距离为 30 m 处的电场水平分量 E_X;

虚线曲线——扫描距离为 30 m 处的电场垂直分量 E_Z。

图 4.6-44 近地垂直电小电偶极子辐射电场的垂直极面方向性图

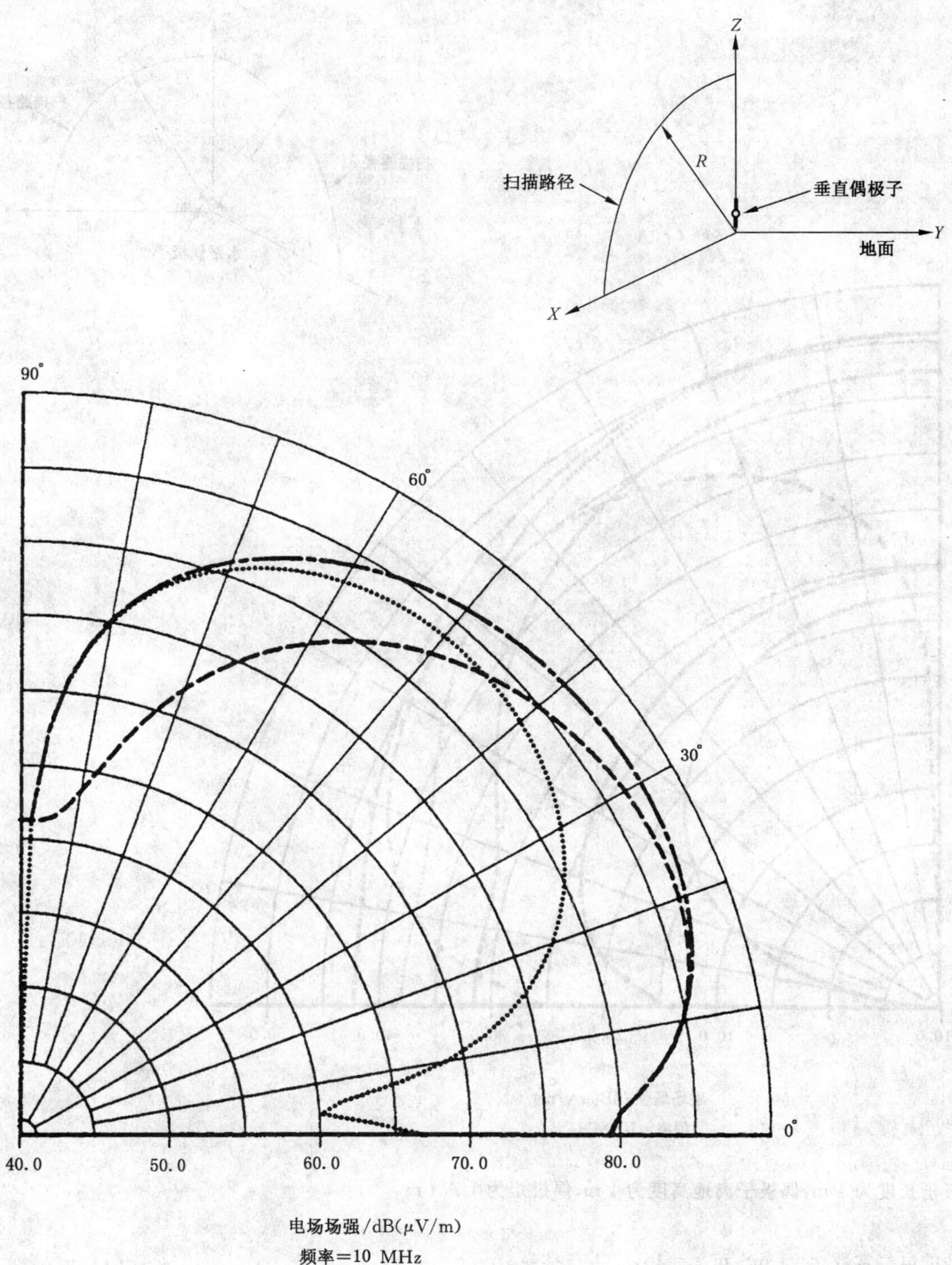

电场场强/dB(μV/m)

频率=10 MHz

偶极子长度为 1 m,偶极子基座距地面 0.15 m,偶极矩为 1 A·m

大地的电气常数:$\sigma=1$ mS/m,$\varepsilon_r=15$,

虚线曲线——扫描距离为 300 m 处的电场垂直分量 E_Z;

点线曲线——扫描距离为 300 m 处的电场水平分量 E_X;

点划线曲线——扫描距离为 300 m 处垂直极化电场的水平分量 E_X 与垂直分量 E_Z 的矢量/相位和。

图 4.6-45 近地垂直电小电偶极子辐射电场的垂直极面方向性图

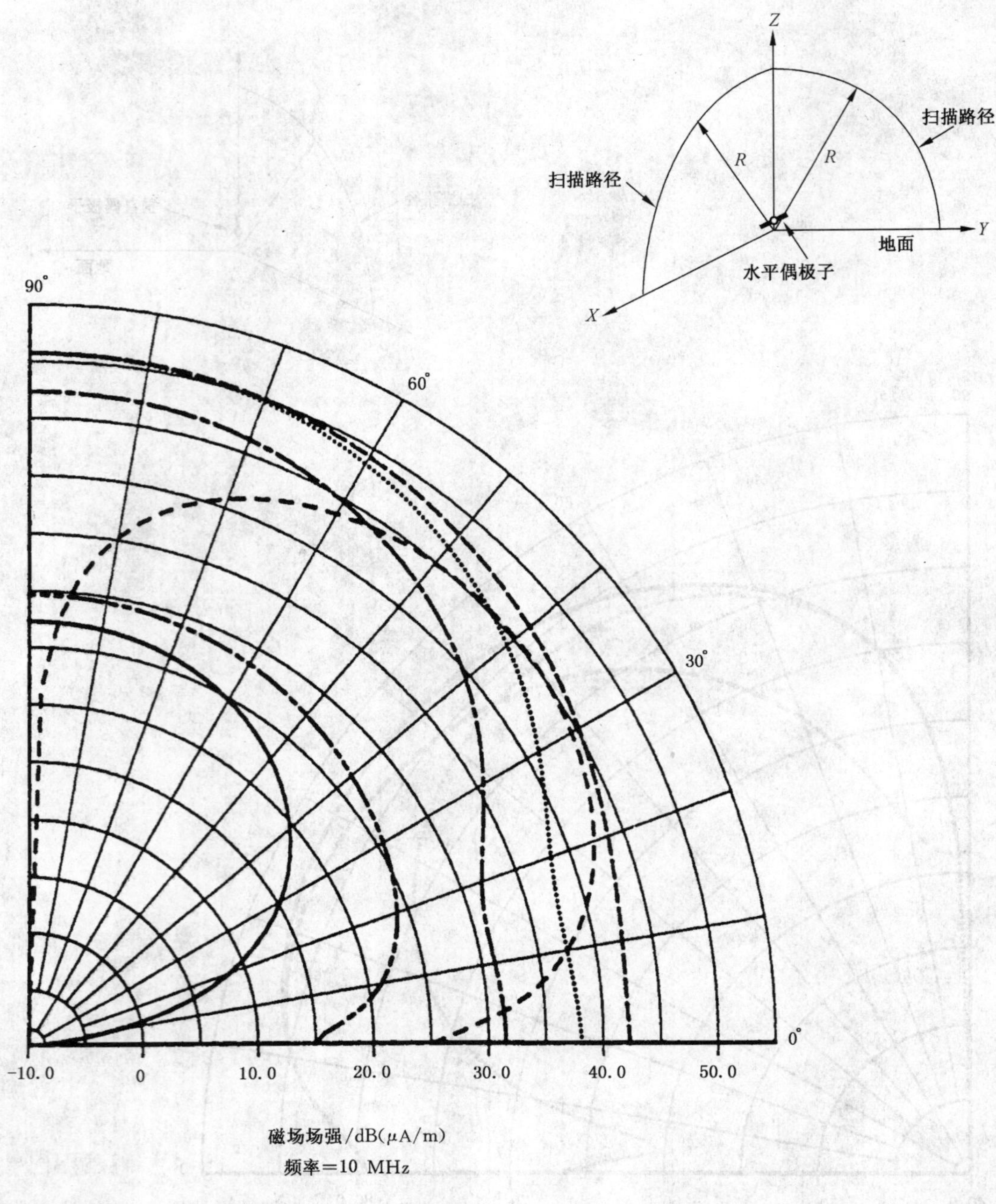

偶极子长度为 1 m,偶极子离地高度为 1 m,偶极矩为 1 A·m

大地的电气常数:$\sigma=1$ mS/m,$\varepsilon_r=15$,

长虚线曲线——Z-X 面内扫描距离为 30 m 处的磁场水平分量 H_y;

短虚线曲线——Y-Z 面内扫描距离为 30 m 处的磁场垂直分量 H_z;

点线曲线——Y-Z 面内扫描距离为 30 m 处的磁场水平分量 H_y;

双点划线曲线——Z-X 面内扫描距离为 300 m 处的磁场水平分量 H_y。

理想导电地面,

点划线曲线——Z-X 面内扫描距离为 30 m 处的磁场水平分量 H_y;

实线曲线——Z-X 面内扫描距离为 300 m 处的磁场水平分量 H_y。

图 4.6-46　近地水平电小电偶极子辐射磁场的垂直极面方向性图

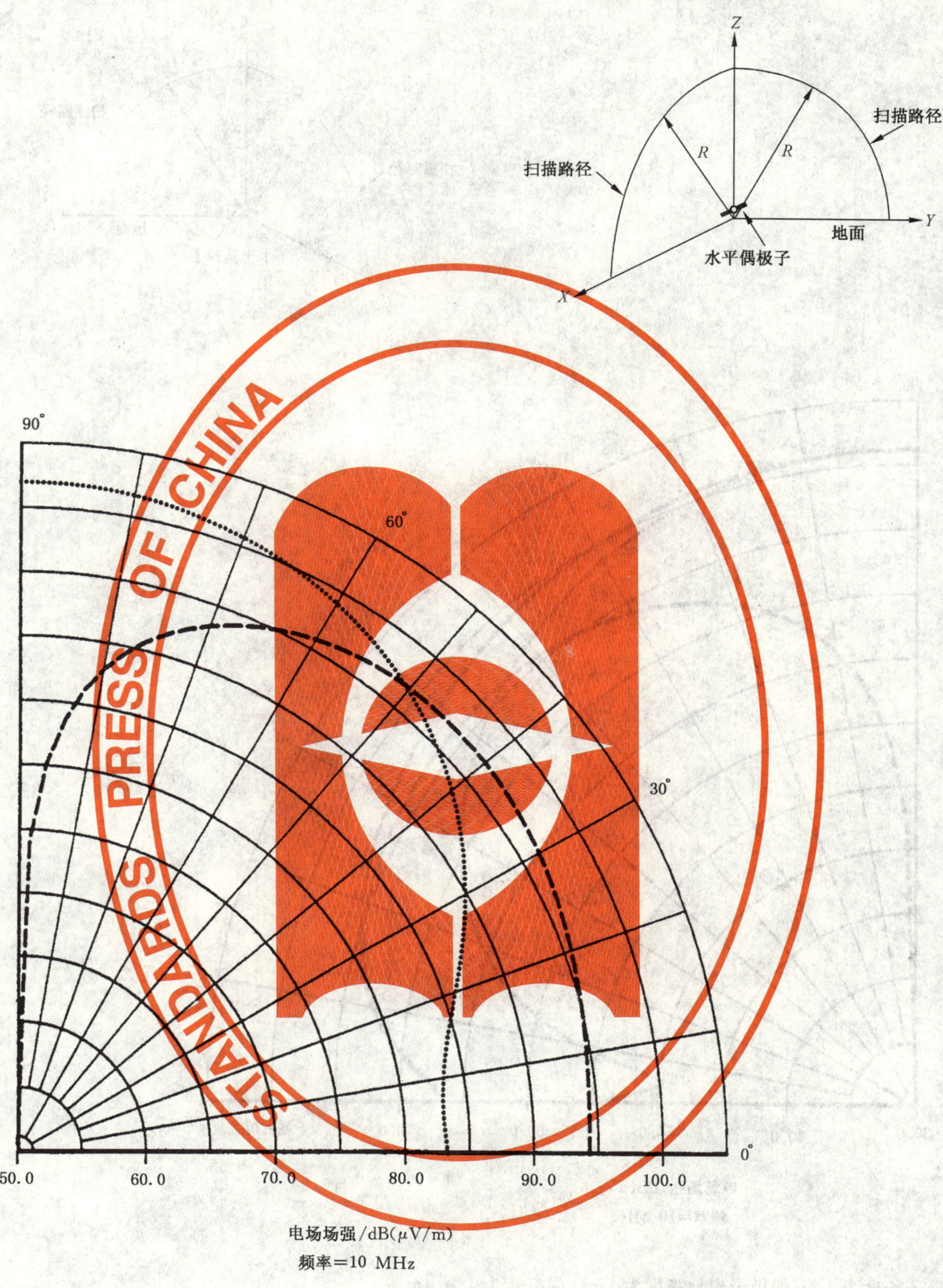

电场场强/dB(μV/m)

频率=10 MHz

偶极子长度为 1 m,偶极子离地高度为 1 m,偶极矩为 1 A·m

大地的电气常数:σ=1 mS/m,ε_r=15,

虚线曲线——Z-X 面内扫描距离为 30 m 处的电场垂直分量 E_Z;

点线曲线——Z-X 面内扫描距离为 30 m 处的电场水平分量 E_X。

图 4.6-47 近地水平电小电偶极子辐射电场的垂直极面方向性图

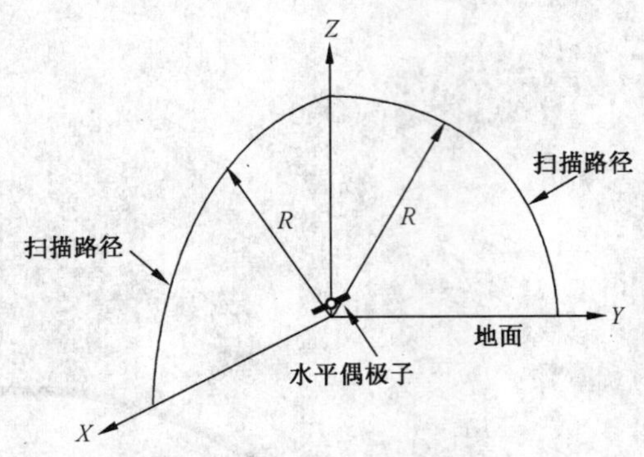

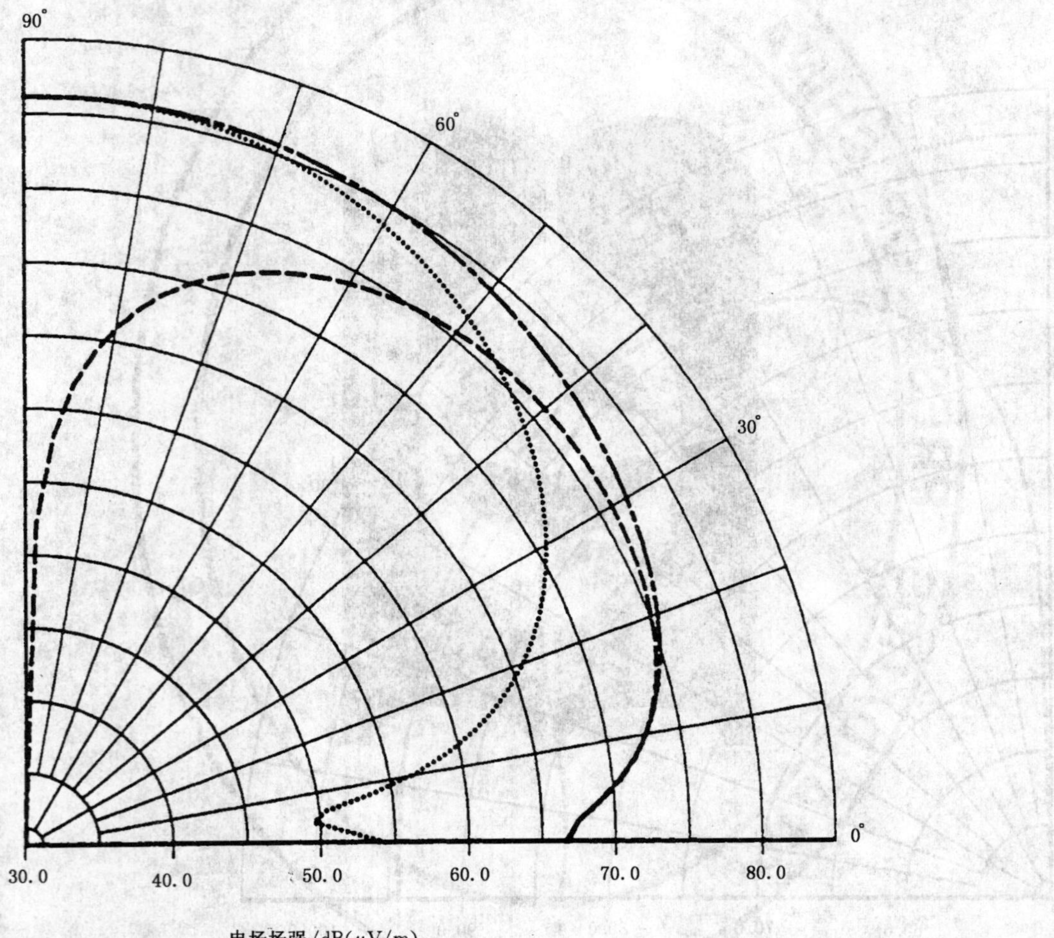

电场场强/dB(μV/m)

频率=10 MHz

偶极子长度为 1 m,偶极子离地高度为 1 m, 偶极矩为 1 A·m

大地的电气常数:σ=1 mS/m,ε_r=15,

虚线曲线——Z-X 面内扫描距离为 300 m 处的电场垂直分量 E_Z;

点线曲线——Z-X 面内扫描距离为 300 m 处的电场水平分量 E_X;

点划线曲线——Z-X 面内扫描距离为 300 m 处的垂直极化电场的水平分量 E_X 和垂直分量 E_Z 的矢量/相位和。

图 4.6-48 近地水平电小电偶极子辐射电场的垂直极面方向性图

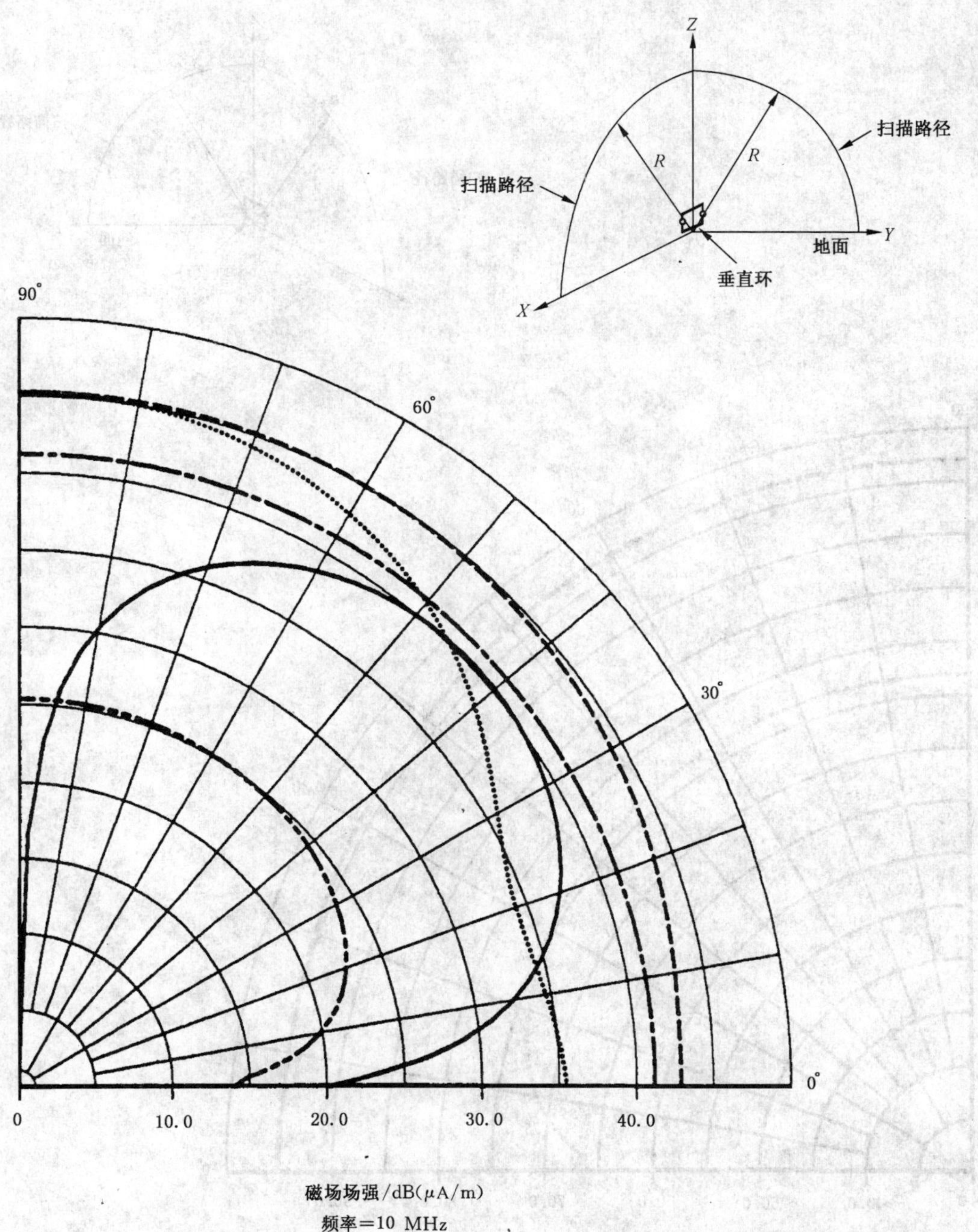

环面积为 0.6 m×0.6 m,环基座离地高度为 0.07 m,偶极矩为 1 A·m²

大地的电气常数:σ=1 mS/m,ε_r=15,

虚线曲线——Z-X 面内扫描距离为 30 m 处的磁场水平分量 H_y;

点线曲线——Y-Z 面内扫描距离为 30 m 处的磁场水平分量 H_y;

实线曲线——Y-Z 面内扫描距离为 30 m 处的磁场垂直分量 H_z;

双点划线曲线——Z-X 面内扫描距离为 300 m 处的磁场水平分量 H_y;

理想导电地面,

双点划线曲线——Z-X 面内扫描距离为 30 m 处的磁场水平分量 H_y。

图 4.6-49 近地水平电小磁偶极子(垂直环)辐射磁场的垂直极面方向性图

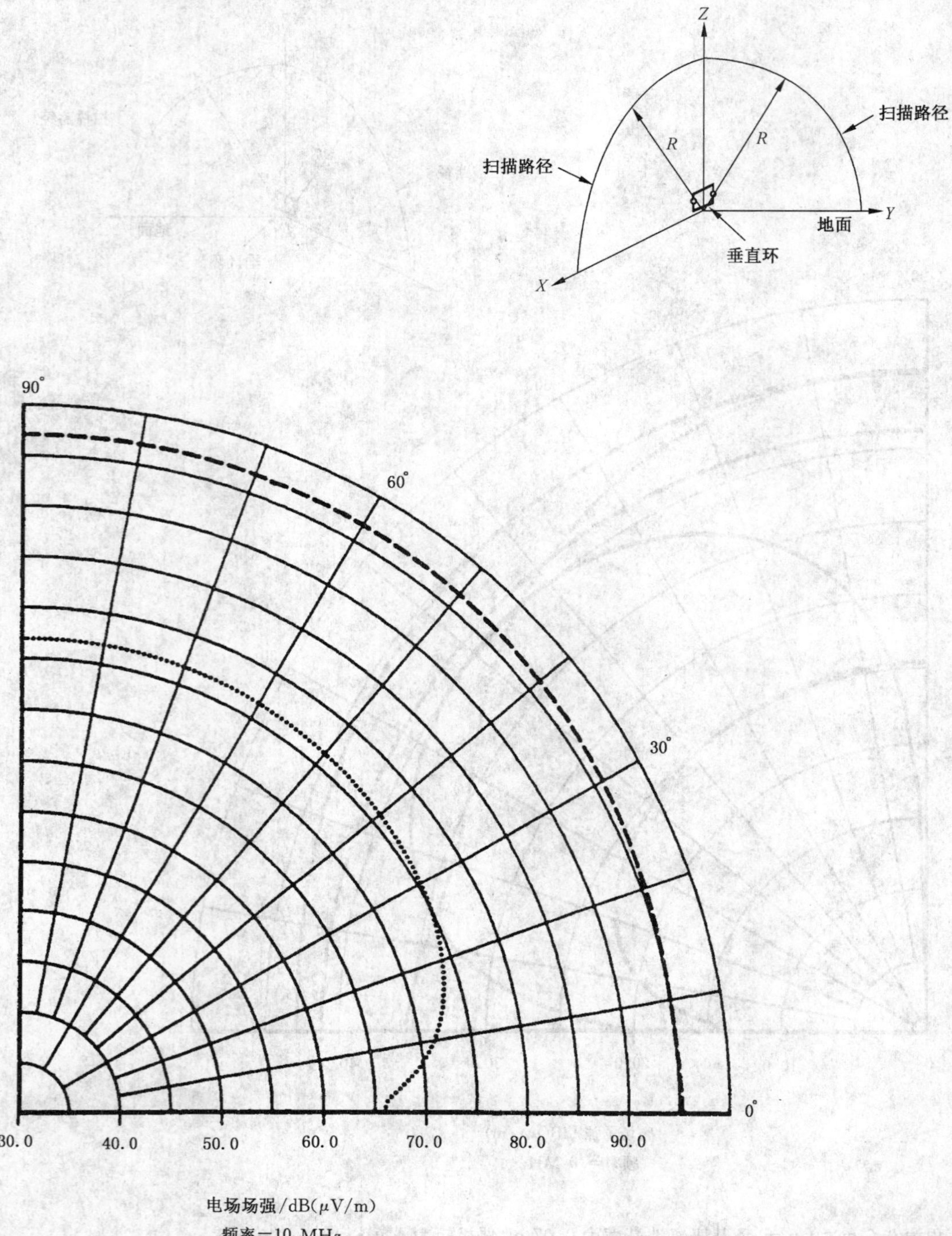

电场场强/dB(μV/m)

频率=10 MHz

环面积为 0.6 m×0.6 m，环基座离地高度为 0.07 m，偶极矩为 1 A·m²

大地的电气常数：σ=1 mS/m，ε_r=15，

虚线曲线——Z-X 面内扫描距离为 30 m 处垂直极化电场的水平分量 E_X 与垂直分量 E_Z 的矢量/相位和；

点线曲线——Z-X 面内扫描距离为 300 m 处垂直极化电场的水平分量 E_X 与垂直分量 E_Z 的矢量/相位和。

图 4.6-50 近地水平电小磁偶极子(垂直环)辐射的垂直极化电场的垂直极面方向性图

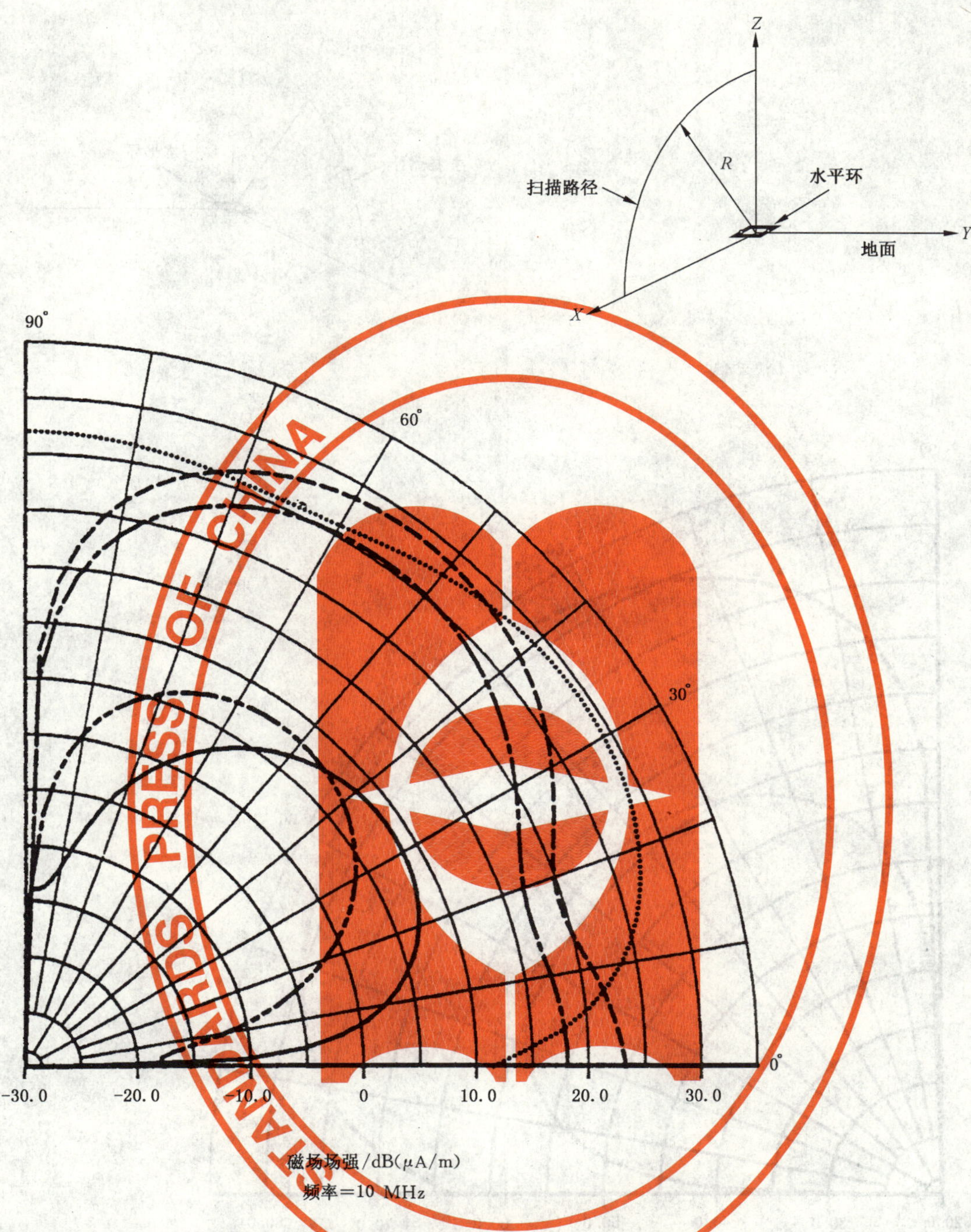

环面积为 0.2 m×0.2 m,环基座离地高度为 1 m，偶极矩为 1 A·m²

大地的电气常数：σ=1 mS/m,ε_r=15，

虚线曲线——扫描距离为 30 m 处的磁场水平分量 H_x；

点线曲线——扫描距离为 30 m 处的磁场垂直分量 H_z；

双点划线曲线——扫描距离为 300 m 处的磁场水平分量 H_x；

实线曲线——扫描距离为 300 m 处的磁场垂直分量 H_z；

理想导电地面，

双点划线曲线——扫描距离为 30 m 处的磁场水平分量 H_x。

图 4.6-51　近地垂直电小磁偶极子(水平环)辐射磁场的垂直极面方向性图

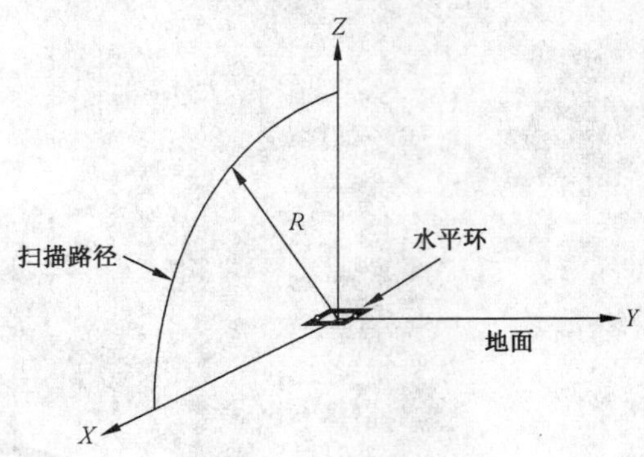

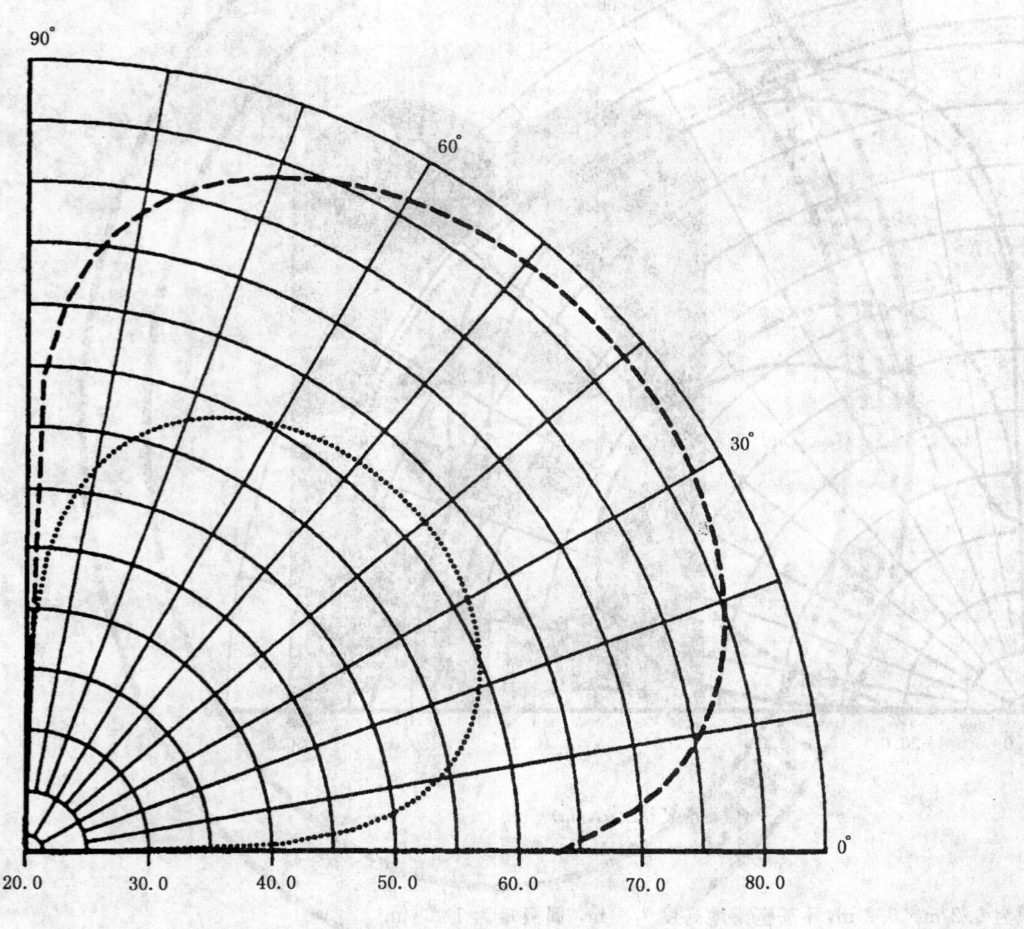

电场场强/dB(μV/m)
频率=10 MHz

环面积为 0.2 m×0.2 m，环离地高度为 1 m，偶极矩为 1 A·m²

大地的电气常数：σ=1 mS/m，ε_r=15，
虚线曲线——扫描距离为 30 m 处的电场水平分量 E_Y；
点线曲线——扫描距离为 300 m 处的电场水平分量 E_Y。

图 4.6-52　近地垂直电小磁偶极子(水平环)辐射电场的垂直极面方向性图

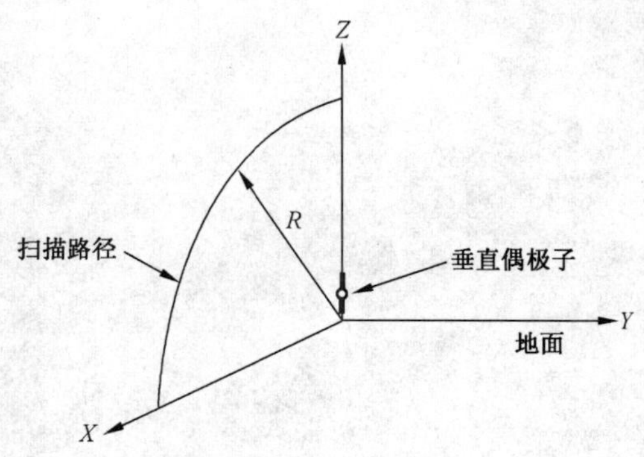

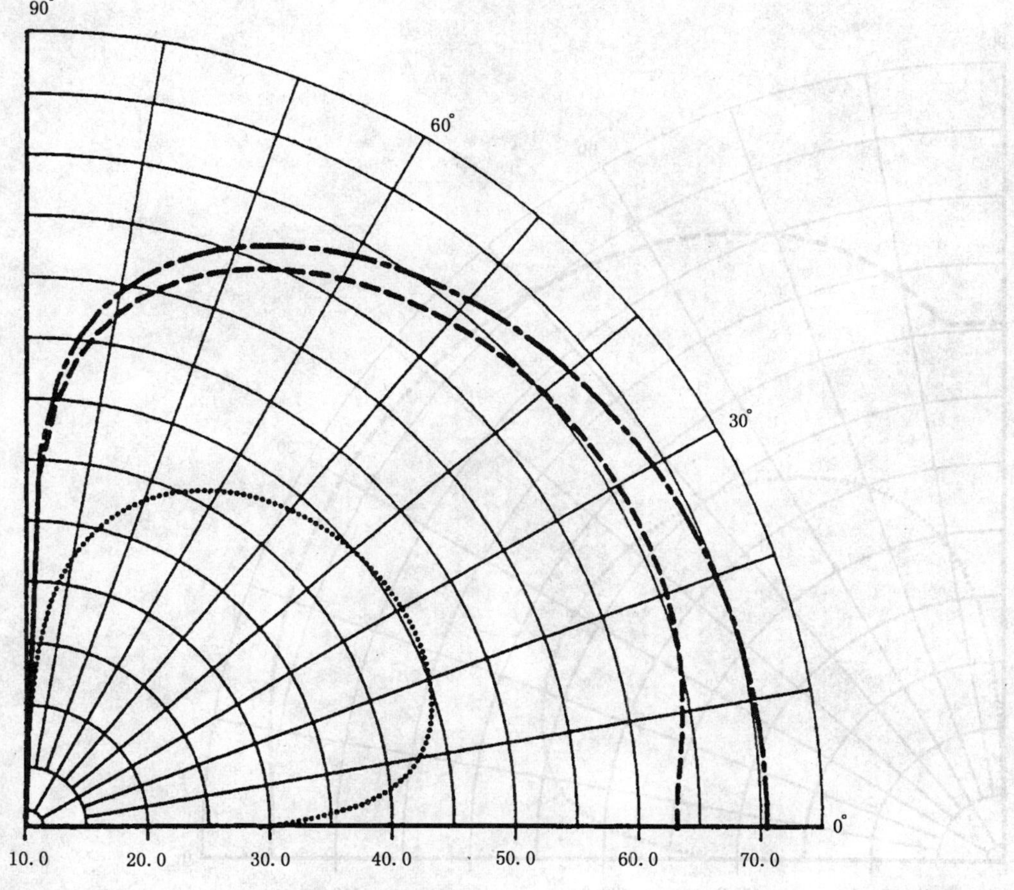

磁场场强/dB(μA/m)

频率=30 MHz

偶极子长度为 1 m,偶极子离地高度为 0.15 m,偶极矩为 1 A·m

大地的电气常数:σ=1 mS/m,ε_r=15,

虚线曲线——扫描距离为 30 m 处的磁场水平分量 H_y;

点线曲线——扫描距离为 300 m 处的磁场水平分量 H_y。

理想导电地面,

点划线曲线——扫描距离为 30 m 处的磁场水平分量 H_y。

图 4.6-53 近地垂直电小电偶极子辐射磁场水平分量的垂直极面方向性图

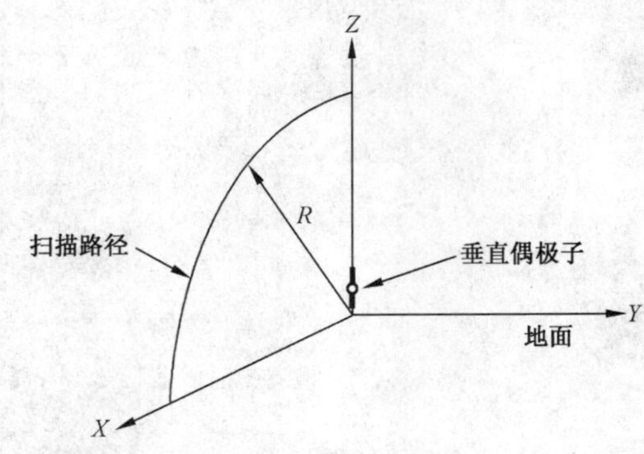

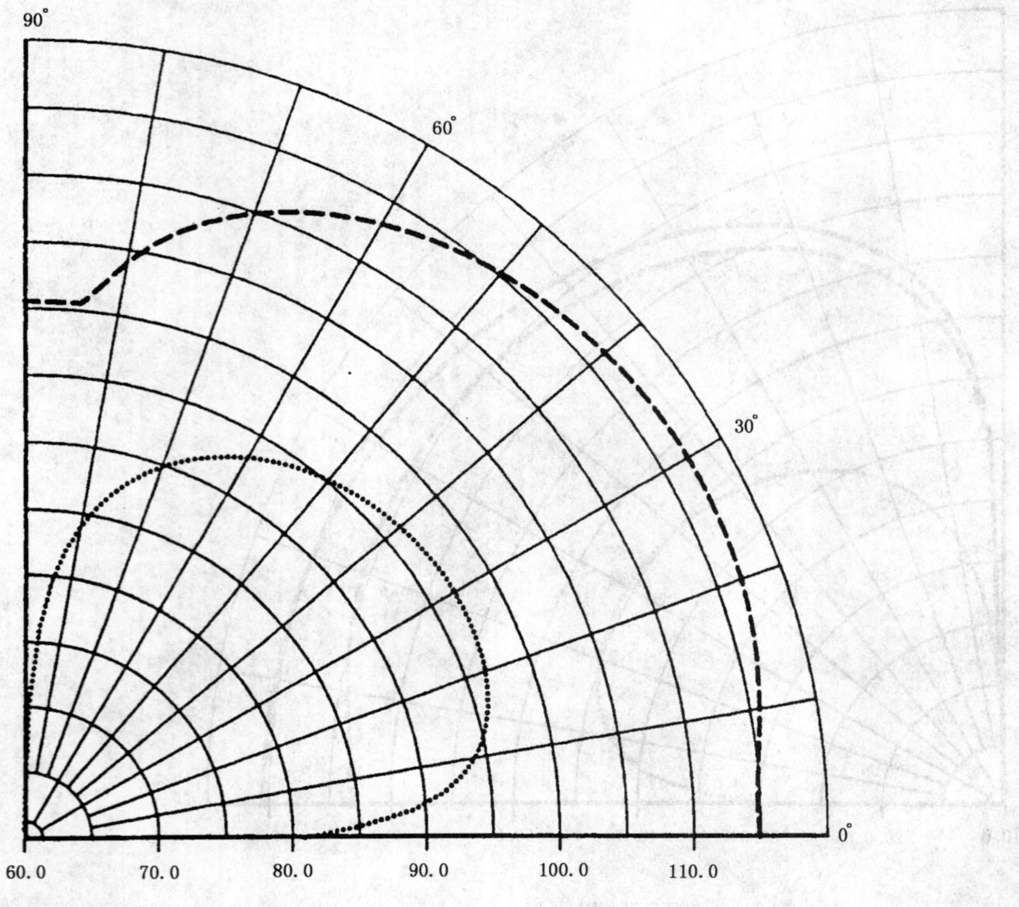

磁场场强/dB(μA/m)

频率＝30 MHz

偶极子长度为 1 m,偶极子离地高度为 0.15 m，偶极矩为 1 A·m

大地的电气常数：$\sigma=1$ mS/m,$\varepsilon_r=15$，

虚线曲线——Z-X 面内扫描距离为 30 m 处垂直极化电场的水平分量 E_X 与垂直分量 E_Z 的矢量/相位和；

点线曲线——Z-X 面内扫描距离为 300 m 处垂直极化电场的水平分量 E_X 与垂直分量 E_Z 的矢量/相位和。

图 4.6-54　近地垂直电小电偶极子辐射的垂直极化电场的垂直极面方向性图

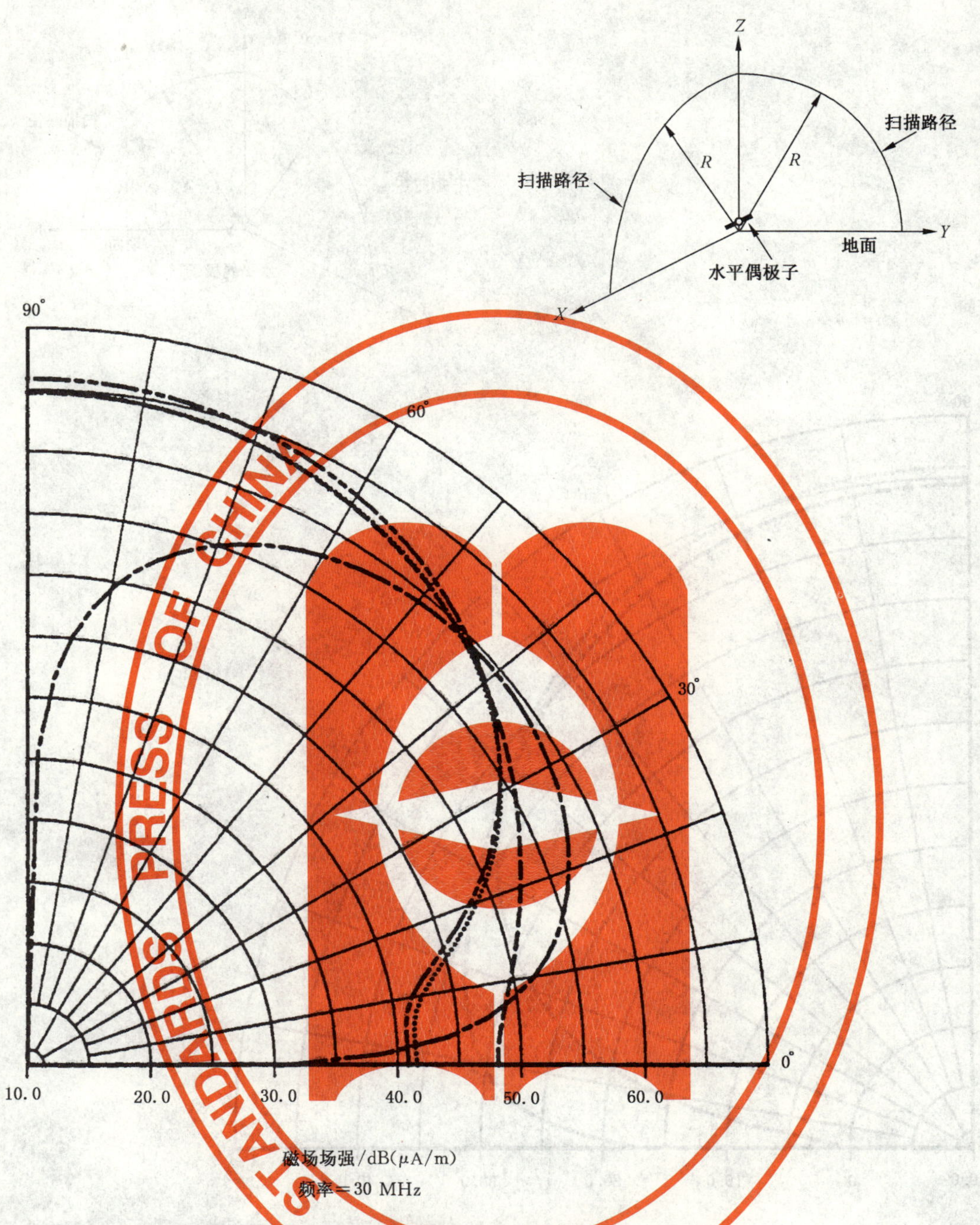

偶极子长度为 1 m,偶极子离地高度为 1 m，偶极矩为 1 A・m

大地的电气常数:σ=1 mS/m,ε_r=15,

虚线曲线——Z-X 面内扫描距离为 30 m 处的磁场水平分量 H_y；

点线曲线——Y-Z 面内扫描距离为 30 m 处的磁场水平分量 H_y；

点划线曲线——Y-Z 面内扫描距离为 30 m 处的磁场垂直分量 H_z。

理想导电地面，

双点划线曲线——Z-X 面内扫描距离为 30 m 处的磁场水平分量 H_y。

图 4.6-55　近地水平电小电偶极子辐射磁场的垂直极面方向性图

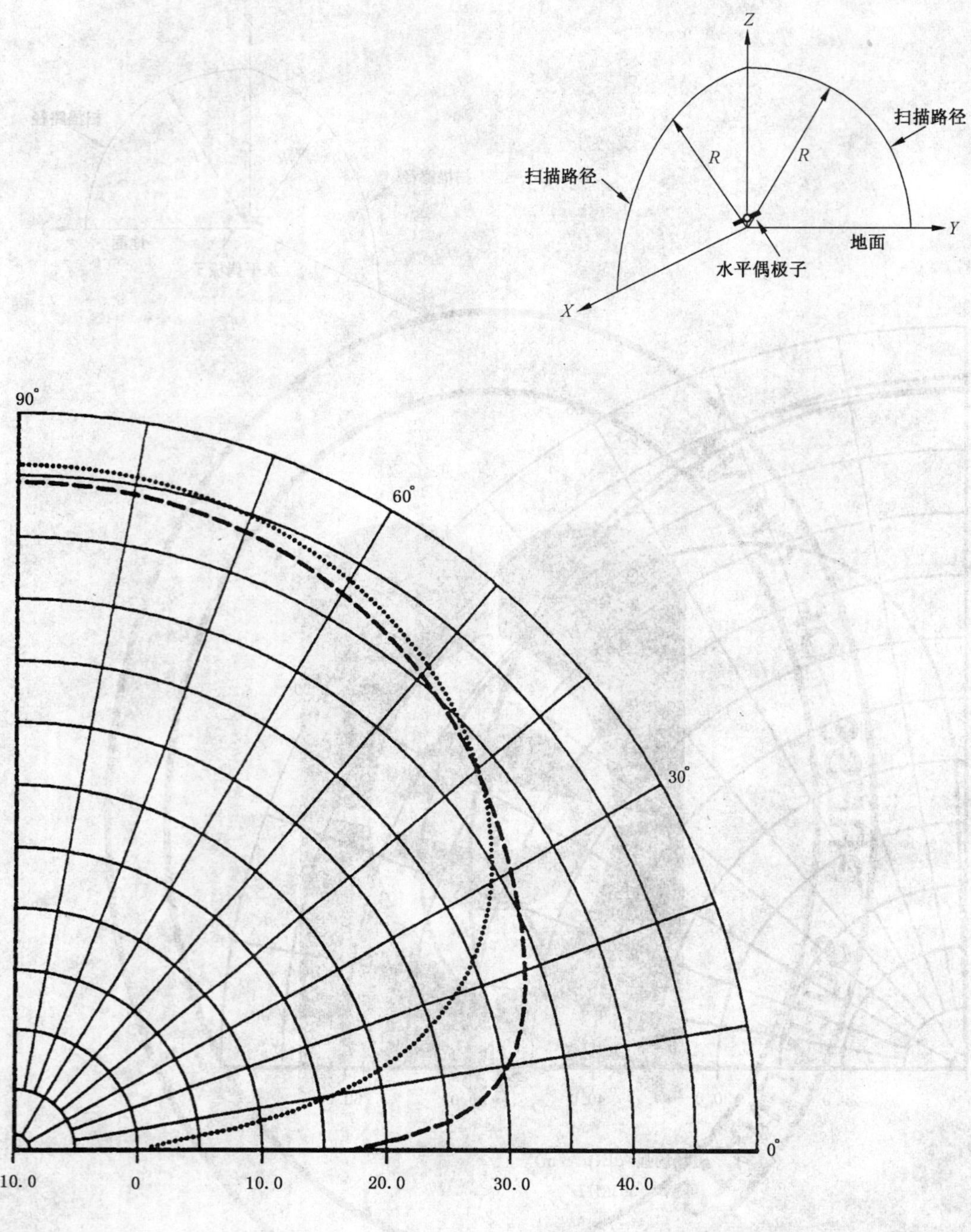

偶极子长度为 1 m,偶极子离地高度为 1 m, 偶极矩为 1 A·m

大地的电气常数:$\sigma=1\ \mathrm{mS/m}$,$\varepsilon_r=15$,
虚线曲线——Z-X 面内扫描距离为 300 m 处的磁场水平分量 H_y。

理想导电地面,
点线曲线——Z-X 面内扫描距离为 300 m 处的磁场水平分量 H_y。

图 4.6-56 近地水平电小电偶极子辐射磁场水平分量的垂直极面方向性图

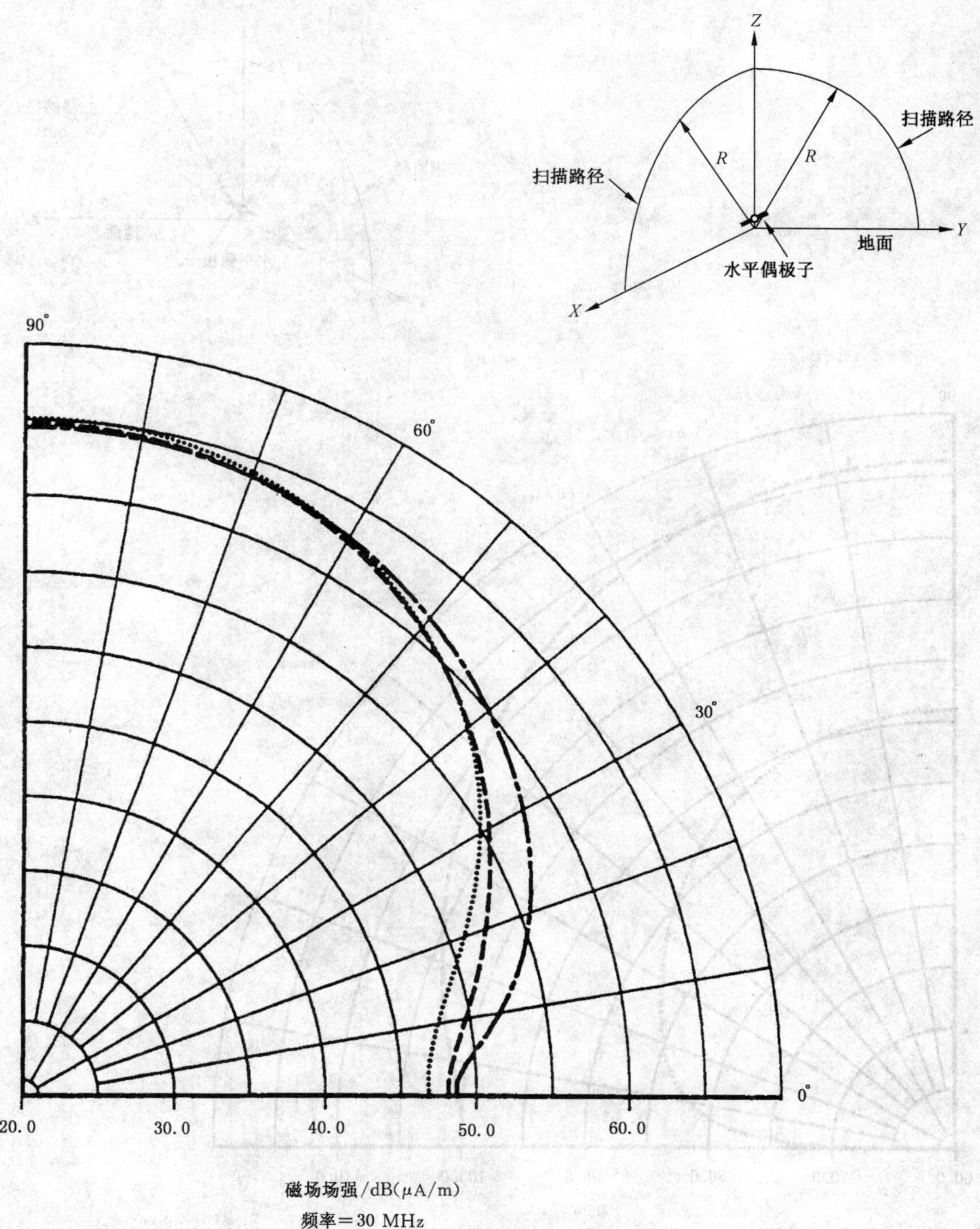

偶极子长度为 1 m，偶极子离地高度为 1 m，偶极矩为 1 A·m

Z-X 面内扫描距离为 30 m 处的磁场水平分量 H_y：

点划线曲线——大地的电气常数：$\sigma=0.1$ mS/m，$\varepsilon_r=3$；

虚线曲线——大地的电气常数：$\sigma=1$ mS/m，$\varepsilon_r=15$；

点线曲线——大地的电气常数：$\sigma=10$ mS/m，$\varepsilon_r=30$。

图 4.6-57　大地电气常数的取值变化对近地水平电小电偶极子辐射磁场水平分量的垂直极面方向性图的影响

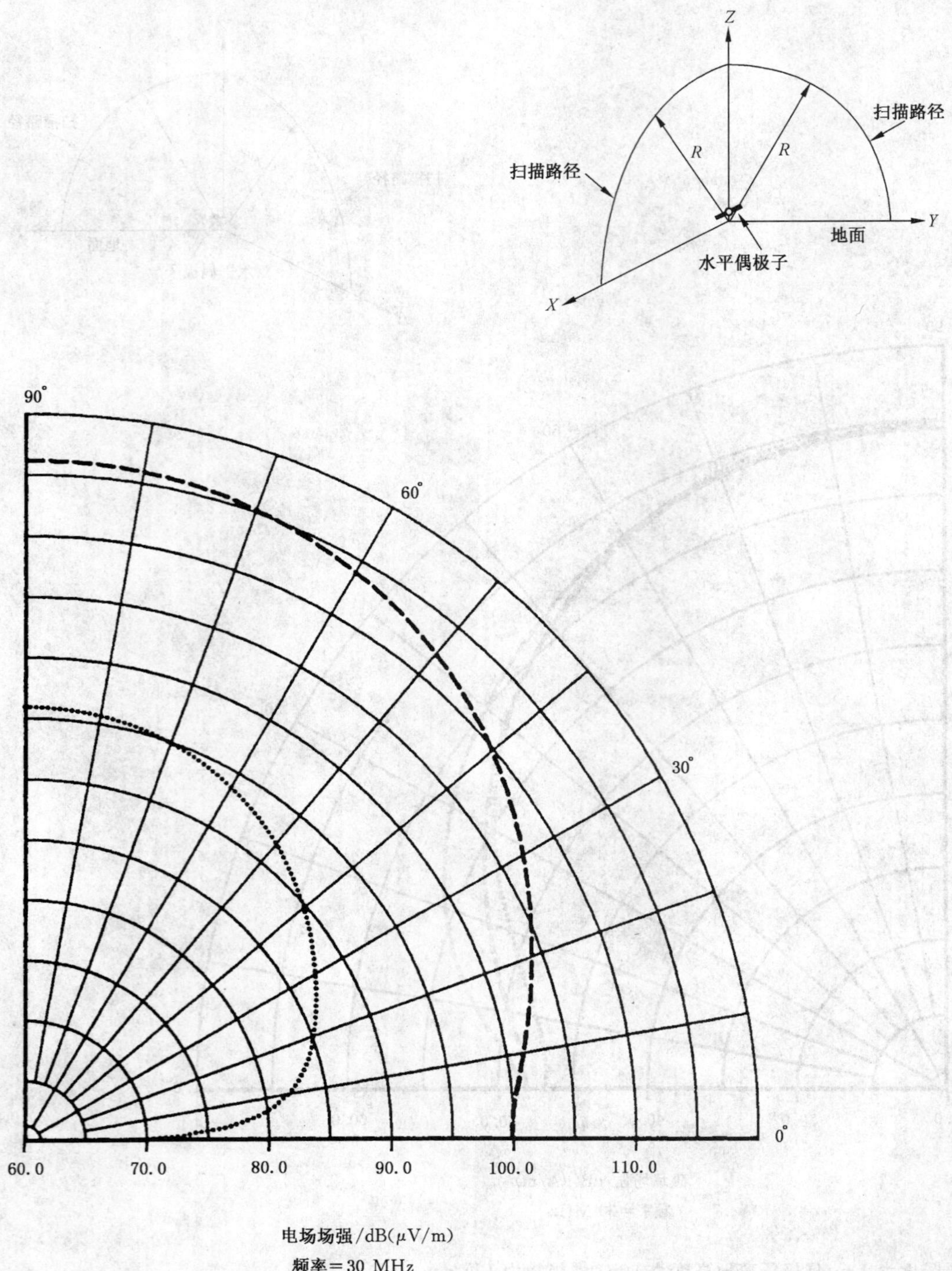

偶极子长度为 1 m,偶极子离地高度为 1 m,偶极矩为 1 A·m

大地的电气常数:σ=1 mS/m,ε_r=15,

虚线曲线——Z-X 面内扫描距离为 30 m 处垂直极化电场的水平分量 E_X 与垂直分量 E_Z 的矢量/相位和;

点线曲线——Z-X 面内扫描距离为 300 m 处垂直极化电场的水平分量 E_X 与垂直分量 E_Z 的矢量/相位和。

图 4.6-58 近地水平电小电偶极子辐射的垂直极化电场的垂直极面方向性图

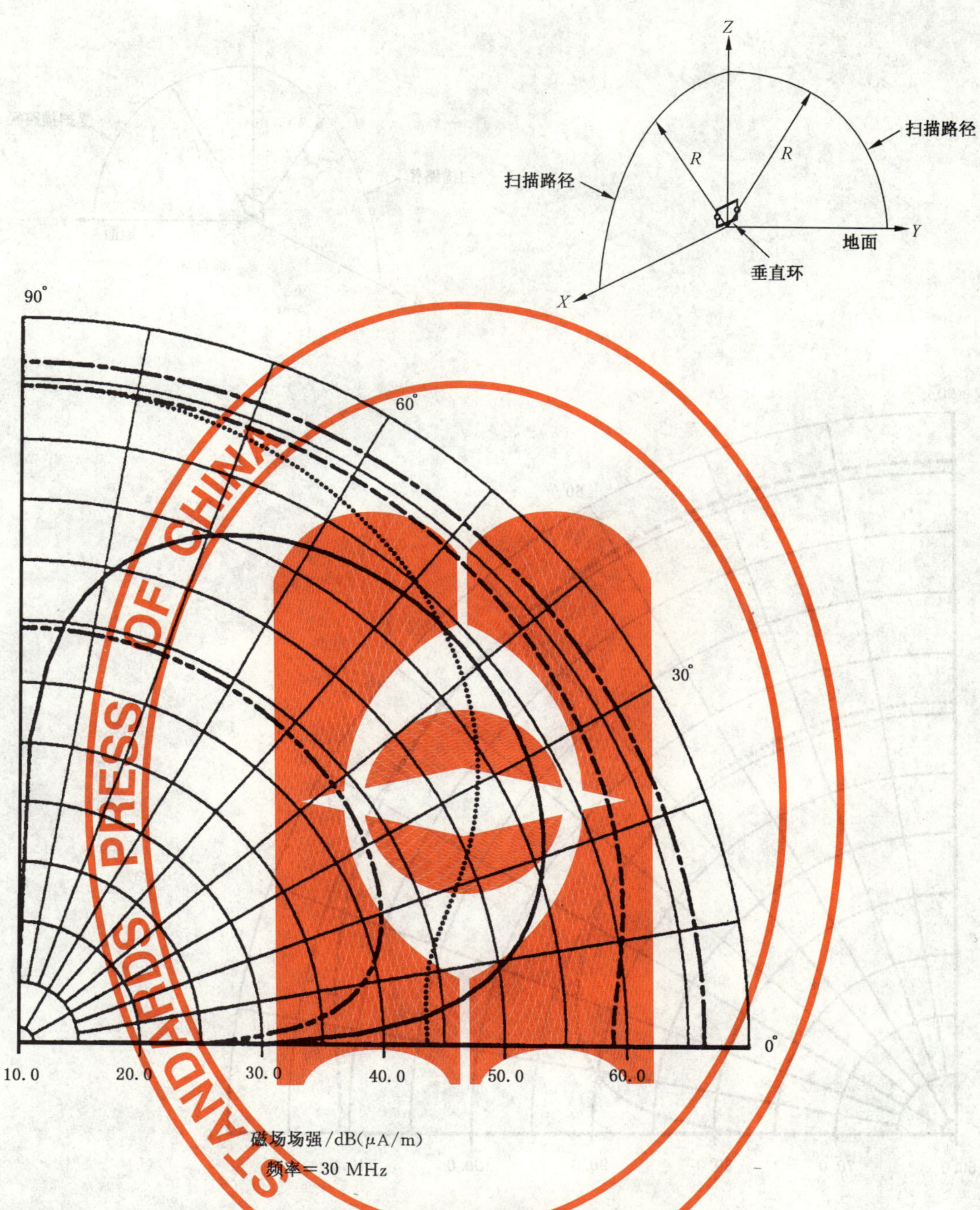

环面积为 0.1 m×0.1 m，环离地高度为 0.07 m，偶极矩为 1 A·m²

大地的电气常数：$\sigma=1$ mS/m，$\varepsilon_r=15$，

虚线曲线——Z-X 面内扫描距离为 30 m 处的磁场水平分量 H_y；

点线曲线——Y-Z 面内扫描距离为 30 m 处的磁场水平分量 H_y；

实线曲线——Y-Z 面内扫描距离为 30 m 处的磁场垂直分量 H_z；

双点划线曲线——Z-X 面内扫描距离为 300 m 处的磁场水平分量 H_y。

理想导电地面，

点划线曲线——Z-X 面内扫描距离为 30 m 处的磁场水平分量 H_y。

图 4.6-59　近地水平电小磁偶极子(垂直环)辐射磁场的垂直极面方向性图

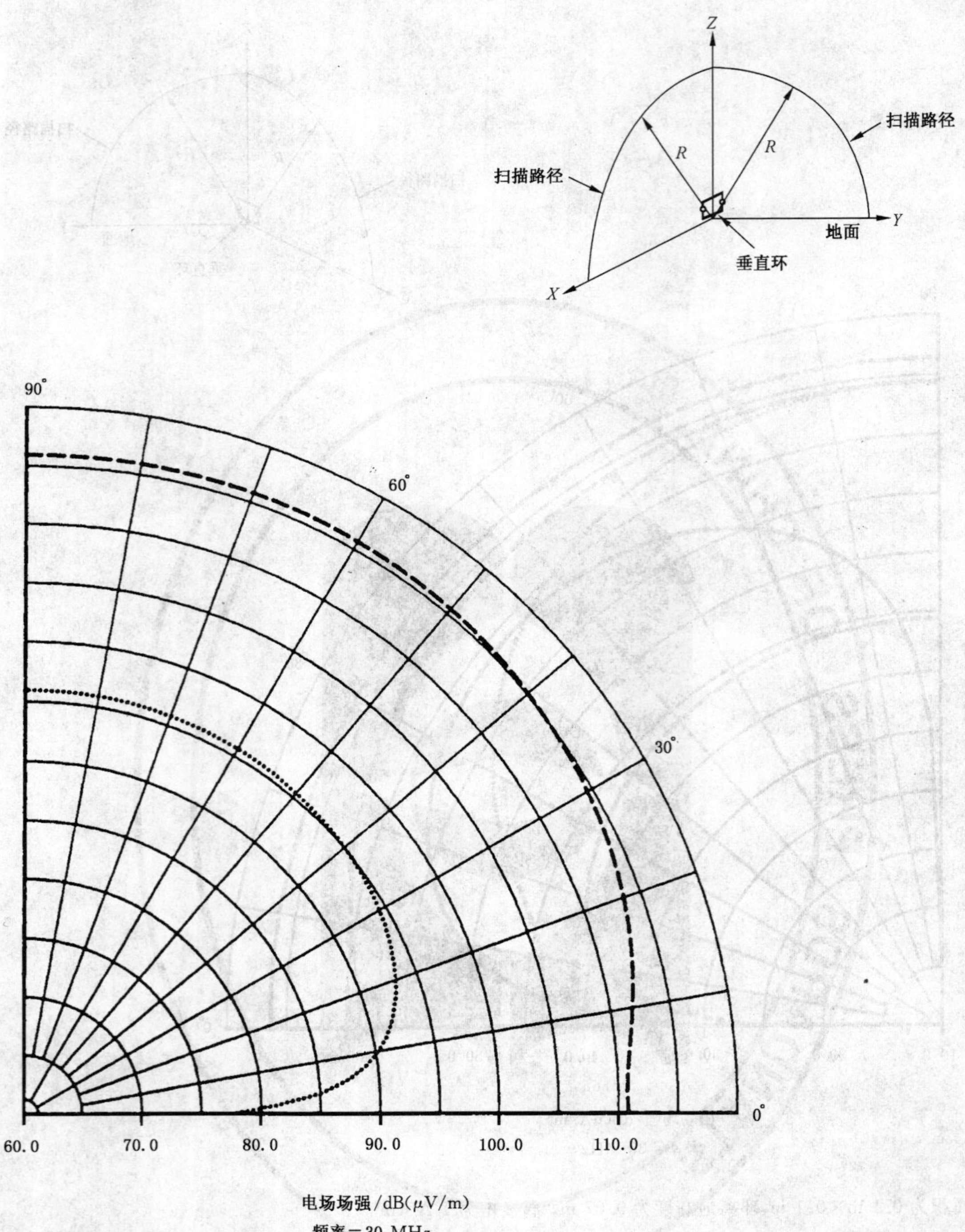

环面积为 0.1 m×0.1 m,环基座离地高度为 0.07 m,偶极矩为 1 A·m²

大地的电气常数:σ=1 mS/m,ε_r=15,

虚线曲线——Z-X 面内扫描距离为 30 m 处垂直极化电场的水平分量 E_X 与垂直分量 E_Z 的矢量/相位和;

点线曲线——Z-X 面内扫描距离为 300 m 处垂直极化电场的水平分量 E_X 与垂直分量 E_Z 的矢量/相位和。

图 4.6-60 近地水平电小磁偶极子(垂直环)辐射的垂直极化电场的垂直极面方向性图

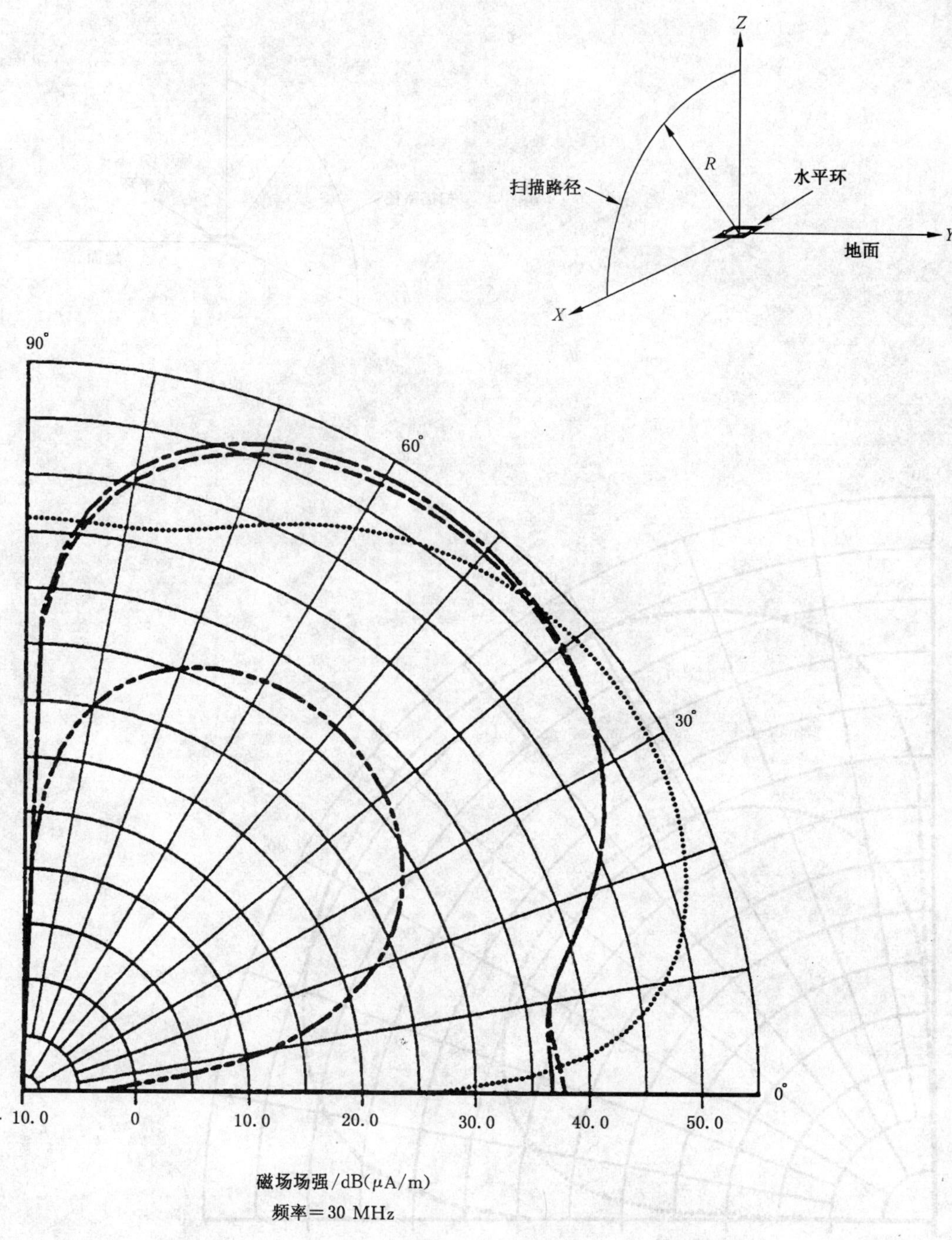

环面积为 0.1 m×0.1 m,环基座离地高度为 1 m,偶极矩为 1 A·m²

大地的电气常数:σ＝1 mS/m,ε_r＝15,

虚线曲线——扫描距离为 30 m 处的磁场水平分量 H_x;

点线曲线——扫描距离为 30 m 处的磁场水垂直分量 H_z;

双点划线曲线——扫描距离为 300 m 处的磁场水平分量 H_x。

理想导电地面,

点划线曲线——扫描距离为 30 m 处的磁场水平分量 H_x。

图 4.6-61　近地垂直电小磁偶极子(水平环)辐射磁场的垂直极面方向性图

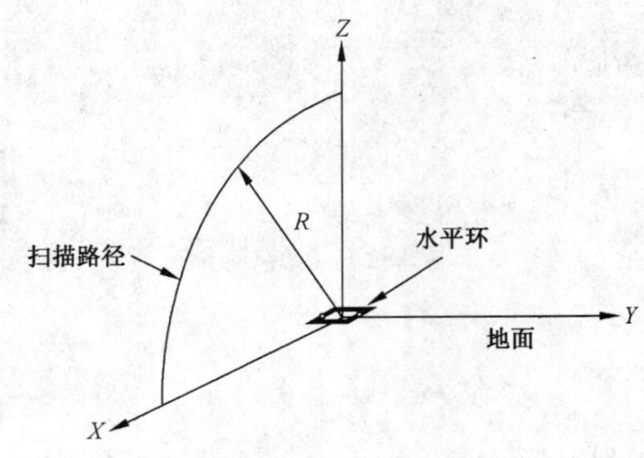

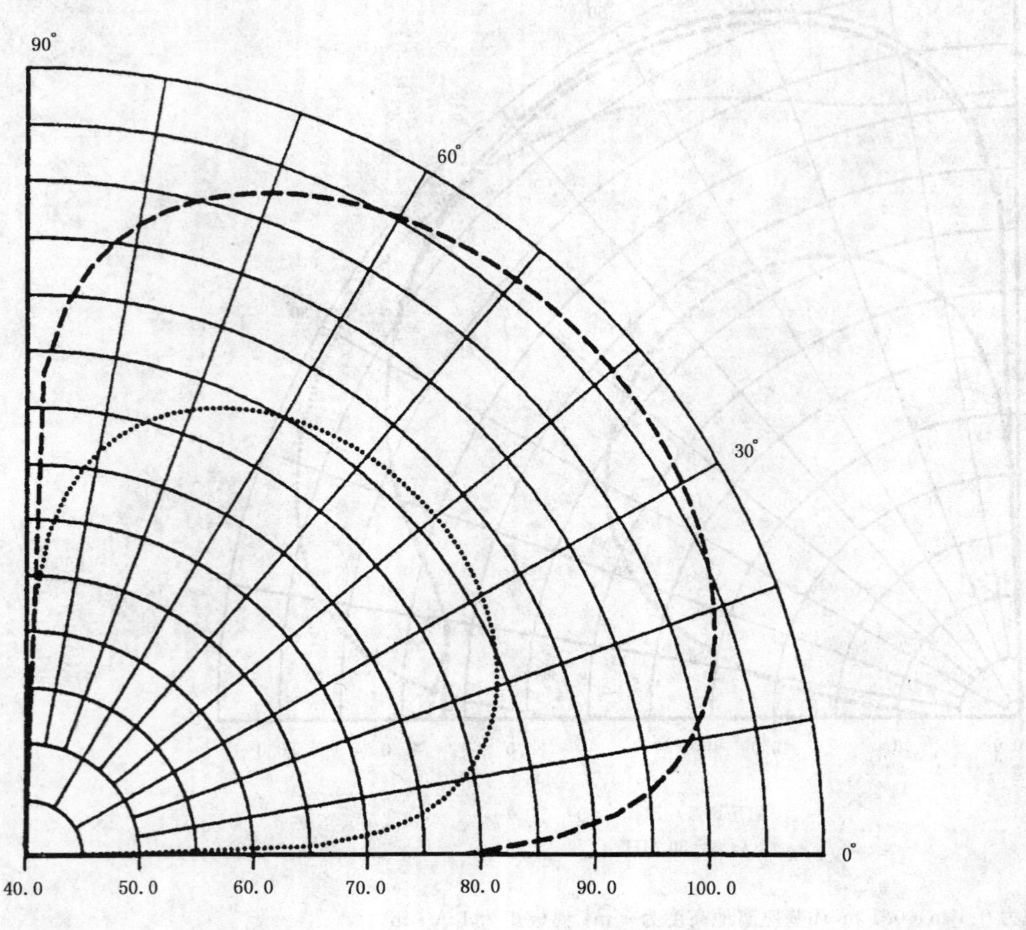

电场场强/dB(μV/m)

频率＝30 MHz

环面积为 0.1 m×0.1 m，环基座离地高度为 1 m，偶极矩为 1 A·m^2

大地的电气常数：$\sigma=1$ mS/m，$\varepsilon_r=15$，

虚线曲线——扫描距离为 30 m 处的电场水平分量 E_Y；

点线曲线——扫描距离为 300 m 处的电场水平分量 E_Y。

图 4.6-62 近地水平电小电偶极子辐射电场的垂直极面方向性图

5 背景与历史

5.1 CISPR 的历史

5.1.1 早期 1934～1984

1933 年，在巴黎召开了一个相关国际组织的特别会议，以决定如何在国际范围内处理无线电干扰的问题。与会代表普遍认为，最紧要的国际性问题就是确保在测量方面和限值规定上取得统一，以避免在进行产品和服务交换时存在障碍。

大会决定组建国际无线电干扰特别委员会(CISPR)。第一次委员会会议于 1934 年召开。第一任主席是 Clifford Patterson 爵士。委员会成员由各国家委员会委任。1935 年开始起草包括电源网络(在美国为 LISN)在内的测量设备规范。当此规范最终生效以后，人们却发现不同国家生产的测试设备会产生不同的数据结果。比利时电子技术委员会承担了制造标准 CISPR 测量设备的任务。1939 年，首批研制的 12 个测试设备被送往不同的国家。

制定干扰限值的工作进展却很缓慢。在首届 CISPR 会议上，最低的保护场强值定为 1 mV/m (60 dBμV/m)，调制度为 80%。最低的防护比为 100(40 dB)。与会代表们提出了许多的限值，但甚至没有一种接近真正所要求的 20 dBμV/m。限值的确定直到二次大战以前都没有达成共识。但却一致同意应该对用于测量中和从电源到天线的耦合模型中的天线高度作出规定。此外，还规定了干扰抑制电容的电气参数。

整个二战期间，会议都被迫停止。会议重新开始是在 1946 年，当时的主席是 S. whitehead 博士。二战时，出于为战争服务的目的，很多国家都建立了自己的服务部门专门致力于对干扰的抑制。二战前夕由比利时电子技术委员会送往不同国家的 12 个测试设备成了建立一套统一标准的基础。在此基础之上，频率范围扩展到了 30MHz。同时还包括了比利时设备中使用的 150kHz 到 30MHz 准峰值检波器。该测量设备规范在 1958 年的海牙会议上通过。但在 1935 年版的基础上做了重大改进，并不再需要建立简单的样机。进一步的深入工作促进了 1965 年 ISM 规范和 1968 年人造手规范的通过。这些规范在 1972 年合并为一个规范，其修订版于 1975 年发布。

1958 年和 1965 年的 ISM 修订版本中，CISPR 测量设备规范从 30 MHz 扩展到了 300 MHz。同年，测量设备规范又从 300 MHz 扩展到 1 000 MHz。Meyer de Stadelhofen 在 1966 年发明的吸收钳，于 1970 年被补充进规范中。

测量设备的新版本如下：

CISPR1(1972) 0.15 MHz～30 MHz

CISPR2(1985) 30 MHz～300 MHz

CISPR4(1967) 300 MHz～1 000 MHz

此外，还发布了一些补充版本和说明。1993 年，所有的文件合并为 CISPR16-1。

1950 年，首次提出在 150 kHz～285 kHz，150 kHz～1 605 kHz 频率范围内连接到低压电源网络上的功率小于 1 kW 的家庭，工业和商用电器的限值。但每一次 CISPR 会议，所采纳的限值都在变化。频率范围也曾经一度扩展到 25 MHz，但是因为一些代表的不同想法，扩展的频率又被取消。由于代表们对某一特定值始终达不成一致共识，所以就给了一个电压范围作为限值。1964 年，当为适用于家用电动电器和便携式工具而制定的更高的限值出现以前，都是用 150 ΩV 型网络在线-线和线-地之间测量可允许电压。1973 年，CISPR 又对限值进行了修改。电器的工作环境在 1961 年做了规定，并在 1967、1970 和 1973 年进行了修改。电源线在 30 MHz～300 MHz 干扰功率的辐射限值以及使用 MDS 吸收钳进行测量都在 1970 年的大会上获得通过，并于 1973 年进行了修改。

1961 年，首次对低频重复瞬态干扰进行了控制。1970 规定了装有半导体调节控制器和温控装置的限值。1967 年规定了程控电器的限值。1973 年，对瞬态现象的限值合并为一个文件：0.15 MHz～300 MHz频率范围内家用和类似用途电器的开关操作所产生的无线电噪声的评估规定。

1961 年规定了声音和电视广播接收机的辐射限值，并于 1964、1967 和 1970 年进行了修订。1961 年规定了中长波接收机电源干扰抗扰度的限值。并在 1964 和 1967 年进行了修订。

1959 年规定了 ITU(国际电信联盟)WARC(世界无线电行政大会)所要求的 ISM 设备频率的限值。1961 年 CISPR 发布了带外频率的限值，并在 1964、1967 和 1973 年进行了修订。

1961 年规定了汽车行业(automotive field)点火系统的限值，并在 1964，1970 和 1973 年进行了修改。

1964 年规定了中长波荧光照明设备的限值，并在 1967、1970 和 1973 年做了修订。

1973 年发布了用于 0.3 G～18 GHz 频率范围内加热和医疗微波设备干扰测量的频谱分析仪的特性参数。

大规模生产的电器符合性限值评测方法在 1961 年和 1964 年获得通过。1970 年制定了"CISPR 限值的含义"规定。

从二战以前，就一直在讨论用于抑制电源端干扰的电容和滤波器的安全性问题。讨论延续了整个 50 年代。但是从 CISPR 开始关注更高频率的抑制器(此种情况下，只需要很小的电容值)，这种讨论就渐渐平息了。

第一个工科医设备的标准发布于 1973 年。1975 年以"限值和测量方法"为主题又出版了 5 个出版物：

1. 不包括用于热透治疗的外科仪器的设备
2. 使用点火系统的车辆、摩托艇和设备
3. 声音和电视接收机
4. 家用电器设备、便携式工具和类似设备
5. 荧光灯和照明设备

一些后续工作将继续补充并更新这些文件。

5.1.2 CISPR 各分会

到了 1973 年，按主要产品分类对 CISPR 的工作进行划分和组织变得越来越重要，因此成立了以下各分会：

CISPR A：规定仪器设备和测量方法

CISPR B：工科医(ISM)设备的干扰

CISPR C：高压架空送电线，高压设备和牵引系统的干扰

CISPR D：机动车辆和内燃机(无线)的干扰

CISPR E：电视和广播接收机的干扰

CISPR F：家用电器、电动工具，照明设备及类似设备的干扰

CISPR G：计算机和信息技术设备(ITE)的干扰

5.1.3 计算机与信息时代 1984～2005

自从 1984 年以来，人们开始越来越关心对信息技术设备限值和测量方法。从理论上讲，任何使用微处理器和转换(开关)频率或是使用 9kHz 以上时钟频率的设备都可以归为信息技术设备。CISPR 一直致力于对开阔场测试要求的改进。同时用电波暗室、TEM 和 GTEM 室来替代开阔场进行测量。此外，在规定所有仪器规范和测量方法的 CISPR16 号出版物"CISPR 手册"("The CISPR Handbook")上，也努力进行了改进。

1984 年以后，CISPR 的工作可以由出版的文件数量来说明。文章标题缩略为关键词，数字和年号代表各出版物

10(1990)CISPR 规则和程序

11(1990)*(1995)*工科医(ISM)设备的限值和测试方法

12(1990)汽车和点火系统

13(1996)(*2002*)声音和电视系统

14(1993)(*2000*)家用电器和电动工具 14-1

14-2(2003)家用电器和电动工具的抗扰度

15(1993)(*1999*)荧光和射频照明设备

16-1(1993)(*1999*)EMC 测量设备规范

16-2(1996)EMC 测量方法

17(1981)滤波器规范

18-1(1982)架空电力线:现象

18-2(1986)架空电力线:限值和测试方法

18-3(1986)架空电力线:干扰抑制

19(1983)微波炉替代测试法

20(1996)声音和 TV 接收机的抗扰度

21(1985)噪声存在时的无线电的接收

22(1987)(1993)(1997)(2003)(*2005*)信息技术设备

23(1987)ISM 限值的确定

24(1997)ITE 设备的抗扰度

25(1995)保护车载无线电的发射限值

注:上述斜体字为编者所加,以使读者了解出版物的最新版本。

未来是未知的,但 CISPR 仍将继续致力于解决由于新技术而可能引起的任何问题。

5.1.4 CISPR 杰出人士

工作在任何组织中的员工,都需要具有奉献精神和坚忍不拔的毅力。下面是 CISPR 中的一些杰出人士:

CISPR 历届主席

C. C. Patterson 爵士(英国)	巴黎 1934
A. F. EnstrÖm 教授(瑞典)	柏林 1935
R. Braillard(比利时)	1934—1939
S. Whitehead 博士(英国)	1946—1953
O. W. Humphreys (挪威)	1953—1961
L. Morren 教授(比利时)	1961—1967
F. L. Stumpers 教授(挪威)	1967—1973
J. Meyer de Stadelhofen(瑞士)	1973—1977
P. Akerlind(瑞典)	1977—1979
R. M. Showers 教授(美国)	1979—1985
G. A. Jackson(英国)	1985—1991
A. warner 教授(德国)	1991—1994
P. Kerry(英国)	1995—至今

5.2 历史背景:在 VHF 范围内,由家用电器和类似用途电器所产生的干扰功率的测量方法

5.2.1 历史点滴

原理上,场强测量最适合用于确定频率高于 30 MHz 的所有类型电器的干扰特性。但是,由于这种测量方法还要预先考虑一些别的因素,所以在实际应用中相当麻烦。所以,工程人员在等待出现更能令人满意的新方法之前,一直使用的都是端电压的测量方法。并且逐渐地,有几种新方法可以在实验室测量辐射来代替原来在开阔场中进行的电磁场测量。其中最令人感兴趣的新方法是截止滤波器(stop filter)法和地电流(earth current)法。这些替代法中的开槽同轴滤波器的损耗可以忽略不计,所以可用

来调整干扰源的电源线长度以得到最大的辐射值。其中,电器的干扰定义为:标准发生器产生的功率注入到特性已知的天线中,以便在测量接收机的天线端获得与作为干扰源产生的干扰相同的效果。从上述方法中还进一步发展出一些更为简单易行的方法。

由Y型人工电源网络替代V型人工电源网络,就可以得到由干扰源产生的真正的共模电压。通过这种替换,端电压的测量也可以得到很大的改善。使用电抗式开槽同轴滤波器的类似方法也在研究中。同时,还提出了由干扰源注入电源线的干扰功率的测量方法。此方法基于同轴吸收装置的输入端对电流的测量。

后一种测量端电压的优点在于它不必断开电源线。它所指示的干扰功率测量值相当接近于谐振状态下测量电源线辐射所得到的值。

尽管端电压和同轴吸收装置方法比较简单易行,很适于用于截止滤波器法和地电流法中,但仍有待于在实际工作中得到验证和确定。

干扰源的统计测量方法表明,由截止滤波器方法所测得的干扰,比通过端电压法测得的干扰更接近对在同一建筑物内接收机输入端测得的同一干扰源的实际值。吸收设备测量法所测得的结果介于上述两种方法之间。其他的方法也进行了比较。

5.2.2 测量方法的发展

在截止滤波器法中,测量值与半波偶极天线的中心电流值直接相关。最重要的因素不是辐射系统本身,而是干扰源耦合到辐射系统中的功率。地电流法应用的也是同一原理。如果可以不测场强就可以直接测量功率,那所有周围物体对辐射物和接收天线间传播的不利影响都将被消除掉。用铁氧体管代替同轴截止滤波器的尝试表明,由干扰源所产生的能量的大部分都消耗在铁氧体管中。因此可以用铁氧体输入端对电流的测量来取代,至少是可以部分取代用截止滤波器法进行的场强测量。这部分的设备在CISPR2的4.1.3中有所介绍。

接下来要研究的问题是:具有给定的有效功率和纯电阻性内阻抗的被屏蔽的干扰源,当干扰源的尺寸发生变化时,当要把所有的干扰能量以共模方式注入到电源线的情况下,如何来比较各种不同的测量方法。实验表明,与其他方法相比,用吸收钳测量得到的结果与源的大小无关。

实际上,大家可以把吸收设备测量系统简化为以下电路:一个源阻抗为Z_S的干扰源,通过一条特性阻抗为Z_L的低损耗电源线,连接到一个负载Z_C上。如果电源线的长度从0开始变化,根据系统的谐振状态和非谐振状态,在负载Z_C(当Z_C不等于Z_L时)通过的,被Z_L吸收的功率也从小到大的变化。

忽略辐射和线上的其他损耗不计,只讨论当出现第一个最大值时负载的位置,把源和负载当成纯阻,分别为R_S和R_C,如果P_d是源的有效功率,P_c为负载吸收的功率,则:

$$m = R_S/R_C$$

$$P_c/P_d = 4\,m/(m+1)^2$$

式中取值如下:

$m=$	0.1	0.2	0.5	1	2	5	10	20	30
$M=10\lg(P_c/P_d)$	4.8	2.5	0.5	0	0.5	2.5	4.8	7.4	9 dB

这表明,电源线的源(阻抗)匹配并不是一个很严重的问题,如果把一个吸收钳作为负载,例如为200 Ω量级,那么得到的结果与使用同轴截止滤波器,把负载连接到干扰源的输出端,以沿线发生谐振时所得到的结果没有明显不同。

因而得出如下结论:主要为避免测量辐射试验场缺陷和避免测量中必须断开干扰源的电源线的麻烦而开发出来的测量设备——吸收钳,技术上已经成熟,特别是在测量家用或类似用途的电器所产生的干扰方面得到认可。

ICS 33.100
L 06

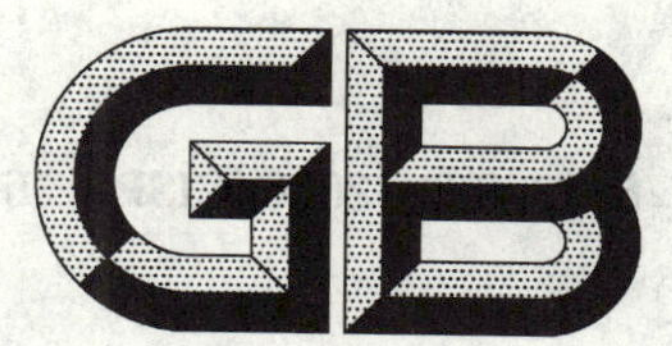

中华人民共和国国家标准

GB/T 6113.402—2006/CISPR 16-4-2:2003

无线电骚扰和抗扰度测量设备和测量方法规范 第4-2部分：不确定度、统计学和限值建模 测量设备和设施的不确定度

Specification for radio disturbance and immunity measuring apparatus and methods—Part 4-2: Uncertainties, statistics and limit modelling—Measurement instrumentation Uncertainty

(CISPR 16-4-2:2003, IDT)

2006-03-06 发布　　　　2006-11-01 实施

中华人民共和国国家质量监督检验检疫总局
中国国家标准化管理委员会　发布

前　言

GB/T 6113.402 等同采用国际标准 CISPR 16-4-2:2003《无线电骚扰和抗扰度测量设备和测量方法规范　第 4-2 部分　不确定度、统计学和限值建模　测量设备和设施的不确定度》(英文版),本部分的全部内容为推荐性。

由于作为电磁兼容系列基础标准,篇幅巨大,为了方便标准的制定、维护和使用,2002 年该国标等效标准的制定者 CISPR A 分会决定对原系列标准 CISPR 16 的结构进行重大调整,将原来的 4 个分部分,变为现在的 14 个分部分,并于 2003 年 11 月陆续出版。该系列中的新、旧国家标准及其与 CISPR 16系列标准/出版物的对应关系如下:

<table>
<tr><th>旧标准编号和名称</th><th>新标准编号和名称</th></tr>
<tr><td rowspan="5">GB/T 6113.1—1995
(eqv CISPR 16-1:1993)*
《无线电骚扰和抗扰度测量设备》</td><td>GB/T 6113.101(idt CISPR 16-1-1)
第 1-1 部分:无线电骚扰和抗扰度测量设备　测量仪器</td></tr>
<tr><td>GB/T 6113.102(idt CISPR 16-1-2)第 1-2 部分:
无线电骚扰和抗扰度测量设备辅助设备——传导骚扰</td></tr>
<tr><td>GB/T 6113.103(idt CISPR 16-1-3)第 1-3 部分:
无线电骚扰和抗扰度测量设备辅助设备——骚扰功率</td></tr>
<tr><td>GB/T 6113.104(idt CISPR 16-1-4)第 1-4 部分:
无线电骚扰和抗扰度测量设备辅助设备——辐射骚扰</td></tr>
<tr><td>GB/T 6113.105(idt CISPR 16-1-5)第 1-5 部分:
无线电骚扰和抗扰度测量设备
30 MHz～1 000 MHz 天线校准场地</td></tr>
<tr><td rowspan="4">GB/T 6113.2—1998
(eqv CISPR 16-2:1996)**
《无线电骚扰和抗扰度测量方法》</td><td>GB/T 6113.201(idt CISPR 16-2-1)第 2-1 部分:
无线电骚扰和抗扰度测量方法　传导骚扰测量</td></tr>
<tr><td>GB/T 6113.202(idt CISPR 16-2-2)第 2-2 部分:
无线电骚扰和抗扰度测量方法　骚扰功率测量</td></tr>
<tr><td>GB/T 6113.203(idt CISPR 16-2-3)第 2-3 部分:
无线电骚扰和抗扰度测量方法　辐射骚扰测量</td></tr>
<tr><td>GB/T 6113.204(idt CISPR 16-2-4)第 2-4 部分:
无线电骚扰和抗扰度测量方法　抗扰度测量</td></tr>
<tr><td>CISPR 16-3:2000《无线电干扰和抗扰度测量统计方法和技术报告》
无对应的国家标准</td><td>GB/Z 6113.3—2006(idt CISPR 16-3:2003)第 3 部分:
无线电骚扰和抗扰度测量技术报告</td></tr>
</table>

表(续)

旧标准编号和名称	新标准编号和名称
CISPR 16-4:2002 《电磁兼容测量的不确定度》 无对应的国家标准	GB/Z 6113.401 (idt CISPR 16-4-1:2003) 第4-1部分:不确定度、统计学和限值建模 标准化的EMC试验不确定度
	GB/T 6113.402—2006 (idt CISPR 16-4-2:2003) **第4-2部分:不确定度、统计学和限值建模** **测量设备和设施的不确定度**
	GB/Z 6113.403 (idt CISPR 16-4-3:2003) 第4-3部分:不确定度、统计学和限值建模 批量产品的EMC符合性确定的统计考虑
	GB/Z 6113.404 (idt CISPR 16-4-4:2003) 第4-4部分:不确定度、统计学和限值建模 抱怨的统计和限值的计算模型
注1:* 待修订,** 修订中;黑体字为该标准的本部分。 注2:表中除GB/T 6113.402以外的国家标准名称以制定或修订后、发布的标准名称为准。	

为国内读者方便,按GB/T 2000.2的相应规定,本部分中的引用标准用GB/T 6113.1和GB/T 6113.2替代了等同标准中的CISPR 16-1 (all parts) 和CISPR 16-2 (all parts)。

本部分的附录A为资料性附录。

本部分由全国无线电干扰标准化技术委员会提出并归口。

本部分起草单位:信息产业部电子工业标准化研究所、北京交通大学、中国计量科学研究院和上海电器科学研究所等。

本部分主要起草人:陈俐、张林昌、席德熊、杨自佑、谢鸣、崔强。

引　言

本部分内容主要涉及由测量设备和设施引入的不确定度——测量设备和设施的不确定度(MIU)，它是评估标准符合性不确定度(SCU)[1)]的基础。本部分主要包括适用范围、引用标准、定义和符号、MIU评估过程中已确定的影响量/输入量、合成不确定度和扩展不确定度的计算公式，以及针对标准所给出的不确定度 U_{CISPR} 相对于骚扰限值所作的符合/不符合判定的方法等4章，其中涉及的试验项目包括电源端口传导骚扰测量、骚扰功率测量、在开阔试验场或替换试验场上进行的辐射骚扰的电场强度测量。此外，还在附录A中叙述了不确定度 U_{CISPR} 的各输入量是如何估计的及其不确定度分量是如何评定的，为检测人员评定不确定度提供参考。

1) 标准符合性不确定度(SCU)在CISPR 16-4-1中被定义为：与标准中描述的符合性测量的结果有关的参数，用来表征合理地赋予被测量的值的分散性。

无线电骚扰和抗扰度测量设备和测量方法规范　第 4-2 部分：不确定度、统计学和限值建模　测量设备和设施的不确定度

1　范围

GB/T 6113 的本部分属于电磁兼容基础标准。本部分规定了在判定是否符合 CISPR 限值时考虑测量不确定度的方法。当所得到的结果和结论受到所用测量设备和设施的不确定度的影响时，本部分的内容也与电磁兼容测试有关。附录 A 给出了一些背景资料，第 4 章列举了得出 U_{CISPR} 时要考虑的不确定度的量，进而提供了对那些关于测量不确定度所需要的初始的、进一步的信息和在测量链中如何考虑单个的不确定度的有价值的一些背景资料。然而，附录 A 的目的不是让标准的使用者将其作为进行不确定度计算时的用户手册或者原封不动地去照抄。因此，为了在实际中进行正确的不确定度评估，应运用附录 A 后面的参考文献。

测量设备规范在 GB/T 6113.1 中给出，测量方法包含在 GB/T 6113.2 中，有关 CISPR 和无线电骚扰的更详尽的信息和背景材料在 GB/Z 6113.3 中给出，有关不确定度的一般性知识、统计学和限值建模包含在 CISPR 16-4 中的其他部分当中。

注：GB/T 6113.1 修订后将被 GB/T 6113.101 ～ GB/T 6113.105 替代；GB/T 6113.2 修订后将被 GB/T 6113.201～GB/T 6113.204 替代；国际标准 CISPR 16-4 中的其他部分将被制定为国家标准GB/Z 6113.401、GB/Z 6113.403 和 GB/Z 6113.404。

2　规范性引用文件

下列文件中的条款通过 GB/T 6113 的本部分的引用而成为本部分的条款。凡是注日期的引用文件，其随后所有的修改单(不包括勘误的内容)或修订版均不适用于本部分，然而，鼓励根据本部分达成协议的各方研究是否可使用这些文件的最新版本。凡是不注日期的引用文件，其最新版本适用于本部分。

GB/T 6113.1—1995　无线电骚扰和抗扰度测量设备规范(eqv CISPR 16-1:1993)

GB/T 6113.2—1998　无线电骚扰和抗扰度测量方法(eqv CISPR 16-2:1996)

GB/Z 6113.3—2006　无线电骚扰和抗扰度测量仪器和方法规范　第 3 部分：骚扰和抗扰度测量方法　无线电骚扰和抗扰度测量的技术报告(idt CISPR 16-3:2003,IDT)

CISPR 16-4-1　无线电骚扰和抗扰度测量仪器和方法规范　第 4-1 部分：不确定度、统计学和限值建模　标准化的 EMC 试验不确定度

CISPR 16-4-3　无线电骚扰和抗扰度测量仪器和方法规范　第 4-3 部分：不确定度、统计学和限值建模　批量产品的 EMC 符合性确定的统计考虑

CISPR 16-4-4　无线电骚扰和抗扰度测量仪器和方法规范　第 4-4 部分：不确定度、统计学和限值建模　抱怨的统计和限值的计算模型

3　术语和符号

下列术语和符号适用于本部分。

注：在不确定度评估中使用的通用的不确定度术语和定义包含在本部分末页的参考文献[2]中。通用的定义包含

在参考文献[1]中。因此,这里不再重复。

3.1 通用符号

X_i:输入量;

x_i:X_i 的估计值;

$u(x_i)$:x_i 的标准不确定度;

c_i:灵敏系数;

y:对所有能识别的和显著的系统影响修正后的测量结果(被测量的估计值);

$u_c(y)$:y 的合成标准不确定度;

k:包含因子;

U:y 的扩展不确定度。

3.2 被测量

V:电压,dBμV;

P:骚扰功率,dBpW;

E:电场强度,dBμV/m。

3.3 输入量

V_r:接收机的电压读数,dBμV;

L_c:接收机与人工电源网络、吸收钳或天线之间的连接的衰减,dB;

L_{amn}:人工电源网络的电压分压系数,dB;

L_{ac}:吸收钳的插入损耗,dB;

AF:天线系数,dB(1/m);

δV_{sw}:对接收机正弦波电压不准确的修正,dB;

δV_{pa}:对接收机脉冲幅度响应不理想的修正,dB;

δV_{pr}:对接收机脉冲重复频率响应不理想的修正,dB;

δV_{nf}:对接收机本底噪声影响的修正,dB;

δM:对失配误差的修正,dB;

δMD:对电源骚扰造成的误差的修正,dB;

δZ:对人工电源网络阻抗不理想的修正,dB;

δE:对环境影响的修正,dB;

δAF_f:对天线系数内插误差的修正,dB;

δAF_h:对天线系数随高度变化与作为基准(参考)的偶极子天线的天线系数随高度变化之差的修正,dB;

δA_{dir}:对天线方向性的修正,dB;

δA_{ph}:对天线相位中心位置的修正,dB;

δA_{cp}:对天线交叉极化响应的修正,dB;

δA_{bal}:对天线不平衡的修正,dB;

δSA:对不理想场地衰减的修正,dB;

δd:对天线与 EUT 间距离不准确的修正,dB;

δh:对桌子离地面高度不准确的修正,dB。

4 测量设备和设施的不确定度

4.1 概述

当依据骚扰限值进行符合性判定时,必须考虑测量设备和设施引入的不确定度。

对检测实验室而言,应考虑下列各测量不确定度分量,对所列的每个输入量的估计值 x_i 应评定其

标准不确定度 $u(x_i)$（以分贝表示）和灵敏系数 c_i。被测量的估计值 y 的合成标准不确定度 $u_c(y)$ 按下式计算：

$$u_c(y) = \sqrt{\sum_i c_i^2 u^2(x_i)}$$

对检测实验室来说，测量设备和设施的扩展不确定度 U_{lab} 应按下式计算，并应在检测报告中说明。

$$U_{lab} = 2u_c(y)$$

注：对大多数测量结果呈近似正态分布的典型情况，包含因子取 $k=2$，其置信概率近似为 95%。

是否符合骚扰限值，应按下述方式判定。

若 U_{lab} 小于或等于表 1 中列出的 U_{CISPR}，则：

——如果测得的骚扰电平不超过所规定的骚扰限值，则判定为符合；

——如果测得的骚扰电平超过所规定的骚扰限值，则判定为不符合。

注：U_{CISPR} 表示一个特定测试的测量不确定度的值，它是通过考虑 4.2～4.4 中各分量的不确定度而确定的。

若 U_{lab} 大于表 1 中列出的 U_{CISPR}，则：

——如果测得的骚扰电平加上(U_{lab}-U_{CISPR})后不超过骚扰限值，则判定为符合；

——如果测得的骚扰电平加上(U_{lab}-U_{CISPR})后超过骚扰限值，则判定为不符合。

表 1　U_{CISPR} 的值

测量项目	测量频段	U_{CISPR}
传导骚扰（电源端口）	9 kHz～150 kHz 150 kHz～30 MHz	4.0 dB 3.6 dB
骚扰功率	30 MHz～300 MHz	4.5 dB
辐射骚扰（在开阔试验场或替换试验场地上测得的电场强度）	30 MHz～1 000 MHz	5.2 dB
其他	—	正在考虑中

注：本表中的 U_{CISPR} 值来源于附录 A，该值是在分别考虑了 4.2～4.4 中的各不确定度分量后得出的。

本条对符合 GB/T 6113.1 的测量设备的要求未作变更。

4.2　电源端口传导骚扰测量需考虑的输入量

接收机的读数；

人工电源网络(AMN)与接收机之间连接所引入的衰减；

人工电源网络的电压分压系数；

接收机正弦波电压的准确度；

接收机的脉冲幅度响应；

接收机脉冲响应随重复频率的变化；

接收机的本底噪声；

人工电源网络的接收机端口与接收机之间失配的影响；

人工电源网络的阻抗。

4.3　骚扰功率测量需考虑的输入量

接收机的读数；

吸收钳与接收机之间连接所引入的衰减；

吸收钳的插入损耗；

接收机正弦波电压的准确度；

接收机的脉冲幅度响应；

接收机脉冲响应随重复频率的变化；

接收机的本底噪声；

吸收钳的接收机端口与接收机之间失配的影响；

电源(本身)骚扰的影响；

环境的影响。

4.4 在开阔试验场或替换试验场地进行的辐射骚扰电场强度测量需考虑的输入量

接收机的读数；

天线与接收机之间的连接所引入的衰减；

天线系数；

接收机正弦波电压的准确度；

接收机的脉冲幅度响应；

接收机脉冲响应随重复频率的变化；

接收机的本底噪声；

天线端口与接收机之间失配的影响；

天线系数的频率内插；

天线系数随高度的变化；

天线的方向性；

天线的相位中心；

天线的交叉极化响应；

天线的平衡；

试验场地；

受试设备与测量天线之间的距离；

放置受试设备的桌子高度。

附 录 A
（资料性附录）
表 1 中 U_{CISPR} 的值的评估基础

A.1 概述

以下条款概述了对于各种不同的测量用于确定 U_{CISPR} 的方法。针对每一种测量给出了主要的、可识别的不确定度分量及其相应的估计值。进行评估时所做的所有假设均已包含在 A.5 条的叙述当中，对实际不确定度的评估可参考其中的注解来进行。

有关测量不确定度术语的定义以及有关测量不确定度的评定和表示方面的信息在参考文献[1]～[4]中可得到。

A.2 电源端口的传导骚扰测量

被测量 V 按下式计算：

$$V = V_r + L_c + L_{amn} + \delta V_{sw} + \delta V_{pa} + \delta V_{pr} + \delta V_{nf} + \delta M + \delta Z$$

表 A.1 9 kHz～150 kHz 频率范围使用 50 Ω/50 μH+5 Ω 人工电源网络时的传导骚扰

输入量	X_i	x_i 的不确定度		$u(x_i)$	c_i	$c_i u(x_i)$
		dB	概率分布函数	dB		dB
接收机的读数[1)a]	V_r	±0.1	k=1	0.10	1	0.10
AMN 与接收机之间的衰减[2)]	L_c	±0.1	k=2	0.05	1	0.05
AMN 的电压分压系数[3)]	L_{amn}	±0.2	k=2	0.10	1	0.10
接收机的修正						
正弦波电压[4)]	δV_{sw}	±1.0	k=2	0.50	1	0.50
脉冲幅度响应[5)]	δV_{pa}	±1.5	矩形	0.87	1	0.87
脉冲重复频率响应[5)]	δV_{pr}	±1.5	矩形	0.87	1	0.87
本底噪声[6)]	δV_{nf}	±0.0	—	0.00	1	0.00
AMN 与接收机之间的失配[7)]	δM	+0.7/−0.8	U 形	0.53	1	0.53
AMN 的阻抗[8)]	δZ	+3.1/−3.6	三角形	1.37	1	1.37
a 对上脚标编号注的说明见 A.5 条。						

因此得到：$2\ u_c(V) = 4.0$ dB

表 A.2 150 kHz～30 MHz 频率范围使用 50 Ω/50 μH 人工电源网络时的传导骚扰

输入量	X_i	x_i 的不确定度		$u(x_i)$	c_i	$c_i u(x_i)$
		dB	概率分布函数	dB		dB
接收机的读数[1)a]	V_r	±0.1	k=1	0.10	1	0.10
AMN 与接收机之间的衰减[2)]	L_c	±0.1	k=2	0.05	1	0.05
AMN 的电压分压系数[3)]	L_{amn}	±0.2	k=2	0.10	1	0.10

表 A.2（续）

输入量	X_i	x_i 的不确定度		$u(x_i)$	c_i	$c_iu(x_i)$
		dB	概率分布函数	dB		dB
接收机的修正：						
正弦波电压[4]	δV_{sw}	±1.0	$k=2$	0.50	1	0.50
脉冲幅度响应[5]	δV_{pa}	±1.5	矩形	0.87	1	0.87
脉冲重复频率响应[5]	δV_{pr}	±1.5	矩形	0.87	1	0.87
本底噪声[6]	δV_{nf}	±0.0	—	0.00	1	0.00
AMN 与接收机之间的失配[7]	δM	+0.7/−0.8	U 形	0.53	1	0.53
AMN 的阻抗[8]	δZ	+2.6/−2.7	三角形	1.08	1	1.08
a 对上脚标编号注的说明见 A.5 条。						

因此得到：$2\ u_c(V)=3.6$ dB

A.3 骚扰功率测量

被测量 P 按下式计算：

$$P=V_r+L_c+L_{ac}-10\log_{10}(50)+\delta V_{sw}+\delta V_{pa}+\delta V_{pr}+\delta V_{nf}+\delta M+\delta MD+\delta E$$

表 A.3 30 MHz～300 MHz 频率范围的骚扰功率

输入量	X_i	x_i 的不确定度		$u(x_i)$	c_i	$c_iu(x_i)$
		dB	概率分布函数	dB		dB
接收机的读数[1)a]	V_r	±0.1	$k=1$	0.10	1	0.10
吸收钳与接收机之间的衰减[2]	L_c	±0.1	$k=2$	0.05	1	0.05
吸收钳的插入损耗[9]	L_{ac}	±3.0	$k=2$	1.50	1	1.50
接收机的修正：						
正弦波电压[4]	δV_{sw}	±1.0	$k=2$	0.50	1	0.50
脉冲幅度响应[5]	δV_{pa}	±1.5	矩形	0.87	1	0.87
脉冲重复频率响应[5]	δV_{pr}	±1.5	矩形	0.87	1	0.87
本底噪声[6]	δV_{nf}	±0.0	—	0.00	1	0.00
吸收钳与接收机之间的失配[7]	δM	+0.7/−0.8	U 形	0.53	1	0.53
电源(本身)骚扰的影响[10]	δMD	±0.0	—	0.00	1	0.00
环境的影响[11]	δE	±0.8	$k=1$	0.80	1	0.80
a 对上脚标编号注的说明见 A.5 条。						

因此得到：$2\ u_c(P)=4.5$ dB

A.4 在开阔试验场或替换试验场地上辐射骚扰的电场强度测量

被测量 E 按下式计算：

$$E=V_r+L_c+AF+\delta V_{sw}+\delta V_{pa}+\delta V_{pr}+\delta V_{nf}+\delta M$$
$$+\delta AF_f+\delta AF_h+\delta A_{dir}+\delta A_{ph}+\delta A_{cp}+\delta A_{bal}+\delta SA+\delta d+\delta h$$

表 A.4 30 MHz～200 MHz 频率范围的水平极化辐射骚扰
(测量距离为 3 m,10 m 或 30 m,天线为双锥天线)

输入量	X_i	x_i 的不确定度		$u(x_i)$ dB	c_i	$c_iu(x_i)$ dB
		dB	概率分布函数			
接收机的读数[1)a]	V_r	±0.1	$k=1$	0.10	1	0.10
天线与接收机之间的衰减[2)]	L_c	±0.1	$k=2$	0.05	1	0.05
双锥天线系数[12)]	AF	±2.0	$k=2$	1.00	1	1.00
接收机的修正:						
正弦波电压[4)]	δV_{sw}	±1.0	$k=2$	0.50	1	0.50
脉冲幅度响应[5)]	δV_{pa}	±1.5	矩形	0.87	1	0.87
脉冲重复频率响应[5)]	δV_{pr}	±1.5	矩形	0.87	1	0.87
本底噪声[6)]	δV_{nf}	±0.5	$k=2$	0.25	1	0.25
天线与接收机之间的失配[7)]	δM	+0.9/−1.0	U 形	0.67	1	0.67
双锥天线的修正:						
天线系数的频率内插[13)]	δAF_f	±0.3	矩形	0.17	1	0.17
天线系数的高度偏差[14)]	δAF_h	±0.5	矩形	0.29	1	0.29
方向性的差异[15)]	3 m δA_{dir}	±0.0	—	0.00	1	0.00
	10 m δA_{dir}	±0.0	—	0.00	1	0.00
	30 m δA_{dir}	±0.0	—	0.00	1	0.00
相位中心的位置[16)]	3 m δA_{ph}	±0.0	—	0.00	1	0.00
	10 m δA_{ph}	±0.0	—	0.00	1	0.00
	30 m δA_{ph}	±0.0	—	0.00	1	0.00
交叉极化[17)]	δA_{cp}	±0.0	—	0.00	1	0.00
平衡[18)]	δA_{bal}	±0.3	矩形	0.17	1	0.17
场地修正:						
场地的不理想[19)]	δSA	±4.0	三角形	1.63	1	1.63
测量距离[20)]	3 m δd	±0.3	矩形	0.17	1	0.17
	10 m δd	±0.1	矩形	0.06	1	0.06
	30 m δd	±0.0	—	0.00	1	0.00
试验桌的高度[21)]	3 m δh	±0.1	$k=2$	0.05	1	0.05
	10 m δh	±0.1	$k=2$	0.05	1	0.05
	30 m δh	±0.1	$k=2$	0.05	1	0.05
a 对上脚标编号注的说明见 A.5 条。						

因此得到:$2u_c(E)=5.0$ dB,距离 3 m;　$2u_c(E)=4.9$ dB,距离 10 m;

$2u_c(E)=4.9$ dB,距离 30 m。

表 A.5　30 MHz～200 MHz 频率范围的垂直极化辐射骚扰
（测量距离为 3 m,10 m 或 30 m,天线为双锥天线）

输入量	X_i	x_i 的不确定度		$u(x_i)$	c_i	$c_iu(x_i)$
		dB	概率分布函数	dB		dB
接收机的读数[1)a]	V_r	±0.1	k=1	0.10	1	0.10
天线与接收机之间的衰减[2)]	L_c	±0.1	k=2	0.05	1	0.05
双锥天线系数[12)]	AF	±2.0	k=2	1.00	1	1.00
接收机的修正：						
正弦波电压[4)]	δV_{sw}	±1.0	k=2	0.50	1	0.50
脉冲幅度响应[5)]	δV_{pa}	±1.5	矩形	0.87	1	0.87
脉冲重复频率响应[5)]	δV_{pr}	±1.5	矩形	0.87	1	0.87
本底噪声[6)]	δV_{nf}	±0.5	k=2	0.25	1	0.25
天线与接收机之间的失配[7)]	δM	+0.9/−1.0	U形	0.67	1	0.67
双锥天线的修正：						
天线系数的频率内插[13)]	δAF_f	±0.3	矩形	0.17	1	0.17
天线系数的高度偏差[14)]	δAF_h	±0.3	矩形	0.17	1	0.17
方向性的差异[15)]	3 m δA_{dir}	+1.0/−0.0	矩形	0.29	1	0.29
	10 m δA_{dir}	+1.0/−0.0	矩形	0.29	1	0.29
	30 m δA_{dir}	+0.5/−0.0	矩形	0.14	1	0.14
相位中心的位置[16)]	3 m δA_{ph}	±0.0	—	0.00	1	0.00
	10 m δA_{ph}	±0.0	—	0.00	1	0.00
	30 m δA_{ph}	±0.0	—	0.00	1	0.00
交叉极化[17)]	δA_{cp}	±0.0	—	0.00	1	0.00
平衡[18)]	δA_{bal}	±0.9	矩形	0.52	1	0.52
场地修正：						
场地的不理想[19)]	δSA	±4.0	三角形	1.63	1	1.63
测量距离[20)]	3 m δd	±0.3	矩形	0.17	1	0.17
	10 m δd	±0.1	矩形	0.06	1	0.06
	30 m δd	±0.0	—	0.00	1	0.00
试验桌的高度[21)]	3 m δh	±0.1	k=2	0.05	1	0.05
	10 m δh	±0.1	k=2	0.05	1	0.05
	30 m δh	±0.1	k=2	0.05	1	0.05

a　对上脚标编号注的说明见 A.5 条。

因此得到：$2u_c(E)$=5.1 dB，距离 3 m；　$2u_c(E)$=5.0 dB，距离 10 m；
$2u_c(E)$=5.0 dB，距离 30 m。

表 A.6 200 MHz～1 GHz 频率范围的水平极化辐射骚扰
（测量距离为 3 m,10 m 或 30 m,天线为对数周期天线）

输入量	X_i	x_i 的不确定度 dB	概率分布函数	$u(x_i)$ dB	c_i	$c_iu(x_i)$ dB
接收机的读数[1)a]	V_r	±0.1	k=1	0.10	1	0.10
天线与接收机之间的衰减[2)]	L_c	±0.1	k=2	0.05	1	0.05
对数周期天线系数[12)]	AF	±2.0	k=2	1.00	1	1.00
接收机的修正：						
正弦波电压[4)]	δV_{sw}	±1.0	k=2	0.50	1	0.50
脉冲幅度响应[5)]	δV_{pa}	±1.5	矩形	0.87	1	0.87
脉冲重复频率响应[5)]	δV_{pr}	±1.5	矩形	0.87	1	0.87
本底噪声[6)]	δV_{nf}	±0.5	k=2	0.25	1	0.25
天线与接收机之间的失配[7)]	δM	+0.9/−1.0	U形	0.67	1	0.67
双锥天线的修正：						
天线系数的频率内插[13)]	δAF_f	±0.3	矩形	0.17	1	0.17
天线系数的高度偏差[14)]	δAF_h	±0.3	矩形	0.17	1	0.17
方向性的差异[15)]	3 m δA_{dir}	+1.0/−0.0	矩形	0.29	1	0.29
	10 m δA_{dir}	+1.0/−0.0	矩形	0.29	1	0.29
	30 m δA_{dir}	+0.5/−0.0	矩形	0.14	1	0.14
相位中心的位置[16)]	3 m δA_{ph}	±1.0	矩形	0.58	1	0.58
	10 m δA_{ph}	±0.3	矩形	0.17	1	0.17
	30 m δA_{ph}	±0.1	矩形	0.06	1	0.06
交叉极化[17)]	δA_{cp}	±0.9	矩形	0.52	1	0.52
平衡[18)]	δA_{bal}	±0.0	—	0.00	1	0.00
场地修正：						
场地的不理想[19)]	δSA	±4.0	三角形	1.63	1	1.63
测量距离[20)]	3 m δd	±0.3	矩形	0.17	1	0.17
	10 m δd	±0.1	矩形	0.06	1	0.06
	30 m δd	±0.0	—	0.00	1	0.00
试验桌的高度[21)]	3 m δh	±0.1	k=2	0.05	1	0.05
	10 m δh	±0.1	k=2	0.05	1	0.05
	30 m δh	±0.1	k=2	0.05	1	0.05

a 对上脚标编号注的说明见 A.5 条。

因此得到：$2u_c(E)=5.2$ dB， 距离 3 m； $2u_c(E)=5.1$ dB， 距离 10 m；

$2u_c(E)=5.0$ dB， 距离 30 m。

表 A.7 200 MHz～1 GHz 频率范围的垂直极化辐射骚扰
（测量距离为 3 m,10 m 或 30 m,天线为对数周期天线）

输入量	X_i	x_i 的不确定度 dB	x_i 的不确定度 概率分布函数	$u(x_i)$ dB	c_i	$c_iu(x_i)$ dB
接收机的读数[1)a]	V_r	±0.1	$k=1$	0.10	1	0.10
天线与接收机之间的衰减[2)]	L_c	±0.1	$k=2$	0.05	1	0.05
对数周期天线系数[12)]	AF	±2.0	$k=2$	1.00	1	1.00
接收机的修正：						
正弦波电压[4)]	δV_{sw}	±1.0	$k=2$	0.50	1	0.50
脉冲幅度响应[5)]	δV_{pa}	±1.5	矩形	0.87	1	0.87
脉冲重复频率响应[5)]	δV_{pr}	±1.5	矩形	0.87	1	0.87
本底噪声[6)]	δV_{nf}	±0.5	$k=2$	0.25	1	0.25
天线与接收机之间的失配[7)]	δM	+0.9/−1.0	U 形	0.67	1	0.67
双锥天线的修正：						
天线系数的频率内插[13)]	δAF_f	±0.3	矩形	0.17	1	0.17
天线系数的高度偏差[14)]	δAF_h	±0.1	矩形	0.06	1	0.06
方向性的差异[15)]	3 m δA_{dir}	+1.0/−0.0	矩形	0.29	1	0.29
	10 m δA_{dir}	+1.0/−0.0	矩形	0.29	1	0.29
	30 m δA_{dir}	+0.5/−0.0	矩形	0.14	1	0.14
相位中心的位置[16)]	3 m δA_{ph}	±1.0	矩形	0.58	1	0.58
	10 m δA_{ph}	±0.3	矩形	0.17	1	0.17
	30 m δA_{ph}	±0.1	矩形	0.06	1	0.06
交叉极化[17)]	δA_{cp}	±0.9	矩形	0.52	1	0.52
平衡[18)]	δA_{bal}	±0.0	—	0.00	1	0.00
场地修正：						
场地的不理想[19)]	δSA	±4.0	三角形	1.63	1	1.63
测量距离[20)]	3 m δd	±0.3	矩形	0.17	1	0.17
	10 m δd	±0.1	矩形	0.06	1	0.06
	30 m δd	±0.0	—	0.00	1	0.00
试验桌的高度[21)]	3 m δh	±0.1	$k=2$	0.05	1	0.05
	10 m δh	±0.1	$k=2$	0.05	1	0.05
	30 m δh	±0.1	$k=2$	0.05	1	0.05
[a] 对上脚标编号注的说明见 A.5 条。						

因此得到：$2u_c(E)=5.2$ dB， 距离 3 m； $2u_c(E)=5.0$ dB， 距离 10 m；

$2u_c(E)=5.0$ dB， 距离 30 m。

A.5 关于输入量估计值的说明

表 A.1～表 A.7 所列的输入量估计值 x_i 的不确定度是表中所注明的覆盖频率范围内最大的不确定度，前提是该不确定度应与 GB/T 6113.1 中规定的测量设备规范的允差相一致。输入量的上标系指下面说明的编号。各项扩展不确定度 U_{CISPR} 的值列在表 1 中。

标准不确定度 $u(x_i)$ 可通过将 x_i 的不确定度的值除以包含因子 k 来计算，这个包含因子依赖于 x_i 不确定度的概率分布和与其相应的置信概率。对于 U 形、矩形或三角形的概率分布，x_i 以 100% 的置信概率位于 (x_i-a^-) 和 (x_i+a^+) 之间，$u(x_i)$ 分别取 $a/\sqrt{2}$，$a/\sqrt{3}$，$a/\sqrt{6}$，这里 $a=(a^++a^-)/2$，是概率分布的半宽度。对正态分布，如果 x_i 的不确定度的值有 95% 的置信概率（这个值是实验标准差的 2 倍），除数为 2；如 x_i 的不确定度的值有 68% 的置信概率（这个值是实验标准差），除数为 1。

修正是对系统误差的补偿。修正值可以从校准报告或从计算中得到。对无从得到的修正值，如认为取正值和负值的可能性均等，则修正值取零。假定根据数学模型所有的修正值已经被采用，则每项修正值有相应的不确定度。

上述表格中的估计值的某些假设对一个特定的检测实验室可能是不适用的。当检测实验室评定其测量设备的扩展不确定度 U_{lab} 时，必须考虑其特定的测量系统所提供的信息，包括设备的特性、校准数据的质量和传递、已知的或可能的概率分布以及测量程序。检测实验室在整个频率范围内分段评定其不确定度是有利的，尤其是当一个占主导地位的不确定度分量在整个频率范围内变化显著时更是如此。

下列各项说明中所含的注，旨在为与上面假定的数据或情形不同的检测实验室提供一些指导。

1） 接收机读数变化的原因包括测量系统的不稳定、接收机的噪声和表的刻度内插误差。

V_r 的估计值是多次读数的平均值，其标准不确定度（$k=1$）为平均值的实验标准差。

2） 由接收机与人工电源网络、吸收钳或天线之间连接而引入的衰减 L_c 的估计值，及其扩展不确定度和包含因子均可从校准报告得到。

注：对于电缆或衰减器，如果衰减量的估计值来源于生产厂所提供的数据，其标准不确定度可认为服从矩形概率分布，且半宽度等于生产厂所规定的衰减允差；如果上述连接是靠前后相连的电缆和衰减器，且两者均有生产厂提供的数据，则衰减量有两个分量，每一分量均服从矩形概率分布。

3） 人工电源网络的电压分压系数 L_{amn} 的估计值，及其扩展不确定度和包含因子均可从校准报告得到。

4） 对接收机正弦波电压准确度的修正 δV_{sw} 的估计值，及其扩展不确定度和包含因子均可从校准报告得到。

注：如果校准报告表明接收机的正弦波电压准确度在 GB/T 6113.1 所规定的允差（±2 dB）范围内，则 δV_{sw} 的估计值应被认为是 0，并服从半宽度为 2 dB 的矩形概率分布。

5） 一般来说，要想对不理想的接收机的脉冲频率响应特性进行修正是不切实际的。对于峰值、准峰值、平均值或有效值检波方式的接收机来说，假定检验报告表明其脉冲幅度响应符合 GB/T 6113.1 所规定的±1.5 dB 允差要求，则 δV_{pa} 的估计值为 0，且服从半宽度为 1.5 dB 的矩形概率分布。

GB/T 6113.1 规定的接收机对脉冲重复频率响应的允差随重复频率和检波类型而变化。假定检验报告表明接收机脉冲重复频率响应符合 GB/T 6113.1 规定的允差要求，那么 δV_{pr} 的估计值为 0，且服从半宽度为 1.5 dB（该值被认为是 GB/T 6113.1 允差的典型值）的矩形概率分布。

注：如果脉冲幅度响应或脉冲重复频率响应在 GB/T 6113.1 规定的 $\pm\alpha$dB（$\alpha\leqslant1.5$）内得到验证，那么响应修正的估计值为 0，且服从半宽度为 αdB 的矩形概率分布。

如果骚扰在检波器上产生连续波信号，那么对脉冲响应的修正不予考虑。

6） 通常，CISPR 接收机的本底噪声远低于骚扰电压限值或骚扰功率限值，因此本底噪声对那些接近限值的测量结果的影响可忽略不计。然而，对于辐射骚扰来说，接收机的本底噪声与限值的接近程度会影响那些接近辐射骚扰限值的测量结果。

对于辐射骚扰测量，δV_{nf}的估计值为 0，扩展不确定度为 0.5 dB，包含因子为 2。

7) 一般来说，人工电源网络的接收机端口、吸收钳或天线上的输出端口会连接到一个两端口网络的一端（端口 1），而反射系数为 Γ_r 的接收机则连接到网络的另一端（端口 2）。该两端口网络可以是电缆、衰减器、衰减器和电缆的串联或者某些其他部件的组合；它可以用 S 参数来表征。由此得到对网络引入失配的修正 δM 如下：

$$\delta M = 20\log_{10}[(1-\Gamma_e S_{11})(1-\Gamma_r S_{22})-S_{21}^2\Gamma_e\Gamma_r]$$

式中 Γ_e 表示：骚扰测量布置中，从与 EUT 相连的人工电源网络的接收机端口、吸收钳或天线上的输出端口看进去的反射系数。所有的参数都是相对于 50 Ω 的。

如果只是已知参数的模或参数的模的极值，那么要想计算 δM 是不可能的，但可以确认其极值 $\delta M^{\pm}$ 将不大于：

$$\delta M^{\pm} = 20\log_{10}[1\pm(|\Gamma_e||S_{11}|+|\Gamma_r||S_{22}|+|\Gamma_e||\Gamma_r||S_{11}||S_{22}|+|\Gamma_e||\Gamma_r||S_{21}|^2)]$$

δM 的概率分布近似为 U 形分布，其宽度不大于（$\delta M^+ - \delta M^-$）、标准差不大于半宽度除以$\sqrt{2}$。

对于骚扰电压和骚扰功率测量，Γ_e 是 EUT 阻抗的函数。一般来说，EUT 的阻抗是未知的和不受限制的。假设最坏情况下的反射系数 Γ_e 的模等于 1，同时假设接收机的连接电缆匹配良好（$|S_{11}|\ll 1$，$|S_{22}|\ll 1$）、其衰减可以忽略不计（$|S_{21}|\approx 1$）；此外接收机还具有 10 dB 或更大的射频衰减。这一假设是建立在 GB/T 6113.1 规定的基础上，即电压驻波比（$VSWR$）不大于 1.2，相当于（接收机端的）反射系数$|\Gamma_r|$不大于 0.09。

对于辐射骚扰测量，假设天线的技术指标 $VSWR \leqslant 2.0$，进而得出（天线端的）$|\Gamma_e| \leqslant 0.33$。同时假设接收机的连接电缆匹配良好（$|S_{11}|\ll 1$，$|S_{22}|\ll 1$）、其衰减可以忽略不计（$|S_{21}|\approx 1$）；此外接收机的射频衰减为 0。这一假设是建立在满足 GB/T 6113.1 基础上，即 $VSWR \leqslant 2.0$，进而得出（接收机端的）反射系数$|\Gamma_r| \leqslant 0.33$。

修正 δM 的估计值为 0、服从宽度等于（$\delta M^+ - \delta M^-$）的 U 形概率分布。

注：δM 和 $\delta M^{\pm}$ 的表达式表明：减小失配误差可以通过在接收机前增加匹配良好的两端口网络的衰减来实现，其代价是降低了测量的灵敏度。

对某些天线，某些频率上的 $VSWR$ 可能远大于 2.0。

当使用复杂天线时，需要确保从接收机向天线端口看过去的阻抗符合 GB/T 6113.1 规定的要求 $VSWR \leqslant 2.0$。

如果人工电源网络或吸收钳的校准是在与其固定连接的衰减器的输出端口进行的，那么 EUT 阻抗对失配误差的影响随衰减量的增加而减小。

8) 对于 50 Ω/50 μH+5 Ω 的人工电源网络或 50 Ω/50 μH 的人工电源网络，当其接收机端口端接 50 Ω 时，GB/T 6113.1 中规定该网络阻抗的允差应在标称阻抗模的 20%以内。GB/T 6113.1 中未对网络阻抗的相位加以限制，致使 EUT 在人工电源网络上产生的电压的测量不确定度很大。

假设当接收机端口端接 50 Ω 时，人工电源网络的 EUT 端口呈现的阻抗落在复阻抗平面上以标称阻抗为中心、以标称阻抗模的 20%为半径的圆内。这就要求阻抗相位的允差与阻抗模的允差相当。δZ 的估计值为 0，其概率分布由有规范要求的人工电源网络阻抗和无规范要求的 EUT 阻抗在规定的频段内的所有组合而形成的极值来界定。人工电源网络的阻抗和 EUT 阻抗产生这些极值的特定组合的几率很小，因此，可以设定 δZ 服从三角形分布。

9) 假设吸收钳的插入损耗 L_{ac} 的估计值，及其扩展不确定度和包含因子可从校准报告得到。

10) 因隔离不充分，从吸收钳电流变换器耦合过来的电源骚扰可能会影响接收机的读数。为了减小电源骚扰的影响可能有必要采取以下措施：在靠近电源处沿着电源线放置铁氧体吸收器或通过使用人工电源网络来实现电源滤波。

假定电源骚扰可忽略不计或通过施加恰当的抑制措施已将电源骚扰的影响减小到一个可忽略的程度，那么修正 δMD 的估计值为 0，且不确定度也为 0。

注：如果施加了恰当的抑制措施电源骚扰仍不能忽略，且对接收机读数的影响也没有减小到足够的程度，那么修正

δMD 的估计值不再为 0，且应考虑其不确定度。

11） 使用吸收钳所进行的骚扰功率测量对其周围环境是十分敏感的，这包括自然条件和与房间壁面的接近程度。为了确定修正 δE 需要考虑吸收钳的校准环境与吸收钳的使用环境之间的差别，这是很难做到的。

修正 δE 的估计值为 0，其标准差是从同一特制试件在不同的环境中测得的数据中得到的。

注：如果吸收钳校准环境和使用环境相同，那么则不必考虑修正 δE。

12） 假设自由空间的天线系数 AF 的估计值及其扩展不确定度和包含因子可从校准报告得到。

13） 如果天线系数是通过相邻校准频率点的数据之间的内插计算得到的，那么该天线系数的不确定度依赖于校准点之间的频率间隔和天线系数随频率的变化。画出被校准天线系数随频率变化的曲线有助于直观了解这种情形。

对天线系数的内插误差的修正 δAF_f 的估计值为 0，并服从半宽度为 0.3 dB 的矩形概率分布。

注：如果在任一频率点上均可得到校准的天线系数，那么则不必考虑修正 δAF_f。

14） 复杂天线的天线系数随高度变化与偶极子天线系数随高度变化的特性不尽相同。而偶极子天线是被 GB/T 6113.1 指定为 30 MHz～300 MHz 的基准(参考)天线。

修正 δAF_h 的估计值为 0，并服从矩形概率分布，其半宽度可从双锥天线和对数周期天线随高度变化的特性评估得出。

注：如果测量天线是偶极子或频率在 300 MHz 以上，那么则不必考虑修正 δAF_h。

15） GB/T 6113.1 要求复杂天线在直射方向上与在地面反射方向上的响应之差在 1 dB 以内。为了达到这种要求，复杂天线的视轴可能需要向下倾斜，特别在测量距离小于 10 m 的情况下。对于在垂直平面具有均匀方向性图的天线，对方向性影响的修正 δA_{dir} 为 0 dB；对于在垂直平面具有非均匀方向性图的天线，其修正 δA_{dir} 在 0 dB～1 dB 之间。

假设水平极化的双锥天线在垂直平面具有均匀方向性图，并假设垂直极化的双锥天线、水平极化或垂直极化的对数周期天线在 3m 和 10m 的距离上所需的修正 δA_{dir} 不会超过 1 dB；在 30 m 的距离上所需的修正 δA_{dir} 不会超过 +0.5 dB。

修正 δA_{dir} 的估计值为 0，服从适当宽度的矩形概率分布。

注：为了减小不确定度，修正 δA_{dir} 的非零估计值的评定可从已知的测量天线方向性图得到，且它是频率和距离的函数。如果测量天线是偶极子天线，由于 GB/T 6113.1 对在直射方向上和地面反射方向上的响应之差没有做出明确的规定，因此修正 δA_{dir} 不予考虑。

16） 对于双锥天线，对相位中心位置的修正 δA_{ph} 可忽略不计；但对于对数周期天线则不行，因为随着频率的变化，相位中心的位置也发生变化，进而导致与所要求的距离的偏差。

对于对数周期天线，修正 δA_{ph} 的估计值为 0，且服从矩形概率分布，其半宽度是在考虑了实际相位中心与标识的相位中心的差异所引起的误差 ±0.35 m 的影响、并假设场强与距离呈反比的情况下作出评估的。

注：如果测量天线是偶极子天线，则修正 δA_{ph} 可忽略不计。

17） 对于双锥天线，交叉极化响应被认为是可忽略的；对于对数周期天线，对交叉极化响应的修正 δA_{cp} 的估计值为 0，且服从矩形概率分布，其半宽度为 0.9 dB，对应于 GB/T 6113.1 中 −20 dB 的交叉极化响应的允差。

注：如果测量天线是偶极子天线，则修正 δA_{cp} 可忽略不计。

18） 当输入同轴电缆和天线阵子平行时，天线不平衡造成的影响是最大的。对天线不平衡的修正 δA_{bal} 的估计值为 0，且服从矩形概率分布，其半宽度是由商用天线的性能评估的。

19） 场地衰减的理论值与因场地衰减测量不确定度而增大的场地衰减的测量值之差 D_{max} 表明场地不理想对骚扰测量的影响。GB/T 6113.1 所规定的两者之间的允差为 ±4 dB。然而，同 GB/T 6113.1场地衰减测量方法有关的测量不确定度通常较大，并且两种天线系数的不确定度占主导地位。因此，满足 4 dB 允差要求的场地，即使场地不理想，在辐射骚扰测量中也不太会出现因此导致的

4 dB 误差。认识到这一点，修正 δSA 的估计值为 0，且服从三角形的概率分布，半宽度为 4 dB。

未来对 GB/T 6113.1 中场地校准的方法的改进将会减小该允差。

注：如果 D_{max} 小于 4 dB，那么修正 δSA 的估计值为 0。且服从三角形概率分布，其半宽度为 D_{max}。

20) 测试距离的误差来自于对 EUT 边界的确定、测量距离和天线杆的倾斜程度。对距离误差的修正 δd 的估计值为 0，且服从矩形概率分布和一定大小的半宽度，该值是在最大距离误差为±0.1 m、在所界定的距离范围内场强与距离成反比的假设的基础上评估出来的。

21) 受试设备未放置在标准规定的 0.8 m 高的试验桌上所引起的误差。修正 δh 的估计值为 0，服从正态分布，置信概率为 95％的扩展不确定度为 0.1 dB 。该估计值适用于偏离标准试验桌高度±0.01 m时的最大测量场强。

参考文献

[1] Internation Vocabulary of Basic and General Terms in Metrology, ISO, 1993, ISBN 92-67-01075-1.

[2] ISO/IEC GUIDE EXPRES:1995, Guide to the Expression of Uncertainty in Measurement.

[3] TAYLOR, BN. and KUYATT, CE. Guidelines for Evaluating and Expressing the Uncertainty of NIST Measurement Results, United States Department of Commerce Technology Administration, National Institute of Standards and Technology, September 1994, NIST Technical Note 1297.

[4] Expression of the Uncertainty of Measurement in Calibration. European Cooperation for Accreditation of Laboratories, EAL-R2, April 1997; and Supplement 1 to EAL-R2, EAL-R2-S1, November 1997.

ICS 25.100.20
J 41

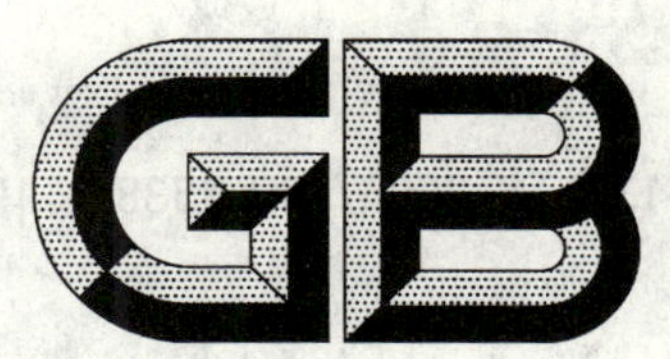

中华人民共和国国家标准

GB/T 6131.1—2006/ISO 3338-1:1996
代替 GB/T 6131.1—1996

铣刀直柄
第1部分:普通直柄的型式和尺寸

Cylindrical shanks for milling cutters—
Part 1: Types and sizes of plain cylindrical shanks

(ISO 3338-1:1996, Cylindrical shanks for milling cutters—
Part 1: Dimensional characteristics of plain cylindrical shanks, IDT)

2006-07-20 发布　　　　2007-01-01 实施

中华人民共和国国家质量监督检验检疫总局
中国国家标准化管理委员会　发布

前言

GB/T 6131《铣刀直柄》分为四个部分：

——第1部分：普通直柄的型式和尺寸；

——第2部分：削平直柄的型式和尺寸；

——第3部分：2°斜削平直柄的型式和尺寸；

——第4部分：螺纹柄的型式和尺寸。

本部分为GB/T 6131的第1部分，本部分等同采用ISO 3338-1:1996《铣刀直柄　第1部分：普通直柄的尺寸特性》(英文版)。

本部分等同翻译ISO 3338-1:1996。

为便于使用，本部分做了下列编辑性修改：

——删除国际标准的前言；

——用我国标准代替对应的国际标准。

本部分代替GB/T 6131.1—1996《铣刀直柄　第1部分：普通直柄的型式和尺寸》。

本部分与GB/T 6131.1—1996相比主要变化如下：

——删除了符号说明。

本部分由中国机械工业联合会提出。

本部分由全国刀具标准化技术委员会归口。

本部分起草单位：成都工具研究所。

本部分主要起草人：曾宇环、沈士昌。

本部分所代替标准的历次版本发布情况为：

——GB/T 6131—1985、GB/T 6131.1—1996。

铣 刀 直 柄
第1部分:普通直柄的型式和尺寸

1 范围

本部分规定了铣刀普通直柄的型式和尺寸(直径3 mm～63 mm)。

本部分适用于单头铣刀和双头铣刀。

削平直柄、2°斜削平直柄和螺纹柄的型式和尺寸分别在GB/T 6131.2、GB/T 6131.3和GB/T 6131.4中列出。

2 尺寸

见图1和表1。

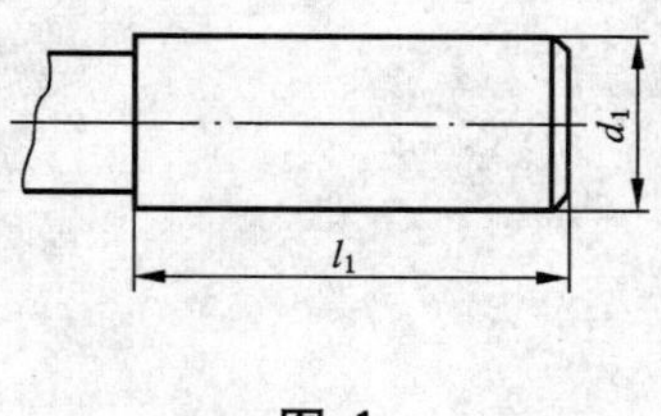

图 1

表 1

单位为毫米

d_1 h8	3[a]	4	5	6[a]	8	10	12[a]	14	16	18	20	25	32[a]	40	50	63
$l_1\ ^{+2}_{0}$	28			36		40	45		48		50	56	60	70	80	90
[a] 与GB/T 4267—2004《直柄回转刀具用柄部直径和传动方头尺寸》不同。																

ICS 25.100.20
J 41

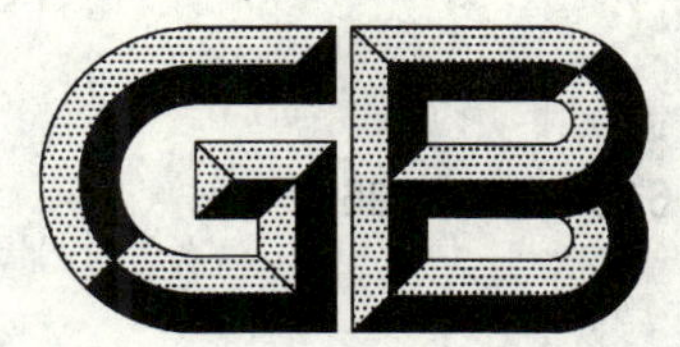

中华人民共和国国家标准

GB/T 6131.2—2006
代替 GB/T 6131.2—1996

铣刀直柄 第2部分:削平直柄的型式和尺寸

Cylindrical shanks for milling cutters—
Part 2: Types and sizes of flatted cylindrical shanks

(ISO 3338-2:2000, Cylindrical shanks for milling cutters—
Part 2: Dimensional characteristics of flatted cylindrical shanks, MOD)

2006-07-20 发布　　2007-01-01 实施

中华人民共和国国家质量监督检验检疫总局
中国国家标准化管理委员会　发布

前言

GB/T 6131《铣刀直柄》分为四个部分：

——第1部分：普通直柄的型式和尺寸；

——第2部分：削平直柄的型式和尺寸；

——第3部分：2°斜削平直柄的型式和尺寸；

——第4部分：螺纹柄的型式和尺寸。

本部分为GB/T 6131的第2部分，本部分修改采用ISO 3338-2:2000《铣刀直柄　第2部分：削平直柄的尺寸特性》(英文版)。

本部分根据ISO 3338-2:2000重新起草。

本部分与ISO 3338-2:2000相比有下列技术差异和编辑性修改：

——l_3 的公差由 $^{+0.05}_{0}$ 改为 $^{+0.10}_{0}$；

——h 的公差等级由h11改为 $^{0}_{-0.4}$；

——修改了前言中关于双削平柄使用范围的说明；

——删除国际标准的前言；

——用小数点'.'代替作为小数点的逗号','；

——用我国标准代替对应的国际标准。

本部分代替GB/T 6131.2—1996《铣刀直柄　第2部分：削平直柄的型式和尺寸》。

本部分与GB/T 6131.2—1996相比主要变化如下：

——柄部直径 d_1 增加了14、18两个系列；

——增加了本部分与GB/T 6131.1所采用的不同柄部直径公差的阐述；

——删除了符号说明。

本部分由中国机械工业联合会提出。

本部分由全国刀具标准化技术委员会归口。

本部分起草单位：成都工具研究所。

本部分主要起草人：曾宇环、沈士昌。

本部分所代替标准的历次版本发布情况为：

——GB/T 6131—1985、GB/T 6131.2—1996。

铣 刀 直 柄
第2部分:削平直柄的型式和尺寸

1 范围

本部分规定了铣刀削平直柄的型式和尺寸(直径 6 mm～20 mm 的单削平柄和直径 25 mm～63 mm的双削平柄)。单削平柄既适用于单头铣刀又适用于双头铣刀,双削平柄适用于单头铣刀。

普通直柄、2°斜削平直柄和螺纹柄的型式和尺寸分别在 GB/T 6131.1、GB/T 6131.3 和 GB/T 6131.4中列出。

GB/T 6131.1 与本部分有相同的尺寸特性(直径和长度)和不同的柄部直径公差,即:

——普通直柄 h8,通常用于装在弹簧夹头上的刀具;

——削平直柄 h6,用于安装在螺钉夹紧的夹头中,需要较高的精度。

2 尺寸

2.1 直径 d_1 为 6 mm～20 mm 的单削平直柄。

见图1和表1。

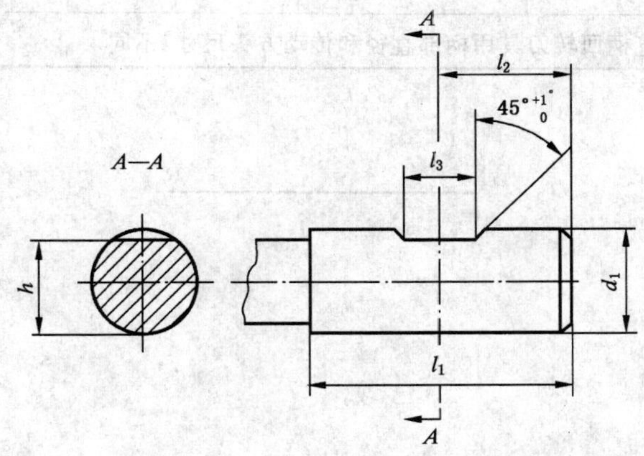

图1

2.2 直径 d_1 为 25 mm～63 mm 的双削平直柄。

见图2和表1。

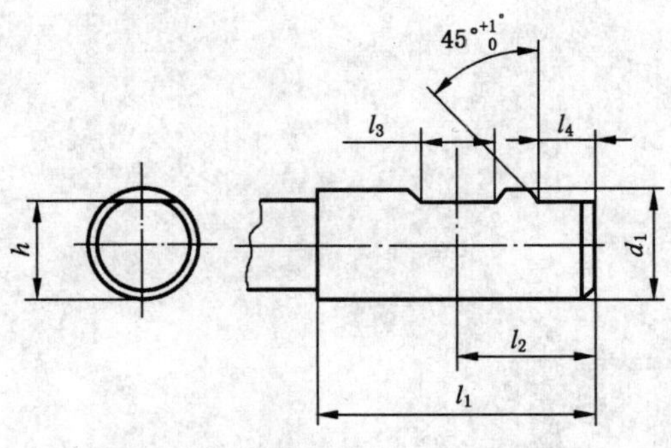

图2

表 1

单位为毫米

d_1 h6	l_1 $^{+2}_{0}$	l_2 $^{0}_{-1}$	l_3 $^{+0.10}_{0}$	l_4 $^{+1}_{0}$	h $^{0}_{-0.4}$
6[a]	36	18	4.2	—	4.8
8			5.5		6.6
10	40	20	7		8.4
12[a]	45	22.5	8		10.4
14	45	22.5	8		12.7
16	48	24	10		14.2
18	48	24	10		16.2
20	50	25	11		18.2
25	56	32	12	17	23
32[a)]	60	36	14	19	30
40	70	40			38
50	80	45	18	23	47.8
63	90	50			60.8

a 与 GB/T 4267—2004《直柄回转刀具用柄部直径和传动方头尺寸》不同。

ICS 25.100.20
J 41

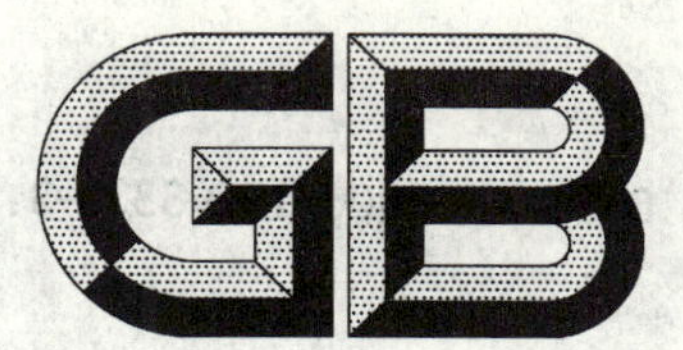

中华人民共和国国家标准

GB/T 6131.4—2006/ISO 3338-3:1996
代替 GB/T 6131.4—1996

铣刀直柄 第4部分:螺纹柄的型式和尺寸

Cylindrical shanks for milling cutters—
Part 4: Types and sizes of threaded cylindrical shanks

(ISO 3338-3:1996, Cylindrical shanks for milling cutters—
Part 3: Dimensional characteristics of threaded cylindrical shanks, IDT)

2006-07-20 发布　　　　2007-01-01 实施

中华人民共和国国家质量监督检验检疫总局
中国国家标准化管理委员会　发布

前　言

GB/T 6131《铣刀直柄》分为四个部分:

——第1部分:普通直柄的型式和尺寸;

——第2部分:削平直柄的型式和尺寸;

——第3部分:2°斜削平直柄的型式和尺寸;

——第4部分:螺纹柄的型式和尺寸。

本部分为GB/T 6131的第4部分,本部分等同采用ISO 3338-3:1996《铣刀直柄　第3部分:螺纹柄的尺寸特性》(英文版)。

本部分等同翻译ISO 3338-3:1996。

为便于使用,本部分做了下列编辑性修改:

——删除国际标准的前言;

——用小数点'.'代替作为小数点的逗号',';

——在规范性引用文件中,ISO 228-1:1994用我国标准GB/T 7307—2001代替,ISO 866:1975和ISO 2540:1973两个标准用我国标准GB/T 145—2001代替。

本部分代替GB/T 6131.4—1996《铣刀直柄　第4部分:螺纹柄的型式和尺寸》。

本部分与GB/T 6131.4—1996相比主要变化如下:

——增加了新的规范性引用文件;

——删除了符号说明。

本部分由中国机械工业联合会提出。

本部分由全国刀具标准化技术委员会归口。

本部分起草单位:成都工具研究所。

本部分主要起草人:曾宇环、沈士昌。

本部分所代替标准的历次版本发布情况为:

——GB/T 6131—1985、GB/T 6131.4—1996。

铣 刀 直 柄
第4部分:螺纹柄的型式和尺寸

1 范围

本部分规定了铣刀螺纹柄的型式和尺寸(直径6 mm～32 mm)。

普通直柄、削平直柄和2°斜削平直柄的型式和尺寸分别在GB/T 6131.1、GB/T 6131.2和GB/T 6131.3中列出。

2 规范性引用文件

下列文件中的条款通过GB/T 6131本部分的引用而成为本部分的条款。凡是注日期的引用文件,其随后所有的修改单(不包括勘误的内容)或修订版均不适用于本部分,然而,鼓励根据本部分达成协议的各方研究是否可使用这些文件的最新版本。凡是不注日期的引用文件,其最新版本适用于本部分。

GB/T 145—2001 中心孔(idt ISO 866:1975)

GB/T 7307—2001 55°非密封管螺纹(eqv ISO 228-1:1994)

3 尺寸

见图1和表1。

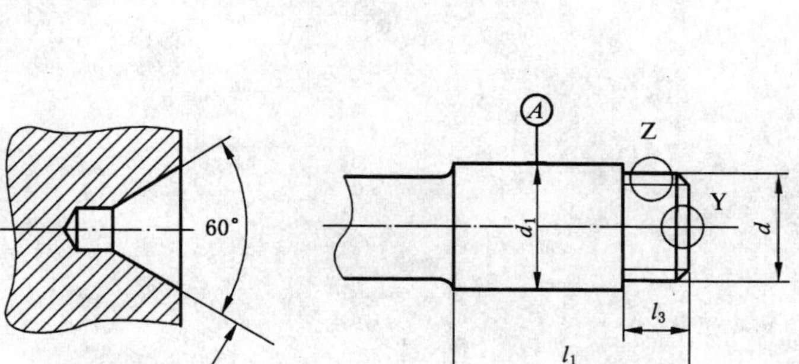

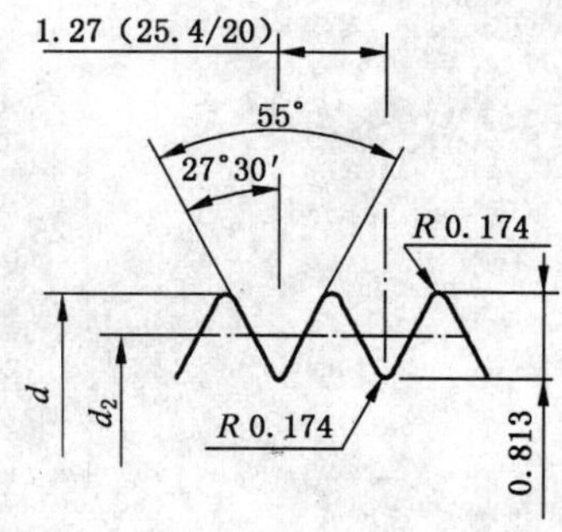

注:规定中心孔和柄部轴线之间的圆跳动公差,目的是保证立铣刀进入夹头时准确定位,这还取决于夹头有一个合适的精度。这种夹头是非标的。

图1

表 1

单位为毫米

d_1 h8	d		d_2		l_1 $^{+2}_{0}$	l_3 $^{+2}_{0}$	中心孔[a]
6[b]	5.9	$^{0}_{-0.1}$	5.087	$^{0}_{-0.1}$	36	10	A1.6/4[c] 或 B1.6/6.3
10	9.9		9.087		40		
12[b]	11.9		11.087		45		
16	15.9		15.087		48		A2/5 或 B2/8
20	19.9	$^{0}_{-0.15}$	19.087	$^{0}_{-0.15}$	50	15	A2.5/6.3 或 B2.5/10
25	24.9		24.087		56		
32[b]	31.9		31.087		60		A3.15/8 或 B3.15/11.2

a 按照 GB/T 145—2001 中的 A 型或 B 型。

b 与 GB/T 4267—2004《直柄回转刀具用柄部直径和传动方头尺寸》不同。

c 为使锥面直径等于 2.5 mm(代替 GB/T 6078.1—1998 的 3.35 mm),对于柄部直径 6 mm,ϕ1.6 mm 中心孔的长度将受到限制。

ICS 25.100.20
J 41

中华人民共和国国家标准

GB/T 6132—2006/ISO 240:1994

铣刀和铣刀刀杆的互换尺寸

Milling cutters interchangeability dimensions for cutter arbors

(ISO 240:1994,IDT)

2006-07-20 发布　　2007-01-01 实施

中华人民共和国国家质量监督检验检疫总局
中国国家标准化管理委员会　发布

前　言

本标准等同采用 ISO 240:1994《铣刀　铣刀刀杆和铣刀芯轴的互换尺寸》(英文版)。

本标准等同翻译 ISO 240:1994。

为了便于使用,本标准做了下列编辑性修改:

——删除了国际标准前言;

——“本国际标准”一词改为“本标准”;

——用小数点“.”代替作为小数点的“,”。

本标准的附录 A 为资料性附录。

本标准由中国机械工业联合会提出。

本标准由全国刀具标准化技术委员会归口。

本标准起草单位:成都工具研究所。

本标准主要起草人:夏千。

铣刀和铣刀刀杆的互换尺寸

1 范围

本标准规定了铣刀和铣刀刀杆或芯轴之间的互换尺寸，即：内孔、刀杆或芯轴的直径及键或端键传动的各要素。

本标准适用于安装在刀杆或芯轴上的各种铣刀。

本标准对键传动和端键传动分别给出了两组表。

在附录 A 中，给出了米制值转换为对应英制值的换算表。

2 键传动

见图 1 和表 1。

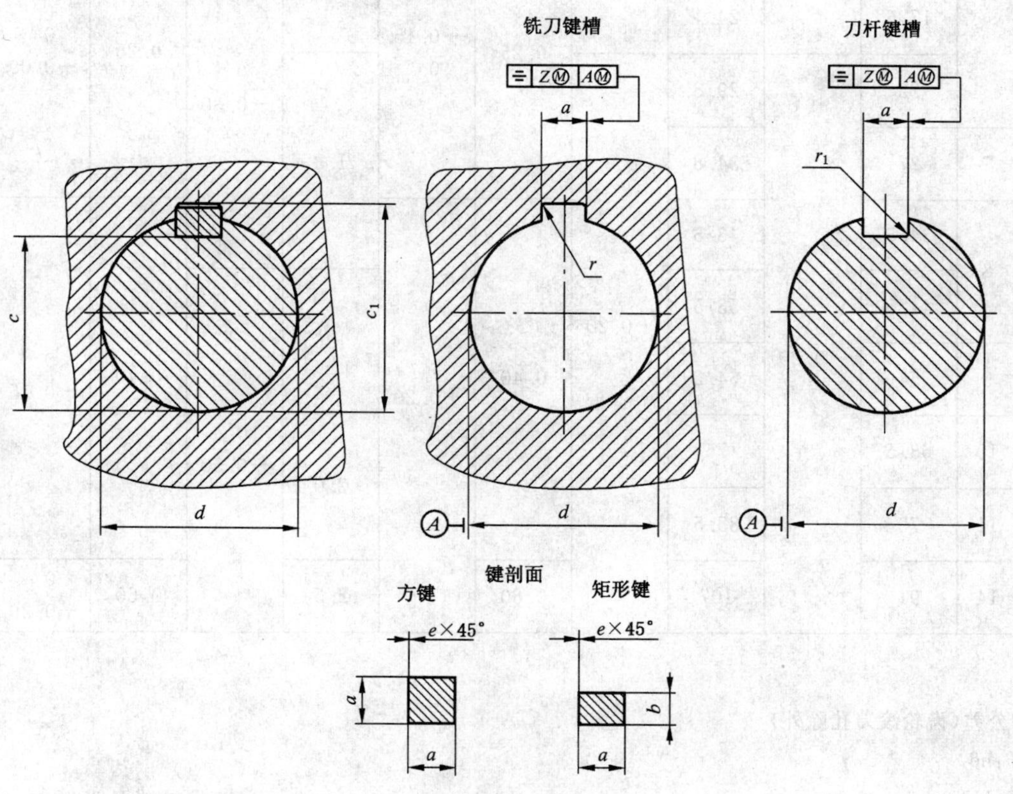

图 1

表 1

单位为毫米

<table>
<tr><th rowspan="2">d^{a}</th><th rowspan="2">a^{a}</th><th rowspan="2">b
h11</th><th colspan="2">c</th><th colspan="2">c_1</th><th colspan="2">e</th><th colspan="2">r</th><th colspan="2">r_1</th><th rowspan="2">z</th></tr>
<tr><th>基本尺寸</th><th>极限偏差</th><th>基本尺寸</th><th>极限偏差</th><th>基本尺寸</th><th>极限偏差</th><th>基本尺寸</th><th>极限偏差</th><th>基本尺寸</th><th>极限偏差</th></tr>
<tr><td>8</td><td>2</td><td rowspan="7">—</td><td>6.7</td><td rowspan="7">0
−0.10</td><td>8.9</td><td rowspan="6">+0.10
0</td><td rowspan="4">0.16</td><td rowspan="4">+0.09
0</td><td rowspan="3">0.4</td><td rowspan="3">0
−0.10</td><td rowspan="4">0.16</td><td rowspan="4">0
−0.08</td><td rowspan="3">0.030</td></tr>
<tr><td>10</td><td rowspan="2">3</td><td>8.2</td><td>11.5</td></tr>
<tr><td>13</td><td>11.2</td><td>14.6</td></tr>
<tr><td>16</td><td>4</td><td>13.2</td><td>17.7</td><td>0.6</td><td>0
−0.20</td><td rowspan="3">0.035</td></tr>
<tr><td>19</td><td>5</td><td>15.6</td><td>21.1</td><td rowspan="4">0.25</td><td rowspan="4">+0.15
0</td><td rowspan="2">1.0</td><td rowspan="5">0
−0.30</td><td rowspan="4">0.25</td><td rowspan="4">0
−0.09</td></tr>
<tr><td>22</td><td>6</td><td>17.6</td><td>24.1</td></tr>
<tr><td>27</td><td>7</td><td>22</td><td>29.8</td><td rowspan="8">+0.20
0</td><td rowspan="3">1.2</td><td rowspan="3">0.040</td></tr>
<tr><td>32</td><td>8</td><td>7</td><td>27</td><td rowspan="7">0
−0.20</td><td>34.8</td></tr>
<tr><td>40</td><td>10</td><td rowspan="2">8</td><td>34.5</td><td>43.5</td><td rowspan="5">0.40</td><td rowspan="6">+0.20
0</td><td rowspan="5">0.40</td><td rowspan="5">0
−0.15</td></tr>
<tr><td>50</td><td>12</td><td>44.5</td><td>53.5</td><td rowspan="2">1.6</td><td rowspan="5">0
−0.50</td><td rowspan="4">0.045</td></tr>
<tr><td>60</td><td>14</td><td>9</td><td>54</td><td>64.2</td></tr>
<tr><td>70</td><td>16</td><td>10</td><td>63.5</td><td>75</td><td rowspan="2">2.0</td></tr>
<tr><td>80</td><td>18</td><td>11</td><td>73</td><td>85.5</td></tr>
<tr><td>100</td><td>25</td><td>14</td><td>91</td><td>107</td><td>0.60</td><td>2.5</td><td>0.60</td><td>0
−0.20</td><td>0.055</td></tr>
</table>

[a] 公差

——d 的公差(齿轮滚刀孔除外)

刀杆:h6

铣刀:H7

——a 的公差

对于刀杆的键槽:

松配合键:H9

紧配合键:N9

对于铣刀键槽:C11

键:h9

3 端键传动

见图 2 和表 2。

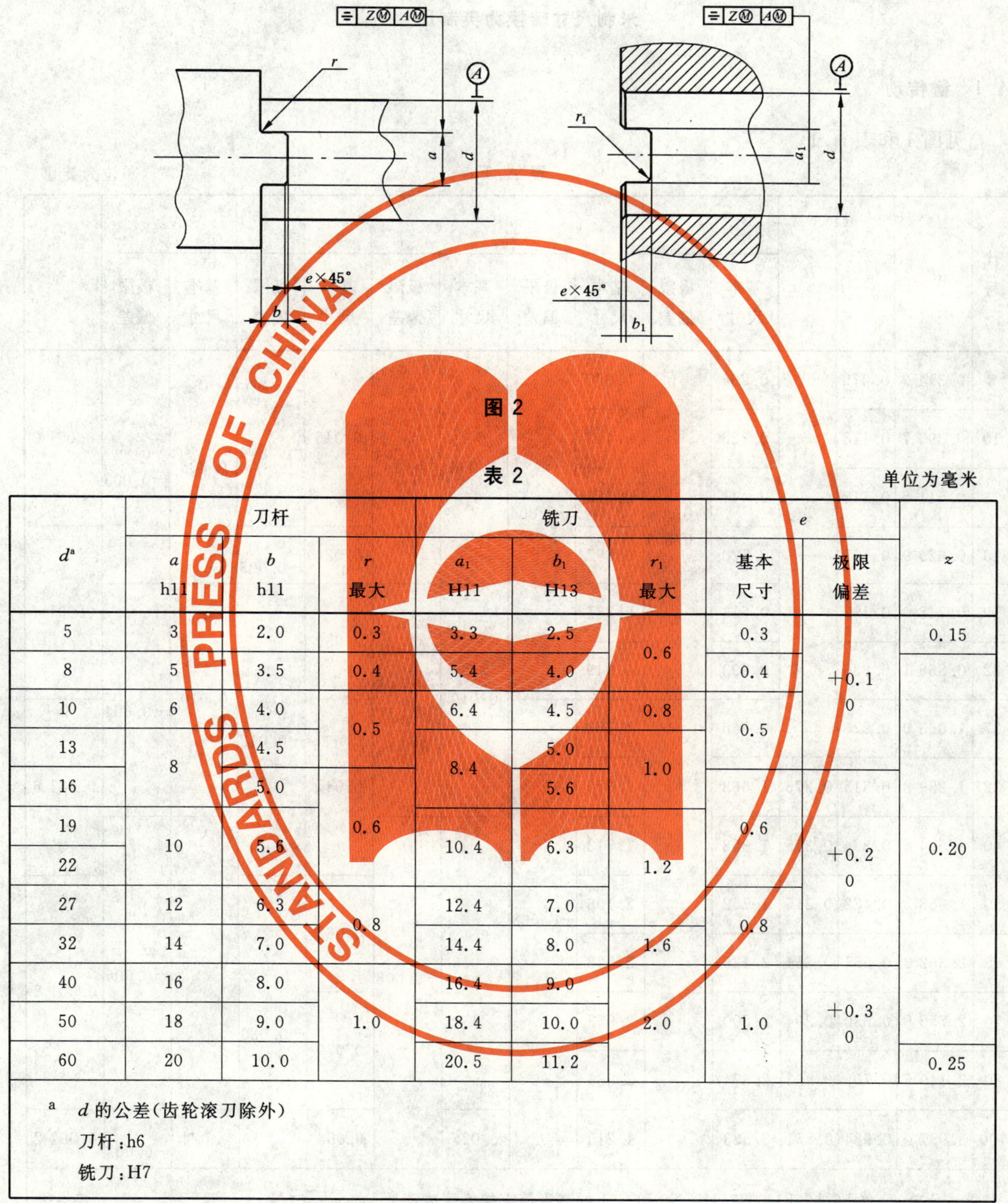

图 2

表 2

单位为毫米

d^a	刀杆			铣刀			e		z
	a h11	b h11	r 最大	a_1 H11	b_1 H13	r_1 最大	基本 尺寸	极限 偏差	
5	3	2.0	0.3	3.3	2.5	0.6	0.3	+0.1 0	0.15
8	5	3.5	0.4	5.4	4.0		0.4		0.20
10	6	4.0	0.5	6.4	4.5	0.8	0.5		
13	8	4.5		8.4	5.0	1.0			
16		5.0			5.6		0.6	+0.2 0	
19	10	5.6	0.6	10.4	6.3	1.2			
22									
27	12	6.3	0.8	12.4	7.0		0.8		
32	14	7.0		14.4	8.0	1.6			
40	16	8.0		16.4	9.0		1.0	+0.3 0	
50	18	9.0	1.0	18.4	10.0	2.0			
60	20	10.0		20.5	11.2				0.25

[a] d 的公差(齿轮滚刀除外)

刀杆:h6

铣刀:H7

附　录　A
（资料性附录）
米制尺寸转换为英制尺寸

A.1　键传动

见图1和表A.1。

表 A.1

单位为英寸

<table>
<tr><th rowspan="2">代号</th><th rowspan="2">d^a</th><th rowspan="2">a^a</th><th rowspan="2">b^a</th><th colspan="2">c</th><th colspan="2">c_1</th><th colspan="2">e</th><th colspan="2">r</th><th colspan="2">r_1</th><th rowspan="2">z</th></tr>
<tr><th>基本尺寸</th><th>极限偏差</th><th>基本尺寸</th><th>极限偏差</th><th>基本尺寸</th><th>极限偏差</th><th>基本尺寸</th><th>极限偏差</th><th>基本尺寸</th><th>极限偏差</th></tr>
<tr><td>8</td><td>0.314 9</td><td>0.079</td><td rowspan="7">—</td><td>0.264</td><td rowspan="6">0
−0.004</td><td>0.350</td><td rowspan="6">+0.004
0</td><td rowspan="3">0.006</td><td rowspan="3">+0.004
0</td><td rowspan="3">0.016</td><td rowspan="3">0
−0.004</td><td rowspan="4">0.006</td><td rowspan="4">0
−0.003</td><td rowspan="3">0.001 2</td></tr>
<tr><td>10</td><td>0.393 7</td><td>0.118</td><td>0.323</td><td>0.453</td></tr>
<tr><td>13</td><td>0.511 8</td><td>0.118</td><td>0.441</td><td>0.575</td></tr>
<tr><td>16</td><td>0.629 9</td><td>0.157</td><td>0.520</td><td>0.697</td><td>0.024</td><td>0
−0.008</td><td rowspan="3">0.001 4</td></tr>
<tr><td>19</td><td>0.748 0</td><td>0.197</td><td>0.614</td><td>0.831</td><td rowspan="3">0.010</td><td rowspan="3">+0.006
0</td><td rowspan="2">0.039</td><td rowspan="4">0
−0.012</td><td rowspan="3">0.010</td><td rowspan="3">0
−0.004</td></tr>
<tr><td>22</td><td>0.866 1</td><td>0.236</td><td>0.693</td><td>0.949</td></tr>
<tr><td>27</td><td>1.063 0</td><td>0.276</td><td>0.866</td><td rowspan="8">0
−0.008</td><td>1.173</td><td rowspan="8">+0.008
0</td><td rowspan="2">0.047</td><td rowspan="2">0.001 6</td></tr>
<tr><td>32</td><td>1.259 8</td><td>0.315</td><td>0.276</td><td>1.063</td><td>1.370</td></tr>
<tr><td>40</td><td>1.574 8</td><td>0.394</td><td>0.315</td><td>1.358</td><td>1.713</td><td rowspan="5">0.016</td><td rowspan="6">+0.008
0</td><td></td><td rowspan="5">0.016</td><td rowspan="5">0
−0.006</td><td></td></tr>
<tr><td>50</td><td>1.968 5</td><td>0.472</td><td>0.315</td><td>1.752</td><td>2.106</td><td rowspan="2">0.063</td><td rowspan="5">0
−0.020</td><td rowspan="4">0.001 8</td></tr>
<tr><td>60</td><td>2.362 2</td><td>0.551</td><td>0.354</td><td>2.126</td><td>2.528</td></tr>
<tr><td>70</td><td>2.755 9</td><td>0.630</td><td>0.394</td><td>2.500</td><td>2.953</td><td rowspan="2">0.079</td></tr>
<tr><td>80</td><td>3.149 6</td><td>0.709</td><td>0.433</td><td>2.874</td><td>3.366</td></tr>
<tr><td>100</td><td>3.937 0</td><td>0.984</td><td>0.551</td><td>3.583</td><td>4.213</td><td>0.024</td><td>0.098</td><td>0.024</td><td>0
−0.008</td><td>0.002 2</td></tr>
<tr><td colspan="15">[a] 公差：公差 h6、h9、h11、H7、H9、N9 和 C11 的毫米值直接换算成英寸。</td></tr>
</table>

A.2 端键传动

见图 2 和表 A.2。

表 A.2

单位为英寸

<table>
<tr><th rowspan="2">代号</th><th rowspan="2">d[a]</th><th colspan="3">刀杆</th><th colspan="3">铣刀</th><th colspan="2">e</th><th rowspan="2">z</th></tr>
<tr><th>a[a]</th><th>b[a]</th><th>r
最大</th><th>a_1[a]</th><th>b_1[a]</th><th>r_1
最大</th><th>基本
尺寸</th><th>极限
偏差</th></tr>
<tr><td>5</td><td>0.196 8</td><td>0.118</td><td>0.079</td><td>0.012</td><td>0.130</td><td>0.099</td><td rowspan="2">0.020</td><td>0.012</td><td rowspan="4">+0.004
0</td><td>0.006</td></tr>
<tr><td>8</td><td>0.314 9</td><td>0.197</td><td>0.138</td><td>0.016</td><td>0.213</td><td>0.158</td><td>0.016</td><td rowspan="10">0.008</td></tr>
<tr><td>10</td><td>0.393 7</td><td>0.236</td><td>0.157</td><td rowspan="2">0.020</td><td>0.252</td><td>0.177</td><td>0.030</td><td rowspan="2">0.020</td></tr>
<tr><td>13</td><td>0.511 8</td><td rowspan="2">0.315</td><td>0.177</td><td rowspan="2">0.331</td><td>0.197</td><td rowspan="2">0.040</td></tr>
<tr><td>16</td><td>0.629 9</td><td>0.197</td><td rowspan="3">0.024</td><td>0.220</td><td rowspan="3">0.024</td><td rowspan="4">+0.008
0</td></tr>
<tr><td>19</td><td>0.748 0</td><td rowspan="2">0.394</td><td rowspan="2">0.220</td><td rowspan="2">0.410</td><td rowspan="2">0.248</td><td rowspan="3">0.050</td></tr>
<tr><td>22</td><td>0.866 1</td></tr>
<tr><td>27</td><td>1.063 0</td><td>0.472</td><td>0.248</td><td rowspan="2">0.031</td><td>0.488</td><td>0.276</td><td rowspan="2">0.031</td></tr>
<tr><td>32</td><td>1.259 8</td><td>0.551</td><td>0.276</td><td>0.567</td><td>0.316</td><td>0.060</td></tr>
<tr><td>40</td><td>1.574 8</td><td>0.630</td><td>0.315</td><td rowspan="3">0.039</td><td>0.646</td><td>0.355</td><td rowspan="3">0.080</td><td rowspan="3">0.039</td><td rowspan="3">+0.012
0</td></tr>
<tr><td>50</td><td>1.968 5</td><td>0.709</td><td>0.354</td><td>0.725</td><td>0.394</td></tr>
<tr><td>60</td><td>2.362 2</td><td>0.787</td><td>0.394</td><td>0.807</td><td>0.441</td><td>0.010</td></tr>
<tr><td colspan="11">a 公差:公差 h6、h11、H7、H11 和 H13 的毫米值直接换算成英寸。</td></tr>
</table>

ICS 25.060.20
J 41

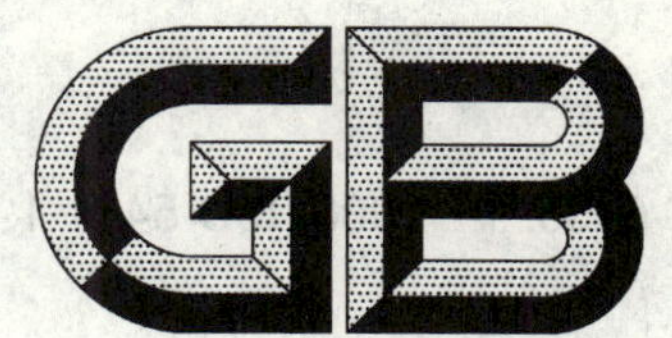

中华人民共和国国家标准

GB/T 6133.1—2006/ISO 5414-1:2002
代替 GB/T 6133—1985

削平型直柄刀具夹头 第1部分:刀具柄部传动系统的尺寸

Tool chucks for flated parallel shank tools—
Part 1: Dimensions of the driving system of tool shanks

(ISO 5414-1:2002, Tool chucks(end mill holders) with clamp screws for flatted cylindrical shank tools—Part 1: Dimensions of the driving system of tool shanks, IDT)

2006-07-20 发布 2007-01-01 实施

中华人民共和国国家质量监督检验检疫总局
中国国家标准化管理委员会 发布

前　言

GB/T 6133《削平型直柄刀具夹头》分为两个部分：

——第1部分：刀具柄部传动系统的尺寸；

——第2部分：夹头的连接尺寸和标记。

本部分为GB/T 6133的第1部分，本部分等同采用ISO 5414-1:2002《削平型直柄刀具用带紧固螺钉的刀具夹头(立铣刀夹头)　第1部分：刀具柄部传动系统的尺寸》(英文版)。

本部分等同翻译ISO 5414-1:2002。

本部分与ISO 5414-1:2002相比有下列编辑性修改：

——删除了国际标准前言；

——将"ISO 5414的这部分"一词改为"本部分"；

——用小数点"."代替作为小数点的","；

——图1、图2：按我国的制图编写，将图中符号"Φd_1、Φd_2、Φd_5"改为"d_1、d_2、d_5"；

——表1：d_2 的极限偏差由"最小值"改为"$_{-1}^{\ 0}$"；

——表3：更正了国际标准的错误，将脚注a中的符号"d_5"改为"d_2"；

——用采用国际标准的我国标准代替对应的国际标准。

本部分是对GB/T 6133—1985《削平型直柄刀具夹头》的修订。

本部分代替GB/T 6133—1985中的"刀具柄部传动系统的尺寸"部分。

本部分与GB/T 6133—1985相比主要变化如下：

——将原GB/T 6133标准分成两个部分，即："削平型直柄刀具夹头　第1部分：刀具柄部传动系统的尺寸"、"削平型直柄刀具夹头　第2部分：夹头的连接尺寸和标记"；

——增加了"前言"、"第1章　范围"、"第2章　规范性引用文件"的内容；

——图1、图2：将柄部传动系统部分单独画出，与夹头连接部分示图分开。

——表1、表2：表1中增加了 $d_1=14$ 和18两种规格。表2中将尺寸"d_3=M18、M20、M24"改为"d_3=M18×2、M20×2、M24×2"。表1和表2中增加了 l_4、d_5 两个尺寸，l_2 的极限偏差由"±0.5"改为"$_{-1}^{\ 0}$"；

——图3：将"θ"改为"$45°{}_{0}^{+1°}$"；

——表3：取消表中"θ"尺寸，将符号"l_1"改为"l"。将尺寸"d_3=M18、M20、M24"改为"d_3=M18×2、M20×2、M24×2"。

本部分由中国机械工业联合会提出。

本部分由全国刀具标准化技术委员会归口。

本部分起草单位：成都工具研究所。

本部分主要起草人：夏千。

本部分所代替标准的历次版本发布情况为：GB/T 6133—1985。

削平型直柄刀具夹头
第1部分:刀具柄部传动系统的尺寸

1 范围

本部分规定了带紧固螺钉的刀具夹头(立铣刀夹头)及其紧固螺钉的尺寸,还给出了夹头端面的最大直径。这种夹头用于按 GB/T 6131.2 的削平型直柄刀具的传动。

本部分规定了两种传动型式:

——孔径 $d_1 \leqslant 20$ mm 的夹头,用于传动单削平型直柄刀具。这类刀具既可做成单头的也可做成双头的。

——孔径 $d_1 \geqslant 25$ mm 的夹头,用于传动双削平型直柄刀具。这类刀具只做成单头的。

注:各型夹头的连接尺寸和带紧固螺钉的刀具夹头(立铣刀夹头)的标记按 GB/T 6133.2 的规定。

2 规范性引用文件

下列文件中的条款通过 GB/T 6133 的本部分的引用而成为本部分的条款。凡是注日期的引用文件,其随后所有的修改单(不包括勘误的内容)或修订版均不适用于本部分,然而,鼓励根据本部分达成协议的各方研究是否可使用这些文件的最新版本。凡是不注日期的引用文件,其最新版本适用于本部分。

GB/T 6131.2　铣刀直柄　第2部分:削平直柄的型式和尺寸(GB/T 6131.2—2006,ISO 3338-2:2000,MOD)

GB/T 6133.2　削平型直柄刀具夹头　第2部分:夹头的连接尺寸和标记(GB/T 6133.2—2006,ISO 5414-2:2002,IDT)

3 尺寸

3.1　单削平型刀具柄部用夹头的型式按图1所示,尺寸由表1给出。

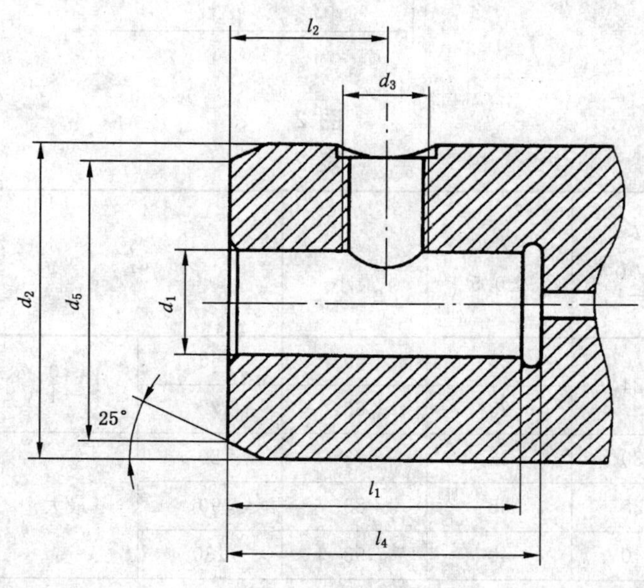

图1

表 1

单位为毫米

d_1 H5	l_1 ±1	l_2 $^{0}_{-1}$	l_4 最小	d_2 $^{0}_{-1}$	d_3 6H	d_5 $^{0}_{-1}$
6	35	18	37	25	M6	15
8				28	M8	20
10	39	20	41	35	M10	25
12	44	22.5	46	42	M12	30
14				44		32
16	47	24	49	48	M14	36
18				50		38
20	49	25	51	52	M16	40

3.2 双削平型刀具柄部用夹头的型式按图 2 所示，尺寸由表 2 给出。

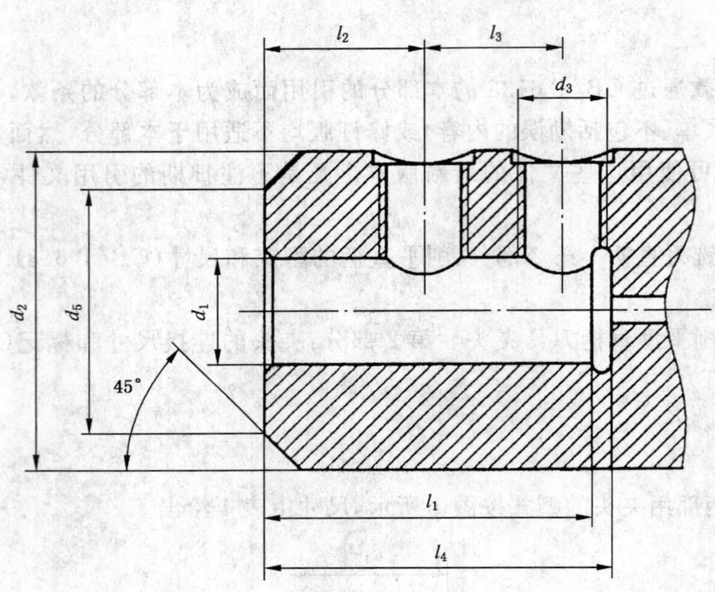

图 2

表 2

单位为毫米

d_1 H5	l_1 ±1	l_2 $^{0}_{-1}$	l_3 ±0.5	l_4 最小	d_2		d_3 6H	d_5 $^{0}_{-1}$
25	54	24	25	59	65	$^{0}_{-1}$	M18×2	45
32	58		28	63	72		M20×2	56
40	68	30	32	73	80	最大		60
50	78	35	35	83	90		M24×2	70
63	88	40	40	93	130			[a]

[a] 由制造厂自行规定。

3.3　紧固螺钉的型式按图 3 所示，尺寸由表 3 给出。

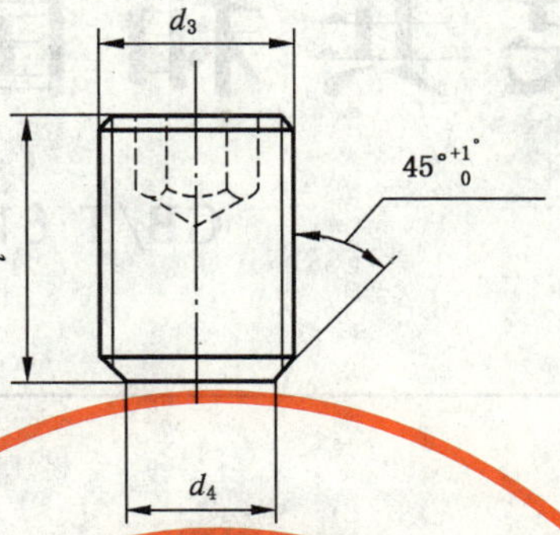

图 3

表 3

单位为毫米

d_3 6h	d_4 $^{0}_{-1}$	l[a]	夹头孔 d_1
M6	4.2	10	6
M8	5.5		8
M10	7	12	10
M12	8		12
M14	10	16	16
M16	11		20
M18×2	12	20	25
M20×2	14		32
		25	40
M24×2	18		50
		33	63

a　给出的值表示夹头内孔直径 $d_1 \leqslant 32$ mm 的螺钉公称长度，对于较大的夹头，本表给出的 l 值是按 d_2 的最大值计算的，供参考。在 d_2 减小时，螺钉长度应重新计算，以确保适当的配合长度。

ICS 25.060.20
J 41

中华人民共和国国家标准

GB/T 6133.2—2006/ISO 5414-2:2002
代替 GB/T 6133—1985

削平型直柄刀具夹头
第2部分:夹头的连接尺寸和标记

Tool chucks for flated parallel shank tools—
Part 2:Connecting dimensions of chucks and designation

(ISO 5414-2:2002,Tool chucks(end mill holders) with clamp screws for flatted cylindrical shank tools—Part 2: Connecting dimensions of chucks and designation,IDT)

2006-07-20 发布　　2007-01-01 实施

中华人民共和国国家质量监督检验检疫总局
中国国家标准化管理委员会　发布

前　言

GB/T 6133《削平型直柄刀具夹头》分为两个部分：

——第1部分：刀具柄部传动系统的尺寸；

——第2部分：夹头的连接尺寸和标记。

本部分为GB/T 6133的第2部分，本部分等同采用ISO 5414-2:2002《削平型直柄刀具用带紧固螺钉的刀具夹头（立铣刀夹头）　第2部分：夹头的连接尺寸和标记》（英文版）。

本部分等同翻译ISO 5414-2:2002。

为了便于使用，本部分做了下列编辑性修改：

——删除了国际标准前言；

——将“ISO 5414的这部分”一词改为“本部分”；

——用小数点“.”代替作为小数点的“,”；

——用采用国际标准的我国标准代替对应的国际标准。

本部分是对GB/T 6133—1985《削平型直柄刀具夹头》的修订。

本部分代替GB/T 6133—1985中的“夹头的连接尺寸”部分。

本部分与GB/T 6133—1985相比主要变化如下：

——将原GB/T 6133标准分成了两个部分，即：“削平型直柄刀具夹头　第1部分：刀具柄部传动系统的尺寸”、“削平型直柄刀具夹头　第2部分：夹头的连接尺寸和标记”；

——增加了“前言”、“第1章　范围”、“第2章　规范性引用文件、“第6章　标记”的内容，将原标准中“紧固螺钉的型式和尺寸”的内容放到GB/T 6133.1中；

——3.1　图1：将夹头连接部分和尺寸单独画出，与柄部传动系统部分示图分开。将符号“D_1”改为“d_3”、“L_1”改为“l_1”。取消了原标准图1中“d_3”、“l_1”、“l_2”的尺寸标注。增加了位置公差和表面粗糙度的规定。

——3.1　表1：将符号“D_1”改为“d_3”、“L_1”改为“l_1”。取消了原标准表1中列出的“d_3”、“l_1”、“l_2”的尺寸。7∶24的每种锥柄号中均增加了d=14、18两种规格。

——3.2　图2：将夹头连接部分和尺寸单独画出，与柄部传动系统部分示图分开。将符号“D_1”改为“d_3”、“L_1”改为“l_1”。取消了原标准图2中“d_3”、“l_1”、“l_2”、“l_3”的尺寸标注。增加了位置公差和表面粗糙度的规定。

——3.2　表2：将符号“D_1”改为“d_3”、“L_1”改为“l_1”。取消了原标准表2中列出的“d_3”、“l_1”、“l_2”、“l_3”的尺寸。当锥柄为40号时，d_1=25对应的l_1尺寸由“80”改为“90”、d_1=32对应的l_1尺寸由“80”改为“100”；当锥柄为45号时，d_1=40对应的d_2尺寸由“90”改为“80”、d_1=50对应的d_2尺寸由“100”改为“90”及l_1尺寸由“100”改为“115”；当锥柄为50号时，d_1=40对应的d_2尺寸由“90”改为“80”、d_1=50对应的d_2尺寸由“100”改为“90”及l_1尺寸由“100”改为“115”；

——第5章　图5：将夹头连接部分和尺寸单独画出，与柄部传动系统部分示图分开。将符号“L_1”改为“l_1”。增加了d_3尺寸和表面粗糙度的规定。

——增加了“第4章　自动换刀带7∶24锥柄的夹头”，规定了“单削平型刀柄用夹头”和“双削平型刀柄用夹头”两种型式和尺寸；

——第5章　表5：将符号“L_1”改为“l_1”，增加了d_3尺寸。取消了原标准表3中列出的“d_3”、“l_1”、“l_2”的尺寸。

本部分由中国机械工业联合会提出。

本部分由全国刀具标准化技术委员会归口。

本部分起草单位:成都工具研究所。

本部分主要起草人:夏千。

本部分所代替标准的历次版本发布情况为:GB/T 6133—1985。

削平型直柄刀具夹头
第2部分:夹头的连接尺寸和标记

1 范围

本部分规定了带紧固螺钉的刀具夹头(立铣刀夹头)的连接部分的尺寸及夹头的标记,这种夹头用于按GB/T 6131.2的削平型直柄铣刀的传动。

本部分规定了两种连接型式:

——按ISO 297手动换刀和按GB/T 10944.1自动换刀的带7:24的锥柄夹头,适用于单削平型或双削平型的手动和自动换刀的刀柄。

注:本部分给出的自动换刀的30号7:24锥柄刀夹的尺寸是未标准化的。

——按GB/T 1443和GB/T 4133莫氏锥柄夹头,只适用于单削平型的刀柄。

注:刀柄传动系统的尺寸按GB/T 6133.1的规定。

2 规范性引用文件

下列文件中的条款通过GB/T 6133.2本部分的引用而成为本部分的条款。凡是注日期的引用文件,其随后所有的修改单(不包括勘误的内容)或修订版均不适用于本部分,然而,鼓励根据本部分达成协议的各方研究是否可使用这些文件的最新版本。凡是不注日期的引用文件,其最新版本适用于本部分。

GB/T 1443 机床和工具柄用自夹圆锥(GB/T 1443—1996,eqv ISO 296—1991)

GB/T 4133 莫氏圆锥的强制传动型式及尺寸(GB/T 4133—1984,eqv ISO 5413:1976)

GB/T 6131.2 铣刀直柄 第2部分:削平直柄的型式和尺寸(GB/T 6131.2—2006,ISO 3338-2:2000,MOD)

GB/T 6133.1 削平型直柄刀具夹头 第1部分:刀具柄部传动系统的尺寸(GB/T 6133.1—2006,ISO 5414-1:2002,IDT)

GB/T 10944.1 自动换刀用7:24圆锥工具柄部-40、45和50号柄 第1部分:尺寸及锥角公差(GB/T 10944.1—2006,ISO 7388-1:1983,IDT)

ISO 297 手动换刀机床用7:24圆锥工具柄

3 手动换刀带7:24锥柄的夹头

3.1 单削平型刀柄用夹头型式按图1所示,尺寸由表1给出。

尺寸单位为毫米

表面粗糙度值的单位为微米

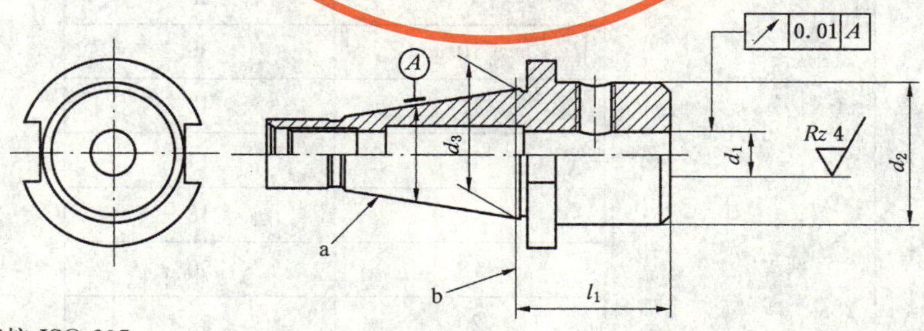

a 7:24锥柄按ISO 297。

b 基准平面。

图1

表 1

单位为毫米

<table>
<tr><th>7∶24
锥柄号</th><th>d_3</th><th>d_1
H5</th><th>d_2
$\begin{smallmatrix}0\\-1\end{smallmatrix}$</th><th>$l_1$ [a]</th></tr>
<tr><td rowspan="8">30</td><td rowspan="8">31.75</td><td>6</td><td>25</td><td rowspan="3">40</td></tr>
<tr><td>8</td><td>28</td></tr>
<tr><td>10</td><td>35</td></tr>
<tr><td>12</td><td>42</td><td rowspan="3">50</td></tr>
<tr><td>14</td><td>44</td></tr>
<tr><td>16</td><td>48</td></tr>
<tr><td>18</td><td>50</td><td rowspan="2">63</td></tr>
<tr><td>20</td><td>52</td></tr>
<tr><td rowspan="8">40</td><td rowspan="8">44.45</td><td>6</td><td>25</td><td rowspan="5">50</td></tr>
<tr><td>8</td><td>28</td></tr>
<tr><td>10</td><td>35</td></tr>
<tr><td>12</td><td>42</td></tr>
<tr><td>14</td><td>44</td></tr>
<tr><td>16</td><td>48</td><td rowspan="3">63</td></tr>
<tr><td>18</td><td>50</td></tr>
<tr><td>20</td><td>52</td></tr>
<tr><td rowspan="8">45</td><td rowspan="8">57.15</td><td>6</td><td>25</td><td rowspan="5">50</td></tr>
<tr><td>8</td><td>28</td></tr>
<tr><td>10</td><td>35</td></tr>
<tr><td>12</td><td>42</td></tr>
<tr><td>14</td><td>44</td></tr>
<tr><td>16</td><td>48</td><td rowspan="11">63</td></tr>
<tr><td>18</td><td>50</td></tr>
<tr><td>20</td><td>52</td></tr>
<tr><td rowspan="8">50</td><td rowspan="8">69.85</td><td>6</td><td>25</td></tr>
<tr><td>8</td><td>28</td></tr>
<tr><td>10</td><td>35</td></tr>
<tr><td>12</td><td>42</td></tr>
<tr><td>14</td><td>44</td></tr>
<tr><td>16</td><td>48</td></tr>
<tr><td>18</td><td>50</td></tr>
<tr><td>20</td><td>52</td></tr>
<tr><td colspan="5">a 对于刀具夹头的某些专用装置，可规定不同的 l_1 长度。</td></tr>
</table>

3.2 双削平型刀柄用夹头的型式按图 2 所示，尺寸由表 2 给出。

尺寸单位为毫米

表面粗糙度值的单位为微米

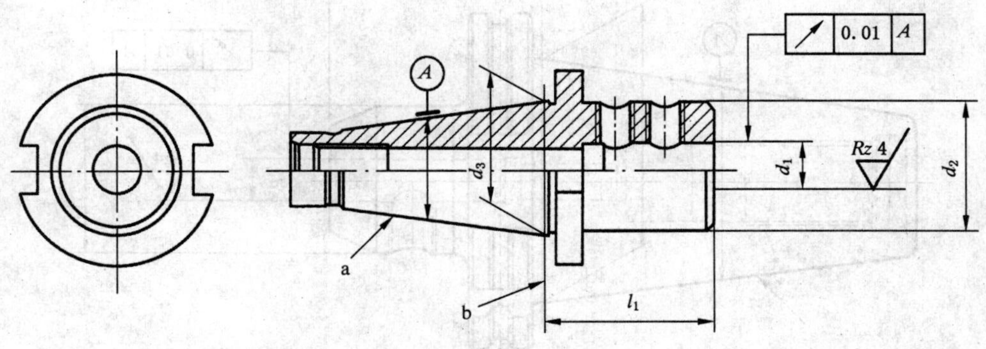

a 7∶24 锥柄按 ISO 297。

b 基准平面。

图 2

表 2

单位为毫米

<table>
<tr><th>7∶24
锥柄号</th><th>d_3</th><th>d_1
H5</th><th colspan="2">d_2</th><th>l_1 [a]</th></tr>
<tr><td rowspan="2">40</td><td rowspan="2">44.45</td><td>25</td><td>65</td><td rowspan="4">0
−1</td><td>90</td></tr>
<tr><td>32</td><td>72</td><td>100</td></tr>
<tr><td rowspan="4">45</td><td rowspan="4">57.15</td><td>25</td><td>65</td><td rowspan="2">80</td></tr>
<tr><td>32</td><td>72</td></tr>
<tr><td>40</td><td>80</td><td rowspan="2">最大</td><td>90</td></tr>
<tr><td>50</td><td>90</td><td>115</td></tr>
<tr><td rowspan="5">50</td><td rowspan="5">69.85</td><td>25</td><td>65</td><td rowspan="2">0
−1</td><td rowspan="2">80</td></tr>
<tr><td>32</td><td>72</td></tr>
<tr><td>40</td><td>80</td><td rowspan="3">最大</td><td>90</td></tr>
<tr><td>50</td><td>90</td><td rowspan="2">115</td></tr>
<tr><td>63</td><td>130</td></tr>
<tr><td colspan="6">a 对于刀具夹头的某些专用装置，可规定不同的 l_1 长度。</td></tr>
</table>

4 自动换刀带 7∶24 锥柄的夹头

4.1 单削平型刀柄用夹头的型式按图 3 所示，尺寸由表 3 给出。

尺寸单位为毫米

表面粗糙度值的单位为微米

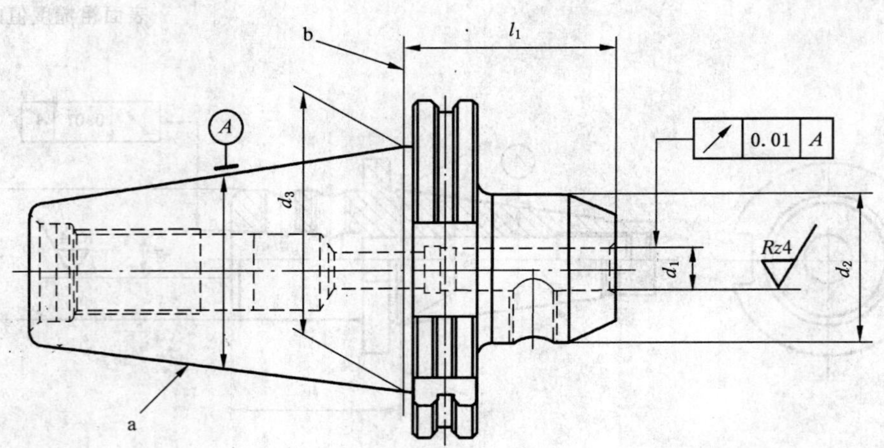

a　30 号锥柄除外,7:24 锥柄按 GB/T 10944.1。

b　基准平面。

图 3

表 3

单位为毫米

7:24 锥柄号	d_3	d_1 H5	d_2 $^{0}_{-1}$	l_1[a]
30	31.75	6	25	50
		8	28	
		10	35	
		12	42	
		14	44	
		16	48	63
40	44.45	6	25	50
		8	28	
		10	35	
		12	42	
		14	44	
		16	48	63
		18	50	
		20	52	

表 3(续)

单位为毫米

7:24 锥柄号	d_3	d_1 H5	d_2 $_{-1}^{0}$	l_1[a]
45	57.15	6	25	50
		8	28	
		10	35	
		12	42	
		14	44	
		16	48	
		18	50	
		20	52	
50	69.85	6	25	63
		8	28	
		10	35	
		12	42	
		14	44	
		16	48	
		18	50	
		20	52	

a 对于刀具夹头的某些专用装置,可规定不同的 l_1 长度。

4.2 双削平型刀柄用夹头的型式按图 4 所示,尺寸由表 4 给出。

尺寸单位为毫米

表面粗糙度值的单位为微米

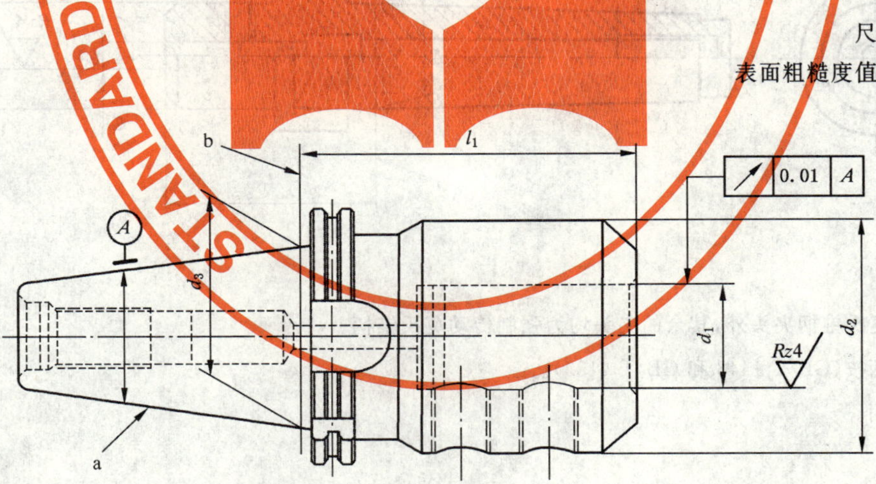

a 7:24 锥柄按 GB/T 10944.1。

b 基准平面。

图 4

表 4

单位为毫米

7:24 锥柄号	d_3	d_1 H5	d_2 $^{0}_{-1}$	l_1 [a]
40	44.45	25	65	100
		32	72	
45	57.15	25	65	80
		32	72	100
50	69.85	25	65	80
		32	72	100

a　对于刀具夹头的某些专用装置，可规定不同的 l_1 长度。

5　单削平型刀柄用莫氏锥柄夹头

5.1　单削平型刀柄用莫氏锥柄夹头的型式按图 5 所示，尺寸由表 5 给出。

表面粗糙度值的单位为微米

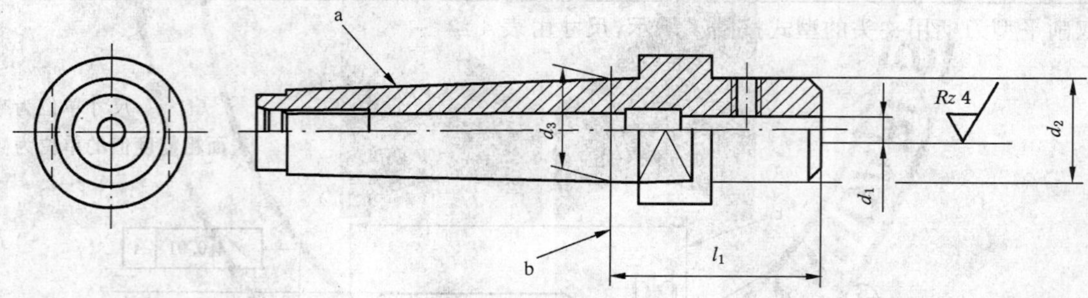

注：除 2 号莫氏锥柄夹头外，其余的夹头均为强制传动莫氏锥柄。

a　莫氏锥柄按(GB/T 1443 和 GB/T 4133)。

b　基准平面。

图 5

表 5

单位为毫米

莫氏锥柄号	d_3	d_1 H5	d_2 $_{-1}^{0}$	l_1[a]
2	17.780	10	35	50
3	23.825			45
		12	42	50
		16	48	71
4	31.267	10	35	50
		12	42	56
		16	48	
		20	52	71
5	44.399	10	35	56
		12	42	63
		16	48	
		20	52	

[a] 对于刀具夹头的某些专用装置，可规定不同的 l_1 长度。

6 标记

本标准的手动或自动换刀的刀具夹头标记内容如下：

a) 刀具夹头；

b) “GB/T 6133.2”；

c) 用字母 A 表示手动换刀夹头，紧跟着符号“1”或“2”分别表示单削平型或双削平型；

d) 用字母 B 表示自动换刀夹头，紧跟着符号“1”或“2”分别表示单削平型或双削平型；

e) 用字母 M 表示莫氏锥柄夹头；

f) 锥柄号；

g) 夹持直径“d_1”；

h) 紧固螺钉尺寸。

手动换刀刀具夹头、单削平型的 A 型、夹持直径 d_1=10 mm 和紧固螺钉为 M10 的 45 号锥柄标记如下：

刀具夹头 GB/T 6133.2 A1-45×10-M10

自动换刀刀具夹头、双削平型的 B 型、夹持直径 d_1=25 mm 和紧固螺钉为 M18×2 的 45 号锥柄标记如下：

刀具夹头 GB/T 6133.2 B2-45×25-M18×2

莫氏锥柄刀具夹头、夹持直径 d_1=16 mm 和紧固螺钉为 M14 的 3 号锥柄标记如下：

刀具夹头 GB/T 6133.2 M-3×16-M14

ICS 01.040.37;37.080
A 14

中华人民共和国国家标准

GB/T 6159.10—2006

缩微摄影技术　词汇
第10部分：索引

**Micrographics—Vocabulary—
Part 10：Index**

(ISO 6196-10：1999，MOD)

2006-04-19发布　　2006-10-01实施

中华人民共和国国家质量监督检验检疫总局
中国国家标准化管理委员会　发布

前　言

GB/T 6159《缩微摄影技术　词汇》分为以下部分：

——第1部分：一般术语；

——第2部分：影像的布局和记录方法；

——第3部分：胶片处理；

——第4部分：材料和包装物；

——第5部分：影像的质量、可读性和检查；

——第6部分：设备；

——第7部分：计算机缩微摄影技术；

——第8部分：应用；

——第10部分：索引。

本部分是GB/T 6159的第10部分。

本部分修改采用ISO 6196-10:1999《缩微摄影技术　词汇　第10部分：索引》(英文版)。

本部分与ISO 6196-10:1999的主要差异如下：

——删除ISO前言，增写本部分的前言；

——增写“中文索引”作为本部分的主要内容；

——删除ISO 6196-10:1999的第3章，将分类条款内容分别写入本部分的第3章与第4章；

——第4章“英文索引”是在ISO 6196-10:1999内容基础上增加了“中文对应词”。

本部分所使用的其他术语，如“词汇”、“术语”和“定义”等，采用GB/T 15237—1994《术语学基本词汇》确定的定义。

本部分由全国文献影像技术标准化技术委员会(SAC/TC 86)提出并归口。

本部分由全国文献影像技术标准化技术委员会第七分委员会起草。

本部分主要起草人：刘丁君、张美芳。

引　言

摄影技术带来了大量国际技术和材料方面的变化，这些变化常常导致大量用在不同领域或不同语言中的不同术语表示同一概念，或者是现使用的概念定义不完整、不准确。

为避免错误理解和便于转换，明确这些概念是非常重要的。使筛选出的术语用不同的语言或在不同的国家来表示同一概念，建立一套定义来统一不同语言中的各种术语。

本标准的目的是提供一套严格、不复杂和从不同角度都易被理解的定义。每个概念定义的范围要适合于普遍的应用，当要考虑限制应用时，特殊的定义也是必须的。

然而，当要保持每一个标准自身的一致性时，应向读者说明在不同的标准中，由于语言的理解、标准化的问题及词语含义的维持会产生一致或不一致。

本部分的术语中，圆括号“()”用于注释或补充说明；“[]”用于术语可省略部分。

缩微摄影技术　词汇
第 10 部分:索引

1　范围

GB/T 6159 的本部分提供了由 GB/T 6159 第 1 部分到第 8 部分给出的术语的索引。索引分“中文索引”和“英文索引”两部分。

2　规范性引用文件

下列文件中的条款通过 GB/T 6159 的本部分的引用而成为本部分的条款。凡是注日期的引用文件,其随后的修改单(不包括勘误的内容)或修订版均不适用于本部分,然而,鼓励根据本部分达成的协议的各方研究是否可使用这些文件的最新版本。凡是不注日期的引用文件,其最新版本适用于本部分。

GB/T 6159.1—2003　缩微摄影技术　词汇　第 1 部分:一般术语(ISO 6196-1:1993,MOD)

GB/T 6159.3—2003　缩微摄影技术　词汇　第 3 部分:胶片处理(ISO 6196-3:1997,MOD)

GB/T 6159.4—2003　缩微摄影技术　词汇　第 4 部分:材料和包装物(ISO 6196-4:1998,MOD)

GB/T 6159.5—2000　缩微摄影技术　词汇　第五部分:影像的质量、可读性和检查(eqv ISO 6196-5:1987)

GB/T 6159.6—2003　缩微摄影技术　词汇　第 6 部分:设备(ISO 6196-6:1992,MOD)

GB/T 6159.7—2000　缩微摄影技术　词汇　第七部分:计算机缩微摄影技术(eqv ISO 6196-7:1992)

GB/T 6159.8—2003　缩微摄影技术　词汇　第 8 部分:应用(ISO 6196-8:1998,MOD)

GB/T 6159.22—2000　缩微摄影技术　词汇　第二部分:影像的布局和记录方法(eqv ISO 6196-2:1993)

3　中文索引

中文索引中每个术语条目由中文术语、英文对应词和条目编号组成。条目编号以数字系列分类:

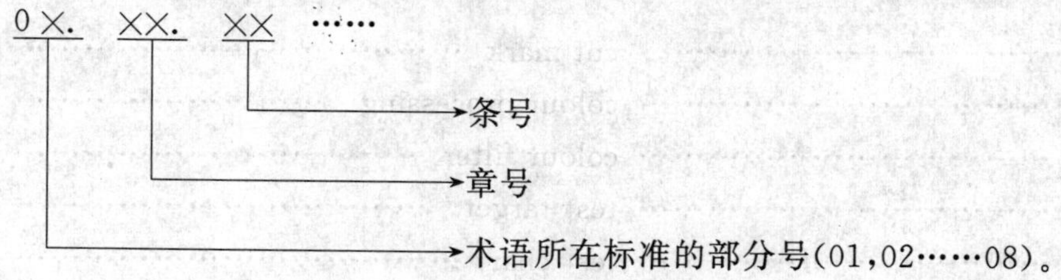

A

B

C

K

L

M

N

P

T

W

X

4 英文索引

英文索引中每个术语的条目由英文对应词、中文术语和条目编号组成。条目编号以数字系列分类：

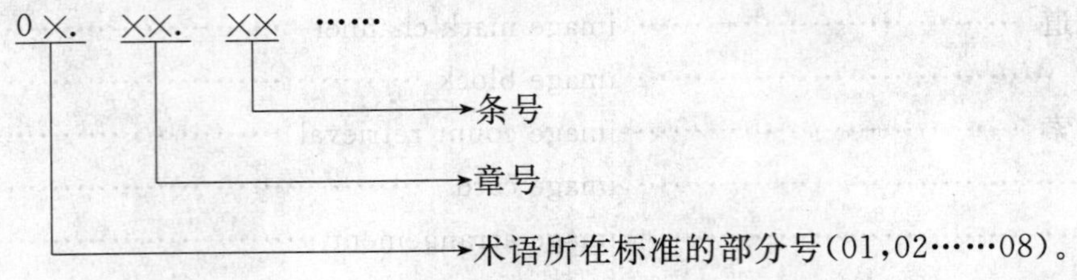

A

I

J

K

L

M

U

V

W

ICS 65.060.30
B 91

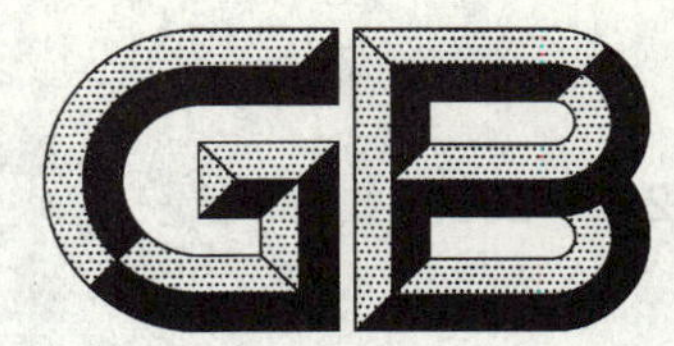

中华人民共和国国家标准

GB/T 6242—2006
代替 GB/T 6242—1986

种植机械　马铃薯种植机　试验方法

Equipment for planting—Potato planters—Method of testing

(ISO 5691:1981,MOD)

2006-01-24 发布　　2006-08-01 实施

中华人民共和国国家质量监督检验检疫总局
中国国家标准化管理委员会　发布

前　言

本标准修改采用 ISO 5691:1981《种植机械　马铃薯种植机　试验方法》。

本标准根据 ISO 5691:1981 重新起草。

考虑到我国国情在采用 ISO 5691:1981 时进行了如下修改:

——将国际标准的第 1 章和第 2 章合并成 1 章;

——删除了第 3 章引用的标准;

——根据我国国情在 3.3.1 中及表 2 中增加了种薯为块薯时用方形网孔筛测量的方法;

——为便于使用增加了第 4 章数据处理;

——增加了附录 A 数理统计的内容;

——本标准中的种薯包括块薯和整薯;

——将“漏种”和“重种”名词术语直接写入正文中。

该技术性差异已编入正文中并在所涉及的条款的页边空白处用垂直单线标识。

为便于使用,本标准还作了下列编辑性修改:

——“本国际标准”一词改为“本标准”;

——删除国际标准的前言。

本标准是对 GB/T 6242—1986《马铃薯种植机　试验方法》的修订。

主要技术内容变化如下:

——本标准修订后的名称为《种植机械　马铃薯种植机　试验方法》;

——为便于使用,将本标准中的表 1 数值作了修改;

——将原标准中的附录 A、附录 B、附录 C 和附录 D 合并成一个附录,删除了原标准中的附录 E。

本标准的附录 A 为规范性附录,附录 B 为资料性附录。

本标准由中国机械工业联合会提出。

本标准由全国农业机械标准化技术委员会归口。

本标准起草单位:中国农业机械化科学研究院、现代农装北方(北京)农业机械有限公司。

本标准主要起草人:杨兆文、张蒙。

本标准所代替标准的历次版本发布情况为:

——GB/T 6242—1986。

种植机械　马铃薯种植机　试验方法

1　范围

本标准规定了获得马铃薯种植机的种植均匀性、机具其他性能可比性和重复性测定结果的试验方法。

本标准适用于各种类型的马铃薯种植机(试验时,应卸掉机具上的施肥装置)。

2　术语和定义

下列术语和定义适用于本标准。

2.1

种薯间距　tuber distance

同行中相邻两个种薯中心线间的距离,单位为厘米(cm)。

2.2

标称间距　rated planting distance

制造厂在产品使用说明书中标出的种薯间距,单位为厘米(cm)。

2.3

实际间距　actual planting distance

除去漏播和重播以外,不少于100个实测种薯间距的平均值,单位为厘米(cm)。

2.4

行距　row spacing

相邻行中心线间的距离,单位为厘米(cm)。

2.5

种植机行数　number of rows of a planter

一台种植机在单行程中种植的行数。

2.6

种薯密度　tuber density

每公顷种植种薯的数量,单位为公顷的负一次方$(hm^2)^{-1}$,并按公式(1)计算:

$$种薯密度 = \frac{10^8}{实际间距(cm) \times 行距(cm)} \qquad \cdots\cdots(1)$$

2.7

种薯质量　tuber mass

一批种薯中至少以30个称重,确定其平均质量,单位为克(g)。

2.8

种薯种植量或额定种植量　tuber quantity or plant rate

每公顷种植种薯的总质量,单位为吨每公顷(t/hm^2),并按公式(2)计算:

$$种薯种植量 = 100 \times \frac{种薯质量(g)}{实际间距(cm) \times 行距(cm)} \qquad \cdots\cdots(2)$$

2.9

种植频率　planting frequency

每行每分钟种植种薯的平均数量,单位为次每分钟(次/min)。

2.10

漏种 misses

理论上应该种植一个种薯的地方实际上没有种薯称为漏种。统计计算时凡种薯间距大于 1.5 倍理论间距称为漏种。

2.11

重种 multiples

理论上应该种植一个种薯的地方实际上种植了两个或多个种薯称为重种。统计计算时凡种薯间距小于或等于 0.5 倍理论间距称为重种。

2.12

变异系数 coefficient of variation（*CV*）

一行中实际间距的偏差与标称间距的百分比。

2.13

种植误差 planting errors

一行中种薯实际间距与标称间距的偏差。种植误差用漏种指数、重种指数以及变异系数表示。

2.14

种杯充满误差 cell filling errors

对带有杯式升运斗的种植机，以每百个杯或其他排种计量装置的漏种和重种数量的百分比表示。

2.15

种植深度 depth of planting

沟底到地表面的距离，单位为厘米(cm)。

3 试验方法

3.1 试验条件—种薯特征

3.1.1 种薯形状指数(f)

种薯形状指数按公式(3)计算。

$$f=\frac{L^2}{W\times t}\times 100 \qquad \cdots\cdots(3)$$

式中：

L——最大长度，单位为毫米(mm)；

W——最大宽度，单位为毫米(mm)；

t——最大厚度，单位为毫米(mm)。

注：测定的种薯样本应不少于 30 个。

表 1 种薯形状指数

种薯形状	指数
圆形	100～160
椭圆形	≥161～240
长条形	≥241～340
特长条形	＞340

3.1.2 种薯分级

测定的种薯样本应不少于 30 个，种薯样本应通过七个一组的方形网孔筛，网孔尺寸从 25 mm～55 mm 每5 mm 间隔为一档。测定方形网孔筛用通过最大筛孔尺寸的样本和不能通过最小筛孔尺寸的全部样本所占百分数的量确定筛孔尺寸，例如 35/45 方形网孔筛。

3.2 行距偏差的测定

实际行距和标称行距的偏差应在田间水平地面和横向坡度为20%的田地上测定。

3.3 种薯分布均匀性的测定

3.3.1 行上种薯分布的测定

种植在行上的种薯，每行需测100点，至少重复测四次。确定变异系数(*CV*)和种植误差。

圆形、椭圆形和长条形的马铃薯应经方形网孔筛35/45或35/55(种薯特征见3.1)测量。

种薯为块薯时，应用30/40或30/50的方形网孔筛测定。

3.3.2 带有杯式升运斗的种植机或排种计量装置种杯充满误差的测定

测定种杯充满误差，对健壮的、未发芽的马铃薯样本作如下准备：

商品种薯是几种尺寸等级和类别混杂在一起的，其尺寸等级先通过每档间隔为5 mm的方形网孔筛(筛子见3.1.2阐述)分级，然后再按种薯长度区分等级，按表2规定的混合尺寸等级/种薯长度将试验样本分为Ⅰ、Ⅱ、Ⅲ类。

种薯为块薯时按表2中降一级尺寸，将试验样本分为Ⅰ、Ⅱ、Ⅲ类。

表2 种薯分类表

方形网孔筛	种薯最大长度/mm		
30/35	39	50	61
35/40	45	56	67
40/45	51	63	78
45/50	57	73	87
50/55	64	79	97
试验样本类别	Ⅰ	Ⅱ	Ⅲ

试验样本Ⅰ以圆形种薯为主，试验样本Ⅱ以椭圆形种薯为主，试验样本Ⅲ以长条形种薯为主。

试验台上的种植机应处于水平位置由无级变速控制的动力驱动。每行试验往种薯箱中至少装入50kg试验样本。

在种植频率为120次/min、180次/min、240次/min、300次/min时测定种杯填充误差。

由于某些杯式排种装置种植机的充填率，随着种箱中种薯数量的减少而降低，因此试验进行到种箱中的种薯还有1/4时应停止。

3.4 种薯幼芽损伤的测定

种薯幼芽损伤或破碎取决于幼芽的型式、数量、弹性、长度以及幼芽在种薯上的排列。

出芽度按幼芽的长度规定如下：

弱芽：芽长3 mm～5 mm；

中芽：芽长5 mm～15 mm；

强芽：芽长15 mm～25 mm。

测定应以几种种植频率在固定试验台上进行。

由种植机引起的幼芽破碎量，应用种薯样本中芽长度在10 mm～15 mm的新鲜幼芽进行测定。

4 数据处理

种植频率的计算、频率表、频率直方图、合格指数、重种指数、漏种指数、标准差、变异系数和种植误差等见附录A。

5 试验报告

详见附录B。

附 录 A
（规范性附录）
数 理 统 计

A.1 数据处理

A.1.1 按制造厂说明书提供的种薯标称间距 X_{ref} 调整种植机，该标称间距应经试验站试验认证。

A.1.2 试验时测得各相邻种薯间距的不同 X 值。

A.1.3 这些不同的 X 值落入分布在 X_{ref} 的两侧，间隔以 $0.1X_{ref}$ 分成区段，由此在 X_{ref} 的周围可得到如下区段：$[0.9X_{ref}, X_{ref}]$；$[X_{ref}, 1.1X_{ref}]$等等。

A.1.4 每个区段的变量为：

$$X_i = \frac{x_i}{X_{ref}} \quad \cdots\cdots(A.1)$$

式中：

x_i——区段的中值。

A.1.5 绘制如下图表

a) 频率表（见表 A.1）表示不同区段的 X_i 值及其出现的频率 n_i。

b) 频率直方图（见图 A.1）以 X_i 为横坐标，相对频率 $F_i = n_i/N$ 为纵坐标。

式中：N 为试验测定的种薯数。

A.1.6 频率表应按下列间隔划分：

{ 0～≤0.5}
{>0.5～≤1.5}
{>1.5～≤2.5}
{>2.5～≤3.5}
{>3.5～+∞}

如果：

$n'_1 = \sum n_i(X_i \in \{0 \sim 0.5\})$

$n'_2 = \sum n_i(X_i \in \{> 0.5 \sim \leqslant 1.5\})$

$n'_3 = \sum n_i(X_i \in \{> 1.5 \sim \leqslant 2.5\})$

$n'_4 = \sum n_i(X_i \in \{> 2.5 \sim \leqslant 3.5\})$

$n'_5 = \sum n_i(X_i \in \{> 3.5 \sim +\infty\})$

则：

$$N = n'_1 + n'_2 + n'_3 + n'_4 + n'_5 \quad \cdots\cdots(A.2)$$

A.1.7 确立以下概念

——重种数： $n_2 = n'_1$ ……(A.3)

——合格数： $n_1 = N - 2n_2$ ……(A.4)

——漏种数： $n_0 = n'_3 + 2n'_4 + 3n'_5$ ……(A.5)

——区间数： $N' = n'_2 + 2n'_3 + 3n'_4 + 4n'_5$ ……(A.6)

——平均合格间距：

$$\overline{X}=\frac{\sum n_i X_i}{n_2'} \qquad \text{(A.7)}$$

式中：

$X_i \in \{>0.5 \sim \leqslant 1.5\}$

A.2 试验结果评价

A.2.1 种植性能指标

合格指数：

$$A=\frac{n_1}{N'}\times 100 \qquad \text{(A.8)}$$

重种指数：

$$D=\frac{n_2}{N'}\times 100 \qquad \text{(A.9)}$$

漏种指数：

$$M=\frac{n_0}{N'}\times 100 \qquad \text{(A.10)}$$

A.2.2 种植精确性指标

标准差：

$$\sigma=\sqrt{\frac{\sum n_i X_i^2}{n_2'}-\overline{X}^2} \qquad \text{(A.11)}$$

式中：

$X_i \in \{>0.5 \sim \leqslant 1.5\}$

变异系数：

$$CV=\sigma\times 100 \qquad \text{(A.12)}$$

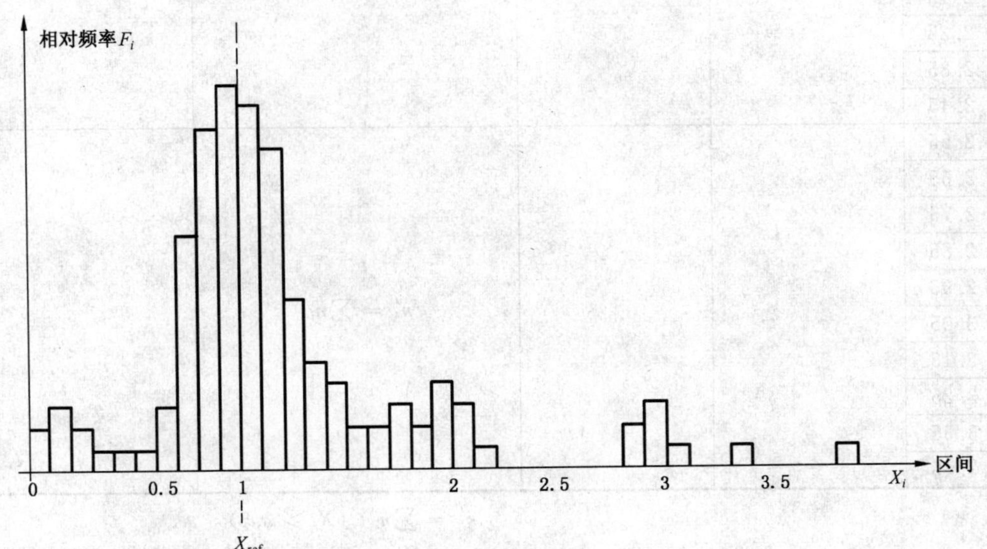

图 A.1 频率直方图

表 A.1 频率统计计算表

	X_i	n_i	F_i		
0.1	0.05			$n'_1=n_2=\sum n_i$	$N=n'_1+n'_2+n'_3+n'_4+n'_5$ $N'=n'_2+2n'_3+3n'_4+4n'_5$ $n_2=n'_1$ $n_1=N-2n_2$ $n_0=n'_3+2n'_4+3n'_5$
0.2	0.15				
0.3	0.25				
0.4	0.35				
0.5	0.45				
0.6	0.55			$n'_2=\sum n_i$ $\overline{X}=\dfrac{\sum n_i X_i}{n'_2}$ $\sigma=\sqrt{\dfrac{\sum n_i X_i^2}{n'_2}-\overline{X}^2}$	$A=\dfrac{n_1}{N'}\times 100$ $D=\dfrac{n_2}{N'}\times 100$ $M=\dfrac{n_0}{N'}\times 100$ $CV=\sigma\times 100$
0.7	0.65				
0.8	0.75				
0.9	0.85				
1.0	0.95				
1.1	1.05				
1.2	1.15				
1.3	1.25				
1.4	1.35				
1.5	1.45				
1.6	1.55			$n'_3=\sum n_i$	
1.7	1.65				
1.8	1.75				
1.9	1.85				
2.0	1.95				
2.1	2.05				
2.2	2.15				
2.3	2.25				
2.4	2.35				
2.5	2.45				
2.6	2.55			$n'_4=\sum n_i$	
2.7	2.65				
2.8	2.75				
2.9	2.85				
3.0	2.95				
3.1	3.05				
3.2	3.15				
3.3	3.25				
3.4	3.35				
3.5	3.45				
3.6					

$n'_5=\sum n_i \quad (X_i>3.5)$

附 录 B
（资料性附录）
马铃薯种植机试验报告

B.1 技术数据

B.1.1 特征

a) 制造厂；
b) 机具型式、型号；
c) 主要尺寸：长、高、工作幅宽、运输宽度，单位为米(m)；
d) 空载质量，单位为千克(kg)；
e) 满载质量，单位为千克(kg)；
f) 种薯箱容量，单位为千克(kg)；
g) 种箱装载高度，单位为厘米(cm)；
h) 行数；
j) 种植间距调节范围和级数；
k) 行距调节范围；
m) 开沟器的调节范围；
n) 种植深度和覆土起垄器作业宽度的调整范围；
p) 注黄油点数。

B.1.2 使用说明书

a) 种植部件；
b) 漏种的控制及校整机构；
c) 机架和轮子；
d) 联结方法；
e) 驱动型式；
f) 覆盖装置。

B.2 试验结果

a) 漏种指数；
b) 重种指数；
c) 行中种薯间距的变异系数；
d) 种植频率；
e) 前进速度，单位为米每秒(m/s)；
f) 种植深度，单位为厘米(cm)；
g) 实际行距与标称行距的偏差；
h) 幼芽的损伤；
j) 纵向和横向坡度对性能的影响。

B.3 性能—时间

a) 每小时种植面积，纯工作生产率和班次生产率；
b) 填充满种箱时间，单位为分钟(min)；
c) 日常保养时间，单位为分钟(min)；

d) 转弯时间，单位为分钟(min)；

e) 变为运输状态所需时间，单位为分钟(min)；

f) 牵引功率和总功率，单位为千瓦(kW)；

g) 所需提升力，单位为牛顿(N)：

——空载机重；

——满载机重；

——提升土壤工作部件离开地面所需的力。